D1749697

Schlutter
**Beschichtungstechnologien für Spritzgießwerkzeuge**

**Bleiben Sie auf dem Laufenden!**

Hanser Newsletter informieren Sie regelmäßig über neue Bücher und Termine aus den verschiedenen Bereichen der Technik. Profitieren Sie auch von Gewinnspielen und exklusiven Leseproben. Gleich anmelden unter
**www.hanser-fachbuch.de/newsletter**

## Die Internet-Plattform für Entscheider!

**Exklusiv:** Das Online-Archiv der Zeitschrift Kunststoffe!

**Richtungsweisend:** Fach- und Brancheninformationen stets top-aktuell!

**Informativ:** News, wichtige Termine, Bookshop, neue Produkte und der Stellenmarkt der Kunststoffindustrie

Ruben Schlutter

# Beschichtungstechnologien für Spritzgießwerkzeuge

HANSER

Print-ISBN: 978-3-446-47512-0
E-Book-ISBN: 978-3-446-47815-2

Alle in diesem Werk enthaltenen Informationen, Verfahren und Darstellungen wurden zum Zeitpunkt der Veröffentlichung nach bestem Wissen zusammengestellt. Dennoch sind Fehler nicht ganz auszuschließen. Aus diesem Grund sind die im vorliegenden Werk enthaltenen Informationen für Autor:innen, Herausgeber:innen und Verlag mit keiner Verpflichtung oder Garantie irgendeiner Art verbunden. Autor:innen, Herausgeber:innen und Verlag übernehmen infolgedessen keine Verantwortung und werden keine daraus folgende oder sonstige Haftung übernehmen, die auf irgendeine Weise aus der Benutzung dieser Informationen – oder Teilen davon – entsteht. Ebenso wenig übernehmen Autor:innen, Herausgeber:innen und Verlag die Gewähr dafür, dass die beschriebenen Verfahren usw. frei von Schutzrechten Dritter sind. Die Wiedergabe von Gebrauchsnamen, Handelsnamen, Warenbezeichnungen usw. in diesem Werk berechtigt also auch ohne besondere Kennzeichnung nicht zu der Annahme, dass solche Namen im Sinne der Warenzeichen- und Markenschutz-Gesetzgebung als frei zu betrachten wären und daher von jedermann benützt werden dürften.

Die endgültige Entscheidung über die Eignung der Informationen für die vorgesehene Verwendung in einer bestimmten Anwendung liegt in der alleinigen Verantwortung des Nutzers.

Bibliografische Information der Deutschen Nationalbibliothek:
Die Deutsche Nationalbibliothek verzeichnet diese Publikation in der Deutschen Nationalbibliografie; detaillierte bibliografische Daten sind im Internet unter http://dnb.d-nb.de abrufbar.

Dieses Werk ist urheberrechtlich geschützt.
Alle Rechte, auch die der Übersetzung, des Nachdruckes und der Vervielfältigung des Werkes, oder Teilen daraus, vorbehalten. Kein Teil des Werkes darf ohne schriftliche Einwilligung des Verlages in irgendeiner Form (Fotokopie, Mikrofilm oder einem anderen Verfahren), auch nicht für Zwecke der Unterrichtsgestaltung – mit Ausnahme der in den §§ 53, 54 UrhG genannten Sonderfälle –, reproduziert oder unter Verwendung elektronischer Systeme verarbeitet, vervielfältigt oder verbreitet werden.

© 2024 Carl Hanser Verlag GmbH & Co. KG, München
*www.hanser-fachbuch.de*
Lektorat: Dr. Mark Smith
Herstellung: Cornelia Speckmaier
Coverkonzept: Marc Müller-Bremer, *www.rebranding.de*, München
Covergestaltung: Max Kostopoulos
Titelmotiv: © KIMW-Forschungs GmbH
Satz: le-tex publishing services GmbH, Leipzig
Druck: CPI Books GmbH, Leck
Printed in Germany

# Inhalt

Vorwort . . . . . . . . . . . . . . . . . . . . . . . . . . . . . . . . . . . . . . . . . . . . . . . . . . . . . XV

Die Autorinnen und Autoren . . . . . . . . . . . . . . . . . . . . . . . . . . . . . . . . . XVII
Der Herausgeber. . . . . . . . . . . . . . . . . . . . . . . . . . . . . . . . . . . . . . . . . . . . . . XVII
Die Mitverfasserinnen und Mitverfasser. . . . . . . . . . . . . . . . . . . . . . . . . . . . . XVIII

**1 Einleitung** . . . . . . . . . . . . . . . . . . . . . . . . . . . . . . . . . . . . . . . . . . . . . . 1
*Dr. Ruben Schlutter*
1.1 Mögliche Fehler an Formteilen. . . . . . . . . . . . . . . . . . . . . . . . . . . . . . . 2
1.2 Ableitung eines Lasten- und Pflichtenheftes. . . . . . . . . . . . . . . . . . . . . . . 4
1.3 Literatur . . . . . . . . . . . . . . . . . . . . . . . . . . . . . . . . . . . . . . . . . . . . . . 7

**2 Werkzeugstähle und deren Beschichtbarkeit** . . . . . . . . . . . . . . . . . . . . 9
*Markus Pothmann*
2.1 Einführung in Werkzeugstähle. . . . . . . . . . . . . . . . . . . . . . . . . . . . . . . . 9
    2.1.1 Definition von Werkzeugstählen . . . . . . . . . . . . . . . . . . . . . . . . . . 9
    2.1.2 Entwicklung der Werkzeugstähle. . . . . . . . . . . . . . . . . . . . . . . . . 10
    2.1.3 Arten von Werkzeugstählen . . . . . . . . . . . . . . . . . . . . . . . . . . . . 10
    2.1.4 Faktoren, die die Materialauswahl
          bei Spritzguss-Werkzeugstählen beeinflussen . . . . . . . . . . . . . . . . . 12
    2.1.5 Herausforderungen bei der Auswahl
          von Spritzguss-Werkzeugstählen. . . . . . . . . . . . . . . . . . . . . . . . . 13
    2.1.6 Zukünftige Entwicklung von Spritzguss-Werkzeugstählen. . . . . . . . . 13
2.2 Eigenschaften von Werkzeugstählen. . . . . . . . . . . . . . . . . . . . . . . . . . . 15
    2.2.1 Einführung in Spritzguss-Werkzeugstähle . . . . . . . . . . . . . . . . . . . 15
    2.2.2 Eigenschaften von Spritzguss-Werkzeugstählen . . . . . . . . . . . . . . . 16

|     | 2.2.3 | Zusammensetzung von Spritzguss-Werkzeugstählen . . . . . . . . . . . . . 17 |
| --- | --- | --- |
|     | 2.2.4 | Wärmebehandlung von Spritzguss-Werkzeugstählen . . . . . . . . . . . . 20 |
|     | 2.2.5 | Oberflächenbehandlung von Spritzguss-Werkzeugstählen . . . . . . . . 22 |
|     | 2.2.6 | Wartung und Pflege von Spritzguss-Werkzeugstählen . . . . . . . . . . 23 |
| 2.3 | Auswahl von Spritzguss-Werkzeugstählen . . . . . . . . . . . . . . . . . . . . . . . . . . . 25 | |
| 2.4 | Literatur . . . . . . . . . . . . . . . . . . . . . . . . . . . . . . . . . . . . . . . . . . . . . . . . . . . . . 28 | |

# 3 Grundlagen der Beschichtungstechnologien . . . . . . . . . . . . . . . . . . 29

3.1 Elektrolytisch abgeschiedene metallische Schichten und Hybridsysteme . . . 29
*Dr. Orlaw Massler*

    3.1.1 Hintergrund und Herausforderungen . . . . . . . . . . . . . . . . . . . . . . . . . 29

    3.1.2 Galvanische Schichten. . . . . . . . . . . . . . . . . . . . . . . . . . . . . . . . . . . . 30

        3.1.2.1 Herausforderungen und Maßnahmen . . . . . . . . . . . . . . . . . . 32

    3.1.3 Außenstromlose Abscheidung . . . . . . . . . . . . . . . . . . . . . . . . . . . . . . 34

        3.1.3.1 Außenstromlose Beschichtung, chemisch Nickel . . . . . . . . . . 34

        3.1.3.2 Prinzip chemisch Vernickeln . . . . . . . . . . . . . . . . . . . . . . . . 34

        3.1.3.3 Chemisch Nickel-Schichten mit festen Zusätzen (Dispersion). . 35

        3.1.3.4 Spezialfall Dispersionsschichten . . . . . . . . . . . . . . . . . . . . . . 35

        3.1.3.5 Reibwerterhöhende Schichten. . . . . . . . . . . . . . . . . . . . . . . 36

        3.1.3.6 Sensor- und Indikatorschichten . . . . . . . . . . . . . . . . . . . . . . 36

    3.1.4 Beladungstypen . . . . . . . . . . . . . . . . . . . . . . . . . . . . . . . . . . . . . . . . 37

    3.1.5 Beschichtungsgerechte Konstruktion . . . . . . . . . . . . . . . . . . . . . . . . 37

    3.1.6 Literatur . . . . . . . . . . . . . . . . . . . . . . . . . . . . . . . . . . . . . . . . . . . . . . 39

3.2 Physikalische Gasphasenabscheidung . . . . . . . . . . . . . . . . . . . . . . . . . . . . . 41
*Dr. Ruben Schlutter*

    3.2.1 Einleitung . . . . . . . . . . . . . . . . . . . . . . . . . . . . . . . . . . . . . . . . . . . . . 41

    3.2.2 Verfahrensvarianten . . . . . . . . . . . . . . . . . . . . . . . . . . . . . . . . . . . . . 41

        3.2.2.1 Bedampfen. . . . . . . . . . . . . . . . . . . . . . . . . . . . . . . . . . . . . 42

        3.2.2.2 Sputtern. . . . . . . . . . . . . . . . . . . . . . . . . . . . . . . . . . . . . . . 44

        3.2.2.3 Ionenplattieren . . . . . . . . . . . . . . . . . . . . . . . . . . . . . . . . . . 45

    3.2.3 Schichtwachstum und Haftungsmechanismen
bei PVD-Beschichtungen. . . . . . . . . . . . . . . . . . . . . . . . . . . . . . . . . . 46

    3.2.4 Mehrlagige Schichtsysteme . . . . . . . . . . . . . . . . . . . . . . . . . . . . . . . 50

    3.2.5 Literatur . . . . . . . . . . . . . . . . . . . . . . . . . . . . . . . . . . . . . . . . . . . . . . 51

3.3 Chemische Gasphasenabscheidung . . . . . . . . . . . . . . . . . . . . . . . . . . . . . . . . . . 53

    3.3.1 Metallorganische chemische Gasphasenabscheidung . . . . . . . . . . . . 53
*Vanessa Frettlöh*

        3.3.1.1 Einordnung der Technologie . . . . . . . . . . . . . . . . . . . . . . . 53

        3.3.1.2 Abläufe während der MOCVD-Beschichtung . . . . . . . . . . . . . 54

        3.3.1.3 Anforderungen an metallorganische Precursoren . . . . . . . . 56

        3.3.1.4 Aufbau einer MOCVD-Anlage . . . . . . . . . . . . . . . . . . . . . . . 58

        3.3.1.5 Spaltgängigkeit und 3D-Fähigkeit der Beschichtungen . . . . . 59

        3.3.1.6 Literatur . . . . . . . . . . . . . . . . . . . . . . . . . . . . . . . . . . . . . . 63

    3.3.2 Feststoffbasierte chemische Gasphasenabscheidung . . . . . . . . . . . . . 65
*Dr. Ruben Schlutter*

        3.3.2.1 Grundlagen der CVD mit festen Precursoren . . . . . . . . . . . . 65

        3.3.2.2 Förderung des festen Precursors . . . . . . . . . . . . . . . . . . . . 69

        3.3.2.3 Literatur . . . . . . . . . . . . . . . . . . . . . . . . . . . . . . . . . . . . . . 72

    3.3.3 Plasmabasierte chemische Gasphasenabscheidung . . . . . . . . . . . . . . 74
*Patrick Engemann*

        3.3.3.1 Plasmen . . . . . . . . . . . . . . . . . . . . . . . . . . . . . . . . . . . . . . 74

        3.3.3.2 Plasma Activated Chemical Vapor Deposition . . . . . . . . . . . 75

        3.3.3.3 Literatur . . . . . . . . . . . . . . . . . . . . . . . . . . . . . . . . . . . . . . 77

    3.3.4 Precursoren – Moleküle als Vorstufen für Funktionswerkstoffe . . . . 78
*Prof. Dr. Sanjay Mathur, Dr. Veronika Brune, Dr. Thomas Fischer*

        3.3.4.1 Chemische Strategien in der Materialsynthese . . . . . . . . . . . 81

        3.3.4.2 Ausblick . . . . . . . . . . . . . . . . . . . . . . . . . . . . . . . . . . . . . . 92

        3.3.4.3 Danksagung . . . . . . . . . . . . . . . . . . . . . . . . . . . . . . . . . . . 94

        3.3.4.4 Literatur . . . . . . . . . . . . . . . . . . . . . . . . . . . . . . . . . . . . . . 94

3.4 Simulation der Schichtabscheidung . . . . . . . . . . . . . . . . . . . . . . . . . . . . . . . . 99
*Ameya Kulkarni*

    3.4.1 Einleitung . . . . . . . . . . . . . . . . . . . . . . . . . . . . . . . . . . . . . . . . . . . . 99

    3.4.2 Theoretische Grundlagen und Versuchsaufbau . . . . . . . . . . . . . . . . 101

    3.4.3 Die Zustandsgleichungen . . . . . . . . . . . . . . . . . . . . . . . . . . . . . . . . 104

    3.4.4 Versuchsdurchführung und -ergebnisse . . . . . . . . . . . . . . . . . . . . . 105

    3.4.5 Ergebnisse der Simulationen . . . . . . . . . . . . . . . . . . . . . . . . . . . . . 107

    3.4.6 Schlussfolgerung . . . . . . . . . . . . . . . . . . . . . . . . . . . . . . . . . . . . . . 112

    3.4.7 Literatur . . . . . . . . . . . . . . . . . . . . . . . . . . . . . . . . . . . . . . . . . . . . 113

| 4 | **Messtechnik zur Schichtcharakterisierung** ....................115 |
|---|---|
| 4.1 | Kalottenschliff ......................................................115 |
|   | *Dr. Ruben Schlutter* |
|   | 4.1.1 Bestimmung der Schichtdicke ...............................116 |
|   | 4.1.2 Bestimmung der Verschleißfestigkeit .......................119 |
|   | 4.1.3 Literatur ......................................................121 |
| 4.2 | Rasterelektronenmikroskopie ....................................122 |
|   | *Dr. Ruben Schlutter* |
|   | 4.2.1 Einleitung ....................................................122 |
|   | 4.2.2 Geräteaufbau .................................................124 |
|   | 4.2.3 Vorbereitung der Probe ......................................129 |
|   | 4.2.4 Sensoren in einem Rasterelektronenmikroskop .................130 |
|   |     4.2.4.1 SE-Sensor .........................................130 |
|   |     4.2.4.2 UVD-Sensor .......................................131 |
|   |     4.2.4.3 BSE-Sensor .......................................132 |
|   |     4.2.4.4 EDX-Sensor .......................................136 |
|   | 4.2.5 Literatur ......................................................141 |
| 4.3 | Lasermikroskopie ..................................................143 |
|   | *Dr. Stefan Svoboda* |
|   | 4.3.1 Grundprinzip .................................................143 |
|   | 4.3.2 Aufnahme eines Bildes .......................................144 |
|   | 4.3.3 Anwendungsbeispiele ........................................150 |
|   |     4.3.3.1 Rissnetzwerk in Sol-Gel-Schicht ...................150 |
|   |     4.3.3.2 Darstellung und Auswertung eines Kalottenschliffes ......152 |
|   |     4.3.3.3 Rauheitsmessung an einer Kunststoffprobe .............153 |
|   |     4.3.3.4 Auswertung Verschleißprüfung ......................154 |
|   | 4.3.4 Literatur ......................................................155 |
| 4.4 | Weißlichtinterferometrie ..........................................156 |
|   | *Dr. Andreas Balster* |
|   | 4.4.1 Einleitung ....................................................156 |
|   | 4.4.2 Rauheit als Messgröße .......................................157 |
|   | 4.4.3 Weißlichtinterferometrie ....................................160 |
|   |     4.4.3.1 Messprinzip der Weißlichtinterferometrie .............160 |

|         | 4.4.3.2 Anwendungen der Weißlichtinterferometrie............163 |
|---|---|

           4.4.3.2 Anwendungen der Weißlichtinterferometrie............163
           4.4.3.3 Einschränkungen der Weißlichtinterferometrie..........165
    4.4.4 Literatur .................................................165

4.5 Infrarotspektroskopie .............................................166
*Dr. Andreas Balster*

    4.5.1 Einleitung................................................166
    4.5.2 Physikalische Grundlagen...................................166
    4.5.3 Die Anwendung der FTIR-Spektroskopie bei Polymeren: Materialidentifizierung....................................169
    4.5.4 Identifizierung und Strukturaufklärung.......................171
    4.5.5 Quantifizierung von Komponenten ..........................174
    4.5.6 Messtechnische Aspekte der FTIR-Spektroskopie ..............175
    4.5.7 ATR-FTIR-Spektroskopie....................................176
    4.5.8 Anwendungsbereich in der Werkzeugtechnik .................178
    4.5.9 Literatur .................................................179

4.6 Röntgenfluoreszenzanalyse .......................................181
*Dr. Martin Ciaston*

    4.6.1 Einleitung................................................181
    4.6.2 Physikalische Grundlagen der Röntgenfluoreszenz..............181
    4.6.3 Instrumentelle Aspekte der Röntgenfluoreszenzspektroskopie....184
    4.6.4 Anwendungen der Röntgenfluoreszenzspektroskopie in der Materialanalyse ..........................................186
    4.6.5 Quantitative Aspekte der Röntgenfluoreszenzspektroskopie ......187
    4.6.6 Zusammenfassung und Ausblick.............................189
    4.6.7 Literatur .................................................191

4.7 Elektrochemische Impedanzspektroskopie...........................192
*Dr. Anatoliy Batmanov*

    4.7.1 Einleitung................................................192
    4.7.2 Grundlagen der EIS .......................................194
    4.7.3 Darstellung der EIS-Messergebnisse .........................199
    4.7.4 EIS-Untersuchung von Schutzschichten ......................200
    4.7.5 Der Versuchsaufbau für eine EIS-Messung....................205
    4.7.6 Schlussfolgerung .........................................206
    4.7.7 Literatur .................................................207

| 4.8 | Nanoindentation | 209 |

*Dr. Ruben Schlutter*

- 4.8.1 Einleitung ... 209
- 4.8.2 Versuchsaufbau bei der Messung mittels Nanoindenter ... 211
- 4.8.3 Gängige Prüfverfahren ... 215
  - 4.8.3.1 Bestimmung der Eindringhärte ... 215
  - 4.8.3.2 Bestimmung des Eindringmoduls ... 218
  - 4.8.3.3 Bestimmung des Eindringkriechens ... 219
  - 4.8.3.4 Bestimmung der Eindringrelaxation ... 220
  - 4.8.3.5 Bestimmung des plastischen und elastischen Anteils der Eindringarbeit ... 220
- 4.8.4 Prüfverfahren für Schichten ... 221
  - 4.8.4.1 Eindringmodul der Schicht ... 224
  - 4.8.4.2 Eindringhärte der Schicht ... 225
- 4.8.5 Literatur ... 227

4.9 Bestimmung der Temperaturleitfähigkeit von Beschichtungen ... 228

*Patrick Engemann*

- 4.9.1 Einfluss der Werkzeugwandtemperatur auf den Spritzgussprozess ... 228
- 4.9.2 Kontakttemperatur ... 229
- 4.9.3 Time Domain Thermoreflectance (TDTR) ... 230
- 4.9.4 3-Omega ... 231
- 4.9.5 Versuchsaufbau zur Messung der Kontakttemperatur ... 233
- 4.9.6 Versuchsdurchführung zur Messung der Kontakttemperatur ... 234
- 4.9.7 Literatur ... 236

4.10 Bestimmung der Entformungskraft beim Spritzgießen ... 238

*Dr. Ruben Schlutter*

- 4.10.1 Einleitung ... 238
- 4.10.2 Stand der Technik ... 238
- 4.10.3 Versuchsaufbau zur Bestimmung der Haft- und Gleitreibung ... 240
  - 4.10.3.1 Versuchsaufbau ... 241
  - 4.10.3.2 Versuchsdurchführung ... 243
  - 4.10.3.3 Qualifizierung des Spritzgießwerkzeuges im Dauerversuch ... 244
- 4.10.4 Zusammenfassung ... 246
- 4.10.5 Literatur ... 246

| 4.11 | Bestimmung der Emissionen in der Kunststoffverarbeitung . . . . . . . . . . . . . 248 |
|---|---|
| | *Dr. Andreas Balster, Matthias Korres* |

    4.11.1 Einleitung . . . . . . . . . . . . . . . . . . . . . . . . . . . . . . . . . . . . . . . . . . 248
    4.11.2 Gaschromatographie-Massenspektrometrie (GC/MS) . . . . . . . . . . . 248
    4.11.3 Emissionsbildung in der Kunststoffverarbeitung . . . . . . . . . . . . . . . 256
    4.11.4 Prozessabhängige Emissionsbildung . . . . . . . . . . . . . . . . . . . . . . . 257
        4.11.4.1 Materialtrocknung . . . . . . . . . . . . . . . . . . . . . . . . . . . 257
        4.11.4.2 Materialverarbeitung . . . . . . . . . . . . . . . . . . . . . . . . . 260
    4.11.5 Zusammenfassung . . . . . . . . . . . . . . . . . . . . . . . . . . . . . . . . . . . . 265
    4.11.6 Literatur . . . . . . . . . . . . . . . . . . . . . . . . . . . . . . . . . . . . . . . . . . . 266

| 4.12 | Verschleißuntersuchungen in der Kunststoffverarbeitung . . . . . . . . . . . . . . 267 |
|---|---|
| | *Marko Gehlen* |

    4.12.1 Einleitung . . . . . . . . . . . . . . . . . . . . . . . . . . . . . . . . . . . . . . . . . . 267
    4.12.2 Definition von Verschleiß . . . . . . . . . . . . . . . . . . . . . . . . . . . . . . . 267
    4.12.3 Die Bedeutung von Verschleiß für die Industrie . . . . . . . . . . . . . . . . 268
    4.12.4 Stand der Technik und Messverfahren . . . . . . . . . . . . . . . . . . . . . . 269
    4.12.5 Verschleiß beim Spritzguss und im Spritzgießwerkzeug . . . . . . . . . 271
    4.12.6 Untersuchung des Verschleißverhaltens im Spritzguss . . . . . . . . . . 271
    4.12.7 Ausblick . . . . . . . . . . . . . . . . . . . . . . . . . . . . . . . . . . . . . . . . . . . 274
    4.12.8 Zusammenfassung . . . . . . . . . . . . . . . . . . . . . . . . . . . . . . . . . . . . 275
    4.12.9 Literatur . . . . . . . . . . . . . . . . . . . . . . . . . . . . . . . . . . . . . . . . . . . 275

| 4.13 | Haftungsbewertung von Beschichtungen . . . . . . . . . . . . . . . . . . . . . . . . . . 277 |
|---|---|
| | *Dr. Orlaw Massler* |

    4.13.1 Rockwelltest, DIN EN ISO 4856 . . . . . . . . . . . . . . . . . . . . . . . . . . . 279
    4.13.2 Thermoschocktest . . . . . . . . . . . . . . . . . . . . . . . . . . . . . . . . . . . . 280
    4.13.3 Feiltest . . . . . . . . . . . . . . . . . . . . . . . . . . . . . . . . . . . . . . . . . . . . 281
    4.13.4 Querschliffmethode . . . . . . . . . . . . . . . . . . . . . . . . . . . . . . . . . . . 281
    4.13.5 Literatur . . . . . . . . . . . . . . . . . . . . . . . . . . . . . . . . . . . . . . . . . . . 282

# 5 Anwendung funktioneller Schichten . . . . . . . . . . . . . . . . . . . . . . . . 283

| 5.1 | Hartstoffschichten . . . . . . . . . . . . . . . . . . . . . . . . . . . . . . . . . . . . . . . . . . . 283 |
|---|---|
| | *Marko Gehlen* |

    5.1.1 Einleitung . . . . . . . . . . . . . . . . . . . . . . . . . . . . . . . . . . . . . . . . . . 283
    5.1.2 Definition und Eigenschaften einer Hartstoffschicht . . . . . . . . . . . . 283
    5.1.3 Einsatzgebiete . . . . . . . . . . . . . . . . . . . . . . . . . . . . . . . . . . . . . . . 284

| | | | |
|---|---|---|---|
| | 5.1.4 | Voraussetzungen und Schichtaufbau | 284 |
| | 5.1.5 | Verfahren zum Aufbringen von Hartstoffschichten | 285 |
| | 5.1.6 | Kennwerte zur Bewertung der Verschleißfestigkeit | 286 |
| | 5.1.7 | Erzielte Abriebvergleichswerte und Härten | 287 |
| | 5.1.8 | Zusammenfassung | 288 |
| | 5.1.9 | Literatur | 289 |
| 5.2 | Tribologische Schichten und Verschleißschutzschichten | | 290 |

*Dr. Orlaw Massler*

| | | | |
|---|---|---|---|
| | 5.2.1 | Anforderungen an Verschleißschutz und Reibung | 290 |
| | | 5.2.1.1 Abrasiver Verschleiß | 290 |
| | | 5.2.1.2 Adhäsiver Verschleiß | 290 |
| | | 5.2.1.3 Ermüdungsverschleiß | 290 |
| | | 5.2.1.4 Tribooxidation | 291 |
| | | 5.2.1.5 Reibungsreduktion | 291 |
| | 5.2.2 | Galvanische Beschichtungen | 292 |
| | | 5.2.2.1 Hartverchromung | 292 |
| | | 5.2.2.2 Vernickelung | 294 |
| | 5.2.3 | Chemisch Nickel und Dispersionsschichten | 294 |
| | | 5.2.3.1 Dispersionsschichten | 295 |
| | | 5.2.3.2 SiC-Dispersionsschichten | 295 |
| | | 5.2.3.3 BC-Dispersionsschichten | 296 |
| | | 5.2.3.4 hBN-Dispersionsschichten | 296 |
| | 5.2.4 | Tribologische PVD- und PACVD-Beschichtungen | 296 |
| | 5.2.5 | Hybridschichten | 297 |
| | | 5.2.5.1 Ni-Cr-Hybrid | 298 |
| | | 5.2.5.2 Plasmanitrieren – PVD – DLC | 299 |
| | | 5.2.5.3 Chemisch Ni-DLC-Hybridschichten | 299 |
| | | 5.2.5.4 Ni-SiC-DLC-Hybridschicht | 299 |
| | 5.2.6 | Literatur | 299 |
| 5.3 | Korrosionsschutzschichten | | 300 |

*Dr. Anatoliy Batmanov*

| | | | |
|---|---|---|---|
| | 5.3.1 | Definition der Korrosion | 300 |
| | 5.3.2 | Grundsätzliche Strategien zur Vermeidung der Korrosion | 302 |

|  |  |  |
|---|---|---|
|  | 5.3.3 | Anforderungen an Korrosionsschutzschichten . . . . . . . . . . . . . . . . . .303 |
|  | 5.3.4 | Entwicklung einer Korrosionsschutzschicht gegen Heißgaskorrosion . . . . . . . . . . . . . . . . . . . . . . . . . . . . . . . . . . . .307 |
|  | 5.3.5 | Entwicklung einer Korrosionsschutzschicht gegen wässrige Korrosion . . . . . . . . . . . . . . . . . . . . . . . . . . . . . . . . . . .310 |
|  | 5.3.6 | Literatur . . . . . . . . . . . . . . . . . . . . . . . . . . . . . . . . . . . . . . . . . . . . . . . .312 |
| 5.4 | Thermische Barriereschichten . . . . . . . . . . . . . . . . . . . . . . . . . . . . . . . . . . . . . . . . .313 *Vanessa Frettlöh* | |
|  | 5.4.1 | Verständnis einer thermischen Barriereschicht . . . . . . . . . . . . . . . . .313 |
|  | 5.4.2 | Einfluss der Temperatur im Spritzgussprozess . . . . . . . . . . . . . . . . .313 |
|  | 5.4.3 | Anwendung und Eigenschaften von thermischen Barriereschichten . . . . . . . . . . . . . . . . . . . . . . . . . . . . . . . . . . . . . . . . .316 |
|  | 5.4.4 | Funktionsweise thermischer Barriereschichten . . . . . . . . . . . . . . . . .317 |
|  | 5.4.5 | Anwendung thermischer Barriereschichten im Spritzgießprozess . . 319 |
|  | 5.4.6 | Einsatz thermischer Barriereschichten im Dünnwandspritzguss . . . 322 |
|  | 5.4.7 | Literatur . . . . . . . . . . . . . . . . . . . . . . . . . . . . . . . . . . . . . . . . . . . . . . . .325 |
| 5.5 | Beschichtungen zur Belagsreduzierung . . . . . . . . . . . . . . . . . . . . . . . . . . . . . . . .328 *Mattias Korres* | |
|  | 5.5.1 | Einführung . . . . . . . . . . . . . . . . . . . . . . . . . . . . . . . . . . . . . . . . . . . . . .328 |
|  | 5.5.2 | Belag im Spritzgießwerkzeug . . . . . . . . . . . . . . . . . . . . . . . . . . . . . . .329 |
|  | 5.5.3 | Prozessoptimierung . . . . . . . . . . . . . . . . . . . . . . . . . . . . . . . . . . . . . . .332 |
|  | 5.5.4 | Optimierung des Spritzgießwerkzeuges . . . . . . . . . . . . . . . . . . . . . . .334 |
|  | 5.5.5 | Beschichtungen zur Belagsreduzierung . . . . . . . . . . . . . . . . . . . . . . .335 |
|  | 5.5.6 | Literatur . . . . . . . . . . . . . . . . . . . . . . . . . . . . . . . . . . . . . . . . . . . . . . . .337 |
| 5.6 | Beschichtungen zur Entformungskraftreduzierung . . . . . . . . . . . . . . . . . . . . . .338 *Dr. Ruben Schlutter* | |
|  | 5.6.1 | Einleitung . . . . . . . . . . . . . . . . . . . . . . . . . . . . . . . . . . . . . . . . . . . . . . .338 |
|  | 5.6.2 | Stand der Technik . . . . . . . . . . . . . . . . . . . . . . . . . . . . . . . . . . . . . . . .338 |
|  | 5.6.3 | Anwendungsmöglichkeiten und Potentiale . . . . . . . . . . . . . . . . . . . .343 |
|  |  | 5.6.3.1 Werkstoffauswahl des thermoplastischen Werkstoffs . . . . .343 |
|  |  | 5.6.3.2 Zugaben von Additiven . . . . . . . . . . . . . . . . . . . . . . . . . . . . .343 |
|  | 5.6.4 | Modifizierung der Kavitätsoberfläche . . . . . . . . . . . . . . . . . . . . . . . .344 |
|  | 5.6.5 | Zusammenfassung . . . . . . . . . . . . . . . . . . . . . . . . . . . . . . . . . . . . . . . .346 |
|  | 5.6.6 | Literatur . . . . . . . . . . . . . . . . . . . . . . . . . . . . . . . . . . . . . . . . . . . . . . . .346 |

5.7 Dünnschichtsensorik...348
*Dr. Angelo Librizzi*

    5.7.1 Einleitung...348

    5.7.2 Stand der Technik – Werkzeugsensorik...349

        5.7.2.1 Druckmessung im Spritzgießwerkzeug...349

        5.7.2.2 Temperaturmessung im Spritzgießwerkzeug...351

    5.7.3 Messprinzip für temperatursensitive Dünnschichten...354

    5.7.4 Schichtaufbau...355

    5.7.5 Schichtherstellung...356

    5.7.6 Charakterisierung des thermoelektrischen Verhaltens der Dünnschichtsensoren...360

    5.7.7 Berechnung der Ansprechdynamik...361

    5.7.8 Sensorintegration und Anwendung in einem Spritzgießwerkzeug...362

    5.7.9 Zusammenfassung...365

    5.7.10 Literatur...366

5.8 Heizschichten...367
*Dr. Martin Ciaston*

    5.8.1 Einleitung...367

    5.8.2 Grundlagen der konturnahen Heizschichten...367

    5.8.3 Anforderungen an ein Schichtsystem für eine Anwendung als Heizleiter im Spritzgießverfahren...369

    5.8.4 Anwendung von Heizschichten in Spritzgießprozessen...369

    5.8.5 Zusammenfassung und Ausblick...370

    5.8.6 Literatur...371

**Index**...373

# Vorwort

Kunststoffformteile müssen zunehmend immer höhere Anforderungen erfüllen. Dabei ist es unerheblich, ob sich diese Anforderungen auf das Formteil selbst beziehen, wie bspw. eine geringere Wanddicke, eine erhöhte Fließweglänge oder das Kaschieren von Bindenähten oder auf den verwendeten Werkstoff, wie die Verwendung von Verstärkungsstoffen oder aggressiven Additiven oder den Spritzgießprozess, wie eine Reduzierung der Zykluszeit oder eine Steigerung der Losgröße. Zur Erfüllung dieser Anforderungen müssen auch die Spritzgießwerkzeuge immer weiter optimiert und ausgereizt werden. Neben der Verwendung hochqualitativer Werkstoffe stellen Beschichtungen eine Möglichkeit dar, um die notwendigen Funktionalisierungen zu erreichen.

Die Beschichtung von metallischen Werkstoffen kann dabei auf unterschiedliche Arten erfolgen und stellt eine Kernkompetenz der gemeinnützigen KIMW-Forschungs-GmbH dar. Problematisch ist dabei immer die Darstellung des aktuellen Stands der Wissenschaft und Technik. Ein tiefgreifendes Wissen über die Prozesstechnik zur Abscheidung von Beschichtungen, aber auch die zur Validierung der Schichteigenschaften ist notwendig, um hochwertige Beschichtungen zu erzeugen. Über mehrere Jahre mussten Erfahrungen gesammelt werden, welche Eigenschaften durch Beschichtungen realisierbar sind, wie geeignete Schichten appliziert und auch untersucht werden können. Dabei mussten die notwendigen Informationen oftmals aus vielen, häufig nicht öffentlich zugänglichen Fachartikeln gewonnen werden. Diese behandeln in der Regel spezielle Anwendungen, die nicht direkt auf die Werkzeugtechnik übertragbar sind. Die Autoren sind meistens Chemiker, Physiker oder Experten auf dem Bereich der Beschichtungstechnik, sodass die Fachartikel für Ingenieure zumeist schwer zu verstehen und nachzuvollziehen sind. Es fehlt ein Nachschlagewerk, welches die relevanten Beschichtungstechnologien für Spritzgießwerkzeuge und Untersuchungsverfahren zur Charakterisierung der Beschichtungen adäquat zusammenfasst.

Aus dieser Motivation heraus ist der Gedanke entstanden, das bei der gemeinnützigen KIMW-Forschungs-GmbH vorhandene Wissen in einem Buch zu kanalisieren und in einem Grundlagenwerk zugänglich zu machen. Das Resultat ist ein Leitfaden, der die relevanten Informationen der Beschichtungstechnologie in einem für Ingenieure verständlichen Umfang zusammenfasst.

Das Fachbuch schlägt einen Bogen über die verschiedenen Kapitel und behandelt die relevanten Aspekte der Beschichtungstechnologien. Zu Beginn werden die verschiedenen Möglichkeiten zum Abscheiden von Beschichtungen im Hinblick auf die Anwendung in Spritzgießwerkzeugen diskutiert. Die Möglichkeiten zur Charakterisierung der abgeschiedenen Beschichtungen schließen sich an. Dabei werden die verschiedenen Messverfahren explizit auf ihre Anwendungsmöglichkeiten zur Bewertung der Eigenschaften vergleichsweise dünner Beschichtungen im Umfeld des Werkzeug- und Formenbaus vorgestellt. Abgeschlossen wird das Buch mit verschiedenen Anwendungen funktioneller Beschichtungen in Spritzgießwerkzeugen und vermittelt dem Leser einen Eindruck über die Einsatzmöglichkeiten. Zudem wird der Leser in die Lage versetzt, die für seine Anwendung am besten geeignete Beschichtung und das daraus resultierende Abscheidungsverfahren auszuwählen.

Ich möchte mich herzlich bei allen Personen bedanken, die zum Gelingen dieses Buches beigetragen haben, im Speziellen bei Rebecca Wehrmann und Dr. Mark Smith für die Übernahme des Lektorates und ihre Geduld bei der Erstellung des vorliegenden Buches.

Außerdem möchte ich mich allen Autoren für die Bereitstellung der jeweiligen Kapitel bedanken, die das vorliegende Fachbuch inhaltlich mit Leben füllen und die selbst die hochkomplexen Sachverhalte gut verständlich aufbereitet haben. Abschließend möchte ich mich für Ihre Geduld mit mir bedanken.

Lüdenscheid, 2023
Ruben Schlutter

# Die Autorinnen und Autoren

## ■ Der Herausgeber

**Dr. Ruben Schlutter**

Dr. Ruben Schlutter ist als selbstständiger Dozent in der Aus- und Weiterbildung im Bereich der Kunststofftechnik und Simulation tätig. Er lehrt vorrangig die Fächer Spitzgießsimulation, strukturmechanische Simulation und Konstruieren mit Kunststoffen/Formteilauslegung. Nach seinem Maschinenbaustudium mit dem Schwerpunkt Produktentwicklung und Konstruktion an der Hochschule Schmalkalden promovierte er in einer kooperativen Promotion zwischen der Technischen Universität Chemnitz und der Hochschule Schmalkalden bei Prof. Dr. Michael Gehde und Prof. Dr. Thomas Seul im Themengebiet der Druckverlustanalyse in der Spritzgießsimulation. Nach der Promotion wechselte er an das Kunststoff-Institut für die mittelständische Wirtschaft in Lüdenscheid. Dort hat er verschiedene Forschungs- und Entwicklungsprojekte, wie die Internationalisierung des bestehenden Netzwerkes oder Spitzgießen im Umfeld der Industrie 4.0 (MONSOON) betreut. Im Jahr 2018 wechselte er in die gemeinnützige Forschungs-GmbH und betreute Projekte über die Herstellung und Verwendung biozider Nanopartikel und die Entwicklung eines zerstörungsfreien Prüfverfahrens zur qualitativen Beurteilung der Schaumstruktur von Kunststoffformteilen. Parallel engagierte sich Dr. Schlutter in den Weiterbildungsangeboten des Kunststoff-Instituts für die mittelständische Wirtschaft in den Schwerpunkten Form- und Lagetoleranzen, kunststoffgerechte Formteilauslegung und Kunststofftolerierung nach ISO 20 457. Seit 2022 ist er selbstständiger Dozent und Mitglied des Verbands deutscher Werkzeug- und Formenbauer (VDWF).

## ■ Die Mitverfasserinnen und Mitverfasser

**Dr. Andreas Balster**

Herr Dr. Andreas Balster promovierte 2001 an der Ruhr-Universität Bochum in organischer Chemie und arbeitete seit 2002 am Kunststoff-Institut für die mittelständische Wirtschaft (KIMW NRW GmbH) in Lüdenscheid. Dort leitete er unter anderem die Abteilung für Material- und Schadensanalyse, das Polymer Training Centre (PTC) und das Deutsche Institut für Ringversuche (DIR), bevor er 2023 als Leiter des Analytiklabors zur pro3dure medical GmbH in Iserlohn wechselte. Dr. Balster ist seit 2008 freiberuflicher Dozent der FH Südwestfalen und lehrte 2020 und 2021 online an der Frankfurt University of Applied Sciences. Von 2015-2022 war er aktives Mitglied des DIN-Normenausschusses Kunststoffe (FNK), Fachbereich NA 054-01-03 AA Physikalische, rheologische und analytische Prüfungen.

**Dr. Anatoliy Batmanov**

Herr Dr.-Ing. Anatoliy Batmanov studierte Halbleitertechnologie an der Nationalen Universität „Lwiwer Polytechnika" in der Ukraine. Anschließend promovierte er an der Universität Magdeburg zum Thema „Entwurf, Modellierung, Optimierung und Herstellung von Hochfrequenz mikroelektromechanischen Schaltern und koplanaren Filtern". Herr Dr.-Ing. Batmanov ist seit 20 Jahren im Bereich der Abscheidungstechnologien von dünnen Schichten verschiedener Art mittels CVD und PVD tätig. Seit 2019 arbeitet er als Projektmanager in der KIMW Forschungs-GmbH in der Abteilung Beschichtungstechnik.

Gemeinnützige KIMW Forschungs-GmbH
Lutherstraße 7
58 507 Lüdenscheid

### Dr. Veronika Brune

Frau Dr. Veronika Brune ist Post-Doktorandin und als wissenschaftliche Mitarbeiterin mit Lehrauftrag am Institut für Anorganische Chemie der Universität zu Köln am Lehrstuhl von Herrn Prof. Sanjay Mathur für Anorganische und Materialchemie angestellt. Sie ist für den Bereich der Synthese von molekularen Vorstufenmolekülen (Precursoren) für Gasphasenabscheidungen zuständig. Nach ihrem Chemiestudium an der Universität zu Köln promovierte sie unter der Leitung von Prof. Dr. Dr. (h.c.) Sanjay Mathur an der Universität zu Köln. Ihr Forschungs-
interesse liegt in der durch chemisches spezielles Design meteallchalkogenidischer Vorstufenmoleküle für Gasphasenmethoden zugänglich gemacht werden.

Institut für Anorganische Chemie
Universität zu Köln
Greinstr. 6
50 939 Köln

### Dr. Martin Ciaston

Herr Dr. Martin Ciaston, geboren 1981, ist ein hochqualifizierter Wissenschaftler mit einem starken Hintergrund in der analytischen Chemie. Er ist derzeit als Wissenschaftlicher Mitarbeiter bei der gemeinnützigen KIMW Forschungs-GmbH in der Projektleitung tätig. Herr Ciaston ist dort für die Entwicklung von Prozess- und Anlagentechnik in der MOCVD verantwortlich und hat innovative Beschichtungen für Spritzgießwerkzeuge entwickelt und charakterisiert. Er ist ein erfahrener Analytiker und hat bereits diverse Prüfmethoden entwickelt und validiert.

Herr Ciaston hat eine beeindruckende akademische Laufbahn absolviert, einschließlich seiner Promotion am Thünen-Institut in Braunschweig, wo er sich mit der katalytischen Derivatisierung von Itaconsäure für die Polyestersynthese beschäftigte. Während seiner Zeit als Wissenschaftlicher Mitarbeiter am Thünen-Institut hat er chemisch-katalytische Verfahren zur Herstellung und Modifizierung biobasierter Monomere aus Fermentationsprodukten entwickelt und dabei heterogene Katalysatoren in kontinuierlich betriebenen Festbettreaktoren und absatzweise betriebenen Rührkesselreaktoren hergestellt und eingesetzt. Zu diesem Zweck hat er geeignete analytische Methoden entwickelt und anschließend Polymere aus den hergestellten/modifizierten Monomeren synthetisiert und charakterisiert. Herr Ciaston hat einen Diplomabschluss in Chemie von der Technischen Universität Braunschweig und hat sich in seiner Diplomarbeit bei der Volkswagen AG mit der Eignung von Polymeren und amorphen Kohlenstoffen für die Implementierung in Lithium-Ionen-Zellen als Beschichtungsmaterial für Temperatur- und Drucksensorik beschäftigt.

**Patrick Engemann**

Herr Patrick Engemann absolvierte zunächst eine Ausbildung als Werkzeugmechaniker und studierte anschließend an der Fachhochschule Südwestfalen Fertigungstechnik. Nach Abschluss des Bachelor of Engineering an der Fachhochschule setzte Herr Engemann sein Studium an der Bergischen Universität Wuppertal im Bereich Maschinenbau fort. Seit 2017 ist Herr Engemann bei der Gemeinnützigen KIMW Forschungs-GmbH angestellt und beschäftigt sich dort schwerpunktmäßig mit der Weiterentwicklung der Werkzeugtemperierung für Spritzgusswerkzeuge und der CVD-Anlagentechnik auseinander.

Gemeinnützige KIMW Forschungs-GmbH
Lutherstraße 7
58 507 Lüdenscheid

**Dr. Thomas Fischer**

Herr Dr. Thomas Fischer ist akademischer Rat am Institut für Anorganische Chemie der Universität zu Köln und ist am Lehrstuhl für Anorganische und Materialchemie für die Gasphasenbeschichtungstechnologien verantwortlich. Nach seinem Chemiestudium der Chemie an der Julius-Maximilians-Universität Würzburg promovierte er bei Prof. Dr. Dr. (h.c.) Sanjay Mathur an der Universität zu Köln. Sein Forschungsinteresse gilt der Entwicklung neuer Gasphasenbeschichtungsmethoden und in operando Untersuchungen der dabei auftretenden Gasphasen- und Oberflächenreaktionen. Zusammen mit Herrn Prof. Mathur gründete er das Steinbeis Technologietransferunternehmen „Materials Alliance Cologne". Als Mitglied des Nachhaltigkeitsrates der Universität zu Köln ist Herr Dr. Fischer für den Teilbereich Nachhaltige Forschung verantwortlich und er ist aktives Mitglied der American Ceramic Society (USA).

Institut für Anorganische Chemie
Universität zu Köln
Greinstr. 6
50 939 Köln

**Vanessa Frettlöh, M. Sc.**

Vanessa Frettlöh studierte Chemie in Siegen und ist seit 2013 in der gemeinnützigen KIMW Forschungs-GmbH im Bereich der Beschichtungstechnik tätig. Neben der Betreuung von Forschungsprojekten in der Werkzeug- und Beschichtungstechnik widmete sie sich auch der Weiterentwicklung der CVD-Technik in Lüdenscheid. Seit 2020 ist Sie Bereichsleiterin Oberflächentechnik-Werkzeuge und damit für die Beschichtungstechnik mit Schwerpunkt chemischer Gasphasenabscheidung verantwortlich.

Gemeinnützige KIMW Forschungs-GmbH
Lutherstraße 7
58 507 Lüdenscheid

**Dipl.-Ing. Marko Gehlen**

Herr Marko Gehlen studierte von 1990 bis 1996 Kunststofftechnik an der RWTH Aachen. Danach arbeitete er einige Jahre im Bereich der mechanischen Entwicklung von DECT-Telefonen bei der Siemens AG in Bocholt, bevor er die Leitung der Formenkonstruktion/NC-Programmierung bei der Gigaset Communications GmbH (vormals Siemens) übernahm. Schließlich leitete er für vier Jahre die Kunststoffverarbeitung.

2015 startete er am Kunststoff-Institut Lüdenscheid und war dort zunächst für die bereichsübergreifende Entwicklung von Verbundprojekten zuständig. Seit 2019 arbeitet Herr Gehlen in der Forschungsstelle des Kunststoff-Instituts Lüdenscheid, innerhalb derer ein Schwerpunkt die Entwicklung von funktionellen Werkzeugbeschichtungen ist. Hier verantwortet er u. a. den Bereich Strategie und Innovation.

Gemeinnützige KIMW Forschungs-GmbH
Lutherstraße 7
58 507 Lüdenscheid

**Matthias Korres, B. Eng.**

Herr Korres absolvierte 2010 seine Ausbildung zum Verfahrensmechaniker für Kunststoff- und Kautschuktechnik im Bereich Spritzguss. Von 2012 an studierte er Maschinenbau mit der Vertiefung Kunststofftechnik an der Fachhochschule Südwestfalen zu Iserlohn. Als Abschlussarbeit entwickelte und optimierte er 2015 einen Prüfstand zur Vermessung der Haft- und Gleiteigenschaften von Kunststoffen zum Entformungszeitpunkt am Kunststoff-Institut Lüdenscheid.

Nach erfolgreichem Abschluss arbeitete Herr Korres zunächst in der Forschungsabteilung des Kunststoff-Instituts Lüdenscheid an Projekten zur Substitution von Metallbauteilen im Bereich von Druckgasgeneratoren und hybriden Werkzeugmaterialkonzepten. Anschließend wechselte er in den Bereich der Anwendungs- und Werkzeugtechnik am Institut und entwickelte eine Aufnahmeeinheit zur Erfassung und Analyse von Emissionen im Spritzgussprozess. Er beschäftigt sich unter anderem mit der Bewertung von Beschichtungen hinsichtlich ihrer Effektivität zur Reduzierung von Haft- und Belagsproblemen in der kunststoffverarbeitenden Industrie. Des Weiteren leitet und koordiniert er seit 2021 den Bereich für additive Fertigung am Kunststoff-Institut Lüdenscheid.

**Ameya Kulkarni, M. Sc.**

Herr Kulkarni studierte Computational Mechanics an der Universität Duisburg-Essen. Anschließend arbeitete er bei der KIMW-F gGmbH in der Forschung und Entwicklung für Strömungssimulationen von CVD-Reaktoren und Multiphysik-FEM-Berechnungen in unterschiedlichen Forschungsprojekten. Seit 2022 ist er bei der Winora Group und arbeitet in die Entwicklungsabteilung als FEM-Ingenieur.

Winora Group
Max-Planck-Straße 6
97 526 Sennfeld

**Dr. Angelo Librizzi**

Herr Dr. Angelo Librizzi absolvierte zunächst eine Berufsausbildung zum Werkzeugmechaniker – Formentechnik. Anschließend studierte er Maschinenbau – Kunststofftechnik an der Fachhochschule Südwestfalen in Iserlohn und an der Universität Paderborn. Neben seiner Berufstätigkeit promovierte er 2015 auf dem Gebiet der Dünnschichtsensorik zur Temperaturmessung in Spritzgießwerkzeugen am KTP der Universität Paderborn. Von 2008–2015 war er als Projektingenieur und als Bereichsleiter Oberflächentechnik an der Kunststoff-Institut Lüdenscheid GmbH tätig. 2015 wechselte er in die Forschungsstelle des Kunststoff-Instituts (KIMW Forschungs-gGmbH). Dort verantwortet er aktuell den Bereich der Werkzeug- und Prozesstechnik und ist als Prokurist Mitglied in der Geschäftsleitung.

Gemeinnützige KIMW Forschungs-GmbH
Lutherstraße 7
58 507 Lüdenscheid

### Dr. Orlaw Massler

Dr.-Ing. Orlaw Massler absolvierte zunächst ein Studium der Werkstoffwissenschaften an der Friedrich-Alexander-Universität Erlangen. Danach arbeitete er zunächst als Projekt- und Abteilungsleiter am Diamond Research Laboratory der De Beers Industrial Diamonds Division in Johannesburg, Südafrika. Seit 1999 war er dann bei der Balzers AG in Balzers, Liechtenstein (heute Oerlikon Surface Solutions) in verschiedenen Positionen, zuletzt als Entwicklungsleiter tätig. Von 2008 bis 2015 fungierte er in der Konzern-Forschung der Hilti AG in Liechtenstein als Tribologie-Experte. Seit 2015 ist Dr. Massler als Head of Research and Innovation der De Martin Gruppe mit Hauptsitz in der Schweiz tätig. Schwerpunkte sind sowohl innovative und hybride Funktions-Beschichtungen mit Elektrolyt-, PVD und PACVD Technologien, als auch disruptive Themen der Surface Technology.

De Martin AG Surface Technology
Froheggstrasse 34
CH 9545 Wängi

### Prof. Dr. Sanjay Mathur

Prof. Dr. Dr. (h.c.) Sanjay Mathur ist Lehrstuhlinhaber und Direktor am Institut für Anorganische Chemie der Universität zu Köln in Deutschland. Darüber hinaus ist er Direktor des Instituts für „Renewable Energy Sources" an der Xi'an Jiaotong Universität in China und ein herausragender Professor der Chonbuk Universität in Korea. Des Weiteren ist er Gastprofessor am Institut für „Global Innovation Research" an der Tokyo Universität für „Agriculture and Technolog" (TUAT) in Japan und Mitbestreiter des „Stimulating Peripheral Activity to Relieve Conditions" (SPARC) am Indian Institute of Technology–Madras (IIT–Madras) in Indien. Seine Forschungsarbeiten beschäftigt sich mit der gezielten Anwendung von Nanomaterialien und zukunftsorientierten keramischen Materialien für Energietechnologien. Prof. Sanjay Mathur besitzt elf Patente und ist (Co)Autor von mehr als 500 wissenschaftlichen Publikationen (h-Index 71) und editierte eine Reihe an Büchern. Er ist Editor der wissenschaftlichen Journale Journal of Electroceramics und NanoEnergy. Prof. Mathur ist ein akademisches Mitglied der World Academy of Ceramics sowie der American Ceramic Society (ACerS) und ASM International.

2016 wurde Herr Prof. Sanjay Mathur mit einem Ehrendoktor der Vilnius Universität geehrt. Gegenwärtig ist er im Vorstand der European Materials Research Society (E-MRS). 2020 wurde er mit der R. C. Mehrotra Lifetime Achievement Preis der Indian Science Congress Association ausgezeichnet. Er wurde 2020 als Mitglied der European Academy of Science und 2021 als Mitglied der National Academy of Science, India ausgezeichnet. Darüber hinaus wurde er 2021 mit dem Woody White Preis der Material Research Society (MRS) geehrt und erhielt 2022 die Medaillie der indischen Chemical Research Society. Im selben Jahr wurde ihm die Materials Frontiers Auszeichnung der International Union of Materials Research Society (IUMRS) zuteil. Aktuell ist er Präsident der American Ceramic Society (ACerS 2022-2023), USA und wurde für die Orton Jr. Lecture (2022/23) der American Ceramic Society berücksichtigt. Prof. Sanjay Mathur ist darüber hinaus Vorstandsmitglied der Deutschen Keramischen Gesellschaft (DKG) und gewähltes Mitglied des Prüfungsausschusses („Fachkollegiat") der Deutschen Forschungsgemeinschaft (DFG).

Institut für Anorganische Chemie
Universität zu Köln
Greinstr. 6
50 939 Köln

**Markus Pothmann**

Markus Pothmann ist Absolvent der Fachhochschule Münster und verfügt über umfangreiche Erfahrung auf dem Gebiet der Werkstofftechnik. Während seiner Zeit als wissenschaftlicher Mitarbeiter am Labor für Werkstofftechnik widmete er sich insbesondere der Entwicklung tribologischer Prüfstände. Seit 2021 ist er bei der gemeinnützigen KIMW Forschungs-GmbH tätig, wo er seine Expertise in innovative Forschungsprojekte einbringt. Neben seiner Haupttätigkeit engagiert sich Markus Pothmann als Inhaber eines Unternehmens, das sich auf den Vertrieb von 3D gedruckten Bauteilen spezialisiert hat.

Gemeinnützige KIMW Forschungs-GmbH
Lutherstraße 7
58 507 Lüdenscheid

**Dr. Stefan Svoboda**

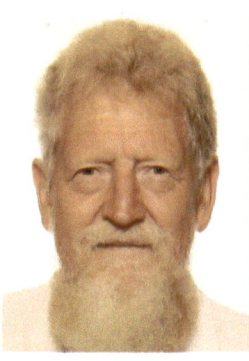

Herr Dr.-Ing. Stefan Svoboda studierte an der Technischen Universität Dresden Werkstoffwissenschaften und promovierte an der TU Ilmenau zum Thema „Nanostrukturierte Hartstoffschichten auf Sol-Gel-Basis zum Verschleißschutz".

Er arbeitete einige Jahre in der Werkzeugindustrie in Schmalkalden und parallel dazu seit 1982 an der Ingenieurschule, ab 1990 Fachhochschule Schmalkalden. Neben der Leitung des Labors für Mikroskopie und Werkstoffanalytik lehrte er in der Fakultät Maschinenbau der Hochschule Schmalkalden Werkstofftechnik und Tribologie. Daneben lehrt er als Privatdozent an der Dualen Hochschule Eisenach Werkstofftechnik, Werkstoffprüfung und Instandhaltung.

# 1 Einleitung

Dr. Ruben Schlutter

Der deutsche Werkzeugbau gehört zu den am höchsten entwickelten weltweit und gehört zu den Allstars der Werkzeugmärkte. Die weiteren Allstars sind China, die USA, Japan, Südkorea. Diese zeichnen sich durch eine hohe Werkzeugkompetenz und ein großen Produktionsvolumen aus. Der deutsche Werkzeugmarkt zeichnet sich dabei durch die höchste Werkzeugbaukompetenz und den fünftgrößten Markt aus. Damit ist der deutsche Werkzeugbau der wichtigste in Europa. Im Jahr 2020 hatte der deutsche Werkzeugmarkt ein Marktvolumen von ca. 1,84 Mrd € für Spritzgießwerkzeuge und ca. 400 Mio € für Druckgusswerkzeuge. Besonders hochpreisige und komplexe Werkzeuge werden in Deutschland gefertigt. [BLK+22]

Ebenso wie die Qualität der Spritzgießwerkzeuge immer weiter steigt, steigen auch die Anforderungen an die produzierten Kunststoffformteile. Neben den Anforderungen an das Design und die Oberfläche des Kunststoffformteils spielt auch die Fertigung eine wesentliche Rolle im Anforderungsprofil. Die Spritzgießwerkzeuge müssen dafür immer größeren Belastungen standhalten, sei es durch den Einsatz abrasiver oder korrosionsfördernder Kunststoffe, Füll- und Verstärkungsstoffe oder Additive oder auch durch technologische Forderungen, wie das Erreichen eines bestimmten Fließweges oder das optische Kaschieren einer Bindenaht. Innerhalb des Spritzgießprozesses können dabei vielfältige Fehler an den Formteilen und den Werkzeugen auftreten, die durch den Einsatz von Beschichtungen in den Werkzeugen gelöst oder minimiert werden können.

Das vorliegende Fachbuch fasst den gegenwärtigen Stand der Wissenschaft und Technik im Bereich der Beschichtungstechnologie zusammen. Die Auswahl geeigneter Schichten ist dabei immer ein Zusammenspiel zwischen dem Werkzeugbauer, dem Fertiger der Kunststoffformteile, dem Abnehmer der Kunststoffformteile und dem Beschichter.

## 1.1 Möglche Fehler an Formteilen

**Glanzunterschiede und Tigerlines**

Der Glanz eines Formteils entsteht dadurch, dass auf das Formteil einfallendes Licht reflektiert wird. Je glatter und gleichmäßiger die Oberfläche des Formteils ist, desto gleichmäßiger wird das Licht reflektiert und desto kleiner ist der Streuwinkel des reflektierten Lichtes. Strukturierte Oberflächen im Werkzeug, aber auch eine unterschiedliche Abbildung der Formteilkavität durch den Kunststoff führen zu Unterschieden im Glanzgrad. Im Bereich von Kühlkanälen, Auswerfern oder Wanddickenunterschieden treten Glanzunterschiede häufig auf, da hier Unterschiede in der lokalen Werkzeugwandtemperatur bestehen, die zu einer anderen Abbildungsgenauigkeit der Werkzeugwand im Vergleich zur umliegenden Formteilkavität führen. Beschichtungen beeinflussen ebenfalls den Glanzgrad. Durch unterschiedliche Eigenschaften und Wirkungsweisen der Beschichtungen kann hier keine allgemeingültige Aussage getroffen werden. [KI21]

Ein Spezialfall beim Auftreten von Glanzunterschieden sind Tigerlines. Sie treten vor allem bei der Verwendung von Blends oder Mehrphasensystemen auf. Durch die unterschiedliche Abformung der Formteilkavität durch die jeweilige Phase entstehen alternierende Glanzeindrücke, die zu einer optischen Streifenbildung führen. Hauptursachen für die Bildung von Tigerlines sind das partielle Ankristallisieren der Randschicht unter hohen Schubspannungen und Unterschiede in der Schmelzeelastizität. Auch die Änderung der Fließfrontgeschwindigkeit kann das Auftreten von Tigerlines begünstigen. [KI21]

**Matte Stellen im Anschnittbereich**

Im Anschnittbereich werden die Polymerketten der Schmelze stark gedehnt und orientiert. Da die Schmelze an der Werkzeugwand sofort einfriert, können diese Dehnungen und Orientierungen nicht durch Relaxation abgebaut werden. Die Bereiche hoher Orientierung weisen dabei schlechte mechanische Eigenschaften auf und sind sehr empfindlich gegenüber Rissen. Während die Schmelze unter der erstarrten Randschicht entlangfließt, reißt diese auf, sodass die Schmelze in die Risse strömen kann und wieder an der Werkzeugwand erstarrt. Es entstehen Mikrokerben, die zu einer stark gestreuten Lichtreflektion im Bereich des Anschnittes führen. [KI21]

**Bindenähte**

Wenn mehrere Fließfronten in der Kavität aufeinandertreffen, entsteht eine Bindenaht. Beim Zusammentreffen werden die Fließfronten abgeplattet, durchmischen sich teilweise und verkleben. An der Werkzeugwand entsteht eine Kerbe. Bei strukturierten Oberflächen können zusätzlich Glanzunterschiede auftreten. Diese stellen eine optische und mechanische Fehlstelle dar. [KI21]

**Entformungsriefen**

Entformungsriefen entstehen während des Ausstoßens des Formteils. Im Speziellen bei strukturierten Oberflächen und Formteilen mit großen Seitenflächen steigt die Entformungskraft stark an. Durch die Strukturierung oder die Oberflächenrauheit, die an den Seitenflächen quer zur Entformungsrichtung liegt, bilden sich mikroskopische Hinterschnitte, die zu Entformungsriefen führen können. [KI21]

**Schallplatteneffekt**

Schallplatteneffekte treten vor allem bei hochviskosen Kunststoffschmelzen in Verbindung mit einer niedrigen Einspritzgeschwindigkeit auf. Während des Einspritzens erstarrt die Randschicht hinter der Fließfront. Parallel kühlt der wandnahe Fließfrontbereich ebenfalls ab, wodurch der Quellstrom der Schmelze in Richtung der Werkzeugwand erschwert wird. Die nachströmende heiße Schmelze kann daher nicht bis zur Fließfront gefördert werden und sich an die Werkzeugwand anlegen. Stattdessen bewirkt sie eine Dehnung innerhalb des Strömungskanals. Wenn der Druck steigt, kommt die Fließfront wieder mit der Werkzeugwand in Berührung. Da diese Bereiche der Fließfront aber stark abgekühlt sind, kann sich kein vollständiger Kontakt mit der Werkzeugwand ausbilden. [KI21]

**Raue Oberfläche durch Belagbildung**

Belagbildung in der Werkzeugkavität kann vielfältige Ursachen haben. Zum einen neigen verschiedene Kunststoffe, wie unter anderem POM, PP, ABS, PC, PET und PBT, zu Bildung von Belegen. Darüber hinaus kann eine erhöhte Belagbildung bei der Verwendung von Flammhemmern, UV-Absorbern und Farbstoffen oder Gleitmitteln beobachtet werden. Bei der Verwendung der Additive ist die Belagbildung häufig auf eine Mischungsunverträglichkeit zwischen dem Polymer und dem Additiv zurückzuführen. Teilweise begünstigt der Einsatz der Additive auch chemische Reaktionen innerhalb des Polymers oder einen oxidativen Abbau der Polymerketten. [KI21]

Zum anderen kann eine ungünstige Werkzeugauslegung oder Prozessführung die Belagbildung begünstigen. Vor allem bei einer langen Verweilzeit oder hohen Scherung der Kunststoffschmelze kann eine Belagbildung in der Werkzeugkavität auftreten. Eine schlechte Werkzeugentlüftung kann dazu führen, dass die Luft und die Ausgasungen aus der Kunststoffschmelze nicht aus der Formteilkavität entweichen können. Der Einsatz von Schmier- und Trennmitteln führt ebenfalls zu einer Belagbildung. [KI21]

**Deformation beim Entformen**

Während der Entformung werden Kräfte durch das Entformungssystem auf das Kunststoffformteil aufgebracht. Das Kunststoffformteil kann durch diese Entformungskraft deformiert werden, weshalb die Entformungskraft kleingehalten werden muss. Die Schwindung wirkt sich dabei direkt auf die Entformungskraft aus und kann durch den Prozess günstig beeinflusst werden. Parallel neigen verschiedene Kunststoffe dazu, auf metallischen Oberflächen zu haften, was zu einer deutlichen Erhöhung der Entformungskraft führt. Auch der Einsatz einer variothermen Prozessführung kann, im Speziellen bei teilkristallinen Kunststoffen, zu einer Erhöhung der Entformungskraft führen, da die Werkzeugkavität detaillierter abgeformt werden kann. [KI21]

**Auswerferabdrücke und Weißbrüche**

Neben den Glanzunterschieden im Bereich von Auswerfern können auch sichtbare Abdrücke durch die Auswerfer im Formteil entstehen. Diese können unterschiedliche Ursachen haben, wie eine falsche Einpassung der Auswerferlängen oder einen Fehler bei der Dimensionierung des Entformungssystems. Prozessseitig können hohe Entformungskräfte oder ein frühzeitiges Entformen, aber auch hohe Temperaturdifferenzen innerhalb des Werkzeugs oder zwischen Werkzeug und Auswerfer zu Auswerferabdrücken führen. [KI21]

Weißbrüche entstehen durch das Überschreiten einer maximal zulässigen materialabhängigen Verformung. Durch den Weißbruch werden die eingebrachten Spannungen abgebaut. Weißbrüche treten häufig bei der Entformung unter Restdruck oder im Bereich von Auswerfern auf. Dabei werden die äußeren Schichten des Formteils durch die inneren gedehnt. [KI21]

**Unvollständig gefüllte Formteile**

Bei einem unvollständig gefüllten Formteil wird die Kavität nicht vollständig gefüllt. Dafür kann es verschiedene Ursachen geben. Neben einem zu geringen Dosiervolumen und Entlüftungsschwierigkeiten ist häufig der Einspritzdruck nicht ausreichend oder die Fließweglänge zu hoch, sodass die Kunststoffschmelze einfriert, bevor sie das Ende des Fließweges erreicht. [KI21]

## ■ 1.2 Ableitung eines Lasten- und Pflichtenheftes

Im Umfeld der Produktentwicklung hat sich ein dreistufiger Entwicklungs- und Dokumentationsprozess, bestehend aus dem Lastenheft, dem Pflichtenheft und der Anforderungsliste, weitgehend durchgesetzt. Tabelle 1.1 beschreibt den Zweck, die Inhalte und die Abgrenzungen der Dokumente. [Con10, Ehr07, PBF+07]

Das Lastenheft wird zuerst vom Auftraggeber erstellt und beschreibt alle Anforderungen und Randbedingungen aus der Sicht des Auftraggebers. Es dient als Grundlage für die Ausschreibung und das Angebot.

Das Pflichtenheft wird vom Lieferanten erstellt. Es enthält das Pflichtenheft und beschreibt die Kundenvorgaben mit den entsprechenden Anforderungen und wie diese bearbeitet und gelöst werden sollen.

Die Anforderungsliste enthält eine systematische Zusammenstellung aller Daten und Informationen. Sie wird durch den Entwickler erstellt und wird zur exakten Klärung der Aufgabe genutzt. Nach der Genehmigung durch den Auftraggeber sind das Pflichtenheft und die Anforderungsliste bindende Dokumente. [Con10, Ehr07, PBF+07]

**Tabelle 1.1** Die verschiedenen Dokumente zur Aufgabenklärung [Con08]

|  | Lastenheft | Pflichtenheft | Anforderungsliste |
| --- | --- | --- | --- |
| Definition | Die Anforderungen des Kunden werden als Liefer- und Leistungsumfang zusammengestellt. | Die Realisierung aller Anforderungen wird durch den Lieferanten beschrieben. | Die Zusammenstellung der Daten und Informationen durch den Entwickler für die Produktentwicklung. |
| Ersteller | Kunde | Lieferant | Konstrukteur/ Entwickler |
| Aufgabe | Definition, was und wofür zu lösen ist. | Definition, wie und womit Anforderungen realisiert werden. | Definition von Zweck und Eigenschaften der Anforderungen. |
| Bemerkung | Das Lastenheft enthält alle Anforderungen und Randbedingungen. | Das Pflichtenheft enthält das Lastenheft mit den Realisierungen der Anforderungen. | Die Anforderungsliste entspricht einem erweiterten Pflichtenheft. |

Dieses Vorgehen lässt sich auch auf die Entwicklung von Beschichtungen übertragen, wobei die Fragestellungen aus den unterschiedlichen notwendigen Einzeldisziplinen (u. a. das später zu fertigende Formteil, das zu beschichtende Bauteil, der spätere Fertigungsprozess) definiert und beantwortet werden müssen. Daraus ergibt sich die prinzipielle Gliederung des Lasten- und Pflichtenheftes zur Auswahl und Entwicklung eines geeigneten Beschichtungsprozesses:

- Anforderungen an das Formteil
    - Bauteilgeometrie
    - Bauteiloberfläche und relevante Oberflächen
    - verwendeter Kunststoff

- Anforderungen an das Werkzeug
  - zu beschichtender Werkzeugwerkstoff
  - zu beschichtende Oberfläche (Rauheit, Narbung, ...)
  - infrage kommende Beschichtungstechnologien
  - prinzipielle Entwicklung der Schicht
- Anforderungen an die Funktionalität der Schicht
  - angestrebte Spritzgießparameter
  - Methoden zur Werkzeugreinigung
  - systemspezifische Vorgaben und Restriktionen
- Funktionsprüfungen
  - Mess- und Charakterisierungsverfahren
  - Versuche zur Prüfung der Schichtqualität und Schichthaftung
  - Anwendung im Produktionswerkzeug
  - Effizienzuntersuchungen

Aus dieser prinzipiellen Gliederung entwickelt sich die Methodik zur Entwicklung der Beschichtungen nach Bild 1.1. Dabei werden zuerst mögliche Abscheidungsprozesse simuliert, um das Prozessfenster und die Lage des zu beschichtenden Bauteils im Reaktor für die spätere Beschichtung abschätzen zu können. Im zweiten Schritt erfolgt dann die eigentliche Beschichtung. Neben dem zu beschichtenden Bauteil werden dabei immer auch Metallmünzen an verschiedenen Stellen im Reaktor positioniert. An diesen Münzen werden die nachfolgenden Untersuchungen durchgeführt, um das Bauteil nicht zu beschädigen. Hier wird die Schichtdicke untersucht. Auch der Aufbau mehrlagiger Schichten, das Vorhandensein von Beschichtungsfehlern, die Haftung der Beschichtung auf dem Substrat oder die Härte der Schicht können an dieser Stelle untersucht werden. Eine Bewertung der Schichtoberfläche ist ebenfalls möglich. Je nach Zweck der applizierten Beschichtung werden weitere Untersuchungen durchgeführt, um die Eigenschaften der Beschichtung zu untersuchen und ihre Eignung in Hinblick auf die im Pflichtenheft und der Anforderungsliste definierten Anforderungen sicherzustellen. Die praktische Eignung der Beschichtung muss dann aber immer im realen Anwendungsfall erfolgen. Dabei werden die Beschichtungen im Neuzustand untersucht und nach der Anwendung der Beschichtung erneut, um ein Abtragen oder eine Beschädigung der Beschichtung charakterisieren zu können.

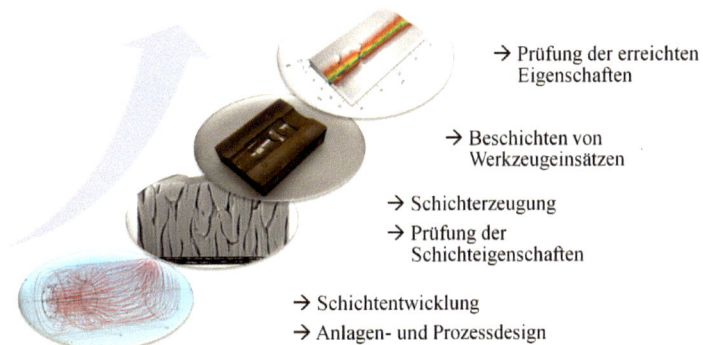

**Bild 1.1** Vorgehensweise bei der Entwicklung von Beschichtungen (Bildquelle: KIMW-F)

## ■ 1.3 Literatur

[BLK+22]  BOOS, W.; LUKAS, G.; KESSLER, N.; ET AL.: *World of Tooling 2022*. Studie der WBA Werkzeugbauakademie Aachen, 2022

[Con10]  CONRAD, K.: *Grundlagen der Konstruktionslehre*. München, Wien: Carl Hanser Verlag, 2010, 5. Auflage

[Ehr07]  EHRLENSPIEL, K.: *Integrierte Produktentwicklung*. München, Wien: Carl Hanser Verlag, 2007, 3. Auflage

[KI21]  N. N.: *Ratgeber Formteilfehler Thermoplast*. Firmenschrift der K.I.M.W. NRW GmbH, 2021, 14. Auflage

[PBF+07]  PAHL, G.; BEITZ, W.; FELDHUSEN, J.; GROTHE K.-H.: *Konstruktionslehre*. Berlin, Heidelberg: Springer Verlag, 2007, 7. Auflage

# 2 Werkzeugstähle und deren Beschichtbarkeit

Markus Pothmann

## ■ 2.1 Einführung in Werkzeugstähle

### 2.1.1 Definition von Werkzeugstählen

Werkzeugstähle sind eine Gruppe hochfester, hochverschleißfester Stähle, die speziell für die Verwendung bei der Herstellung von Werkzeugen und anderen Komponenten entwickelt wurden, die wiederholten Stößen, Abrieb und hohen Belastungen ausgesetzt sind. Diese Stähle haben in der Regel eine hohe Härte, Zähigkeit und Verformungsbeständigkeit, wodurch sie sich ideal für den Einsatz in Anwendungen eignen, die eine hohe Präzision und lange Werkzeuglebensdauer erfordern.

Die spezifischen Eigenschaften von Werkzeugstählen werden durch sorgfältiges Legieren und Wärmebehandeln erreicht. Legierungselemente wie Wolfram, Molybdän, Chrom und Vanadium werden dem Stahl zugesetzt, um seine Festigkeit, Verschleißfestigkeit und andere wichtige Eigenschaften zu verbessern. Die genaue Kombination dieser Elemente variiert je nach den spezifischen Anforderungen des herzustellenden Werkzeugs.

Werkzeugstähle werden aufgrund ihrer spezifischen Eigenschaften und ihres Verwendungszwecks typischerweise in mehrere Kategorien eingeteilt. Beispielsweise sind Schnellarbeitsstähle für den Einsatz in Hochgeschwindigkeitsbearbeitungsanwendungen konzipiert, während Kaltarbeitsstähle für den Einsatz in Anwendungen konzipiert sind, bei denen das Werkzeug extrem niedrigen Temperaturen ausgesetzt ist. Andere Kategorien von Werkzeugstählen umfassen Warmarbeitsstähle, Stähle für Kunststoffformen und stoßfeste Stähle.

Die hohe Festigkeit und Verschleißfestigkeit von Werkzeugstählen machen sie zu einem idealen Material für den Einsatz in einer Vielzahl industrieller Anwendungen, einschließlich Spritzguss. Die Auswahl des geeigneten Werkzeugstahls für eine bestimmte Anwendung kann jedoch ein komplexer Prozess sein, der eine sorgfältige Berücksichtigung von Faktoren wie der Art des zu formenden Kunststoffs, der gewünschten Oberflächenbeschaffenheit und der erforderlichen Werkzeugstandzeit erfordert.

## 2.1.2 Entwicklung der Werkzeugstähle

Die Entwicklung von Werkzeugstählen wurde durch die Notwendigkeit vorangetrieben, die Leistung und Langlebigkeit von Werkzeugen zu verbessern, die in verschiedenen industriellen Anwendungen verwendet werden. Im Laufe der Zeit haben Fortschritte in der Metallurgie, Wärmebehandlung und Herstellungstechniken zur Schaffung einer breiten Palette von Werkzeugstählen mit unterschiedlichen Eigenschaften und Merkmalen geführt.

Ein wichtiger Meilenstein in der Entwicklung von Werkzeugstählen war die Erfindung des Tiegelstahls Mitte des 19. Jahrhunderts. Diese neue Stahlsorte wurde durch Schmelzen von Eisen und Hinzufügen verschiedener Legierungselemente hergestellt, um ein homogeneres und konsistenteres Material zu schaffen. Es war auch möglich, größere Mengen von Tiegelstahl als andere Stahlsorten herzustellen, was ihn für Hersteller zugänglicher machte.

Im späten 19. und frühen 20. Jahrhundert wurden Werkzeugstählen neue Legierungselemente hinzugefügt, darunter Wolfram, Molybdän, Chrom und Vanadium. Diese Elemente verbesserten die Festigkeit, Zähigkeit und Verschleißfestigkeit von Werkzeugstählen erheblich und machten sie für anspruchsvolle industrielle Anwendungen besser geeignet.

Während des Zweiten Weltkriegs stieg die Nachfrage nach Werkzeugstählen dramatisch an, da sie in großem Umfang bei der Herstellung von Militärausrüstung verwendet wurden. Dies führte zu weiteren Fortschritten in der Werkzeugstahltechnologie, einschließlich der Entwicklung von Schnellarbeitsstählen, die den hohen Temperaturen widerstehen konnten, die durch die Hochgeschwindigkeitsbearbeitung erzeugt werden.

Heute sind Werkzeugstähle nach wie vor ein wichtiger Werkstoff für eine Vielzahl von industriellen Anwendungen, einschließlich des Spritzgusses. Technologische Fortschritte erweitern weiterhin die Grenzen dessen, was mit Werkzeugstählen möglich ist, und es werden ständig neue Materialien und Fertigungstechniken entwickelt, um ihre Leistung und Zuverlässigkeit zu verbessern.

## 2.1.3 Arten von Werkzeugstählen

Werkzeugstähle werden aufgrund ihrer Eigenschaften und Verwendungszwecke in verschiedene Typen eingeteilt. Die Klassifizierung basiert typischerweise auf den Legierungselementen und der Wärmebehandlung, die erforderlich sind, um bestimmte Eigenschaften zu erreichen.

### Kohlenstoff-Werkzeugstähle

Kohlenstoff-Werkzeugstähle wie etwa C75 oder C100S sind die älteste und einfachste Art von Werkzeugstahl. Sie haben einen Kohlenstoffgehalt von 0,6 % bis 1,5 %. Diese Stähle sind preiswert und einfach zu wärmebehandeln, was sie ideal für kleine Werkzeuge macht, die keine hohe Präzision erfordern. Kohlenstoff-Werkzeugstähle werden üblicherweise für Meißel, Messer und Handwerkzeuge verwendet.

### Schnellarbeitsstähle

Schnellarbeitsstähle sind für Hochgeschwindigkeitsbearbeitungsanwendungen ausgelegt, bei denen die Schnittgeschwindigkeit 50 Meter pro Minute übersteigt. Sie enthalten Wolfram, Molybdän und Vanadium als Legierungselemente. Diese Stähle haben ein hohes Maß an Härte, Verschleißfestigkeit und Zähigkeit, was sie ideal für Schneid- und Bohrwerkzeuge macht. Schnellarbeitsstähle werden üblicherweise für Schneidwerkzeuge in der Automobil-, Luft- und Raumfahrt- und medizinischen Industrie verwendet.

### Stoßfeste Werkzeugstähle

Stoßfeste Werkzeugstähle wie etwa 1.2714 oder 1.2355 sind darauf ausgelegt, Stoßbelastungen standzuhalten. Sie enthalten Chrom, Molybdän und Vanadium als Legierungselemente. Diese Stähle werden für Anwendungen verwendet, die eine hohe Zähigkeit und Beständigkeit gegen Rissbildung erfordern, wie z. B. Kaltmeißel, Hämmer und andere handgeführte Werkzeuge.

### Warmarbeitsstähle

Warmarbeitsstähle wie etwa 1.2343 oder 1.2344 sind für den Einsatz in Hochtemperaturanwendungen konzipiert, bei denen das Werkzeug hoher Beanspruchung und Verschleiß ausgesetzt ist. Sie enthalten Wolfram, Molybdän und Chrom als Legierungselemente. Diese Stähle haben ein hohes Maß an Zähigkeit, Verschleißfestigkeit und thermischer Stabilität, wodurch sie ideal für den Einsatz in Schmiedewerkzeugen, Strangpresswerkzeugen und anderen Warmarbeitsanwendungen sind.

### Kaltarbeitsstähle

Kaltarbeitsstähle wie etwa 1.2379 oder 1.2510 sind für den Einsatz in Kaltarbeitsanwendungen konzipiert, bei denen das Werkzeug hoher Beanspruchung und Verschleiß ausgesetzt ist. Sie enthalten Wolfram, Molybdän und Vanadium als Legierungselemente. Diese Stähle haben ein hohes Maß an Härte, Zähigkeit und Verschleißfestigkeit, was sie ideal für den Einsatz in Stanzwerkzeugen und anderen Kaltarbeitsanwendungen macht.

### Kunststoffformenstähle

Kunststoffformenstähle wie etwa 1.2311 oder 1.2738 sind für den Einsatz beim Spritzgießen und anderen Kunststoffformen bestimmt. Sie enthalten Chrom, Molybdän und Vanadium als Legierungselemente. Diese Stähle haben ein hohes Maß an Härte, Verschleißfestigkeit und Wärmeleitfähigkeit, was sie ideal für den Einsatz in Kunststoffformanwendungen macht.

### Hochfeste niedriglegierte (HSLA-) Werkzeugstähle

HSLA-Werkzeugstähle wie etwa S700MC sind für den Einsatz in hochfesten Anwendungen konzipiert, bei denen das Werkzeug hoher Beanspruchung und Verschleiß ausgesetzt ist. Sie enthalten Molybdän, Chrom und Vanadium als Legierungselemente. Diese Stähle haben ein hohes Maß an Härte, Zähigkeit und Verschleißfestigkeit, was sie ideal für den Einsatz in hochbelasteten Anwendungen wie Zahnrädern und Wellen macht [Tir17].

### Pulvermetallurgische Werkzeugstähle

Pulvermetallurgische Werkzeugstähle werden durch Mischen und Pressen feiner Metallpulver hergestellt, die dann bei hohen Temperaturen gesintert werden. Diese Stähle haben ein hohes Maß an Dichte, Zähigkeit und Verschleißfestigkeit, was sie ideal für den Einsatz in hochbelasteten Anwendungen wie Schneidwerkzeugen, Matrizen und anderen Präzisionskomponenten macht.

### Hochlegierte Werkzeugstähle

Hochlegierte Werkzeugstähle wie etwa 1.3247 sind für den Einsatz in Anwendungen konzipiert, die eine hohe Festigkeit und Verschleißfestigkeit erfordern. Sie enthalten einen hohen Anteil an Legierungselementen wie Wolfram, Molybdän.

## 2.1.4 Faktoren, die die Materialauswahl bei Spritzguss-Werkzeugstählen beeinflussen

Die Auswahl des richtigen Werkstoffs für Spritzguss-Werkzeugstähle wird von mehreren Faktoren beeinflusst, darunter:

- Formteilkomplexität: Die Komplexität des zu formenden Teils kann sich auf die Auswahl des Werkzeugstahls auswirken. Zum Beispiel können Formteile mit komplizierten Designs einen Werkzeugstahl mit höherer Zähigkeit und Verschleißfestigkeit erfordern, um dem Formprozess standzuhalten.
- Teilegröße: Die Größe des zu formenden Teils kann sich auch auf die Auswahl des Werkzeugstahls auswirken. Größere Formteile erfordern möglicherweise einen Werkzeugstahl mit höherer Wärmeleitfähigkeit und besserer Wärmeab-

leitung, um ein Verziehen und Reißen während des Formprozesses zu verhindern.
- Produktionsvolumen: Auch das Volumen der produzierten Formteile kann die Materialauswahl beeinflussen. Die Massenproduktion kann einen Werkzeugstahl erfordern, der der hohen Hitze und Belastung des Dauereinsatzes standhalten kann, während die Produktion in geringeren Mengen die Verwendung von weniger teuren Werkzeugstählen ermöglichen kann.
- Formmaterial: Auch das Formmaterial kann die Auswahl des Werkzeugstahls beeinflussen. Unterschiedliche Materialien haben unterschiedliche Schmelzflusseigenschaften und thermische Eigenschaften, die die Verschleißfestigkeit, Wärmeleitfähigkeit und Gesamtleistung des Werkzeugstahls beeinflussen können.

### 2.1.5 Herausforderungen bei der Auswahl von Spritzguss-Werkzeugstählen

Die Auswahl des richtigen Werkzeugstahls für den Spritzguss kann aufgrund der zahlreichen Faktoren, die sich auf die Materialauswahl auswirken können, eine Herausforderung darstellen. Einige der Herausforderungen umfassen:

- Abwägen von Leistung und Kosten: Hochleistungs-Werkzeugstähle haben oft einen höheren Preis, was es schwierig macht, die gewünschte Leistung mit den Materialkosten in Einklang zu bringen.
- Kompatibilität mit dem Spritzgussverfahren: Der Werkzeugstahl muss mit dem spezifischen Spritzgussverfahren kompatibel sein, das verwendet wird. Dazu gehört die Fähigkeit des Werkzeugstahls, den Temperatur- und Druckänderungen während des Formprozesses standzuhalten.
- Kundenspezifische Werkzeugstähle: In einigen Fällen können kundenspezifische Werkzeugstähle erforderlich sein, um die spezifischen Anforderungen der Anwendung zu erfüllen. Das kann die Komplexität und die Kosten des Werkzeugstahlauswahlprozesses erhöhen.

### 2.1.6 Zukünftige Entwicklung von Spritzguss-Werkzeugstählen

Da sich die Fertigungsindustrie ständig weiterentwickelt und die Anforderungen an höhere Qualität, Effizienz und Nachhaltigkeit steigen, wird der Bedarf an fortschrittlichen Materialien und Technologien im Spritzguss immer wichtiger. Die Entwicklung neuer und verbesserter Spritzguss-Werkzeugstähle ist unerlässlich, um den Anforderungen der Industrie gerecht zu werden.

In den letzten Jahren wurden erhebliche Fortschritte bei der Entwicklung von Werkzeugstählen für den Spritzguss erzielt, wobei der Schwerpunkt auf der Verbesserung von Eigenschaften wie Verschleißfestigkeit, Zähigkeit und Korrosionsbeständigkeit lag. Es gibt jedoch noch Raum für Verbesserungen, und die Zukunft der Spritzguss-Werkzeugstähle ist spannend.

Einer der Schlüsselbereiche der Entwicklung von Spritzguss-Werkzeugstählen ist die Einarbeitung fortschrittlicher Legierungselemente. Beispielsweise ist Bor dafür bekannt, die Zähigkeit und Verschleißfestigkeit von Werkzeugstählen zu verbessern, während Stickstoff die Korrosionsbeständigkeit und Ermüdungsfestigkeit verbessern kann. Andere Elemente wie Kupfer und Nickel können ebenfalls eingearbeitet werden, um spezifische Eigenschaften zu verbessern.

Neben neuen Legierungselementen werden auch Fortschritte in der Mikrostrukturtechnik erforscht. Der Einsatz fortschrittlicher Wärmebehandlungstechniken wie Abschrecken und Anlassen kann eine gleichmäßigere Mikrostruktur erzeugen und die mechanischen Eigenschaften des Werkzeugstahls verbessern. Auch die Einarbeitung nanoskaliger Partikel wie Karbide kann die Verschleißfestigkeit des Werkzeugstahls erhöhen.

Ein weiterer Entwicklungsbereich ist die Verwendung von Oberflächenbeschichtungen oder -behandlungen zur Verbesserung der Leistung von Spritzgusswerkzeugen. Beispielsweise können Beschichtungen mit diamantähnlichem Kohlenstoff (DLC) die Verschleißfestigkeit des Werkzeugstahls erhöhen, während Oberflächenbehandlungen wie Nitrieren die Oberflächenhärte und Korrosionsbeständigkeit verbessern können.

Die zunehmende Forderung nach Nachhaltigkeit in der Fertigung treibt auch die Entwicklung umweltfreundlicherer Spritzguss-Werkzeugstähle voran. Die Verwendung von recycelten Materialien wie Stahlschrott und anderen Metallen wird untersucht, um Abfall zu reduzieren und die Umweltauswirkungen des Herstellungsprozesses zu minimieren.

Insgesamt konzentriert sich die Zukunft der Spritzguss-Werkzeugstähle darauf, die Eigenschaften und Leistung dieser Materialien zu verbessern, um den sich entwickelnden Anforderungen der Fertigungsindustrie gerecht zu werden. Die Integration fortschrittlicher Legierungselemente, Mikrostrukturtechnik, Oberflächenbeschichtungen und Nachhaltigkeitsinitiativen werden alle eine entscheidende Rolle bei der Entwicklung der nächsten Generation von Spritzguss-Werkzeugstählen spielen.

## 2.2 Eigenschaften von Werkzeugstählen

### 2.2.1 Einführung in Spritzguss-Werkzeugstähle

Spritzgießen ist ein Herstellungsverfahren, das zur Herstellung einer breiten Palette von Kunststoffformteilen und -produkten verwendet wird. Beim Spritzgießen werden Kunststoffpellets oder -granulate geschmolzen und in einen Formhohlraum gespritzt, wo sie abkühlen und sich verfestigen, um das gewünschte Formteil zu bilden. Spritzgießen ist ein hocheffizientes und kostengünstiges Verfahren und damit eines der beliebtesten Verfahren zur Herstellung von Kunststoffformteilen.

Spritzgusswerkzeuge sind eine kritische Komponente des Spritzgussverfahrens. Die Werkzeuge müssen so konstruiert und hergestellt werden, dass sie den Belastungen des Formprozesses standhalten. Spritzguss-Werkzeugstähle sind speziell für die Verwendung in Spritzgusswerkzeugen konzipiert und müssen eine einzigartige Kombination von Eigenschaften besitzen, um den Belastungen des Formprozesses standzuhalten.

Werkzeugstähle sind eine Gruppe hochfester Stähle, die zum Schneiden, Umformen und Formen von Materialien verwendet werden. Sie sind bekannt für ihre hohe Härte, Verschleißfestigkeit und Zähigkeit. Spritzguss-Werkzeugstähle müssen ähnliche Eigenschaften wie Standard-Werkzeugstähle aufweisen, müssen aber auch spezifische Eigenschaften aufweisen, um den hohen Drücken, Temperaturen und dem Abrieb im Zusammenhang mit dem Spritzgussverfahren standzuhalten.

Die Eigenschaften von Spritzguss-Werkzeugstählen werden durch ihre Zusammensetzung, Mikrostruktur und Wärmebehandlung beeinflusst. Die Zusammensetzung des Stahls ist entscheidend für die Bestimmung seiner mechanischen Eigenschaften, einschließlich Härte, Zähigkeit und Verschleißfestigkeit. Die Mikrostruktur des Stahls, die durch den Wärmebehandlungsprozess beeinflusst wird, spielt eine entscheidende Rolle bei der Bestimmung der mechanischen Eigenschaften des Stahls.

Die Auswahl des geeigneten Spritzguss-Werkzeugstahls für eine bestimmte Anwendung ist entscheidend für den Erfolg des Formprozesses. Zu den Faktoren, die bei der Auswahl eines Werkzeugstahls berücksichtigt werden müssen, gehören die Art des zu formenden Kunststoffs, das erwartete Produktionsvolumen und die erwartete Werkzeuglebensdauer.

Zusammenfassend sind Spritzguss-Werkzeugstähle eine kritische Komponente des Spritzgussprozesses. Sie müssen sorgfältig ausgewählt werden, um sicherzustellen, dass sie die notwendigen Eigenschaften besitzen, um den Belastungen des Formgebungsprozesses standzuhalten. Auf die spezifischen Eigenschaften von Spritzguss-Werkzeugstählen und ihren Einfluss auf die Eignung für unterschiedliche Anwendungen wird im nächsten Abschnitt näher eingegangen.

## 2.2.2 Eigenschaften von Spritzguss-Werkzeugstählen

Spritzguss-Werkzeugstähle werden aufgrund ihrer Fähigkeit ausgewählt, den Belastungen des Spritzgussverfahrens standzuhalten. Sie müssen bestimmte Eigenschaften aufweisen, um sicherzustellen, dass sie dem hohen Druck, der hohen Temperatur und dem Abrieb im Zusammenhang mit dem Formgebungsprozess standhalten. In diesem Kapitel wird auf die wichtigen Eigenschaften von Spritzguss-Werkzeugstählen eingegangen und wie diese ihre Eignung für den Einsatz im Spritzguss beeinflussen.

**Härte**

Die Härte von Spritzguss-Werkzeugstählen ist eine wichtige Eigenschaft, die ihre Beständigkeit gegen Verschleiß und Verformung bestimmt. Je härter der Werkzeugstahl ist, desto widerstandsfähiger ist er gegen Verschleiß und Verformung unter Hochdruckformbedingungen. Mit zunehmender Härte nimmt jedoch die Zähigkeit des Werkzeugstahls ab. Damit der Werkzeugstahl den Belastungen des Formgebungsprozesses standhält, muss ein ausgewogenes Verhältnis zwischen Härte und Zähigkeit gefunden werden.

**Zähigkeit**

Zähigkeit ist die Fähigkeit eines Materials, Rissen oder Brüchen unter Bedingungen hoher Belastung zu widerstehen. Beim Spritzgießen werden Werkzeugstähle stark beansprucht und müssen eine hohe Zähigkeit aufweisen, um Risse oder Brüche zu vermeiden. Die Zähigkeit wird durch die Mikrostruktur des Werkzeugstahls sowie seine Legierungselemente und Wärmebehandlung beeinflusst.

**Verschleißfestigkeit**

Spritzguss-Werkzeugstähle müssen eine hohe Verschleißfestigkeit aufweisen, um eine Beschädigung der Werkzeugoberfläche zu vermeiden. Die Verschleißfestigkeit wird durch die Härte des Werkzeugstahls sowie dessen Gefüge und Legierungselemente beeinflusst. Werkzeugstähle mit hoher Verschleißfestigkeit werden typischerweise in Anwendungen eingesetzt, in denen die Werkzeugoberfläche einem hohen Grad an Abrieb ausgesetzt ist, wie z. B. bei der Herstellung von abrasiven Materialien oder Teilen mit rauen Oberflächen.

**Korrosionsbeständigkeit**

Korrosionsbeständigkeit ist eine wichtige Eigenschaft für Werkzeugstähle, die beim Spritzgießen verwendet werden, da der Spritzgussprozess korrosiv sein kann. Werkzeugstähle mit hoher Korrosionsbeständigkeit werden typischerweise in Anwendungen verwendet, in denen das Werkzeug korrosiven Materialien oder

Umgebungen ausgesetzt ist. Die Korrosionsbeständigkeit von Werkzeugstählen wird durch ihre Legierungselemente, insbesondere Chrom und Molybdän, beeinflusst.

**Wärmeleitfähigkeit**

Die Wärmeleitfähigkeit von Spritzguss-Werkzeugstählen ist wichtig, um eine gleichmäßige Temperatur im gesamten Werkzeug aufrechtzuerhalten. Werkzeugstähle mit hoher Wärmeleitfähigkeit sind besser in der Lage, Wärme von der Formteiloberfläche abzuleiten, reduzieren das Risiko von Hot Spots und verbessern die Gesamtqualität der Formteile. Die Wärmeleitfähigkeit von Werkzeugstählen wird durch ihre Legierungselemente, insbesondere Kupfer und Nickel, beeinflusst.

**Bearbeitbarkeit**

Die Bearbeitbarkeit ist eine wichtige Eigenschaft für Spritzguss-Werkzeugstähle, da sie maschinell bearbeitet werden müssen, um die für das Formen erforderlichen komplexen Formen zu erzeugen. Werkzeugstähle mit guter Zerspanbarkeit sind leichter zu bearbeiten und führen zu weniger Verschleiß an den Schneidwerkzeugen. Die Bearbeitbarkeit wird durch die Mikrostruktur des Werkzeugstahls sowie seine Legierungselemente und Wärmebehandlung beeinflusst [RM05].

Zusammenfassend spielen die Eigenschaften von Spritzguss-Werkzeugstählen eine entscheidende Rolle bei der Bestimmung ihrer Eignung für verschiedene Anwendungen. Die in diesem Kapitel erörterten Eigenschaften, einschließlich Härte, Zähigkeit, Verschleißfestigkeit, Korrosionsbeständigkeit, Wärmeleitfähigkeit und Bearbeitbarkeit, müssen bei der Auswahl eines Werkzeugstahls für den Spritzguss sorgfältig berücksichtigt werden. Im nächsten Kapitel gehen werden die verschiedenen Arten von Werkzeugstählen und ihre spezifischen Eigenschaften vorgestellt, die üblicherweise im Spritzguss verwendet werden.

## 2.2.3 Zusammensetzung von Spritzguss-Werkzeugstählen

Spritzguss-Werkzeugstähle wie 1.2344 oder 1.2311 sind Hochleistungswerkstoffe, die den extremen Bedingungen des Spritzgussverfahrens standhalten. Diese Stähle sind speziell formuliert, um eine hervorragende Festigkeit, Zähigkeit, Verschleißfestigkeit und thermische Stabilität zu bieten und eine lange Lebensdauer und konstante Leistung des Spritzgusswerkzeugs zu gewährleisten. Die Zusammensetzung von Spritzguss-Werkzeugstählen spielt eine entscheidende Rolle bei der Bestimmung ihrer Eigenschaften und Eignung für verschiedene Anwendungen. In diesem Kapitel werden die verschiedenen Arten von Werkzeugstählen und ihre Zusammensetzung vorgestellt, die beim Spritzgießen verwendet werden.

**Niedriglegierte Werkzeugstähle**

Niedriglegierte Werkzeugstähle werden aufgrund ihrer hervorragenden Kombination aus Zähigkeit und Verschleißfestigkeit häufig bei der Herstellung von Spritzgusswerkzeugen verwendet. Diese Werkzeugstähle enthalten einen geringen Prozentsatz an Legierungselementen, typischerweise weniger als 5 %, darunter Chrom, Molybdän und Vanadium. Der Kohlenstoffgehalt in diesen Werkzeugstählen liegt zwischen 0,3 % und 0,6 % und sie werden oft wärmebehandelt, um die gewünschten Eigenschaften zu erreichen.

**Hochlegierte Werkzeugstähle**

Hochlegierte Werkzeugstähle sind so konzipiert, dass sie eine außergewöhnliche Verschleißfestigkeit, Zähigkeit und Korrosionsbeständigkeit bieten. Diese Werkzeugstähle enthalten einen höheren Anteil an Legierungselementen als niedriglegierte Werkzeugstähle, oft über 5 %. Chrom, Molybdän, Vanadium und Wolfram sind häufig verwendete Legierungselemente in hochlegierten Werkzeugstählen. Der Kohlenstoffgehalt in hochlegierten Werkzeugstählen liegt zwischen 0,7 % und 1,5 % und sie werden typischerweise wärmebehandelt, um die gewünschten Eigenschaften zu erreichen.

**Schnellarbeitsstähle**

Schnellarbeitsstähle werden zur Herstellung von Spritzgusswerkzeugen verwendet, die hohe Schnittgeschwindigkeiten und Temperaturen erfordern, wie sie beispielsweise für die Bearbeitung von duroplastischen Kunststoffen verwendet werden. Diese Werkzeugstähle enthalten typischerweise hohe Gehalte an Kohlenstoff, Wolfram, Molybdän und Chrom. Der hohe Kohlenstoffgehalt in Schnellarbeitsstählen reicht von 0,8 % bis 1,5 %, während die Legierungselemente typischerweise in Mengen von 7 % bis 20 % vorhanden sind. Schnellarbeitsstähle werden wärmebehandelt, um die gewünschten Eigenschaften zu erreichen, einschließlich hoher Härte, Verschleißfestigkeit und Zähigkeit.

**Warmarbeitsstähle**

Warmarbeitsstähle sind darauf ausgelegt, den hohen Temperaturen und Drücken beim Spritzgießen standzuhalten. Diese Werkzeugstähle enthalten typischerweise einen hohen Prozentsatz an Chrom, Molybdän und Vanadium sowie andere Legierungselemente wie Wolfram, Kobalt und Nickel. Der Kohlenstoffgehalt in Warmarbeitsstählen liegt zwischen 0,4 % und 1,4 %, und sie werden wärmebehandelt, um die gewünschten Eigenschaften zu erreichen, einschließlich hoher Härte, Zähigkeit und thermischer Stabilität.

### Kaltarbeitsstähle

Kaltarbeitsstähle werden zur Herstellung von Spritzgusswerkzeugen verwendet, die eine hohe Verschleißfestigkeit, Zähigkeit und Maßhaltigkeit erfordern. Diese Werkzeugstähle enthalten typischerweise einen kleinen Prozentsatz an Legierungselementen, einschließlich Chrom, Molybdän, Vanadium und Wolfram. Der Kohlenstoffgehalt in Kaltarbeitsstählen liegt zwischen 0,5 % und 1,5 %, und sie werden häufig wärmebehandelt, um ihre gewünschten Eigenschaften zu erreichen.

### Maraging-Werkzeugstähle

Maraging-Werkzeugstähle sind hochfeste, niedriglegierte Stähle, die üblicherweise bei der Herstellung von Spritzgusswerkzeugen verwendet werden. Diese Werkzeugstähle enthalten einen kleinen Prozentsatz an Kohlenstoff, typischerweise weniger als 0,03 %, und einen hohen Prozentsatz an Nickel, Kobalt und Molybdän. Maraging-Werkzeugstähle werden wärmebehandelt, um ihre gewünschten Eigenschaften zu erreichen, zu denen hohe Festigkeit, Zähigkeit und Verschleißfestigkeit gehören.

### Pulvermetallurgische Werkzeugstähle

Pulvermetallurgische Werkzeugstähle werden durch ein Verfahren hergestellt, bei dem pulverförmiger Werkzeugstahl mit einem Bindemittel gemischt und die Mischung dann in eine gewünschte Form verdichtet wird. Diese Werkzeugstähle bieten eine hervorragende Verschleißfestigkeit, Zähigkeit und Dimensionsstabilität, wodurch sie sich ideal für den Einsatz in Spritzgusswerkzeugen eignen. Pulvermetallurgische Werkzeugstähle enthalten typischerweise hohe Anteile an Legierungselementen wie Chrom, Molybdän und Vanadium, und ihr Kohlenstoffgehalt liegt im Bereich von 0,4 % bis 2,5 %. Sie werden wärmebehandelt, um ihre gewünschten Eigenschaften zu erreichen.

### Edelstähle

Edelstähle sind eine Gruppe korrosionsbeständiger Stähle, die üblicherweise bei der Herstellung von Spritzgusswerkzeugen verwendet werden. Diese Werkzeugstähle enthalten mindestens 10,5 % Chrom, was eine hervorragende Korrosionsbeständigkeit bietet. Sie enthalten auch unterschiedliche Mengen an anderen Legierungselementen wie Nickel und Molybdän, die ihre mechanischen Eigenschaften verbessern können. Rostfreie Stähle sind in mehreren verschiedenen Sorten erhältlich, jede mit ihrer eigenen einzigartigen Kombination von Eigenschaften, und sie werden oft wärmebehandelt, um ihre Festigkeit und Zähigkeit zu verbessern.

**Spezialisierte Werkzeugstähle**

Zusätzlich zu den bereits besprochenen Werkzeugstählen gibt es auch mehrere spezialisierte Werkzeugstähle, die beim Spritzgießen verwendet werden. Dazu gehören unter anderem hochfeste Werkzeugstähle, schlagzähe Werkzeugstähle und verschleißfeste Werkzeugstähle. Diese Werkzeugstähle sind so formuliert, dass sie spezifische Anforderungen des Spritzgussverfahrens erfüllen, wie z. B. die Fähigkeit, hohen Stoßkräften standzuhalten oder Verschleiß und Abrieb zu widerstehen.

Zusammenfassend lässt sich sagen, dass die Zusammensetzung von Spritzguss-Werkzeugstählen eine entscheidende Rolle bei der Bestimmung ihrer Eigenschaften und Eignung für verschiedene Anwendungen spielt. Werkzeugstähle können sich hinsichtlich ihrer Legierungselemente, ihres Kohlenstoffgehalts und ihrer Wärmebehandlung stark unterscheiden. Daher ist es wichtig, den richtigen Werkzeugstahl für die spezifischen Anforderungen des Spritzgießprozesses auszuwählen. Im nächsten Abschnitt wird der Wärmebehandlungsprozess, der zur Verbesserung der Eigenschaften von Spritzguss-Werkzeugstählen verwendet wird, vorgestellt [Sch98].

### 2.2.4 Wärmebehandlung von Spritzguss-Werkzeugstählen

Die Wärmebehandlung (vgl. Bild 2.1) ist ein entscheidender Schritt im Herstellungsprozess von Spritzguss-Werkzeugstählen. Eine ordnungsgemäße Wärmebehandlung kann die mechanischen Eigenschaften des Werkzeugstahls, einschließlich seiner Härte, Zähigkeit und Verschleißfestigkeit, erheblich verbessern. Der Wärmebehandlungsprozess umfasst typischerweise die folgenden Schritte:

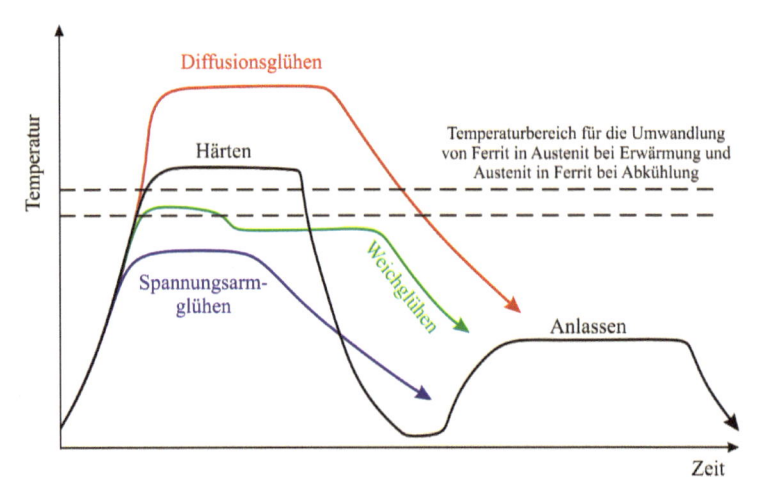

**Bild 2.1** Wärmebehandlung von Stählen (eigene Abbildung in Anlehnung an [Sch21])

## Glühen

Beim Glühen wird der Werkzeugstahl auf eine bestimmte Temperatur erhitzt und dort für eine gewisse Zeit gehalten, bevor er langsam abgekühlt wird. Dieser Prozess wird verwendet, um innere Spannungen im Werkzeugstahl abzubauen und seine Bearbeitbarkeit zu verbessern. Das Glühen macht den Werkzeugstahl auch weicher und duktiler, was bei bestimmten Anwendungen von Vorteil sein kann.

## Härten

Beim Härten wird der Werkzeugstahl auf eine hohe Temperatur erhitzt und dann schnell auf Raumtemperatur abgekühlt. Dieser Prozess erzeugt eine harte, verschleißfeste Oberflächenschicht auf dem Werkzeugstahl, während ein relativ weiches und zähes Inneres erhalten bleibt. Das Härten kann je nach Zusammensetzung und gewünschten Eigenschaften des Werkzeugstahls mit verschiedenen Techniken erfolgen, wie z. B. Ölabschreckung, Wasserabschreckung oder Luftkühlung.

## Anlassen

Anlassen ist das erneute Erhitzen des gehärteten Werkzeugstahls auf eine bestimmte Temperatur und das anschließende Abkühlen auf Raumtemperatur. Dieser Prozess verringert die Härte und Sprödigkeit des Werkzeugstahls und verbessert gleichzeitig seine Zähigkeit und Duktilität. Durch das Anlassen können auch Eigenspannungen im Werkzeugstahl abgebaut und seine Maßhaltigkeit verbessert werden.

Das spezifische Wärmebehandlungsverfahren, das für Spritzguss-Werkzeugstähle verwendet wird, hängt von der Zusammensetzung des Stahls und den gewünschten Eigenschaften für die Anwendung ab. Zum Beispiel können Hochgeschwindigkeits-Werkzeugstähle einen anderen Wärmebehandlungsprozess erfordern als Hochtemperatur-Werkzeugstähle.

Es ist auch wichtig zu beachten, dass eine unsachgemäße Wärmebehandlung die Leistung und Lebensdauer von Spritzguss-Werkzeugstählen erheblich verringern kann. Überhitzung, Unterhitzung oder schnelles Abkühlen kann dazu führen, dass der Werkzeugstahl zu spröde oder weich wird, was zu Rissen, Abplatzungen oder Verformungen während des Gebrauchs führt. Daher ist es wichtig, die richtigen Wärmebehandlungsverfahren zu befolgen und erfahrene Fachleute einzusetzen, um die besten Ergebnisse zu erzielen.

Neben der Wärmebehandlung spielen auch andere Faktoren wie Oberflächenbehandlung, Konstruktionsüberlegungen und Wartung eine entscheidende Rolle für die Leistung und Lebensdauer von Spritzguss-Werkzeugstählen. Die richtige Pflege und Wartung, einschließlich regelmäßiger Reinigung, Schmierung und Inspektion, kann die Lebensdauer des Werkzeugstahls verlängern und eine optimale Leistung im Spritzgießprozess sicherstellen.

### 2.2.5 Oberflächenbehandlung von Spritzguss-Werkzeugstählen

Spritzguss-Werkzeugstähle können behandelt werden, um ihre Oberflächeneigenschaften zu verbessern, wie z. B. Verschleißfestigkeit, Korrosionsbeständigkeit und Trenneigenschaften. Im Folgenden sind einige gängige Oberflächenbehandlungsverfahren für Spritzguss-Werkzeugstähle aufgeführt:

**Nitrieren**

Nitrieren ist ein Oberflächenhärteverfahren, bei dem Stickstoff in die Oberfläche des Werkzeugstahls eingebracht wird, um eine harte Nitridschicht zu bilden. Dieser Prozess verbessert die Verschleißfestigkeit und Ermüdungsfestigkeit des Werkzeugstahls sowie seine Korrosionsbeständigkeit.

Es gibt zwei Hauptarten des Nitrierens: Gasnitrieren und Plasmanitrieren. Das Gasnitrieren wird bei Temperaturen zwischen 495–565 °C in einer stickstoffreichen Gasatmosphäre durchgeführt, während das Plasmanitrieren bei Temperaturen zwischen 400–580 °C in einer Niederdruck-Plasmaatmosphäre durchgeführt wird. Plasmanitrieren bietet eine bessere Kontrolle über die Dicke und Zusammensetzung der Nitridschicht, was zu einer besseren Leistung führt.

**PVD-Beschichtung (siehe auch Kapitel 3.2)**

Physikalische Gasphasenabscheidung (PVD) ist ein Prozess, bei dem ein dünner Materialfilm auf der Oberfläche des Werkzeugstahls abgeschieden wird. PVD-Beschichtungen werden typischerweise verwendet, um die Verschleißfestigkeit, Korrosionsbeständigkeit und Trenneigenschaften des Werkzeugstahls zu verbessern.

Übliche PVD-Beschichtungen, die für Spritzguss-Werkzeugstähle verwendet werden, umfassen Titannitrid (TiN), Titancarbonitrid (TiCN) und diamantähnlichen Kohlenstoff (DLC). TiN- und TiCN-Beschichtungen verbessern die Verschleißfestigkeit, während DLC-Beschichtungen die Trenneigenschaften verbessern.

**DLC-Beschichtung**

Diamantähnlicher Kohlenstoff (DLC) ist eine Art PVD-Beschichtung, die aus amorphem Kohlenstoff mit einer diamantähnlichen Struktur besteht. DLC-Beschichtungen sind bekannt für ihre hervorragende Verschleißfestigkeit, geringe Reibung und hohe Härte.

DLC-Beschichtungen können auf Spritzguss-Werkzeugstähle aufgetragen werden, um ihre Leistung zu verbessern, insbesondere bei Anwendungen, bei denen hohe Reibung und Verschleiß ein Problem darstellen. Sie können auch die Trenneigenschaften des Werkzeugstahls verbessern, was zu einem leichteren Teileauswurf und weniger Formfehlern führt.

**Galvanisieren (siehe auch Kapitel 3.1)**

Galvanisieren ist ein Prozess, bei dem eine dünne Metallschicht mittels eines elektrischen Stromes auf die Oberfläche des Werkzeugstahls aufgebracht wird. Galvanisieren kann verwendet werden, um die Korrosionsbeständigkeit, Verschleißfestigkeit und Trenneigenschaften des Werkzeugstahls zu verbessern.

Übliche Galvanisierungsmaterialien, die für Spritzguss-Werkzeugstähle verwendet werden, umfassen Chrom, Nickel und Zink. Eine Chromplattierung ist besonders wirksam bei der Verbesserung der Korrosionsbeständigkeit, während eine Nickelplattierung die Verschleißfestigkeit und die Trenneigenschaften verbessert.

Zusammenfassend können Oberflächenbehandlungsverfahren wie Nitrieren, PVD-Beschichten, DLC-Beschichten und Galvanisieren verwendet werden, um die Oberflächeneigenschaften von Spritzguss-Werkzeugstählen zu verbessern. Diese Behandlungen können die Verschleißfestigkeit, Korrosionsbeständigkeit, Trenneigenschaften und Gesamtleistung verbessern. Es ist wichtig, die geeignete Oberflächenbehandlungsmethode basierend auf der spezifischen Anwendung und den Leistungsanforderungen auszuwählen [Lie18].

### 2.2.6 Wartung und Pflege von Spritzguss-Werkzeugstählen

Die richtige Wartung und Pflege von Spritzguss-Werkzeugstählen ist unerlässlich, um ihre Langlebigkeit und Leistung sicherzustellen. Die Vernachlässigung der ordnungsgemäßen Wartung kann zu reduzierter Leistung, kürzerer Lebensdauer und sogar zum Ausfall des Werkzeugs führen.

**Regelmäßige Reinigung und Inspektion**

Regelmäßige Reinigung und Inspektion sind entscheidend, um Anzeichen von Verschleiß oder Beschädigungen des Werkzeugstahls zu erkennen. Die Reinigung kann unter Verwendung eines Lösungsmittels erfolgen, um Schmutz oder Rückstände aus dem Formprozess zu entfernen. Es ist wichtig, die Verwendung von abrasiven Materialien oder aggressiven Chemikalien zu vermeiden, die die Oberfläche des Werkzeugstahls beschädigen können.

Nach der Reinigung sollte der Werkzeugstahl auf Anzeichen von Verschleiß oder Beschädigung wie Risse, Späne oder Lochfraß untersucht werden. Alle Probleme sollten sofort angegangen werden, um weitere Schäden und potenzielle Werkzeugausfälle zu vermeiden.

**Schmierung**

Die richtige Schmierung ist für die Langlebigkeit und Leistung von Spritzguss-Werkzeugstählen unerlässlich. Die Schmierung reduziert die Reibung zwischen dem Werkzeugstahl und dem zu formenden Material, reduziert den Verschleiß und verhindert das Festfressen des Werkzeugs.

Es gibt verschiedene Arten von Schmiermitteln, die verwendet werden können, einschließlich Öle, Fette und Trockenschmiermittel. Es ist wichtig, ein Schmiermittel zu wählen, das mit der spezifischen Art des verwendeten Werkzeugstahls und dem zu formenden Material kompatibel ist.

### Ordnungsgemäße Lagerung

Die richtige Lagerung ist wichtig, um zu verhindern, dass sich Rost und Korrosion auf dem Werkzeugstahl entwickeln. Werkzeugstähle sollten in einer sauberen, trockenen Umgebung fern von Staub und Nässe gelagert werden. Sie sollten in einem Regal oder einer Schublade aufbewahrt werden, die sie organisiert hält und verhindert, dass sie mit anderen Werkzeugen in Kontakt kommen.

Es ist auch wichtig, jeden Werkzeugstahl richtig zu kennzeichnen und zu identifizieren, um Verwechslungen zu vermeiden und sicherzustellen, dass für jede Anwendung der richtige Werkzeugstahl verwendet wird.

### Ordnungsgemäße Handhabung

Werkzeugstähle sollten vorsichtig behandelt werden, um eine Beschädigung der Oberfläche oder Kanten zu vermeiden. Sie sollten mit geeigneten Hebetechniken angehoben und bewegt werden und nicht fallen gelassen oder falsch gehandhabt werden.

Es ist wichtig, den Werkzeugstahl nicht für andere Zwecke als das Spritzgießen zu verwenden, um unnötigen Verschleiß und Beschädigungen zu vermeiden. Er sollte auch innerhalb der empfohlenen Betriebsparameter verwendet werden, um übermäßigen Verschleiß und vorzeitigen Ausfall zu vermeiden.

### Überholung und Reparatur

Im Laufe der Zeit müssen Spritzguss-Werkzeugstähle möglicherweise überholt oder repariert werden, um ihre Leistung und Langlebigkeit zu erhalten. Bei der Wiederaufbereitung wird die Oberfläche des Werkzeugstahls in ihren ursprünglichen Zustand zurückversetzt, indem Beschädigungen oder Verschleiß beseitigt werden.

Die Reparatur kann Schweißen oder Schleifen umfassen, um Risse oder Späne im Werkzeugstahl zu beheben. Es ist wichtig, dass Sie für alle Wiederaufbereitungs- oder Reparaturarbeiten einen qualifizierten Fachmann hinzuziehen, um sicherzustellen, dass der Werkzeugstahl seine Eigenschaften und Leistung behält.

Zusammenfassend lässt sich sagen, dass die richtige Wartung und Pflege von Spritzguss-Werkzeugstählen unerlässlich ist, um ihre Langlebigkeit und Leistung sicherzustellen. Regelmäßige Reinigung und Inspektion, ordnungsgemäße Schmierung, Lagerung, Handhabung und Überholung oder Reparatur bei Bedarf sind wichtige Schritte, um die optimale Leistung und Lebensdauer von Spritzguss-Werkzeugstählen sicherzustellen.

## 2.3 Auswahl von Spritzguss-Werkzeugstählen

Die Auswahl der Spritzguss-Werkzeugstähle ist ein entscheidender Faktor, um die Leistung, Qualität und Effizienz des Spritzgussprozesses sicherzustellen. Bei der Auswahl von Werkzeugstählen für Spritzgussanwendungen sind mehrere Faktoren zu berücksichtigen, darunter:

- Materialeigenschaften: Die Materialeigenschaften des Werkzeugstahls müssen sorgfältig berücksichtigt werden, um sicherzustellen, dass er den Anforderungen der Anwendung entspricht. Faktoren wie Härte, Zähigkeit, Verschleißfestigkeit, Korrosionsbeständigkeit und Bearbeitbarkeit sind wichtige Überlegungen.
- Formteilwerkstoff und -geometrie: Das Material und die Geometrie des herzustellenden Formteils wirken sich auf die Auswahl des Werkzeugstahls aus. Wenn das Teil beispielsweise aus abrasivem oder korrosivem Material besteht, kann ein Werkzeugstahl mit hoher Verschleiß- oder Korrosionsbeständigkeit erforderlich sein. Wenn das Formteil eine komplexe Geometrie hat oder eine hohe Präzision erfordert, kann ein Werkzeugstahl mit guter Bearbeitbarkeit erforderlich sein.
- Produktionsvolumen: Das erwartete Produktionsvolumen des Spritzgussverfahrens wird sich auch auf die Auswahl des Werkzeugstahls auswirken. Für die Kleinserienproduktion kann ein Werkzeugstahl mit geringerer Verschleißfestigkeit akzeptabel sein, während für die Großserienproduktion ein Werkzeugstahl mit hoher Verschleißfestigkeit erforderlich ist, um sicherzustellen, dass die Werkzeuge lange genug halten.
- Kosten: Kosten sind immer ein Faktor bei der Auswahl von Werkzeugstählen. Während Hochleistungs-Werkzeugstähle erhebliche Vorteile in Bezug auf Leistung und Standzeit bieten können, können sie auch erheblich teurer sein als minderwertige Werkzeugstähle. Die Kosten für Werkzeugstahl müssen gegen die Leistungs- und Effizienzanforderungen der Anwendung abgewogen werden.
- Verfügbarkeit: Auch die Verfügbarkeit des Werkzeugstahls muss berücksichtigt werden. Einige spezialisierte Werkzeugstähle sind möglicherweise schwer zu beschaffen, was sich auf die Produktionszeiten und -kosten auswirken kann.

Das Deutsche Institut für Normung (DIN) hat ein Klassifizierungssystem für Werkzeugstähle auf der Grundlage ihrer Eigenschaften und Anwendungen aufgestellt (DIN EN ISO 4957). DIN-Werkzeugstahlsorten werden aufgrund ihrer hohen Qualität und Haltbarkeit häufig in Spritzgussanwendungen verwendet.

Im Folgenden werden einige Beispiele für Spritzguss-Werkzeugstähle nach DIN-Norm vorgestellt:

- 1.2311 (P20): Dies ist ein niedriglegierter Kohlenstoff-Werkzeugstahl, der aufgrund seiner guten Bearbeitbarkeit, Zähigkeit und Verschleißfestigkeit in Spritzgussanwendungen weit verbreitet ist. Er eignet sich zur Herstellung großer und komplexer Teile mit hohen Anforderungen an die Oberflächengüte.

- 1.2343 (H11): Dies ist ein Warmarbeitsstahl mit hoher Hitzebeständigkeit und ausgezeichneter Zähigkeit. Er wird häufig in Spritzgussanwendungen zur Herstellung von Teilen mit hohen Anforderungen an Maßhaltigkeit und Oberflächenbeschaffenheit verwendet.

- 1.2738 (P20+Ni): Dies ist ein niedriglegierter Kohlenstoff-Werkzeugstahl, der Nickel für verbesserte Zähigkeit und Bearbeitbarkeit enthält. Er eignet sich für die Herstellung großer und komplexer Teile mit hohen Anforderungen an die Oberflächengüte sowie für Formaufbauten und Kern- und Kavitätseinsätze.

- 1.2083 (420): Dies ist ein rostfreier Werkzeugstahl mit guter Korrosionsbeständigkeit und Polierbarkeit. Er wird häufig in Spritzgussanwendungen zur Herstellung von Teilen mit hohen ästhetischen Anforderungen wie Unterhaltungselektronik und medizinischen Geräten verwendet.

- 1.2312 (P20+S): Dies ist ein niedriglegierter Kohlenstoff-Werkzeugstahl mit guter Zerspanbarkeit und Zähigkeit. Er eignet sich für die Herstellung großer und komplexer Teile mit hohen Anforderungen an die Oberflächengüte sowie für Formaufbauten und Kern- und Kavitätseinsätze.

- 1.2379 (D2): Dies ist ein Werkzeugstahl mit hohem Kohlenstoff- und Chromgehalt, der eine gute Verschleißfestigkeit und Zähigkeit aufweist. Er wird häufig in Spritzgussanwendungen zur Herstellung von Teilen mit hoher Präzision und Dimensionsstabilität sowie für Auswerferstifte und Einsätze verwendet.

- 1.2767: Dies ist ein hochfester, niedriglegierter Werkzeugstahl, der eine hervorragende Zähigkeit und Verschleißfestigkeit aufweist. Er eignet sich für die Herstellung von Teilen mit hoher Beanspruchung und Druck sowie für Formen, die häufig gewartet und repariert werden müssen.

- 1.2085 (420F): Dies ist ein Edelstahl mit hohem Kohlenstoffgehalt, der eine gute Korrosionsbeständigkeit und hohe Polierbarkeit aufweist. Er wird häufig in Spritzgussanwendungen zur Herstellung von Teilen mit hohen ästhetischen Anforderungen, wie z. B. Produkten der Medizin- und Lebensmittelindustrie, verwendet.

- 1.2764 (X19NiCrMo4): Dies ist ein Werkzeugstahl mit hohem Nickel- und Chromgehalt, der eine gute Verschleißfestigkeit und Zähigkeit aufweist. Er eignet sich für die Herstellung von Teilen mit hoher Beanspruchung und Druck sowie für Formen, die häufig gewartet und repariert werden müssen.
- 1.2316 (X38CrMo16): Dies ist ein kohlenstoffarmer, chromreicher Edelstahl mit guter Korrosionsbeständigkeit und hoher Polierbarkeit. Er wird häufig in Spritzgussanwendungen zur Herstellung von Teilen mit hohen ästhetischen Anforderungen wie Automobil- und Gerätekomponenten verwendet.
- 1.2436 (D6): Dies ist ein Werkzeugstahl mit hohem Kohlenstoff- und Chromgehalt, der eine gute Verschleißfestigkeit und Zähigkeit aufweist. Er wird häufig in Spritzgussanwendungen zur Herstellung von Teilen mit hoher Präzision und Dimensionsstabilität sowie für Auswerferstifte und Einsätze verwendet.
- 1.2842 (O2): Dies ist ein niedriglegierter Kohlenstoff-Werkzeugstahl, der eine gute Zerspanbarkeit und Zähigkeit aufweist. Er eignet sich für die Herstellung großer und komplexer Teile mit hohen Anforderungen an die Oberflächengüte sowie für Formaufbauten und Kern- und Kavitätseinsätze.
- 1.2378 (X210CrW12): Dies ist ein Werkzeugstahl mit hohem Kohlenstoff- und Chromgehalt, der eine gute Verschleißfestigkeit und Zähigkeit aufweist. Er wird häufig in Spritzgussanwendungen zur Herstellung von Teilen mit hoher Präzision und Dimensionsstabilität sowie für Auswerferstifte und Einsätze verwendet.
- 1.2310 (P20+S): Dies ist ein niedriglegierter Kohlenstoff-Werkzeugstahl mit guter Zerspanbarkeit und Zähigkeit. Er eignet sich für die Herstellung großer und komplexer Teile mit hohen Anforderungen an die Oberflächengüte sowie für Formaufbauten und Kern- und Kavitätseinsätze.

Diese DIN-Werkzeugstahlsorten bieten eine Reihe von Eigenschaften und Merkmalen, die ihre Eignung für verschiedene Spritzgussanwendungen hervorheben. Die Auswahl der geeigneten Stahlsorte hängt von Faktoren wie den Formbedingungen, dem zu formenden Material und der erforderlichen Werkzeugstandzeit ab. Es ist wichtig, mit einem Werkzeugstahllieferanten oder einem Materialingenieur zusammenzuarbeiten, um den besten Werkzeugstahl für eine bestimmte Spritzgussanwendung auszuwählen [BM17].

## 2.4 Literatur

[BM17]   BLECK, W.; MOELLER, E.: *Handbuch Stahl: Auswahl, Verarbeitung, Anwendung*. München: Hanser, 2017

[Lie18]   LIEDTKE, D.: *Wärmebehandlung von Eisenwerkstoffen II*. Tübingen: expert Verlag, 2018

[RM05]   ROOS, E.; MAILE, K.: *Werkstoffkunde für Ingenieure: Grundlagen, Anwendung, Prüfung*. Berlin, Heidelberg: Springer, 2005

[Sch21]   SCHLEGEL, J.: *Wärmebehandlung von Stählen*. In: Die Welt des Stahls. Springer, Wiesbaden, 2021, online: https://doi.org/10.1007/978-3-658-33916-6_6

[Sch98]   SCHATT, W. E.: *Konstruktionswerkstoffe des Maschinen- und Anlagenbaues: 131 Tabellen*. Weinheim: Wiley-VCH, 1998

[Tir17]   TIRLER, W.: *Europäische Stahlsorten*. Berlin: Beuth, 2017

# 3 Grundlagen der Beschichtungstechnologien

## ■ 3.1 Elektrolytisch abgeschiedene metallische Schichten und Hybridsysteme

Dr. Orlaw Massler

### 3.1.1 Hintergrund und Herausforderungen

Werkzeuge für das Spritzgießen und die Extrusion werden zunehmend komplexer hinsichtlich ihrer Funktionalität, Toleranzen und Belastungsanforderungen. In modernen Kunststoffen kommen verschiedenste Additive zum Einsatz, darunter Glasfasern, Flammschutzmittel, Farbmittel, Antioxidationsmittel, Antistatika und Wärmestabilisatoren. Einige davon sind stark abrasiv, was die Oberflächen der eingesetzten Werkzeuge deutlich fordert. Hierdurch kann es zu Ausfällen kritischer Bauteile, Stillstandzeiten und Produktionsausfällen kommen. Weitverbreitete Glasfaserverstärkungen beispielsweise verschleißen Werkzeuge und andere kritische Bauteile bereits früh im Betrieb. Korrosive und chemisch aggressive Additive verschärfen das Problem zudem, da sie Dämpfe freisetzen können, die zu Korrosions- und Verschleißerscheinungen am Werkzeug führen können, was sich ebenfalls negativ auf die Oberflächengüte und Leistungsfähigkeit auswirkt. Dadurch steigt zudem das Risiko, dass Formteile oder Rohmaterial an der Werkzeugoberfläche haften bleiben. Dies kann wiederum zu kostenintensiven Unterbrechungen der Produktion führen. Das ist angesichts des Preiskampfes mit Low-Cost-Ländern ein ernsthaftes Problem, wo einfache Werkzeuge und Ersatzteile zu einem Bruchteil der Kosten hergestellt werden.

Um wettbewerbsfähig zu bleiben, muss sich der technologieorientierte Kunststoffverarbeiter daher von den kostengünstig arbeitenden Produzenten abheben, indem seine Anlagen wesentlich produktiver sind, verschleiß- und korrosionsfester, sowie geringere Betriebskosten aufweisen. Der Oberflächentechnik kommt hier eine Schlüsselrolle zu, um neben der Nachhaltigkeit und Ressourcenschonung dem Hersteller einen Wettbewerbsvorteil zu ermöglichen. Der technologische Ansatz einer funktionalisierten Oberfläche beinhaltet das Aufbringen einer Oberflächenbeschichtung, die dem konkreten Zerstörungsmechanismus entgegenwirkt, ohne eine signifikante Modifikation des Grundwerkstoffs zu verursachen. Damit kann die Prozesskette bei der Herstellung weitgehend beibehalten werden und die Leistungsfähigkeit durch die aufgebrachten Oberflächen trotzdem maßgeblich gesteigert werden.

Die Funktionalisierung von Oberflächen wird hier meist durch Technologien wie badgestützte Verfahren, beispielsweise die galvanische Beschichtung oder die außenstromlose (chemische) Beschichtung, PVD- (siehe Abschnitt 3.2) und PACVD-Prozesse (siehe Abschnitt 3.3.3) sowie thermochemische Prozesse oder auch eine Kombination derselben (Hybridverfahren) erreicht [MN13, HS15].

## 3.1.2 Galvanische Schichten

Badgestützte Beschichtungsverfahren weisen deutliche Vorteile gegenüber vielen anderen Verfahren auf. Der Beschichtungsprozess interferiert im Allgemeinen nicht mit den mechanischen Eigenschaften gängiger Grundwerkstoffe, weil die Beschichtungstemperaturen eher niedrig sind. Somit ist beispielsweise bei Stählen eine thermische Destabilisierung des Gefüges durch Härteverlust oder Kornvergröberung ausgeschlossen. Somit sind auch sensiblere Stähle gut und prozesssicher beschichtbar. Die Natur der Badverfahren ermöglicht die Abscheidung höherer Schichtdicken. Dies ermöglicht vorrangig gute Abdeckung und Korrosionsbeständigkeit [Kan09].

Das Grundprinzip eines galvanischen Verfahrens stammt aus dem 19. Jahrhundert. Der Ablauf eines Beschichtungsprozesses besteht aus einer Abfolge diverser Vorbehandlungs- und Spülschritte nach Tabelle 3.1 , bevor das Beschichtungsbad (vgl. Bild 3.1) angefahren wird. Jedes aktive Prozessmedium muss dabei vor dem nächsten Schritt sauber entfernt werden, um die Beschichtungsqualität zu gewährleisten und eine Verschleppung der Prozessmedien zu verhindern.

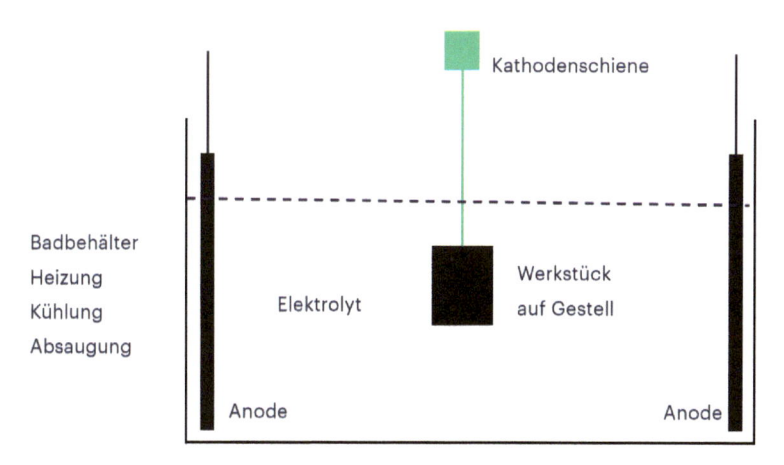

**Bild 3.1** Aufbau eines Beschichtungsbeckens für galvanische Abscheidung

**Tabelle 3.1** Prozessschritte und Ihre Funktion beim galvanischen Beschichten

| Prozessschritt | Ziel | Bemerkung |
|---|---|---|
| Chargieren Gestell oder Schüttgut | Sicheren Kontakt zur Halterung herstellen, elektrischen Kontakt etablieren | Kontaktpunkt muss vorhanden sein; Trommelware ist für viele Verfahren möglich |
| Reinigen, Entfetten | Entfernen Korrosionsschutz, Rückstände; Herstellen saubere Oberfläche | |
| Beizen | Abtrag Oxidschichten | Herstellen metallische Oberfläche für gute Haftung, Anbindung zwischen Beschichtung und Beschichtungsgut |
| Beschichten | Aufbringen Beschichten und Zufuhr Strom | Je nach Verfahren |
| Spülschritte | Nach jedem Prozessschritt, um saubere Oberfläche herzustellen und Verschleppung zu vermeiden. | |
| Trocknen | Fleckenfreie Oberfläche | |

Das galvanische Beschichtungsverfahren an sich, auch als elektrolytische Abscheidung oder Galvanisierung bezeichnet, ist ein Prozess zur Beschichtung eines Metallgegenstands mit einer dünnen Schicht eines anderen Metalls. Dieses Verfahren beruht auf der Nutzung von Elektrolyse, um Metallionen aus einer Lösung auf die Oberfläche des Metallgegenstands zu übertragen.

Die Teile werden als Kathode in eine elektrolytische Lösung eingetaucht, die unter anderem das Metall enthält, das für die Beschichtung verwendet werden soll. Ein

Anodenmaterial aus dem gleichen Metall wie die Lösung wird ebenfalls als Elektrode ins Bad gegeben. Wenn Strom durch die Lösung geleitet wird, werden die Metallionen an der Anode aufgelöst und von der Kathode angezogen. Während dieses Prozesses lagern sich die Metallionen an der Oberfläche der Kathode ab und bilden eine Schicht, die dicht und gleichmäßig ist. Die Dicke der Beschichtung hängt von der Dauer des Prozesses und der Stromstärke ab. Durch die Kontrolle der Stromstärke und der Zeit kann die Dicke und Qualität der Beschichtung präzise gesteuert werden. Die Stromdichteverteilung über die Geometrie des Beschichtungsguts wird oft durch die geeignete Konstruktion eines Hilfselektrodensystems am Bauteil gesteuert, um die Schichtdickenverteilung und Streuung zu verbessern oder gar erst zu ermöglichen.

Gängige Schichten für Werkzeuge beschränken sich auf harte oder korrosionsbeständige Beschichtungen, Tabelle 3.2. Viele Schichten scheiden wegen ihrer begrenzten Härte aus.

**Tabelle 3.2** Gängige galvanische Beschichtungen für den Einsatz im Werkzeug

| Schichtsystem | Einsatzbereich |
|---|---|
| Galvanisch Nickel, Mattnickel, Sulfamatnickel | Korrosionsschutz, oft als Unter- oder Zwischenschicht |
| Hartchrom | Verschleißschutz, Vermeiden von Kunststoffanhaftungen |
| Zinn | Korrosionsschutz, Leitfähigkeit |
| Galvanisch Nickel, Mattnickel, Sulfamatnickel | Korrosionsschutz, oft als Unter- oder Zwischenschicht |

### 3.1.2.1 Herausforderungen und Maßnahmen

**Wasserstoffversprödung**

Im galvanischen und auch im außenstromlosen Beschichtungsprozess entsteht Wasserstoff, welcher im Gefüge von manchen hochfesten Stählen zum Phänomen der Wasserstoffversprödung führen kann. Dabei erzeugt der Wasserstoff an den Korngrenzen der Gefügestruktur Risse, die sich unter Zugspannungsbeanspruchung weiter ausbreiten und zum Ausfall der entsprechenden Bauteile führen können.

Dieser Effekt ist insbesondere bei hochfesten Stählen bekannt und gefürchtet. Zum Auftreten der Wasserstoffversprödung sind neben der Anwesenheit von Wasserstoff ein für die Rissbildung anfälliger Werkstoff und ein Zugspannungszustand nötig. Sind alle diese Kriterien erfüllt, kann es zum Schaden kommen.

Eine Maßnahme, die zur Entschärfung dieses Effekts nach dem Beschichtungsprozess durchgeführt werden kann, ist die sogenannte Wasserstoffentsprödung. Dabei wird in zeitlich enger Folge zum Beschichtungsprozess eine Wärmebehandlung durchgeführt, wobei der Wasserstoff ausgetrieben wird, bevor der Schaden an den Korngrenzen entstehen kann.

**Vorbehandlung und Haftungsthemen**

Galvanische und chemische Beschichtungsverfahren sind auf die elektrische Leitfähigkeit metallischer Oberflächen angewiesen. Ist diese durch Oberflächenbeläge oder andere derartige Störungen kompromittiert, kann der Abscheideprozess nicht wunschgemäß ablaufen. Für den Anlieferzustand der Bauteile bedeutet das, dass jegliche potenziell störende Oberflächenschicht vor dem eigentlichen Beschichtungsprozess vermieden oder entfernt werden muss. Dazu gehören Oxide und Zunderschichten, aber auch durch Erodieren und thermochemische Verfahren entstandene Oberflächenbeläge.

Diese störenden Schichten werden entweder durch geeignete Verfahren vermieden oder vorgängig zum Beschichtungsprozess entfernt. Hier stehen eine Reihe von Verfahren zur Verfügung, von der herkömmlichen abrasiven Strahlbehandlung über geeignete chemische Verfahren bis hin zu modernen Technologien wie abtragende Laserreinigung oder Strahlverfahren mit $CO_2$-Eispellets oder -Schnee.

**Kantenaufbau galvanischer Verfahren**

Es ist bekannt, dass im galvanischen Beschichtungsprozess durch eine inhomogene Stromdichte an den geometrischen Merkmalen vieler Bauteile und Werkzeuge ein Kantenaufbau der Beschichtung stattfindet. Dies muss berücksichtigt werden, wenn es um die Einhaltung enger Toleranzen geht. Im Spezialfall wird durch die geeignete Verblendung im Beschichtungsgestell ebendieser Teile eine deutliche Verbesserung erreicht. Dies ist aber eher aufwändig und kann durch geeignete Wahl der Toleranzen oder des Beschichtungssystems möglicherweise effizienter gelöst werden.

Einen wesentlichen Vorteil weisen hier die chemischen oder Dünnschichtverfahren auf, die diesen Effekt des Kantenaufbaus nicht zeigen.

**Verbrennungserscheinungen an Spitzen der Bauteile**

Besondere Aufmerksamkeit muss der Positionierung von Werkzeugen mit spitzen Geometrien gewidmet werden. Sind diese im Bad direkt auf die Anoden ausgerichtet, kann es durch lokal sehr hohe Stromdichten zu Knospenbildung, Verbrennungen oder thermischen Effekten durch den direkten Stromfluss kommen, die in Folge zur Unbrauchbarkeit der Teile führen.

### 3.1.3 Außenstromlose Abscheidung

#### 3.1.3.1 Außenstromlose Beschichtung, chemisch Nickel

Das Verfahren des chemischen Vernickelns, auch bekannt als chemisch Nickelplattieren oder chemisches Abscheiden von Nickel (englisch: Electroless Nickel Plating), ist ein Prozess zur Beschichtung eines Metallgegenstandes mit einer dünnen Legierungsschicht aus Nickel-Phosphor. Im Gegensatz zum galvanischen Verfahren erfordert das chemische Vernickeln keine elektrische Stromquelle, sondern beruht auf chemischen Reaktionen, vgl. Bild 3.2 [DIN03, SM13, Mey08].

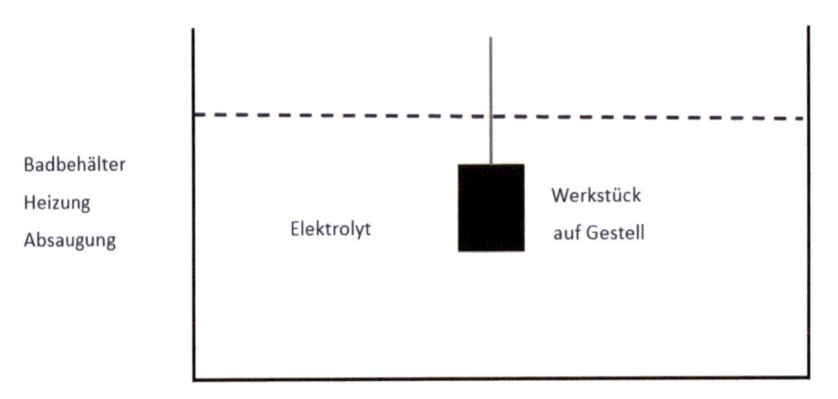

**Bild 3.2** Prinzip eines Beschichtungsbeckens für außenstromlose Abscheidung

#### 3.1.3.2 Prinzip chemisch Vernickeln

Der vorbehandelte Metallgegenstand, der beschichtet werden soll, wird in einen Elektrolyten eingebracht, um eine Nickelabscheidung zu bewirken. Der Elektrolyt enthält in der Regel Komplex- oder Chelatbildner, die die Nickelionen stabilisieren, ein Reduktionsmittel, um die Nickelionen zu reduzieren und so das Nickel zu erzeugen, sowie einen pH-Regulator, um den Säuregehalt der Lösung zu kontrollieren (vgl. Bild 3.2).

Wenn der Metallgegenstand in das Bad getaucht wird, diffundiert das Reduktionsmittel auf die Oberfläche des Gegenstands, wo es mit den Nickelionen in der Lösung reagiert. Die Nickelionen werden reduziert und lagern sich auf der Oberfläche des Metallgegenstands ab, wobei sie eine gleichmäßige Schicht aus Nickel bilden. Im Laufe der Zeit verdichtet sich diese Schicht und es entsteht eine harte, dichte Beschichtung.

Es gibt verschiedene Typen von chemisch Nickel-Schichten, die je nach spezifischen Anforderungen und Anwendungsbereichen eingesetzt werden. Im Allgemeinen werden chemisch Nickel-Phosphor-Schichten nach Ihrem Phosphorgehalt charakterisiert. Diese werden unterschieden in

- Lowphos-Schichten mit 1–5 % Phosphorgehalt
- Midphos-Schichten mit 5–9 % Phosphorgehalt
- Highphos-Schichten bis 12 % Phosphorgehalt

### 3.1.3.3 Chemisch Nickel-Schichten mit festen Zusätzen (Dispersion)

Chemisch Nickel-Schichten können auch mit verschiedenen Zusätzen hergestellt werden, um spezifische Eigenschaften wie z. B. erhöhte Härte, Korrosionsbeständigkeit, Reibungsarmut oder elektrische Leitfähigkeit zu bieten. Beispiele für solche Zusätze sind Diamantpartikel, PTFE-Partikel oder Siliziumcarbid-Partikel. Diese werden im nächsten Kapitel genauer beleuchtet.

Die Wahl des Typs der chemisch Nickel-Schicht hängt von der spezifischen Anwendung ab, um den Anforderungen an Härte, Abriebfestigkeit, Korrosionsbeständigkeit und anderen Eigenschaften nachzukommen [DIN03].

### 3.1.3.4 Spezialfall Dispersionsschichten

Eine Dispersionsschicht besteht aus einer metallischen Matrix (Bindephase) und darin gebundenen, gleichmäßig verteilten (im Elektrolyten nicht löslichen) Feststoffpartikeln (vgl. Bild 3.3). Diese Dispersoide können dabei sowohl Feststoffe als auch verkapselte Fest- oder Flüssigstoffe sein, die so ihre Eigenschaften in die entstehende Beschichtung einbringen [SM13, Mey08]. Dies eröffnet die Möglichkeit der synergetischen Kombination der Eigenschaften von Matrixmaterial und eingelagerten Partikeln. Insbesondere Verschleißeigenschaften und Reibverhalten können dadurch maßgeblich verändert werden.

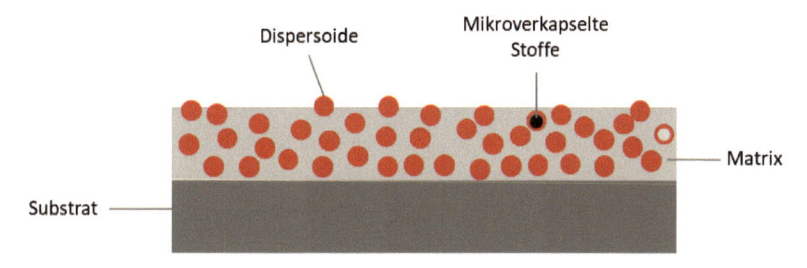

**Bild 3.3**  Prinzipieller Aufbau von Dispersionsschichten

Der sich einstellende Reibwert des tribologischen Systems hängt dabei stark von den entsprechenden Gleitpartnern und Zwischenstoffen ab [MMM19, Mas19].

### 3.1.3.5 Reibwerterhöhende Schichten

In vielen Anwendungen ist eine sichere Verbindung zweier Kontaktoberflächen lösbarer Verbindungen oder ein definiert hoher Reibwert von entscheidendem Interesse. Der Einsatz von Beschichtungen mit großen Partikeln, die zusätzlich zum Kraftschluss einen zusätzlichen Formschluss erzeugen, führt zu einer Mikroverzahnung (flächigen Verzahnung) und zu einem signifikant besseren Schutz gegen Durchrutschen bzw. Reduktion der erforderlichen Verspannung einer lösbaren Verbindung. Hier werden im Besonderen große anorganische Partikel wie Diamant in einer Nickel-Matrix eingesetzt, um dieses Ziel zu erreichen. Diese Schichtsysteme können entweder auf Verbindungselementen wie Reibscheiben oder aber direkt auf einem der Bauteile aufgebracht werden.

### 3.1.3.6 Sensor- und Indikatorschichten

Eine spezielle Art der Dispersionsschichten stellen Indikatorschichten dar. Hier werden spezielle anorganische Partikel in eine chemisch Nickel-Matrix eingebaut, die dann durch eine spektroskopische Methode identifiziert werden können. Der große Vorteil hier ist die Möglichkeit, die Herkunft des Beschichtungsmaterials eindeutig festzustellen. Besonders für sicherheitsrelevante Bauteile, die anderweitig nicht vor Produktpiraterie geschützt werden können, stellt diese Methode eine Möglichkeit dar, die sichere Produktidentifizierung zu gewährleisten. Eine weitere Anwendung besteht darin, solche Indikatorelemente in eine Beschichtung einzubringen, die dann im System sensorisch identifiziert werden können, um beispielsweise den Verschleißzustand eines Systems in situ festzustellen. Tabelle 3.3 zeigt eine Übersicht über gebräuchliche Dispersionsschichten.

**Tabelle 3.3** Übersicht gebräuchlicher Dispersionsschichten

| Einsatzbereich | Schichtsystem | Funktion |
|---|---|---|
| Reibungsreduktion | Chemisch Nickel plus Feststoff-Partikel PTFE, hBN | Einbau von Feststoffen mit reibungsreduzierendem Verhalten. Reduzierung Systemreibwert. |
| Antiadhäsive Oberflächen | PTFE | Antihafteigenschaften |
| Verbesserte Verschleißbeständigkeit | Chemisch Nickel plus Feststoff-Partikel SiC, BC, cBN, Diamant | Dispersionshärtung durch Hartstoff-Einbau. |
| Erhöhung Reibung | Chemisch Nickel plus Feststoff-Partikel Diamant, große Körnung | Formschluss durch große Partikel im Kontaktbereich |
| Indikatorschichten | Chemisch Nickel mit eingebauten anorganisch-oxidischen Partikeln | Spektroskopische Detektion der Zusatzstoffe zur Feststellung der Herkunft der Schicht oder Identifizierung des Verschleißzustands. |

## 3.1.4 Beladungstypen

Für alle Badverfahren muss die Art der Einbringung ins Bad bedacht werden. Je nach Verfahren sind Gestellfixierung oder Schüttgutbeschichtung möglich. Auch partielle Beschichtung und teilweises Abdecken der zu beschichtenden Teile sind möglich.

Bei der Beschichtung als Gestellware werden die zu beschichtenden Bauteile mit definierter elektrischer Kontaktierung auf speziellen Beschichtungsgestellen montiert, die als mechanische Träger dienen. Dies bedingt, dass die Bauteile eine vorgesehene Position für die Befestigung am Gestell aufweisen. An dieser Position wird keine Beschichtung aufgetragen. Dieser Aufnahmepunkt ist in der Konstruktionsphase vorzusehen. Ein Fehlen dieses Aufnahmepunktes führt oft zu signifikanten Qualitäts- oder Funktionseinbußen und Mehrkosten, was oft leicht vermieden werden kann.

Manche Verfahren und Bauteile erlauben die Beschichtung im Schüttgut. Die zu erzielende Oberflächenqualität ist hier meist begrenzt, die Kosten sind durch vereinfachtes Handling allerdings sehr vorteilhaft.

Besondere Bedeutung kommt in vielen Fällen der partiellen Beschichtung zu. Hier wird nur ein Teil des Werkzeugs beschichtet. Die Partialität der Abscheidung kann durch Abdeckungen mit Lack, Abdeckmaterial, Dichthülsen oder Abdeckband oder durch teilweises Eintauchen ins Bad erzeugt werden. Eine partielle Abdeckung kann auch durch die sogenannte Reaktorbeschichtung erreicht werden, hier wird das Bauteil durch eine entsprechende Spezialkonstruktion teilweise abgedichtet und die Badmedien durch dieses Gefäß gepumpt. Dies ist im Besonderen für sehr große Mengen gleicher Teile in Verwendung, weil dieser Prozess sehr gut automatisiert werden kann und somit bei entsprechenden Stückzahlen zu einer deutlichen Kostenreduktion führt.

## 3.1.5 Beschichtungsgerechte Konstruktion

Bei der Konstruktion von Produkten und Bauteilen spielt die Beschichtung eine wichtige Rolle, um die gewünschte Leistungsfähigkeit zu erzielen. Allerdings wird die Bedeutung einer sorgfältigen Planung und beschichtungstauglichen Konstruktion der Bauteile oft unterschätzt. Die beschichtungsgerechte Konstruktion ist ein wichtiger Schritt, um optimale Ergebnisse zu erzielen.

Eine besondere Bedeutung in Bezug auf Wirtschaftlichkeit und Einsatztauglichkeit kommt der Beschichtungstauglichkeit des zu beschichtenden Bauteils zu. Hier sind neben der Auslegung bzgl. Toleranzen und Schichten ebenso Aspekte wie Werkstoffauswahl, Anlieferungszustände, Fertigungsverfahren und Oberflächenzustand von entscheidender Bedeutung. Beschichtungsgerechtes Konstruieren bedeutet, dass bei der Planung von Produkten und Bauteilen die Anforderungen an die Beschichtung von Anfang an berücksichtigt werden. Ein wichtiger Faktor dabei ist die Auswahl des Materials, aus dem das Bauteil hergestellt wird. Das Material muss für die gewünschte Beschichtung geeignet sein und eine ausreichende Haftung gewährleisten. Tabelle 3.4 zeigt eine Übersicht gebräuchlicher beschichtbarer Werkstoffe für die verschiedenen Verfahrenstypen. Eine Auflistung geeigneter Oberflächenzustände zeigt Tabelle 3.5.

**Tabelle 3.4** Beschichtbare Werkstoffe

| Material | Galvanik | Außenstromlos | PVD/PACVD |
|---|---|---|---|
| Stahl, Hartmetalle | Metallisch blank, einzelne Ausnahmen, Wasserstoffversprödung beachten | | |
| Eisen-/Stahl-Guss | Metallisch blank, Grafitphase muss beachtet werden, ausgegast | | |
| NE-Metalle, Al | Metallisch blank, einzelne Ausnahmen | | |
| Sinter, 3D-Druck | Geschlossene Porosität vonnöten, keine Fremdrückstände | | |
| Messing | ja | ja | nein |
| Sn, Zn, Pb, Cd-Phasen | | | nein |
| Keramik | Mit Aktivierung | | Einzelne Anwendungen |
| Titan | | | ja |
| Kunststoffe | | | Deko |

**Tabelle 3.5** Werkstoffzustand für Beschichtung

| Günstige Zustände für Beschichtung | Ungünstige Zustände, zu vermeiden |
|---|---|
| • metallisch blank, rostfrei, lackfrei, oxidfrei<br>• Schleifen, polieren, feinstrahlen, läppstrahlen, schlichterodiert<br>• gratfrei<br>• dicht, keine Poren<br>• Tragfestigkeit durch Grundwerkstoff ausreichend<br>• geringe Oberflächenrauheit – Einlaufeffekt<br>• Hartmetalle, Sinterteile, MIM; keine Sinterhäute, Leaching, Risse, Fingerabdrücke | • Schleifhäute, Reib- Schleifmartensit<br>• nichtmetallische Schichten aus Nitrieren, Borieren, Inchromieren, Brünieren, Dampfanlassen, Phosphatieren, erodierte Oberflächen, Verbindungsschichten<br>• Bohrungsrückstände, Salzreste, Schleifrückstände, Poliermittel, Strahlmittel, Kühlschmierstoffreste<br>• Farbmarkierungen im Beschichtungsbereich<br>• Eierschaleneffekt |

Wenn einige grundlegende Aspekte des zu beschichtenden Bauteils bedacht werden, können bereits im Vorfeld viele Probleme vermieden werden (vgl. Tabelle 3.6).

**Tabelle 3.6** Praxistipps, Beschichtungsguidelines

| | Praxistipps, Beschichtungsguidelines |
|---|---|
| Werkstoff | - Stähle mit hohem Kohlenstoffgehalt und insbesondere Gusswerkstoffe können die Haftfähigkeit der Schicht verschlechtern.<br>- Bei hochfestem Stahl besteht die Gefahr der Versprödung.<br>- Schweißbauteile sind kritisch (Oxidation, Lunker, Einschlüsse, Ausgasen, Reinigung).<br>- Eine durchgehende V-Naht ist günstiger als ein Überlappungsstoß oder eine punktgeschweißte Verbindung.<br>- Kombinationen verschiedener Werkstoffe an einem Werkstück können zu Problemen führen, z. B. bei der Vorbehandlung. |
| Bearbeitungszustand | - Bearbeitungsrückstände entfernen<br>- Oberfläche muss metallisch blank sein |
| Konstruktion, Design | - Funktionsflächen sind zu definieren<br>- Zu beschichtende Funktionsflächen möglichst einfach<br>- Möglichkeit für einfache Aufnahme zum Beschichten vorsehen<br>- Außenflächen sind in der Regel besser beschichtbar<br>- Durchgangslöcher sind günstiger als Sacklöcher<br>- Abgerundete Konturen<br>- Differentialbauweise ist anzustreben<br>- Kleine Bauteile sind kostengünstiger beschichtbar als große<br>- Differentialbauweise ist anzustreben<br>- Auf gute Reinigbarkeit des Bauteils achten (enge Spalte, Löcher, Kühlkanäle, schöpfende Geometrien) |

Beschichtungsgerechtes Konstruieren erfordert eine enge Zusammenarbeit zwischen dem Konstrukteur und dem Beschichtungsexperten. Der Beschichtungsexperte kann Empfehlungen zur Auswahl der geeigneten Beschichtung und der Vorbehandlung der Oberfläche geben, während der Konstrukteur sicherstellt, dass das Bauteil die erforderlichen Anforderungen erfüllt. Wichtig dabei ist auch, dass die Konstruktion auf die spätere Verarbeitung und Montage abgestimmt ist, um Beschädigungen der Beschichtung zu vermeiden.

## 3.1.6 Literatur

[DIN03] DIN EN ISO 4527: *Autokatalytisch (außenstromlos) abgeschiedene Nickel-Phosphor-Legierung.*

[HS15] HOFMANN, H.; SPINDLER, J.: *Verfahren in der Beschichtungs- und Oberflächentechnik.* München, Wien: Carl Hanser Verlag, 2015, 3. Auflage

[Kan09] KANANI, N.: *Galvanotechnik.* München, Wien: Carl Hanser Verlag, 2009

[Mas19]  MASSLER, O.: *Reibverhalten von Dichtelastomeren im Kontakt mit funktional beschichteten Oberflächen.* Womag 44; 09; 2019.

[Mey08]  MEYER, J.: *Eigenschaften und Anwendungen von Chemisch Nickel Dispersionsschichten.* In: Mat.-wiss. u. Werkstofftech. 39 (2008) No. 12.

[MMM19]  MASSLER, O.; MEYER, J.; MELIDIS, S.: *Tribologisches Verhalten von autokatalytisch abgeschiedenen Nickelschichten gegen ausgewählte funktionale Oberfläche.* In: WOMAG 7–8/2019.

[MN13]  MOLLER, P.; NIELSEN L.: *Advanced Surface Technology.* M & M, 2013, 1. Auflage

[SM13]  SÖRGEL, T.; MEYER, J.: *Chemische und elektrochemische Dispersionsbeschichtung.* In: Womag 9/2013

# 3.2 Physikalische Gasphasenabscheidung

Dr. Ruben Schlutter

## 3.2.1 Einleitung

Mithilfe der physikalischen Gasphasenabscheidung (englisch: physical vapor deposition = PVD) können verschiedene metallische und keramische Schichten auf einem Substrat abgeschieden werden. Als Substrat können dabei alle technisch relevanten Oberflächen genutzt werden. Ebenso wie die Substrate können auch die Beschichtungen vielfältige Eigenschaftsprofile abdecken. So können verschiedene Verschleißschutzschichten, aber auch thermische Barriereschutzschichten abgeschieden werden. [BML+05]

Der Prozess läuft grundsätzlich im Hochvakuum ab, um das Abscheiden der Schichten zu erleichtern. Unter Normaldruck würden die Dampfteilchen die Substratoberfläche nicht erreichen, da sie vorher mit den Gasteilchen kollidieren würden. Teilweise werden Reaktivgase wie Sauerstoff, Stickstoff oder Kohlenwasserstoffe verwendet, um oxidische, nitridische oder karbidische Schichten abzuscheiden. Die Schichtdicke beträgt in der Regel wenige Nanometer bis wenige Mikrometer. Mit zunehmender Schichtdicke steigen die Eigenspannungen in der Beschichtung, sodass sich die Schicht durch Delamination vom Substrat ablösen kann, was die Schichtdicke begrenzt [Mat10]. Während des Schichtwachstums entstehen auch Defekte in der Schicht, die das weitere Wachstum behindern. Durch das Abscheiden mehrerer Schichten aus unterschiedlichen Werkstoffen kann das Wachstum solcher Defekte effektiv unterbunden werden. Durch die nachfolgenden Schichtlagen werden Defekte eingeebnet und homogenisiert. Die einzelnen Schichten haben dann Schichtdicken von einigen Nanometern. Durch das Abscheiden vieler Schichtlagen können dann Schichtdicken bis zu 60 μm erzielt werden. [Zim08]

## 3.2.2 Verfahrensvarianten

Zum Abscheiden der Beschichtungen können drei Verfahrensvarianten unterschieden werden – das Verdampfen, das Sputtern und das Ionenplattieren. Tabelle 3.7 fasst die Prozessparameter der typischen Verfahrensvarianten zusammen.

**Tabelle 3.7** Erreichbare Parameter der unterschiedlichen Verfahrensvarianten bei der PVD [BML+05]

| Verfahren | Aufwachs-raten [µm/s] | Prozess-druck [Pa] | Teilchen-energie [eV] | Prozess-temperatur | Haftung |
|---|---|---|---|---|---|
| Bedampfen | 0,05–25 | $10^{-3}$ | < 2 | T nach Bedarf | + |
| Sputtern | 0,0001–0,7 | $10^{-3}$–1 | 10–100 | < T nach Bedarf | ++ |
| Ionen-plattieren | 0,01–25 | $10^{-3}$–1 | 80–500 | ≪ T nach Bedarf | +++ |

### 3.2.2.1 Bedampfen

Beim Bedampfen wird der Beschichtungswerkstoff auf seine Verdampfungstemperatur erhitzt. Als Energiequelle können elektrische Heizquellen, wie Widerstandsheizungen oder Induktionsquellen, Elektronenstrahlen, Laser oder Lichtbogenquellen verwendet werden.

Bei den elektrischen Heizquellen wird ein leitfähiges Gefäß durch einen angelegten Strom so lange erhitzt, bis das Beschichtungsmaterial verdampft (vgl. Bild 3.4). Da beim Verdampfen Temperaturen von bis zu 2000 °C entstehen, muss das Gefäß, in dem das Beschichtungsmaterial erhitzt wird, eine sehr hohe Schmelztemperatur haben, um Kontaminationen der Beschichtung mit dem Gefäßwerkstoff zu vermeiden. Häufig werden deshalb Wolfram, Molybdän oder Tantal für derartige Gefäße verwendet. Bei einer induktiven Heizquelle besteht die Gefahr der Schichtkontamination nicht, da nur der Schichtwerkstoff durch Wirbelströme direkt erhitzt wird. [Sre06]

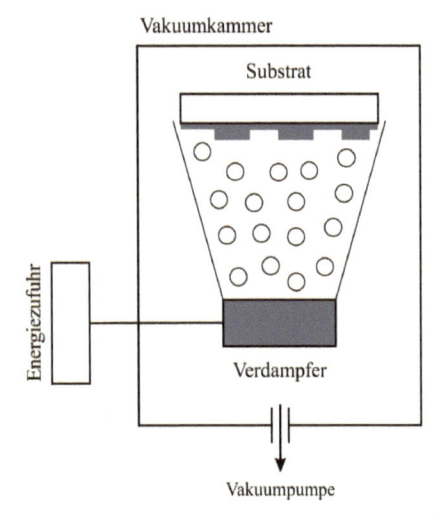

**Bild 3.4** Verdampfen mittels Widerstandsheizung (eigene Abbildung in Anlehnung an [Pan12])

Beim Verdampfen mittels Elektronenstrahl wird ein Elektronenstrahl auf den Substratwerkstoff gelenkt (vgl. Bild 3.5 links). Durch inelastische Stöße wird die kinetische Energie der Elektronen auf den Beschichtungswerkstoff übertragen, wodurch er sich erwärmt. Beim Verdampfen mittels Laserstrahl wird ein kurzgepulster Laser auf den Beschichtungswerkstoff gelenkt (vgl. Bild 3.5 rechts). Durch Absorption der Photonen wird der Beschichtungswerkstoff lokal aufgeschmolzen und verdampft. Beim Verdampfen mittels Lichtbogen wird der Beschichtungswerkstoff durch eine stromstarke Entladung zwischen einer Kathode und einer Anode aufgeschmolzen. [Sre06]

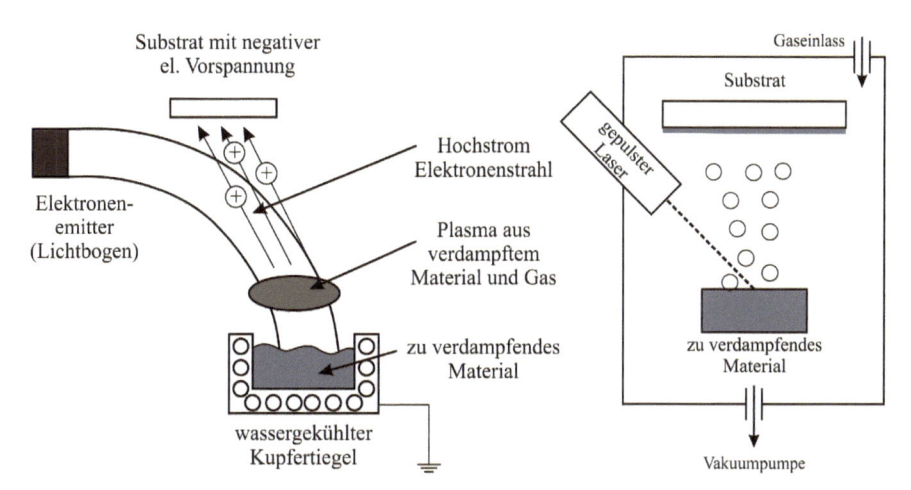

**Bild 3.5** Verdampfen mittels Elektronenstrahl und gepulstem Laser (eigene Abbildung in Anlehnung an [Mat10] und [NN10])

Da die mittlere freie Weglänge der Atome im Vakuum steigt, treten die verdampften Atome nicht in Wechselwirkung mit dem Restgas oder miteinander, sondern treffen geradlinig auf das Substrat auf. Dort kondensieren sie als Adatome und bilden die Beschichtung.

Durch das Bedampfen können hohe Beschichtungsraten und eine gleichmäßige Verteilung der Schichtdicke erzielt werden. Die Haftung ist ausreichend. Da die Atome geradlinig auf das Substrat auftreffen, können komplex geformte Bauteile verfahrensbedingt nur schlecht beschichtet werden. Die Temperaturregelung muss exakt sein, da bereits geringe Temperaturschwankungen zu deutlichen Unterschieden in der Verdampfungsrate und damit auch in der Abscheiderate führen. Die Energiezufuhr zum Verdampfer muss konstant angepasst werden, da die Wärmeaufnahme des Beschichtungswerkstoffs unter anderem vom Füllstand des Beschichtungsbehälters abhängt. Die notwendigen Parameter müssen in Vorversuchen ermittelt werden. [BML+05, Sre06]

## 3.2.2.2 Sputtern

Während der Schichtwerkstoff beim Bedampfen thermisch verdampft wird, erfolgt die Verdampfung beim Sputtern durch Impulsübertragung atomarer Teilchen. Deshalb werden beim Sputtern ein inertes Prozessgas, meistens Argon, und eine Hochspannungsquelle benötigt. Der Prozess beim Sputtern benötigt kein Hochvakuum. Die mittlere freie Weglänge der Argonatome beträgt einige Millimeter bei dem vorhandenen Prozessdruck von 0,1 Pa bis 1 Pa. Der Beschichtungswerkstoff unterliegt während der Beschichtung einem stetigen Bombardement, weshalb er Target genannt wird. Durch Stöße der Argonatome auf der Oberfläche des Beschichtungswerkstoffes erfolgen weitere Kollisionen der Teilchen innerhalb des Targets, wodurch Teilchen aus dem Target gelöst werden. Diese werden anschließend in Richtung des negativ geladenen Substrats beschleunigt. [BML+05, But21]

Es haben sich verschiedene Verfahren etabliert, mit denen der Sputterprozess durchgeführt werden kann. Beim Gleichstromsputtern (DC-Sputtern) wird eine Gleichspannung zwischen dem Target und dem Substrat angelegt, sodass das Target negativ aufgeladen und das Substrat positiv aufgeladen wird. Häufig werden Spannungen zwischen 1 kV und 5 kV verwendet. Zwischen dem Target und dem Substrat wird ein Glimmentladungsplasma gezündet, welches das Prozessgas Argon ionisiert. Die Argonionen lösen nun die Teilchenstöße und -kollisionen im Target aus. Die gelösten Beschichtungsteilchen scheiden sich auf dem Substrat ab und bilden die Beschichtung aus. Das DC-Sputtern ist in Bild 3.6 dargestellt. [BML+05, But21]

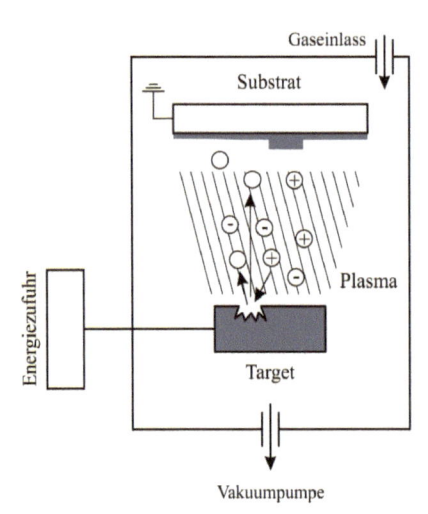

**Bild 3.6** Gleichstrom-Sputtern (eigene Abbildung in Anlehnung an [Pan12])

Das Hochfrequenzsputtern (HF-Sputtern) zeichnet sich durch das Anlegen eines hochfrequenten Wechselstroms anstelle der Gleichspannung aus. Die ionisierten Teilchen werden abwechselnd in beide Richtungen beschleunigt. Ab einer Frequenz von 50 kHz ist die Massenträgheit der Ionen so groß, dass diese dem Wechselfeld nicht mehr folgen. Eine negative Offsetspannung wird dem Wechselstrom überlagert, sodass die Ionen zum Target gezogen werden. Durch die im Wechselfeld verbleibenden Elektronen steigt der Ionisationsgrad weiter an. [But21, Mat10]

Beim Magnetronsputtern wird ein Permanentmagnet hinter dem Target angebracht. Das magnetische Feld wirkt innerhalb des Prozessgases und lässt die Elektronen auf einer spiralförmigen Bahn rotieren, was die Verweilzeit der Elektronen im Prozessgas erhöht. Durch die größere Verweilzeit der Elektronen wird die Anzahl der Ionen erhöht und der notwendige Prozessdruck sinkt und die Auftragsrate steigt. Da das Magnetfeld statisch ist, wird das Target nicht homogen abgetragen. Beeinflusst durch das Magnetfeld bilden sich Abtragungsgräben im Target aus. [KA00]

Wenn das inerte Prozessgas gegen ein reaktives Prozessgas, wie Sauerstoff, Stickstoff oder Acetylen, ausgetauscht wird, kann dieses genutzt werden, um chemische Reaktionen mit dem Targetwerkstoff zu erzielen. Die Abscheidung von oxidischen, nitridischen oder karbidischen Beschichtungen ist möglich. [But21]

Durch das Sputtern können nur niedrige Abscheideraten für die Beschichtung realisiert werden. Die Schichtdicke ist vergleichsweise unregelmäßig. Allerdings ist die Schichthaftung gut. Durch die Wechselwirkungen der abgelösten Teilchen mit dem Prozessgas wird die Streufähigkeit verbessert. [BML+05]

### 3.2.2.3 Ionenplattieren

Mithilfe des Ionenplattierens (vgl. Bild 3.7) können die Eigenschaften dünner Schichten gezielt durch das Einbringen von Ionen modifiziert werden. Dafür werden zusätzliche Anoden im Gasentladungsraum angeordnet und elektrische Felder vor dem Substrat und hinter dem Verdampfer erzeugt. Durch die elektrischen Felder ist auch das Substrat hochenergetischen Teilchen ausgesetzt, was zu einer Verbesserung der Haftfestigkeit und der Struktur der Beschichtung führt. Die Wachstumsrate der Beschichtung steigt ebenfalls an. Die Temperatur des Substrates kann gesenkt werden. Auch hier ist der Einsatz von reaktiven Gasen zur weiteren Funktionalisierung der Beschichtung möglich. [BML+05]

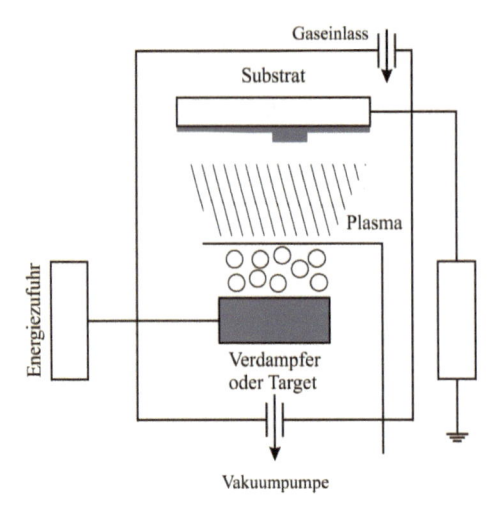

**Bild 3.7** Ionenplattieren (eigene Abbildung in Anlehnung an [Pan12])

### 3.2.3 Schichtwachstum und Haftungsmechanismen bei PVD-Beschichtungen

Die im Folgenden beschriebenen Prozesse sind gleichermaßen gültig für die Abscheidung von PVD-Beschichtungen und CVD-Beschichtungen. In Abschnitt 3.3.1 bis Abschnitt 3.3.3 wird daher nicht erneut auf die Abscheidungsprozesse eingegangen. [BML+05, Unr01]

Das Wachstum der Beschichtung kann in vier Phasen unterteilt werden. Wenn Atome auf eine feste Oberfläche treffen, werden sie entweder reflektiert oder sie geben Energie an die Oberfläche ab, sodass sie lose als Adatome gebunden werden. Die Adatome diffundieren dann über die Oberfläche und können sie durch Desorption wieder verlassen oder kondensieren mit weiteren Atomen zu einem stabilen Keim auf der Oberfläche. Die Bewegung der Adatome wird durch die Temperatur des Substrates, die kinetische Energie der Adatome beim Auftreffen und die Stärke der Wechselwirkungen zwischen den Adatomen und den Atomen der Substratoberfläche ermöglicht [BML+05]. Welcher Fall eintritt, hängt von der kinetischen Energie des Atoms ab. Ist die kinetische Energie zu hoch, wird das Atom reflektiert und kann sich nicht anlagern. Wenn die Temperatur des Substrates zu hoch ist, verdampft das Atom, sodass ebenfalls keine Anlagerung stattfindet. Außerdem muss die Bindung zwischen dem angelagerten Adatom und dem Substrat so groß sein, dass das Auftreffen weiterer Atome die Bindung nicht überlastet. Durch das Anlagern weiterer Adatome wird ein Cluster gebildet. [But21, Mat10]

Im zweiten Schritt bilden sich Keime an den kondensierten Atomen. Dafür wandern die Adatome auf der Oberfläche und bilden erste kristalline Strukturen. Dabei kommen die Schichtbildungsprozesse – die Desorption, Kondensation und Oberflächendiffusion – am meisten zum Tragen. Die Beschaffenheit der Beschichtung und deren Oberflächenstruktur kann signifikant durch die Abscheidetemperatur beeinflusst werden. Die Rate, mit der die Kristalle wachsen, hängt dabei von der Temperatur des Substrates und der Kristallebene des Keims ab. Der Keim kann in unterschiedlichen Richtungen unterschiedlich schnell wachsen. Die Adatome wandern so lange über die Substratoberfläche, bis sie eine energetisch günstige Position, wie Oberflächendefekte oder Änderungen der chemischen Zusammensetzung des Substrates, gefunden haben und sich anlagern. [Tho77, But21, Mat10]

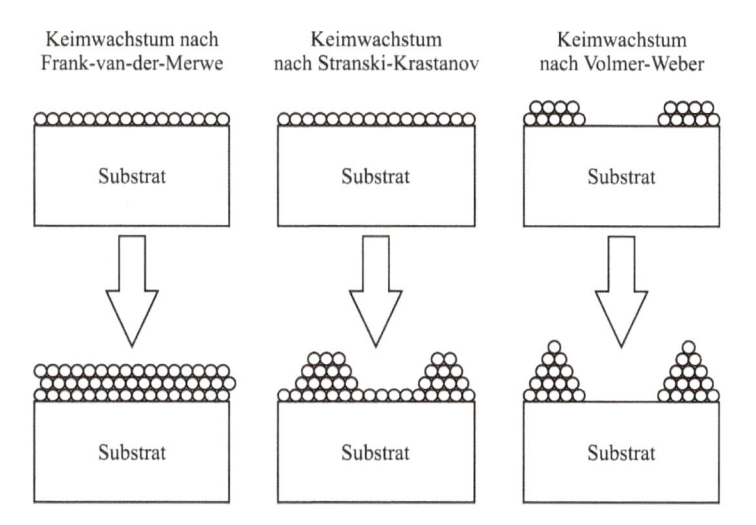

**Bild 3.8** Die Arten des Keimwachstums (eigene Abbildung in Anlehnung an [But21, Kha99])

Im dritten Schritt wachsen die Keime und bilden eine geschlossene Schicht auf der Substratoberfläche. Dabei können drei verschiedene Arten des Keimwachstums unterschieden werden, die das Schichtwachstum beeinflussen (vgl. Bild 3.8). Beim Frank-van-der-Merwe-Modell wächst die Schicht homogen [FM49]; diese Art des Schichtwachstums kann vor allem bei niedrigeren Abscheidetemperaturen beobachtet werden [Kha99]. Unter der Berücksichtigung, dass die einzelnen Keime einen unterschiedlichen Sublimationsdruck oder Löslichkeit haben, findet kein homogenes Wachstum mehr statt. Nach der Ausbildung einer dünnen Deckschicht wächst die Schicht heterogen nach dem Stranski-Krastanov-Modell weiter [SK37]. Wenn zu Beginn des Beschichtungsprozesses keine geschlossene Deckschicht ausgebildet wird, kann das Volmer-Weber-Modell zur Beschreibung des Wachstumsprozesses verwendet werden. Dabei werden kleine Beschichtungsinseln gebildet [VW26]. Bei höheren Abscheidetemperaturen und mehr Gitterfehlern bei der Abscheidung erfolgt die Abscheidung zunehmend nach dem Stranski-Krastanov-Modell und dem Volmer-Weber-Modell [Kha99].

Die Art des Keimwachstums hängt unter anderem von der Rauheit und der chemischen Zusammensetzung des Substrates, der Oberflächentemperatur des Substrates, der Beweglichkeit der Atome, einem verwendeten Reaktivgas und der Komplexität der Geometrie des Substrates ab. In der Regel werden säulenförmige Strukturen gebildet, unabhängig davon, ob die Schicht kristallin oder amorph ist. [But21, Mat10]

Im letzten Schritt wächst die Schicht auf der gesamten Oberfläche. Das Wachstum hängt stark von der Temperatur und vom Druck ab (vgl. Bild 3.9). Bei niedriger Temperatur bildet sich eine geschlossene Beschichtung aus den säulenförmigen Strukturen. Diese ist wenige Nanometer dick und bildet eine raue Oberfläche. Atome können sich nicht zwischen den Säulen platzieren, sodass geometrische Störstellen entstehen und die Schicht säulenförmig und inhomogen wächst (Zone 1). Aus diesem Schichtwachstum resultieren hohe Eigenspannungen und eine geringe Festigkeit. Mit steigender Substrattemperatur können die Adatome weiter auf der Oberfläche wandern, sodass eine feine Säulenstruktur ausgebildet wird, die wenig Defekte aufweist (Zone 2). Die Dichte nimmt zu und die Oberflächenrauheit nimmt ab. Bei einer weiteren Temperaturerhöhung kann die Schicht rekristallisieren, sodass Spannungen abgebaut werden (Zone 3). Die Oberflächenrauheit dieser Schicht ist sehr gering. Die mechanischen Eigenschaften dieser Beschichtung sind am besten. [But21, Mat10]

Unter Berücksichtigung des Gasdruckes beim Sputtern bildet sich eine Übergangszone (Zone T in Bild 3.9 rechts) aus. Aufgrund des Gasdrucks haben die Adatome eine größere Beweglichkeit und können die Abschattung ausgleichen, sodass sich eine geschlossene Schicht aus dicken faserförmigen Körnern ausbildet, die eine sehr glatte Oberfläche hat. [Tho77]

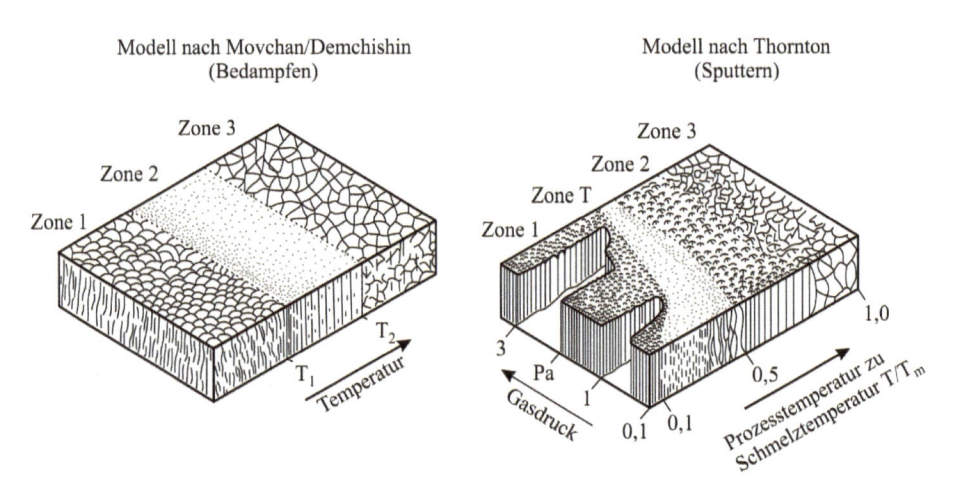

**Bild 3.9** Die Schichtzonenmodelle für das Bedampfen und das Sputtern (eigene Abbildung in Anlehnung an [But21, BML+05, Tho77])

Bei der Haftung der Beschichtung wird unterschieden, ob die Beschichtung durch mechanische, chemische oder physikalische Wechselwirkungen mit dem Substrat verbunden ist. Mischformen sind möglich. Bei mechanischen Wechselwirkungen wird die Rauheit der Substratoberfläche ausgenutzt. Da sich in der Rauheit kleinste Hinterschnitte bilden, können diese zur Verankerung und Verhakung der Beschichtung genutzt werden. Bei der chemischen Bindung wird die Beschichtung durch kovalente Bindungen, metallische Bindungen oder Ionenbindung fest mit dem Substrat verbunden. Welche Art der Bindung bei der Haftung einer Beschichtung vorliegt, hängt vom Substrat und der Beschichtung ab. Wenn beide Partner metallisch sind, werden metallische Bindungen ausgebildet. Wird die Beschichtung mit nichtmetallischen Elementen, wie Sauerstoff, Kohlenstoff oder Stickstoff, dotiert, werden zunehmend kovalente Bindungen gebildet. Wenn sehr große Differenzen in der Elektronegativität auftreten, werden Ionenbindungen zwischen dem Substrat und der Beschichtung ausgebildet. Physikalische Bindungen sind Dipol-Dipol-Bindungen, Wasserstoffbrückenbindungen und van-der-Waals-Kräfte. Sie sind schwächer als chemische Bindungen und treten meistens bei Kunststoffsubstraten auf. [But21, RM19, Hol90]

Die Vorbehandlung des Substrates stellt eine zusätzliche Möglichkeit dar, um die Haftung der Beschichtung zu verbessern. Die Beschichtung und das Substrat müssen als Verbund betrachtet werden, bei dem beide Partner hinsichtlich der Schichthaftung optimiert werden müssen. Während der Vorbehandlung können die Oberfläche, die mechanischen Eigenschaften und die chemischen Eigenschaften des Substrats verändert werden. Häufig werden die Oberflächen durch Nitrieren oder Borieren gehärtet, um die mechanischen und chemischen Eigenschaften der Oberfläche zu verändern. Durch das Nitrieren oder Borieren diffundieren die Elemente in die Oberfläche ein. Durch die Neustrukturierung des Metallgitters verändert sich auch die Oberflächenrauheit. Außerdem bildet sich eine spröde keramische Randschicht aus, die vor dem Beschichten mittels PVD entfernt werden muss. Weitere Methoden der Vorbehandlung sind das Kugelstrahlen oder das Rollieren. Hier wird die Oberfläche plastisch verformt. Die Vorbehandlung des Substrates hat das Ziel, dass sich die Härte der Substratoberfläche und der Beschichtung angleichen, um ein späteres Ablösen der Beschichtung durch Delamination oder den Eierschaleneffekt zu vermeiden. [TBR+97, TM98]

Zusätzlich kann die Oberfläche des Substrates strukturiert werden, um die Topografie der Oberfläche zu verbessern. Durch die Modifikation der Topografie können Wachstumsfehler während der Beschichtung minimiert werden. Die Last der Beschichtung wird außerdem gleichmäßiger auf der Substratoberfläche verteilt. [NDF13]

## 3.2.4 Mehrlagige Schichtsysteme

Das Abscheiden von Beschichtungen mittels PVD ist nicht auf eine einzelne Schicht beschränkt. Durch das Abscheiden verschiedener Beschichtungen können die Eigenschaften der Beschichtung besser an die gestellten Anforderungen der Beschichtung angepasst werden. Bild 3.10 zeigt eine Auswahl an herstellbaren Schichtsystemen.

Im einfachsten Fall wird eine einlagige Beschichtung abgeschieden. Häufig werden verschiedene Zwischenschichten eingefügt, um die Funktionalität der Beschichtung zu erhöhen. Zwischen den einzelnen Lagen kann dabei eine stoffliche Grenze ausgebildet werden, sodass eine mehrlagige Beschichtung entsteht. Der Übergang kann aber auch fließend sein. In diesem Fall entsteht eine gradierte Beschichtung. Wenn die Schichtdicke der einzelnen Schichten im Nanometerbereich liegt, wird von Nanolayerschichten gesprochen. Dabei können mehrere hundert einzelne Schichten abgeschieden werden, um das Schichtsystem zu bilden. Darüber hinaus sind Kombinationen verschiedener Schichtsysteme möglich. [WS03, ZJX18]

Die Kombination einzelner Schichten zu Mehrschichtsystemen führt zu einigen Vorteilen. So werden die Eigenspannungen und die Rissanfälligkeit in der Beschichtung reduziert. Da Wachstumsfehler sich nicht über mehrere Schichtgrenzen ausbreiten, nehmen sie bei viellagigen Beschichtungen ebenfalls ab. Die Dicke einzelner Schichten wird durch die Eigenspannungen in der jeweiligen Schicht begrenzt. Durch den Einsatz mehrlagiger Schichtsysteme kann die Schichtdicke der einzelnen Schicht reduziert werden, was die Eigenspannungen in der Schicht ebenfalls reduziert. Durch den Aufbau mehrlagiger Schichtsysteme lässt sich die Schichtdicke weiter erhöhen. Außerdem können die funktionellen Eigenschaften der einzelnen Schichten durch den Einsatz und die Kombination verschiedener Schichtsysteme kombiniert werden. So können Diffusionsbarrieren und Verschleißschutzschichten in einer mehrlagigen Schicht erzeugt werden. [San20, Koc10, PDK+15]

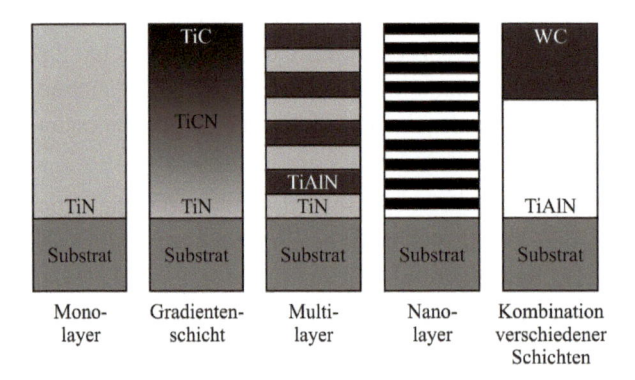

**Bild 3.10** Schematische Darstellung ausgewählter PVD-Schichtsysteme (eigene Abbildung in Anlehnung an [WS03])

## 3.2.5 Literatur

[BML+05]  BACH, F.-W.; MÖHWALD, K.; LAARMANN, A.; WENZ, T.: *Moderne Beschichtungsverfahren*. Weinheim: Wiley-VCH, 2. Auflage, 2005

[FM49]  FRANK, F.C.; VAN DER MERWE, J.H.: *One-Dimensional Dislocations. I. Static Theory*. In: Proceedings of the Royal Society A, 198 (1949), S. 205–216

[Har05]  HARSHA, K.: *Principles of Physical Vapor Deposition of Thin Films*. Heidelberg, London, New York, Oxford: ELSEVIER, 2005

[Hol90]  HOLLECK, H.: *Basic Principles of Specific Applications of Ceramic Materials as Protective Layers*. In: Surface and Coating Technology, 43/44 (1990), S. 245–258

[KA00]  KELLY, P.J.; ARNELL, R.D.: *Magnetron sputtering: a review of recent developments and applications*. In Vacuum 56 (2000), S. 159–172s

[Koc10]  KOCH, R.: *Stress in Evaporated and Sputtered Thin Films – A Comparison*. In: Surface & Coatings Technology, 204 (2010) 12-13, S. 1973–1982.

[Mat10]  MATTOX, D.M.: *Handbook of Physical Vapor Deposition (PVD) Processing*. Heidelberg, London, New York, Oxford: ELSEVIER, 2010, 2. Auflage

[NDF13]  NEVES, D.; DINIZ, A.E.; LIMA, FERNANDES LIMA, M.S.: *Microstructural analyses and wear behavior of the cemented carbide tools after laser surface treatment and PVD coating*. In: Applied Surface Science, 282 (2013) S. 680–688.

[NN10]  N. N.: *Schematische Darstellung eines PVD-Verdampfungsverfahrens*. Online: https://de.wikipedia.org/wiki/Physikalische_Gasphasenabscheidung#/media/Datei:PVD-CVD.jpg, erstellt: 04.08.2010, aufgerufen am 10.03.2023

[Pan12]  PANTKE, K.: *Entwicklung und Einsatz eines temperatursensorischen Beschichtungssystems für Zerspanwerkzeuge*. Dissertation an der Technischen Universität Dortmund, 2012

[PDK+15]  PANJAN, P.; DRNOVŠEK, A.; KOVAČ, J.; ET. AL.: *Oxidation resistance of CrN/(Cr,V)N hard coatings deposited by DC magnetron sputtering*. In: Thin Solid Films, 2015

[RM19]  RIEDEL, E.; MEYER, H.-J.: *Allgemeine und anorganische Chemie*. Berlin, Boston: de Gruyter, 12. Auflage, 2019

[San20]  SANDER, T.: Ein *Beitrag zur Charakterisierung und Auslegung des Verbundes von Kunststoffsubstraten mit harten Dünnschichten*. Dissertation an der Universität Erlangen-Nürnberg, 2020.

[SK37]   STRANSKI, I. N.; KRASTANOW, L.: *Zur Thoerie der orientierten Ausscheidung von Ionenkristallen aufeinander.* In: Monatshefte für Chemie, 71 (1937) 1, S. 351-364

[Sre06]   SREE HARSHA, K. S.: *Principles of Physical Vapor Deposition of Thin Films.* Heidelberg, London, New York, Oxford: ELSEVIER, 2006

[TBR+97]   TÖNSHOFF, H. K.; BLAWIT, C.; RIE, K. T.; GEBAUER, A.: *Effects of surface properties on coating adhesion and wear behaviour of PACVD-coated cermets in interrupted cutting.* In: Surface and Coatings Technology 97 (1997) 1-3, S. 224-231.

[Tho77]   THORNTON, J. A.: *High Rate Thick Film Growth.* In: Annual Review of Materials Science, 7(1977) 1, S. 239-260.

[TM98]   TÖNSHOFF, H. K..; MOHLFELD, A.: *Surface treatment of cutting tool substrates.* In: International Journal of Machine Tools and Manufacture, 38 (1998) 5-6, S. 469-476

[Unr01]   UNRECHT, B.: *Chemische Gasphasenabscheidung: Ein Verfahren zur Erzeugung heterogenkatalytisch aktiver Oberflächen.* Dissertation, Universität Hamburg, 2001

[VW26]   VOLMER, M.; WEBER, A.: *Keimbildung in übersättigten Gebilden.* In: Zeitschrift für Physikalische Chemie, 119U (1926) 1, S. 277-301

[WN03]   WIJNGAARD, J. H.; SCHÜTZE, A.: *Entwicklungen und Trends in der Beschichtungsindustrie.* In: Vakuum in Forschung und Praxis 15 (2003) 4 S. 194-197

[Zim08]   ZIMMER, O.: *Harte Schichten > 20 µm - neue Möglichkeiten für die Dünnschichttechnik.* In: Fraunhofer IWS Jahresbericht 2008, S. 74

[ZJX18]   ZHA, X.; JIANG, F.; XU, X.: *Investigating the high frequency fatigue failure mechanisms of mono and multilayer PVD coatings by the cyclic impact tests.* In: Surface and Coatings Technology, 344 (2018), S. 689-701

# 3.3 Chemische Gasphasenabscheidung

## 3.3.1 Metallorganische chemische Gasphasenabscheidung

Vanessa Frettlöh

### 3.3.1.1 Einordnung der Technologie

Je nach Prozessbedingungen können diverse Arten der CVD-Technik unterschieden werden. Die Abkürzung CVD steht für den englischen Ausdruck „chemical vapour deposition", zu Deutsch chemische Gasphasenabscheidung. Das Beschichtungsmaterial wird durch eine chemische Reaktion aus der Vorstufe oder Vorläuferverbindung, dem Precursor[1], während des Beschichtungsprozesses auf der Oberfläche des Substrates gebildet. Dazu wird der Precursor in die Gasphase überführt und mit einem Trägergasstrom und ggf. unter zusätzlicher Einleitung eines Reaktionsgases in den Beschichtungsbereich, den sogenannten Reaktor, gebracht. Bei Kaltwandreaktoren wird nur das beheizte Substrat beschichtet, in Heißwandreaktoren scheidet sich die Schicht auch auf den Innenwänden des Reaktors und allen Flächen, die mit dem Gas in Berührung kommen, ab.

Die klassische thermische CVD-Beschichtung erfordert Prozesstemperaturen zwischen 720 °C und 1100 °C [EVM+10]. Üblicherweise werden Metallsalze (z. B. Chloride wie $TiCl_4$), Metallhydride (z. B. $SiH_4$, $GeH_4$) [BML+05], Silane und Acetylen etc. als Precursoren verwendet. Mit diesem Verfahren werden klassische Hartstoffschichten wie Titannitrid (TiN) oder Titancarbid (TiC) auf Werkzeugoberflächen appliziert. Dabei bietet die CVD-Prozesstechnik die Vorteile, dass eine gleichmäßige Schichtabscheidung auch in Bohrungen und eine sehr gute Schichthaftung auf dem Substrat realisiert werden können [BML+05]. Zudem können mit der Technik Defekte aufgefüllt sowie exzellente Verschleißschutz- und Korrosionsschutzschichten realisiert werden [Sch19].

Die klassische CVD-Technik bei hohen (900–1050 °C) und mittleren (720–900 °C) [EVM+10] Temperaturen bringt jedoch auch einige Nachteile mit sich, in erster Linie bedingt durch die erhöhte Prozesstemperatur. So werden bei der Beschichtung von Werkzeugen eine nachträgliche Vakuumhärtung und Nachbehandlung der Oberflächen notwendig. Des Weiteren besteht Riss- und Verzugsgefahr an den Werkzeugen und es kommt zu Maßänderungen [Sch19]. Die Werkzeuge können zwar im Nachgang wieder auf ihre ursprünglichen Maße gebracht werden, jedoch können Härte und Maße des Werkzeuges nicht beide wieder in den Ursprungszustand versetzt werden. Durch eine Nachhärtung wird das Werkzeugmaß erneut verändert.

---

[1] Im folgenden Text wird die englische Schreibweise *Precursor* verwendet, wobei sich auch die eingedeutschte Schreibweise Präkursor in der Literatur findet.

Durch den Einsatz eines Plasmas kann die Beschichtungstemperatur deutlich gesenkt werden. Die Energie für die chemische Reaktion zum Schichtmaterial wird den Molekülen nicht thermisch, sondern durch ein Plasma zugeführt. Die PACVD (Plasma Activated CVD) ermöglicht die Schichtabscheidung bei Temperaturen zwischen Raumtemperatur und wenigen 100 °C. Allerdings sorgt das Plasma für einen gerichteten Prozess, sodass die 3D-Fähigkeit der Beschichtung sowie die Beschichtung von Bohrungen und Spalten nur noch begrenzt möglich sind.

Um die Vorteile der thermischen CVD zu nutzen und gleichzeitig bei niedrigeren Prozesstemperaturen beschichten zu können, müssen chemische Verbindungen zum Einsatz kommen, die bereits bei deutlich niedrigeren Temperaturen in die Gasphase überführt und mit weniger Energie aktiviert werden können, um die chemischen Reaktionen zur Bildung des angestrebten Schichtmaterials zu durchlaufen. Organometallverbindungen haben sich dabei als ideale Precursorsubstanzen erwiesen. Im Gegensatz zur klassischen CVD, bei der die eingesetzten Metallhalogenide oder -oxide mit den verwendeten Reaktionsgasen Mehrkomponentenprecursoren bilden, werden in der MOCVD (Metallorganische CVD) oftmals organometallische Einkomponentenprecursoren verwendet [Sch06]. Diese sind in einer großen strukturellen und stofflichen Vielfalt verfügbar [Unr01] und können an die jeweiligen Reaktionsbedingungen durch chemische Synthese angepasst und individualisiert werden [For14].

Durch den Einsatz dieser Precursorverbindungen ist es möglich, die Schichtabscheidung im CVD-Prozess bei Temperaturen unter 500 °C zu realisieren und damit auch auf Maß und Härte gebrachte Spritzgießwerkzeuge zu beschichten, ohne die mechanischen und geometrischen Eigenschaften durch die Temperaturen im Prozess zu verändern [FSM17].

### 3.3.1.2 Abläufe während der MOCVD-Beschichtung

Während des MOCVD-Prozesses wird das Substrat in einem beheizten Reaktor einem oder mehreren gasförmigen Stoffen ausgesetzt. Diese lagern sich an der Oberfläche an, durchlaufen chemische Reaktionen und bilden schließlich die Beschichtung. Die ablaufenden Prozesse lassen sich dabei in folgende Schritte unterteilen [Cho03, HSK95] (Bild 3.11):

1. Im Verdampfer wird der Precursor aus dem festen oder flüssigen Aggregatzustand in die Gasphase überführt.
2. Mithilfe eines Trägergasstromes wird der gasförmige Precursor in den Reaktor transportiert.
3. Bildung von gasförmigen Zwischenprodukten, die
    a) bei Temperaturen oberhalb der Zersetzungstemperaturen der Precursoren bereits in der Gasphase zu Partikeln reagieren (Gasphasennukleation/ Partikelbildung/ Erzeugung von Nanoteilchen) (Bild 3.11 oberer Weg),

b) bei Temperaturen unterhalb der Zersetzungstemperatur der Precursoren durch die Grenzschicht (in Bild 3.11 weiß transparent dargestellt) oberhalb der Substratoberfläche diffundieren und die weiteren Prozessschritte durchlaufen.

4. Die gasförmigen Zwischenprodukte adsorbieren auf der Substratoberfläche (blau) und reagieren zu Schichtmaterial (grau) und Nebenprodukten (weiß).
5. Die abgeschiedenen Atome diffundieren entlang der Substratoberfläche und das Schichtwachstum erfolgt.
6. Die entstandenen Nebenprodukte (organische Reste) desorbieren von der Substratoberfläche und werden durch Diffusion und Konvektion von der Grenzschicht entfernt.

Nebenprodukte, Partikel und nicht reagierter Precursor werden im Transportgas und durch den angelegten Unterdruck in Richtung der Vakuumpumpe aus dem Reaktor entfernt.

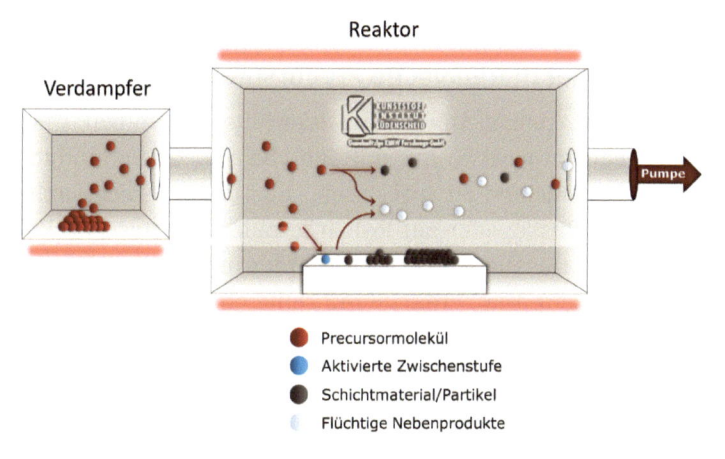

**Bild 3.11** Schematischer Ablauf eines MOCVD-Beschichtungsprozesses (Bildquelle: KIMW-F)

Bereits in der Gasphase ablaufende chemische Reaktionen können zu einer erhöhten Schichtreinheit und -homogenität führen, wenn sich durch die Reaktion bereits eine aktivierte Precursorverbindung bildet. Gasphasenreaktionen können jedoch auch, wie oben dargestellt, zu Verunreinigungen führen, wenn die gebildeten Partikel in die Schicht eingebaut werden (siehe bspw. Bild 3.12). Die Wahrscheinlichkeit für solche unerwünschten Nebenreaktionen steigt mit zunehmendem Precursorpartialdruck und steigender Prozesstemperatur durch die damit erhöhte Stoßfrequenz der Moleküle. Durch eine Prozessführung bei niedrigeren Drücken kann die mittlere freie Weglänge der Moleküle erhöht und die Wahrscheinlichkeit für unerwünschte Gasphasenreaktionen verringert werden. Dies führt jedoch auch zu einer Reduzierung der Abscheidegeschwindigkeit [Unr01].

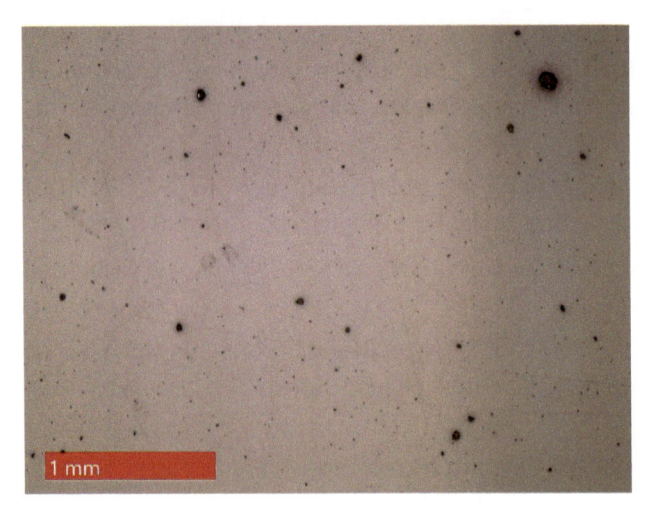

**Bild 3.12** Lichtmikroskopische Aufnahme einer mit Zirkoniumoxid beschichteten Werkzeugoberfläche, die dunkelgrauen Partikel wurden in die Schicht eingebaut und verursachen eine unsaubere Werkzeugoberfläche (Bildquelle: KIMW-F).

### 3.3.1.3 Anforderungen an metallorganische Precursoren

An Precursoren, die in der industriellen Anwendung zum Einsatz kommen, werden verschiedenste Anforderungen gestellt. Um mit den chemischen Verbindungen stabile, reine funktionale Schichten zu realisieren, müssen die Precursoren möglichst bei Raumtemperatur flüssig oder gut löslich in einem organischen Lösungsmittel sein. Da sie in die Gasphase überführt werden müssen, sollte der Dampfdruck ausreichend hoch sein. Die Verdampfung sollte ohne Zersetzung erfolgen können. Eine Zersetzung im Reaktor sollte bei niedrigen Temperaturen möglich sein, um die Beschichtung auch auf temperatursensitiven Substraten realisieren zu können. Zur Handhabung im industriellen Umfeld sind auch die Langzeitstabilität bei der Lagerung sowie eine geringe Sauerstoff- und Feuchtigkeitsempfindlichkeit wichtig. Um die Prozessabläufe und arbeitsschutzrechtlichen Voraussetzungen für die Beschichtung zu vereinfachen, sollten die Precursorverbindungen nicht toxisch, nicht pyrophor und selbstentzündlich sein sowie während des Beschichtungsprozesses keine gefährlichen Nebenprodukte freisetzen. Auch die wirtschaftlichen Aspekte spielen eine wichtige Rolle. So sollten die Precursorverbindungen kostengünstig und kommerziell erhältlich sein. Eine dem Prozess vorgeschaltete, aufwendige Synthese des Precursors ist für die industrielle Anwendung nicht relevant.

Acetylacetonate, die von vielen Metallelementen verfügbar sind, erfüllen die oben genannten Punkte zum größten Teil. Sie liegen als pulverförmige Feststoffe vor und lassen sich in organischen Lösungsmitteln gut auflösen oder direkt als Feststoffe fördern und verdampfen.

Durch die Metall-Sauerstoff-Verbindung in den Acetonaten lassen sich mit dieser Substanzklasse sehr gut metalloxidische Schichten, wie Aluminiumoxid, Zirkoniumoxid, Kupferoxid oder Chromoxid, abscheiden (vgl. Bild 3.13). Diese Prozesse sind sehr robust und es kann Druckluft oder Sauerstoff als Trägergas zum Einsatz kommen. Zudem können sie, z. B. im Falle von Nickel und Kupfer, auch zur Abscheidung der reinen Metalle genutzt werden [BPR+09, BPT+10]. Dabei erfolgt der Beschichtungsprozess unter Ausschluss von Sauerstoff und Zugabe von Ethanol.

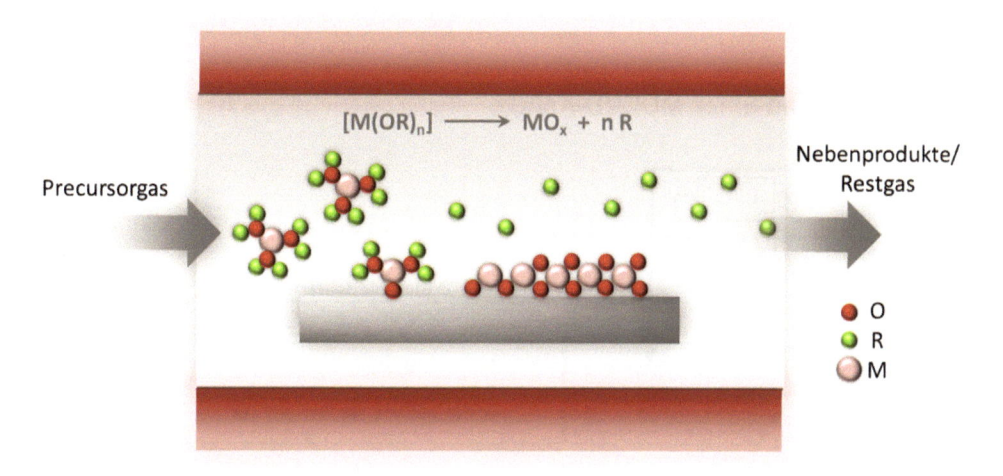

**Bild 3.13** Schematische Darstellung der Schichtabscheidung von Metalloxiden mittels MOCVD aus den Metallacetylacetonaten

Mit dem flüssigen Precursor Tetraethylorthosilikat (TEOS) können $SiO_2$-Schichten bereits bei sehr niedrigen Prozesstemperaturen (200–250 °C) abgeschieden werden, wenn mit Ozon angereichter Sauerstoff als Reaktionsgas verwendet wird [LK98, JPD+09]. Diese Beschichtungen können als Oberflächenschutzschichten für oxidationsempfindliche Werkzeugstähle dienen, wenn sie mit einer funktionalen Schicht ausgestattet werden sollen, die höhere Prozesstemperaturen erfordert. Auch elementare Nickelschichten können diesen Zweck erfüllen, da sie ebenfalls bei niedrigeren Temperaturen und unter Ausschluss von Sauerstoff im MOCVD-Prozess abgeschieden werden können.

Eine Übersicht über mögliche Feststoffprecursoren, die an der KIMW-F zur Abscheidung verschiedener funktioneller Schichten zum Einsatz kommen, ist in Tabelle 3.9 im Kapitel Feststoff-CVD verfügbar. Tabelle 3.8 gibt eine Übersicht über die an der KIMW-F verwendeten flüssigen Precursoren.

**Tabelle 3.8** Übersicht flüssige Precursoren (KIMW-F)

| Precursor | Abgeschiedene Schicht |
|---|---|
| Tetraethylorthosilikat (TEOS) | Siliziumoxid ($SiO_2$) |
| Zirkonium-Acetylacetonat ($Zr(acac)_4$) und Yttrium-Acetylacetonat ($Y(acac)_3$) gelöst in einer Mischung aus Acetylaceton und Benzylalkohol (1:1, Gewichts-%) | Yttriumdotiertes Zirkoniumoxid ($Y:ZrO_2$) |
| Zirkonium-Acetylacetonat ($Zr(acac)_4$) und Triphenylphosphat (($C_6H_5)_3PO_4$) gelöst in einer Mischung aus Acetylaceton und Benzylalkohol (1:1, Gewichts-%) | Phosphordotiertes Zirkoniumoxid ($P:ZrO_2$) |

### 3.3.1.4 Aufbau einer MOCVD-Anlage

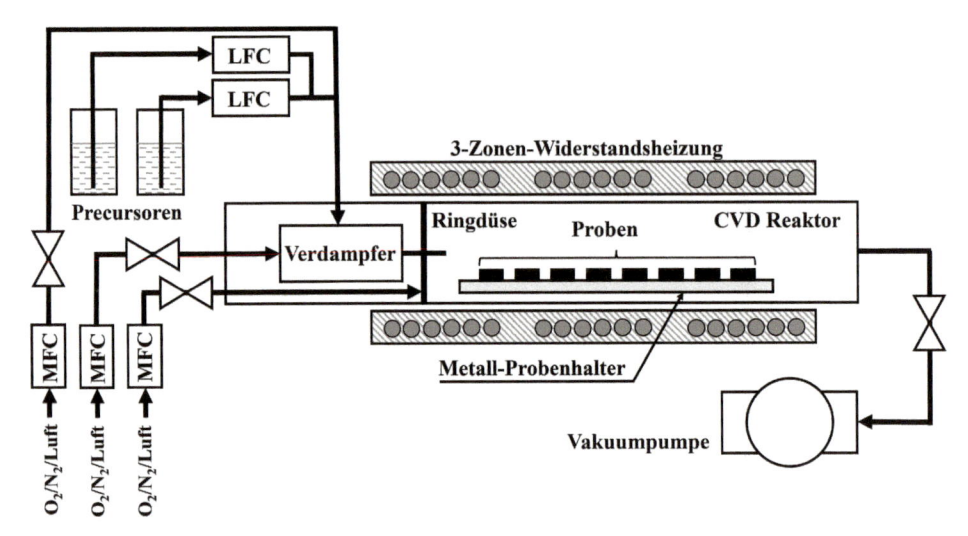

**Bild 3.14** Schematischer Aufbau eines CVD-Heißwandreaktors zur MOCVD-Beschichtung an der KIMW-F (eigene Abbildung)

Die Reaktoren, die für die CVD-Schichtabscheidung zum Einsatz kommen, sind so vielfältig wie der Prozess selbst. Eine horizontale Prozessführung ist ebenso möglich wie eine vertikale. Gasfluss und Probenpositionierung unterscheiden sich je nach Reaktortyp und Beschichtungs- sowie Substratmaterial [HJ93]. Um eine optimale Schichtabscheidung zu realisieren, wird die Gestaltung des CVD-Reaktors an die zu beschichtenden Substrate angepasst. In Bild 3.14 und Bild 3.15 ist schematisch ein CVD-Heißwandreaktor zur Abscheidung von Beschichtungen aus metallorganischen Precursoren dargestellt. In diesem Fall wird ein flüssiger Precursor bzw. eine Mischung von in Lösungsmittel aufgelösten, festen Precursoren verwendet (vergleiche Tabelle 3.8). Der Precursor wird mithilfe von Flüssigkeitsreglern (Liquid Flow Controller, LFC) und einem Gasstrom in den Verdampfer transportiert, dort in die Gasphase überführt und mit dem Trägergasstrom in den Reaktor geleitet. Mithilfe von Massenflussreglern (Mass Flow Controller, MFC) kann die geförderte Gasmenge für das Reaktions- und das Trägergas gesteuert werden. Durch die alternierende Ansteuerung von zwei LFC, die mit zwei unterschiedlichen Precursorlösungen gekoppelt sind, können alternierende Schichten abgeschieden und so ein Multilagenschichtaufbau realisiert werden. Die zu beschichtenden Substrate werden in diesem Reaktor auf einem Metallblech positioniert. Zum Schutz der Vakuumpumpe ist an der Anlage eine Kühlfalle installiert, um die Reaktionsprodukte und Lösungsmittel abzufangen.

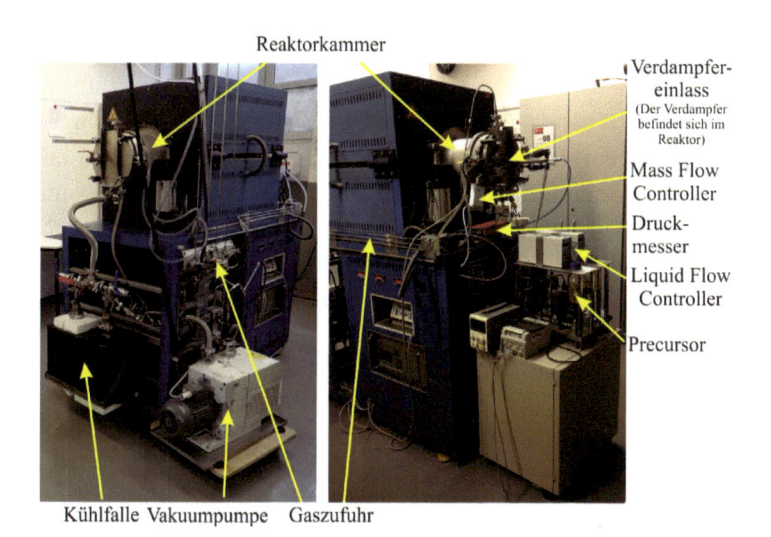

**Bild 3.15** Heißwand-MOCVD-Anlage an der KIMW-F: Abgasseite (links) und Precursorreservoir und Reaktoreinlass (rechts)

### 3.3.1.5 Spaltgängigkeit und 3D-Fähigkeit der Beschichtungen

Der Vorteil aller thermischen CVD-Verfahren ist die sehr gleichmäßige Schichtabscheidung. Dadurch eignet sich die Technologie auch für die Beschichtung von dreidimensional komplexen und strukturierten Oberflächen und von Werkzeugen und Bauteilen mit Hinterschneidungen oder zur Innenbeschichtung von Hohlkörpern und Rohren.

Intensive und detaillierte Untersuchungen an der gemeinnützigen KIMW-Forschungs-GmbH haben gezeigt, dass durch eine gezielte Wahl der CVD-Prozessparameter eine bemerkenswerte 3D-Fähigkeit der Beschichtung erreicht werden kann. Eine homogene Beschichtung von nicht ebenen Werkzeugflächen sowie Vertiefungen und Spalten mit Aspektverhältnissen (Öffnung des Spaltes / Tiefe des Spaltes) von bis zu 1:60 und darüber hinaus sind mit der Technologie realisierbar [For16, For17]. Dabei zeigt sich eine deutliche Abhängigkeit der 3D-Fähigkeit vom gewählten Prozessdruck und der Abscheidetemperatur. Im Rahmen von Untersuchungen mit Zirkoniumoxid-basierten Schichtsystemen wurde die 3D-Fähigkeit mithilfe von unterschiedlichen Demonstratorbauteilen mit diversen Spaltgeometrien nachgewiesen (vgl. Bild 3.16 und Bild 3.17). Die Untersuchungen erfolgten bei Temperaturen zwischen 445 °C und 540 °C und Prozessdrücken von 1–5 mbar. Die Spaltgängigkeit wird mithilfe des erreichbaren Aspektverhältnisses charakterisiert. Gerade in Anwendungsbereichen mit komplexen Oberflächen, Spalten und Bohrungen wie im Kunststoffspritzguss spielen die Spaltgängigkeit und die 3D-konforme Beschichtung der Oberfläche eine entscheidende Rolle.

Der Demonstrator in Bild 3.16 weist einen Gewindegang auf, der durch Einbringung eines Schlitzes zugänglich gemacht und in den ein Metallprobekörper eingeführt werden kann. Dieser bildet dann einen Teil des Innengewindes ab und ermöglicht so die Schichtdickenmessung im Inneren des Gewindes. Mit diesem Demonstrator können Aspektverhältnisse von 1:2 abgebildet werden, die durch Beschichtung unter den genannten Bedingungen erreicht werden können. Allerdings erfolgt bei geringerer Temperatur und niedrigerem Druck eine homogenere Schichtabscheidung auf dem Bauteil im Spalt.

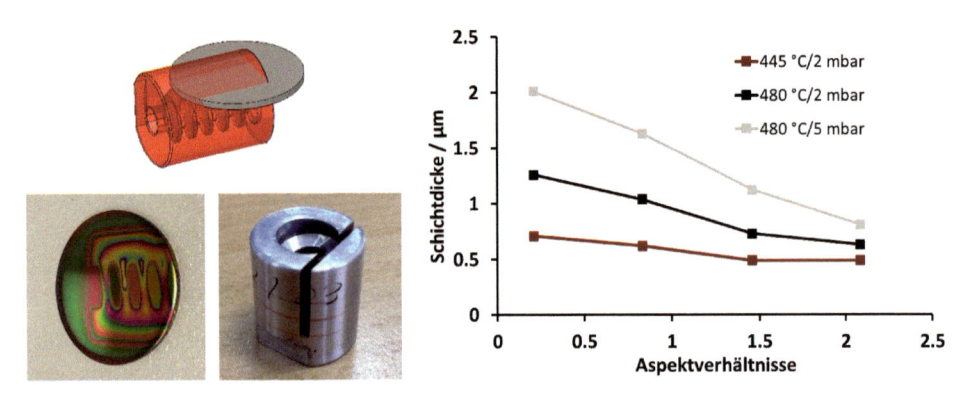

**Bild 3.16** Demonstrator mit Innengewinde, in den zur Schichtdickenmessung ein ebener Probekörper eingeschoben werden kann (links) und bei unterschiedlichen Prozessparametern erzielte Schichtdicke in gleicher Zeit in Abhängigkeit vom Aspektverhältnis im Bauteil (rechts) (Bildquelle: KIMW-F)

An einer würfelförmigen Vorrichtung (vgl. Bild 3.17) können Probekörper vor Vertiefungen mit definierten Spaltbreiten (100, 150, 200, 300 µm) gespannt werden.

Durch die Spalttiefe von 10 mm können mit diesem Demonstrator Aspektverhältnisse von bis zu 1:100 erreicht werden.

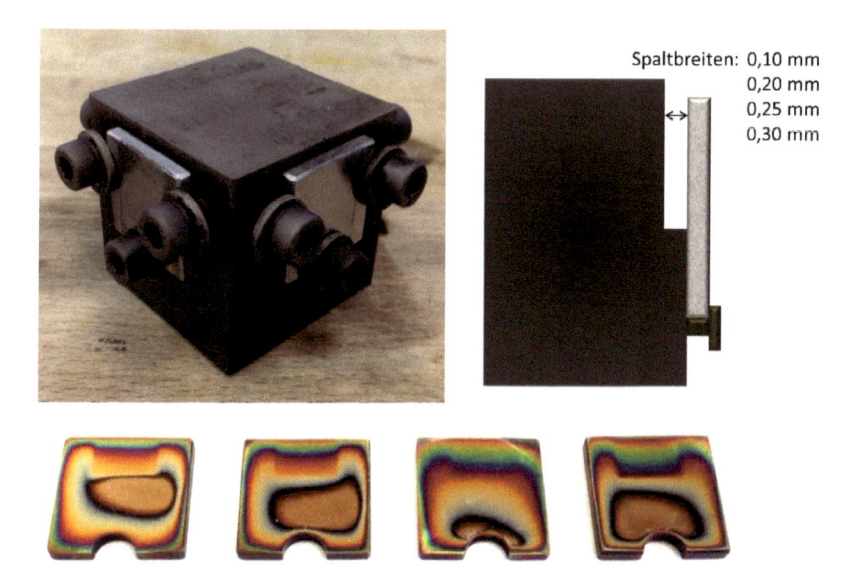

**Bild 3.17** Würfelförmiges Demonstratorbauteil, mit dem die Spaltgängigkeit der Beschichtung in Abhängigkeit von der Spaltbreite nachgewiesen werden kann. Die Schichtdicke wird nach der Beschichtung auf den montierten Metallprüfkörpern (rechts) in Abhängigkeit vom Abstand von der Oberfläche ermittelt (Bildquelle: KIMW-F).

Durch Messung der Schichtdicke auf den beschichteten Metallprobekörpern in Abhängigkeit vom Abstand von der oberen Kante können das erreichbare Aspektverhältnis sowie die Geschwindigkeit des Wachstums an den verschiedenen Stellen ermittelt werden. Die Ergebnisse werden in Bild 3.18 grafisch dargestellt.

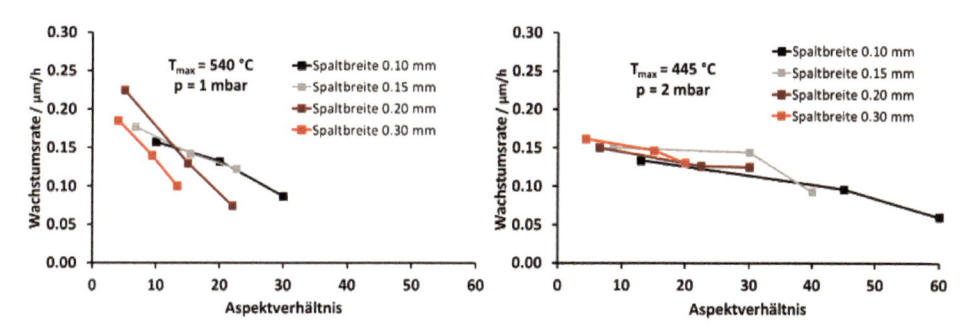

**Bild 3.18** Wachstumsrate in Abhängigkeit von Spaltbreite, Beschichtungstemperatur und Druck, ermittelt am Demonstrator aus Bild 3.17, das erreichbare Aspektverhältnis kann den Darstellungen entnommen werden.

Der Vergleich der Beschichtungsversuche zeigt, dass eine vollständige Beschichtung der Spaltinnenwand bis zu einem Aspektverhältnis von 1:60 erreicht werden kann. Bei höheren Temperaturen ist im Bereich geringerer Aspektverhältnisse zwar ein stärkeres Schichtwachstum erkennbar, jedoch fällt die Schichtwachstumrate, also die Schichtdicke bei zunehmender Spalttiefe, stark ab. Die Spalten können also nicht mehr vollständig beschichtet werden.

Die Untersuchungen zeigen, dass bei niedrigeren Beschichtungstemperaturen, die auch eine geringere Schichtwachstumsrate zur Folge haben, eine gleichmäßigere Schichtabscheidung innerhalb enger Kavitäten erreicht werden kann. Dies ist darauf zurückzuführen, dass durch eine geringere Temperatur im Reaktor und auf dem Substrat eine übermäßige Reaktion der Precursormoleküle am Rand der Kavität verhindert wird. Der Precursor gelangt in der Gasphase auch in tiefere Bereiche und reagiert erst dort ab. Auch niedrigere Prozessdrücke begünstigen höhere Aspektverhältnisse und eine gleichmäßigere Schichtabscheidung. Durch die bei niedrigerem Druck höhere freie Weglänge der Moleküle können diese mehr Stöße mit der Wand der Kavität ausführen, bevor sie reagieren. Eine Beschichtung von tieferen Spalten wird so möglich. Auch komplexe Bauteile und Werkzeuge können mittels MOCVD-Technologie konturkonform beschichtet werden (vgl. Bild 3.19).

**Bild 3.19** Im MOCVD-Verfahren beschichtete Zahnrad-Werkzeugeinsätze (Bildquelle: KIMW-F)

## 3.3.1.6 Literatur

[BML+05]  BACH, F.-W.; MÖHWALD, K.; LAARMANN, A.; WENZ, T.: *Moderne Beschichtungsverfahren*. Weinheim: Wiley-VCH, 2. Auflage November 2005

[BPR+09]  BAHLAWANE, N., PREMKUMAR, P. A., REILMANN, F., KOHSE-HÖINGHAUS, K., WANG, J., II, F., GEHL, B., BÄUMER, M.: *CVD of Conducting Ultrathin Copper Films*. In: Journal of The Electrochemical Society 156 (2009) 10, D452 – D455.

[BPT+10]  BAHLAWANE, N., PREMKUMAR, P. A., TIAN, Z., HONG, X., QI, F., KOHSE-HÖINGHAUS, K.: *Nickel and Nickel-Based Nanoalloy Thin Films from Alcohol-Assisted Chemical Vapor Deposition*. In: Chem. Mater. 22 (2010) S. 92–100.

[Cho03]  CHOY, K.: *Chemical vapour deposition of coatings*. In: Progress in Material Science 48 (2003) 2, S. 57–170

[EVM+10]  ERKENS, G., VETTER, J., MÜLLER, J., AUF DEM BRINKE, T., FROMME, M., MOHNFELD, A.: *Plasmagestützte Oberflächenbeschichtung, Verfahren, Anlagen, Prozesse, Anwendungen*. Süddeutscher Verlag onpact GmbH, München 2010.

[For14]  FORNALCZYK, G.: *Alternative Vorstufenbibliotheken der Metalle Eisen, Mangan, Cobalt und Nickel sowie deren Einsatz in der Materialsynthese*. Dissertation, Köln 2014.

[For16]  FORNALCZYK, G.: *3D-konforme CVD-Beschichtungen von Werkzeugformeinsätzen*. Kunststoffverarbeitung Deutschland (2016), S. 170–171.

[For17]  FORNALCZYK, G.: *Anwendungsbereiche deutlich erweitert – CVD-Beschichtung dreidimensionaler Konturen schützt Formeinsätze*. In: VDWF im Dialog 2/2017, S. 38–39.

[FSM17]  FORNALCZYK, G., SOMMER, M., MUMME, F.: *Yttria-Stabilized Zirconia Thin Films via MOCVD for Thermal Barrier and Protective Applications in Injection Molding*. In: Key Engineering Materials 742 (2017), S. 427–433; KEM.742.427

[HJ93]  HITCHMAN, M. L., JENSEN, K. F. (HRSG): *Chemical Vapor Deposition, Principles and Applications*. San Diego: Academic Press Limited, 1993

[HSK95]  HAMDEN-SMITH, M. J., KODAS, T. T.: *Chemical vapor deposition of metals: Part 1. An overview of CVD processes*. In: Chem. Vap. Deposition 1 (1995) 1, S. 8–23

[JPD+09] Juárez, H., Pacio, M., Días, T., Rosendo, E., Garcia, G., García, A., Mora, F., Escalante, G.: *Low temperature deposition: properties of SiO2 films form TEOS and ozone by APCVD system.* In: Journal of Physics: Conference Series 167 (2009) 012 020.

[LK98] Lubnin, A., Kudriavtsev, V.: *SiO2 TEOS-Ozone CVD: Mechanism, Kinetic Scheme and Process Implications.* Dumic Symposium, Session 2F, 1998.

[Sch06] Schneider, A. W.: *Metallorganische Chemische Gasphasenabscheidung (MOCVD) von Übergangsmetallen am Beispiel von Eisen, Ruthenium und Wolfram.* Dissertation, Erlangen 2006.

[Sch19] Schubert, A.: *CVD: Vor- und Nachteile anhand von Anwendungsbeispielen.* Fachtagung Werkzeugoberflächen, 01. – 02.10.2019 am Kunststoff-Institut Lüdenscheid.

[Unr01] Unrecht, B.: *Chemische Gasphasenabscheidung: Ein Verfahren zur Erzeugung heterokatalytisch aktiver Oberflächen.* Dissertation, Hamburg 2001.

## 3.3.2 Feststoffbasierte chemische Gasphasenabscheidung

Dr. Ruben Schlutter

### 3.3.2.1 Grundlagen der CVD mit festen Precursoren

Bei der chemischen Gasphasenabescheidung (Chemical Vapor Deposition = CVD) wird der Beschichtungswerkstoff erst während des Prozesses erzeugt. Dies geschieht durch eine chemische Reaktion. Der Precursor, der die für die Schichtabscheidung notwendigen Moleküle in flüssiger oder fester Form enthält, wird durch einen Verdampfer in den gasförmigen Zustand überführt. Dieses reaktive Gas wird zusammen mit einem Trägergas in den Reaktor geleitet, wo es mit der Substratoberfläche reagiert. Diese Reaktion findet bei erhöhten Temperaturen (bis zu 2000 °C) statt. Anhängig von den Prozessparametern kann der Precursor auch bereits vor dem Abscheiden reagieren, sodass Partikel anstelle einer Beschichtung erzeugt werden. Bei einem gut eingestellten Prozess wirkt die Substratoberfläche als Katalysator, sodass die chemische Reaktion in der Nähe des Substrates stattfindet. Die Reaktionsprodukte lagern sich dann in Atomschichten auf der Oberfläche ab. Die übrigen Reaktionsprodukte werden durch das Trägergas aus dem Reaktor entfernt. Zur thermischen Anregung und Aufrechterhaltung der Reaktion sind Temperaturen von über 700 °C notwendig. Beim CVD-Verfahren finden mehrere Reaktionen, bestehend aus Diffusions- und Konvektionsprozessen sowie den ablaufenden chemischen Reaktionen, statt. Die häufigsten Reaktionen sind die Chemosynthese, die Pyrolyse und die Disproportionierung. [BML+05]

Die chemischen Reaktionen unterliegen dabei der Reaktortemperatur (vgl. Bild 3.20). Wenn diese niedrig ist, läuft die chemische Reaktion zur Schichtabscheidung ausschließlich auf der Oberfläche des Substrates ab (Bereich I). Die Temperaturabhängigkeit der Abscheiderate kann in diesem Bereich durch den Arrhenius-Ansatz beschrieben werden. Bei steigenden Temperaturen nimmt die Reaktionsgeschwindigkeit zu, so lange, bis der Gasstrom den limitierenden Faktor darstellt, da dieser für den Transport des Precursors sorgt. Es stellt sich das temperaturunabhängige Plateau im Bereich II ein, da hier ausschließlich der Gasstrom die Reaktionsgeschwindigkeit und damit die Abscheiderate beeinflusst. Bei einem weiteren Anstieg der Reaktortemperatur wird die Reaktion zunehmend in die Gasphase verlagert. Die Abscheiderate sinkt, da zunehmend Pulverpartikel gebildet werden, die nicht auf dem Substrat abgeschieden werden. [KR94]

Die Wahl des Betriebspunktes der chemischen Reaktion hängt dabei vor allem von der Werkstückgeometrie und der Schichtstruktur ab. Wenn innenliegende Bereiche beschichtet werden sollen, wird der kinetisch kontrollierte Bereich I bevorzugt, da hier sichergestellt ist, dass der Precursor auch die innenliegenden Bereiche erreicht und nicht bereits vorher vollständig reagiert. Wenn flache Bereiche beschichtet werden, wird meistens Wert auf eine hohe Abscheiderate gelegt, sodass der Bereich II als Betriebspunkt gewählt wird. In diesem Bereich ist die Beschichtung abhängig von der Strömung des Prozessgases, sodass keine homogene Schicht abgeschieden wird. Die zu beschichtenden Bauteile sollten daher eher klein sein. [KR94]

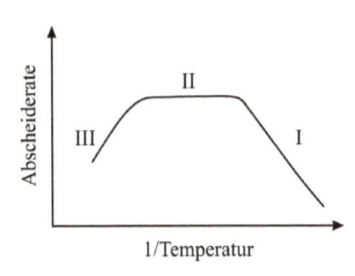

**Bild 3.20** Temperaturabhängige CVD-Chakteristik (eigene Abbildung in Anlehnung an [KR94])

Bei fast allen Verfahren der chemischen Gasphasenabscheidung (CVD) ist die Vorstufe bei Raumtemperatur entweder gasförmig oder flüssig. Bemühungen zur Verbesserung und Ausweitung der Nutzung solcher Verfahren durch die Entwicklung neuer Ausgangsstoffe haben ein gemeinsames Problem, nämlich, dass der Aggregatzustand des molekularen Ausgangsstoffs bei Normtemperatur und Normdruck mit zunehmender Größe und Komplexität des Ausgangsstoffs zu fest wechselt. Feste Precursoren sind dafür bekannt, dass sie in der Gasphase niedrige und zeitlich schwankende Konzentrationen liefern, was bei der CVD-Verarbeitung zu Problemen führt. Darüber hinaus erreichen die Systeme zur Zuführung fester Ausgangsstoffe im Labormaßstab keine vollständige Sättigung des Trägergases, das über oder durch den thermoregulierten Vorratsbehälter des Pulvers strömt [BPO02]. Diese Situation ist besonders nachteilig für feste Ausgangsstoffe mit relativ niedrigem Dampfdruck. Zahlreiche anorganische Verbindungen ergeben beispielsweise Massenströme durch klassische Fördersysteme, die sogar unter den thermodynamisch vorhergesagten Werten liegen. Unter anderem aus diesem Grund werden sie als Ausgangsverbindungen für die Synthese von molekularen Vorläufern verwendet, die erwartungsgemäß flüchtiger, aber auch teurer sind. [VCS+05]

Eine bekannte Lösung für dieses Problem ist die Injektion von Tröpfchen oder Dämpfen einer flüssigen Lösung, die die feste Verbindung enthält, in die Abscheidungszone [KLD+02]. Diese Technologien haben jedoch Nachteile, wie eine geringere Löslichkeit des Precursors, eine Verunreinigung der Ablagerungen, einen begrenzten Anwendungsbereich, der sich hauptsächlich auf Oxidschichten bezieht, und die Notwendigkeit, die Lösungsmittel und die Abwässer des Prozesses zu handhaben. [VCS+05]

Da der Stofftransport innerhalb des Reaktors ungerichtet ist, gibt es keine Vorzugsrichtung bei der Beschichtung. Dadurch können auch komplexere Formteile mehr oder weniger gleichmäßig beschichtet werden. Die Schichtdicke ist daher weitestgehend konstant. Die CVD-Schichten weisen außerdem eine gute Haftfestigkeit auf. Die erzeugten Beschichtungen sind in der Regel dicht.

Die mikroskopische Ausbildung der Beschichtung kann durch Variation der Prozessparamater beeinflusst werden. Dabei haben die Prozesstemperatur und die Abscheidedauer sowie der Gasdruck des Prozessgases und die Leistung des Verdampfers den größten Einfluss auf die Wachstumsrate der Beschichtung und damit das Ausbilden und die Größe der einzelnen Zonen. Um Abschattungseffekte während des Beschichtungsprozesses zu vermeiden, kann die Oberflächenrauheit des Substrates durch Schleifen oder Polieren reduziert werden. [BML+05]

Im Gegensatz zur Metallorganischen CVD (MOCVD oder OMCVD [Unr01]) muss die abzuscheidende Metallkomponente nicht in eine Komplexverbindung überführt und der Precursor gelöst werden, um den Transport in den CVD-Reaktor zu gewährleisten. Dementsprechend können auch weniger Fremdstoffe, die aus dem Zerfall der Komplexverbindung und dem Abbau des Lösungsmittels entstehen, in die Schichten eingebaut werden und diese verunreinigen. In gelösten Precursoren beträgt der Anteil des Lösungsmittels bis zu 90 %, was eine Kühlfalle am Ausgang des CVD-Reaktors notwendig macht, um die Lösungsmittel aufzufangen. Durch die Zersetzung des Precursors und des Lösungsmittels kann es außerdem zu Verölungen innerhalb des CVD-Reaktors kommen. [KI19]

Trotz dieser allgemeinen Vorteile müssen bei der Abstimmung von CVD-Prozessen zahlreiche Schwierigkeiten überwunden werden, die entweder mit der komplexen Chemie oder mit technischen Aspekten des Prozesses zusammenhängen. Zu den Letzteren gehört die präzise Steuerung der in die Prozesskammer eingebrachten gasförmigen reaktiven Ausgangsstoffe, um die gewünschte Schicht zu erzeugen [GKC+04]. Durch die Verwendung komplexer metallischer Legierungen in CVD-Prozessen werden diese Schwierigkeiten für die zuverlässige und robuste Abscheidung entsprechender Schichten noch verstärkt. Da diese Schichten aus mehreren Elementen bestehen, müssen die Ausgangsstoffe hinsichtlich ihrer physikalischen, chemischen und physikochemischen Eigenschaften kompatibel sein, was eine spezielle Reaktorkonstruktion und eine optimierte Technologie zur Zuführung der Ausgangsstoffe erfordert. Wenn es sich bei den Ausgangsstoffen um Flüssigkeiten oder Feststoffe mit niedrigem Dampfdruck handelt, was bei komplexen metallischen Legierungen häufig der Fall ist, besteht eine der Schwierigkeiten darin, dass die Dämpfe daraus mit hoher Geschwindigkeit und in reproduzierbarer und stabiler Weise während des gesamten Prozesses erzeugt werden [VGS+09].

Verschiedene flüssige Ausgangsstoffe werden erfolgreich in CVD-Prozessen eingesetzt, indem der Ausgangsstoffdampf einem Trägergas zugeführt wird. Eine gängige Methode besteht darin, ein Trägergas bei kontrollierter Temperatur durch die Flüssigkeit zu blasen, um die Gasphase mit dem verdampften Precursor zu sättigen. Ein solcher Sprudler setzt voraus, dass die betreffende Verbindung bei der Blasenbildungstemperatur ausreichend flüchtig ist, um eine kompatible und hohe Durchflussrate der Precursordämpfe in die Prozesskammer zu ermöglichen, damit der Prozess rentabel ist. Die Durchflussmenge des Precursors ist dabei proportional zur Durchflussmenge des Trägergases durch den Precursor und zum Sättigungsdampfdruck des Precursors bei der Blasenbildungstemperatur, und sie ist umgekehrt proportional zur Differenz zwischen dem Gesamtdruck im Sprudler und dem Sättigungsdampfdruck des Precursors bei der Blasenbildungstemperatur [HB90]. Allerdings ist es schwierig, diese Massenübertragungsrate genau zu kontrollieren [PMS+03]. Daher können bei der Verdampfung verschiedener flüssiger Ausgangsstoffe unkontrollierte Schwankungen des Massentransports in den Prozessströmen zu Schwankungen in der Produktstöchiometrie führen.

Analoge Versuche wurden unternommen, um Dämpfe fester pulverförmiger Reaktanten mithilfe der Sublimator-Sprudler-Methode in eine CVD-Reaktionskammer zu leiten. Dieses Verfahren ist häufig problematisch, da es nicht möglich ist, einen reproduzierbaren und stabilen Strom von verdampften festen Ausgangsstoffen mit kontrollierter Geschwindigkeit zuzuführen [WBX05]. Mehrere Faktoren, darunter ein ineffizienter Wärme- und Stofftransport und die sich ändernde spezifische Oberfläche des pulverförmigen Ausgangsstoffs, verringern die Effizienz des Sublimationsprozesses.

Ein häufiges Problem bei der CVD-Beschichtung ist eine niedrige Abscheiderate, die entweder auf einen niedrigen Dampfdruck des flüssigen oder festen Ausgangsmaterials oder auf Transportprobleme im Zusammenhang mit solch niedrigen Dampfdrücken zurückzuführen ist [VCS+07]. Diese Beziehung ist einfach, wenn der Reaktor im diffusionsbegrenzten Bereich arbeitet, in dem die Wachstumsrate proportional zur Verfügbarkeit von Reaktanten in der Gasphase ist. Sie kann sich jedoch auch auf den Betrieb im kinetisch begrenzten Regime auswirken, wenn die Verfügbarkeit der Reaktanten in der Gasphase geringer ist als ihr Verbrauch an der Oberfläche.

Die Beziehung zwischen dem Sättigungsdampfdruck und der Temperatur für reine Komponenten wird durch die Antoine-Gleichungen beschrieben. Ein niedriger Sättigungsdampfdruck des Precursors kann eine thermodynamische Folge des Gleichgewichts zwischen Feststoff oder Flüssigkeit und Gas sein. Er kann auch eine Folge der vorzeitigen, teilweisen oder vollständigen Zersetzung des Vorläufers im Verdampfungssystem beim Erhitzen sein, wodurch die Verdampfungstemperatur begrenzt wird.

Bei der Entwicklung neuer Verdampfungstechnologien auf der Basis von direkter Flüssigkeitseinspritzung wurde daher versucht, die Probleme der gleichmäßigen Zuführung des Precursors zu überwinden, indem eine Lösung des festen Precursors in den Reaktor eingebracht wird. Im Idealfall verdampft das Lösungsmittel beim Eintritt in die Verdampfungskammer schnell, sodass sich die Gasphase des Precursors auf dem Substrat ablagern kann. Ein Vorteil dieses Ansatzes besteht darin, dass die Precursoren bei einer niedrigeren Temperatur, bei der sie stabil sind, gehalten werden, bis sie die Verdampfungskammer erreichen.

Der Gleichgewichtsdampfdruck begrenzt den Prozess, doch ist er nun aufgrund der höheren Temperatur der Verdampfungskammer höher. Probleme können entstehen, wenn die Übersättigung zur Bildung von Precursorpartikeln führt. Außerdem kann das Einbringen einer großen Menge an Lösungsmittel in den Reaktor zu einer Verunreinigung der Schicht und zu Umweltproblemen führen. Darüber hinaus können mehrere kostengünstige und potenziell interessante feste CVD-Precursoren nicht mit direkter Flüssigkeitseinspritzung verdampft werden, da es nicht einfach und manchmal sogar unmöglich ist, sie in einem organischen Lösungsmittel aufzulösen [VGS+09].

### 3.3.2.2 Förderung des festen Precursors

Auf verschiedene Ansätze zur Förderung und Dosierung wird detailliert in [VCG+15] eingegangen. Im Folgenden wird die in [KI19] dargestellte Dosiervorrichtung beschrieben.

Bei der Förderung der Feststoff-Precursoren müssen verschiedene Hürden überwunden werden. In der Regel beträgt die Beschichtungszeit bei CVD-Prozessen mehrere Stunden bis mehrere Tage. Während dieser Zeit werden Beschichtungen mit einer Schichtdicke von wenigen Mikrometern bis ca. 30 µm aufgebaut. Daraus ergibt sich die Notwendigkeit einer prozesssicheren konstanten Zuführung der Feststoff-Precursoren in den CVD-Reaktor. Bild 3.21 zeigt eine mögliche Dosiervorrichtung, um die Feststoff-Precursoren in Richtung des Trägergases für die CVD-Anlage zu fördern. Der Feststoff-Precursor wird dabei als Pulver in einem vertikal ausgerichteten Vorratsbehälter gelagert. Durch ein Mischwerkzeug wird die konstante Förderung in Richtung der Förderschnecke sichergestellt. Das Mischwerkzeug verhindert außerdem die Brückenbildung über dem Einzugsbereich in die Förderschnecke, indem eventuell entstehende Verklumpungen aufgebrochen werden.

Die Förderung der geringen benötigten Mengen stellt eine weitere Herausforderung dar. Die Verdampfung der Feststoffpartikel soll spontan im Verdampfer erfolgen, der sich an der Trägergasleitung unterhalb der Düse befindet. Daraus resultiert eine Korngröße des Pulvers zwischen 30 µm bis maximal 300 µm. Während der Lagerung im Vorratsbehälter darf das Pulver nicht verklumpen, um die weitere Förderung und damit den Beschichtungsprozess nicht negativ zu beeinflussen. Während der Förderung in der Schnecke darf ebenfalls keine Kompression stattfinden, da diese zu einem Verbacken des Pulvers innerhalb der Förderschnecke führt. Dadurch wird die weitere Förderung unterbunden. Im schlimmsten Fall führt das Verbacken zu einer Blockierung der Drehbewegung der Förderschnecke. Durch die Komprimierung des Pulvers kann eine stetige Förderung nicht gewährleistet werden, sodass der Anteil des Precursors im Trägergas stark schwanken kann und der Schichtaufbau nicht kontrolliert stattfindet. [KI19]

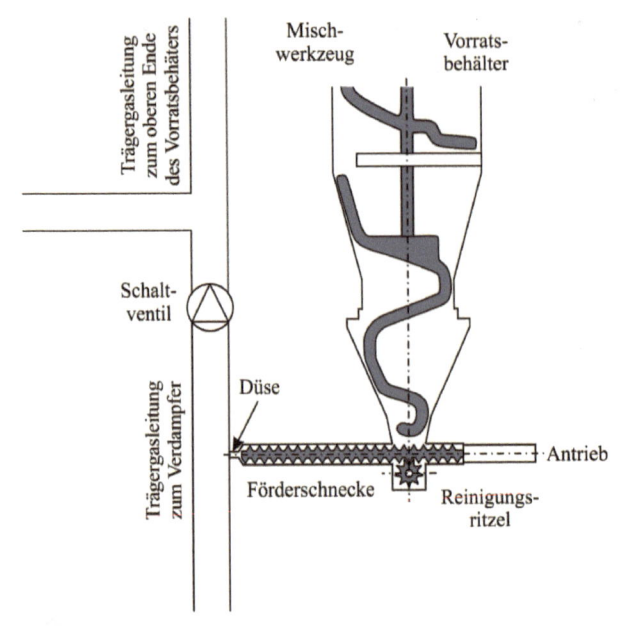

**Bild 3.21** Der Feststoffförderer (eigene Abbildung in Anlehnung an [KI19])

Zur Überwindung dieser Probleme wird eine Belüftungsleitung am oberen Ende des Vorratsbehälters installiert. Das Innere des Vorratsbehälters ist damit ebenfalls trägergasbeaufschlagt. Durch das Schalten des Schaltventils kann der Gasstrom so durch den Vorratsbehälter gelenkt werden, dass er den pulverförmigen Precursor in der Düse als Schwebstoff mitnimmt. Um das Pulver im Vorratsbehälter zu lockern, wird das Schaltventil kurzzeitig geschlossen, sodass sich der Gasdruck im Vorratsbehälter erhöht. Durch das Öffnen des Schaltventils kommt es zu einer Verwirbelung des Pulvers im Vorratsbehälter und in der Förderschnecke, was zu einer Auflockerung führt. Durch das Schließen des Schaltventils wird der Beschichtungsprozess kurzzeitig unterbrochen. Da die Schaltzeit jedoch vergleichsweise kurz ist, hat diese Unterbrechung keine negative Auswirkung auf die Abscheidung der Beschichtung. Zusätzlich werden Mischelemente in den Vorratsbehälter und den Bereich der Schneckenzuführung eingebracht, die das Auflockern des pulverförmigen Precursors unterstützen. Die Mischelemente müssen bis zum unteren Ende des Einfülltrichters reichen, um ein Verklumpen unmittelbar über der Einzugszone zu verhindern. Die Form der Mischelemente, deren

Drehbewegung und die Schaltintervalle des Schaltventils können dabei an die jeweiligen Anforderungen des Pulvers angepasst werden. [KI19]

Um Verklumpungen innerhalb der Förderschnecke zu verhindern, wird ein Reinigungsritzel unterhalb der Einzugszone verbaut. Dieses ist drehbar gelagert und kämmt die Wendel der Förderschnecke, um diese freizuhalten. Im optimalen Fall entspricht der Durchmesser der Einzugszone der Breite des Reinigungsritzels, sodass dieses die gesamte Breite der Einzugszone reinigen kann. Durch den Einsatz des Reinigungsritzels wird außerdem sichergestellt, dass die nachfolgenden Schneckengänge nur teilgefüllt sind.

Durch die beschriebenen Maßnahmen können die notwendigen geringen Förderraten von pulverförmigen Feststoffen erreicht werden. Diese liegen im Bereich zwischen 0,1 g/h und 2 g/h. Die Abscheidung boridischer, karbidischer und oxidischer Schichten ist somit möglich. Da die Dosiervorrichtung nur sehr wenig Bauraum benötigt, können auch mehrere Vorrichtungen nebeneinander angeordnet werden und parallelgeschaltet werden, um mehrere aufeinanderfolgende, unterschiedliche Schichten abzuscheiden. Zur Verlängerung des Beschichtungsprozesses können auch zwei Dosiervorrichtungen mit dem gleichen Precursor bestückt werden, sodass die Umschaltung auf die zweite Dosiervorrichtung erfolgen kann, wenn der Precursorvorrat der ersten Dosiervorrichtung erschöpft ist. Ein Nachfüllen der ersten Dosiervorrichtung ist dann möglich, sodass der Beschichtungsprozess nicht unterbrochen oder gestoppt werden muss, wenn der Vorratsbehälter vollständig entleert ist. [KI19]

Mithilfe der Dosiervorrichtung ist die Förderung verschiedener Feststoffprecursoren möglich, sodass auch unterschiedliche Beschichtungen aufgebaut werden können. Tabelle 3.9 fasst verschiedene Feststoffprecursoren und die Schichten, die mit diesen Precursoren abgeschieden werden können, zusammen.

**Tabelle 3.9** Mögliche Feststoffprecursoren (KIMW-F)

| Precursor | Abgeschiedene Schicht | Bemerkung |
|---|---|---|
| Aluminium-Acetylacetonat (Al(acac)$_3$) | Aluminiumoxid (Al$_2$O$_3$) | |
| Kupfer-Acetylacetonat (Cu(acac)$_2$) | Kupferoxid (CuO) | |
| Kupfer-Acetylacetonat (Cu(acac)$_2$) | elementares Kupfer (Cu) | |
| Zirkonium-Acetylacetonat (Zr(acac)$_4$) | Zirkoniumoxid (ZrO$_2$) | |
| Yttrium-Acetylacetonat (Y(acac)$_3$) | Yttriumoxid (Y$_2$O$_3$) | nur zum Dotieren von ZrO$_2$ |
| Triphenylphosphat ((C$_6$H$_5$)$_3$PO$_4$) | Phosphoroxid (P$_4$O$_6$) | nur zum Dotieren von ZrO$_2$ |

**Tabelle 3.9** Mögliche Feststoffprecursoren (KIMW-F) (*Fortsetzung*)

| Precursor | Abgeschiedene Schicht | Bemerkung |
|---|---|---|
| Lanthan-Phenantrolin-Acetylacetonat (La(acac)$_3$(phen)$_1$) | Lanthanoxid (La$_2$O$_3$) | |
| Chrom-Acetylacetonat (Cr(acac)$_3$) | Chromoxid (Cr$_2$O$_3$) | |
| Nickel-Acetylacetonat (Ni(acac)$_2$) | elementares Nickel (Ni) | |
| Nickel-Acetylacetonat (Ni(acac)$_2$) | Nickeloxide | unter Zusatz einer Sauerstoffquelle |
| Wolframhexacarbonyl (W(CO)$_6$) | Wolframcarbid (WC, W$_2$C) | |
| Wolframhexacarbonyl (W(CO)$_6$) | Wolframsulfid (WS$_2$) | unter Zusatz einer Schwefelquelle |
| Wolframhexacarbonyl (W(CO)$_6$) | Wolframnitrid (W$_2$N, WN, WN$_2$) | |
| Chromhexacarbonyl (Cr(CO)$_6$) | Chromcarbid (Cr$_3$C$_2$) | weitere Chromcarbide möglich |
| Chromhexacarbonyl (Cr(CO)$_6$) | Chromnitrid (CrN) | |

### 3.3.2.3 Literatur

[BML+05]  BACH, F.-W.; MÖHWALD, K.; LAARMANN, A.; WENZ, T.: *Moderne Beschichtungsverfahren*. Weinheim: Wiley-VCH, 2. Auflage November 2005

[BPO02]  O'BRIEN, P.; PICKETT, N.L.; OTWAY D.J.: *Developments in CVD Delivery Systems: A Chemist's Perspective on the Chemical and Physical Interactions Between Precursors*. In: Chemical Vapor Deposition, 8 (2002) 6, S. 237–249.

[GKC+04]  GANGULI, S., KU, V.W., CHUNG, H., CHEN, L.: *Method and apparatus for monitoring solid precursor delivery*. Patentschrift US 6 772 072, 2004

[HB90]  HERSEE, S.D.; BALLINGALL, J.M.: *The operation of metalorganic bubblers at reduced pressure*. In: Journal of Vacuum Science & Technology A: Vacuum, Surfaces, and Films, 8 (1990) 2, S. 800–804

[KI19]  GEMEINNÜTZIGE KIMW FORSCHUNGS-GMBH: *Dosiervorrichtung zum Dosieren eines pulverförmigen Stoffes sowie CVD-Anlage mit einer solchen Dosiervorrichtung*. Patentschrift DE 20 2018 107 303 U1, 2019

[KLD+02] KREISEL, J.; LUCAZEAU, G.; DUBOURDIEU, C.; ROSINA, M.; WEISS, F.: *Raman scattering study of La0.7Sr0.3MnO3/SrTiO3 multilayers*. In: Journal of Physics: Condensed Matter, 14 (2002) 20, S. 5201–5210

[KR94] KIENEL, G.; RÖLL, K.: *Vakuumbeschichtung 2 – Verfahren und Anlagen*. Berlin, Heidelberg: Springer Verlag, 1994

[PMS+03] PAZ, D. A.C.A.; MCMILLAN, L. D.; SOLAYAPPAN, N.; BACON, J. W.: *Method and apparatus for fabrication of thin films by chemical vapor deposition*. US6 511 718, 2003

[Unr01] UNRECHT, B.: *Chemische Gasphasenabscheidung: Ein Verfahren zur Erzeugung heterogenkatalytisch aktiver Oberflächen*. Dissertation an der Universität Hamburg, 2001

[VCS+05] VAHLAS, C.; CAUSSAT, B.; SENOCQ, F.; GLADFELTER, W. L.; ET. AL.: *Fluidized Bed as a solid Precursor Delivery System in a Chemical Vapor Deposition Reactor*. In: 15th European Conference on Chemical Vapor Deposition, EUROCVD-15 – Bochum, 2005

[VCS+07] VAHLAS, C.; CAUSSAT, B.; SENOCQ, F.; GLADFELTER, W. L.; ET AL.: An *original device for the delivery of vapors to a deposition apparatus based on the sublimation in a fluidized bed*. In: Chemical Vapor Deposition 13 (2007) 2–3, S. 123–131

[VCG+15] VAHLAS, C.; CAUSSAT, B.; GLADFELTER, W. L.; ET. AL.: *Liquid and Solid Precursor Delivery Systems in Gas Phase Processes*. In: Recent Patents on Materials Science, 8 (2015) 2, S. 91–108

[VGS+09] VAHLAS, C.; GUILLON, H.; SENOCQ, F.; ET. AL.: *Solvent-free method for intense vaporization of solid molecular and inorganic compounds*. In: Gases & Instrumentation, 3 (2009) 1, S. 8–11

[WBX05] WANG, L.; BAUM, T. H.; XU, C.: *Delivery systems for efficient vaporization of precursor source material*. US6 909 839, 2005

### 3.3.3 Plasmabasierte chemische Gasphasenabscheidung

Patrick Engemann

#### 3.3.3.1 Plasmen

Wird einem Gas weiter Energie hinzugefügt, kommt es zu einer Trennung der Gasatome in Ionen und Elektronen. Diese Beschaffenheit wird oftmals auch als vierter Aggregatzustand bezeichnet. Die Aufspaltung der Atome in Ionen und Elektronen führt dazu, dass das Gas andere Eigenschaften aufweist. Da die Trennung auch durch äußere Einflüsse vereinzelt auftreten kann, spricht man erst von einem Plasma, wenn die ionisierten Bestandteile des Gases die Eigenschaften dominieren. Der Anteil der Ionendichte ($n_i$) zu der Neutralgasdichte ($n_n$) in einem Gas lässt sich durch den Ionisationsgrad ausdrücken. Dieser lässt sich anhand der Saha-Gleichung (Formel 3.1) berechnen. Zur Berechnung sind die Temperatur (T), die Ionisationsenergie ($W_{ion}$) in eV und die Dichte (n) in $1/m^3$ einzusetzen. [Str11]

$$\frac{n_i}{n_n} \approx 3 \cdot 10^{27} \frac{T^{3/2}}{n_i} e^{\frac{-W_{ion}}{T \cdot k_B}} \tag{3.1}$$

| | | |
|---|---|---|
| $n_i$ | Ionendichte | [$1/m^3$] |
| $n_n$ | Neutralgasdichte | [$1/m^3$] |
| $W_{ion}$ | Ionisationsenergie | [eV] |
| $T$ | Temperatur | [K] |
| $k_B$ | Boltzmannkonstante | [J/K] |

Um das Plasma aufrechtzuerhalten, müssen ständig neu Ionen und Elektronen erzeugt werden, da es im Plasma kontinuierlich zur Rekombination von Ionen und Elektronen zu Atomen kommt. Die hierbei freiwerdende Energie ist ursächlich für das charakteristische Leuchten. Die Energie, die zur Aufrechterhaltung des Plasmas notwendig ist, kann über unterschiedliche Arten aufgebracht werden.

Unter anderen zeichnen sich Plasmen dadurch aus, dass sie elektrische Energie leiten können. Eine weitere Eigenschaft von Plasmen ist, dass sie Licht emittieren, daher finden Plasmen auch zu Beleuchtungszwecken, unter anderem in Form von Neonröhren, Anwendung. Unter Umständen können sie auch über hohe Wärmeleitfähigkeiten verfügen. Des Weiteren lassen sich Plasmen durch Magnetfelder einschließen und manipulieren. [Str11] Diese Eigenschaft wird unter anderem beim Aufbau neuer Fusionskraftwerke genutzt, um den Kontakt des Plasmas mit der Reaktorwand zu vermeiden. [Wag09]

Eine Möglichkeit, eine Ionisation hervorzurufen, ist das Anlegen einer Hochspannung. Diese Art des Plasmas wird auch als Glimmentladung bezeichnet. Der Ladungsunterschied führt dazu, dass frei vorliegende Elektronen in Richtung der Anode beschleunigt werden. Bei ausreichend freier Weglänge kann das Elektron genügend kinetische Energie aufnehmen, um beim Zusammenstoß mit einem Atom ein weiteres Elektron aus dem Atom herauszulösen. Das Atom wird ionisiert. Um die notwendige freie Weglänge realisieren zu können, findet der Prozess unter geringem Druck statt. Die freiwerdenden Elektronen werden erneut in Richtung der Anode beschleunigt, wodurch sie abermals neue Atome ionisieren können. Die Ionen hingegen bewegen sich aufgrund ihrer Ladung zur Kathode. Aufgrund ihrer geringen Masse können die Elektronen im Vergleich zum Ion eine weitaus höhere Temperatur aufweisen und tragen damit stärker zur Stoßionisation bei als die positiv geladenen Ionen. Infolge der besonderen Eigenschaften finden Plasmen sowohl in der CVD-Beschichtungstechnik als auch in der PVD-Technik Anwendung.

### 3.3.3.2 Plasma Activated Chemical Vapor Deposition

Die PACVD (Plasma Activated Chemical Vapor Deposition) stellt eine besondere Form der CVD-Technik dar. Durch den Einsatz eines Plasmas lässt sich die benötigte Prozesstemperatur so weit absenken, dass Kunststoffe mit keramischen Beschichtungen überzogen werden können. Daher findet die PACVD-Technologie unter anderem in der Verpackungsindustrie an PET-Flaschen Anwendung, um die Permeabilität des Kunststoffes zu reduzieren. [BNN02]

Ermöglicht wird die Absenkung der Prozesstemperatur durch die hohe Temperatur, die die Elektronen im Plasma aufweisen. Die Temperatur der Elektronen kann im Plasma auf mehrere 10 000 K ansteigen. Da diese aber eine geringe Masse im Verhältnis zum Ion aufzeigen, liegt die Temperatur des Prozessgases bei 50 °C. Der Ionisationsgrad für die Beschichtung von PET-Flaschen mit Siliziumoxid liegt bei unter 1 %. Für die Erzeugung des Plasmas wird eine pulsierende Mikrowelle verwendet. Um den notwendigen Effekt zu erzielen, reichen bereits Schichtdicken zwischen $5*10^{-8}$ und $5*10^{-7}$ m. [Kal07]

Bei Beschichtungsanlagen für die Werkzeugtechnik kommen gepulste und ungepulste Gleichströme zum Einsatz ebenso wie Wechselstrom, um eine Glimmentladung zu erzeugen. Um die Ladungsträger im Gas zu beschleunigen, kann auch ein Wirbelfeld mittels Induktion erzeugt werden. Der Aufbau der Anlagen ist schematisch in Bild 3.22 erkennbar. Der PACVD-Reaktor weist dabei Parallelen zu Plasmanitrieranlagen auf. Die Reaktorwand dient für die Beschichtung als Anode, wohingegen die Werkstücke von der Wandung isoliert als Kathode geschaltet werden. [Mor98]

Bei einem Remote Plasma wird das Gas außerhalb der eigentlichen Beschichtungskammer gezündet. Als RTS (remote plasma source) kommt unter anderem auch die Ionisierung mittels Mikrowelle zur Anwendung. Die entsprechenden Plasmaquellen haben sich zur Reinigung und zum Ätzen von Oberflächen etabliert. [Hel09]

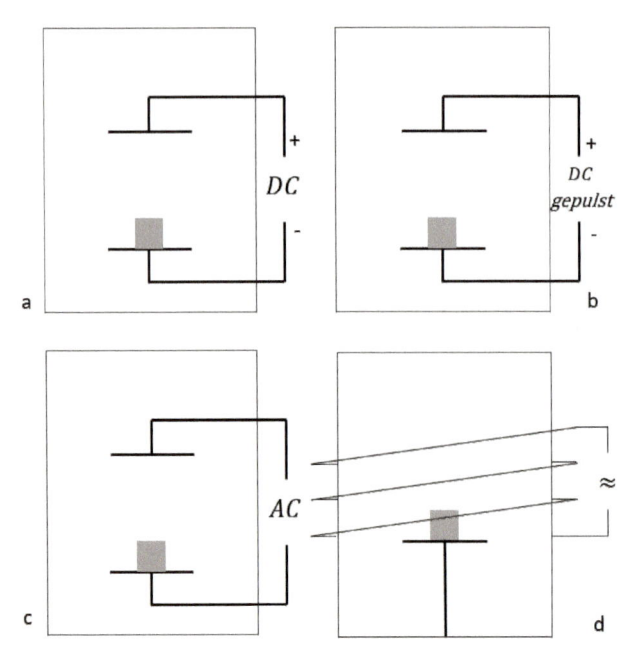

**Bild 3.22** Schematische Darstellung von PACVD a) Gleichspannung b) gepulste Gleichspannung c) Wechselstrom d) Induktion (in Anlehnung an [Mor98])

Im industriellen Umfeld sind die Hartstoffschichten wie Titannitrid (TiN), Titancarbonitrid (TiCN) und Aluminiumoxid ($Al_2O_3$) von Interesse, die bei Temperaturen von 400 °C bis 600 °C mittels PACVD appliziert werden können. Hierbei wird die notwendige Prozessenergie sowohl über die Temperatur im Reaktor als auch über das Plasma aufgebracht. Daher sind diese Abscheideprozesse als Kombination aus thermischem CVD-Prozess und plasmagestütztem CVD-Prozess zu betrachten. Darüber hinaus ermöglicht die Anwendung einer Glimmentladung die Abscheidung einer Kohlenstoffbeschichtung bei 200 °C. [NN10] Die amorphen Kohlenstoffbeschichtungen werden üblicherweise auch als DLC-Schichten (Diamond-Like Carbon) tituliert.

Die Zusammensetzung der Prozessbestandteile zur Applikation einer TiN-Beschichtung sind dabei mit denen eines klassischen CVD-Prozesses identisch. Hierbei handelt es sich um Stickstoff ($N_2$), Wasserstoff ($H_2$) und Titantetrachlorid ($TiCl_4$). Zugunsten eines stabilen Plasmas wird dem Prozess allerding noch Argon hinzugegeben. [Mor98]

$$2TiCl_4 + N_2 + 4H_2 \rightarrow 2TiN + 8HCl \tag{3.2}$$

Die stabilisierende Wirkung von Argon im Beschichtungsprozess wurde von Archer bereits 1981 veröffentlicht [Arc81]. Für die Abscheidung von $Al_2O_3$ kann Aluminiumchlorid ($AlCl_3$) oder Trimethylaluminium $Al(CH_3)_3$ verwendet werden.

Diese Aluminiumlieferanten bilden in Kombination mit molekularem Sauerstoff oder Kohlenstoff im Prozess eine $Al_2O_3$-Beschichtung auf der Substratoberfläche. [Kyr03]

### 3.3.3.3 Literatur

[Arc81]  ARCHER, N. J.: *The plasma-assisted chemical vapour deposition of TiC, TiN and TiCxN1-x*. In: Thin Solid Films 80, 1981, S. 221-225

[BNN02]  BEHLE, S.; NEUHÄUSER, M.; NEUHÄUSER, M.: *Damit die Qualität stimmt.* In: Plastverarbeiter 54 (2002) S. 50-51

[Hel09]  HELLRIEGEL, R.: *Ätzen von Titannitrid mit Halogenverbindungen – Kammerreinigung mit externer Plasmaquelle.* Doktorarbeit, Dresden: Books on Demand GmbH, 2009.

[Kal07]  KALINOWSKI, R.: *Ein Urknall in jeder Flasche.* In: Getränkeindustrie 4 (2007) S.: 21-24

[Kyr03]  KYRYLOV, O.: *Abscheidung und Charakterisierung von PECVD-Aluminiumoxidschichten.* Doktorarbeit, Aachen, 2003.

[Mor98]  MORLOK, O.: *Die Kombination von Plasmanitrierung und plasmagestützter Schichtabscheidung der Gasphase (PACVD) in einem Verfahrensablauf.* Heimsheim: Springerverlag Berlin Heidelberg GmbH, 1998.

[NN10]  N. N.: *Plasmagestützte Oberflächenbeschichtung.* Firmenschrift der Sulzer Metaplas GmbH. München: Süddeutscher Verlag onpact GmbH, 2010.

[Str11]  STROTH, U.: *Plasmaphysik.* Wiesbaden: Vieweg+Teubner Verlag, 2011

[Wag09]  WAGNER, F.: *Auf den Wegen zum Fusionskraftwerk.* In: Physik Journal 8 (2009), S. 35-41

## 3.3.4 Precursoren – Moleküle als Vorstufen für Funktionswerkstoffe

Prof. Dr. Sanjay Mathur, Dr. Veronika Brune, Dr. Thomas Fischer

Molekulare Vorstufen sind feste, flüssige oder gasförmige chemische Verbindungen, aus denen Feststoffe durch gezielte chemische Transformationen erhalten werden können. Bei diesen, auch Precursoren genannten, molekularen Strukturen handelt es sich um eine Vielzahl von Verbindungsklassen, die trotz ihrer unterschiedlichen chemischen Zusammensetzung, Struktur und Reaktivität zielgerichtet zu einem Festkörper mit definierten Funktionseigenschaften umgesetzt werden können. Somit sind maßgeschneiderte metallorganische Moleküle essentielle Ausgangsstoffe der chemischen Materialsynthese für die kontrollierte Herstellung von Funktionsmaterialien. [MA15, MSM+18, BF11, MPB93, MSD06]

Ganz allgemein wird die Bezeichnung Precursor für Reaktanden in chemischen Reaktionen bzw. biochemischen Prozessen verwendet, die als Ausgangsstoffe oder Vorstufen für weitere nachgelagerte Synthesen bzw. Stoffwechselschritte dienen. [NT13, Vei02, Mol08]

a)

$C_xH_y \longrightarrow$ "C" $\longrightarrow$ amorpher Kolenstoff / Graphit / Graphen / Diamant / Fulleren / Kohlenstoff-Nanoröhrchen (CNT)

b)

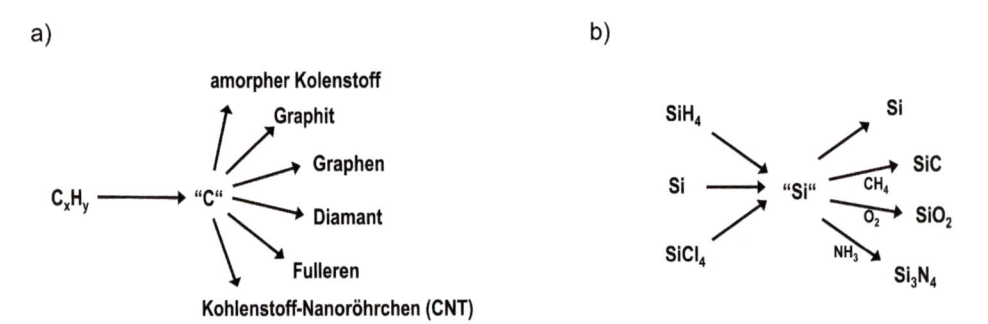

$SiH_4$, $Si$, $SiCl_4$ $\longrightarrow$ "Si" $\longrightarrow$ $Si$, $SiC$ ($CH_4$), $SiO_2$ ($O_2$), $Si_3N_4$ ($NH_3$)

**Bild 3.23** Verallgemeinerte Darstellung von Molekülen als Precursoren für Materialien am Beispiel eines a) Kohlenstoff-Precursors für amorphen Kohlenstoff, Graphit, Graphen, Diamant, Fullerene oder Kohlenstoff-Nanoröhren (CNTs) und b) eines Silizium-Precursors für Silizium, Siliziumcarbid, Siliziumdioxid oder Siliziumnitrit

So können einfache molekulare Vorstufen wie z. B. Kohlenwasserstoffe ($C_xH_y$) bei unterschiedlichen Prozessbedingungen unter Wasserstoffabspaltung zu diversen Kohlenstoffallotropen wie amorphem Kohlenstoff, Graphit, Graphen, Diamant, Fullerenen oder Kohlenstoff-Nanoröhren (CNTs) reagieren (vgl. Bild 3.23 a), und Silizium (Si), Siliziumcarbid (SiC), Siliziumdioxid ($SiO_2$) oder Siliziumnitrid ($Si_3N_4$) können aus der Reaktion von Silan ($SiH_4$) oder Siliziumtetrachlorid ($SiCl_4$) mit Wasserstoff ($H_2$), Methan ($CH_4$), Sauerstoff ($O_2$) oder Ammoniak ($NH_3$) erhalten werden (Bild 3.23 b). Kann nun jedes Molekül als Precursor bezeichnet werden?

Allgemeine Voraussetzungen idealer Precursoren sind:

1. **Klar definierte Umsetzung zum gewünschten Zielmaterial**

   Unter gegebenen Reaktionsbedingungen soll nur das gewünschte Material mit definierter Zusammensetzung, Struktur und Morphologie reproduzierbar erhalten werden und sich keine undefinierten, schwer aufzureinigenden Produktgemische bilden.

   Dies kann durch bereits vorgeformte Struktureinheiten im Precursor (M-C für Metallcarbide, M-O für Metallalkoxide, M-N für Metallnitride, usw), die während der Prozessbedingungen stabil bleiben, begünstigt werden (vgl. Bild 3.24). Die Art der funktionellen Gruppen in molekularen Vorläufern kann die Prozessparameter nachhaltig beeinflussen. So kann die Bildung von oligomeren oder polymeren Strukturen des Precursors die physikochemischen Eigenschaften verändern, z. B. Die Flüchtigkeit oder Löslichkeit erniedrigen.

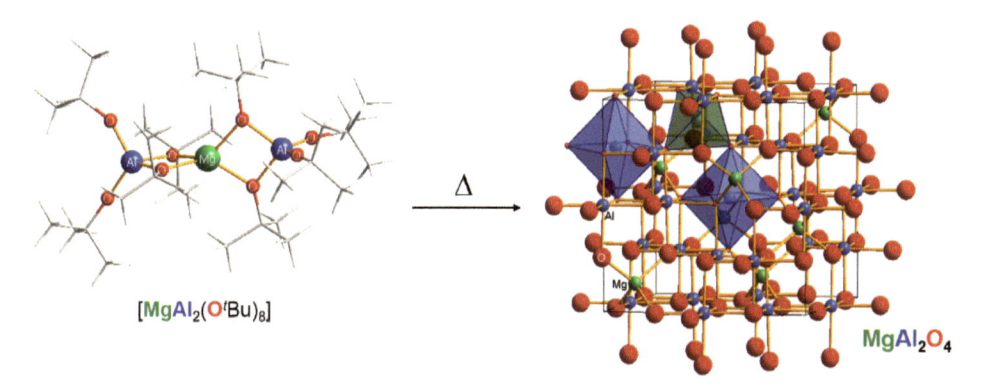

**Bild 3.24** [MgAl$_2$(O$^t$Bu)$_8$] als Precursor für die Synthese des Spinells MgAl$_2$O$_4$. [MVR+04] Die vorgeformten Struktureinheiten (O-Al-O-Mg-O-Al-O) sind bereits im Precursor vorhanden und bleiben aufgrund der stabilen Metall-Sauerstoff-Bindungen während des Zersetzungsprozesses erhalten.

2. **Angepasste Moleküleigenschaften und Reaktivität für gewählte Materialsynthesemethode**

   Je nach Prozessbedingungen müssen die Precursoren eine gute Löslichkeit in dem verwendeten Lösungsmittel der Flüssigphasenprozessierung (u. a. Sol-Gel-Prozess, Solvothermalsynthese etc.) bzw. ausreichenden Dampfdruck bei Gasphasenprozessen (u. a. CVD, ALD, etc.) aufweisen. Zusätzlich muss die Reaktivität auf die Prozessbedingungen abgestimmt sein, um eine vorzeitige Zersetzung oder ungewünschte Nebenreaktionen zu vermeiden. In diesem Zusammenhang muss die elektronische bzw. sterische Stabilität einer geeigneten Vorstufe betrachtet werden. Die elektronische Stabilität beschreibt ein stabiles

Redoxverhalten des Precursors, wohingegen die sterische Abschirmung des Metallzentrums in Kombination mit repulsiven Wechselwirkungen der molekularen Vorstufen untereinander essentiell für z. B. eine angemessene Flüchtigkeit ist. Überladene Moleküle mit übergroßem organischem Liganden[2]-Gerüst führen meist zur erhöhten Fragilität, was eine vorzeitige Zersetzung des Vorstufenmoleküls nach sich zieht.

3. **Bildung stabiler, einfach abzutrennender Nebenprodukte**

   Die bei molekularen Vorstufen entstehenden Nebenprodukte müssen entweder einen hohen Dampfdruck oder eine gute Löslichkeit im verwendeten Lösungsmittel aufweisen, um eine einfache Abtrennung vom festen Zielmaterial sicherzustellen. Darüber hinaus sollen die Nebenprodukte eine geringe Reaktivität mit dem Zielmaterial aufweisen, um Nebenreaktionen zu verhindern. Intramolekulare C-C- bzw. C-H-Bindungsaktivierung im organischen Liganden-Gerüst geeigneter Precursoren begünstigen die Ausbildung leicht aus dem Prozess zu entfernender Nebenprodukte (z. B. β-Hydrid-Eliminierungen bei der thermischen Zersetzung von Metallalkoxiden, vgl. Bild 3.25). [GFO+19]

   Die Bildung stabiler, ungiftiger und nicht-korrosiver Nebenprodukte vereinfacht zusätzlich die Prozessführung und Nachbehandlung.

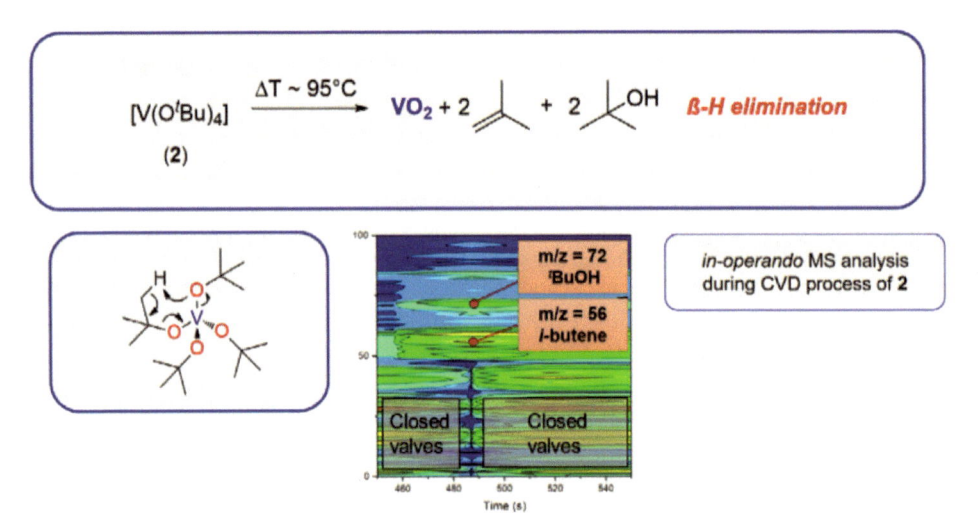

**Bild 3.25** Thermische Zersetzung von einem Vanadiumalkoxid ([V(O$^t$Bu)$_4$]) zum oxidischen Material VO$_2$ unter massenspektrometrischem Nachweis der gebildeten Nebenprodukte (Isobuten und Butanol) (Abbildung mit Zustimmung aus Ref. [GFO+19] übernommen)

---

[2] Ein Ligand ist ein Atom oder Molekül, welches über eine koordinative Bindung an ein zentrales Metallatom gebunden ist, bzw. bei verbrückenden oder chelatisierenden Liganden an wenige Metallatome koordinieren kann.

4. **Minimal notwendige Komplexität in Struktur und synthetischem Zugang**

   Precursoren sollten durch einfache Reaktionen aus gut verfügbaren Edukten mit hoher Atomökonomie und Ausbeute hergestellt werden können. Eine einfache Molekülstruktur erlaubt ein besseres Verständnis der Umwandlungsreaktionen zum Zielmaterial und reduziert ungewünschte Nebenreaktionen. Darüber hinaus reduzieren diese Anforderungen auch den Aufwand und Kosten für die Herstellung der Precursoren.

Wenn die oben diskutierten Merkmale eines Precursors als Grundlage genommen werden, müssen molekulare Vorstufen immer von dem zu erhaltenden Zielmaterial und der dafür gewählten Darstellungsmethode her bewertet werden. In einer Art anorganischer Retrosynthese, wie in Bild 3.26 dargestellt, können für das Zielmaterial und die gewählten Prozessbedingungen geeignete Precursoren identifiziert werden.

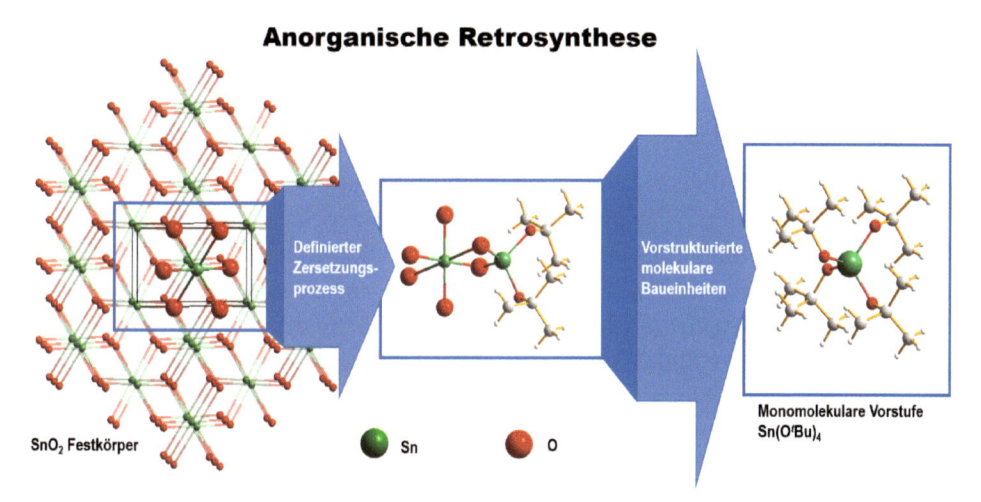

**Bild 3.26** Anorganische Retrosynthese für die Herstellung von $SnO_2$, ausgehend von einer monomolekularen Vorstufe Zinn-tert-Butoxid ([Sn(O$^t$Bu)$_4$])

Hierbei muss generell zwischen sogenannten *Single-* und *Multi-Source*-Precursoren – auch als Ein- bzw. Mehrkomponenten-Vorstufen bezeichnet – unterschieden werden. Während bei *Multi-Source*-Precursoren (MSP) mehrere molekulare Verbindungen das Zielmaterial bilden, verbinden *Single-Source*-Precursoren (SSP) alle für die Bildung des Zielmaterials notwendigen Komponenten in einer einzigen molekularen Einheit.

### 3.3.4.1 Chemische Strategien in der Materialsynthese

Durch die Wahl des Precursors und seiner Eigenschaften werden die Reaktionsparameter konkretisiert. Besitzt der gewählte Precursor eine gute Löslichkeit in bestimmten Lösungsmitteln (organische/anorganische Lösungsmittel), kann das gewünschte Zielmaterial beispielsweise aus der Flüssigphase (Sol-Gel, Solvothermal usw.) zugänglich gemacht und die gebildeten Nebenprodukte durch die entsprechenden Lösungsmittel leicht entfernt werden. Besitzt der gewählte Precursor eine geeignete Flüchtigkeit bei angemessenen Temperaturen und Drücken, gute Stabilität in der Gasphase und können die entstehenden Nebenprodukte mittels Vakuum oder Gasströmen leicht aus der Reaktionskammer entfernt werden, eignet er sich für die gezielte Materialherstellung aus der Gasphase.

Durch den Einsatz des geeigneten Precursors können Eigenschaften des Zielmaterials bereits auf molekularer Ebene beeinflusst werden.

Mehrkomponentensysteme (Multi-Source-Precursoren, MSP; Bild 3.27) bestehen aus mindestens zwei für das Zielmaterial nötigen Elementquellen (z. B. $SnCl_4$ als Zinnquelle und $H_2O$ als Sauerstofflieferant). Ein Mehrkomponentensystem benötigt meist höhere Temperaturen und längere Reaktionszeiten zur Ausbildung der thermodynamisch stabileren Festkörperstruktur. Die für das Material erforderlichen Bindungen und Baueinheiten müssen im thermodynamischen Gleichgewichtszustand durch diffusionsgesteuerte Prozesse (in der Flüssig- oder Gasphase) erst ausgebildet werden.

In traditionellen Syntheserouten unter der Verwendung von Multi-Source-Precursoren können die unterschiedlichen Eigenschaften der Startmaterialien (Löslichkeit, Flüchtigkeit, Stabilität) zu inhomogener Produktbildung führen, wonach anschließende Aufarbeitungsschritte durch feines Zermahlen, Kalzinieren oder weitere Zersetzungsschritte von Nöten sind. Zusätzlich wirkt die entropiebegünstigte Entmischung der Startmaterialien der Ausbildung von vor allem thermodynamisch metastabilen Phasen entgegen.

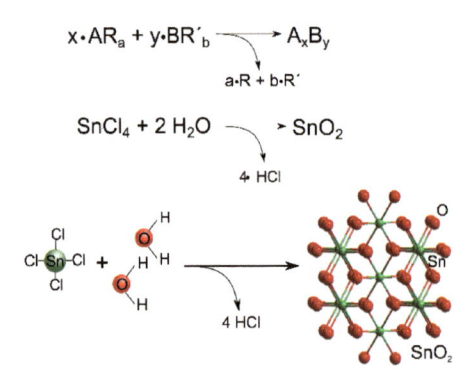

$$x \cdot AR_a + y \cdot BR'_b \longrightarrow A_xB_y$$
$$a \cdot R + b \cdot R'$$

$$SnCl_4 + 2\,H_2O \longrightarrow SnO_2$$
$$4\,HCl$$

**Bild 3.27** Multi-Source-Precursor (MSP) Synthese zum Zielmaterial am Beispiel von $SnO_2$ ausgehend von $SnCl_4$ und $H_2O$

Demgegenüber gehören metallorganische Verbindungen, die auf molekularer Ebene bereits alle Komponenten des Zielmaterials enthalten, zu der Klasse der

Single-Source-Precursoren (z. B. Sn(OR)$_4$ als Vorläufer für SnO$_2$; Ti(OR)$_4$ als Vorläufer für TiO$_2$; (R=Alkyl)). Diese Moleküle genießen zunehmende Aufmerksamkeit in der Synthese von spezifischen Materialien und Werkstoffen. Aufgebaut sind diese SSP aus einem Metallkern, der von organischen Liganden umgeben ist (z. B. [Sn(O$^t$Bu)$_4$], Bild 3.28). Diese vordefinierte Metall-Ligand-Interaktion ermöglicht die Ausbildung der festen Materialphase bei meist milden Bedingungen, da die Zersetzung des Precursors durch gezielt vorkonstruierte molekulare Baueinheiten, welche die materialspezifischen interatomaren Bindungen enthalten, eine geringe Aktivierungsenergie benötigt. Die Transformation eines molekularen Precursors in einen definierten Festkörper beinhaltet die strukturelle Umordnung und Eliminierung der organischen Liganden. Das Metall-Liganden-Gerüst muss auf atomarer Ebene bereits so ausgewogen konstruiert sein, dass die entsprechenden Ligandenfragmente nach den gewünschten Reaktionen vollständig eliminiert, aus dem Reaktionsprozess leicht entfernt werden können und darüber hinaus die vorkonstruierten Bauelemente aufrecht gehalten werden. Dies tritt umso wahrscheinlicher auf, wenn das zu eliminierende Ligandenfragment selbst ein stabiles Molekül ausbildet (z. B. CO, Alkane, Alkohole). Speziell konzipierte organometallische und metallorganische Precursoren ermöglichen eine hohe Kontrolle der Zusammensetzung, Struktur und funktionalen Eigenschaften des Zielmaterials. Insbesondere ermöglicht das molekulare Design von Precursoren eine kinetisch kontrollierte Materialsynthese, um auch metastabile Phasen gezielt erzeugen zu können. [MVR+04, GFO+19, BHW+22, FHF+13, ABM+21, SGO+20, BHL+14, BRS+21, JFP+17, LPS+18, BHM19]

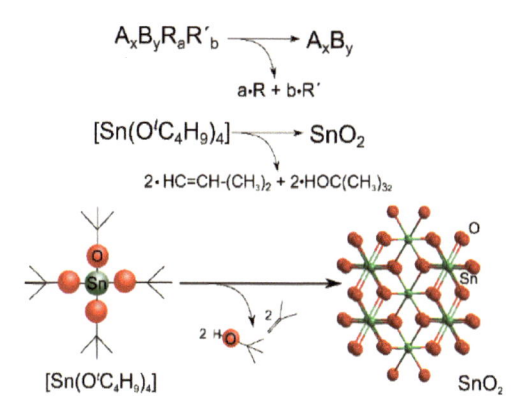

**Bild 3.28** Single-Source-Precursor (SSP) Synthese zum Zielmaterial am Beispiel von SnO$_2$ ausgehend von [Sn(O$^t$Bu)$_4$]

Die Herstellung von Materialien und Werkstoffen durch Moleküle als Vorstufe beruht auf der **Transformation von Molekülen zum Material**, womit durch chemische oder physikalische Methodiken gezielter Einfluss auf die entscheidenden Baueinheiten auf molekularem Maßstab genommen werden kann.

Vergleicht man die Eigenschaften der kommerziell erhältlichen Precursoren für die Herstellung von z. B. $SnO_2$-Materialien, sind Unterschiede feststellbar (Tabelle 3.10). Das Sauerstoff-zu-Zinn-Verhältnis, der Kohlenstoffanteil sowie die physikalischen Eigenschaften (Löslichkeit, Flüchtigkeit, Aggregatzustand) variieren in den einzelnen Precursoren.

**Tabelle 3.10** Übersicht einiger kommerziell erhältlicher Precursoren für die Darstellung von $SnO_2$

|  | $Sn^{IV}(CH_3)_4$ | $Sn^{IV}Cl_4$ | $Sn^{II}(acac)_2$ | $Sn^{IV}(OAc)_4$ | $Sn^{IV}(OBut)_4$ |
|---|---|---|---|---|---|
| Kategorie | Metallalkyl | Metallhalogenid | Metallacetylacetonat | Metallcarboxylat | Metallalkoxid |
| Struktur | | | | | |
| Masse [g mol$^{-1}$] | 180,00 | 259,78 | 317,99 | 355,96 | 412,16 |
| Anteil Sn [%] | 66,37 | 45,57 | 37,46 | 33,45 | 28,87 |
| Verhältnis Sn:O | 1:0 | 1:0 | 1:4 | 1:8 | 1:4 |
| Verwendung als Precursor | Multi-Source | Multi-Source | Single-Source | Single-Source | Single-Source |
| Bindungstyp | kovalent | Ionisch | kovalent/ koordinativ | kovalent/ koordinativ | kovalent |

Ionische Verbindungen weisen z. B. eine hohe Löslichkeit in polaren Lösungsmitteln auf, die deren Einsatz in lösungsbasierten Herstellungsverfahren begünstigen, jedoch den Einsatz in Gasphasenmethoden, aufgrund des geringen Dampfdrucks, stark limitieren. Demgegenüber weisen kovalente Molekülverbindungen meist eine gute Löslichkeit in organischen Lösungsmitteln auf, was deren Herstellungsmethodik in Lösung stärker einschränkt. Aufgrund der hohen kovalenten Anteile in der Molekülstruktur wird auf der anderen Seite die Flüchtigkeit meist deutlich erhöht, was den Einsatz in der Gasphasensynthese begünstigt.

Für eine angemessene Flüchtigkeit der molekularen Vorstufe ist es vorteilhaft, den Aggregationsgrad möglichst klein zu halten. Dies wird besonders durch die Verwendung von (Poly-)Donor-Liganden (Bild 3.29 a) oder durch das Einbringen sterisch anspruchsvoller Gruppen (Bild 3.29 b) in günstiger Position erreicht, die einen Angriff an das Metallzentrum oder eine Aggregation des Precursors verhindern.

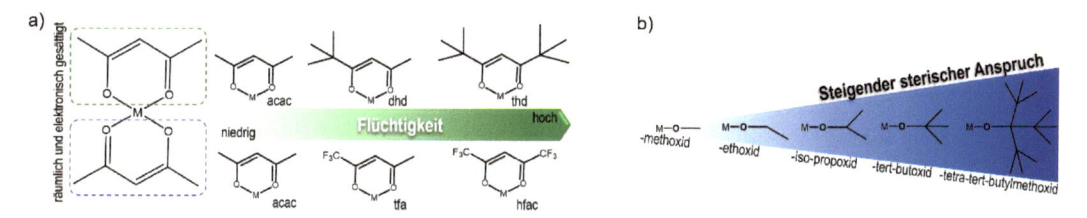

**Bild 3.29** Einfluss auf die Flüchtigkeit von Precursoren durch a) Donor-Liganden mit unterschiedlichen funktionellen Gruppen (-CH$_3$, -$^t$Bu, -CF$_3$; acac = acetylacetonat; thd = 2,2,6,6-tetramethylheptan-3,5-dionat, dhd = 2,2-dimethylhexan-3-5-dionato, tfa = trifluoroacetylacetonat, hfac = hexafluoroacetylacetonat) und b) durch Steigerung des sterischen Anspruchs der Alkoholat-Liganden

Die jahrelange Forschung im Bereich der metallorganischen Chemie unter Verwendung von β-Diketonaten als Donor-Liganden für neuartige Precursoren greift auf umfangreiche Erkenntnisse zurück, allerdings resultieren viele CVD-Prozesse mit Precursoren dieser Ligandenklasse aus einer unvorteilhaften Fragmentierung der Liganden während der Zersetzung in Verunreinigungen der präparierten Materialien. [PKA+19, PP99]

Die Substitution von -H, -CH$_3$ oder -CR$_3$ Gruppen durch fluorhaltige Gruppen erzeugt aufgrund der erhöhten Elektronendichte an den perfluorierten Gruppen abstoßende inter- und intramolekulare Wechselwirkung des Precursors.

Der Einfluss von perfluorierten Gruppen auf die Flüchtigkeit von Vorstufenmolekülen ist in der Chemie der ß-Diketonate umfangreich untersucht [GBK+91] und konnte in der Arbeitsgruppe von Herrn S. Mathur auf die Heteroarylalkenolat-Liganden übertragen und stetig weiter ausgebaut werden (Bild 3.30) [GFO+19, BHL+14, JFP+17, GMT+11, ALW+15, BTS+12, HM14, HLT+14, JHF+20, CPT+15]. Mithilfe von sterisch anspruchsvollen Liganden bzw. dem sterischen Einfluss und elektronischen Effekten (durch die Einführung von elektronenziehenden Fluoratomen) kann eine Abschirmung des positiv geladenen Metall-Ions erfolgen und somit die intermolekularen Wechselwirkungen verringert werden. Darüber hinaus können die polarisierenden Kräfte des Metall-Ions durch Ladungsübertragung aus Donor-Liganden reduziert und so die intermolekularen Wechselwirkungen weiter gesenkt werden, was eine Steigerung der Flüchtigkeit mit sich bringt. Wird die elektronische und sterische Abschirmung in einem Liganden kombiniert, können die Flüchtigkeit und thermische Stabilität der molekularen Vorstufen optimiert werden. [GMT+11, ALW+15, CFM+18]

Synthetisch zugängliche molekulare Komplexverbindungen ermöglichen die Änderung der physikalischen und chemischen Eigenschaften über die Modifikation des Liganden-Gerüsts (bspw. ß-Diketonate, Alkoxide, Heteroarylalkenolate). So ist aus den in Bild 3.31 aufgeführten Palladium-Verbindungen zu erkennen, dass durch die Einführung perfluorierter Einheiten an die Donor-Liganden eine angemessene Flüchtigkeit, trotz teilweiser hoher molekularer Massen, erreicht werden kann. Bereits die Siedepunkte der für die Synthese dieser diversen Donor-Liganden verwendeten Alkohole weisen deutlich voneinander abweichende physikalische Eigenschaften auf. $HOC(CF_3)_3$ (45 °C/760 Torr, Mr = 236) besitzt einen niedrigeren Siedepunkt als $HOC(CMe_3)_3$ (85 °C/1.5 Torr, Mr = 200), was eine bessere Flüchtigkeit der fluormodifizierten Liganden impliziert.

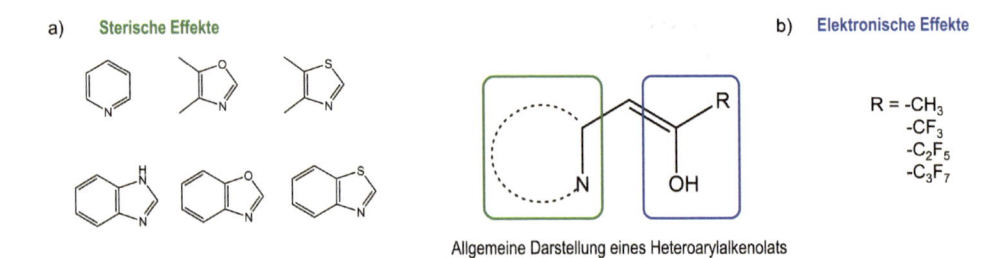

**Bild 3.30** Schematische Darstellung von Heteroarylalkenolaten und den veränderbaren Einflüssen a) dem sterischen Effekt und b) dem elektronischen Effekt

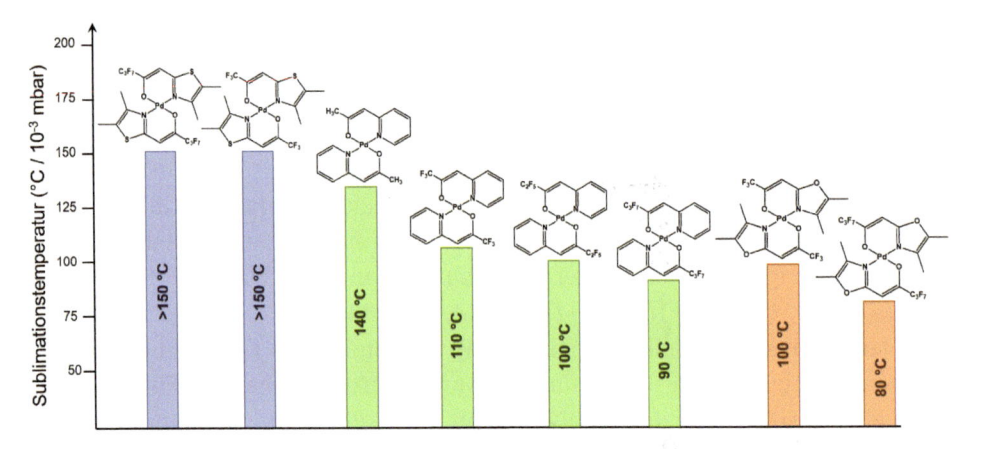

**Bild 3.31** Beeinflussung der Sublimationstemperaturen von Vorstufenmolekülen durch die Einführung perfluorierter funktioneller Gruppen am Beispiel von Palladium-Komplexen [Czy14]

Die Kontrolle über die Nuklearität der verwendeten Vorstufenmoleküle nimmt ebenfalls Einfluss auf die Flüchtigkeit. Eine hohe Nuklearität geht mit einer hohen molekularen Masse einher, was wiederum eine erhöhte Sublimationstemperatur zur Folge hat und sich dadurch negativ auf die Verwendung in Gasphasenprozessen auswirkt. [NRS90] Die Nuklearität der Vorstufenverbindung kann zum einen über den sterischen Anspruch der an das Metallzentrum verteilten Liganden und zum anderen über die Einführung von Donor-Liganden (elektronischer Effekt) beeinflusst werden. Wird beispielsweise der sterische Anspruch der Alkoxo-Liganden durch die Verringerung der Alkan-Einheiten reduziert, nimmt auf der einen Seite die molekulare Masse der monomeren Einheit des Vorstufenmoleküls ab, auf der anderen Seite kommt es aber durch die verringerte Abschirmung des Metallzentrums zu einer Erhöhung der Nuklearität der molekularen Verbindung. So bilden sich dimere, trimere oder polymere Moleküleinheiten, die dann jeweils die doppelte, dreifache oder vielfache molekulare Masse der monomeren Moleküleinheit besitzen (Bild 3.32 a). Um diesem ungewünschten Effekt entgegenzuwirken, können spezifische Donor-Liganden in das Molekül eingeführt werden, die zur Erhöhung der sterischen Abschirmung und der repulsiven Effekte beitragen und so die Bildung einer stabilen monomolekularen Verbindung ermöglichen (Bild 3.32 b). [Sch14] Diese Donor-stabilisierten monomolekularen Verbindungen weisen meist eine gute Flüchtigkeit und hohe Stabilität in der Gasphase auf.

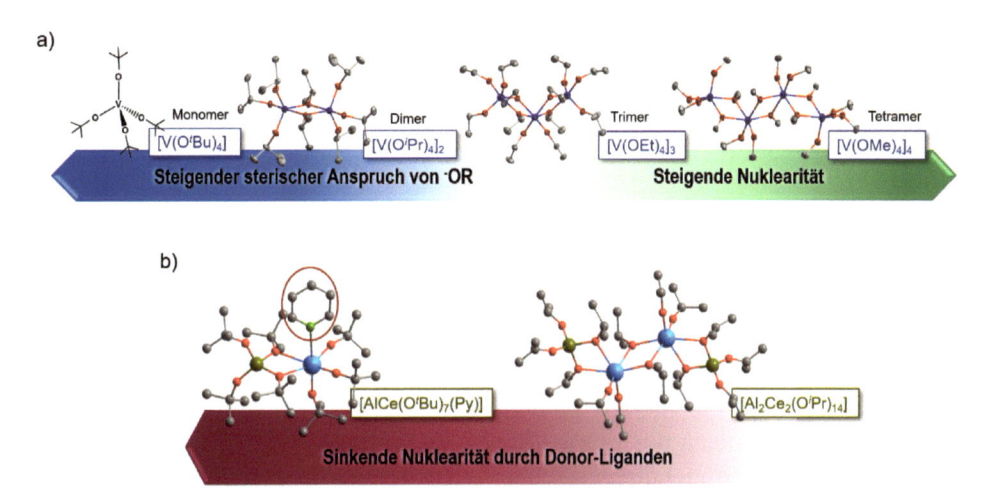

**Bild 3.32** Einfluss der Nuklearität durch a) den sterischen Anspruch verwendeter Liganden-Gerüste und b) Einführung von Donor-Liganden (hier Pyridin – mit rotem Kreis gekennzeichnet) [Sch14, GSG+17]

Die Beeinflussung der verwendeten Moleküle durch spezielles Design ermöglicht eine Optimierung der Prozessparameter sowie der Materialausbildung auf bereits molekularer Ebene. Die gezielte Vorstrukturierung von Bindungen und der kontrollierten Einbettung von funktionellen Gruppen ist ein Forschungsgebiet, das zur kontinuierlichen Weiterentwicklung funktioneller Materialien und Werkstoffe sowie der Optimierung von Prozessbedingungen, Handhabung und Effizienz beiträgt. Das enorme Interesse auf dem Gebiet der Entwicklung und Verbesserung von Precursoren als molekulare Vorstufe für Funktionsmaterialien zeigt die hohe Zahl an Publikationen auf genau diesem Gebiet. [BHW+22, FHF+13, UBM+21, BRS+21, BHM+19, BTS+12, BBT+22, BGW+21, CLH+17, Mat06, FVM14, MVH+01]

Welche Prozessierungsroute für welches Material die effizienteste darstellt, hängt jedoch von einer Vielzahl an Parametern, wie der Verfügbarkeit der Ressourcen, zur

Verfügung stehenden Methodiken, synthetischen Vorkenntnissen und infrastrukturellen Voraussetzungen, gewünschter Menge und Morphologie des Zielmaterials, ab.

Am Beispiel von Zinn(IV)oxid ($SnO_2$) soll der Ansatz der Betrachtung von kommerziell erhältlichen Molekülen (Tabelle 3.10) als Vorstufe für die Materialsynthese im Folgenden näher verdeutlicht werden:

$SnO_2$ kristallisiert in der Rutilstruktur, wobei die Zinnatome (mit der formalen Oxidationsstufe +4) 6-fach von Sauerstoffatomen und die Sauerstoffatome wiederum 3-fach von Zinnatomen koordiniert vorliegen; in erster Näherung besteht die erste Koordinationssphäre des Zinns aus Sauerstoffatomen. Ein geeigneter Precursor muss daher Zinnatome oder bereits mit Sauerstoff koordinierte Zinnatome für die Phasenbildung bereitstellen (Bild 3.26 bis Bild 3.28).

Für die Herstellung von $SnO_2$ können unterschiedliche Routen gewählt werden, die abhängig von den Ansprüchen des eingesetzten Precursors sind:

Für die Materialherstellung mittels CVD-Methoden sind die Flüchtigkeit (Atmosphärendruck-CVD (engl. Atmospheric Pressure CVD, APCVD), Niederdruck-CVD (engl. Low Pressure CVD, LPCVD)) und Atomlagenabscheidung (engl. Atomic Layer Deposition, ALD), sowie das Zersetzungsprofil der eingesetzten Precursoren von großer Bedeutung. Die Betrachtung der gewählten Precursoren beinhaltet ebenfalls die Differenzierung der Wahl des MSP- bzw. des SSP-Zugangs. [Mol08]

Die meisten Beispiele für die Herstellung zinnoxidischer Materialien aus der Gasphase sind über die Dual-Source-Route mit verwendeter Sauerstoffquelle $O_2$ oder $H_2O$ in Kombination von anorganischen Zinnhalogeniden (bspw. $SnCl_4$), organometallischen Verbindungen des Zinns (direkte Sn-C-Bindung, Bsp. Zinn-tetra-alkyle ($SnR_4$; R=Alkyl)) und metallorganischen Verbindungen (Verbindungen, in denen keine direkte Sn-C-Bindung exisiert, aber organische Liganden an das Zinnzentrum gebunden sind, Bsp. Zinnacetylacetonat ($Sn(acac)_2$) als Zinnquelle.

Zinn-tetra-chlorid ($SnCl_4$) ist eine Flüssigkeit und besitzt eine ausreichend hohe Flüchtigkeit zur Herstellung von $SnO_2$ aus der Gasphase. Die gezielte Herstellung von $SnO_2$-Dünnschichten durch APCVD gelang unter der Verwendung von $SnCl_4$ als Zinnquelle und atmosphärischem Sauerstoff bei Temperaturen von 350–520 °C. [Dav97] $SnO_2$-Schichten wurden unter Verwendung der Precursoren $SnCl_4$ und $H_2O$ mittels ALD (Atomic Layer Deposition)-Methoden im Temperaturbereich von 180–300 °C erhalten. [RTG+01] Dünne Schichten von $SnO_2$ konnten durch CVD-Methoden unter Verwendung von $SnCl_2$ und $O_2$ bei Temperaturen von 900–1400 °C bereitgestellt werden. [Nag84-1, Nag84-2]

Organo-Zinn-Verbindungen besitzen aufgrund ihrer schwachen intermolekularen Wechselwirkungen eine hohe Flüchtigkeit, was ihre präferierte Verwendung in Dual-Source-Gasphasenprozessen erklärt. [VC91, KOP+05, KOS07, AHR+21]

Unter der Verwendung von Tetramethyl-Zinn ($Sn(CH_3)_4$, TMT) wurden bei 550 °C in einem mit Sauerstoff angereicherten Stickstoffgasstrom nanostrukturierte

SnO$_2$-Dünnschichten in einem aerosol-unterstützten CVD-Prozess hergestellt. [AHR+21]

In ALD-Prozessen konnten SnO$_2$-Dünnschichten im Temperaturbereich von 250–400 °C durch die Precursoren Sn(C$_2$H$_5$)$_4$ (Tetraethyl-Zinn, TET) und Sauerstoff-Plasma und H$_2$O$_2$ zugänglich gemacht werden. [MNN+17, LBK+19]

Zinnalkoxide, Zinn-β-diketonate und Zinncarboxylate gehören zu der Klasse der metallorganischen Precursoren in der SnO$_2$-Materialsynthese.

Sn(O$^t$Bu)$_4$ fungiert primär als SSP in den Gasphasensynthesen. Durch ein VLS (liquid-vapor-solid)-Wachstum entstanden in flüssigen Goldtropfen als Template eindimensionale SnO$_2$-Strukturen (Bild 3.33) bei Temperaturen von 650–800 °C. [MHS+12, MB07, SBJ+15]

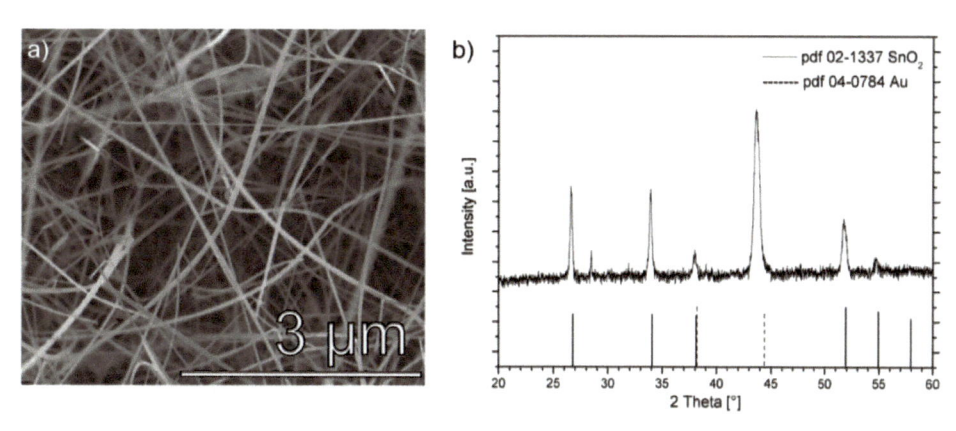

**Bild 3.33** REM (Rasterelektronenmikroskop)-Aufnahmen von SnO$_2$-Drähten (links) hergestellt aus dem Precursor [Sn(O$^t$Bu)$_4$] mittels der VLS-Methode und entsprechende Charakterisierung mittels Röntgenbeugungsmethoden (rechts) (Abbildung mit Zustimmung von Ref. [MHS+12] übernommen)

Zinn-tert-Butoxid wurde ebenfalls als mono-molekulare Vorstufe für die Herstellung von SnO$_2$-Strukturen, ohne Verwendung von katalytischen Substraten, angewandt (Bild 3.34). [PSZ+11, SFS+13, CLZ+17]

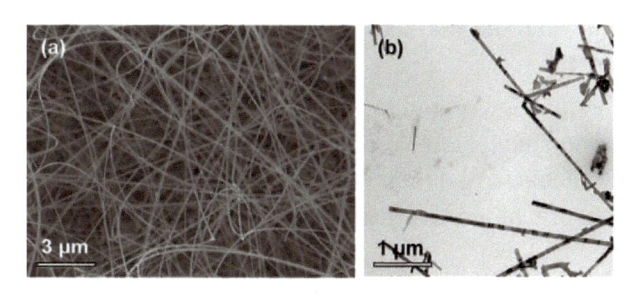

**Bild 3.34** a) REM und b) TEM (Transmissionselektronenmikroskop)-Aufnahmen von mittels CVD hergestellten SnO$_2$-Drähten (Abbildung mit Zustimmung von Ref. [PSZ+11] übernommen)

Zinn-acetylacetonat (Sn(acac)$_2$) wurde im Temperaturbereich von 100–600 °C unter der Anwesenheit von Sauerstoff zu SnO$_2$-Schichten zersetzt. [MI92]

Zinn-acetat wurde als Zinnquelle in der UV-katalysierten Gasphasensynthese unter der Verwendung von atmosphärischem Sauerstoff verwendet. [MM94]

Die Hydrolyse von Zinn-Alkoxiden (z. B. Sn(O$^t$Bu)$_4$) zum SnO$_2$-Material ist eine gut untersuchte Syntheseroute. Die beinhaltete Hydrolyse mit anschließender Kondensationsreaktion ist, z. B. im Zusammenhang mit der Sol-Gel-Methode, überwiegend in Bulk[3]-Material-Synthesen bekannt.

Die Hydrolyse von Sn(O$^t$Bu)$_4$ führt zu diversen partikularen SnO$_2$-Strukturen (Bild 3.35). [DTS+10, XSH+10]

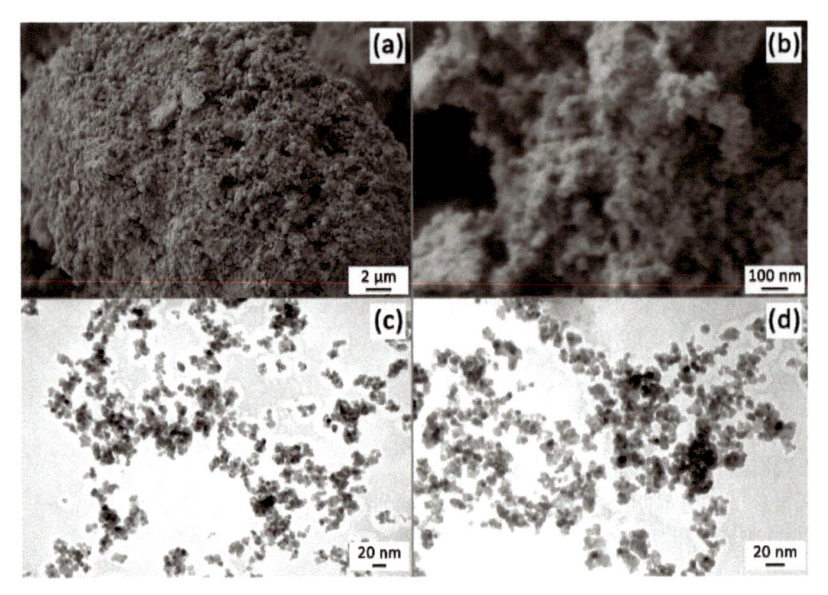

**Bild 3.35** REM (a,b) und TEM (c,d)-Aufnahmen der hergestellten SnO$_2$-Partikel, ausgehend von Zinn-acetylacetonat als Precursor (Abbildung mit Zustimmung von Ref. [FSS+22] übernommen)

Solvothermale Reaktionen von Zinnacetylaceton in einem Lösungsmittelgemisch aus Wasser und Alkohol ermöglichten die Herstellung von nano-skaliertem SnO$_2$ (Bild 3.35). [FSS+22]

Eine geeignete molekulare Vorstufe muss immer entsprechend der Prozessierungsmethode und den Anforderungen der zur Verfügung stehenden Gegebenheiten (Flüssigphase, Gasphase, Löslichkeit, Stabilität etc.) gewählt werden. Jede Methode setzt unterschiedliche Ansprüche an den jeweiligen Precursor voraus. Im

---

[3] Bulk = englischer Begriff, der einen makroskopischen Festkörper beschreibt.

Umkehrschluss ist nicht jedes Molekül als Vorstufe in jeder materialsynthetischen Route sinnvoll einsetzbar.

Die Komplexität der zur Verfügung stehenden molekularen Ausgangsverbindungen und deren Herausforderungen in der Materialsynthese soll am Fallbeispiel von Titannitrid (TiN) genauer erläutert werden.

Titannitrid (TiN) wird als Hartbeschichtung in unterschiedlichen Anwendungsfeldern (u.a. Werkzeugbeschichtung) eingesetzt. Neben der physikalischen Gasphasenabscheidung PVD (u.a. mittels Kathodenzerstäubung/Sputtern) aus einem TiN-Quellmaterial bieten sich unterschiedliche chemische Umwandlungen an, welche die Vor- und Nachteile der chemischen Vorstufen in der Materialsynthese gut illustrieren. Im Folgenden werden lediglich Gasphasenbeschichtungen dargestellt und für Nitridierungen aus Salzschmelzen auf weiterführende Literatur verwiesen. [PAA+22] Bei den im Folgenden dargestellten Reaktionsgleichungen handelt es sich um eine vereinfachte Darstellung, welche die komplexen Reaktionsnetzwerke in der Gasphase und auf der Substratoberfläche nicht wiedergeben kann, sondern den Fokus auf die erhaltenen Endprodukte legt.

Die chemische Herstellung von TiN direkt aus den Elementen (Formel 3.3) erfordert hohe Aktivierungsenergien, um die N-N-Dreifachbindung des Stickstoffs zu aktivieren [THB+20], weshalb für diese Direktnitridierung hohe Temperaturen von über 1000 °C notwendig sind und darüber hinaus inerte Bedingungen sichergestellt werden müssen, um eine Oxidation des Titans durch Sauerstoff und/oder Wasser auszuschließen. [LLC+15]

$$2\,Ti + N_2 \rightarrow 2\,TiN\ (T > 1000°C) \tag{3.3}$$

Durch die Verwendung von reaktiveren und auch flüchtigen Metallhalogeniden (TiCl$_4$) wird die Bildung von TiN auch bei der Reaktion mit Distickstoff (N$_2$) begünstigt (Formel 3.4), allerdings entstehen reaktive und korrosive Nebenprodukte (hier: HCl aus der Reaktion von Cl• + H• ↔ HCl (Radikale im Plasma)), die sicher gehandhabt (Abtrennung und Entsorgung) werden müssen. [SHU05]

$$2\,TiCl_4 + N_2 + 4\,H_2 \rightarrow 2\,TiN + 8\,HCl\ (RF\,Plasma) \tag{3.4}$$

Durch Verwendung von Ammoniak (NH$_3$) anstatt N$_2$ und H$_2$ im Rahmen einer Lewis-Säure (TiCl$_4$) / Base (NH$_3$)-Reaktion kann die Produktbildung durch Absenkung der Aktivierungsenergie nochmals verbessert werden (Formel 3.5) [TZ06, RLD+02]. Jedoch stellt die Bildung von Ammoniumchlorid aus der Reaktion von NH$_3$ + HCl ↔ NH$_4$Cl eine bedeutende Nebenreaktion dar [ESF+03], was entweder einen erhöhen Verbrauch an NH$_3$ nach sich zieht, oder höhere Reaktionstemperaturen (ca. > 500 °C) benötigt werden, um diese Nebenreaktion zu unterbinden (Formel 3.6). [PI95]

$$4\,TiCl_4 + 22\,NH_3 \rightarrow 4\,TiN + 16\,NH_4Cl + N_2 + H_2 \tag{3.5}$$

$$4\,TiCl_4 + 6\,NH_3 \rightarrow 4\,TiN + 16\,HCl + N_2 + H_2\ (>\ 500°C) \tag{3.6}$$

Durch die herausfordernde Handhabung korrosiver Nebenprodukte – insbesondere bei hohen Temperaturen – besteht der Wunsch nach chloridfreien molekularen Vorstufen. [IH98] So besitzt Tetrakis(dimethylamino)titan (TDMAT; $Ti(N(CH_3)_2)_4$) bereits direkte Ti-N-Bindungen und zersetzt sich bereits ab ca. 350 °C im CVD-Prozess [PI95, IH98, ST94] bzw. ab ca. 200 °C in ALD-Prozessen [CBB+08, MXD+09] zu TiN. Neben TiN entstehen formal als Nebenprodukte lediglich Trimethylamin ($N(CH_3)_3$) und Stickstoff ($N_2$) (Formel 3.7). [RLD+02, MEY+02, NA01]

$$6\,Ti(N(CH_3)_2)_4 \rightarrow 6\,TiN + 16\,N(CH_3)_3 + N_2\ (ab\ ca.\ 350°C) \tag{3.7}$$

Während die Komplexität der verwendeten Vorstufen im oben geschilderten Beispiel kontinuierlich steigt, verringern sich in gleicher Weise die Prozesstemperaturen und es können korrosive Edukte ($NH_3$) bzw. Nebenprodukte (HCl) vermieden werden. Komplexere metallorganische molekulare Vorstufen ($Ti(N(CH_3)_2)_4$) sind häufig teurer (sowohl finanziell als auch in der Ökobilanz) als entsprechende Metallchloride ($TiCl_4$), jedoch muss bei solchen Betrachtungen immer die komplette Prozesskette betrachtet werden, da auch „einfache" wasserfreie Edukte (u. a. $NH_3$) sehr kostenintensiv sind und der Verschleiß an der Beschichtungsanlage durch korrosive Nebenprodukte bzw. Entsorgung entstehender Nebenprodukte immer mit eingerechnet werden müssen. Nur in einer ganzheitlichen Prozessbetrachtung kann eine Lebenszyklusanalyse genauere Einblicke in den jeweiligen Nutzen molekularer Vorstufen liefern.

### 3.3.4.2 Ausblick

Molekulare Vorstufen erlauben es, ihre physikalisch-chemischen Eigenschaften (u. a. Dampfdruck, Zersetzungstemperatur) durch gezielte Wahl und Modifikation der Molekülstruktur auf den jeweiligen Beschichtungsprozess hin abzustimmen. Bei der Precursor-Entwicklung stehen verbesserte Handhabbarkeit, erhöhte Hydrolyse- sowie thermische Beständigkeit stets im Vordergrund.

Die neueren Arbeiten [BHW+22, ABM+21, BHL+14, BRS+21, JFP+17, JHF+20, SSI+18] basieren auf dem Einsatz von maßgeschneiderten Liganden, die durch Mehrzähnigkeit unter Einsatz neutraler Lewis-Base-Funktionen eine optimale Sättigung der Koordinationssphäre erlauben, die für eine hohe Flüchtigkeit sowie Löslichkeit – auch in unpolaren Lösungsmitteln – von Bedeutung ist.

Bei der Entwicklung von Precursoren für Gasphasenabscheidungsverfahren wird stetig das Ziel verfolgt, materialkonstituierende chemische Strukturelemente vollständig oder teilweise in einem Molekül zu integrieren. Damit kann durch die Strukturanpassung der Verbindungen sowie durch die Auswahl der Liganden und Co-Liganden die Umwandlung zum Endprodukt auf molekularer Ebene optimal auf die Materialherstellung abgestimmt werden.

Durch die Wahl der verwendeten Liganden wird Einfluss auf die Stabilität der Verbindungen in z. B. der Gasphase, den thermisch induzierten Zersetzungsmechanismus sowie auf die für Kontamination des Zielmaterials verantwortlichen Elemente genommen (Bild 3.36). So kann der sterische Anspruch durch gezielte Auswahl der verwendeten Alkoxo-Liganden (-O$^i$Pr vs. -O$^t$Bu) variiert werden (Bild 3.36 a). Die sterisch anspruchsloseren iso-Propoid (-O$^i$Pr)-Einheiten schirmen die Metallzentren nicht vollständig ab, sodass *iso*-Propanol-Moleküle zusätzlich an die Verbindung zwecks Absättigung koordinieren. Dies hat den Nachteil, dass diese, im Vergleich zu den kovalent gebundenen Alkoholat-Einheiten, schwach koordinierten Alkohol-Moleküle vor dem eigentlichen Zersetzungsprozess bereits eliminiert werden und somit eine in der Gasphase instabile Verbindung hervorrufen. Die Verwendung von sterisch anspruchsvolleren *tert*-Butoxid (-O$^t$Bu)-Einheiten führt zu einer vollständigen Absättigung der Koordinationssphäre des Komplexes durch kovalent gebundene Liganden, woraus eine stabile Verbindung resultiert. Der erhöhte Kohlenstoffanteil im [MgAl$_2$(O$^t$Bu)$_8$], durch die Einführung der sterisch anspruchsvolleren Alkoholat-Liganden, kann jedoch zu einer vermehrten Kohlenstoffverunreinigung in der Zielphase führen. Durch die Substitution der endständigen -O$^t$Bu-Einheiten gegen Hydride (Bild 3.36 b) bleibt die Abschirmung der Metallkerne erhalten und der Kohlenstoffanteil in der Vorstufenverbindung selbst wird reduziert, wodurch automatisch die molare Masse der Vorstufenverbindung verringert wird, was einen positiven Effekt auf die Flüchtigkeit nach sich zieht. Darüber hinaus initiieren die Hydride einen Zersetzungsmechanismus, in dem die stabilen Nebenprodukte tert-Butanol (HO$^t$Bu) und Wasserstoff (H$_2$) gebildet werden, welche leicht aus der Reaktion zu entfernen sind und somit eine phasenreine Materialausbildung begünstigen [MVR+04]. An diesem Beispiel aus dem Jahr 2004 ist deutlich zu erkennen, dass die Wahl eines geeigneten Precursors für eine spezielle Methodik und die Ausbildung des phasenreinen Zielmaterials von großer Bedeutung ist. Das spezielle Design und die kontinuierliche Weiterentwicklung von molekularen Vorstufenverbindungen bieten für die Bereitstellung von neuartigen Funktionsmaterialien ein zukunftsorientiertes Forschungspotential.

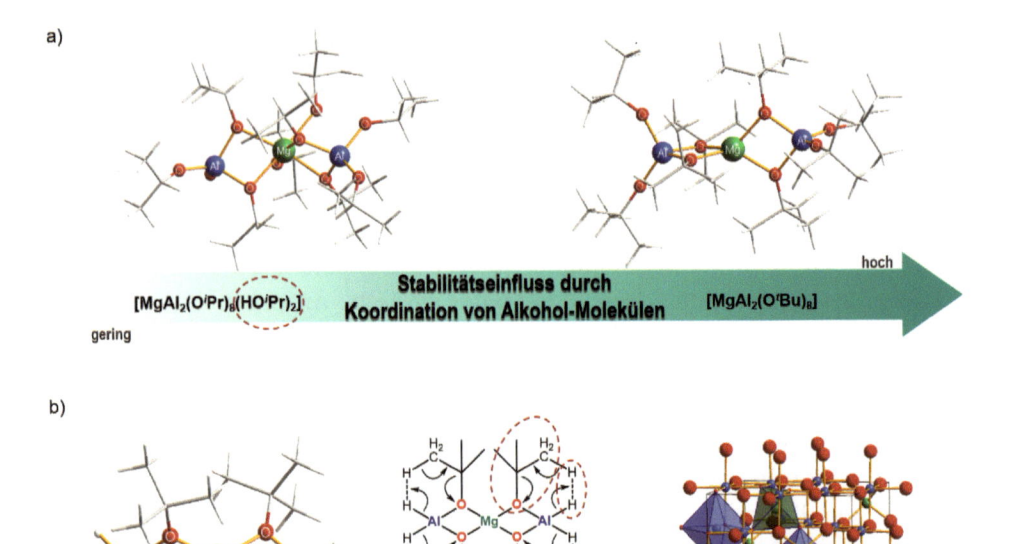

**Bild 3.36** Einfluss der verwendeten Liganden in der Precursor-Synthese auf a) die Stabilität der Verbindungen und b) die saubere Zersetzung zum Zielmaterial MgAl$_2$O$_4$ [MVR+04]

### 3.3.4.3 Danksagung

Die Autoren bedanken sich bei der Universität zu Köln (UzK) für die Unterstützung durch Bereitstellung der Infrastruktur, sowie bei der Deutschen Forschungsgemeinschaft (DFG) für die finanzielle Unterstützung im Rahmen des Schwerpunktprogramms „*Manipulation of matter controlled by electric and magnetic field: Towards novel synthesis and processing routes of inorganic materials*" (**SPP 1959**).

### 3.3.4.4 Literatur

[ABM+21] U. Atamtürk, V. Brune, S. Mishra, S. Mathur, *Molecules* **2021**, 26, S. 5367.

[AHR+21] A. A. Abokifa, K. Haddad, B. Raman, J. Fortner, P. Biswas, *Appl. Surf. Sci.* **2021**, 554, 149 603.

[ALW+15] L. Appel, J. Leduc, C.L. Webster, J.W. Ziller, W.J. Evans, S. Mathur, *Angew. Chem.* **2015**, 54, S. 2209–2213.

[BBL+22] V. Brune, C. Bohr, T. Ludwig, M. Wilhelm, S.D. Hirt, T. Fischer, S. Wennig, B. Oberschachtsiek, A. Ichangi, S. Mathur, J. *Mater. Chem. A* **2022**, 10, S. 9902–9910.

[BGW+21] V. Brune, M. Grosch, R. Weissing, F. Hartl, M. Frank, S. Mishra, S. Mathur, *Dalton Trans.* **2021**, 50, S. 12 365–12 385.

[BHL+14] M. Büyükyazi, C. Hegemann, T. Lehnen, W. Tyrra, S. Mathur, *Inorg. Chem.* **2014**, 53, S. 10 928–10 936.

[BHM19] V. Brune, C. Hegemann, S. Mathur, *Inorg. Chem.* **2019**, 58, S. 9922–9934.

[BHW+22] V. Brune, C. Hegemann, M. Wilhelm, N. Ates, S. Mathur, Z. Anorg. Allg. Chem. 2022, DOI 10.1002/zaac.202 200 049.

[BF11] P. M. Beaujuge, J.M.J. Fréchet, *J. Am. Chem. Soc.* **2011**, 133, S. 20 009–20 029.

[BRS+21] V. Brune, N. Raydan, A. Sutorius, F. Hartl, B. Purohit, S. Gahlot, P. Bargiela, L. Burel, M. Wilhelm, C. Hegemann, U. Atamtürk, S. Mathur, S. Mishra, *Dalton Trans.* **2021**, 50, S. 17 346–17 360.

[BTS+12] L. Brückmann, W. Tyrra, S. Stucky, S. Mathur, *Inorg. Chem.* **2012**, 51, S. 536–542.

[CBB+08] P. Caubet, T. Blomberg, R. Benaboud, C. Wyon, E. Blanquet, J. Gonchond, M. Juhel, P. Bouvet, M. Gros-Jean, J. Michailos, C. Richard, B. Iteprat, *J. Electrochem. Soc.* **2008**, 155, H625.

[CFM+18] L. Czympiel, M. Frank, A. Mettenbörger, S.M. Hühne, S. Mathur, *Comptes Rendus Chim.* **2018**, 21, S. 943–951.

[CLH+17] L. Czympiel, J.M. Lekeu, C. Hegemann, S. Mathur, *Inorganica Chim. Acta* 2017, 455, S. 197–203.

[CLZ+17] H. Chen, W. Liu, A. Zhu, X. Xiong, J. Pan, *Mater. Res. Express* 2017, 4, 045 019.

[CPT+15] L. Czympiel, J. Pfrommer, W. Tyrra, M. Schäfer, S. Mathur, *Inorg. Chem.* **2015**, 54, S. 25–37.

[Czy14] L. Czympiel, *Heteroarylsubstituierte Alkenolate von Palladium, Platin und Gold sowie deren Anwendung in der Synthese neuer wiederverwendbarer heterogener Katalysatoren mittels CVD-Verfahren*, Universität zu Köln, **2014**.

[Dav97] D. Davazoglou, *Thin Solid Films* **1997**, 302, S. 204–213.

[DTS+10] M. Dimitrov, T. Tsoncheva, S. Shao, R. Köhn, Appl. Catal. B Environ. 2010, 94, S. 158–165.

[ESF+03] J. W. Elam, M. Schuisky, J.D. Ferguson, S.M. George, *Thin Solid Films* **2003**, 436, S. 145–156.

[FHF+13]  R. Fiz, F. Hernandez-Ramirez, T. Fischer, L. Lopez-Conesa, S. Estrade, F. Peiro, S. Mathur, J. *Phys. Chem. C* **2013**, 117, S. 10 086–10 094.

[FSS+22]  N. A. Fisenko, I. A. Solomatov, N. P. Simonenko, A. S. Mokrushin, P. Y. Gorobtsov, T. L. Simonenko, I. A. Volkov, E. P. Simonenko, N. T. Kuznetsov, *Sensors* **2022**, 22, S. 9800.

[FVM14]  G. Fornalczyk, M. Valldor, S. Mathur, *Cryst. Growth Des.* **2014**, 14, S. 1811–1818.

[GBK+91]  R. Gardiner, D. W. Brown, P. S. Kirlin, A. L. Rheingold, *Chem. Mater.* **1991**, 3, S. 1053–1059.

[GFO+19]  D. Graf, M. Frank, O. Ojelere, I. Gessner, L. Juergensen, M. Grosch, S. Mathur, in *Mater. Today Proc.*, Elsevier Ltd, **2019**, S. 2445–2450.

[GMT+11]  I. Giebelhaus, R. Müller, W. Tyrra, I. Pantenburg, T. Fischer, S. Mathur, *Inorganica Chim. Acta* **2011**, 372, S. 340–346.

[GSG+17]  D. Graf, J. Schläfer, S. Garbe, A. Klein, S. Mathur, *Chem. Mater.* **2017**, 29, S. 5877–5885.

[HLT+14]  C. Hegemann, T. Lehnen, W. Tyrra, S. Mathur, *Inorg. Chem.* **2014**, 53, S. 10 928–10 936.

[HM14]  T. Heidemann, S. Mathur, *Eur. J. Inorg. Chem.* **2014**, S. 506–510.

[IH98]  S. Ishihara, M. Hanabusa, *J. Appl. Phys.* **1998**, 84, S. 596–599.

[JHF+20]  L. Jürgensen, D. Höll, M. Frank, T. Ludwig, D. Graf, A. K. Schmidt-Verma, A. Raauf, I. Gessner, S. Mathur, *Dalton Trans.* **2020**, 49, S. 13 317–13 325.

[JFP+17]  L. Jürgensen, M. Frank, M. Pyeon, L. Czympiel, S. Mathur, *Organometallics* **2017**, 36, S. 2331–2337.

[KOP+05]  M. Kwoka, L. Ottaviano, M. Passacantando, S. Santucci, G. Czempik, J. Szuber, *Thin Solid Films* **2005**, 490, S. 36–42.

[KOS07]  M. Kwoka, L. Ottaviano, J. Szuber, *Thin Solid Films* **2007**, 515, S. 8328–8331.

[LBK+19]  S.-S. Lim, I.-H. Baek, K.-C. Kim, S.-H. Baek, H.-H. Park, J.-S. Kim, S. K. Kim, *Ceram. Int.* **2019**, 45, S. 20 600–20 605.

[LLC+15]  C. Li, X. Lv, J. Chen, X. Liu, C. Bai, *Int. J. Refract. Met. Hard Mater.* **2015**, 52, S. 165–170.

[LPS+18]  J. Leduc, J. I. Pacold, D. K. Shuh, C. L. Dong, S. Mathur, *Z. Anorg. Allg. Chem.* **2018**, 644, S. 12–18.

[Mat06]  S. Mathur, *SPIE Newsroom* **2006**, 1, S. 2–5.

[MA15]  R. F. Mendes, F. A. Almeida Paz, *Inorg. Chem. Front.* **2015**, 2, S. 495–509.

[MB07]   S. Mathur, S. Barth, *Small* **2007**, 3, S. 2070–2075.

[MEY+02] C. Marcadal, M. Eizenberg, A. Yoon, L. Chen, *J. Electrochem. Soc.* **2002**, 149, C52.

[MHS+12] R. Müller, F. Hernandez-Ramirez, H. Shen, H. Du, W. Mader, S. Mathur, *Chem. Mater.* **2012**, 24, S. 4028–4035.

[MI92]   T. Maruyama, Y. Ikuta, *Sol. Energy Mater. Sol. Cells* **1992**, 28, S. 209–215.

[MM94]   T. Maruyama, T. Morishita, *Thin Solid Films* **1994**, 251, S. 19–22.

[MNN+17] M. Y. Maximov, P. A. Novikov, D. V. Nazarov, A. M. Rymyantsev, A. O. Silin, Y. Zhang, A. A. Popovich, *J. Electron. Mater.* **2017**, 46, S. 6571–6577.

[Mol08]  K. C. Molloy, *J. Chem. Res.* **2008**, 2008, S. 549–554.

[MPB93]  A. N. MacInnes, M. B. Power, A. R. Barron, *Chemical Vapor Deposition of Gallium Sulfide: Phase Control by Molecular Design*, **1993**.

[MSD06]  S. Mathur, H. Shen, N. Donia, *ECS Trans.* **2006**, 3, S. 3–13.

[MSM+18] F. Möller, S. Piontek, R. G. Miller, U.-P. Apfel, *Chem. - A Eur. J.* **2018**, 24, S. 1471–1493.

[MVH+01] S. Mathur, N. L. Michael Veith, Michel Haas, Hao Shen, V. Huch, *J. Am. Ceram. Soc.* **2001**, 84, S. 1921–1928.

[MVR+04] S. Mathur, M. Veith, T. Ruegamer, E. Hemmer, H. Shen, *Chem. Mater.* **2004**, 16, S. 1304–1312.

[MXD+09] J. Musschoot, Q. Xie, D. Deduytsche, S. Van den Berghe, R. L. Van Meirhaeghe, C. Detavernier, *Microelectron. Eng.* **2009**, 86, S. 72–77.

[NA01]   E. T. Norton, C. Amato-Wierda, *Chem. Mater.* **2001**, 13, S. 4655–4660.

[Nag84-1] M. Nagano, *J. Cryst. Growth* **1984**, 69, S. 465–468.

[Nag84-2] M. Nagano, *J. Cryst. Growth* **1984**, 67, S. 639–644.

[NRS90]  M. Nandi, D. Rhubright, A. Sen, *Inorg. Chem. Commun.* **1990**, 29, S. 3066–3068.

[NT13]   N. N. Nalivaeva, A. J. Turner, *FEBS Lett.* **2013**, 587, S. 2046–2054.

[PAA+22] N. Parveen, M. O. Ansari, S. A. Ansari, P. Kumar, *Nanomaterials* **2022**, 13, S. 105.

[PCK+21] G. H. Patel, S. H. Chaki, R. M. Kannaujiya, Z. R. Parekh, A. B. Hirpara, A. J. Khimani, M. P. Deshpande, *Phys. B Condens. Mater* **2021**, 613, S. 412 987.

[PI95]   A. Paranjpe, M. IslamRaja, *J. Vac. Sci. Technol. B Microelectron. Nanom. Struct.* **1995**, 13, S. 2105–2114.

[PKA+19]  E. Pousaneh, M. Korb, K. Assim, T. Rüffer, V. Dzhagan, J. Noll, D.R.T. Zahn, S.E. Schulz, H. Lang, *Inorganica Chim. Acta* **2019**, 487, S. 1–8.

[PP99]  K. D. Pollard, R.J. Puddephatt, *Chem. Mater.* **1999**, 11, S. 1069–1074.

[PSZ+11]  J. Pan, X. Song, J. Zhang, H. Shen, Q. Xiong, *J. Phys. Chem. C* **2011**, 115, S. 22 225–22 231.

[RLD+02]  N. Ramanuja, R. A. Levy, S. N. Dharmadhikari, E. Ramos, C. W. Pearce, S.C. Menasian, P.C. Schamberger, C.C. Collins, *Mater. Lett.* **2002**, 57, S. 261–269.

[RTG+01]  A. Rosental, A. Tarre, A. Gerst, T. Uustare, V. Sammelselg, *Sensors Actuators B Chem.* **2001**, 77, S. 297–300.

[Sch14]  J. Schläfer, *Neuartige homo- und heterometallische Cer-Alkoxide*, Dissertation, Universität zu Köln, **2014**.

[SBJ+15]  J. Samà, S. Barth, R. Jiménez-Díaz, J.-D. Prades, O. Casals, I. Gracia, C. Cané, A. Romano-Rodríguez, *Procedia Eng.* **2015**, 120, S. 215–219.

[SFS+13]  T. Singh, T. Fischer, J. Singh, S.K. Gurram, S. Mathur, in *Nanostructured Mater. Nanotechnology VII*, Wiley, **2013**, S. 99–105.

[SGO+20]  P. K. Sekhar, D. Graf, O. Ojelere, T.K. Saha, M. A. Riheen, S. Mathur, *J. Electrochem. Soc.* **2020**, 167, 027 548.

[SHU05]  D. H. Shin, Y.C. Hong, H.S. Uhm, *J. Am. Ceram. Soc.* **2005**, 88, S. 2736–2739.

[SPR21]  K. Saravanakumar, J. Prasath, R. Rajesh, *Mater. Today Proc.* **2021**, 46, S. 8189–8195.

[SSI+18]  S. M. Siribbal, J. Schläfer, S. Ilyas, Z. Hu, K. Uvdal, M. Valldor, S. Mathur, *Cryst. Growth Des.* **2018**, 18, S. 633–641.

[ST94]  S. C. Sun, M.H. Tsai, *Thin Solid Films* **1994**, 253, S. 440–444.

[THB+20]  A. W. Tricker, K.L. Hebisch, M. Buchmann, Y.-H. Liu, M. Rose, E. Stavitski, A.J. Medford, M.C. Hatzell, C. Sievers, *ACS Energy Lett.* **2020**, 5, S. 3362–3367.

[TZ06]  H. Tiznado, F. Zaera, *J. Phys. Chem. B* **2006**, 110, S. 13 491–13 498.

[Vei02]  M. Veith, *J. Chem. Soc. Dalt. Trans.* **2002**, S. 2405–2412.

[VC91]  J. Vetrone, Y. Chung, *J. Vac. Sci. Technol. A Vacuum, Surfaces, Film.* **1991**, 9, S. 3041–3047.

[XSH+10]  L. Xiao, H. Shen, R. Von Hagen, J. Pan, L. Belkoura, S. Mathur, *Chem. Commun.* **2010**, 46, S. 6509–6511.

# 3.4 Simulation der Schichtabscheidung

Ameya Kulkarni

## 3.4.1 Einleitung

Bei der computerunterstützten Entwicklung von Produkten und Prozessen nimmt die Simulation einen immer größeren Stellenwert ein. Grundsätzlich kann jede Fragestellung mithilfe einer Simulation beantwortet werden, die durch zeit- und ortsabhängige Differentialgleichungen oder ein äquivalentes Variationsprinzip beschrieben werden kann. Häufig kommt dabei die Finite-Elemente-Methode (FEM) zum Einsatz. Die Entwicklung der FEM ist dabei ein fortschreitender Prozess. Durch die Steigerung der Leistungsfähigkeit von Computersystemen und die Entwicklung neuer Modelle können zunehmend komplexere Systemmodellierungen behandeln werden. Feldprobleme oder multiphysikalische Probleme nehmen einen immer größeren Stellenwert ein, sodass zunehmend breitere Anwendungsfelder erschlossen werden können. Durch die Simulation ist es möglich, Beschichtungsprozesse in einem praxisrelevanten Maßstab abzubilden. Durch Strömungssimulationen (CFD = Computational Fluid Dynamics) ist es möglich, kostenintensive Versuche deutlich zu reduzieren, da die optimalen Prozessparameter vorab virtuell ermittelt werden können.

Grundlage einer jeden Simulation sind dabei eine korrekte Modellbildung und die Überführung in die entsprechende Simulationssoftware. Dabei müssen die vorab gedanklich getroffenen Vereinfachungen beim Aufbau des Simulationsmodells und der späteren Auswertung berücksichtigt werden. Die bei der Modellimplementierung notwendigen Schritte wie die Erstellung der Geometrie, Zuweisung der charakteristischen Eigenschaften, Belastungen und Randbedingungen werden im Preprocessor der Simulationssoftware durchgeführt. Bevor die entsprechende Analyse durchgeführt werden kann, muss das Modell mit geeigneten Elementen vernetzt werden. Dabei müssen eine geeignete Ansatzfunktion und eine adäquate Netzfeinheit definiert werden. Die Simulationssoftware nutzt dann die im Preprocessor getroffenen Angaben zur Erstellung des FEM-Modells und des daraus resultierenden Gleichungssystems. Dieses wird anschließend im Solver gelöst und die interessierenden Größen, wie Strömungsprofile oder Temperaturfelder, berechnet. Im Postprocessor werden die Ergebnisse grafisch aufbereitet. Die Auswertung der Ergebnisse obliegt dann dem Berechnungsingenieur. [Bat02, KW99]

Dieser kann die Ergebnisse dann nutzen, um das Modell iterativ anzupassen oder einen Abgleich mit realen Versuchen vorzunehmen. Die Anpassung aller im Preprocessing definierten Größen ist möglich, sodass eine neue Berechnung durchgeführt werden kann und das Ergebnis weiter optimiert werden kann. Bild 3.37 fasst den prinzipiellen Ablauf und das iterative Potenzial einer Analyse mit der Finite-Elemente-Methode zusammen. [WZ18]

Stahlwerkzeuge, die in industriellen Massenfertigungsverfahren wie dem Spritzgießen verwendet werden, sind aufgrund der schnellen zyklischen Temperatur- und Druckschwankungen sowie der Verwendung abrasiver Polymere anfällig für Verschleiß und Korrosion. Zum Schutz der Werkzeugoberflächen können hochwertige keramische Dünnschichten durch metallorganische chemische Gasphasenabscheidung (MOCVD) aufgebracht werden [HGL+11]. Zusätzlich zu den schützenden Eigenschaften können keramische Werkstoffe wie yttriumstabilisiertes Zirkoniumdioxid (YSZ) Werkzeugoberflächen thermisch isolieren und so eine präzisere Temperaturregelung ermöglichen, um die Bildung von Oberflächenfehlern, wie die Sichtbarkeit von Bindenähten, an den gefertigten Kunststoffformteilen zu vermeiden. Gleichzeitig können die Zykluszeiten verkürzt und der Energiebedarf während des Formprozesses gesenkt werden [AKM+15].

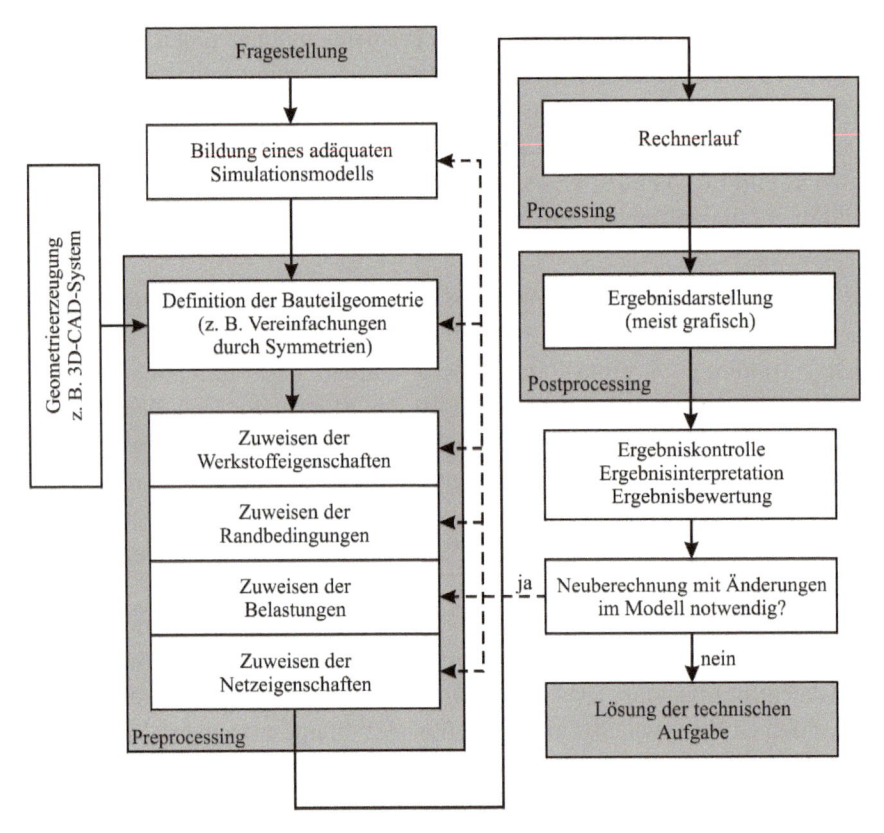

**Bild 3.37** Ablauf einer Simulation mittels FEM (eigene Abbildung in Anlehnung an [VWZ18])

Im Vergleich zu anderen Beschichtungsverfahren ermöglicht die CVD eine homogene Schichtdickenverteilung auch auf hochkomplexen dreidimensionalen Oberflächengeometrien [For17]. Das Hauptziel der Simulationen ist es, die optimale Position der Probekörper im Reaktor zu finden, damit die Beschichtung auf dem Probekörper homogen ist. Der Einfluss von Gasströmung, Temperatur und Druck auf das Strömungsverhalten innerhalb des Reaktors, der einen Werkzeugeinsatz als Demonstrator enthält, ist mit COMSOL Multiphysics simuliert worden.

### 3.4.2 Theoretische Grundlagen und Versuchsaufbau

Für die Beschichtung der Proben sowie der Werkzeugeinsätze für Spritzgießwerkzeuge wird ein Heißwand-CVD-Reaktor, wie in Bild 3.38 dargestellt, verwendet. Um gängige Stähle zu beschichten, ohne dass diese ihre mechanische Festigkeit verlieren, findet der Beschichtungsprozess bei Temperaturen unter 500 °C statt.

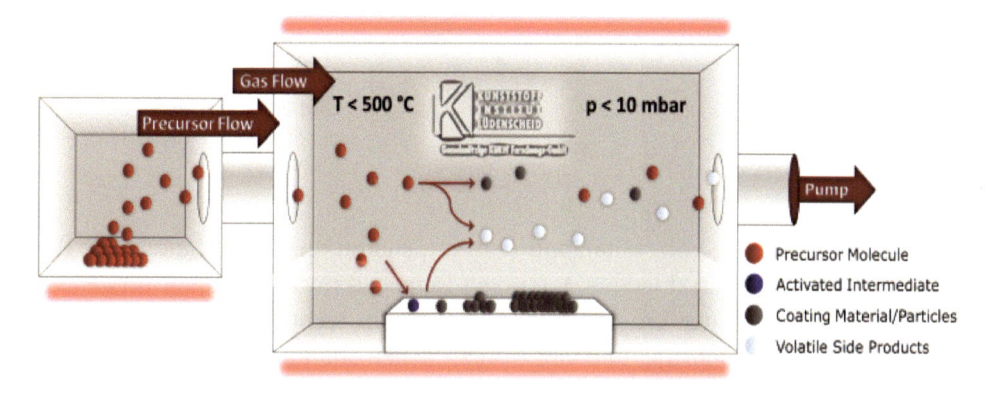

**Bild 3.38** Schematische Darstellung des CVD-Reaktors und des CVD-Prozesses (Bildquelle: KIMW-F)

Der MOCVD-Prozess wird schematisch in Bild 3.38 vorgestellt. Bei der MOCVD werden metallorganische Vorläufer, sogenannte Precursoren, verwendet, die sich in situ bei höheren Temperaturen zersetzen, um die im Vergleich zur herkömmlichen CVD relativ niedrigen Beschichtungstemperaturen zu erreichen. Der Precursor, eine flüchtige molekulare Verbindung, wird verdampft und in die Reaktionskammer geleitet, in der ein Vakuum mit einem Druck von wenigen mbar herrscht. Dort findet eine thermisch induzierte Zersetzungsreaktion statt, bei der der Precursor zunächst an der Oberfläche adsorbiert wird, wo er mit dem gewünschten Material reagiert und so den Beschichtungsprozess abschließt.

Das Beschichtungsmaterial selbst wird durch spezifische chemische Reaktionen erzeugt, sodass ein Verständnis der physikalischen und chemischen Mechanismen in der Reaktionskammer notwendig ist, um ein Verfahren zu entwickeln. Die Eigenschaften der aufzubringenden Beschichtung hängen vor allem von den Prozessparametern Temperatur, Druck, Gasfluss und Precursorfluss ab, die variiert werden können. Das Precursormaterial wird in einem Verdampfer verdampft und mit einem Trägergas durch die Hauptdüse in die Reaktorkammer geleitet. Um den Gasstrom zu homogenisieren, wird die gleiche Gasmenge zusätzlich durch mehrere kleinere Düsen, die kreisförmig um die Hauptdüse angeordnet sind (Ringdüsen), in den Reaktor geleitet. Der prinzipielle Aufbau und die definierten Randbedingungen werden in Bild 3.39 zusammengefasst.

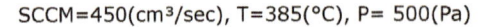

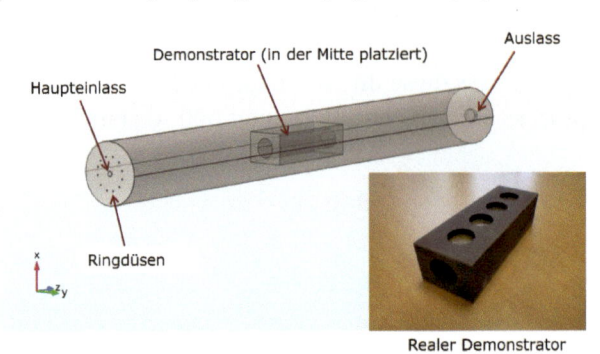

**Bild 3.39** erstes Modell für die Simulation (Bildquelle: KIMW-F)

Zur Analyse der 3D-Konformität und der Nutpenetrationseigenschaften der Beschichtung können verschiedene Arten von Demonstratorwerkzeugen verwendet werden. Im Rahmen der Untersuchungen wurde ein rechteckiges Werkzeug mit einer zylindrischen Bohrung und vier Durchbrüchen auf der Oberseite verwendet, in die kleine metallische Rundkörper (Münzen) eingelegt werden können. Aus Gründen der Vereinfachung wurden die Ausschnitte im Demonstrator und die Halterung des Demonstrators im Strömungskanal in den Simulationen nicht berücksichtigt, obwohl diese einen Einfluss auf das resultierende Strömungsprofil haben. Mit diesem Demonstrator kann die Schichtdicke innerhalb des Demonstrators durch Messung der Schichtdicke auf den Münzen gemessen werden. Der Demonstrator kann mit Metallplatten umgeben werden, sodass fast das gesamte Gas durch den Demonstrator strömt und nicht mehr auch um ihn herum. Beide Modifikationen des Demonstrators sind in Bild 3.40 dargestellt.

Die Beschichtung sollte auf der gesamten Innenfläche des Demonstrators homogen sein, um eine optimale funktionalisierte Werkzeugoberfläche mit gleichen Eigenschaften unabhängig von der Position auf dem Werkzeug zu erreichen. Die Schichtdicke auf den metallischen Münzen wurde durch Kalottenschliffe analysiert.

Als Prozessparameter für die Beschichtung wurden eine Temperatur von 385 °C und ein Druck von 5 mbar ($\approx$ 500 Pa) verwendet. Die Werkzeuggeometrie (mit und ohne Platten um das Demonstrationswerkzeug) sowie die Menge des Gasstroms wurden während der Prozessdurchführung variiert.

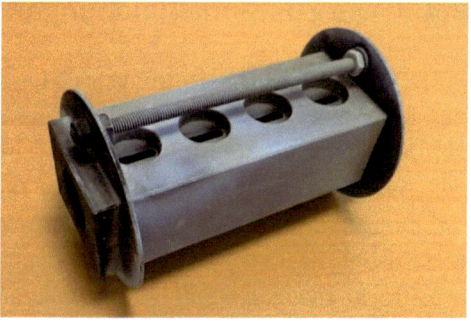

**Bild 3.40** Demonstrator ohne (links) und mit Metallplatten (rechts) (Bildquelle: KIMW-F)

Der CVD-Reaktor (vgl. Bild 3.41) selbst besteht aus Keramik und wird durch einen externen Ofen beheizt. Die eigentliche Beschichtung findet in einem Rohr aus Stahl statt, das in den CVD-Reaktor eingelegt wird. Der Ofen ist von der Außenfläche isoliert, sodass das Keramikrohr außerhalb des Ofens ebenfalls heiß wird, aber gleichzeitig von der Umgebungsluft gekühlt wird, sodass es nicht so hohe Temperaturen aufweist. Um eine einwandfreie Beschichtung zu erreichen, wird der Ofen mit einem bestimmten Temperaturgefälle beheizt.

**Bild 3.41** CVD-Reaktor (weißes Rohr) und Ofen (blau) (Bildquelle: KIMW-F)

### 3.4.3 Die Zustandsgleichungen

Mithilfe von COMSOL Multiphysics ist es relativ einfach, die Gasströmungssimulation innerhalb des Reaktors zu implizieren. Für die Durchführung aller Simulationen wird das CFD-Modul verwendet. Die Art der Strömung, die für die Simulationen berücksichtigt wird, basiert auf der Reynolds-Zahl, die definiert, ob eine Strömung laminar oder turbulent ist. Aus den experimentellen Daten zu Druck und Gasdurchsatz wird deutlich, dass für dieses Problem eine laminare Strömung in Betracht gezogen werden kann. Die laminare Strömung basiert auf den Navier-Stokes-Gleichungen (Formel 3.8 bis Formel 3.10). [NN22]

$$\rho \cdot \left(\frac{\partial \boldsymbol{u}}{\partial t} + (\boldsymbol{u} \cdot \nabla) \cdot \boldsymbol{u}\right) = -\nabla p + \nabla \cdot \left[\mu \cdot \left(\nabla \boldsymbol{u} + (\nabla \boldsymbol{u})^T - \frac{2}{3} \cdot (\nabla \boldsymbol{u}) \cdot \boldsymbol{I}\right)\right] + \boldsymbol{F} \quad (3.8)$$

$$\frac{\partial p}{\partial t} + \nabla \cdot (\rho \cdot \boldsymbol{u}) = 0 \quad (3.9)$$

$$\rho = \rho\,(p;T) \quad (3.10)$$

| | | |
|---|---|---|
| $u$ | Geschwindigkeit des Fluids | [m/s] |
| $\rho$ | Dichte | [kg/m$^3$] |
| $p$ | Druck | [Pa] |
| $\mu$ | Dynamische Viskosität des Fluids | [Pa s] |
| $T$ | Temperatur des Fluids | [K] |
| $F$ | Externe Kräfte, die auf den Körper wirken | [N] |
| $I$ | Identitätstensor | [-] |

Formel 3.10 zeigt, dass die Dichte vom Druck und der Temperatur des Fluids abhängig ist. In COMSOL ist die Definition eigener Variablen zur Berücksichtigung dieser Abhängigkeit in den Gleichungen möglich. Für die Prozesse, die für die Experimente berücksichtigt werden, wird der Druck zwischen 100 Pa und 500 Pa variiert. Jedes Mal, wenn der Druck variiert wird, ist es also notwendig, die entsprechende Dichte zu berechnen. Dies wurde vereinfacht, indem mit der Variable „rho" eine Gleichung für die Dichte definiert und später in einem parametrischen Sweep berücksichtigt wurde, mit dem der Druck und die Temperatur für diesen Fall variiert werden.

## 3.4.4 Versuchsdurchführung und -ergebnisse

Bei dem Demonstratoraufbau ohne die Platten kann das Gas sowohl durch den Demonstrator hindurch als auch um diesen herum strömen. Das Strömungsmuster auf den beschichteten Münzen zeigt eine sehr gute Spaltdurchdringung, da die Beschichtung nicht nur auf der Oberfläche sichtbar ist, die direkt mit der Innenfläche des Demonstratorwerkzeugs in Kontakt steht, sondern auch auf den Bereichen, die vom Metall des Demonstratorwerkzeugs, das die Münzen in Position hält, bedeckt sind (vgl. Bild 3.42).

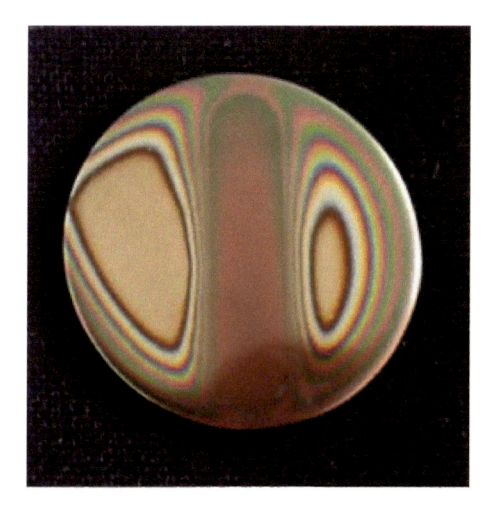

**Bild 3.42** Im Demonstrator ohne Platten beschichtete Münze bei 385 °C, 500 Pa und mit Gasströmen von 450 sccm (Hauptdüse) und 450 sccm (Ringdüsen) (Bildquelle: KIMW-F)

Im Fall des Demonstrationswerkzeugs ohne die Platten beträgt die Beschichtungswachstumsrate im Durchschnitt über alle vier Münzen ca. 0,27 µm/h. Allerdings beträgt der Gradient von der ersten bis zur letzten Münze im Demonstrator 0,08 µm (Prozess 1, Tabelle 3.11).

**Tabelle 3.11** Überblick über die Schichtwachstumsraten auf der Probe in Abhängigkeit von der Gasströmung und der Geometrie des Demonstrators. Die Temperatur für alle Beschichtungsexperimente betrug 385 °C, der Druck im Reaktor wurde bei 5 mbar (≈ 500 Pa) gehalten; Probe 1 liegt am nächsten zur Düse.

| Prozess | Geometrie des Demonstrators | Gasfluss Hauptdüse/Ringdüsen (sccm) | Schichtwachstumsraten (µm/h) auf den Proben 1–4 | | | | Durchschnittliche Wachstumsrate (µm/h) |
|---|---|---|---|---|---|---|---|
| 1 | ohne Platten | 450 / 450 | 0,31 | 0,29 | 0,26 | 0,23 | 0,27 |
| 2 | mit Platten | 450 / 450 | 0,23 | 0,20 | 0,19 | 0,18 | 0,20 |
| 3 | Mit Platten | 125 / 125 | 0,86 | 0,68 | 0,62 | 0,48 | 0,66 |

Die im Demonstratorwerkzeug mit Platten beschichteten Münzen (Prozess 2, Tabelle 3.11) zeigten ein anderes Fließmuster. Das Spaltdurchdringungsvermögen ist schlechter und die Wachstumsrate auf der Münze ist etwas geringer als bei Prozess 1. Allerdings ist der Schichtwachstumsgradient von der ersten zur letzten Probe mit 0,05 µm geringer als bei Prozess 1, sodass die Homogenität der Schicht höher ist (vgl. Bild 3.43).

Aufgrund der höheren Gasgeschwindigkeit haben die Moleküle möglicherweise nicht genug Zeit, um mit der Metalloberfläche der Münze zu reagieren, sodass sich die Schichtwachstumsrate verringert.

**Bild 3.43** Im Demonstrator mit Platten beschichtete Münze bei 385 °C, 500 Pa und mit Gasströmen von 450 sccm (Hauptdüse) und 450 sccm (Ringdüsen) (Bildquelle: KIMW-F)

Wie aus den Simulationen hervorgeht, ist die Gasgeschwindigkeit innerhalb des Demonstrationswerkzeugs mit Platten siebenmal höher als ohne Platten. Eine Reduzierung des Gasflusses könnte daher zu einer noch besseren Beschichtungswachstumsrate führen. Daher wurde ein dritter Prozess mit geringerem Gasdurchsatz, aber unter Beibehaltung der Temperatur und des Drucks der ersten beiden Prozesse durchgeführt.

Eine der so beschichteten Münzen ist in Bild 3.44 dargestellt. Die höhere Schichtdicke wird durch das deutlich dunklere Aussehen der Beschichtung deutlich. Die Wachstumsrate ist bei diesem Verfahren (Prozess 3, Tabelle 3.11) dreimal so hoch wie bei der zuvor genannten Probe (Bild 3.43), aber das Spaltdurchdringungsvermögen ist schlechter, da die Metallmünzen an den vom Demonstratormaterial getragenen Seitenflächen kein Fließmuster aufweisen.

Auch der Gradient der Wachstumsrate von der ersten bis zur letzten Probe ist mit 0,38 µm viel höher als bei den anderen beiden Verfahren, was bedeutet, dass die Homogenität der Beschichtung innerhalb des Demonstrationswerkzeugs schlechter ist. Es könnte sein, dass der größte Teil des Precursors bereits im ersten Teil des Reaktors reagiert, da der Gasfluss gering ist.

**Bild 3.44** Im Demonstrator mit Platten beschichtete Münze bei 385 °C, 500 Pa und mit Gasströmen von 125 sccm (Hauptdüse) und 125 sccm (Ringdüsen) (Bildquelle: KIMW-F)

## 3.4.5 Ergebnisse der Simulationen

Die Simulationsergebnisse zeigen den Strömungsweg des Gases im Reaktor. Die Geschwindigkeitsverteilung im Reaktor lässt sich an den Geschwindigkeitsquerschnitten ablesen. In den Einlassabschnitten des Reaktors entstehen Wirbel, wodurch die Geschwindigkeit im vorderen Abschnitt des Reaktors höher ist und die Strömung des Gases erst später im Reaktor laminar wird. In Vorversuchen konnte gezeigt werden, dass die im vorderen Teil des Reaktors platzierten Proben eine sehr geringe Beschichtung aufwiesen, was auf die turbulente Strömung hinter dem Einlass zurückzuführen ist. Dieser Effekt wurde später durch die Simulationsergebnisse bestätigt, da die Strömung des Gases so schnell ist, dass die Gas- und Precursormoleküle weniger Zeit haben, mit den Münzen zu reagieren, sodass sie keine homogene Beschichtung aufweisen.

Innerhalb der Untersuchungen wurden zwei Fälle analysiert, der erste ohne Platten und der zweite mit Platten (vgl. Tabelle 3.12, Prozess 1 und Prozess 2). Der Unterschied in den Geschwindigkeitsstromlinien ist in Bild 3.45 und Bild 3.47 deutlich zu erkennen, und auch die Geschwindigkeitsunterschiede aufgrund der Volumenverringerung des Demonstrators mit Platten werden deutlich. Die im ersten Fall ohne Platten erzielten Geschwindigkeiten sind niedriger, was dazu führt, dass die Gas- und Vorläufermoleküle langsam durch den Reaktor strömen und wir daher eine 3D-Fähigkeit und eine enorme Rillendurchdringung der Beschichtung im Inneren des Demonstrators beobachten können (Bild 3.46 und Bild 3.48).

**Tabelle 3.12** Überblick über die verwendeten Simulationsparameter

| Prozess | Geometrie des Demonstrators | Temperatur (°C) | Druck (Pa) | Gasfluss Hauptdüse/ Ringdüsen (sccm) |
|---|---|---|---|---|
| 1 | ohne Platten | 385 | 500 | 450 / 450 |
| 2 | mit Platten | 385 | 500 | 450 / 450 |
| 3 | mit Platten | 385 | 500 | 125 / 125 |

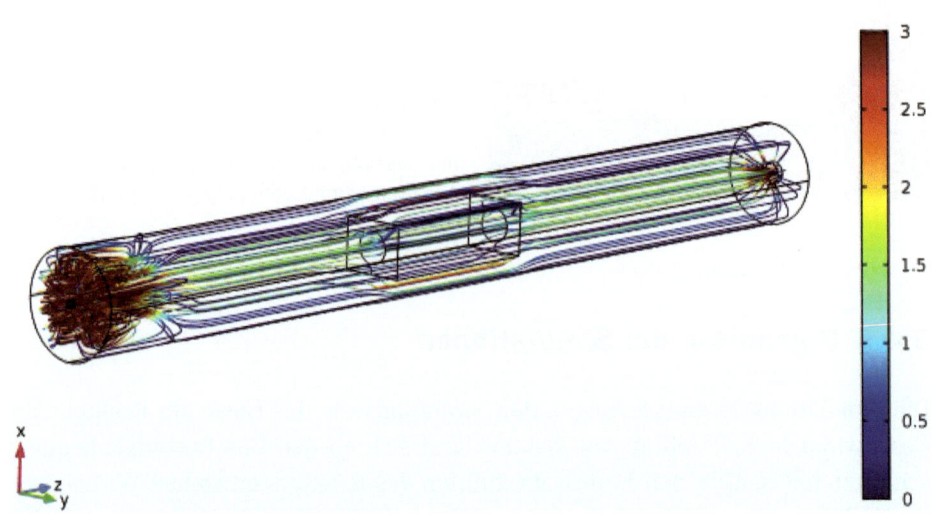

**Bild 3.45** Geschwindigkeitsstromlinien im Reaktorvolumen mit dem Demonstrationswerkzeug ohne Platten (Bildquelle: KIMW-F)

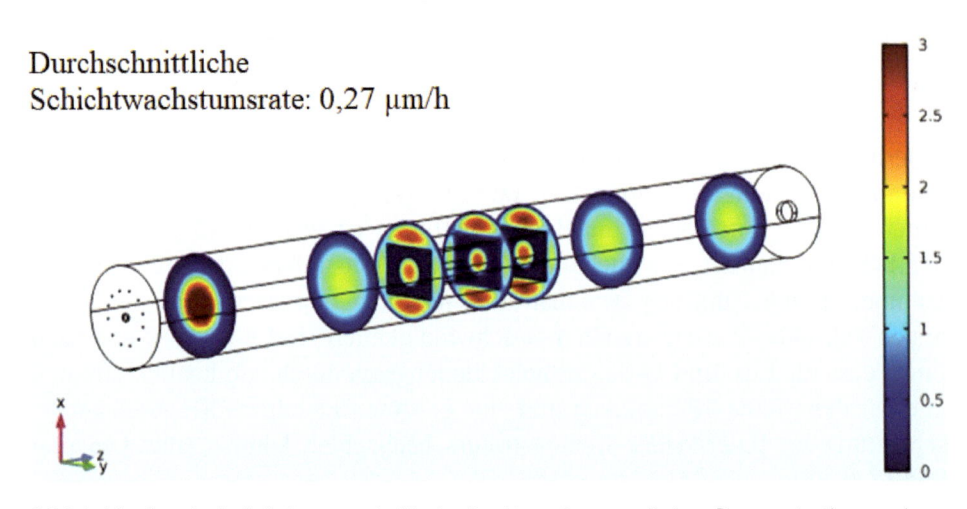

Durchschnittliche Schichtwachstumsrate: 0,27 µm/h

**Bild 3.46** Geschwindigkeitsquerschnitte im Reaktorvolumen mit dem Demonstrationswerkzeug ohne Platten (Bildquelle: KIMW-F)

Im zweiten Fall mit Platten (vgl. Tabelle 3.12, Prozess 2) werden höhere Strömungsgeschwindigkeiten des Gases beobachtet, da das Gas und die Precursormoleküle durch einen reduzierten Kanalquerschnitt fließen, sodass die Beschichtung auf den Proben geringer ist (Bild 3.47 und Bild 3.48). Durch die Verringerung der Gasmenge kann die Geschwindigkeit innerhalb des Demonstrators reduziert werden, was möglicherweise zu einer gleichmäßigeren Beschichtung mit höherer 3D-Fähigkeit bei gleichzeitiger Schonung der Ressourcen führt. Die erzielten Geschwindigkeiten wären also viel geringer, sodass genügend Zeit für die Reaktion des Gases und der Vorläufermoleküle mit den Proben zur Verfügung steht. Aufgrund des geringeren Volumens könnte eine größere Gasmenge durch den Demonstrator geleitet werden, wodurch eine homogenere Beschichtung der Proben erreicht würde.

Um die Gasgeschwindigkeit im Demonstratorwerkzeug zu verringern, wurde die Gasmenge reduziert, während Temperatur und Druck konstant gehalten wurden. Der Versuch wurde am realen CVD-Reaktor (vgl. Prozess 3, Tabelle 3.12) mit einem Volumenstrom von 125 sccm Gas durchgeführt, das sowohl durch die Ringdüsen als auch durch die Hauptdüse eingeleitet wurde.

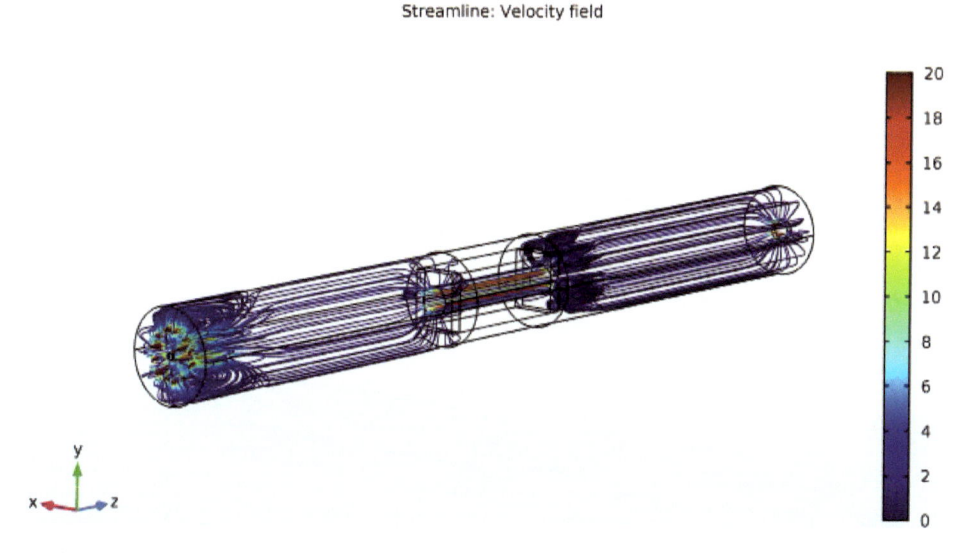

**Bild 3.47** Geschwindigkeitsstromlinien im Reaktorvolumen mit dem Demonstrationswerkzeug mit Platten (Bildquelle: KIMW-F)

SCCM=450[1], T=385[degC], P=500[Pa] Velocity magnitude (m/s)

Durchschnittliche
Schichtwachstumsraten: 0,20 µm/h

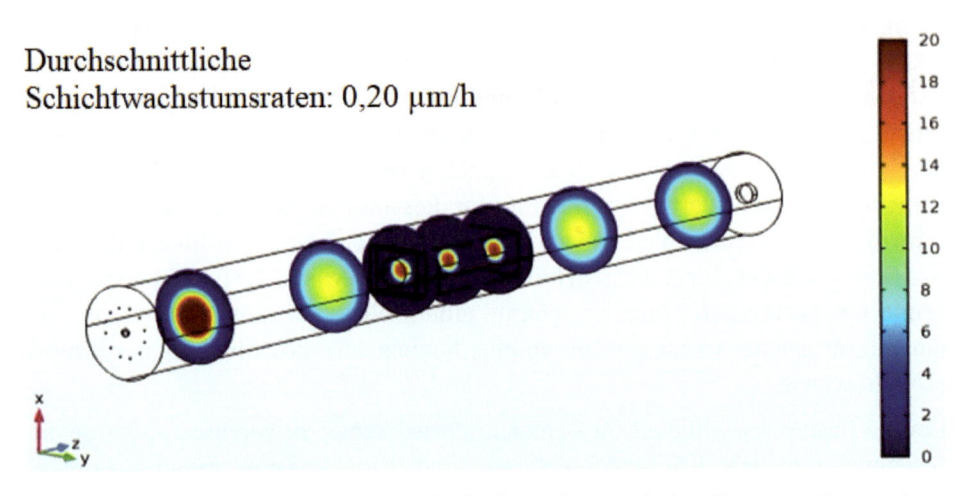

**Bild 3.48** Geschwindigkeitsquerschnitte im Reaktorvolumen mit dem Demonstrationswerkzeug mit Platten (Bildquelle: KIMW-F)

Die verringerten Gasgeschwindigkeiten führen zu höheren Schichtwachstumsraten (vgl. Bild 3.49 und Bild 3.50). Da die Precursormoleküle mehr Zeit haben, mit der inneren Oberfläche des Demonstrators zu reagieren, wird die Wachstumsrate der Beschichtung erhöht.

SCCM=125[1], T=385[degC], P=500[Pa] Velocity magnitude (m/s)

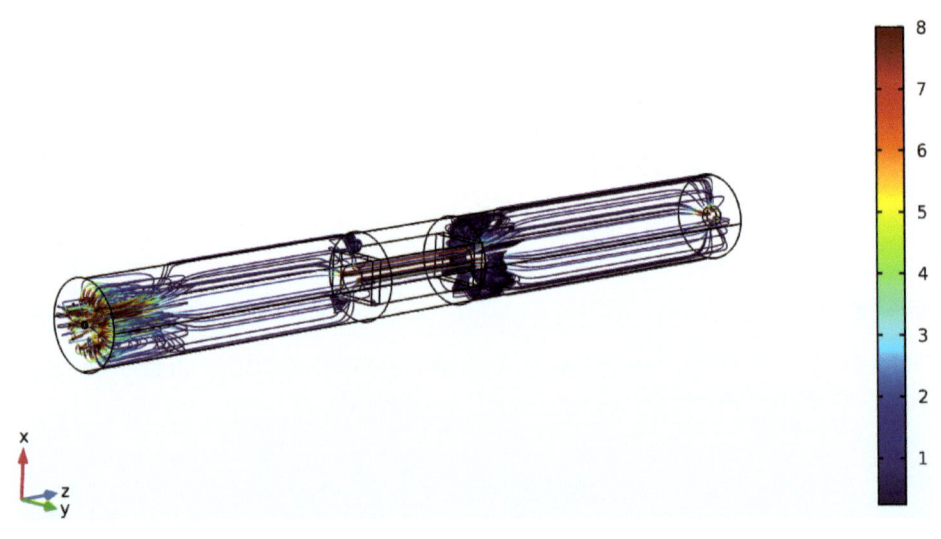

**Bild 3.49** Geschwindigkeitsstromlinien innerhalb des Reaktorvolumens mit dem Demonstrationswerkzeug mit Platten (reduzierter Gasstrom) (Bildquelle: KIMW-F)

SCCM=125[1], T=385[degC], P=500[Pa] Velocity magnitude (m/s)

Durchschnittliche
Schichtwachstumsraten: 0,66 µm/h

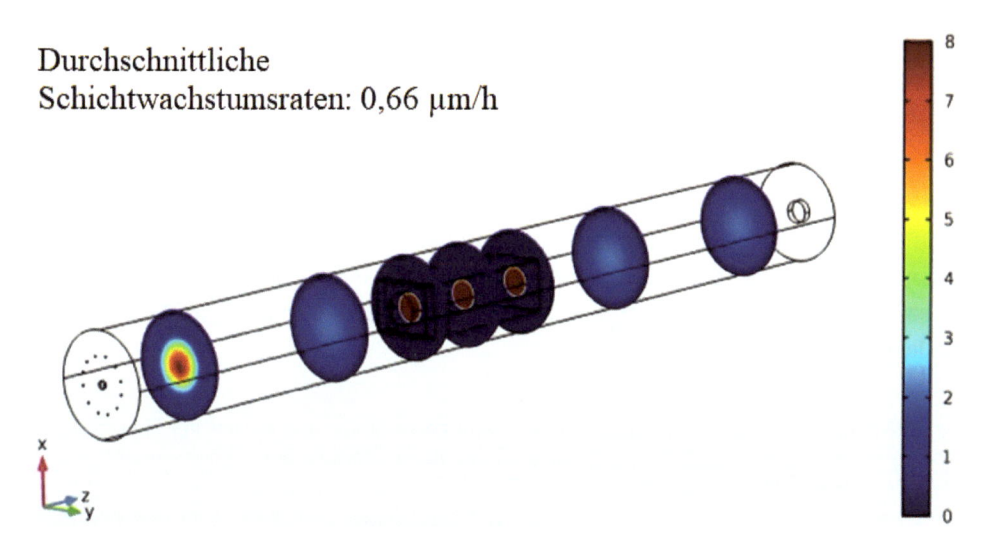

**Bild 3.50** Geschwindigkeitsquerschnitte im Reaktorvolumen mit dem Demonstrationswerkzeug mit Platten (reduzierter Gasstrom) (Bildquelle: KIMW-F)

Surface: Temperature (degC)

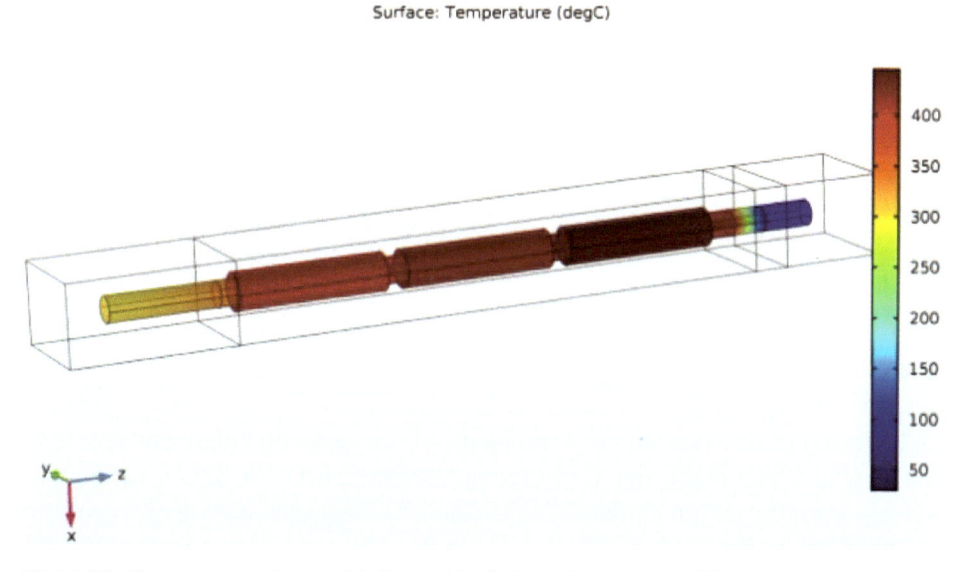

**Bild 3.51** Temperaturen in verschiedenen Abschnitten des Reaktors (Bildquelle: KIMW-F)

Zur Untersuchung der Temperaturverteilungen innerhalb des CVD-Reaktors wurde außerdem eine Wärmeübertragungsanalyse durchgeführt. Dabei wird das in Bild 3.51 dargestellte 3D-Modell des Reaktors verwendet. Die Simulationen zeigen, wie die Wärme vom Kupfer (Heizelemente) zu den Keramik- und Stahlzylindern übertragen wird. Die Experimente zeigen eine bessere Beschichtungsrate auf den Proben, wenn ein Temperaturgradient im CVD-Reaktor berücksichtigt wird. Auch im Auslassbereich wird ein Hochtemperaturelement berücksichtigt, da es dazu beiträgt, den Precursor in geeigneter Weise zu zersetzen. Das Simulationsmodell wurde ebenfalls unter Berücksichtigung eines Temperaturgradienten erstellt.

Die Temperaturen wurden während der Versuche in verschiedenen Abschnitten des CVD-Reaktors am Stahlzylinder gemessen und auch in den Simulationen überprüft. Durch die Optimierung des Simulationsmodells, z. B. durch die Definition einer dünnen Schicht, um eine bessere Isolierung als im realen Reaktor zu erreichen, zeigen die Temperaturen an drei Abschnitten optimale Werte (vgl. Tabelle 3.13 und Bild 3.52).

**Tabelle 3.13** Vergleich der am realen CVD-Reaktor gemessenen und der aus der Simulation entnommenen Temperaturwerte an Schnittpunkten, die der Position der Thermoelemente im CVD-Reaktor entsprechen

| Version | T1 (°C) | T2 (°C) | T3 (°C) |
|---|---|---|---|
| Experiment | 394 | 406 | 412 |
| Simulation | 392 | 408 | 421 |

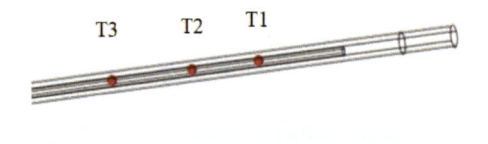

**Bild 3.52** Positionen der Schnittpunkte innerhalb des Reaktorstahlrohrs, an denen die sich ergebende Temperatur berücksichtigt wurde (Bildquelle: KIMW-F)

## 3.4.6 Schlussfolgerung

Im Rahmen der Untersuchungen konnten die Simulationsergebnisse mit den experimentellen Ergebnissen der CVD-Beschichtungsversuche in Beziehung gesetzt werden. Mithilfe der Simulationen ist es möglich, Prognosen über die Auswirkungen des reduzierten Gasflusses während der Beschichtungszeit zu treffen. Um die Schichtdicke vorhersagen zu können, sind weitere Hintergrundinformationen über die Reaktionsabläufe während des Beschichtungsprozesses notwendig. Außerdem muss eine Abscheidungsrate für die Ablagerung des Beschichtungsmaterials auf der Oberfläche definiert werden, um auch die chemischen Reaktionen berücksichtigen zu können. Natürlich kann das chemische Reaktionsmodul auch bei der Lösung dieser Fragestellungen hilfreich sein.

Für zukünftige Simulationen, die in größerem Umfang die realen Beschichtungsprozesse im Reaktor widerspiegeln, sollte auch eine Multiphysik-Simulation entwickelt werden, bei der der im CVD-Reaktor vorhandene Temperaturgradient genutzt wird und die Gasströmung durch den Reaktor beeinflusst.

## 3.4.7 Literatur

[AKM+15] ATAKAN, B.; KHLOPYANOVA, V.; MAUSBERG, S.; MUMME, F.; KANDZIA, A.; PFLITSCH, C.: *CVD and Analysis of thermally insulating ZrO2 layers on injection molds.* In: Physica Status Solidi C 12 (2015), S. 878–885.

[Bat02] BATHE, K.J.: *Finite-Elemente-Methode.* Berlin, Heidelberg, New York: Springer Verlag, 2002, 2. Auflage

[For17] FORNALCZYK, G.; ET. AL.: *Yttria-Stabilized Zirconia Thin Films via MOCVD for Thermal Barrier and Protective Applications in Injection Molding.* In: Key Engineering Materials 742 (2017), S. 427–433

[HGL+11] HEIROTH, S.; GHISLENI, R.; LIPPERT, T.; MICHLER, J.; WOKAUN, A.: *Optical and mechanical properties of amorphous and crystalline yttria-stabilized zirconia thin films prepared by pulsed laser deposition.* In: Acta Materialia 59 (2011), S. 2330–2340.

[KW99] KNOTHE, K., WESSELS, H.: *Finite Elemente, Eine Einführung für Ingenieure.* Berlin, Heidelberg, New York: Springer Verlag, 1999

[NN22] N. N.: *Navier-Stokes Equations.* Online: https://www.comsol.de/multiphysics/navier-stokes-equations, aufgerufen am 01.12.2022

[VWZ18] VAJNA, S.; WEBER, C.; ZEMANN, K. ET AL.: *CAx für Ingenieure.* Berlin: Springer Vieweg Verlag, 2018, 3. Auflage

# 4 Messtechnik zur Schichtcharakterisierung

## 4.1 Kalottenschliff

Dr. Ruben Schlutter

Der Kalottenschliff wird häufig zur Bestimmung von Schichtdicken nach DIN EN ISO 26 424-11 [DIN16-1] und der Evaluierung der Verschleißfestigkeit von Schichten und Werkstoffen nach DIN EN ISO 26 423 [DIN16-2] genutzt. Für beide Fragestellungen wird der gleiche Versuchsaufbau verwendet, wobei die Schicht bei Versuchen zur Bestimmung der Schichtdicke vollständig durchdrungen wird, während sie bei einer Verschleißmessung nur angeschliffen wird. [BN20]

Der Versuchsaufbau (vgl. Bild 4.1 links) besteht aus einer Antriebswelle mit Traktionsringen. Diese verhindern ein Rutschen der Prüfkugel, sodass der Schleifweg, den die Kugel während der Prüfung zurücklegt, bestimmt werden kann. Die Kugel hat in der Regel einen Durchmesser von 30 mm und besteht aus gehärtetem Stahl. Die Welle wird in Rotation versetzt. Mithilfe eines auf die Kugel aufgebrachten Abrasivmittels wird eine Vertiefung, die sogenannte Kalotte, in die Probe geschliffen. Die Schleifzeit und der Schleifweg werden dabei als Prüfparameter vorgegeben. Je nach Schlifftiefe können der Radius der Kalotte in der Schicht oder auch einzelne Schichten bis hin zum Substrat mikroskopisch ausgewertet werden (vgl. Bild 4.1 rechts). Da der Radius der Kugel einige Größenordnungen größer ist als die zu untersuchenden Schichtdicken, erfolgt der Anschliff unter einem sehr flachen Winkel, wodurch die Schicht verbreitert wird. Die Auflagekraft der Kugel sollte während der Versuche gleich bleiben. Der Anstellwinkel der Kugel beträgt 60°. Mithilfe einer Einstelllehre wird der Abstand zwischen der Probe und der Welle normiert, sodass eine gleichbleibende Auflagekraft der Kugel von 0,54 N gewährleistet ist. Die Auflagekraft hat einen deutlichen Einfluss auf die Verschleißrate. [BAQXX-1, FSM17]

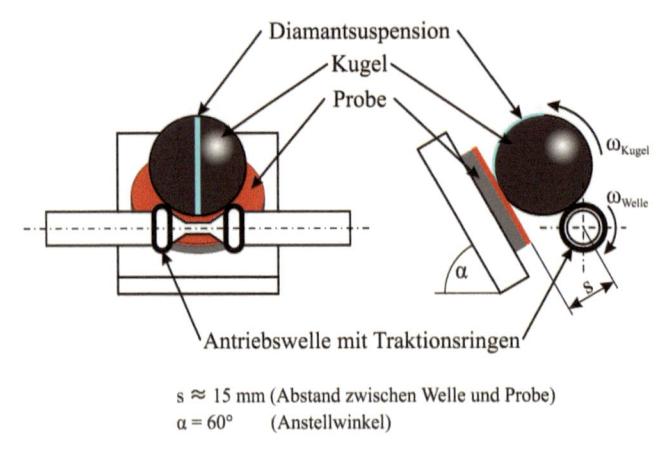

**Bild 4.1** Prüfgerät für Kalottenschliffe (eigene Abbildung in Anlehnung an [DIN16-1, BAQ-1])

$s \approx 15$ mm (Abstand zwischen Welle und Probe)
$\alpha = 60°$ (Anstellwinkel)

Vor Versuchsbeginn muss die Probe mit einem geeigneten Reinigungsmittel von Verschmutzungen, Fetten und Ölen gereinigt werden. Auch die Kugel muss vor dem Versuch gründlich gereinigt werden. Die zu messende Stelle wird justiert. Da die Abdrücke sehr klein sind, können mehrere Messungen an einer Probe durchgeführt werden. Als Mindestabstand werden 1 mm bis 2 mm zwischen den Kalotten empfohlen. [BN20, FSM17]

Da die Oberflächenrauheit ebenfalls einen nicht zu vernachlässigenden Einfluss hat, sollten immer mehrere Messungen auf einer Probe durchgeführt werden, um eine valide Aussage über die Schichtdicke treffen zu können. Als Faustregel kann angenommen werden, dass die Dicke der Schicht um einen Faktor 5 größer sein sollte als der Rz-Wert der Schicht. Auf diesem Weg kann außerdem die Wiederholpräzision bestimmt werden. Bei der Auswertung der Kalotten muss darauf geachtet werden, dass ein scharfer Kalottenrand ohne Riefen oder Ausbrüche vorhanden ist. Wenn dies der Fall ist, kann das Schleifmittel ungeeignet für die Schicht oder das Schichtsystem sein und sollte angepasst werden, indem die Korngröße und Form der Schleifkörper oder das Trägermedium (Flüssigkeit oder Paste) verändert werden. Die Anpassung des Schleifmittels muss dabei empirisch erfolgen. [BN20]

### 4.1.1 Bestimmung der Schichtdicke

Wenn das Versuchsziel in der Bestimmung der Dicke der Schicht liegt, wird die Schicht komplett durchschliffen, sodass das Substrat sichtbar ist. Bild 4.2 zeigt das prinzipielle Versuchsende mit den relevanten Parametern, die zur Bestimmung der Schichtdicke verwendet werden. [BAQ-1]

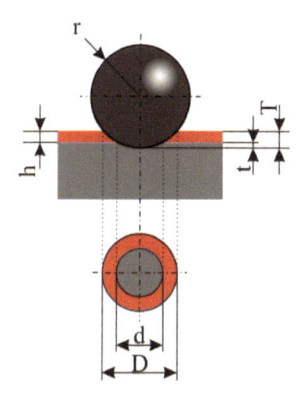

h = Schichtdicke
T = Tiefe der Kalotte (Eindringtiefe)
t = Eindringtiefe in das Substrat
r = Radius der Kugel
D = äußerer Kalottendurchmesser
d = innerer Kalottendurchmesser

**Bild 4.2** Schichtdickenmessung (eigene Abbildung in Anlehnung an [BAQXX-1])

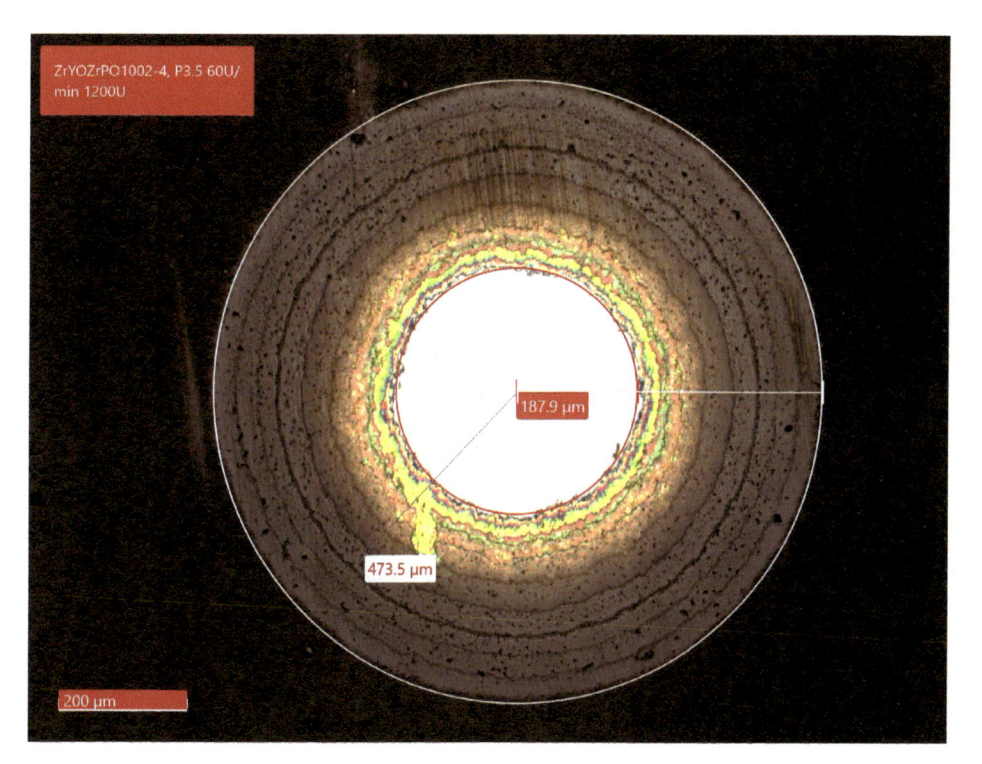

**Bild 4.3** Schichtdickenmessung an einer Multilagen-yttrium- und phosphordotierten Zirkoniumoxidschicht (Bildquelle: KIMW-F)

Bild 4.3 zeigt eine Schichtdickenmessung an einer Multilagenbeschichtung. Während der Beschichtung wurden abwechselnd yttrium- und phosphordotierte Zirkoniumoxidschichten abgeschieden. Dieses Vorgehen ist notwendig, um eine hohe Schichtdicke zu erreichen, ohne dass sich Risse durch die komplette Schichtdicke ziehen können oder die Schicht durch ihre spröden Eigenschaften abplatzt. Die yttriumdotierte Zirkoniumoxidschicht bildet kristalline Schichten. Diese bieten gute thermische Isolationseigenschaften, sind allerdings sehr porös. Deshalb wird diese Schicht mit einer phosphordotierten Schicht kombiniert, die eine amorphe Schicht bildet. Diese Schicht ist sehr dicht, aber auch sehr spröde, weshalb hohe Schichtdicken nicht abgeschieden werden können. Durch die abwechselnde Abscheidung der Schichtsysteme können die Vorteile kombiniert und die Nachteile eliminiert werden. [FSM17]

Die Eindringtiefe der Kugel hängt vom Radius der Kugel und dem äußeren Kalottendurchmesser ab und kann nach Formel 4.1 berechnet werden.

$$T = r - \sqrt{r^2 - \frac{D^2}{4}} \qquad (4.1)$$

| | | |
|---|---|---|
| $T$ | Tiefe der Kalotte (Eindringtiefe) | [mm] |
| $r$ | Radius der Kugel | [mm] |
| $D$ | Äußerer Kalottendurchmesser | [mm] |

Da die Kugel die Schicht vollständig durchdrungen hat, kann die Eindringtiefe der Kugel in das Substrat nach Formel 4.2 berechnet werden.

$$t = r - \sqrt{r^2 - \frac{d^2}{4}} \qquad (4.2)$$

| | | |
|---|---|---|
| $t$ | Eindringtiefe in das Substrat | [mm] |
| $r$ | Radius der Kugel | [mm] |
| $d$ | Innerer Kalottendurchmesser | [mm] |

Die gesuchte Schichtdicke ist dann die Differenz aus der Eindringtiefe der Kugel und der Eindringtiefe der Kugel in das Substrat, sodass diese nach Formel 4.3 berechnet werden kann.

$$h = T - t$$
$$h = \sqrt{r^2 - \frac{D^2}{4}} - \sqrt{r^2 - \frac{d^2}{4}} \qquad (4.3)$$

In der Regel wird nur wenig in das Substrat eingeschliffen. Außerdem sind die Schichten sehr dünn im Vergleich zum Durchmesser der Kugel, sodass Formel 4.3 vereinfacht werden kann und Formel 4.4 für die Berechnung der Schichtdicke verwendet wird. [BAQXX-1]

$$h = \frac{D^2 - d^2}{8 \cdot r} \tag{4.4}$$

Die Genauigkeit der Bestimmung der Schichtdicke hängt maßgeblich von der exakten Bestimmung der Kalottendurchmesser ab. Die Schlifftiefe sollte außerdem so gewählt werden, dass der äußere Kalottendurchmesser ungefähr doppelt so groß ist wie der innere Kalottendurchmesser (vgl. Formel 4.5).

$$D \approx 2 \cdot d \tag{4.5}$$

## 4.1.2 Bestimmung der Verschleißfestigkeit

Im Gegensatz zur Bestimmung der Schichtdicke wird die Schicht bei der Untersuchung der Verschleißfestigkeit von der Kugel nicht vollständig durchdrungen. Bild 4.4 zeigt das prinzipielle Versuchsende mit den relevanten Parametern, die zur Bestimmung der Schichtdicke verwendet werden. Die eingeschliffene Kalotte wird als ideal kugelförmig betrachtet. Das Verschleißvolumen lässt sich dann nach Formel 4.6 berechnen. [BAQXX-2]

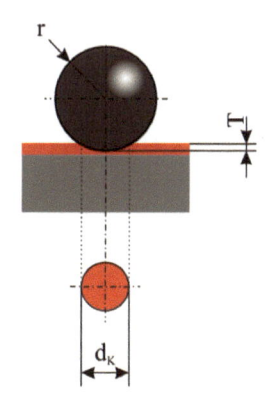

T = Tiefe der Kalotte (Eindringtiefe)
r = Radius der Kugel
$d_K$ = innerer Kalottendurchmesser

**Bild 4.4** Bestimmung der Verschleißrate (eigene Abbildung in Anlehnung an [BAQXX-2])

$$V_V = \frac{\pi}{3} \cdot T^2 \cdot (3 \cdot r - T) \tag{4.6}$$

| | | |
|---|---|---|
| $V_V$ | Verschleißvolumen | [mm³] |
| $T$ | Tiefe der Kalotte | [mm] |
| $r$ | Radius der Kugel | [mm] |

Bild 4.5 zeigt die Bestimmung der Verschleißrate an einer Wolfram-Carbid-Schicht. Während des Versuchs wurde die Schicht nicht vollständig abgeschliffen. Der Radius der entstandenen Kalotte beträgt 230,7 µm. Die Verschleißrate nach Formel 4.8 beträgt ca. $8 \cdot 10^{-15}\,\text{m}^3/(\text{m N})$.

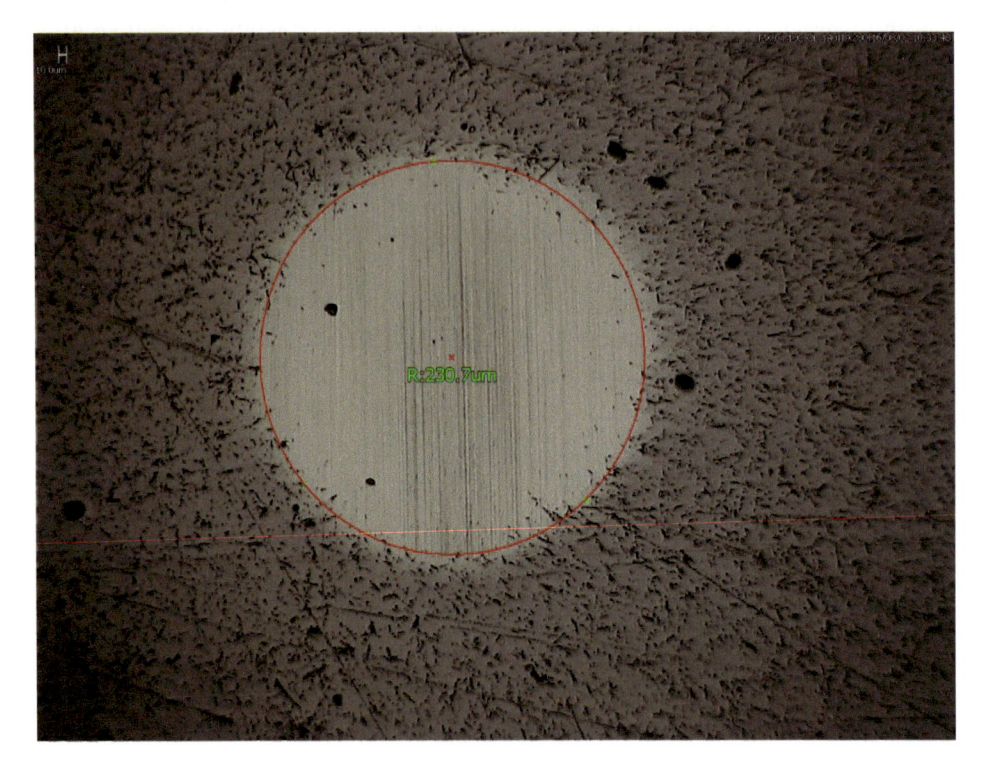

**Bild 4.5** Bestimmung der Verschleißrate an einer Wolfram-Carbid-Schicht (Bildquelle: KIMW-F)

Die Tiefe der Kalotte kann mithilfe des mikroskopisch bestimmten Kalottendurchmessers nach Formel 4.7 bestimmt werden.

$$T = r - \sqrt{r^2 - r_K^2} \qquad (4.7)$$

$r_K$      Radius der Kalotte      [mm]

Die Verschleißrate wird nach Formel 4.8 berechnet und beschreibt das abgeschliffene Volumen pro Schleifweg und Kugelkraft.

$$V_R = \frac{V_V}{s \cdot F_K} \tag{4.8}$$

$V_R$     Verschleißrate     [mm³]
s     Schleifweg     [mm]
$F_K$     Kugelkraft     [N]

Da der Kugeldurchmesser, bzw. der Kugelradius, und die Anzahl der Kugelumdrehungen bekannt sind, kann der Schleifweg nach Formel 4.9 berechnet werden.

$$s = 2 \cdot \pi \cdot r \cdot n \tag{4.9}$$

n     Anzahl der Kugelumdrehungen     [-]

### 4.1.3 Literatur

[BAQXX-1] BAQ GmbH: *kaloMAX II. Handbuch, Version 1.02*. Firmenschrift der BAQ GmbH

[BAQXX-2] BAQ GmbH: *kaloMAX NT II. Handbuch*. Firmenschrift der BAQ GmbH

[BN20] Bethke, R.; Näcker, N.: *Schichtdicke und Verschleiß präzise bestimmen*. In JOT Journal für Oberflächentechnik 60 (2020) S. 72–77

[DIN16-1] N. N.: DIN *EN ISO 26 424:2016-11: Hochleistungskeramik – Bestimmung der Beständigkeit gegen Abrieb von Schichten durch eine Mikroabriebprüfung* (DIN EN ISO 26 424:2016)

[DIN16-2] N. N.: *DIN EN ISO 26 423:2016: Hochleistungskeramik – Bestimmung der Schichtdicke mit dem Kalottenschleifverfahren* (DIN EN ISO 26 423:2016).

[FSM17] Fornalczyk, G.; Sommer, M.; Mumme, F.: *Yttria-Stabilized Zirconia Thin Films via MOCVD for Thermal Barrier and Protective Applications in Injection Molding*. In: Key Engineering Materials ISSN: 1662-9795, Vol. 742, S. 427–433, 2017

## 4.2 Rasterelektronenmikroskopie

Dr. Ruben Schlutter

### 4.2.1 Einleitung

Häufig sind mikroskopische Methoden die direkteste und beste Möglichkeit, um strukturelle Merkmale von Oberflächen zu erfassen und zu untersuchen. Durch eine geeignete Präparation entsteht ein Kontrast durch ein unterschiedliches Reflexions- und Absorptionsvermögen der Materialstruktur in der Abbildung mit dem Mikroskop.

Dabei ist es wichtig, dass nebeneinanderliegende Strukturen als voneinander getrennt erscheinen, sodass sie einzeln betrachtet werden können. Sie sind dann aufgelöst. Das Auflösungsvermögen eines Mikroskops wird durch die numerische Apertur des Objektivs und die Wellenlänge des verwendeten Lichtes begrenzt und kann mit Formel 4.1 berechnet werden. Raleigh definierte diese Beziehung allgemein für optische Geräte. Abbe wies nach, dass sie auch in der Mikroskopie gültig ist. [HMS02, Hec17]

$$d = \frac{\lambda}{A} \tag{4.10}$$

| | | |
|---|---|---|
| $A$ | Numerische Apertur des Objektivs | [-] |
| $d$ | Auflösungsvermögen des Mikroskops | [nm] |
| $\lambda$ | Wellenlänge des verwendeten Lichts | [nm] |

Die numerische Apertur des Objektivs kann nach Formel 4.11 berechnet werden und hängt vom Brechungsindex des die Linsen umgebenden Mediums und dem Öffnungswinkel der Frontlinse ab.

$$A = n \cdot \sin \alpha \tag{4.11}$$

| | | |
|---|---|---|
| $N$ | Brechungsindex des umgebenden Mediums | [-] |
| $\alpha$ | Halber Öffnungswinkel der Frontlinse | [-] |

Im Vakuum ist der Brechungsindex 1, da sich Licht exakt mit der Lichtgeschwindigkeit im Vakuum ausbreitet. Eine Steigerung des Auflösungsvermögens kann somit durch die Verwendung von kürzerwelligem Licht oder durch Objektive mit vergrößerter Apertur erreicht werden. In der Praxis kann eine numerische Apertur von 0,95 erreicht werden, wodurch die maximale Auflösung, bis zu der zwei

Punkte voneinander unterschieden werden können, auf ca. 0,5 µm begrenzt ist. [Ehr20]

Die Wellenlänge, mit der die Elektronen beschleunigt werden, kann mithilfe der de-Broglie-Wellenlänge nach Formel 4.13 berechnet werden und hängt von der Geschwindigkeit der Elektronen und damit von der Beschleunigungsspannung ab. Je höher die Beschleunigungsspannung ist, desto höher ist die Geschwindigkeit der Elektronen und desto kürzer ist deren Wellenlänge. Mit zunehmender Geschwindigkeit der Elektronen kommen außerdem relativistische Effekte zum Tragen, sodass Formel 4.15 zur Berechnung verwendet werden muss. [Url22a, Url22b]

$$\lambda_{DB} = \frac{h}{m_e \cdot v} \cdot 10^9 \tag{4.12}$$

$$\lambda_{DB} = \frac{h}{\sqrt{2 \cdot m_e \cdot e \cdot U_B}} \cdot 10^9 \tag{4.13}$$

| | | |
|---|---|---|
| $\lambda_{DB}$ | de-Broglie-Wellenlänge | [nm] |
| $h$ | Plancksches Wirkungsquantum = 6,626·10$^{-34}$ | [J s] |
| $m_e$ | Masse des Elektrons = 9,109·10$^{-31}$ | [kg] |
| $v$ | Geschwindigkeit des Elektrons | [m/s] |
| $e$ | Ladung des Elektrons = 1,602·10$^{-19}$ | [A s] |
| $U_B$ | Beschleunigungsspannung | [V] |

$$\lambda_{DB} = \frac{h \cdot c}{m_e} \cdot \sqrt{\frac{1}{v^2} - \frac{1}{c^2}} \, 10^9 \tag{4.14}$$

$$\lambda_{DB} = \frac{h \cdot c}{\sqrt{2 \cdot e \cdot U_B \cdot m_e \cdot c^2 + (e \cdot U_B)^2}} \cdot 10^9 \tag{4.15}$$

| | | |
|---|---|---|
| $c$ | Lichtgeschwindigkeit = 2,998·10$^8$ | [m/s] |
| $E_{0,e}$ | Ruheenergie des Elektrons = 5,11·10$^5$ | [eV] |

Die sich ergebenden Geschwindigkeiten und Wellenlängen der Elektronen sind in Tabelle 4.1 dargestellt. Zur Bündelung und Fokussierung von Elektronenstrahlen werden Magnetfelder verwendet. Diese wirken als Elektronenlinsen [Ard40]. Mit modernen Rasterelektronenmikroskopen kann der Elektronenstrahl auf einen Durchmesser von 5 nm bis 10 nm fokussiert werden, wodurch in günstigen Fällen eine Auflösung von 8 nm erreicht werden kann. [Ehr20]

**Tabelle 4.1** Geschwindigkeiten und Wellenlängen eines Elektronenstrahls in Abhängigkeit von der Beschleunigungsspannung

| Beschleunigungsspannung [V] | v/c [%] | Wellenlänge der Elektronen [nm] |
|---|---|---|
| 1000 | 6,26 | 0,0388 |
| 2000 | 8,85 | 0,0274 |
| 5000 | 13,89 | 0,0173 |
| 10 000 | 19,50 | 0,0122 |
| 20 000 | 27,19 | 0,0086 |
| 50 000 | 41,27 | 0,0054 |

### 4.2.2 Geräteaufbau

Mit einem Rasterelektronenmikroskop (REM) können die Signale erfasst werden, die beim Scannen eines Elektronenstrahls über eine abzubildende Probenoberfläche erzeugt werden. Bild 4.6 zeigt den prinzipiellen Aufbau eines Rasterelektronenmikroskops und die unterschiedlichen Detektoren. Zu den Signalen, die durch die Bestrahlung mit einem Elektronenstrahl gewonnen werden können, gehören Sekundärelektronen (SE), rückgestreute Elektronen (BSE) und charakteristische Röntgenstrahlen. Da diese eine detaillierte Oberflächenanalyse der Probe ermöglichen, wird das Rasterelektronenmikroskop in einer Vielzahl von Bereichen eingesetzt, von der Analyse von Oberflächenstrukturen bis zur Materialentwicklung.

Bei Rasterelektronenmikroskopen werden Elektronen statt Lichtwellen zum Transport von Informationen und zur Darstellung von Oberflächen benutzt. Die Elektronen werden durch eine Beschleunigungsspannung zwischen 1 kV und 50 kV von der Kathode zur Anode geschossen. Damit sich die Elektronen leichter von der Kathode lösen, ist diese beheizt. Zwischen der Kathode und der Anode befinden sich Kondensorlinsen, Ablenkspulen und die Objektivlinse, die die Elektronen zu einem kreisrunden Strahl mit einem Durchmesser von 5 nm bis 10 nm bündeln. Durch den Elektronenstrahl wird die Oberfläche der Probe rasterförmig abgetastet. [Ehr20]

Wenn eine nichtleitende Probe untersucht wird, wird die Probenoberfläche durch die einfallenden Elektronen aufgeladen, und es treten Abbildungsartefakte wie ein abnormaler Kontrast und Bildalterung auf. Die REM-Beobachtung im Niedrigvakuum wurde als Methode zur Vermeidung oder Abschwächung dieser Probleme entwickelt. Beim Niedrigvakuum-REM werden positive Ladungen, die durch Kollisionen zwischen den einfallenden Elektronen und den Restgasmolekülen in der Kammer erzeugt werden, dazu verwendet, die negative Ladung auf der Probenoberfläche zu neutralisieren und so die Auswirkungen der Aufladung zu verringern. [NH21]

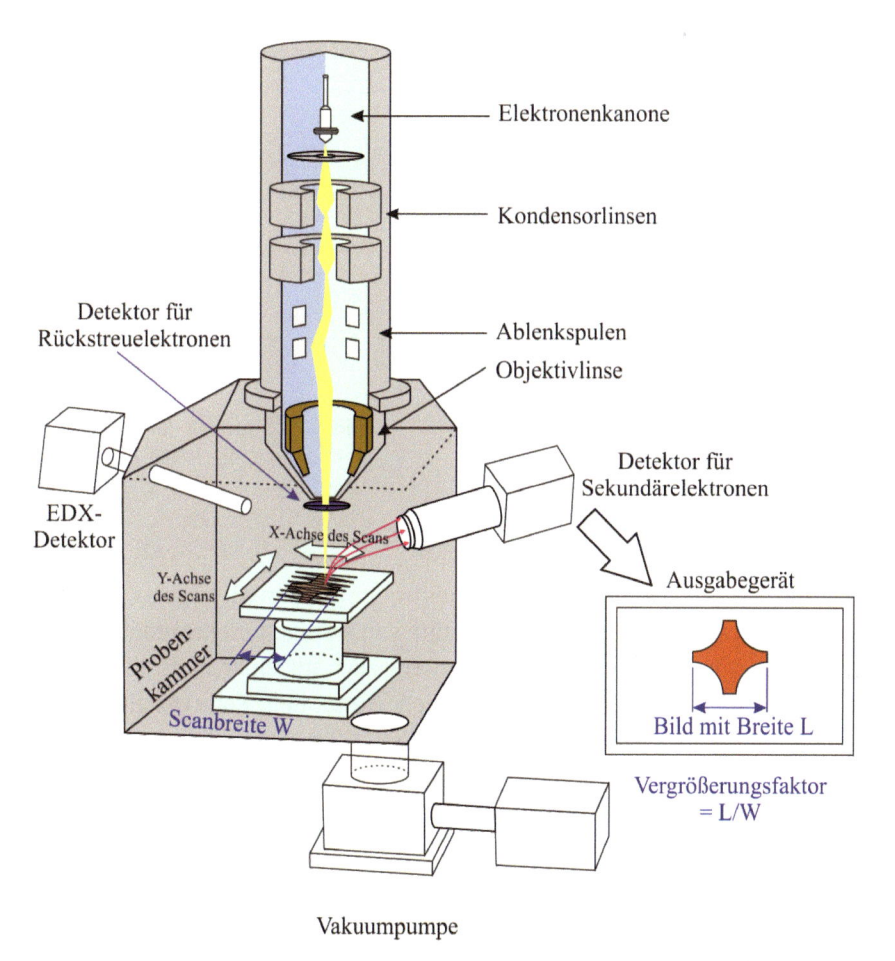

**Bild 4.6** Prinzipieller Aufbau eines Rasterelektronenmikroskopes (eigene Abbildung in Anlehnung an [Hit16])

Das auszugebende Bild wird dann aus den einzelnen Messwerten Punkt für Punkt und Linie für Linie am Computer zusammengesetzt. Der Elektronenstrahl behält seine zylindrische Form weitestgehend unabhängig von der Probenhöhe und Oberflächenungenauigkeit bei, sodass höher und tiefer liegende Stellen gut erfasst werden können. Die Tiefenschärfe ist sehr gut. Die Schärfe wird durch die Streuung bei der Reflexion und die Empfangsfläche der Sensoren zum Auffangen der Elektronen begrenzt. [Ehr20]

Wenn der Elektronenstrahl auf die Probe trifft, wechselwirken die Elektronen mit den Elektronen der Probe. Die durch den Elektronenstrahl beeinflussten Elektronen können durch unterschiedliche Detektoren erfasst und zur Bilderzeugung genutzt werden. Hauptsächlich werden Sekundär- und die Rückstreuelektronen ausgewertet (vgl. Bild 4.7).

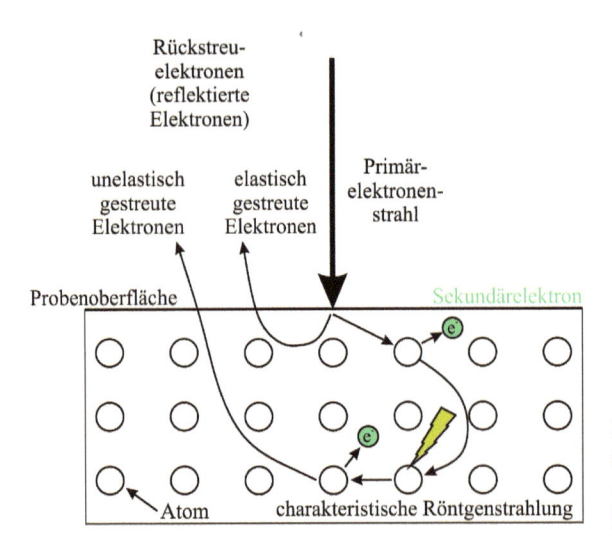

**Bild 4.7** Streuung der Primärelektronen in der Probe (eigene Abbildung in Anlehnung an [Hit16])

Der Modus zum Detektieren von Sekundärelektronen ist der wichtigste, da diese Elektronen dank ihrer geringen Austrittsenergie von wenigen Elektronenvolt mithilfe eines positiv vorgespannten Kollektorgitters, das auf einer Seite der Probe angebracht ist, leicht aufgefangen werden können. Hinter dem Kollektorgitter werden die SE auf einen mit +10 kV vorgespannten Szintillator beschleunigt, und die erzeugten Lichtquanten werden von einem Photomultiplier aufgezeichnet. [Rei98]

Sekundärelektronen entstehen durch unelastische Kollisionen der Primärelektronen mit einem in einem Atom gebundenen Elektron oder dem Atom selbst. Teilweise wird ein gebundenes Elektron, das Sekundärelektron, aus dem Atom herausgelöst. Durch den unelastischen Stoß geht Energie verloren, sodass die Sekundärelektronen eine niedrige Energie aufweisen, wie in Bild 4.8 dargestellt. Daher müssen sie aus dem oberflächennahen Bereich stammen (Bild 4.9). Durch die niedrige Energie kann mit den Sekundärelektronen die beste Auflösung erzielt werden. Die Sekundärelektronen können außerdem leicht abgelenkt werden, weshalb die SE-Detektoren häufig seitlich in der Probenkammer angeordnet sind. [Ehr20]

Im Gegensatz zu den Sekundärelektronen weisen Rückstreuelektronen eine deutlich höhere Energie auf (vgl. Bild 4.8 ). Sie bewegen sich auf geraden Bahnen und werden nicht von elektrostatischen Feldern beeinflusst. Sie stammen aus tieferen Bereichen der Probe, wie in Bild 4.9 zu sehen ist. In der Regel ist der Detektor zur Erfassung der Rückstreuelektronen direkt unterhalb der Objektivlinse positioniert, da die Rückstreuelektronen direkt in Richtung des Elektronenstrahls reflektiert werden. Die Probe wird direkt von oben betrachtet. Der Informationsgehalt der Rückstreuelektronen ist stark abhängig von der Ordnungszahl, denn schwere Elemente emittieren mehr Elektronen als leichte Elemente. Einzelne Bereiche des Detektors können separat ausgewertet werden, sodass der Aufbau eines dreidimensionalen Bildes anhand des Schattenwurfes aus den einzelnen Bereichen berechnet werden kann. [Ehr20; Hit16]

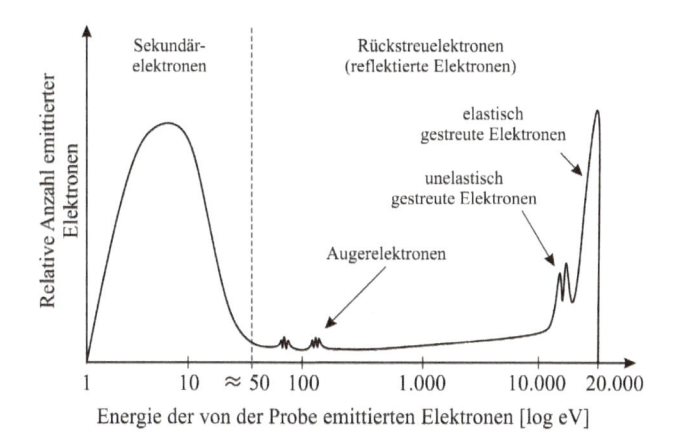

**Bild 4.8** Energieverteilung der emittierten Elektronen (eigene Abbildung in Anlehnung an [Hit16])

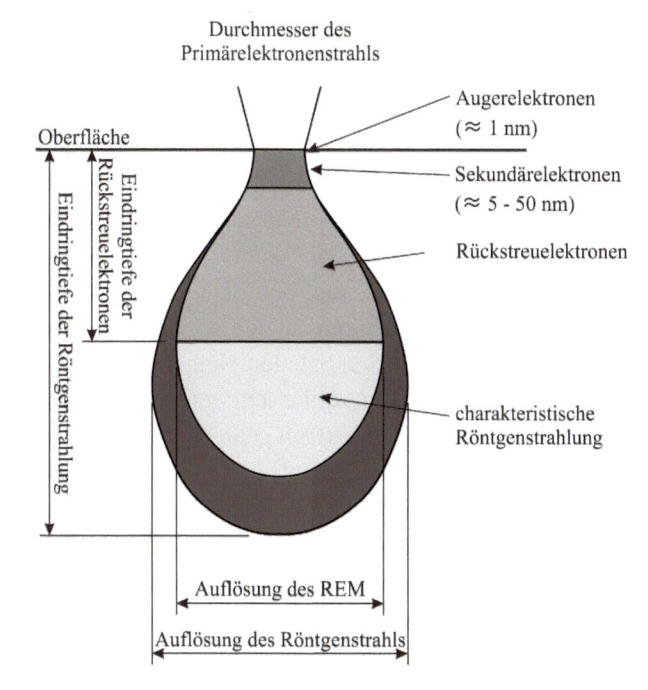

**Bild 4.9** Entstehungsbereiche der Elektronen und der Röntgenstrahlung in der Probe (eigene Abbildung in Anlehnung an [Ehr20])

Bild 4.10 zeigt die Abhängigkeit des Anteils der gestreuten Elektronen von der Kernladungszahl der Elemente. Durch diese Abhängigkeit wird ein Kontrast im Rückstreuelektronen-Bild erzeugt. Elemente mit kleinerer Kernladungszahl erscheinen dunkler und Elemente mit höherer Kernladungszahl heller. Ein grober Rückschluss auf die Elementverteilung ist mithilfe des Rückstreuelektronen-Bildes möglich.

Es ist auch bekannt, dass sich das Elektronenreflexionsvermögen in Abhängigkeit vom Einfallswinkel des Elektronenstrahls ändert und mit zunehmendem Kippwinkel der Probe größer wird. Das bedeutet, dass die topografischen Informationen der Probenoberfläche ebenfalls im Signal der rückgestreuten Elektronen enthalten sind.

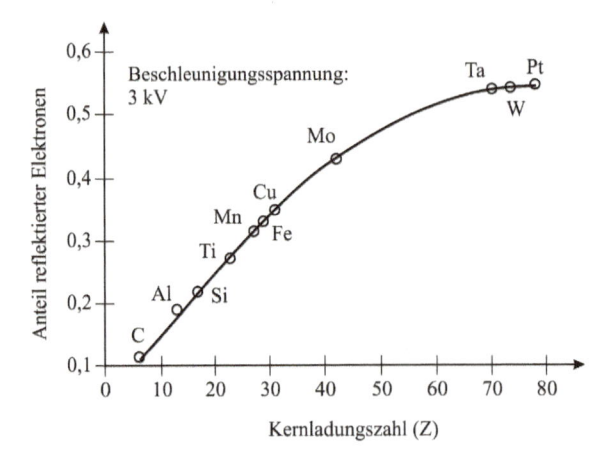

**Bild 4.10** Anteil der gestreuten Elektronen (eigene Abbildung in Anlehnung an [Hit16])

Unterhalb des Bereiches, in dem die Rückstreuelektronen erzeugt werden, entstehen Röntgenstrahlen (vgl. Bild 4.7 und Bild 4.9). Diese können mithilfe eines energiedispersiven Spektrometers (EDX – Energy Dispersive X-ray) untersucht werden.

Durch einen Elektronenstoß wird ein Elektron aus einer niedrigen Schale herausgeschlagen, wie in Bild 4.11 dargestellt. Der freie Platz wird sofort von einem Elektron aus einer energetisch höheren Schale eingenommen. Beim Übergang auf die niedrigere Schale gibt das Elektron ein Röntgenphoton mit einer charakteristischen Energie ab. Da die Energieniveaus zwischen den Schalen elementspezifisch definiert sind, kann aus der Energie des Photons geschlossen werden, welchen Schalensprung in welchem Element das betreffende Elektron gemacht hat. Die entsprechende Linie im Spektrum charakterisiert das Element. Die Höhe des Peaks ist ein Maß für die Häufigkeit des entsprechenden Elements. [Hit16, Url22]

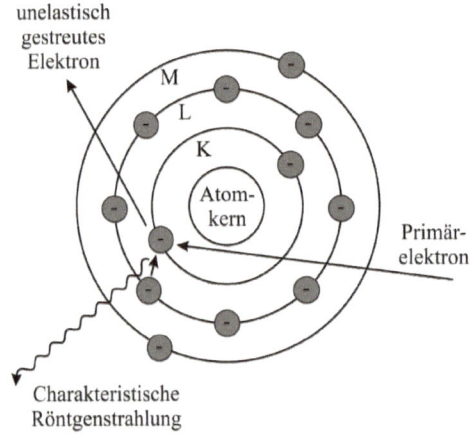

**Bild 4.11** Erzeugung der charakteristischen Röntgenstrahlung in einem Magnesium-Atom (eigene Abbildung in Anlehnung an [Hit16])

Bild 4.12 zeigt die qualitativen Bereiche, aus denen die einzelnen Schalensprünge stammen. Da es sich bei der EDX-Analyse um eine mikroskopische Analyse handelt, muss bekannt sein, woher die Photonen stammen. Die Beschleunigungsspannung der Primärelektronen muss größer sein als die Energie der Röntgenphotonen, um die Elektronen aus ihrer jeweiligen Schale schlagen zu können. Die Größe des Bereichs ist abhängig von der Beschleunigungsspannung und der Art des Elektronensprungs. Da Elektronensprünge auf eine K-Schale energieärmer sind, ist auch der Radius kleiner, in dem diese Sprünge passieren können. Prinzipiell gilt, dass energiereichere Elektronensprünge und höhere Beschleunigungsspannungen den Bereich, in dem die Elektronensprünge stattfinden können, erhöhen. [Hit16]

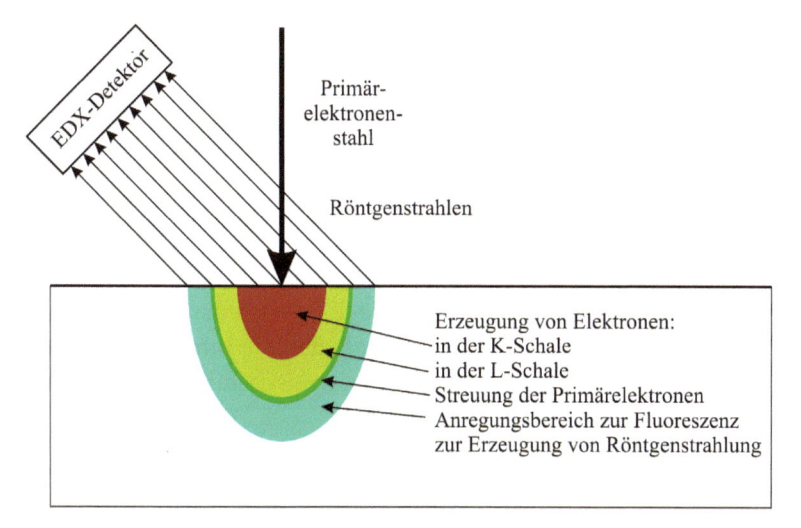

**Bild 4.12** Bereiche zur Erzeugung der Röntgenstrahlung (eigene Abbildung in Anlehnung an [Hit16])

Die beim Elektronensprung entstandenen Photonen werden mithilfe des EDX-Sensors erfasst. Jedes auftreffende Photon erzeugt einen Lichtblitz im Sensor, der über einen Lichtleiter weitergeleitet wird und in einem Multiplier in ein elektrisches Signal umgewandelt wird. Die Impulse werden dabei so verarbeitet, dass das gesamte Röntgenspektrum des gescannten Bereiches erfasst und ausgewertet werden kann. [Ehr20]

## 4.2.3 Vorbereitung der Probe

Die Vorbereitung der jeweiligen Probe hängt von der Art der durchzuführenden Untersuchung ab. Im Bereich der Schadensanalyse werden Proben in der Regel nicht gereinigt, um eventuell vorhandene Beläge mit untersuchen zu können. Bei der Untersuchung von Bruchbildern oder auch Beschichtungen ist eine Reinigung erforderlich, da die Beläge dort die Untersuchungen beeinträchtigen. Abhängig von der Art und vom Grad der Verschmutzung kann eine Reinigung mit Wasser oder Ethanol ausreichen oder eine Reinigung in einem Ultraschallbad notwendig sein.

Außerdem dürfen sich die Proben unter Elektronenbeschuss nicht verändern. Sie dürfen sich auch nicht elektrisch aufladen, da das zu einer Überbelichtung des Bildes führt. Eine schlecht leitende Probe kann entweder mit einem UVD untersucht werden, da hier eine gewisse elektrische Leitfähigkeit durch die verbliebenen Gasmoleküle im Niedrigvakuum vorhanden ist. Auf der anderen Seite ist ein Besputtern, normalerweise mit Gold oder Palladium, möglich. Dabei wird die Probe mit einer dünnen elektrisch leitfähigen Schicht überzogen, sodass die Elektronen abfließen können.

### 4.2.4 Sensoren in einem Rasterelektronenmikroskop

#### 4.2.4.1 SE-Sensor

Die Sekundärelektronen entstehen durch unelastische Stöße der Primärelektronen direkt an und unter der untersuchten Bauteiloberfläche. Durch die niedrige Energie der Elektronen beim Austritt aus der Probe beinhalten sie Informationen aus dem oberflächennahen Bereich. Die Auswertung von aus Sekundärelektronen erzeugten Bildern ist ebenfalls oberflächennah.

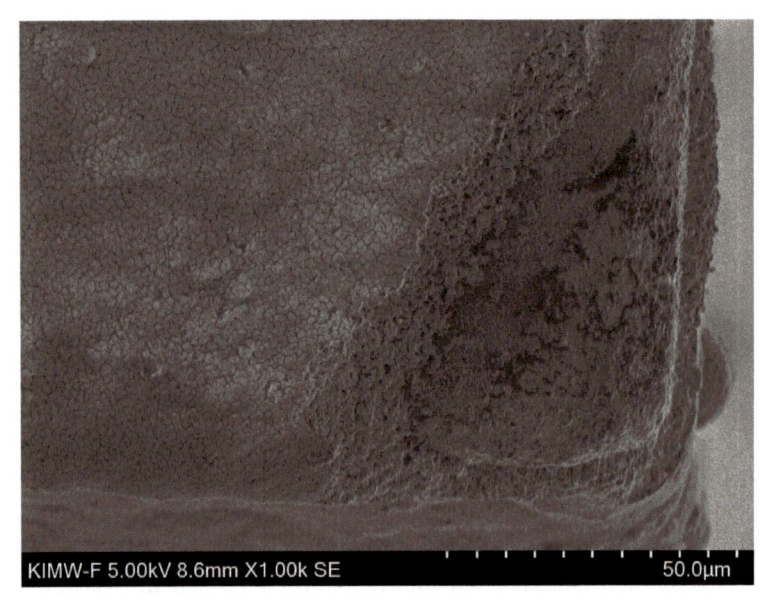

**Bild 4.13** Sekundärelektronen-Bild einer an einer Ecke abgeplatzten Zirkoniumoxidschicht (Bildquelle: KIMW-F)

Bild 4.13 zeigt das Sekundärelektronen-Bild einer mit Zirkoniumoxid beschichteten Düse. An der Ecke ist die Schicht beschädigt. Ablagerungen der ursprünglichen Schicht und das Stahlsubstrat sind zu sehen.

### 4.2.4.2 UVD-Sensor

Da es schwierig ist, niederenergetische Sekundärelektronen durch Beobachtung im Niedervakuumbereich zu erkennen, wurde der Ultra-Variable-Pressure-Detektor (UVD) für Untersuchungen im Niedrigvakuum entwickelt. Bild 4.14 zeigt schematisch das Funktionsprinzip des UVD. Um Sekundärelektronen, die von der Probe erzeugt werden, wenn diese von einem Elektronenstrahl im Niedrigvakuum bestrahlt wird, effizient zu detektieren, wird eine Vorspannung an die Vorderkante des Detektors angelegt. Dadurch entsteht ein elektrisches Feld zwischen dem Detektor und der Probe, das die an der Probenoberfläche erzeugten Sekundärelektronen beschleunigt. Die Sekundärelektronen kollidieren dann mit den Gasmolekülen in der Niedervakuumumgebung und ionisieren die Moleküle in positive Ionen und Elektronen. Gleichzeitig wird Licht erzeugt. Durch die Erfassung dieses Lichts mit dem UVD während des Strahlscannens können Bilder aufgenommen werden, die topologische Informationen über die Probenoberfläche wiedergeben. [NH21]

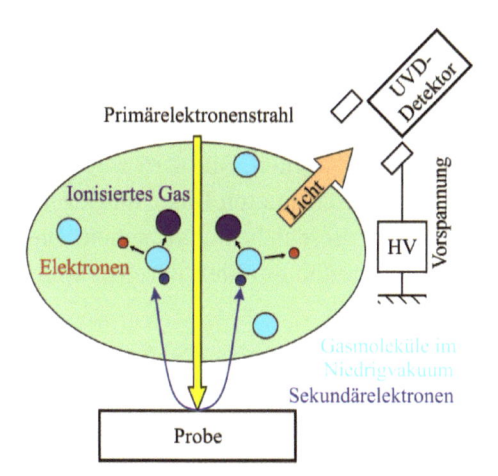

**Bild 4.14** Schematisches Funktionsprinzip des Ultra-Variable-Pressure-Detektors (UVD) (eigene Abbildung in Anlehnung an [NH21])

Mithilfe des UVD kann die Oberfläche detailliert analysiert werden. Durch die vorhandenen Gasmoleküle im Niedrigvakuum kann die Auflladung einer schlecht leitenden Probe verhindert werden. Ein Sputtern der Probe, um eine elektrisch leitfähige Schicht zu erzeugen und damit das Aufladen zu verhindern, ist nicht notwendig. [NH21]

Bild 4.15 zeigt die Bruchkante einer Zirkoniumoxidschicht auf einem Stahlsubstrat. Die Bruchkanten der einzelnen Schichtlagen sind gut zu sehen.

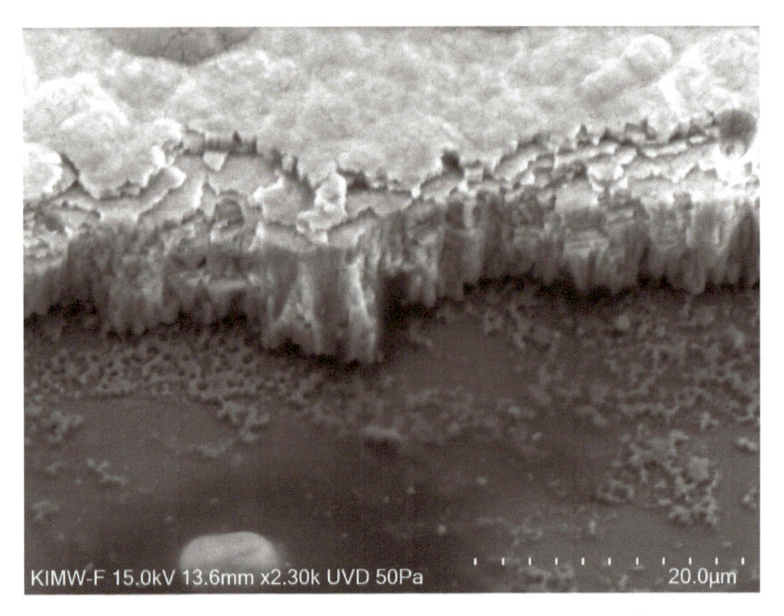

**Bild 4.15**   UVD-Bild einer gebrochenen Zirkoniumoxidschicht (Bildquelle: KIMW-F)

### 4.2.4.3 BSE-Sensor

Bei der Analyse der Rückstreuelektronen können die Verteilung der Probenzusammensetzung und die Topografie der Probe untersucht werden. Bild 4.16 zeigt das Rückstreuelektronen-Bild einer mit Zirkoniumoxid beschichteten Düse. Im Gegensatz zu Bild 4.13 sind keine Oberflächendetails der Beschichtung zu sehen. Die Zirkoniumoxidschicht erscheint in Bild 4.16 heller. In den dunklen Bereichen unten rechts ist das Stahlsubstrat zu sehen.

Bild 4.17 zeigt die Auswertung der einzelnen Sensoranteile des BSE-Sensors. Je nach Richtung ist ein unterschiedlicher Schattenwurf zu sehen. Aus diesem Schattenwurf kann mithilfe der Kalibrierung des BSE-Sensors auf die Topologie der Probe geschlossen werden. Die Kalibrierung ist dabei abhängig von der Beschleunigungsspannung und der Vergrößerung der Probe.

## 4.2 Rasterelektronenmikroskopie

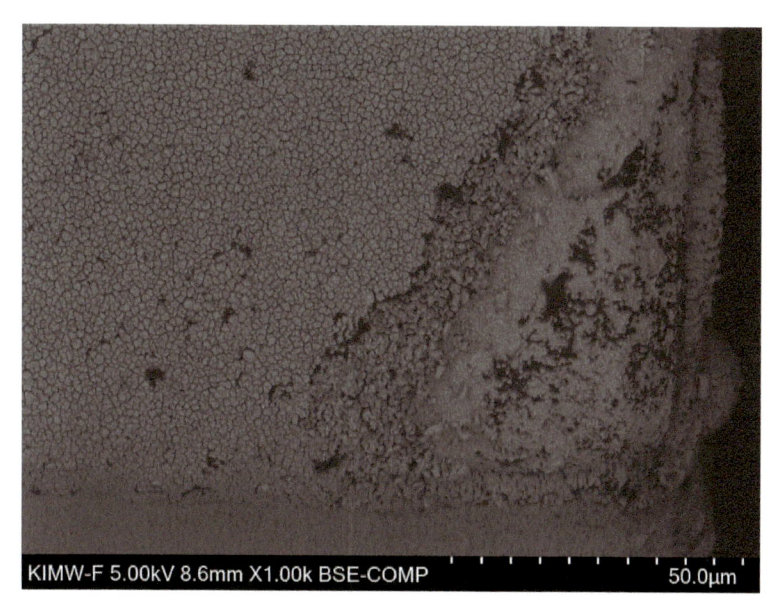

**Bild 4.16** Rückstreuelektronen-Bild einer an einer Ecke abgeplatzten Zirkoniumoxidschicht (Bildquelle: KIMW-F)

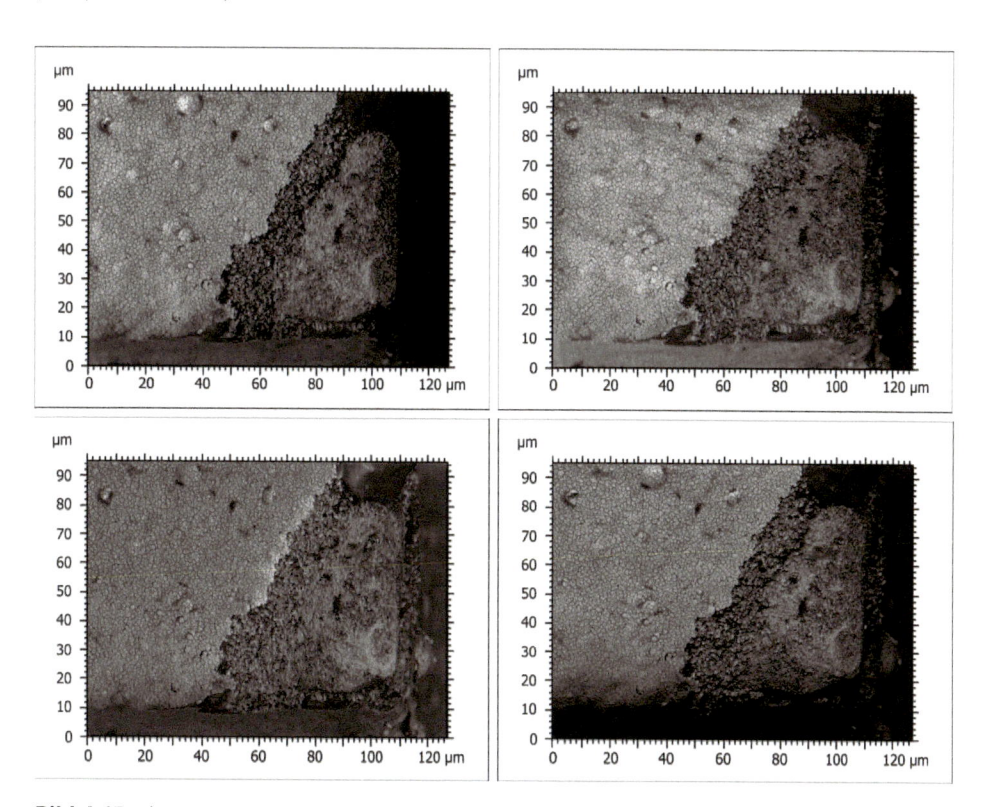

**Bild 4.17** Auswertung der einzelnen Sensorbereiche des Rückstreuelektronensensors zur Erzeugung eines 3D-Bildes (Bildquelle: KIMW-F)

In Bild 4.18 ist das topologische Profil der Probe nach der Durchführung der Kalibrierung zu sehen. Alle weiteren Untersuchungen, wie die Analyse des 3D-Profils oder eine Analyse der Oberflächenrauheit, können mit diesen Daten durchgeführt werden.

**Bild 4.18** Berechnung und Ausgabe des 3D-Bildes (Bildquelle: KIMW-F)

Tabelle 4.2 fasst die Ergebnisse der Untersuchung der Flächenrauheit der Beschichtung zusammen. Die Bestimmung einer Oberflächenrauheit über einzelne Linien ist ebenfalls möglich. Die Höhenparameter wurden über dem Definitionsbereich, dem roten und weißen Bereich in Bild 4.18, festgelegt und nach DIN EN ISO 25 178-2 berechnet. Im Folgenden werden die Definitionen der Parameter kurz erläutert [DIN19]:

- $S_q$ beschreibt den mittleren quadratischen Wert der Höhe.
- $S_{sk}$ ist ein Maß für die Schiefe der Probenoberfläche und wird als Quotient der mittleren dritten Potenz der Ordinatenwerte und der dritten Potenz der mittleren quadratischen Höhe $S_q$ berechnet.
- $S_{ku}$ beschreibt die Wölbung (Kurtosis) der Probenoberfläche und wird als Quotient der mittleren vierten Potenz der Ordinatenwerte und der vierten Potenz der mittleren quadratischen Höhe $S_q$ berechnet.
- Der größte Wert der Spitzenhöhe beschreibt die maximale Spitzenhöhe $S_p$.
- $S_v$ ist der größte Wert der Senkentiefe.
- $S_z$ ist die Summe des größten Wertes der Spitzenhöhe und des größten Wertes der Senkentiefe.
- $S_a$ ist der arithmetische Mittelwert der absoluten Ordinatenwerte.

**Tabelle 4.2** Analyse des Höhenprofils nach DIN EN ISO 25 178

| Kennwert | Wert | Einheit |
|---|---|---|
| $S_q$ | 0,0985 | µm |
| $S_{sk}$ | −0,875 | |
| $S_{ku}$ | 22,5 | |
| $S_p$ | 0,725 | µm |
| $S_v$ | 1,24 | µm |
| $S_z$ | 1,97 | µm |

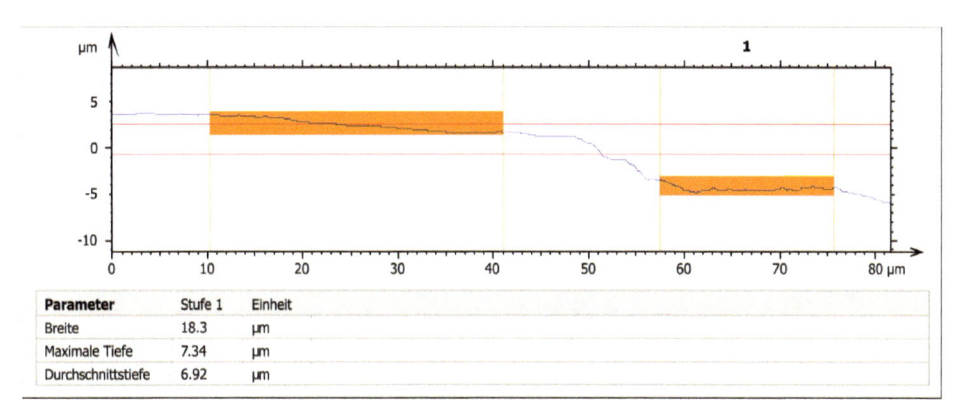

| Parameter | Stufe 1 | Einheit |
|---|---|---|
| Breite | 18.3 | µm |
| Maximale Tiefe | 7.34 | µm |
| Durchschnittstiefe | 6.92 | µm |

**Bild 4.19** Höhenprofil der abgeplatzten Beschichtung (Bildquelle: KIMW-F)

Bild 4.19 und Bild 4.20 zeigen eine Analyse des Höhenprofils der abgeplatzten Schicht. Der Sprung charakterisiert das Ende der Schicht und das untere Plateau das Stahlsubstrat. Die Schichtdicke der abgeschiedenen Schicht beträgt ca. 7 µm.

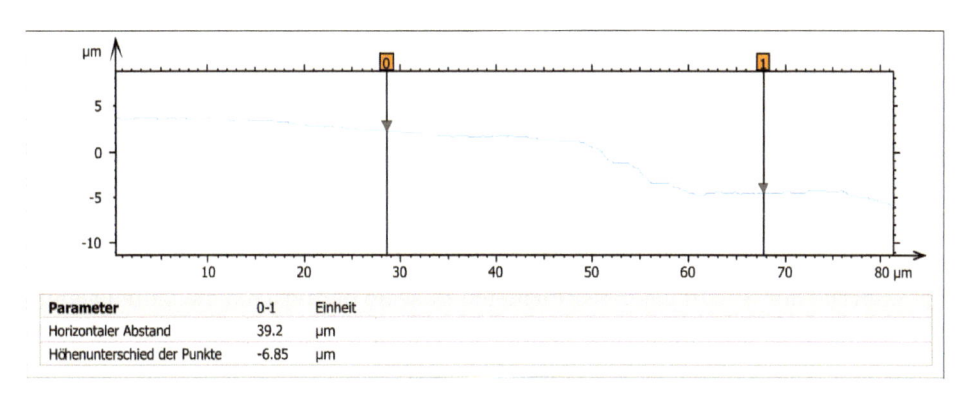

| Parameter | 0-1 | Einheit |
|---|---|---|
| Horizontaler Abstand | 39.2 | µm |
| Höhenunterschied der Punkte | -6.85 | µm |

**Bild 4.20** Punktuelle Höhe der abgeplatzten Beschichtung (Bildquelle: KIMW-F)

### 4.2.4.4 EDX-Sensor

Bild 4.21 zeigt das Rückstreuelektronen-Bild der zu untersuchenden Probenoberfläche. Es dient vor allem der Orientierung, um interessante Bereiche auswerten zu können. Eine Reinigung der Probenoberfläche vor der Untersuchung erfolgte nicht.

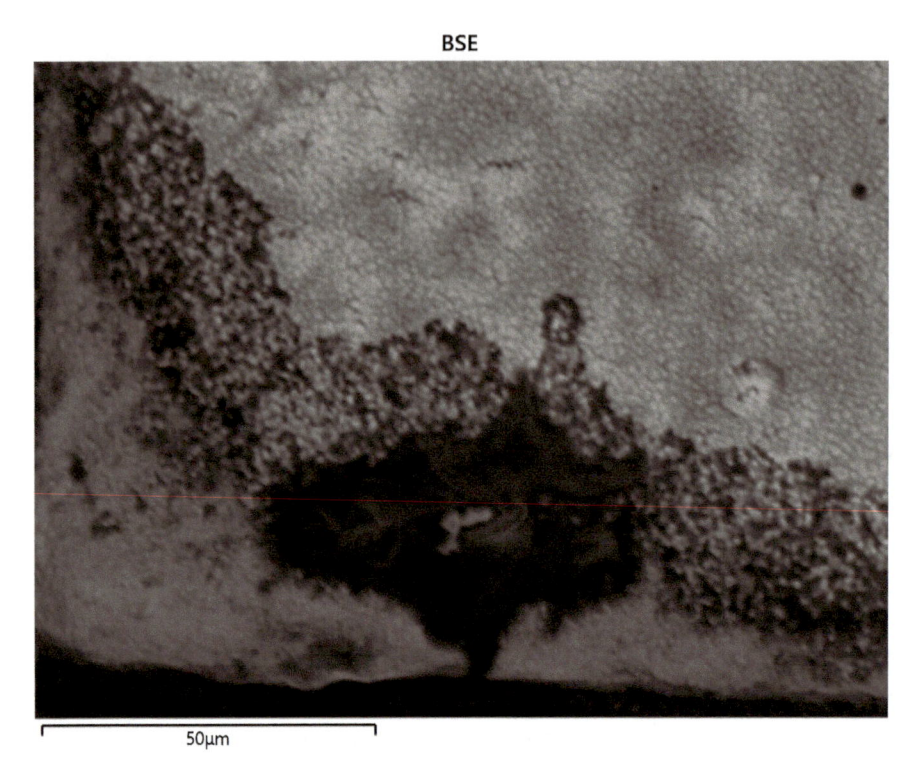

**Bild 4.21** Rückstreuelektronen-Bild der an der Ecke abgeplatzten Zirkoniumoxidschicht (Bildquelle: KIMW-F)

Bild 4.22 zeigt die Verteilung der am häufigsten im EDX-Spektrum vorgekommenen Elemente. Es ist zu sehen, dass die Beschichtung aus Zirkonium besteht. Die Abplatzung der Schicht an der Ecke ist nahezu vollständig, da hier das Eisen des Grundsubstrats zu sehen ist. In der Mitte von Bild 4.22 ist eine Ansammlung von Kohlenstoff zu sehen. Dabei handelt es sich um eine Anhaftung von Polypropylen, die während der Nutzung der beschichteten Düse an der Bruchkante haften geblieben ist. Auch in der Bruchkante sind Reste von Kohlenstoff vorhanden. Dabei ist unklar, ob es sich ebenfalls um Reste des verarbeiteten Kunststoffes oder um Verschmutzungen durch das Anfassen der Düse nach deren Nutzung handelt.

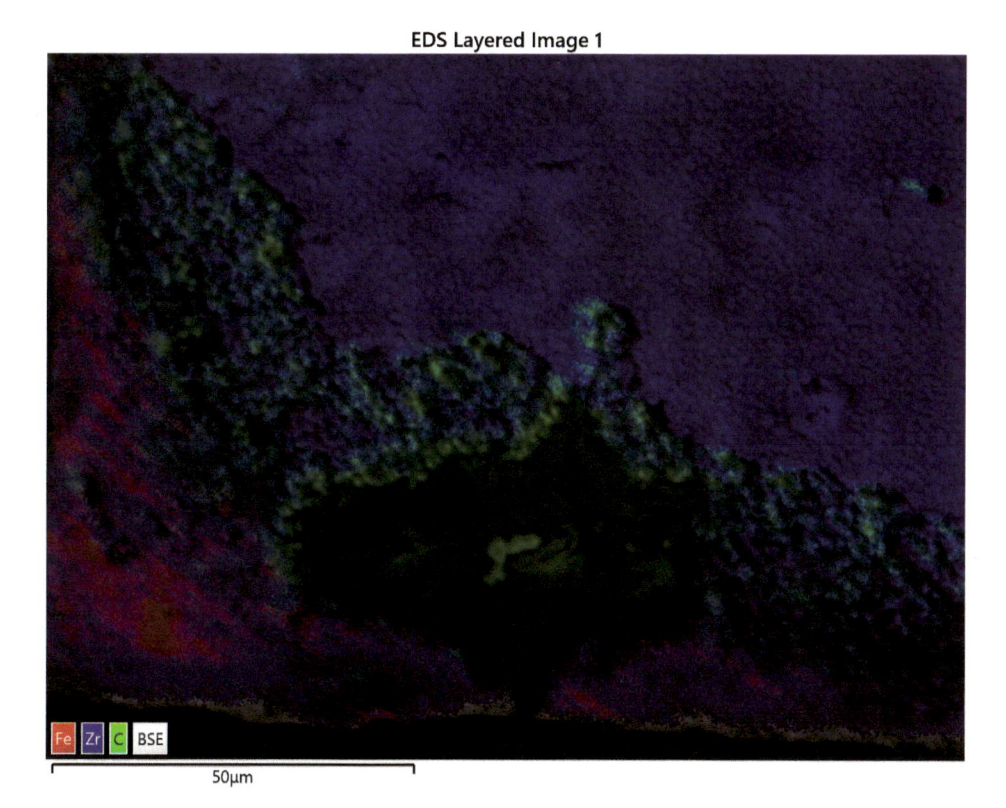

**Bild 4.22** Farbplot der Hauptelemente an der abgeplatzten Ecke (Bildquelle: KIMW-F)

Bild 4.23 zeigt eine elementweise Aufschlüsselung der Verteilung der am häufigsten im EDX-Spektrum vorgekommenen Elemente und wurde zusammen mit Bild 4.22 erzeugt. Es ist zu sehen, dass vor allem die beschichteten Bereiche als auch die Bereiche, in denen teilweise das Substrat zu sehen ist, auch Sauerstoff beinhalten. Da die Schicht nicht aus reinem Zirkonium, sondern auch aus Zirkoniumoxid besteht, ist die Anwesenheit von Sauerstoff erwartbar.

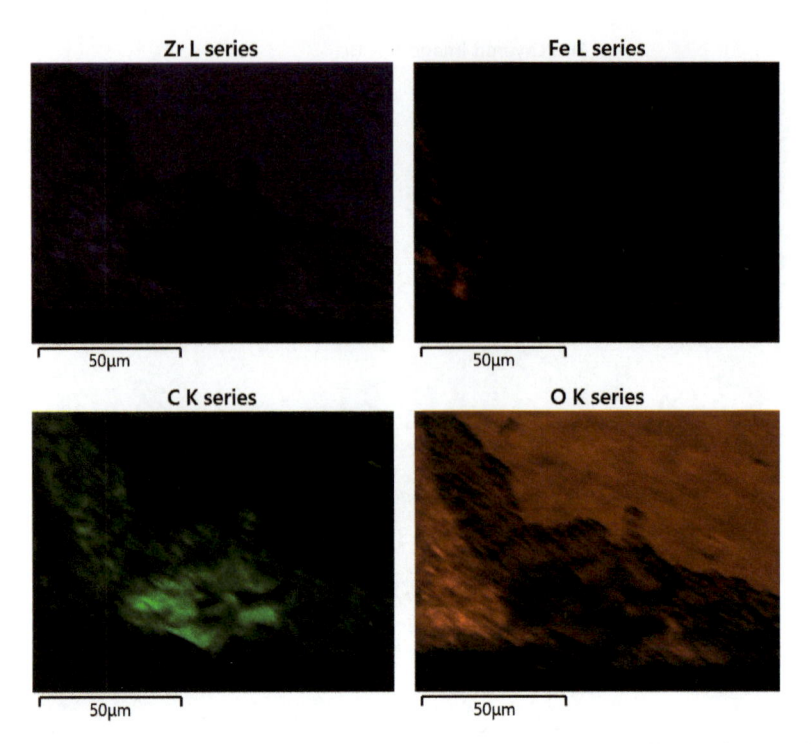

**Bild 4.23** Verteilung der Elemente Zirkonium, Eisen, Kohlenstoff und Sauerstoff an der abgeplatzten Ecke (Bildquelle: KIMW-F)

Zur genaueren Auswertung der Elemente in der Probe wurden verschiedene Bereiche definiert, in denen das gesamte EDX-Spektrum der jeweiligen Oberfläche ausgewertet wird. Diese Bereiche sind in Bild 4.24 dargestellt. Die aufgenommenen Spektren werden in Bild 4.25 bis Bild 4.27 gezeigt. Eine quantitative Zusammenfassung der detektierten Elemente befindet sich in Tabelle 4.3.

Bild 4.25 zeigt das EDX-Spektrum für das Spektrum 1. Dieses befindet sich auf der beschichteten Fläche der Probe. Dementsprechend sind die detektierten Hauptelemente Zirkonium und Sauerstoff. Der ebenfalls vorhandene Anteil an Kohlenstoff lässt auf Verunreinigungen innerhalb der Beschichtung schließen. Diese resultieren aus dem bei der Beschichtung verwendeten Precursor. Dabei handelt es sich um ein metallorganisches Molekül, welches das Zirkoniumoxid gebunden hat und in Acetylacetonat gelöst ist. Während des Beschichtungsprozesses zerfällt der Precursor, sodass sich das Zirkoniumoxid an der zu beschichtenden Oberfläche ablagert. Zerfallsprodukte des Precursors und des Lösungsmittels können sich aber ebenfalls in der Schicht ablagern.

## 4.2 Rasterelektronenmikroskopie

BSE

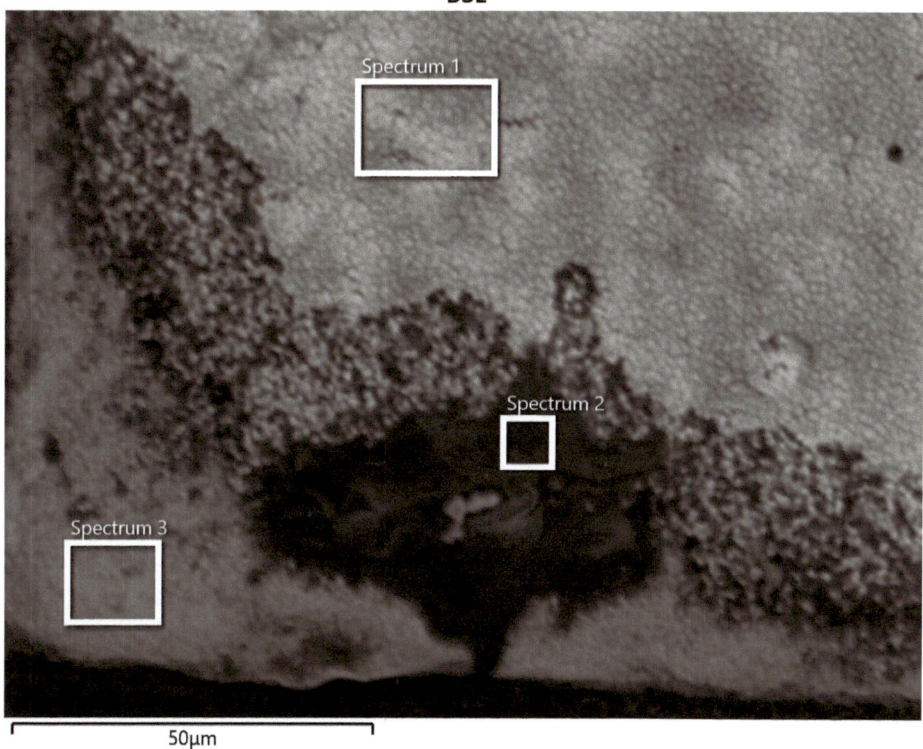

**Bild 4.24** Lage der Spektren für die EDX-Analyse (Bildquelle: KIMW-F)

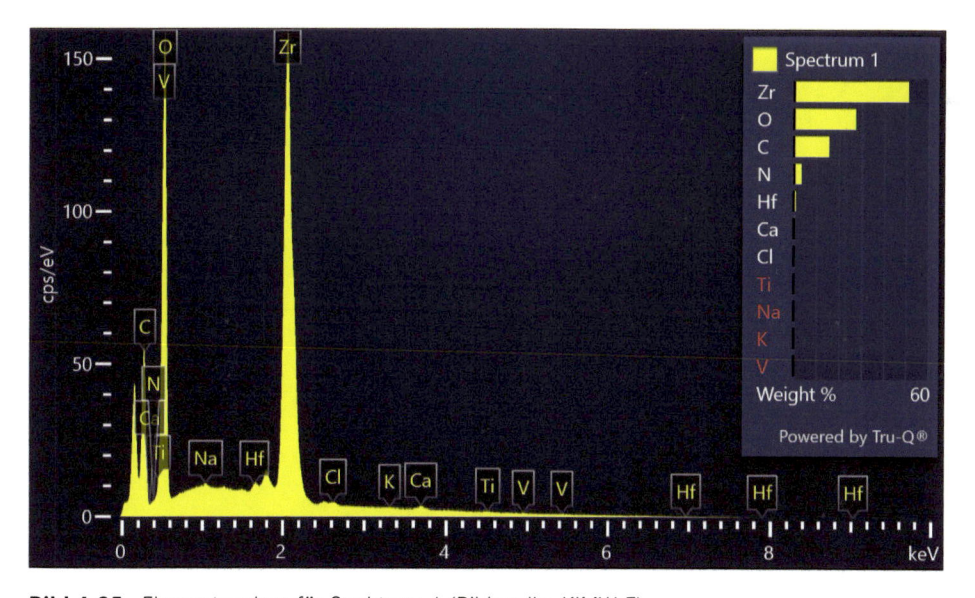

**Bild 4.25** Elementanalyse für Spektrum 1 (Bildquelle: KIMW-F)

Bild 4.26 zeigt das EDX-Spektrum der Anhaftung. Dabei ist zu sehen, dass es sich hauptsächlich um Kohlenstoff und Sauerstoff handelt. Der Kohlenstoff resultiert aus dem bei der Nutzung der Düse verwendeten Polymer. Bei den Elementen Natrium, Chlor, Kalium und Sauerstoff handelt es sich wahrscheinlich um Verunreinigungen, wie Hautschweiß, die an der Düse gehaftet haben, bevor und nachdem diese mit dem Polymer in Berührung kam.

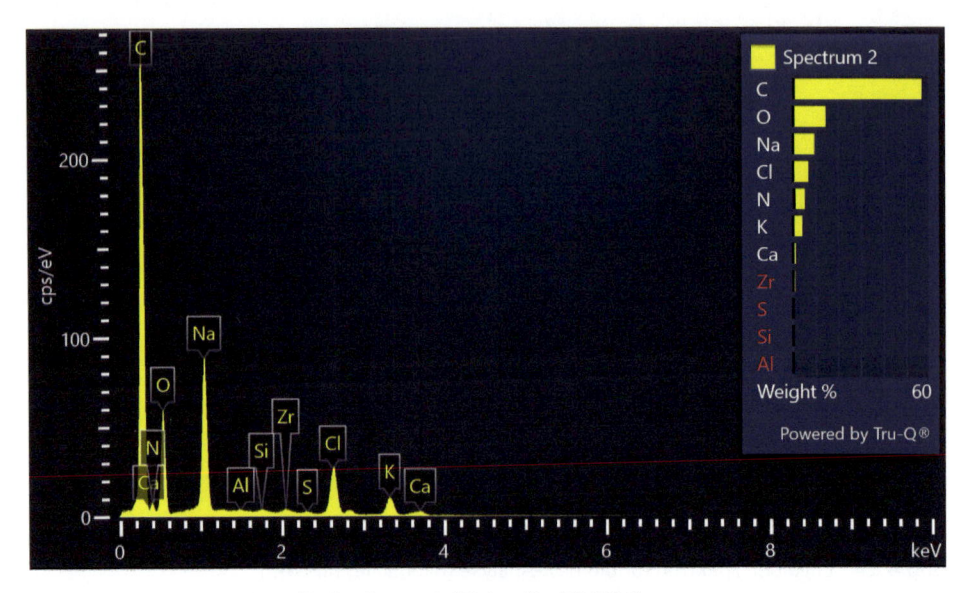

**Bild 4.26** Elementanalyse für Spektrum 2 (Bildquelle: KIMW-F)

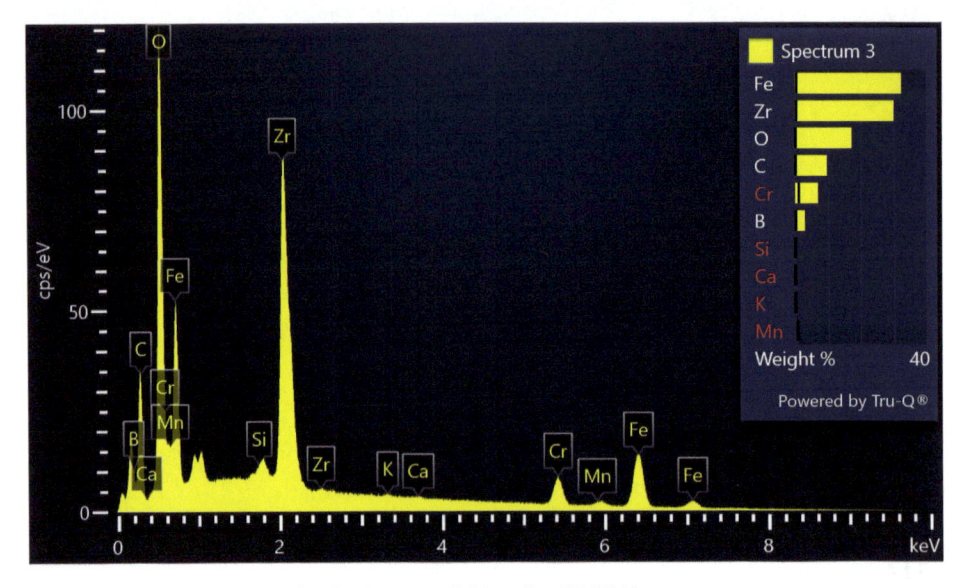

**Bild 4.27** Elementanalyse für Spektrum 3 (Bildquelle: KIMW-F)

Bild 4.27 zeigt das EDX-Spektrum im Bereich der Abplatzung. Hier sind immer noch Bereiche der Zirkoniumoxidschicht sichtbar. Das Stahlsubstrat ist ebenfalls sichtbar, was die Anteile an Bor und Chrom erklärt.

**Tabelle 4.3** Elementanalysen der EDX-Spektren

| Element | Spektrum 1 | | Spektrum 2 | | Spektrum 3 | |
|---|---|---|---|---|---|---|
| | Wt-% | Atom-% | Wt-% | Atom-% | Wt-% | Atom-% |
| B | | | | | 2,89 | 8,29 |
| C | 15,87 | 33,99 | 57,10 | 69,72 | 9,76 | 25,18 |
| N | 3,50 | 6,43 | 5,27 | 5,52 | | |
| O | 27,58 | 44,36 | 14,76 | 13,53 | 17,42 | 33,75 |
| Na | | | 9,59 | 6,12 | | |
| Cl | | | 6,77 | 2,80 | | |
| K | | | 4,09 | 1,53 | | |
| Cr | | | | | 7,02 | 4,19 |
| Fe | | | | | 32,39 | 17,98 |
| Zr | 51,09 | 14,41 | | | 30,09 | 10,23 |
| Sonstige | 1,96 | 0,81 | 2,42 | 0,78 | 0,43 | 0,38 |

## 4.2.5 Literatur

[Ard40]  VON ARDENNE, M.: *Elektronen-Übermikroskopie*. Berlin: Verlag Justus von Springer, 1940

[DIN19]  N. N.: *Geometrische Produktspezifikation (GPS) – Oberflächenbeschaffenheit: Flächenhaft – Teil 2: Begriffe, Definitionen und Oberflächen-Kenngrößen* (ISO/DIS 25 178-2:2019), 2019

[Ehr20]  EHRENSTEIN, G.: *Mikroskopie*. München, Wien: Carl Hanser Verlag, 2020, 1. Auflage

[Hec17]  HECHT, E.: *Optics*. Global Edition – Pearson Higher Education, 5. Auflage, 2017

[Hit16]  N. N.: *Let's Familiarize Ourselves with the SEM*. Firmenschrift der Hitachi High-Technologies Corporation, 2016

[HMS02]  HERING, E.; MARTIN, R.; STOHRER, M.: *Physik für Ingenieure*. Berlin, Heidelberg: Springer Verlag, 8. Auflage, 2002

[NH21] NAGAOKA, Y.; HIRATO, T.: *New Material Observation Method by SEM Using Ultra Variable-pressure Detector (UVD) – Overview and Example Observations.* In: Technical Magazine of Electron Microscope and Analytical Instruments, 2021 (16) 03

[Rei98] REIMER, L.: *Scanning Electron Microscopy.* Berlin, Heidelberg: Springer Verlag, 2. Auflage, 1998

[Url22] N. N.: *Energiedispersive Röntgenspektroskopie.* Online: https://www.chemie.de/lexikon/Energiedispersive_R%C3%B6ntgenspektroskopie.html, aufgerufen am 11.12.2022

[Url22a] N. N.: *Grundwissen de-BROGLIE-Wellenlänge.* Online: https://www.leifiphysik.de/quantenphysik/quantenobjekt-elektron/grundwissen/de-broglie-wellenlaenge, aufgerufen am 11.12.2022

[Url22b] N. N.: *De-Broglie-Wellenlänge von schnellen Elektronen.* Online: https://virtuelle-experimente.de/elektronenbeugung/wellenlaenge/de-broglie-relativistisch.php, aufgerufen am 11.12.2022

# 4.3 Lasermikroskopie

Dr. Stefan Svoboda

## 4.3.1 Grundprinzip

Bei einem Laser-Scanning-Mikroskop handelt es sich um ein Lichtmikroskop, bei dem statt einer normalen Lichtquelle, z. B. einer Halogenlampe, ein fokussierter Laserstrahl über die zu untersuchende Probe rasterförmig geführt wird. Es entsteht also nie gleichzeitig ein vollständiges Bild, sondern das Bild wird im Anschluss auf Grundlage der gemessenen Lichtintensitäten konstruiert.

Die Bauart des Mikroskops basiert auf dem konfokalen Messprinzip (konfokal bedeutet mit Fokus bzw. den gleichen Fokus habend), bei dem eine Lochblende im Strahlengang integriert ist. Sie bewirkt, dass Licht nur aus einem scharf abgebildeten sehr kleinen Volumen durchgelassen wird und alle unscharfen Z-Ebenen blockiert werden. Dies beruht darauf, dass das Licht aus dem Objektiv auf die Lochblende (im englischen „Pinhole") fokussiert wird, bevor es den Detektor erreicht. Der Lichtpunkt in der Mitte der Lochblende und der Beleuchtungspunkt auf der Probe sind gleichzeitig im Fokus, also konfokal zueinander (vgl. Bild 4.28). [Car08]

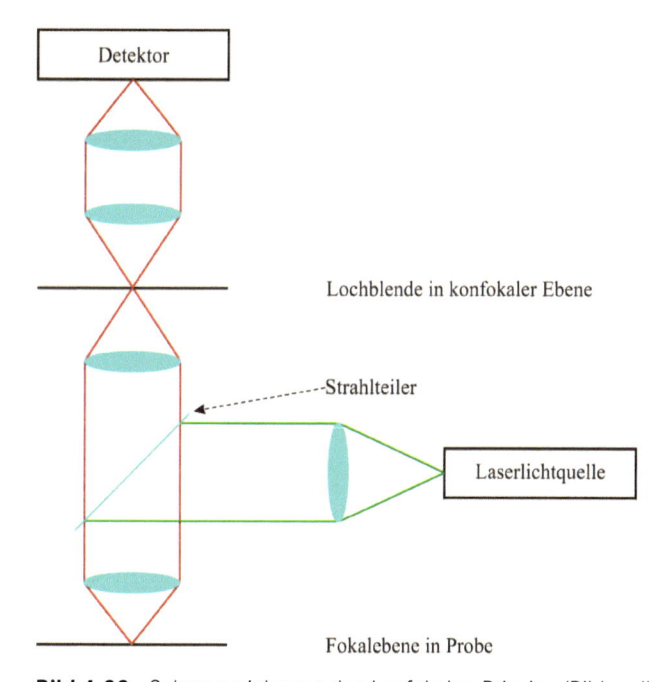

**Bild 4.28** Schemazeichnung des konfokalen Prinzips (Bildquelle: Hochschule Schmalkalden)

Zur Erzeugung eines dreidimensionalen Bildes werden Einzelbilder in verschiedenen Fokusebenen nacheinander erstellt. Dazu wird der Abstand in Z-Richtung, z. B. durch Verfahren der Tischhöhe in einem entsprechenden Intervall, variiert. Hierbei ist die Intensität umso höher, je näher die Fokusebene zur Probenoberfläche liegt. Im Anschluss wird das räumliche Bild aus den aufgenommenen Einzelbildern zusammengesetzt. Im Ergebnisbild kann die Darstellung als zweidimensionales Bild (alle unterschiedlichen Höhenbereiche werden scharf abgebildet = „All-In-Fokus-Bild") oder als dreidimensionales topografisches Bild erfolgen. [Sch08]

### 4.3.2 Aufnahme eines Bildes

Für die folgenden Darstellungen wurde ein Laser-Scanning-Mikroskop LSM 700 der Firma Carl Zeiss verwendet. Kernstück ist hierbei ein Festkörperlaser mit einer Wellenlänge von 405 nm bei einer Leistung aus der Faser von 5 mW. Zur Bildaufnahme wird der Laser in Betrieb genommen und alle Voreinstellungen nach Bild 4.29 werden aktiviert. Nachdem man die Probe in den richtigen Fokus gefahren hat und den gewünschten Probenbereich mit dem Auflichtmikroskop eingestellt hat, wird das Livebild im Lasermikroskop gestartet.

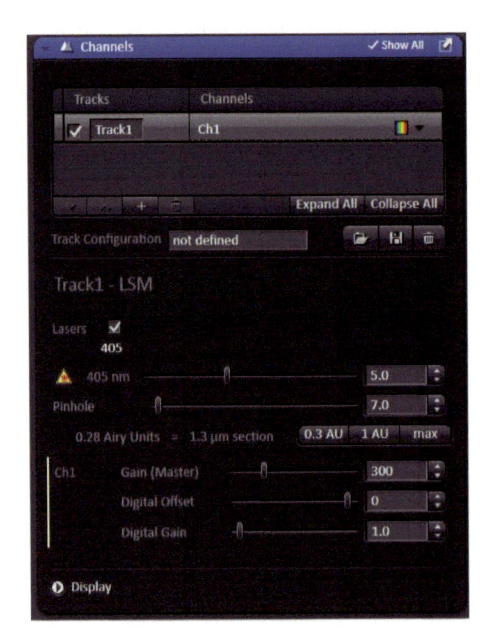

**Bild 4.29** Grundeinstellungen des Lasermikroskopes (Bildquelle: Hochschule Schmalkalden)

Aufgrund der Wellenlänge des Laserlichts (im Beispiel 405 nm) und der hohen Apertur der Objektive lassen sich laterale Details bis zu 120 nm auflösen und Höhenunterschiede von wenigen zehn Nanometern bestimmen.

Bei der Bilderstellung ist es wichtig, dass keine Bereiche der zu untersuchenden Probenoberfläche das Licht zu stark reflektieren. Entsprechend sind die Laserparameter für alle Z-Stapelebenen zu optimieren (die in Bild 4.30 rot dargestellten Bereiche würden zu starke Reflexionen ergeben).

**Bild 4.30** Überbelichtetes Laserbild einer gerissenen Sol-Gel-Schicht (Bildquelle: Hochschule Schmalkalden)

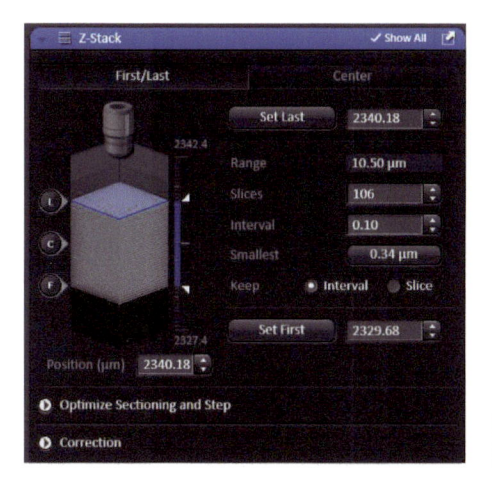

**Bild 4.31** Z-Stapelparameter (Bildquelle: Hochschule Schmalkalden)

Im nächsten Schritt ist der Z-Bereich auszuwählen und die Schrittweite für den Z-Stapel festzulegen. Dabei sollte die Zahl der Ebenen in einer sinnvollen Größenordnung liegen (z. B. zwischen 30 und 200). In Bild 4 ist beispielsweise eine Z-Stapelhöhe von 10,5 µm bei einer Schrittweite von 0,1 µm eingestellt, was 106 Einzelebenen entspricht (vgl. Bild 4.31).

Nun werden die einzelnen Z-Ebenen aufgenommen (vgl. Bild 4.32) und im Anschluss zu einem Gesamtbild zusammengesetzt.

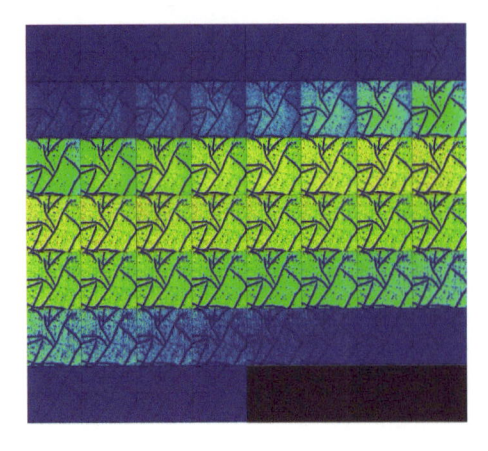

**Bild 4.32** Z-Stapel-Galerie (Bildquelle: Hochschule Schmalkalden)

In Bild 4.33 ist die Intensitätsverteilung über der Fläche dargestellt. Deutlich sind die roten Bereiche im Grund der mittigen Ritzspur (Scratchtest) und der Kratzer in der Beschichtung (Schichtoberfläche blau dargestellt) eines Werkzeugstahles zu erkennen, die die niedrigsten Lichtintensitäten aufweisen.

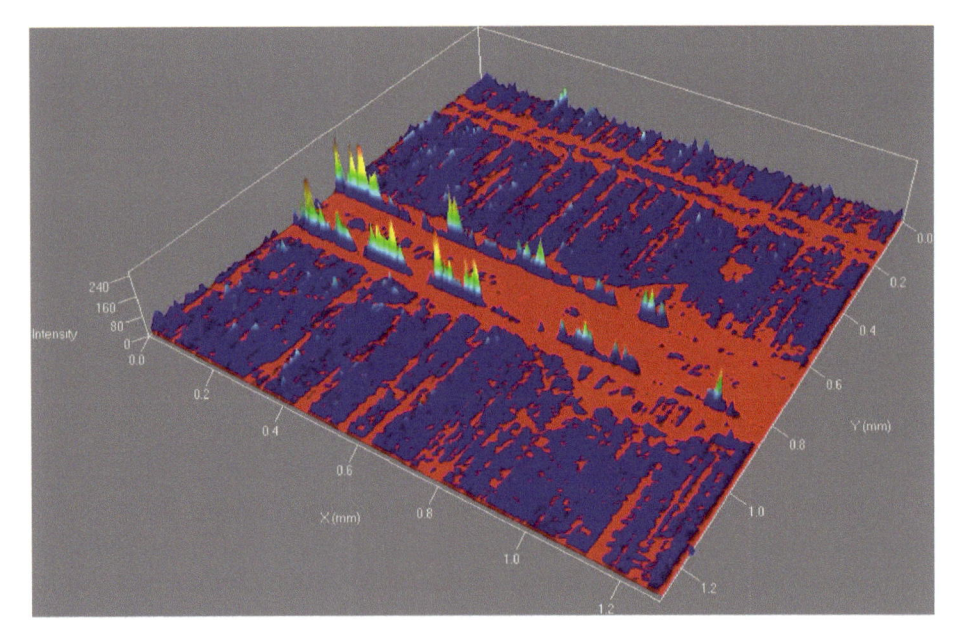

**Bild 4.33** Intensitätsverteilung einer Ritzspur zur Bestimmung der Haftfestigkeit einer Sol-Gel-Schicht (Bildquelle: Hochschule Schmalkalden)

Die topografische Darstellung ermöglicht eine farbliche Zuordnung zu den unterschiedlichen Höhenbereichen, wie in Bild 4.34 dargestellt.

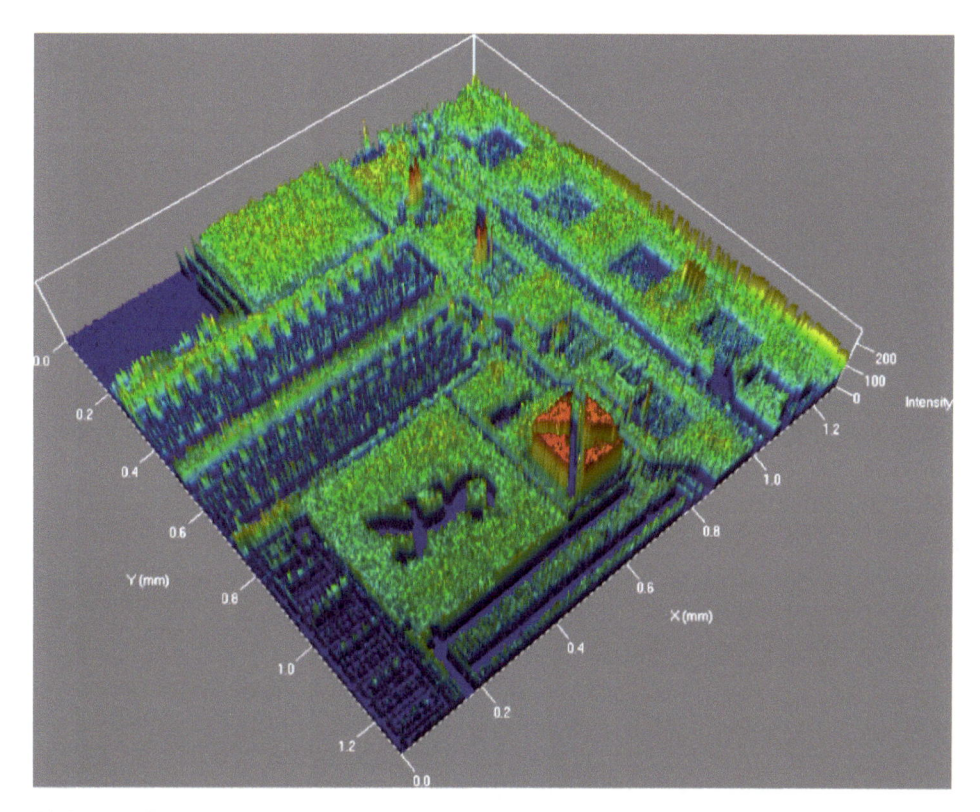

**Bild 4.34** Topografische Darstellung eines Wafer-Chip-Ausschnittes (Bildquelle: Hochschule Schmalkalden)

Durch Verschiebung der Z-Ebene kann das jeweils darüber- bzw. darunterliegende Volumen bestimmt werden.

Wenn größere Probenbereiche untersucht werden müssen oder auch kleinere Bereiche mit hoher Auflösung, also beim Einsatz größerer Objektive, ist dies nicht mit einem Bildausschnitt möglich. Hier können Bilder aus mehreren Einzelbildern zusammengesetzt werden (Tile-Scan). Dabei sollte eine Überlappung von 5 % bis 10 % eingestellt werden, um das Bild pixelgenau zusammenzusetzen. Dabei entstehen sehr schnell größere Datenmengen, die zu verarbeiten sind. In Bild 4.35 ist die Z-Galerie eines zusammengesetzten Bildes (3x1) dargestellt.

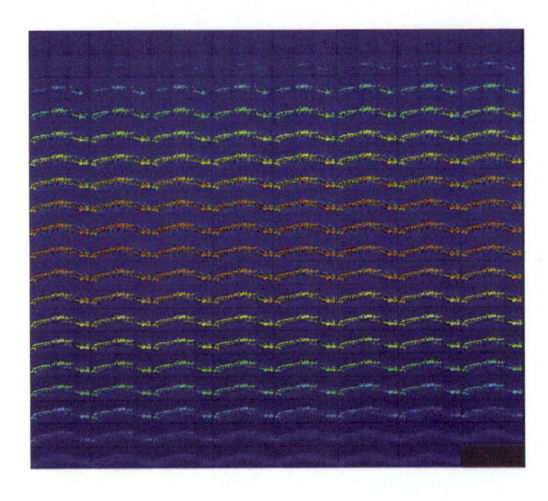

**Bild 4.35** Z-Stapel-Galerie (3x1) Ausschnitt einer Pin-on-Disc-Verschleißspur (Bildquelle: Hochschule Schmalkalden)

Damit sind größere Bereich einer Probe hochauflösend darstellbar. In Bild 4.36 ist ein größerer Ausschnitt einer Verschleißspur (Pin-on-Disc) mit der entsprechenden Lichtintensitätsverteilung dargestellt.

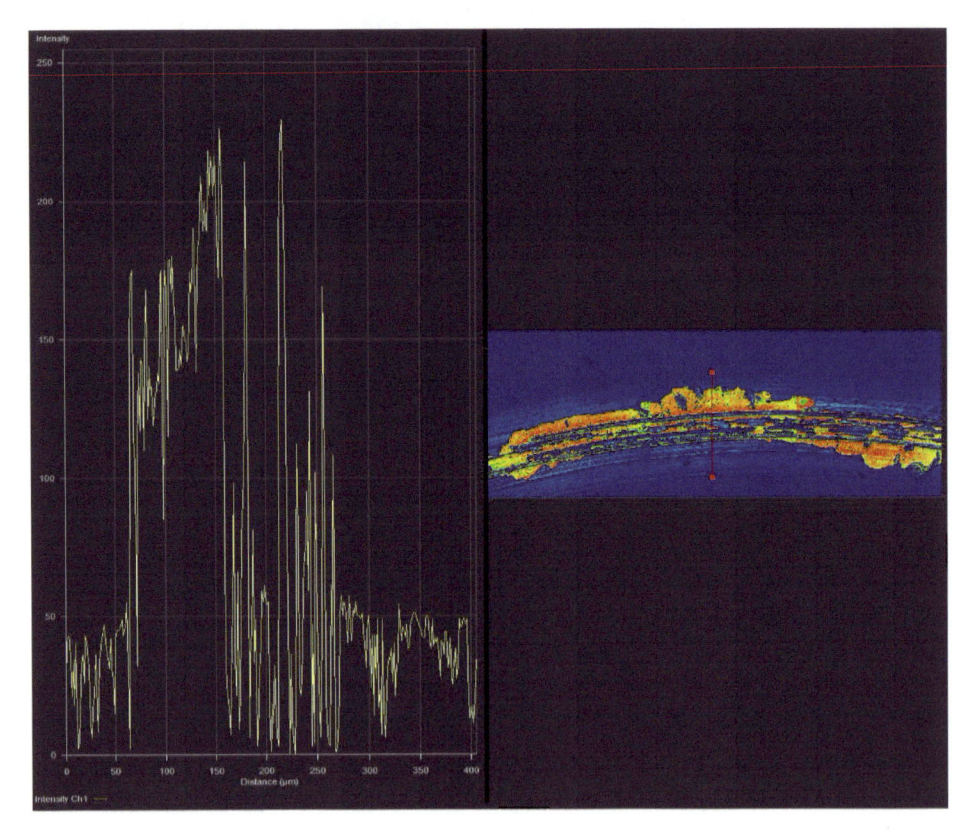

**Bild 4.36** Ausschnitt einer Verschleißspur (aus 3x1-Tile-Scan) mit Darstellung der Lichtintensität über dem Querschnitt (Bildquelle: Hochschule Schmalkalden)

Da bei der Ermittlung der Oberflächenstruktur eine pixelgenaue Ermittlung der Höhenpunkte durchgeführt wird, kann dies zur Ermittlung einer Flächenrauheit verwendet werden (vgl. Bild 4.37). Bei der Erstellung eines Oberflächenprofils kann hierfür auch eine Linienrauheit angegeben werden. Die Ergebnisse korrelieren recht gut mit klassischen Rauheitsmessverfahren. Vor allem bei weichen Oberflächen, z. B. Kunststoffen, ist diese Art der Rauheitsmessung besser geeignet als übliche mechanische Verfahren, bei denen eine Verfälschung der Ergebnisse durch Oberflächendeformationen auftreten kann.

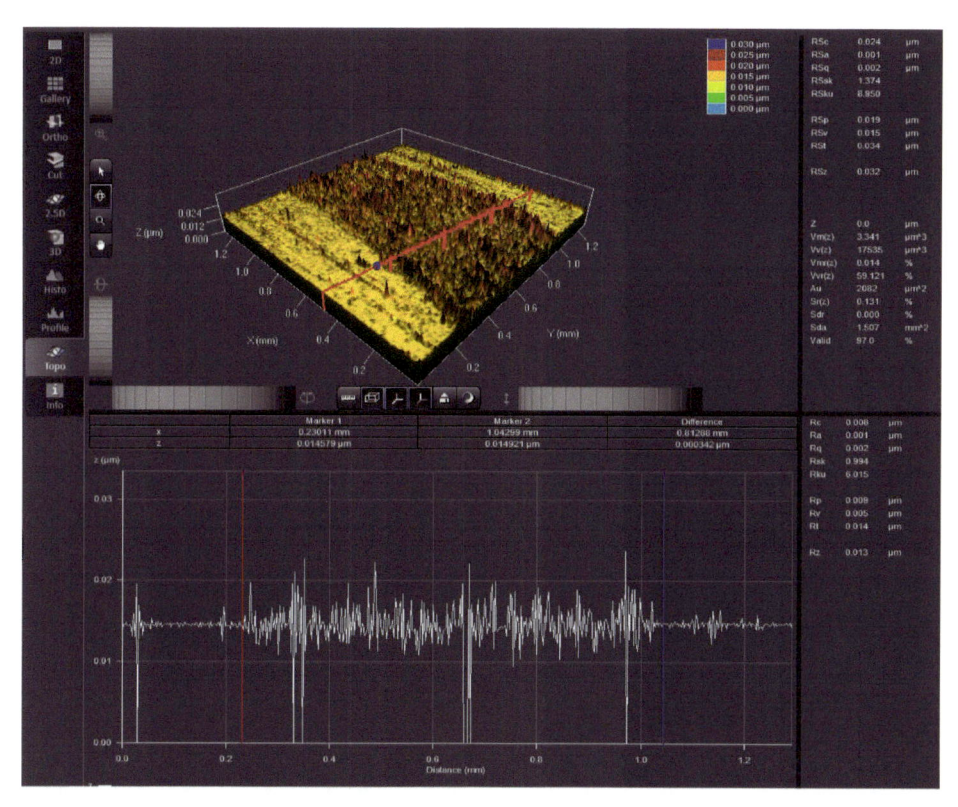

**Bild 4.37** Aufgeraute Oberfläche einer Verschleißspur (Pin-on-Disc) mit Flächenrauheits- (RSa usw.) und Linienrauheitsangaben (Ra usw.) (Bildquelle: Hochschule Schmalkalden)

### 4.3.3 Anwendungsbeispiele

#### 4.3.3.1 Rissnetzwerk in Sol-Gel-Schicht

In einer gerissenen verschleißbeständigen Sol-Gel-Beschichtung aus $Al_2O_3$ auf einem Werkzeugstahl können das Rissnetzwerk und die Schichtdicke dargestellt werden (vgl. Bild 4.38).

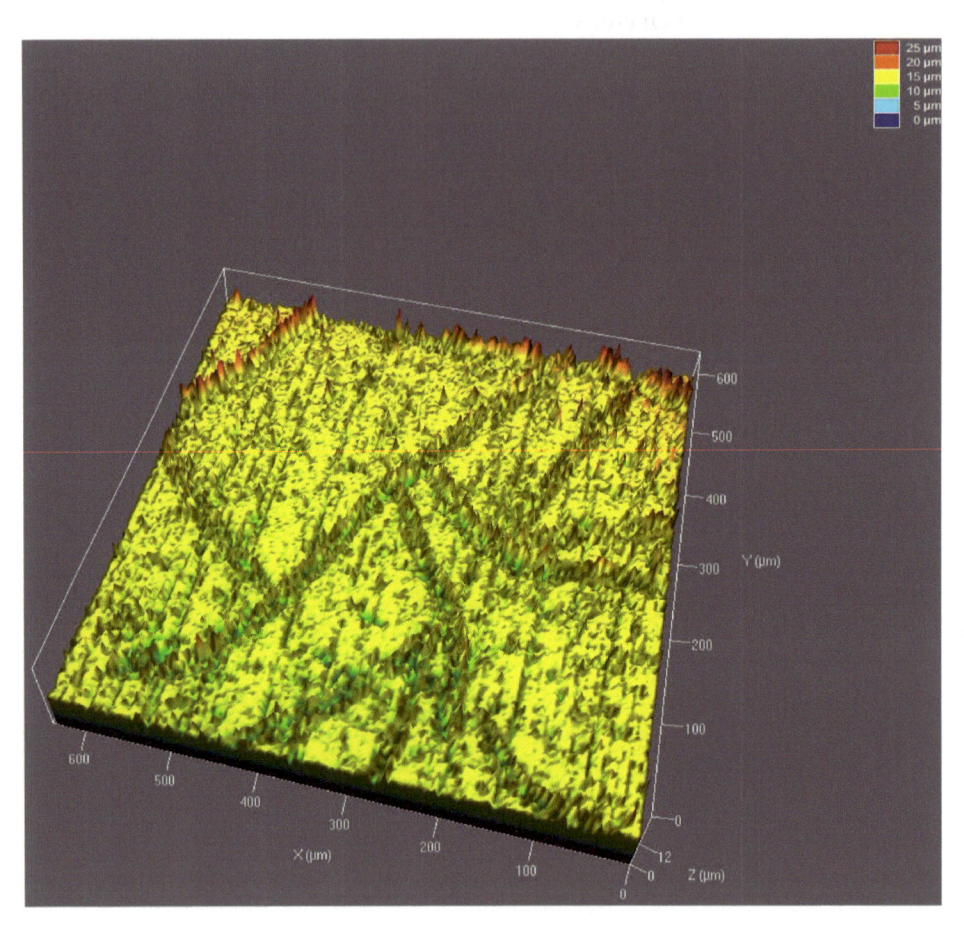

**Bild 4.38** Topografie einer gerissenen Sol-Gel-Schicht (Bildquelle: Hochschule Schmalkalden)

Für die Darstellung des Rissverlaufes ist die Intensitätsverteilung über der Fläche besser geeignet (vgl. Bild 4.39). Die Schichtdicke kann anhand der topografischen Farbebenen mit etwa maximal 5 µm angegeben werden.

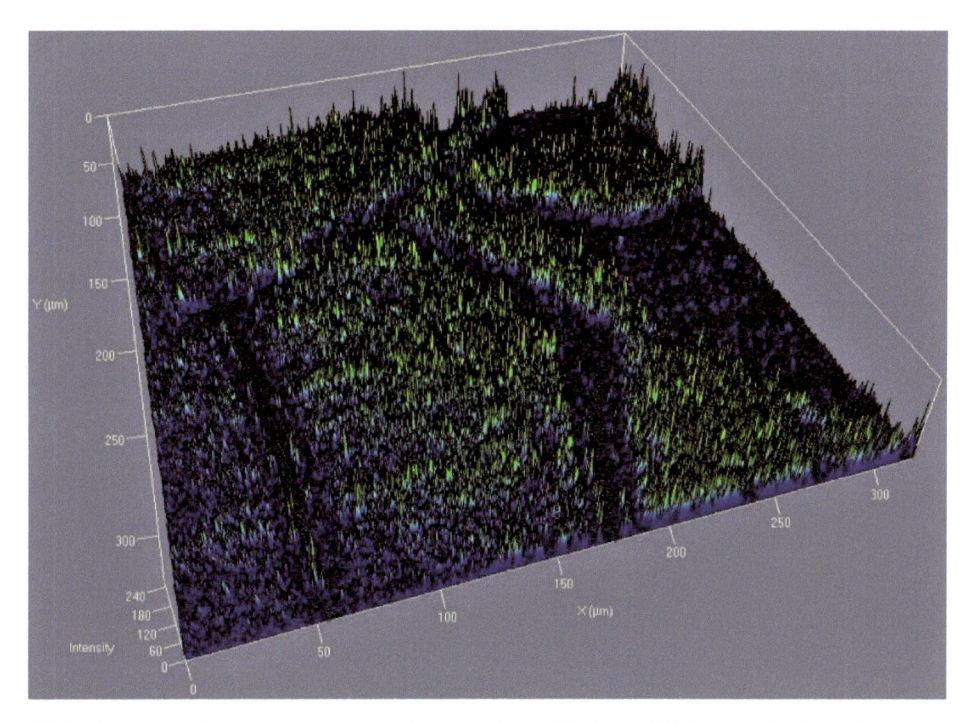

**Bild 4.39** Intensitätsverteilung der gerissenen Sol-Gel-Schicht (Bildquelle: Hochschule Schmalkalden)

### 4.3.3.2 Darstellung und Auswertung eines Kalottenschliffes

Zur Bestimmung der Dicke dünner Beschichtungen ist das Kalottenschliffverfahren sehr gut geeignet. Auch zur Bestimmung der Verschleißfestigkeit von Oberflächen kann dieses Verfahren eingesetzt werden. Dabei wird die Probe schräg in einer Halterung befestigt und vor einer Antriebswelle positioniert. Zwischen Welle und Probenfläche wird eine Stahlkugel gelegt, mit Abrasivmittel, z. B. Diamantsuspension, benetzt und die Welle mit einer definierten Geschwindigkeit bewegt. Nach dem Versuchsende wird die erzeugte Kalotte mithilfe einer Topografie- und Profilanalyse, wie in Bild 4.40 dargestellt, ausgewertet.

Die erzeugte Eindringtiefe, die Fläche und das Verschleißvolumen können daraus ermittelt werden. Deutlich sind auch die Ablagerungen der Verschleißpartikel um die erzeugte Kalotte erkennbar.

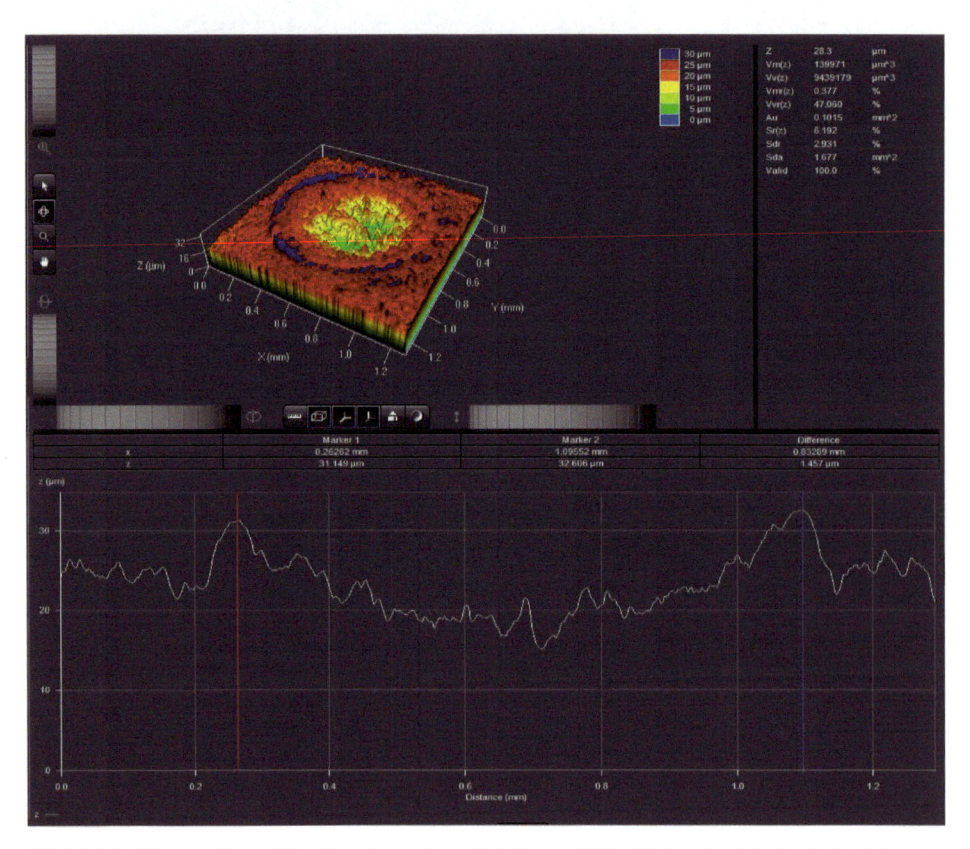

**Bild 4.40** Topografie und Profilanalyse eines Kalottenschliffs (Bildquelle: Hochschule Schmalkalden)

## 4.3.3.3 Rauheitsmessung an einer Kunststoffprobe

Die übliche Rauheitsmessung mittels eines über die Oberfläche gezogenen Tasters ist für weiche Oberflächen nicht gut geeignet, da es zu Oberflächendeformationen kommen kann. Die optische flächenhafte Rauheitsmessung nach EN ISO 25 178 stellt hier eine echte Alternative dar. Durch das Festlegen von geeigneten Profillinien kann auch eine Linienrauheit dargestellt werden (vgl. Bild 4.41).

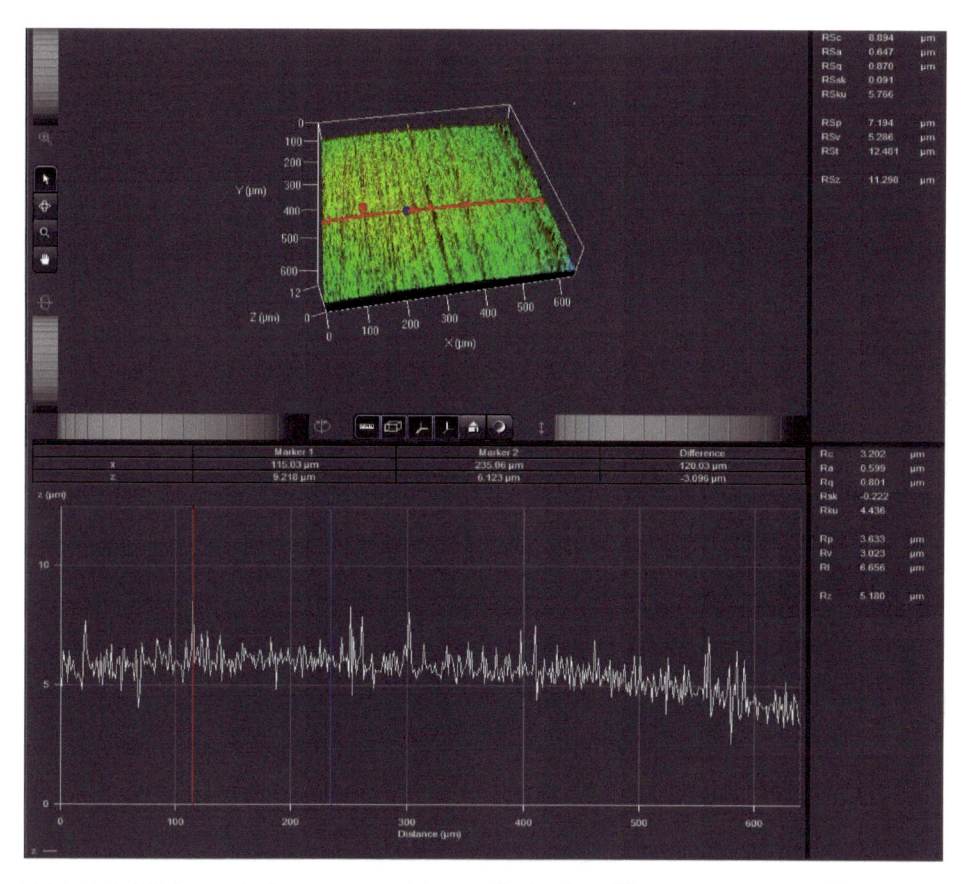

**Bild 4.41** Flächenrauheitsmessung mit topografischer Oberflächendarstellung und Rauheitsprofil entlang einer gewählten Linie (Bildquelle: Hochschule Schmalkalden)

### 4.3.3.4 Auswertung Verschleißprüfung

Zur Ertüchtigung von verschleißbeanspruchten Werkzeugoberflächen kommen unter anderem verschiedenste Beschichtungen zur Anwendung. Wesentlicher Bestandteil der Schichtauswahl ist deren Verschleißverhalten unter entsprechenden Anwendungsbedingungen. Hierzu gibt es eine Reihe geeigneter Verschleißprüfverfahren. Im Beispiel erfolgte eine Prüfung mit oszillierender Bewegung einer Keramikkugel, die mit einer entsprechenden Normalkraft beaufschlagt wurde. Neben dem Verschleißverlauf über der Prüfzeit ist das Gesamtverschleißvolumen nach Versuchsende eine wichtige Messgröße. In Bild 4.42 ist das topografische 3D-Bild der Verschleißspur zu sehen. Die Auswertung des Versuches ist in Bild 4.43 dargestellt.

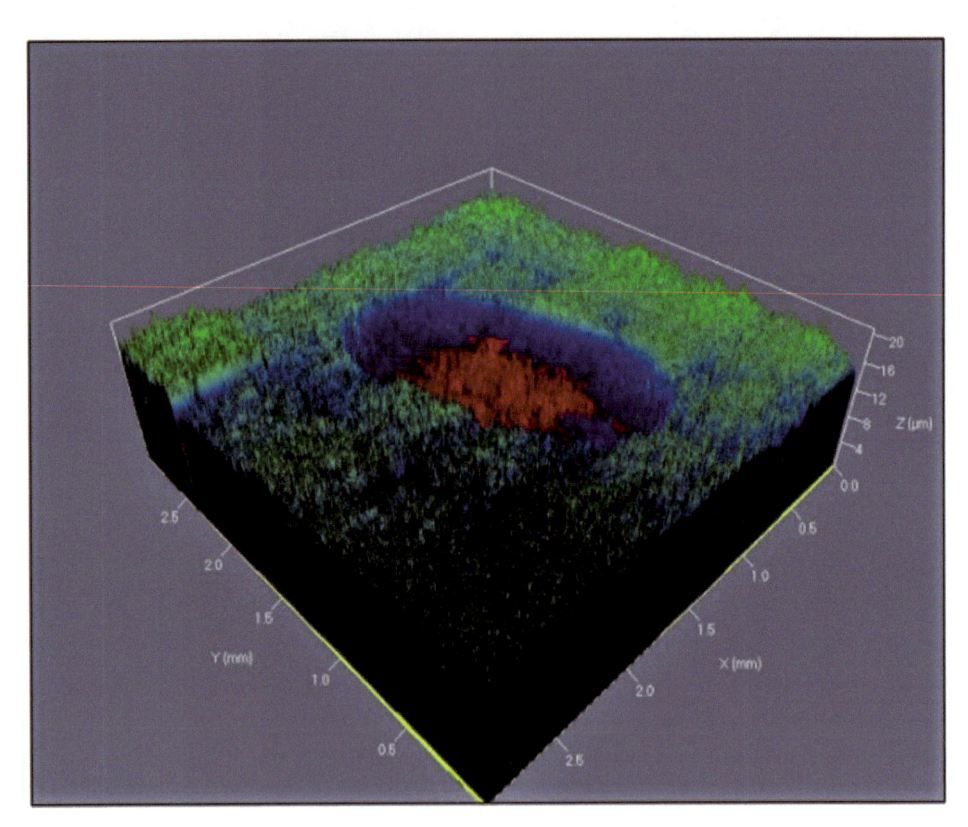

**Bild 4.42**  Topografie Verschleißspur (Bildquelle: Hochschule Schmalkalden)

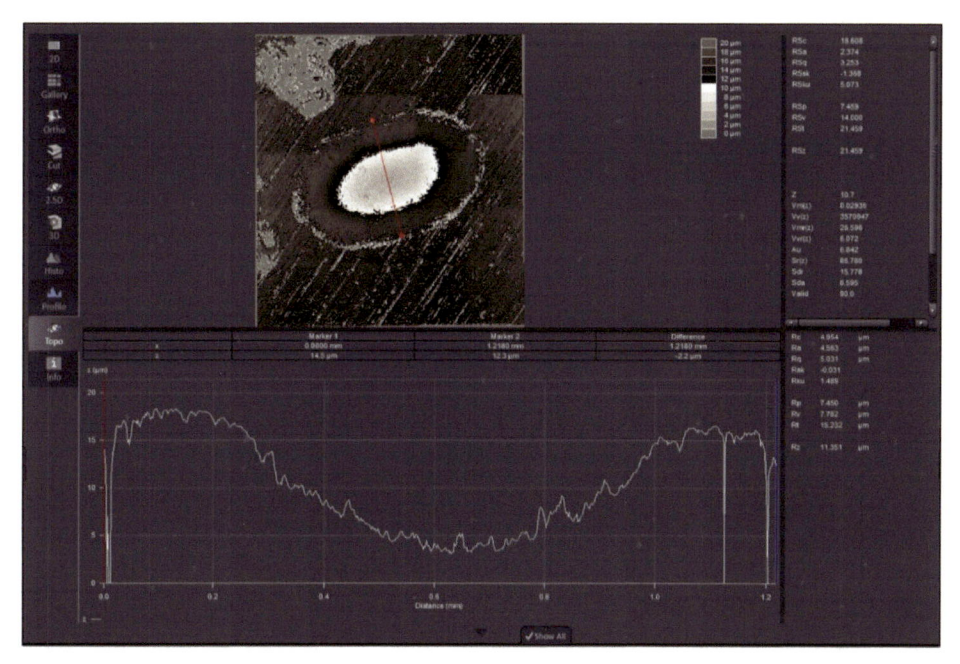

**Bild 4.43** Topografie mit Angabe des Verschleißvolumens und Profilanalyse (Bildquelle: Hochschule Schmalkalden)

## 4.3.4 Literatur

[Car08]  N. N.: *Mikroskopie von Carl Zeiss: LSM 700 flexibel und berührungslos*, Informationsbroschüre der Firma Carl Zeiss

[Sch08]  SCHMEIDEL, J.: *Konfokale Laser-Scanning-Mikroskopie in der Materialforschung*, Broschüre der Carl Zeiss Microscopy, TASC Göttingen

## 4.4 Weißlichtinterferometrie

Dr. Andreas Balster

### 4.4.1 Einleitung

Die Werkzeugwand begrenzt den Fließweg der Kunststoffschmelze und sorgt so für die globale Form des Werkstücks. Der Kontakt der Formmasse mit dem Werkzeug gestaltet die Formteiloberfläche jedoch auch auf mikroskopischer Ebene und erzeugt damit den Oberflächeneindruck, der sich dem Nutzer sowohl optisch als auch haptisch darbietet.

Das Erscheinungsbild einer Oberfläche wird in entscheidender Weise durch ihre Mikrostruktur beeinflusst. Je nach Rauheit der Grenzfläche ändert sich unter anderem der Anteil gerichteter und diffuser Reflexion eingestrahlten Lichts (Glanz). Dieses Zusammenspiel wird von uns in dem einen Fall als hochglänzend, im anderen als matt empfunden. Im industriellen Kontext ist daher eine quantitative Beschreibung des Rauheitsgrads und der sich daraus ergebenden Oberflächeneigenschaften von großer Bedeutung (vgl. Bild 4.44) [Sor95; Bal11].

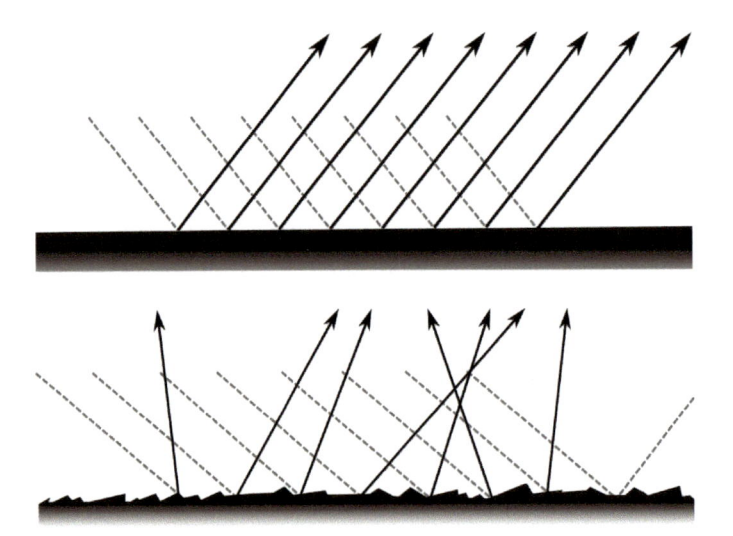

**Bild 4.44** Gerichtete (oben) und diffuse (unten) Reflexion von Licht auf Oberflächen unterschiedlicher Rauheit (eigene Darstellung)

Da sich durch eine größere Rauheit auch die Größe der Oberfläche verändert, werden auch andere Eigenschaften beeinflusst, zum Beispiel das tribologische Verhalten, die Benetzung mit Flüssigkeiten, die Neigung zum Verschmutzen und die Kratzempfindlichkeit.

### 4.4.2 Rauheit als Messgröße

Obwohl praktisch jeder eine gewisse haptische Erfahrung aus buchstäblich erster Hand besitzt und zwei Oberflächen hinsichtlich ihrer Rauheit vergleichend einschätzen kann, ist die messtechnische Erfassung bzw. Quantifizierung dieser Eigenschaft alles andere als trivial. Möchte man die Rauheit einer Oberfläche objektiv beschreiben, so geschieht dies durch die Angabe von Höhenunterschieden auf der jeweiligen Oberfläche. Für technische Bauteile liegt die Größenordnung von Höhendifferenzen im Bereich von Mikrometern (µm). Das laterale Auflösungsvermögen des menschlichen Tastsinns (die sogenannte Raumschwelle), liegt abhängig von Alter und Übung zwischen 1,5 mm und 4 mm, was etwa drei Größenordnungen über den typischen Rauheiten technischer Formteile liegt. Die messtechnische Erfassung von Rauheit erfolgt hingegen mit lateralen Auflösungen, die ebenfalls im Mikrometerbereich liegen [Sor95].

Unebenheiten einer Oberfläche können wiederum auf gänzlich verschiedenen Skalen auftreten und einander außerdem überlagern (vgl. Tabelle 4.4). Höhenunterschiede, die erst bei großflächiger Betrachtung einer Oberfläche zutage treten und erfasst werden können, werden unter dem Begriff Welligkeit zusammengefasst. Welligkeit und Rauheit können sich auf ein und derselben Oberfläche überlagern, wie es auch z. B. akustische Wellen in Form von Schwebungen können. Allgemein werden Gestaltabweichungen technischer Oberflächen laut DIN 4760 in sechs unterschiedliche Grade unterteilt, wobei sich Gestaltabweichungen erster bis vierter Ordnung überlagern und damit die insgesamt empfundene Oberflächenbeschaffenheit eines Körpers bestimmen. Die sich visuell bemerkbar machende Rauheit, wie sie in Bild 4.44 gezeigt wird, gehört zu den Gestaltabweichungen 4. und insbesondere 5. Ordnung [Sor95].

**Tabelle 4.4** Gestaltabweichungen nach DIN 4760

| Gestaltabweichung | Bezeichnung |
|---|---|
| 1. Ordnung | Formabweichungen |
| 2. Ordnung | Welligkeit |
| 3. Ordnung | Rauheit in Form von Rillen |
| 4. Ordnung | Rauheit in Form von Riefen, Schuppen, Kuppen |
| 5. Ordnung | Rauheit der Gefügestruktur |
| 6. Ordnung | Gitteraufbau des Werkstoffes |

In der DIN 4760 werden Begriffe und Messbedingungen für die Ermittlung von Rauheitsmesswerten technischer Oberflächen festgelegt. Zunächst wird dabei eine – repräsentative – Messstrecke ausgewählt. Die Taststrecke des (in diesem Fall taktilen) Messgeräts wird in sieben gleiche Teilstrecken aufgeteilt; die erste und letzte Teilstrecke bleibt bei der Beschreibung der Oberfläche unberücksichtigt (vgl. Bild 4.45). Die Messstrecke $l_m$ resultiert aus der Taststrecke $l_t$ abzüglich einer Vorlauf- und Nachlaufstrecke, die jeweils der Länge einer Teilmessstrecke $l_e$ entspricht. Diese wiederum stellt zahlenmäßig auch die Grenzwellenlänge $\lambda_c$ dar, die die Rauheit von der Welligkeit trennt.

Der Mittenrauwert $R_a$ ist der arithmetische Mittelwert der Beträge aller Profilwerte des Rauheitsprofils. $R_a$ entspricht der Größe eines Rechtecks der Länge der Messstrecke $l_m$ und der Höhe $R_a$ (vgl. Bild 4.45).

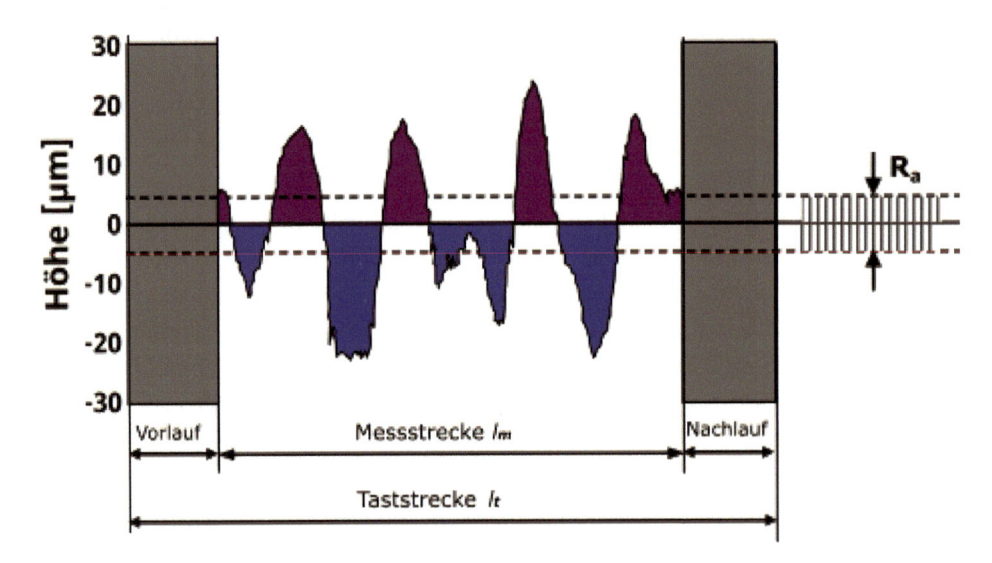

**Bild 4.45** Mittenrauwert $R_a$ (eigene Darstellung)

Die Rautiefe $R_z$ ist der Mittelwert aus den fünf Einzelrautiefen der Teilstrecke der Messstrecke $l_m$. Die Einzelrautiefe z entsteht innerhalb einer Teilmessstrecke $l_e$ und ist der größte Unterschied zwischen der höchsten Spitze und dem tiefsten Tal. Die maximale Rautiefe $R_{max}$ ist die größte Einzelrautiefe innerhalb der Messstrecke (vgl. Bild 4.46).

Die Messstrecke nach ISO 4768 für 0,5 µm < Rz < 10 µm beträgt 4 mm, Vor- und Nachlauf nehmen zusätzlich jeweils 0,8 mm in Anspruch. Dies ist der für Kunststoffformteiloberflächen gängigste Rauheitsbereich. Größere Rautiefenwerte werden mit längeren Messstrecken, geringere mit entsprechend kürzeren ermittelt.

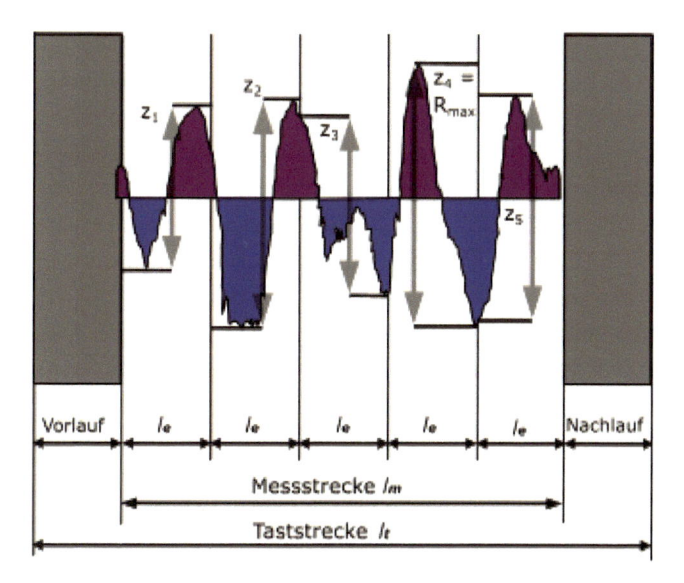

**Bild 4.46** Rautiefe $R_z$ und maximale Rautiefe $R_{max}$ (eigene Darstellung)

Bei dieser Bestimmung der Rauheit wird auf eine Linienmessung zurückgegriffen, die in ihren Anfängen ausschließlich mechanisch erfolgte. Die Topografie einer Oberfläche erschließt sich allerdings erst durch Hinzunahme der zweiten Dimension, also durch eine Flächenmessung. Nicht immer ist eine Mittelwertbildung aus zwei orthogonal zueinanderstehenden Messstrecken aussagekräftig. Rauheitskennwerte allein lassen also keinen Rückschluss auf das tatsächliche Aussehen der Oberfläche zu, ob es sich beispielsweise um eine erodierte oder geätzte Werkzeugstruktur handelt. Zur Messung der Rauheit oder Topographie von Oberflächen existieren heute unterschiedliche Methoden und Verfahren, die im Wesentlichen durch das Verfahren (berührend/berührungslos) und die physikalische Methode klassifiziert werden. Bei einer mechanischen Abtastung einer Oberfläche handelt es sich um ein invasives Verfahren. Das bedeutet, dass der Kontakt der Messsonde mit der zu vermessenden Oberfläche materialabhängig mehr oder weniger stark die Gestalt der Oberfläche selbst beeinflusst – entweder die Tastspitze oder die Oberfläche können eine irreversible Deformation erfahren. Eine wiederholte Messung in enger räumlicher Nähe, um ein zweidimensionales, realitätsgetreues Bild zu erzeugen, ist damit kaum möglich. Darüber hinaus sind sowohl der lateralen Auflösung als auch dem Vermögen, Vertiefungen zu erfassen, durch die Gestalt und Ausdehnung der Sondenspitze Grenzen gesetzt. Geht man zu einer berührungslosen und damit zerstörungsfreien Methode über, sind diese Hindernisse aus dem Weg geräumt.[1] Jedoch muss man sich angesichts der unter-

---

[1] Allerdings bleibt das grundsätzliche Problem bestehen, Hinterschnitte durch die Messung aus der z-Richtung nicht erfassen zu können. Bei Werkzeugoberflächen spielt dieser Punkt aus naheliegenden Gründen keine Rolle.

schiedlichen Arten der Wechselwirkung und des Sprungs im Auflösungsvermögen mit der Klärung der Frage beschäftigen, was genau die Oberfläche darstellt, denn die Wechselwirkung mit Licht erfolgt auf der Ebene der Elektronenhüllen der an der Grenzfläche befindlichen Atome bzw. Moleküle und besitzt damit eigene physikalische Abhängigkeiten. Unter anderem aus diesem Grund führen die Normen ISO 14 406 und DIN EN ISO 25 178 Begriffe wie die „elektromagnetische Oberfläche" und die „Primäroberfläche" ein und definieren Verfahren (Filter und Operatoren), mittels derer ein Datensatz zur Beschreibung der Oberfläche so transformiert wird, dass diese mit anderen vergleichbar wird, und nehmen eine Unterscheidung zwischen „Flächenparametern" und „Topographieparametern" vor. Die den genannten Rauheitsparametern in zwei Dimensionen entsprechenden Analoga sind mithilfe von Infinitesimalen definiert und weniger anschaulich als diese. Allein Teil 2 der ISO 25 178, der sich mit der Begriffsdefinition von Kenngrößen zur Beschreibung von Oberflächen befasst, beinhaltet in der deutschen Fassung deutlich über 100 Seiten [DIN12].

### 4.4.3 Weißlichtinterferometrie

Die Weißlichtinterferometrie ist eine leistungsstarke Methode zur Messung von Oberflächenprofilen und Dickenvariationen in Materialien. Sie basiert auf der Interferenz von Lichtwellen, die von der Probe reflektiert werden, und erzeugt Interferenzmuster, die auf einem Detektor aufgezeichnet werden.

#### 4.4.3.1 Messprinzip der Weißlichtinterferometrie

Die Weißlichtinterferometrie nutzt das Prinzip der Interferenz von Lichtwellen aus. Wenn Lichtwellen aufeinandertreffen, können sie entweder in Phase oder außer Phase sein, was zur Verstärkung oder Auslöschung des Lichts führt. In einem sogenannten Michelson-Interferometer wird diese Interferenz durch eine Anordnung von Spiegeln in ein Lichtsignal mit zeitlich fluktuierender Amplitude umgewandelt.

Ein solches Interferometer besteht aus der Anordnung eines halbdurchlässigen Spiegels, der einen einfallenden Lichtstrahl in zwei Strahlen gleicher Intensität, aber zueinander senkrechter Ausbreitungsrichtung aufteilt, und zweier Arme mit totalreflektierenden Spiegeln an ihren jeweiligen Enden, die das zuvor in zwei Portionen aufgeteilte Licht durch Reflexion wieder überlagern. Die beiden rekombinierten Lichtstrahlen treten senkrecht zur ursprünglichen Richtung aus dem Interferometer wieder aus. Einer der beiden Spiegel ist entlang der optischen Achse beweglich und kann den Abstand zum Strahlteiler somit verändern. Der zweite Arm ist in einem festen Abstand fixiert. Ist der Gangunterschied der aufgeteilten

Lichtstrahlen ein ganzzahliges Vielfaches der Wellenlänge $\lambda$, weist der rekombinierte Lichtstrahl die maximale Amplitude auf (konstruktive Interferenz, Bild 4.47 links). Wird der bewegliche Spiegel in eine Position bewegt, die sich um $\lambda/2$ von derjenigen des feststehenden Spiegels unterscheidet, löschen sich die beiden Strahlen bei Rekombination vollständig aus (destruktive Interferenz, Bild 4.47 rechts).

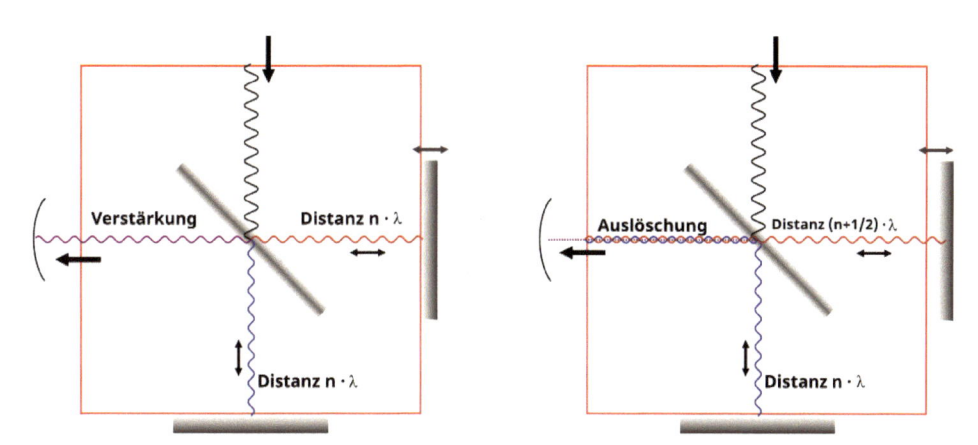

**Bild 4.47** Funktionsprinzip eines Michelson-Interferometers; der einfallende Lichtstrahl (schwarz) wird geteilt, an zwei Spiegeln reflektiert und wieder rekombiniert. Je nach Spiegelposition kommt es zu Verstärkung oder Abschwächung der Intensität (eigene Darstellung).

Ein Beobachter, der sich in der Position des Detektors befindet, sieht bei einer regelmäßigen Vor- und Zurückbewegung des beweglichen Spiegels bei monochromatischer, kohärenter Lichtquelle wie einem Laser ein regelmäßig an- und abschwellendes Lichtsignal.

Dieses „Blinksignal" wird für jede eingestrahlte Wellenlänge $\lambda$ erzeugt, jedoch wird die Interferenzbedingung $n \cdot \lambda$ für die konstruktive Interferenz für jede Wellenlänge bei einer eigenen Position des beweglichen Spiegels erfüllt. Im Nulldurchgang des Spiegels verstärken sich die überlagerten Wellen jedoch ausnahmslos: Bei Äquidistanz, also identischem Abstand der beiden Arme zum Strahlteiler, wird für alle vorhandenen Wellenlängen eine positive Interferenz erzeugt.

Bild 4.48 illustriert das dabei erzeugte Signal für den Fall einer Interferenz einiger weniger Wellenlängen. Es ist zu sehen, dass die Überlagerung für Spiegelpositionen abseits der Äquidistanz generell zu einer Abschwächung des Gesamtsignals führt. Beim Durchgang des Spiegels durch die zentrale Position wird ein Lichtblitz maximaler Intensität erzeugt. Im sogenannten Interferogramm wird dieser Ausbruch Center-Burst (oder Center-Peak) genannt [Bal11].

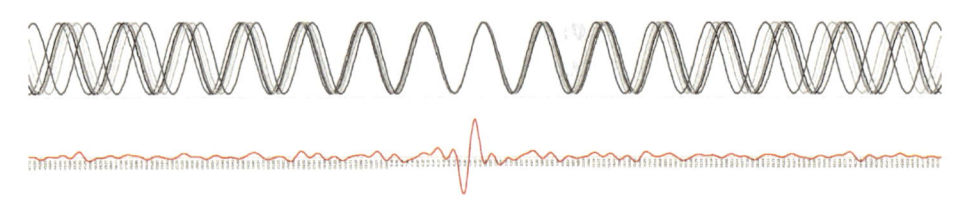

**Bild 4.48** Interferenzmuster von Wellen unterschiedlicher Frequenz, die einander in einem Interferometer nach Rekombination der Teilstrecken überlagern. Konstruktive Interferenz für alle beteiligten Wellenlängen ist nur für die mittlere Spiegelposition gegeben, bei der beide Arme gleich lang sind (eigene Darstellung).

In der Weißlichtinterferometrie wird weißes, möglichst kohärentes Licht verwendet, das aus einem Kontinuum verschiedener Wellenlängen besteht. Das sich zeitlich entwickelnde Intensitätsmuster bei Bewegung des Spiegels ist entsprechend komplex, erzeugt aber immer den beschriebenen Center-Burst.[2] Dadurch kann die Messanordnung zur Abstandsbestimmung verwendet werden. Die Anordnung des Interferometers wird dabei so gewählt, dass die Probenoberfläche dem beweglichen Arm des Interferometers entspricht. Das vom statischen Spiegel einerseits und der Probenoberfläche andererseits reflektierte Licht wird rekombiniert, wodurch die beschriebene Interferenz auftritt. Wird nun der Abstand zwischen Interferometer und Probe periodisch verändert (was dem Vor und Zurück des beweglichen Spiegels entspricht), kommt es zu jedem beliebigen Zeitpunkt für alle Punkte in einer bestimmten Ebene senkrecht zum Lichtstrahl gleichzeitig zur kollektiven Verstärkung aller eingestrahlten Wellenlängen – dem Center-Burst. Die Kartierung solcher Interferenzmaxima über den Messbereich liefert also die Information, welche Punkte auf einem gemeinsamen Höhenniveau liegen. In Bild 4.49 ist dies exemplarisch für drei unterschiedliche Positionen der Messsonde illustriert. Es ist zu beachten, dass die auf der rechten Seite dargestellten Schnitte nicht vollständig zur Kartierung herangezogen werden können, denn Teile von ihnen liegen im Inneren des Probenvolumens oder im Schatten und entziehen sich der Messung.

Die Interferenzmuster werden mithilfe eines geeigneten Detektors aufgezeichnet und anschließend verarbeitet, um das Oberflächenprofil der Probe zu berechnen. Die Genauigkeit der Messungen hängt von verschiedenen Faktoren ab, wie der Qualität und Bauart des Interferometers, den Reflexionseigenschaften der Oberfläche sowie von der Empfindlichkeit des Detektors. Die z-Auflösung ist jedoch nicht prinzipiell durch die Wellenlänge des gewählten Lichts begrenzt, wie es in der klassischen bildgebenden Mikroskopie durch das Abbe-Limit der Fall ist. Typische Messgeräte verfügen über Vergrößerungen im Bereich von 2,5 bis 230x (Bild-/Ob-

---

[2] In der zeitlichen Entwicklung dieses Signals sind sämtliche Informationen über die Frequenzabhängigkeit des Signals enthalten. Sie lassen sich mittels einer sogenannten Fourier-Transformation zurückgewinnen. Dieses Prinzip findet auch Anwendung in der FTIR-Spektroskopie (siehe Abschnitt 4.5).

jektgröße). Die Messung von transparenten Schichten lässt sich in der Regel durch technische Ergänzungen realisieren. Mittels Weißlichtinterferometrie sind Auflösungen von 40 nm bis 16 µm in lateraler und 0,8 nm in z-Richtung erreichbar.

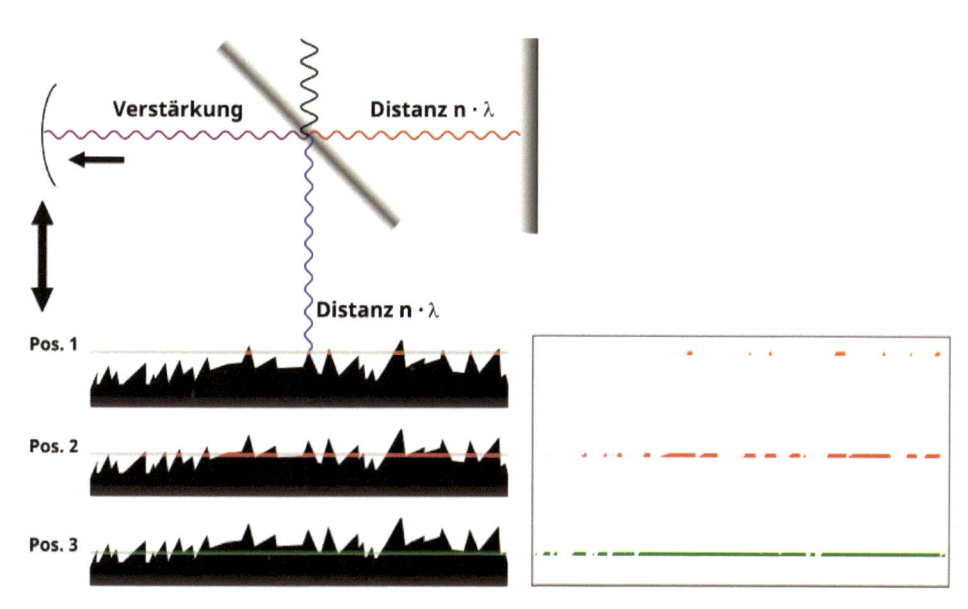

**Bild 4.49**  Ebenen konstruktiver Interferenz an drei exemplarisch gewählten Positionen einer Probenoberfläche. Es können nur die Punkte der Oberfläche kartiert werden, bei denen die Reflexion den Detektor erreichen kann. In Pos. 3 ist der Großteil der grünen Ebene unzugänglich (eigene Darstellung).

### 4.4.3.2 Anwendungen der Weißlichtinterferometrie

Die Weißlichtinterferometrie hat viele Anwendungen in verschiedenen Bereichen (vgl. Bild 4.50 und Bild 4.51). In der Halbleiterindustrie wird sie beispielsweise zur Messung von Oberflächenprofilen von Mikrochips und anderen Halbleiterbauteilen verwendet. In der Biomedizin wird sie eingesetzt, um Gewebe und Zellen zu untersuchen und zu charakterisieren.

Die Weißlichtinterferometrie wird auch in der Nanotechnologie eingesetzt, um die Dickenvariationen von dünnen Schichten und Schichtsystemen zu messen (vgl. Bild 4.51) [Mes17; TLL+17].

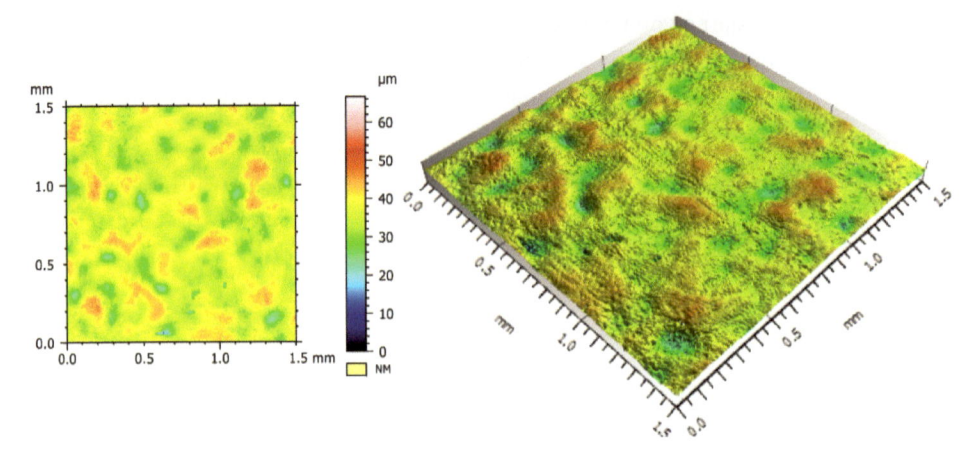

**Bild 4.50** Höhenkartierung einer Oberfläche in Fehlfarben (links) und in einer 3D-Ansicht (rechts). Im zugrundeliegenden Fall wurde die Beschaffenheit einer mit Wolframcarbid beschichteten Werkzeugoberfläche betrachtet. Die Rauheit liegt in der Größenordnung von Mikrometern [Quelle: KIMW].

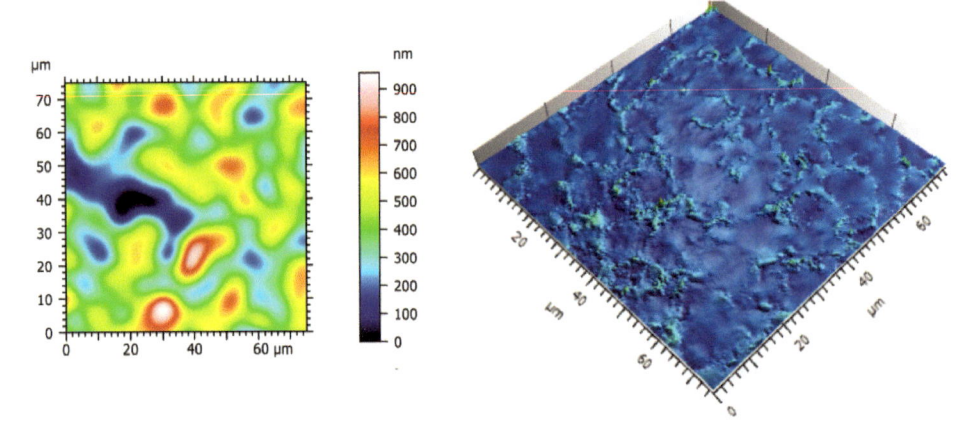

**Bild 4.51** Höhenkartierung einer Oberfläche in Fehlfarben (links) und in einer 3D-Ansicht (rechts). Im zugrunde liegenden Fall wurde die Beschaffenheit einer mit Titannitrid beschichteten Werkzeugoberfläche betrachtet. Die Rauheit liegt Submikrometerbereich [Quelle: KIMW].

In der Optik und Photonik wird sie zur Charakterisierung von optischen Komponenten wie Linsen und Spiegeln verwendet. Darüber hinaus kann die Weißlichtinterferometrie auch in der Herstellung von optischen Komponenten eingesetzt werden, um deren Qualität zu überprüfen. Bei der Begutachtung von Werkzeug- und Formteiloberflächen lassen sich Aussagen über deren Rauheit, Abbildungstreue und Verschleißerscheinungen quantifizieren. In Verbindung mit Glanz- und Farbmessungen können damit präzise Lieferanten- bzw. Qualitätsvereinbarungen getroffen werden.

### 4.4.3.3 Einschränkungen der Weißlichtinterferometrie

Obwohl die Weißlichtinterferometrie eine leistungsstarke Methode zur Messung von Oberflächenprofilen ist, hat sie auch einige Einschränkungen. Eine davon ist die begrenzte Messgeschwindigkeit, da die Interferenzmuster auf dem Detektor sorgfältig ausgerichtet werden müssen, um genaue Messungen zu erzielen.

Eine weitere, damit verbundene Einschränkung ist die Empfindlichkeit gegenüber Vibrationen und thermischen Schwankungen. Kleine Bewegungen oder Temperaturänderungen können das Interferenzmuster stören und zu ungenauen Messungen führen. Aus diesem Grund müssen die Experimente in einer stabilen und kontrollierten Umgebung durchgeführt werden, um Störungen zu minimieren.

Eine weitere Einschränkung ist die begrenzte Tiefe, die mit der Weißlichtinterferometrie gemessen werden kann. Die Methode ist am besten für Oberflächenprofilmessungen geeignet und eignet sich weniger für die Messung von tiefen Strukturen oder Volumenmessungen [TLL+17].

## 4.4.4 Literatur

[Bal11]   BALSTER, A.: *Schadensanalyse an Kunststoffen*. Lehrbrief der FH Südwestfalen, 1. Auflage 2011

[DIN12]   DIN EN ISO 25 178-2:2012-09: *Geometrische Produktspezifikation (GPS) – Oberflächenbeschaffenheit: Flächenhaft – Teil 2: Begriffe und Oberflächen-Kenngrößen*

[Mes17]   MESCHEDE, D.: *Optics, Light, and Lasers: The Practical Approach to Modern Aspects of Photonics and Laser Physics*. Berlin: Wiley-VCH Verlag GmbH & Co. KGaA, 2017

[Sor95]   SORG, H.: *Praxis der Rauheitsmessung und Oberflächenbeurteilung*. Leipzig: Fachbuchverlag Leipzig, 1995

[TLL+17]  TODHUNTER, L.D.; LEACH, R.K., LAWES, S.D.A.; BLATEYRON, F.: *Industrial survey of ISO surface texture parameters*. In: CIRP Journal of Manufacturing Science and Technology, 19 (2017), S. 84–92

## 4.5 Infrarotspektroskopie

Dr. Andreas Balster

### 4.5.1 Einleitung

Die Infrarotspektroskopie (IR-Spektroskopie) ist eine der wichtigsten Analysetechniken in der Materialwissenschaft und wird aufgrund ihrer vielfältigen Anwendungen in vielen Bereichen eingesetzt. Insbesondere bei der Charakterisierung von Polymeren ist die Methode ein unverzichtbares Werkzeug, da sie einzigartige Informationen über die Struktur und Zusammensetzung von organischen Verbindungen liefert. In diesem Artikel werden die Grundlagen der FTIR-Spektroskopie erläutert und Anwendungen im Bereich der Synthese, Verarbeitung und Qualitätskontrolle von polymeren Werkstoffen aufgezeigt.

Die Bezeichnung FTIR-Spektroskopie steht für Fourier-Transform-Infrarotspektroskopie und ist eine Technik, die auf der Messung der Absorption von Infrarotstrahlung durch eine Probe basiert. Die Infrarotstrahlung ist eine elektromagnetische Strahlung im Spektralbereich zwischen dem sichtbaren Licht und der Mikrowellenstrahlung. In der Infrarotspektroskopie wird eine Probe dieser Infrarotstrahlung ausgesetzt, wobei bestimmte Frequenzen von den Atomen und Molekülen der Probe absorbiert werden. Die Absorption dieser Strahlen ist charakteristisch für die chemische Zusammensetzung und Struktur der Probe und kann mithilfe eines Detektors gemessen werden.

### 4.5.2 Physikalische Grundlagen

Bild 4.52 zeigt das elektromagnetische Spektrum. Der infrarote Spektralbereich des elektromagnetischen Spektrums schließt sich auf der langwelligen Seite des für Menschen sichtbaren Lichtes an. Die Wellenlänge des infraroten Lichts wird in aller Regel zwischen 800 nm und ca. 1 mm angegeben. Wird über Infrarotspektroskopie gesprochen, so meint man im Allgemeinen den Bereich des mittleren Infrarot (MIR) mit Wellenlängen zwischen 2,5 µm bis 25 µm. Der kürzerwellige Bereich, der sich näher am sichtbaren Teil des Lichtspektrums befindet, wird nahes Infrarot (NIR) genannt. Für diesen existieren eigene Spektrometer. In dem Spektralbereich treten weniger verbindungsspezifische Signale auf, die zur Verfügung stehende Messtechnik erlaubt jedoch die sehr schnelle Aufnahme von Spektren, was in der automatisierten Qualitätskontrolle z. B. bei Lebensmitteln ebenso ausgenutzt wird wie in der Sortierung von Kunststoffabfällen. Im medizinischen Sektor findet man mit der optischen Kohärenztomografie ein bildgebendes Verfahren, das auf NIR-Strahlung beruht. Das sogenannte ferne Infrarot hat eine geringere analytische Bedeutung. [GH07, HMZ05]

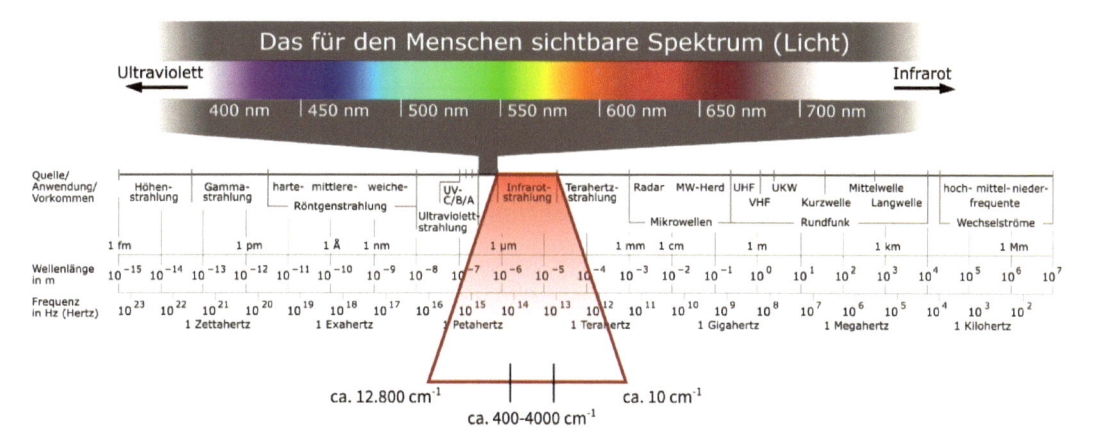

**Bild 4.52** Das elektromagnetische Spektrum und der Bereich der Infrarotstrahlung (eigene Abbildung in Anlehnung an [FPA08])

Aus historischen Gründen verwendet man in Verbindung mit Infrarotspektren nicht die Wellenlänge λ (vgl. Formel 4.1) als Bezugsgröße für die auftretenden Signale, sondern die Zahl der hiermit in Beziehung stehenden Zahl der Wellenzüge pro Zentimeter, also den Kehrwert der Wellenlänge in cm. Die resultierende Maßeinheit ist die Wellenzahl (1/cm bzw. cm$^{-1}$). [GH07, HMZ05]

Infrarotes Licht regt Moleküle zum Schwingen an. Die Infrarotspektroskopie nutzt demnach die Energieaufnahme von Molekülen, die mit Änderungen der Schwingungszustände von chemischen Verbindungen verbunden ist. Da hiermit keine Umlagerungen von Elektronen einhergehen, also keine chemischen Reaktionen induziert werden, handelt es sich um eine zerstörungsfreie Analysemethode. Ein IR-Spektrum zeigt die Absorption der Infrarotstrahlung als Funktion der Frequenz, wodurch Informationen über die chemische Zusammensetzung und Struktur der Probe erhalten werden können.

$$\lambda \cdot v = c = 2{,}998 \cdot 10^8 \, \text{m/s} \tag{4.16}$$

$$v = \frac{c}{\lambda}$$

| | | |
|---|---|---|
| $c$ | Lichtgeschwindigkeit | [m/s] |
| $\lambda$ | Wellenlänge | [mm] |
| $v$ | Frequenz | [1/s] |

Infrarotspektren werden im Bereich von ca. 400–4000 cm$^{-1}$ aufgenommen (vgl. Formel 4.1). Je nach Aufnahmetechnik variieren diese Grenzen ein wenig. Eine weitere Besonderheit der Angabe von Infrarotspektren ist der Umstand, dass diese von links nach rechts zu fallender Energie aufgetragen werden. Die linke Begrenzung eines Infrarotspektrums ist also z. B. mit der Wellenzahl von 4000 cm$^{-1}$ gekennzeichnet, die rechte mit der Wellenzahl 400 cm$^{-1}$.

Die Frequenz infraroter Strahlung liegt in derselben Größenordnung wie diejenige von Molekülschwingungen. Zwischen Infrarotstrahlung und einem Molekül sind Wechselwirkungen und Energieübertragung möglich, aber nur, wenn die Frequenz der Strahlung dieselbe ist wie die Schwingungsfrequenz innerhalb eines Moleküls. Man nennt diese die Resonanzfrequenz. Absorbiert das Molekül diese Strahlung, schwingt es weiterhin mit dieser Frequenz, nur mit größerer Amplitude. Wird also Infrarotlicht mit einem breiten Spektrum durch eine Probe geschickt, so werden einige Frequenzen absorbiert, während der Rest ohne Absorption durchgelassen wird. Die absorbierten Frequenzen entsprechend den natürlichen Frequenzen (Resonanzfrequenzen) der Schwingungsformen im Molekülen oder einem ganzzahligen Vielfachen dieser Frequenzen (diese werden, wie in der Akustik, Oberschwingungen genannt). Wird von einem Molekül IR-Strahlung absorbiert, erhöht sich sein Energieinhalt, und es schwingt stärker. Dieser angeregte Zustand ist aber nur von kurzer Dauer. Sehr schnell gibt das angeregte Molekül seine Überschussenergie durch Zusammenstöße an benachbarte Moleküle wieder ab, dies äußert sich in einer Temperaturerhöhung der Probe.

Jedes Molekül kann auf mehrere Arten schwingen. Je mehr Atome ein Molekül enthält, umso mehr Schwingungsmöglichkeiten stehen zur Verfügung. Die Schwingungsformen werden durch die Molekülstruktur festgelegt und sind molekülspezifisch. Die sogenannten Normalschwingungen leiten sich aus Überlegungen aus der Gruppentheorie ab. Schwingungen von Molekülen werden anhand der relativen Atombewegungen unterschieden. [Bal11]

- Valenzschwingungen (v) entlang der Bindungsebene
    - Symmetrisch
    - Asymmetrisch
- Deformationsschwingungen ($\delta$)
    - Spreizschwingungen („Bending")
    - Pendelschwingungen („Rocking")
    - Torsionsschwingungen („Twisting")
    - Kippschwingungen („Wagging")

In Bild 4.53 sind diese für ein Kohlenstoffatom möglichen Schwingungen verdeutlicht. Für alle von einem Molekül ausgeführten Normalschwingungen gilt, dass der

Molekülschwerpunkt dabei nicht verändert wird. Da in allen stabilen organischen Verbindungen Kohlenstoffatome vier Bindungen aufweisen (diese lassen sich auf Einfach-, Doppel- und Dreifachbindungen aufteilen), kann man aus Lage und Intensität der Banden strukturelle Informationen aus dem Spektrum gewinnen. [Bal11]

Valenzschwingungen: entlang der Bindungen

symmetrisch    asymmetrisch

Deformationsschwingungen: Bindungswinkel verändernd

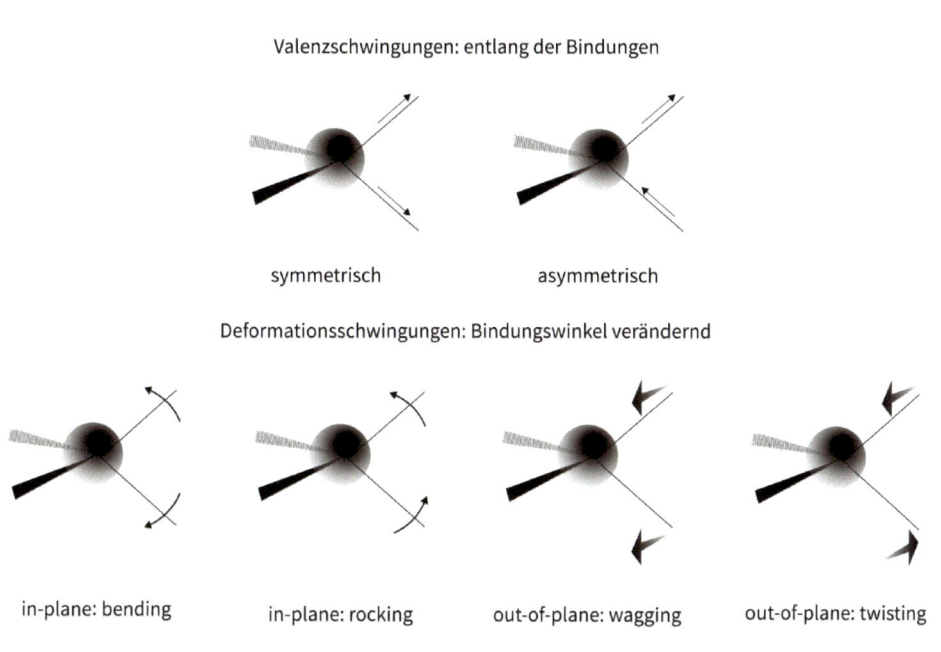

in-plane: bending    in-plane: rocking    out-of-plane: wagging    out-of-plane: twisting

**Bild 4.53** Mögliche Schwingungen eines tetraedrischen Symmetriezentrums. Wagging- und Twisting-Schwingungen verlassen die Zeichenebene (eigene Zeichnung).

Die sich ergebenden Normalschwingungen überlagern einander und führen zu kombinierten Schwingungen. Während die Zuordnung der Schwingungen dadurch sehr kompliziert werden kann, ergibt sich hieraus aber auf der Anwenderseite der Vorteil, dass die untersuchten Stoffe einen charakteristischen „Fingerprint" erzeugen, anhand dessen sie sich gut mit geeigneten Auswertealgorithmen identifizieren lassen.

### 4.5.3 Die Anwendung der FTIR-Spektroskopie bei Polymeren: Materialidentifizierung

Die FTIR-Spektroskopie ist somit eine wertvolle Technik zur Charakterisierung von Polymeren, da sie Informationen über die chemische Zusammensetzung und Struktur des Polymers liefert. Die FTIR-Spektroskopie kann verwendet werden, um die Bindungen in Polymeren zu identifizieren, um die molekulare Struktur und

Konformation des Polymers zu bestimmen und um die Polymermorphologie und -struktur aufzuklären.

Aufgaben, die sich mit der Infrarotspektroskopie im Zusammenhang mit Kunststoffen bearbeiten lassen, sind beispielsweise:

- Identifizierung polymerer Proben
- Nachweis von Verunreinigungen und Materialverwechslungen
- Gehaltsbestimmungen an Polymerblends
- Bestimmung von Additiven (qualitativ/quantitativ)
- „Mapping" von Substanzverteilungen in einer Matrix
- Nachweis hydrolytischer oder oxidativer Schädigungen
- Endgruppenbestimmung, hieraus Abschätzung des Molekulargewichts

Die wesentlichen Vorteile liegen in der Spezifität sogar gegenüber strukturell sehr ähnlichen Substanzen, in der für Festkörper sehr einfachen Probenpräparation, der schnellen und einfachen Durchführung und der möglichen Automatisierung der Auswertung. Des Weiteren handelt es sich um eine für Quantifizierungen nutzbare Analysemethode. Zusammen mit den auch für kleine Laboratorien erschwinglichen Kosten für Anschaffung und Unterhalt kann die IR-Spektroskopie mit Recht als das Arbeitspferd in Laboratorien bezeichnet werden, die sich mit polymeren Werkstoffen beschäftigen. In manchen Fällen, z.B. bei komplexen Stoffgemischen oder bei der Spurenanalytik, kann es dennoch notwendig sein, zusätzliche Analysetechniken wie z.B. GC/MS (siehe Abschnitt 4.11) heranzuziehen, um eindeutige Informationen über die chemische Zusammensetzung eines technischen Kunststoffs zu erhalten. [Hed71, BC07]

Bei jeder Art von Probenpräparation ist es essentiell, dass der interessierende Teil einer Probe dem IR-Strahl direkt ausgesetzt werden kann. Interessiert man sich für die Natur eines Einschlusses in einer MOCVD-Schicht, so muss er zunächst aus der Schicht präpariert und isoliert werden. Eine direkte Messung von organischen Substanzen unter oder hinter anderen Stoffen – insbesondere Metallen – ist aufgrund der beschriebenen Wechselwirkung der Probe mit der IR-Strahlung nicht möglich. Die Infrarotspektroskopie eignet sich hingegen recht gut zur Kontrolle der Identität und Reinheit von organischen Precursoren.

## 4.5.4 Identifizierung und Strukturaufklärung

Die Infrarotspektroskopie kann verwendet werden, um die molekulare Struktur und in manchen Fällen auch die Konformation von Polymeren zu bestimmen.[3] Die Identifizierung von Polymeren mittels Infrarotspektroskopie beruht auf der Tatsache, dass jeder Typ von Bindung im Polymer ein charakteristisches Infrarotabsorptionsmuster aufweist. Polymere bestehen aus wiederkehrenden Einheiten, die durch kovalente Bindungen miteinander verbunden sind. Diese Bindungen erzeugen spezifische Schwingungen und Deformationen der Moleküle, die bei der Bestrahlung mit Infrarotstrahlung aufgenommen werden können. Die verschiedenen Bindungen im Polymer absorbieren Infrarotstrahlung bei unterschiedlichen Frequenzen und Intensitäten, was zu einem spezifischen Infrarotspektrum führt. Das Infrarotspektrum eines Polymers kann somit als "Fingerabdruck" des Polymers betrachtet werden, da es charakteristisch für seine chemische Zusammensetzung ist. [BBF16]

Durch einen automatisierten Vergleich des Infrarotspektrums des Polymers mit bekannten Spektren anderer Polymere kann es auf diese Weise identifiziert werden. Es ist jedoch zu beachten, dass einige Polymere ähnliche Infrarotspektren aufweisen können, wenn sie ähnliche Strukturen oder funktionelle Gruppen aufweisen. In solchen Fällen kann es hilfreich sein, zusätzliche Analysetechniken wie die NMR-Spektroskopie [BM96] anzuwenden, um das Polymer zu charakterisieren.

Zusätzlich zur Identifizierung des Polymers können durch die FTIR-Spektroskopie auch Informationen über Besonderheiten der molekularen Struktur und Konformation des Polymers gewonnen werden. Dies kann beispielsweise bei der Untersuchung von Polymeren mit unterschiedlichen physikalischen und mechanischen Eigenschaften hilfreich sein, um die Ursachen dieser Unterschiede zu verstehen.

Die Absorptionsbanden in Infrarotspektren technischer Kunststoffe hängen von deren chemischer Zusammensetzung und Struktur ab, da die Resonanzfrequenzen von der Stärke der Bindungen und den Massen der beteiligten Atome abhängen. Im Folgenden sind einige typische Absorptionsbanden aufgeführt, die in Infrarotspektren von technischen Kunststoffen beobachtet werden können:

1. Aliphatische C-H-Streckung: Die Streckung der C-H-Bindungen in aliphatischen Gruppen wie Methyl-, Methylen- und Methin-Gruppen erzeugt starke Absorptionen bei etwa $2900\,\text{cm}^{-1}$.

2. Aromatische C-H-Streckung: Die Streckung der C-H-Bindungen in aromatischen Ringen führt zu einer charakteristischen Absorption bei etwa $3050\,\text{cm}^{-1}$.

---

[3] Wird das Infrarotlicht linear polarisiert, lassen sich auch Aussagen zu Kristallinitäten treffen [LCP20]

3. C=O-Streckung: Die Streckung der C=O-Doppelbindung in Carbonylgruppen erzeugt eine Absorption bei etwa 1750 cm$^{-1}$. Dies ist eine wichtige Absorptionsbande für Polycarbonat, Polyketone, Polyamide und Polyester wie PET und PBT.

4. C-O-Valenzschwingung: Die Streckung der C-O-Einfachbindung in Alkoholen, Ethergruppen, Carboxylaten und Estern führt zu Absorptionsbanden im Bereich von 1100–1300 cm$^{-1}$. Polyvinylalkohol, Polyethylenglycol und Polyacrylate zeigen beispielsweise Absorptionen bei 1150 cm$^{-1}$ und 1260 cm$^{-1}$.

5. C=C-Streckung: Die Streckung der C=C-Doppelbindung in ungesättigten Kohlenwasserstoffen führt zu einer Absorption bei etwa 1650 cm$^{-1}$.

6. N-H-Streckung: Die Streckung der N-H-Bindungen in Amin-Gruppen führt zu Absorptionsbanden im Bereich von 3300–3500 cm$^{-1}$. Polyamide zeigen beispielsweise eine Absorption bei etwa 3300 cm$^{-1}$.

7. O-H-Streckung: Die Streckung der O-H-Bindungen in Alkoholen und Carbonsäuren führt zu einer charakteristischen Absorption bei etwa 3400 cm$^{-1}$.

Diese Absorptionsbanden können jedoch von der Art des Kunststoffes, seiner chemischen Zusammensetzung und seiner Struktur abhängen. Somit ergibt sich für eine Probe ein für ihre Zusammensetzung charakteristisches Absorptionsmuster, welches in Datenbanken gespeichert und mit anderen Spektren verglichen werden kann. So lassen sich Fremdstoffe, schwankende Zusammensetzungen, Materialveränderungen durch Alterung und viele andere Prozesse in den Spektren erkennen.

Die Informationstiefe hängt dabei deutlich von der Komplexität und Symmetrie eines Ligandensystems ab. So ergibt sich z.B. für ein $W(CO)_6$ ein sehr einfaches IR-Spektrum, in dem bereits kleine Mengen anderer Stoffe gut zu identifizieren sind, sofern sie in hinreichender Konzentration zugegen sind und eine homogene Verteilung aufweisen. Die Gruppe der Acetylacetonate weist charakteristische Spektren mit vielen Eigenabsorptionen auf, in denen Fremdverbindungen schwerer zu identifizieren sind [HC57, Law61]. Hat man Zugriff auf die Spektren der Reinsubstanzen, ist eine Identifizierung und entsprechende Qualitätskontrolle möglich.

In Bild 4.54 ist das Infrarotspektrum von Acetylaceton oder 2,5-Pentandion abgebildet. Die intensivste Absorptionsbande ist dabei den Valenzschwingungen der Doppelbindungen zwischen den Sauerstoffatomen und den korrespondierenden Kohlenstoffatomen zuzuordnen und liegt an einer für diese Carbonylbindung eher niederfrequenten Position bei ca. 1600 cm$^{-1}$. [TM00]

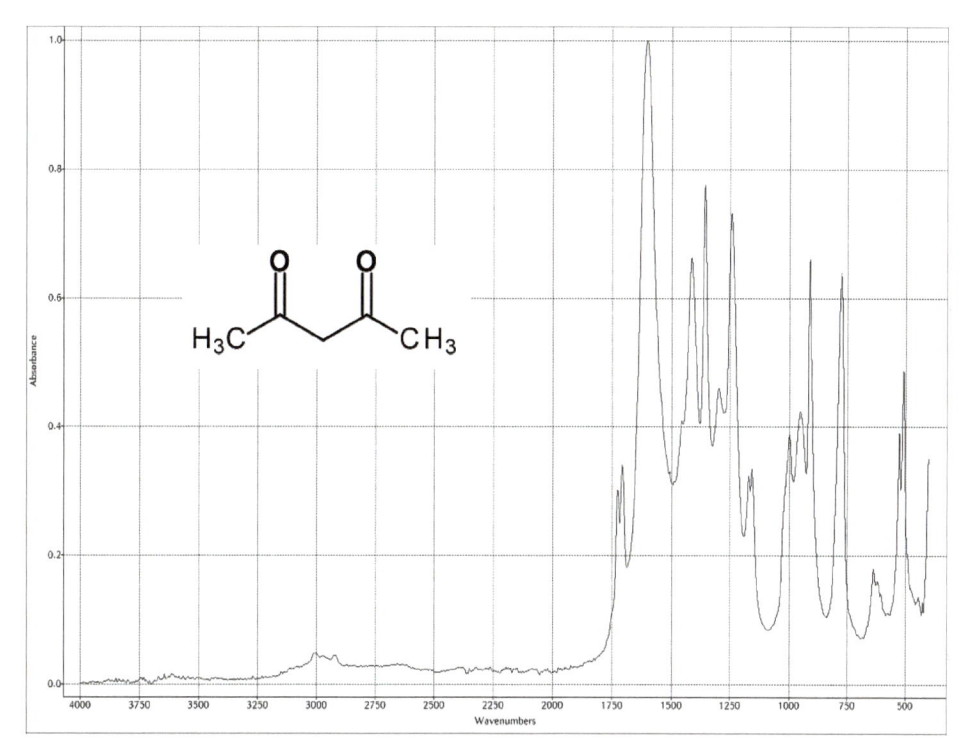

**Bild 4.54** FTIR-Absorptionsspektrum von Acetylacetonat, einem typischen Liganden für die CVD-Technik (Quelle: S. T. Japan-Europe GmbH)

Dieses Molekül ist aufgrund seiner Geometrie und der elektronischen Struktur in der Lage, Metalle in einen Komplex einzubinden, bei dem das Metall im Zentrum von mehreren der organischen Moleküle umfasst ist. Verbindungen, die sich auf diese Weise an ein Zentralatom oder Ion anlagern, werden Liganden genannt. Durch das Anbinden an ein Metallzentrum ändern sich die Bindungsverhältnisse und -stärken, was sich in der Verschiebung von Absorptionsbanden zeigt. In Bild 4.55 ist das Schwingungsspektrum eines solchen Komplexes zwischen Nickel und zwei Molekülen Acetylaceton abgebildet. Im vorliegenden Fall handelt es sich um das Nickel-Acetylacetonat-Dihydrat, welches noch zwei angelagerte Wassermoleküle aufweist, die sich bei ca. 50 °C im Vakuum entfernen lassen [Nic73]. Im Vergleich der beiden Spektren erkennt man deutliche Unterschiede in Bandenlage und Intensität, die zur Strukturaufklärung und der Aufdeckung ablaufender chemischer Prozesse verwendet werden können.

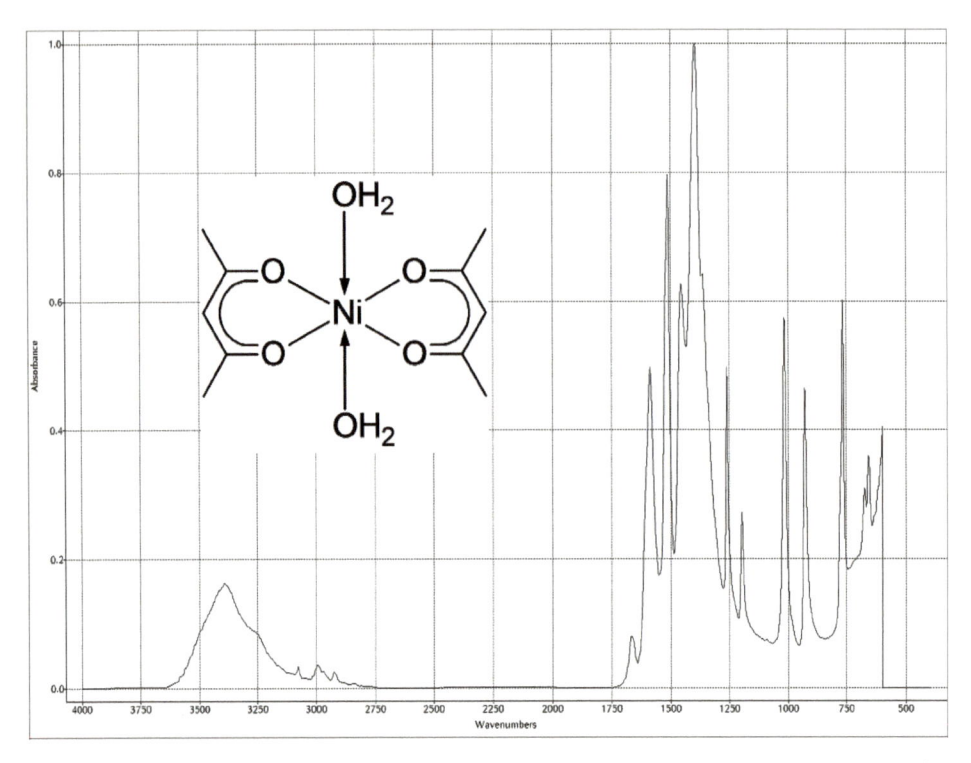

**Bild 4.55** FTIR-Absorptionsspektrum von Nickel-Acetylacetonat-Dihydrat, einem Precursor für die CVD-Technik (Quelle: S. T. Japan-Europe GmbH)

Daher kann es notwendig sein, zusätzliche Analysetechniken wie Massenspektrometrie oder Chromatographie durchzuführen, um eindeutige Informationen über die chemische Zusammensetzung eines technischen Kunststoffs zu erhalten.

### 4.5.5 Quantifizierung von Komponenten

Die FTIR-Spektroskopie kann verwendet werden, um die verschiedenen Bindungen in Polymeren zu identifizieren und zu quantifizieren. Wie intensiv eine Absorption in einem Spektrum ist, hängt nur von wenigen Faktoren ab, von denen neben der Änderung des Dipolmoments des Moleküls während des Schwingungsvorgangs vor allem die Zahl der Bindungen eine entscheidende Größe darstellt. Der Zusammenhang ist linear: Doppelt so viele Bindungen verdoppeln die sogenannte Extinktion, die wiederum einen logarithmischen Zusammenhang zur gemessenen Absorption bei einer bestimmten Wellenzahl besitzt. Der Zusammenhang wird als Lambert-Beer-Gesetz (vgl. Formel 4.17 ) bezeichnet und bildet die Grundlage der quantitativen Anwendung der Infrarotspektroskopie. [Hed71, BC07]

$$E_\lambda = \log\left(\frac{I_0}{I}\right) = \varepsilon_\lambda \cdot c \cdot d \tag{4.17}$$

| | | |
|---|---|---|
| $E_\lambda$ | Extinktion bei der betrachteten Wellenlänge λ | [-] |
| $I_0$ | Eingangsintensität des Lichts bei der betrachteten Wellenlänge | [W/m²] |
| $I$ | Restintensität (transmittiertes Licht) | [W/m²] |
| $\varepsilon_\lambda$ | Extinktionskoeffizient (ein wellenlängen- und stoffspezifischer Faktor) | [m²/mol] |
| $c$ | Konzentration des betrachteten Stoffes (genauer der beteiligten Schwingung) | [mol/m³] |
| $d$ | Schichtdicke der Probe (im Fall der ATR-Technik der kumulierten Eindringtiefen) | [m] |

Da $\varepsilon_\lambda$ und d in einem Experiment konstant sind bzw. konstant gehalten werden können, ergibt sich eine direkte lineare Beziehung zwischen gemessener Extinktion und der Konzentration. Untersuchungen der Reinheit von Stoffen und die Kontrolle der Zusammensetzung von Zubereitungen sind also mit vergleichsweise geringem experimentellem Aufwand möglich. Für die ATR-FTIR-Spektroskopie bemessen sich die Nachweisgrenze und die Präzision von Quantifizierungen in der Größenordnung von Prozenten, bestenfalls bewegt man sich im Promillebereich. Für die Spurenanalytik ist die Infrarotspektroskopie daher vielen anderen Verfahren unterlegen.

## 4.5.6 Messtechnische Aspekte der FTIR-Spektroskopie

Die FTIR-Spektroskopie nutzt die Fourier-Transform-Technik, um die Absorption der Infrarotstrahlung zu messen. Während die ersten Infrarotspektrometer im 20. Jahrhundert das Licht mithilfe geeigneter optischer Komponenten von der Quelle durch die Probe gesendet haben und dabei der Spektralbereich sukzessiv durch Drehung eines optischen Gitters abgefahren wurde, bedient man sich heute der Interferometrie, um die Probe allen Frequenzen gleichzeitig auszusetzen. Mithilfe eines Michelson-Interferometers erreicht ein zeitabhängiges Signal den Detektor, in dessen Amplitudenverlauf die benötigten spektrometrischen Informationen enthalten sind.[4] Per Fouriertransformation wird das Signal von der Zeit- in die Frequenzdomäne „übersetzt", wodurch das FTIR-Spektrum erzeugt wird (vgl. Bild 4.56).

---

[4] Der Aufbau eines Interferometers und Details zur Entwicklung eines Interferogramms siehe Abschnitt 4.4 „Weißlichtinterferometrie". Man beachte die Analogie zwischen Bild 4.56 und der dortigen Bild 4.48.

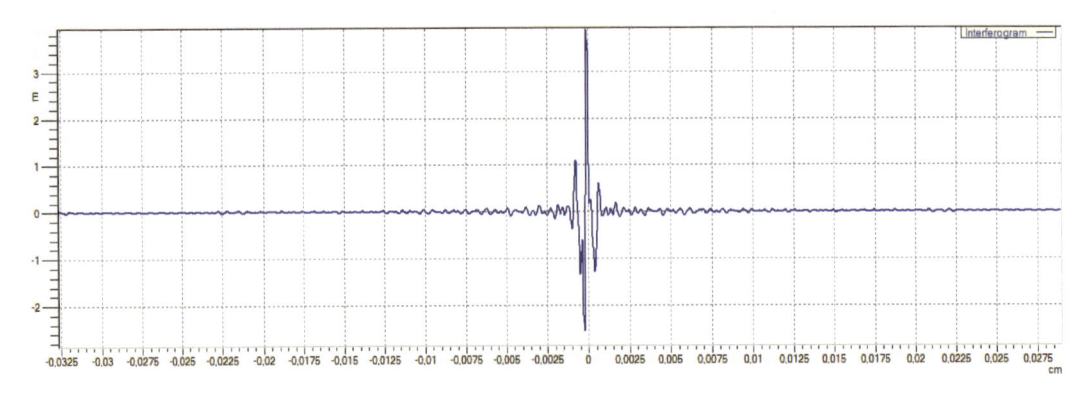

**Bild 4.56** von einem FTIR-Spektrometer erzeugtes Interferogramm (Quelle: pro3dure medical GmbH)

Aufgrund dieses Aufbaus ist es möglich, ein Spektrum in unter einer Sekunde aufzunehmen, während der klassische Aufbau ein Spektrum im Zeiträumen generierte, die in Minuten zu messen waren. Durch diesen Zuwachs an Schnelligkeit können von ein- und derselben Probe gleich mehrere Spektren (Scans) aufgenommen werden, was wiederum das Signal-Rausch-Verhältnis deutlich verbessert. Da die spektrale Auflösung von der Weglänge des Lichtstrahls (bzw. genauer von der Weglänge des beweglichen Teils eines Interferometers) abhängt, können die Spektrometer nicht beliebig klein gebaut werden. Im Laufe der Zeit wurden allerdings geometrische Bauweisen entwickelt, die den Bau von Kompaktgeräten mit hoher Qualität und kleinen Standflächen auf den Markt gebracht haben. So sind FTIR-Spektrometer, die für Routineaufgaben eingesetzt werden, nicht mehr viel größer als ein Schuhkarton, sind robust und lassen sich nach kurzen Einarbeitungszeiten komfortabel bedienen.

### 4.5.7 ATR-FTIR-Spektroskopie

Die Attenuated Total Reflection (ATR)-Technik ist eine Methode in der Fourier-Transform-Infrarot-(FTIR)-Spektroskopie, die es ermöglicht, Infrarotspektren von Feststoffen und Flüssigkeiten ohne vorherige Probenvorbereitung zu erhalten. Die ATR-Technik basiert auf der Verwendung eines Kristalls, der in Kontakt mit der Probe gebracht wird und eine Totalreflexion der Infrarotstrahlung an der Oberfläche der Probe erzeugt. Es handelt sich die heute am meisten verbreitete Präparationsmethode bei Routineuntersuchungen von festen oder flüssigen Proben. Bild 4.57 zeigt den schematischen Aufbau eines ATR-FTIR-Spektrometers.

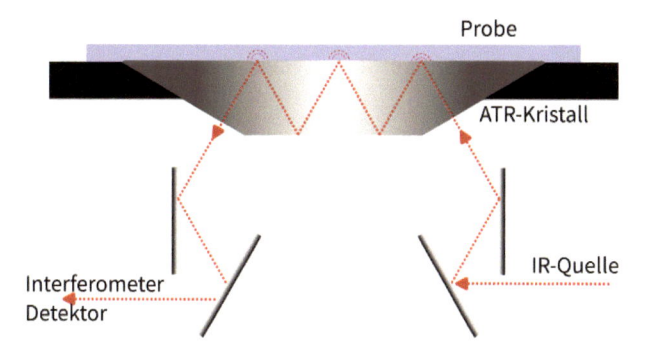

**Bild 4.57** Schematischer Strahlengang des Infrarotstrahls durch eine Probe, die in engem Kontakt zum ATR-Kristall steht

Der ATR-Kristall besteht in der Regel aus einem hochbrechenden Material wie Diamant, Zinkselenid (ZnSe) oder Germanium und wird in einem bestimmten Winkel gegen die Probe gedrückt. Wenn die Infrarotstrahlung auf den Kristall trifft, würde sie nach klassischer Vorstellung an der Grenzfläche zwischen dem Kristall und der Probe totalreflektiert und dränge nicht in die Probe ein. Aufgrund quantenmechanischer Effekte jedoch existiert jenseits der Grenzfläche eine von null verschiedene Aufenthaltswahrscheinlichkeit für die betreffende Lichtwelle. Diese wird evaneszente Welle genannt. Bringt man eine Probe in diesen Raum, indem man sie zum Beispiel eng an die Kristallfläche presst, wird ein Teil der Infrarotstrahlung durch den sogenannten evaneszenten Feldbereich an der Grenzfläche von Kristall und Probe absorbiert. Die Absorption der Infrarotstrahlung durch die Probe führt zu einer zusätzlichen, frequenzabhängigen Abschwächung der Intensität. Die Abschwächung des reflektierten Lichts, also die Differenz zwischen eingestrahltem und nach der Wechselwirkung mit der Probe gemessenem Licht einer gegebenen Frequenz, wird als ATR-Signal gemessen und als Infrarotspektrum interpretiert. Da das Material des Kristalls selbst wie die Laboratmosphäre Absorptionen hervorruft, werden ATR-Spektren mit dem sogenannten Backgroundspektrum, auch Blindspektrum genannt, verrechnet. Das Backgroundspektrum (vgl. Bild 4.58) wird in regelmäßigen Abständen, idealerweise vor jeder Probenmessung, frisch aufgenommen und von dem Probenspektrum subtrahiert.

Die ATR-Technik hat den Vorteil, dass sie eine schnelle und zerstörungsfreie Analyse von Feststoffen und Flüssigkeiten ermöglicht, ohne dass eine umfangreiche Probenvorbereitung erforderlich ist. Außerdem kann die ATR-Technik auch für Proben mit geringer Menge oder hoher Viskosität eingesetzt werden. Allerdings ist zu beachten, dass das ATR-Signal durch die oberflächliche Schicht der Probe beeinflusst werden kann und daher nicht immer die innere Struktur der Probe widerspiegelt. Dies ist besonders bei verunreinigten Bauteiloberflächen oder in Gegenwart oberflächenaktiver Funktionszusätze wie Trennmittel oder Antistatika zu beachten. Die Eindringtiefe des Lichts entspricht grob der Wellenlänge der Strahlung. Dies bedeutet auch, dass die Intensitätsverteilung bei ATR-Spektren frequenzabhängig ist, was in der Gerätesoftware kompensiert wird (ATR-Korrektur).

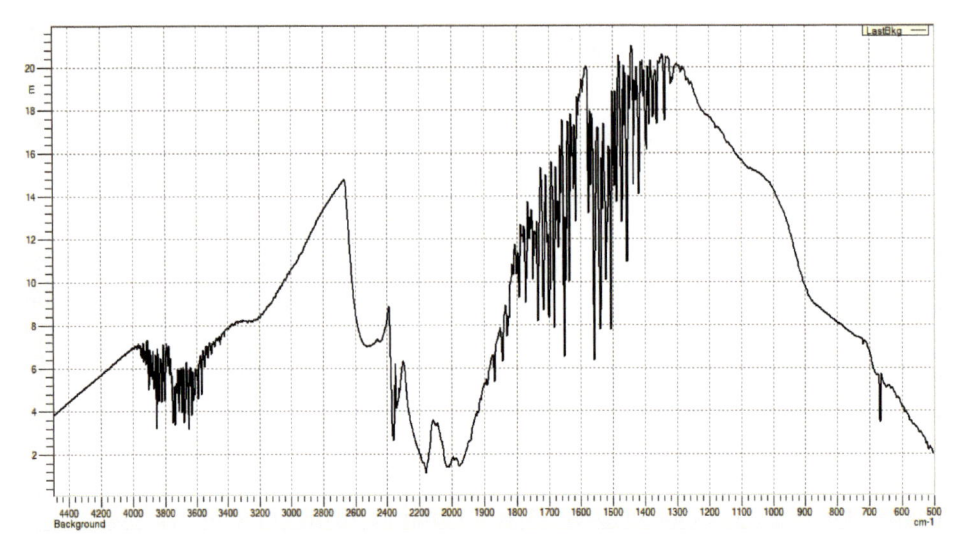

**Bild 4.58** Typisches Backgroundspektrum (Blindmessung), hervorgerufen durch Eigenabsorptionen des verwendeten ATR-Kristalls und IR-aktive Komponenten der Laboratmosphäre (Quelle: pro3dure medical GmbH)

## 4.5.8 Anwendungsbereich in der Werkzeugtechnik

Die Infrarotspektroskopie ist in der Regel nicht für die Analyse von Metallen geeignet, da Metalle im Infrarotbereich keine charakteristischen Absorptionsbanden aufweisen. Dies ist auf die völlig unterschiedliche Art der Bindung zwischen den Atomen zurückzuführen. Während kovalente Bindungen bei organischen Molekülen zwischen zwei Atomen lokalisiert sind und damit zu den geschilderten Absorptionsphänomenen führen, handelt es sich bei Metallbindungen um praktisch ungerichtete Kräfte, bei denen die Atome durch die gemeinsame „Nutzung" von Elektronen zusammengehalten werden, wobei diese Elektronen (im sogenannten „Leitungsband") mehr oder weniger frei beweglich sind. Im Allgemeinen reflektieren oder absorbieren Metalle Infrarotstrahlung sehr stark, was zu hohen Hintergrundsignalen führen kann, die die Analyse anderer Komponenten in einer Probe beeinträchtigen können.

Allerdings kann Infrarotspektroskopie bei der Untersuchung von organischen Molekülen, die an der Oberfläche von Metallen adsorbiert sind, eingesetzt werden. Somit lässt sich mithilfe der Infrarotspektroskopie beispielsweise die Gegenwart von Werkzeugbelägen aufgrund von Abbauprodukten der verarbeiteten Werkstoffe, Kunststoffadditiven, Trennmitteln oder Flammschutzmitteln bzw. deren Rückständen nachweisen. In solchen Fällen besteht die Herausforderung darin, von solchen Belägen repräsentative Proben zu nehmen, denn Werkzeugkomponenten lassen sich aus naheliegenden Gründen in den seltensten Fällen direkt einer Analyse zuführen. Dies kann auf unterschiedliche Weisen geschehen. Man kann auf unterschiedliche Techniken zurückgreifen, die je nach Konsistenz, Schichtdicke oder Zusammensetzung empirisch ausgewählt werden müssen. Etabliert hat sich eine Wischprobe, bei der von der Werkzeugoberfläche mit einem fusselfreien Tuch oder Wattestäbchen („Reinraumstäbchen") eine Probe abgenommen wird. Eine bewährte Vorgehensweise besteht auch darin, Beläge mit geeigneten organischen Lösungsmitteln aufzunehmen, derer man sich im Anschluss durch Verdunstung wieder entledigen kann. Ist dies nicht möglich, kann das Eigenspektrum des aufnehmenden Mediums auch bei der Spektrenauswertung berücksichtigt werden, beispielsweise indem man ein Referenzspektrum eines separat gemessenen Reinstoffes vom gewonnenen Spektrum Frequenzpunkt für Frequenzpunkt subtrahiert – dies ist aufgrund des Lambert-Beer-Gesetzes möglich und als Funktion in jeder gängigen Software implementiert. Aus technischen Gründen ist nicht immer garantiert, dass eine saubere Subtraktion von Spektren gut gelingt, was eine automatisierte Auswertung erschweren oder sogar verhindern kann.

Ist die Probe von geringer Viskosität, können Teile der Probe in das Gewebe eindringen. Wird die Probe dann auf den ATR-Kristall überführt, ist nicht zwingend gewährleistet, dass diese Probe hinsichtlich ihrer Zusammensetzung exakt derjenigen des Belags entspricht. Allerdings ist dieser Umstand bei den üblichen Fragestellungen von nachrangiger Bedeutung; häufig geht es nur um eine Zuordnung von Belägen zu erwarteten und damit bekannten Stoffen oder Stoffgemischen.

Es empfiehlt sich in jedem Fall, mehr als eine Probe von verschiedenen Abnahmeorten zu untersuchen, zumal hierdurch bei einer erkannten Ortsabhängigkeit der Probenkomposition Zusatzinformationen gewonnen werden können, die bei der Erklärung ihrer Entstehung hilfreich sind.

## 4.5.9 Literatur

[Bal11] BALSTER, A.: *Schadensanalyse an Kunststoffen.* Lehrbrief der FH Südwestfalen, 1. Auflage 2011

[BBF16] BIENZ, S.; BIGLER, L.; FOX, T.; MEIER, H.: *Spektroskopische Methoden in der organischen Chemie.* Stuttgart: Thieme, 9. Auflage 2016

[BC07] BURNS, D. A.; CIURCZAK E. W.: *Handbook of Near-Infrared Analysis.* Boca Raton: CRC Press, 3rd Edition, 2007

[BM96] BOVEY, F. A.; MIRAU, P.A: *NMR of Polymers.* In: Academic Press, 1996

[FPA08]  FRANK, H.; PHROOD, AGONY: *elektromagnetisches Spektrum und der Bereich der Infrarotstrahlung*. CC BY-SA 3.0, via Wikimedia Commons, 2008

[GH07]  GRIFFITHS, P. R.; DE HASETH, J. A.: *Fourier Transform Infrared Spectrometry*. John Wiley & Sons, 2007.

[HC57]  HOLTZCLAW JR., H. F.; COLLMAN, J. P.: *Infrared Absorption of Metal Chelate Compounds of 1,3-Diketones*. In: J. Am. Chem. Soc. 79, (1957) 13, S. 3318-3322

[Hed71]  HEDIGER H.-J.: *Infrarotspektroskopie. Grundlagen, Anwendungen, Interpretation*. Frankfurt am Main: Akademische Verlagsanstalt, 1971

[HMZ05]  HESSE, M.; MEIER, H.; ZEEH, B.: *Spektroskopische Methoden in der organischen Chemie*. Stuttgart: Thieme, 7. Auflage, 2005

[Law61]  LAWSON, K. E.: *The infrared absorption spectra of metal acetylacetonates*. In: Spectrochimica Acta 17 (1961) 3, S. 248-258

[LCP20]  LOOIJMANS, SFSP; CARMELI, E.; PUSKAR, L, ET AL.: *Polarization modulated infrared spectroscopy: A pragmatic tool for polymer science and engineering*. In: Polymer Crystallization. 2020; 3:e10138

[Nic73]  NICHOLLS, D.: *The Chemistry of Iron, Cobalt and Nickel*. In: Comprehensive Inorganic Chemistry 1973, S. 1109-1161

[TM00]  TAYYARI, S. F.; MILANINEJAD, F.: *Vibrational assignment of acetylacetone*. In: Spectrochimica Acta Part A 56 (2000), S. 2679-2691

# 4.6 Röntgenfluoreszenzanalyse

Dr. Martin Ciaston

## 4.6.1 Einleitung

Die Röntgenfluoreszenzanalyse (RFA) ist eine etablierte Technik zur quantitativen und qualitativen Analyse von Materialien. Röntgenfluoreszenzanalysen werden häufig in der Materialanalyse, der Qualitätskontrolle und der Forschung eingesetzt. Sie können beispielsweise verwendet werden, um die Zusammensetzung eines Materials zu bestimmen, seine Reinheit zu bestimmen oder Schichtdicken zu charakterisieren. Die Röntgenfluoreszenzanalyse ist eine zerstörungsfreie Analysemethode, die sowohl für feste, flüssige als auch pulverförmige Proben geeignet ist. Röntgenfluoreszenz ist ein physikalisches Phänomen, das beobachtet wird, wenn ein Röntgenstrahl auf ein Material trifft. Dabei werden einige der energiereicheren Röntgenphotonen von den Atomen des Materials absorbiert und reagieren dann mit dem Material, um kürzere, sichtbare Photonen zu erzeugen. Dieses Phänomen wird hauptsächlich bei der Röntgenanalyse von Metallen und anderen Elementen verwendet. Röntgenfluoreszenz ist eine der Grundlagen der Röntgenanalyse und wird in vielen Bereichen der Wissenschaft und Technik eingesetzt. Theoretisch ist die RFA auf Elemente mit einer Ordnungszahl ab 5 (Bor) anwendbar. Bei den leichteren Elementen der Ordnungszahl 5 bis 10 wird die Röntgenfluoreszenzstrahlung jedoch vollständig von der Umgebung absorbiert, sodass Messungen erst ab dem Element Natrium (Ordnungszahl 11) praktikabel durchführbar sind. Es kann zwischen zwei Anwendungsbereichen der Röntgenfluoreszenzanalysen, den qualitativen und den quantitativen Analysen, unterschieden werden. Qualitative Analysen basieren auf der Bestimmung des Materials, während quantitative Analysen auch die Intensität der Röntgenfluoreszenz berücksichtigen und somit eine Aussage über die Menge der Elemente in der gemessenen Probe getroffen werden kann.

## 4.6.2 Physikalische Grundlagen der Röntgenfluoreszenz

Im Folgenden wird eine kurze Zusammenfassung der grundlegenden Wechselwirkungen der Röntgenstrahlung mit Materie gegeben, um ein Verständnis für die wesentlichen physikalischen Eigenschaften eines energiedispersiven RFA-Spektrometers zu ermöglichen. Eine ausführlichere Einführung kann in Lehrbüchern wie z. B. [HHW84] gefunden werden.

Die Röntgenfluoreszenzanalyse bezieht sich auf die quantitative und qualitative Untersuchung der charakteristischen Fluoreszenzstrahlung der chemischen Elemente, welche entsteht, nachdem eine Probe durch Röntgenstrahlung bestrahlt wurde, die zuvor durch z. B. Röntgenröhren erzeugt wurde. Im Energiebereich von 0,1 keV bis 100 keV gibt es im Wesentlichen vier verschiedene Wechselwirkungsmechanismen der Röntgenphotonen mit Materie: Rayleighstreuung, Comptonstreuung, Photoeffekt und Paarbildung. Die Rayleighstreuung beschreibt die elastische Streuung von Photonen durch kollektive Anregung von Rumpfelektronen. Die Streuung der Photonen kann dabei in alle Raumrichtungen verlaufen. Unabhängig von der Raumrichtung besitzen die Photonen jedoch die gleiche Energie wie vor der Streuung. Die Comptonstreuung beschreibt die Streuung eines einzelnen Photons mit einem einzelnen schwach an ein Atom gebundenen Elektron. Beide Stoßpartner sind dabei als teilchenförmig anzusehen und unterliegen dem Energie- und Impulserhaltungssatz. Im Unterschied zum Comptoneffekt wird bei dem Photoeffekt die volle Energie des einfallenden Photons auf ein Hüllenelektron übertragen. Das Photon selbst wird praktisch eliminiert, da es keine Energie mehr besitzt. Das Elektron absorbiert die Energie des Photons als kinetische Energie und verlässt die Atomhülle. Bei der Paarbildung werden Photonen in der Nähe von Atomkernen zerstreut und erzeugen ein Elektron-Positron-Paar. Diese Mechanismen werden durch den totalen atomaren Wechselwirkungsquerschnitt $\mu_A$ beschrieben, der aus den atomaren Wechselwirkungsquerschnitten $\mu_{Ph}$ für den Photoeffekt, $\mu_R$ für die Rayleigh-Streuung, $\mu_{Pa}$ für die Paarbildung und $\mu_C$ für die Compton-Streuung besteht (vgl. Formel 4.18). [Bre17]

$$\mu_A = \mu_{Ph} + \mu_R + \mu_C + \mu_{Pa} \text{ mit } [\mu_A] = \frac{10^{-24} \text{cm}^2}{\text{Atom}} \tag{4.18}$$

| | | |
|---|---|---|
| $\mu_A$ | totaler atomarer Wechselwirkungsquerschnitt | [cm²/Atom] |
| $\mu_{Ph}$ | Photoeffekt | [cm²/Atom] |
| $\mu_R$ | Rayleighstreuung | [cm²/Atom] |
| $\mu_C$ | Comptonstreuung | [cm²/Atom] |
| $\mu_{Pa}$ | Paarbildung | [cm²/Atom] |

Die dargestellten Wechselwirkungswahrscheinlichkeiten können verwendet werden, um die Abschwächung der Röntgenstrahlung in Materie zu berechnen. Mithilfe des Lambert-Beer-Gesetzes kann die Abschwächung der Intensität I eines kollimierten Röntgenstrahls bei Durchgang durch eine Schicht mit endlicher Dicke $x$ berechnet werden, wobei $\mu_{lin}$ der lineare Schwächungskoeffizient und eine energieabhängige Materialkonstante ist (vgl. Formel 4.19).

$$\frac{dI}{I} = \mu_{lin} dx \tag{4.19}$$

| $I$ | Intensität | [W/cm²] |
| $\mu_{lin}$ | linearer Schwächungskoeffizient | [1/cm] |
| $x$ | Schichtdicke | [cm] |

Durch Integration wird die Schichtdicke $x$ mithilfe der Flächenmasse $F = \rho\, x$ zugänglich (vgl. Formel 4.20).

$$I(x) = I_0 \cdot e^{\mu_{lin} \cdot x} = I_0 \cdot e^{-\mu_{mass} \cdot F} \qquad (4.20)$$

| $I_0$ | Primärintensität | [W/cm²] |
| $F$ | Flächenmasse | [g/m²] |
| $\rho$ | Dichte | [g/cm³] |
| $\mu_{mass}$ | Absorptionkoeffizient | [cm²/g] |

Die Intensität der Strahlung vor dem Eintreten in die Materie wird als Primärintensität $I_0$ bezeichnet und ihre Intensität nach dem Durchgang durch die Schicht als $I(x)$. Dabei ist $\rho$ die Dichte der Schicht. Die beiden Absorptionkoeffizienten $\mu_{lin}$ und $\mu_{mass}$ sind über die Avogadro-Konstante $N_A$, die Dichte und die molare Masse M verknüpft (vgl. Formel 4.21).

$$\frac{\mu_{lin}}{\rho} = \mu_{mass} = \left(\frac{N_A}{M}\right) \cdot \mu_A \qquad (4.21)$$

| $N_A$ | Avogadro-Konstante | [1/mol] |
| $M$ | Molare Masse | [mol] |

Die Massenschwächungskoeffizienten $\mu_{mass}$, $\mu_{lin}$ und $\mu_A$ sind fundamentale Parameter, die die Wechselwirkung von Röntgenstrahlung mit Materie quantitativ beschreiben.

Durch Einwirkung von Strahlung mit hoher Energie können Elektronen in den K-, L- oder M-Schalen eines Atoms in einen angeregten Zustand versetzt werden. Wenn die übertragene Energie bei der Bestrahlung größer ist als die Bindungsenergie des Elektrons zum Kern, kann das Elektron aus der Schale entfernt werden. Während dieses Vorgangs entsteht eine Elektronenlücke, die auch als initiale Leerstelle bezeichnet wird. Um in den energetisch stabileren Zustand zurückzukehren, füllt ein Elektron aus einer äußeren Schale die Leerstelle aus und Energie wird durch Röntgenstrahlung emittiert. Die dabei freiwerdende Energie entspricht der Energiedifferenz zwischen den Energieniveaus der verschiedenen Elektronenschalen. Diese Emission von Röntgenstrahlung wird als Röntgenfluoreszenz bezeichnet und führt zur Entstehung eines charakteristischen Linienspektrums aus diskreten Röntgenlinien. Die Energie der emittierten Röntgenstrahlung hängt von der Energiedifferenz zwischen der Schale mit der initialen Leerstelle und der Energie des Elektrons ab, das die Schale füllt (vgl. Bild 4.59).

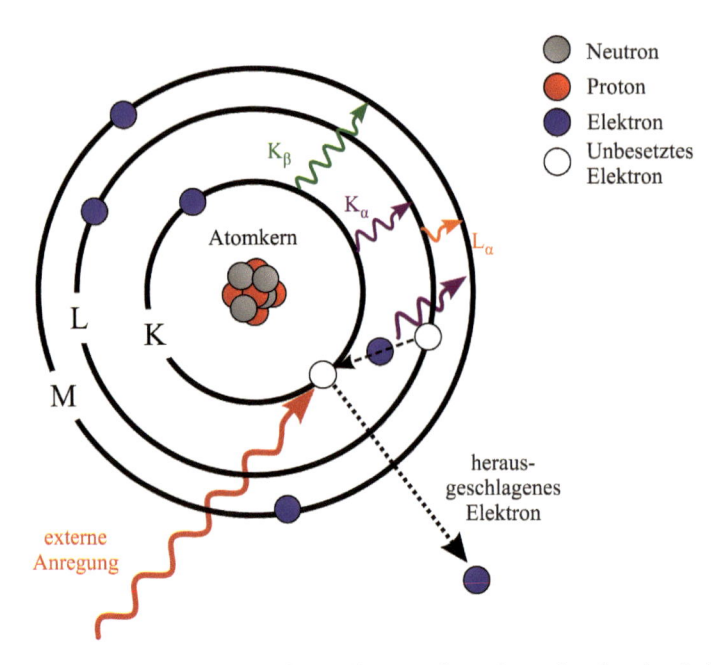

**Bild 4.59** Schematische Darstellung zur Entstehung der charakteristischen Röntgenstrahlung; (Quelle: www.wikipedia.org, gemeinfreie Abbildung aus dem Artikel Röntgenstrahlung)

Für jedes Element gibt es verschiedene Möglichkeiten der Elektronenübergänge, die davon abhängen, aus welcher Schale das energiereiche Elektron herabfällt und in welcher Schale die Elektronenlücke aufgefüllt werden soll. Diese Übergänge führen zur Entstehung von charakteristischen Röntgenstrahlen, die durch Bezeichnungen wie $K_\alpha$, $K_\beta$, $L_\alpha$ usw. gekennzeichnet sind. Die Energie einer Röntgenfluoreszenzstrahlung, also ihre Position im Spektrum, gibt an, um welches Element es sich handelt. Die Intensität einer Röntgenlinie hängt von der Menge des Elements in der Probe ab. [HHW84, Bre17, BKL+06, HFH21]

### 4.6.3 Instrumentelle Aspekte der Röntgenfluoreszenzspektroskopie

In der Röntgenfluoreszenzspektrometrie gibt es grundsätzlich zwei Arten von Geräten, wobei zwischen wellenlängendispersiver RFA (WDRFA) und energiedispersiver RFA (EDRFA) unterschieden wird. In beiden Arten der Geräte wird eine Röntgenstrahlungsquelle genutzt, um die Probe anzuregen. Der Unterschied liegt in der Art der Detektion des emittierten Röntgenspektrums. Typische EDRFA-Spektrometer, wie sie in Laboren oder für die Qualitätskontrolle in der Industrie eingesetzt werden, bestehen aus einer Röntgenröhre, die die primäre Röntgenstrahlung erzeugt, einem Element zur Begrenzung der Strahlung (Lochblende oder Röntgenoptik) und einem Detektionssystem, das die Intensität der von der Probe ausgesandten, elementspezifischen Fluoreszenzstrahlung erfasst. Mit diesen Daten kann man Rückschlüsse auf die Eigenschaften der Probe ziehen, wie zum Beispiel Schichtdicke oder atomare Zusammensetzung. In der Regel werden Elektronen von einer elektrisch beheizten Kathode ausgesendet. Diese Elektronen werden durch eine hohe Spannung beschleunigt und treffen auf das Anodenmaterial, wodurch primäre Röntgenstrahlung erzeugt und die zu vermessende Probe damit bestrahlt wird. Der Primärfilter wird verwendet, um die Energieverteilung der primären Röntgenstrahlung zu optimieren. Je nach Hersteller und Gerät sorgen optionale Sicherheitseinrichtungen wie z. B. ein Shutter für zusätzliche Sicherheit für die Anwender. Der Shutter wird nur für die Zeitdauer der Messung geöffnet. Sobald die Gerätekammer geöffnet wird, oder eine Störung vorliegt, schließt dieser Shutter. Oftmals wird die zu vermessende Position durch eine Lichtquelle beleuchtet, und das Bild wird mithilfe eines Lochspiegels und einer Linse auf eine Videokamera projiziert. Der Spiegel hat in der Mitte eine Öffnung, damit die primäre Röntgenstrahlung hindurchgelangen kann. Der Kollimator begrenzt den Querschnitt des Primärstrahls, um einen Messfleck von definierter Größe zu erzeugen (vgl. Bild 4.60). [Sch12]

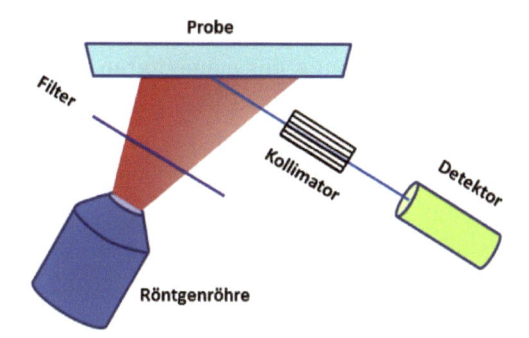

**Bild 4.60** Schematische Darstellung eines EDRFA [Sch12]

Die energiedispersive Detektion von Röntgenstrahlung erfasst die Photonen aller Elemente gleichzeitig. Das gesamte Spektrum wird an einem Detektor gemessen und dann weiterverarbeitet. Die Gesamtstrahlung der Probe wird in die Strahlung der enthaltenen Elemente aufgetrennt und es werden Informationen aller Elemente in Bezug auf eine Energieskala gewonnen.

Beim wellenlängendispersiven System wird das Spektrum des Substrats durch einen Analysenkristall in einzelne Wellenlängen zerlegt, um die verschiedenen Energien zu erhalten, und dem Detektor separat zugeführt (vgl. Bild 4.61). [Sch12]

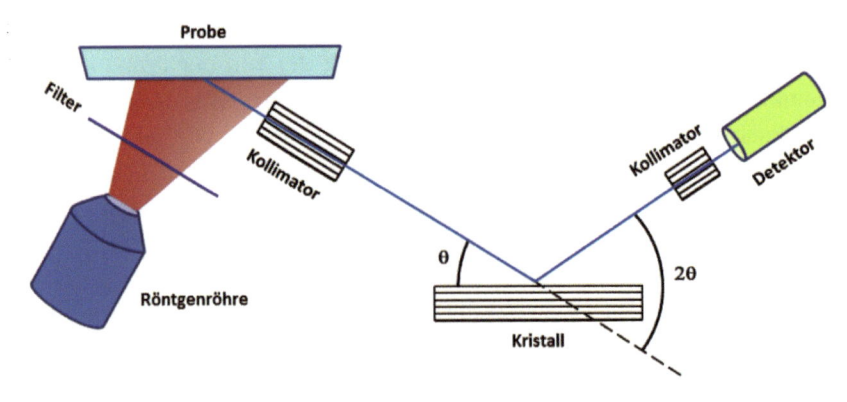

**Bild 4.61** Schematische Darstellung eines WDRFA [Sch12]

Die einzelnen Wellenlängen der zu messenden Elemente werden getrennt voneinander detektiert, was zu einer deutlichen Messzeitverlängerung führt, wenn eine Analyse von mehreren Elementen analysiert wird.

### 4.6.4 Anwendungen der Röntgenfluoreszenzspektroskopie in der Materialanalyse

Die RFA kann auf vielfältige Weise in der Bestimmung der elementaren Zusammensetzung unbekannter Substanzen angewendet werden. Dabei hängt bei der Röntgenfluoreszenzanalyse die gemessene Intensität der Elemente in der Probe neben den Konzentrationen entscheidend von der umgebenden Matrix ab. Die Matrixeffekte beruhen auf den oben genannten Absorptions-, Verstärkungs-, Schwächungs- und Streuungseffekten. Dabei sind nichtlineare Effekte wie Elementarzusammensetzung, Probendicke, Packungsdichte und Partikelgrößen nicht zu vernachlässigen, da diese eine wesentliche Rolle spielen und die Fluoreszenzintensität beeinflussen. Im Allgemeinen versucht man durch geeignete Probenvorbereitung (Mahlen, Schmelzen, Aufschließen oder Verdünnung) des Ausgangsmaterials diese Probleme zu lösen. Partikel unterschiedlicher Größen haben einen Einfluss auf die Fluoreszenzintensität eines Elementes. Voraussetzung für eine optimale Fluoreszenzausbeute ist, dass die chemische Zusammensetzung der Probe homogen und repräsentativ ist. Bei pulverförmigen oder partikulären Proben, die eine Partikelgrößen- bzw. Korngrößenverteilung zeigen, ist mit einem Einfluss auf die Fluoreszenzintensität zu rechnen.

Aufgrund der schnellen und einfachen Anwendung ist die RFA in vielen Bereichen der Industrie vertreten. Im Gegensatz zur Verwendung von Elektronenstrahlen als Anregungsquelle bei REM-EDX-Analysen verwendet die RFA nämlich eine Röntgenröhre. Dadurch können auch feuchte oder flüssige Proben ohne die Notwendigkeit eines Vakuums untersucht werden. Ein weiterer Vorteil ist, dass keine elektrische Leitfähigkeit der Probe erforderlich ist, was die Probenvorbereitung erheblich vereinfacht. Auch Isolatoren können ohne zusätzlichen Aufwand untersucht werden. Dank ihrer hohen Empfindlichkeit eignet sich die RFA zudem für ein Screening auf RoHS-beschränkte Substanzen. Zum Beispiel können die Lötkontakte von Bauteilen auf Bleifreiheit und korrekte Beschichtung überprüft werden. Prüfungen von Kunststoffen auf halogen- oder phosphorhaltige Flammschutzmittel sind ebenfalls möglich.

### 4.6.5 Quantitative Aspekte der Röntgenfluoreszenzspektroskopie

Während qualitative oder halbquantitative Bestimmungen in manchen Fällen ausreichend sein können, ist oftmals das eigentliche Ziel der Röntgenfluoreszenzanalyse die quantitative Bestimmung von Haupt-, Neben- und Spurenelementen. Die Messung der Röntgenstrahlung kann auf verschiedene Weise erfolgen, z. B. durch Verwendung von Anregungslinien mit unterschiedlichen Energien oder durch Verwendung von Filtern zur Absorption der Röntgenstrahlung. Dank der Fortschritte in der RFA-Technologie, insbesondere durch den Einsatz von Hochleistungs-Silizium-Drift-Detektoren (SDD), ist es z. B. möglich, sowohl den Nickel- als auch den Phosphorgehalt in NiP-Schichten direkt zu messen und somit die Schichtdicke und chemische Zusammensetzung simultan zu bestimmen. Um bei der Vermessung von Nickel-Phosphor-Legierungen (NiP) mit RFA höchste Präzision zu erreichen, sind spezielle Voraussetzungen erforderlich, die eine geeignete Kombination aus Detektor und optimierter Geometrie (minimaler Abstand zwischen Probe und Detektor) aufweisen. Dies ermöglicht die gleichzeitige Bestimmung von mehreren Elementen in einem Material und die prozentualen Anteile innerhalb einer Schicht, z. B. Nickel und Phosphor in chemisch-Nickel-Schichten (vgl. Bild 4.62). Dabei werden die verschiedenen Energien der $K_\alpha$-Linien der Elemente genutzt und die Intensitäten bestimmt [KZ16].

primärer Röntgenstrahl
P-K$_\alpha$  2,0 keV
Ni-K$_\alpha$  7,5 keV
Fe-K$_\alpha$  6,4 keV

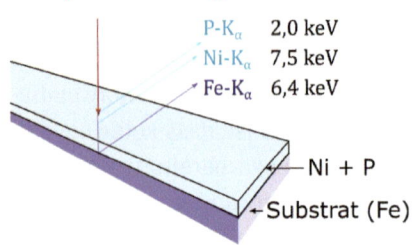

Ni + P
Substrat (Fe)

**Bild 4.62** Gleichzeitige Bestimmung von Nickel und Phosphor in chemisch-Nickel-Schichten (Bildquelle: eigene Abbildung in Anlehnung an https://www.helmut-fischer.com/fileadmin/_processed_/2/c/csm_an002_1de_a32402ad1a.jpg)

Um eine hohe Genauigkeit der Messung zu erreichen, werden Kalibrierstandards verwendet, welche bekannte Konzentrationen von Nickel und Phosphor enthalten. Die RFA-Methode ermöglicht somit eine schnelle und präzise Bestimmung von Nickel und Phosphor in chemisch-Nickel-Schichten. Durch die gleichzeitige Analyse von mehreren Elementen kann die Effizienz und Genauigkeit der Analyse verbessert werden. Sind Schichtbestandteile nicht bekannt, können sich Schwierigkeiten z. B. aufgrund der Absorption der Floureszenzstrahlung von leichteren Elementen ergeben. So wurden in Messungen an Schichten aus Wolframsulfid am Kunststoff-Institut Lüdenscheid die in Tabelle 4.5 dargestellten prozentualen Anteile von Wolfram und Schwefel in einer Probe erhalten.

**Tabelle 4.5** Mittels RFA-Messung ermittelte prozentuale Anteile einer WS-Schicht

| Probe (RFA-Messung) | Anteil W [%] | Anteil S [%] |
|---|---|---|
| WS0031 | 65 | 35 |

Weiterführende Analysen mittels REM-EDX haben jedoch gezeigt, dass deutliche Anteile Kohlenstoff und Sauerstoff in den Schichten enthalten sind und somit falsche Werte für die prozentualen Anteile mittels RFA erhalten werden (vgl. Tabelle 4.6).

**Tabelle 4.6** Mittels REM-EDX-Messung ermittelte prozentuale Anteile einer WS-Schicht

| Probe (REM-EDX-Messung) | Anteil W [%] | Anteil S [%] | Anteil C [%] | Anteil O [%] |
|---|---|---|---|---|
| WS0031 | 27 | 48 | 18 | 7 |

Aus diesen Ergebnissen wird deutlich, dass die fehlende Messung von leichteren Elementen und die Zuordnung der Restgehalte zu den messbaren Elementen zu falschen Annahmen führen kann.

Die Röntgenfluoreszenzanalyse kann weiterhin als eine zerstörungsfreie und präzise Methode zur Bestimmung von Schichtdicken von verschiedenen Materialien genutzt werden. Dabei auftretende Schwierigkeiten bei der Anwendung der RFA ergeben sich oft aufgrund komplexer Zusammenhänge zwischen Intensität und Konzentration. Wenn mehrere Elemente gleichzeitig in einer Probe vorhanden sind, können je nach Position im Periodensystem unterschiedliche Absorptionen von Primär- und Fluoreszenzstrahlung sowie sekundäre Anregungen auftreten. Dadurch ist die Beziehung zwischen dem Gehalt des zu bestimmenden Elements und der Intensität seiner Fluoreszenzstrahlung nicht immer proportional. Weiterhin ist die Messgenauigkeit der Schichtdickenmessung vor allem von dem zu analysierenden Material und der Schichtdicke abhängig, z. B. kann Chrom bis 50 nm Schichtdicke noch mit einer Genauigkeit von 10 nm gemessen werden. Cr/Cu/Ni-Schichtsysteme, die dicker als 40 µm sind, haben bei der Messung der Kupferschicht eine hohe Ungenauigkeit, da die Austrittstiefe der Fluoreszenz zum Analysator limitiert ist. Schlussendlich hängt die Messgenauigkeit entscheidend von der Qualität der gewählten Standards ab. Messgenauigkeiten sind bei Ihrem Gerätehersteller zu erfragen, da diese für jedes Schichtsystem unterschiedlich sind.

Sind Elemente nicht mittels RFA nachweisbar, wie z. B. Sauerstoff und Kohlenstoff, erweisen sich Messungen von oxidischen Beschichtungen auf Substraten wie z. B. Spritzgießwerkzeugen als schwierig. Über komplementäre Verfahren an Probekörpern, welche dem Beschichtungsprozess des eigentlichen Substrats hinzugefügt werden, kann die Schichtdicke der beschichteten Substrate zerstörungsfrei bestimmt werden. Ein mögliches Verfahren ist das Kalottenschliffverfahren, welches jedoch nicht zerstörungsfrei ist (vgl. Abschnitt 4.1 Kalottenschliff). Das Kalottenschliffverfahren wird angewendet, um die Schichtdicken der Probekörper zu bestimmen. Ist die Schichtdicke der Probekörper bekannt, kann die RFA dazu genutzt werden, die Schichtdicke zerstörungsfrei an dem eigentlichen Substrat zu messen. Dabei wird über die Beziehung aus Formel 4.20 die Intensität der Röntgenfluoreszenzstrahlung an dem Substrat gemessen und die Dichte in der Messmethode eingestellt, bis die Schichtdicken der Probekörper und des Substrats übereinstimmen. Bei der Bestimmung der Schichtdicke von z. B. Zirkoniumoxidschichten ist die Messung der Röntgenfluoreszenz des Metalls Zirkonium mit der Dichte 6,51 g/cm$^3$ problemlos möglich. Es liegt jedoch eine Abweichung zur tatsächlichen Schichtdicke vor. Durch Reduktion der Dichte auf einen geringeren Wert, welcher zuvor durch Abgleich der Probekörper mit der ermittelten Schichtdicke aus dem Kalottenschliffverfahren und dem erhaltenen Intensitätssignal der RFA ermittelt wurde, kann die Schichtdicke unter Anwendung der Gleichungen Formel 4.20 und Formel 4.21 korrekt bestimmt werden.

### 4.6.6 Zusammenfassung und Ausblick

Sowohl in der Forschung als auch in der Qualitätskontrolle kommen unterschiedlichste Methoden in der Materialanalyse zum Einsatz. Die Anwendung der Raster-

Elektronen-Mikroskopie (REM) in Verbindung mit ergänzenden Methoden wie Focused Ion Beam (FIB), Energiedispersiver Röntgenspektroskopie (EDX) und Röntgendiffraktometrie (XRD) ermöglicht eine umfassende Untersuchung der relevanten Eigenschaften von Materialien. Durch die FIB-Technik kann man Material mittels eines hochenergetischen Ionenstrahls von der Probe entfernen und innere Strukturen freilegen. Diese Strukturen können dann durch EDX für die Elementzusammensetzung und XRD für die Strukturanalyse untersucht werden. Es gibt auch andere Analysemöglichkeiten wie Atomic Force Microscopy (AFM) und Nanoindentation, die Materialeigenschaften wie Härte, Sprödigkeit und Elastizitätsmodul bestimmen können. Im Gegensatz zur RFA sind diese Methoden jedoch teilweise zerstörend und zeitaufwendiger und erfordern oft auch eine Probenvorbereitung, sodass die RFA auch in Zukunft Verwendung in der Materialanalyse, der Qualitätskontrolle und der Forschung finden wird.

Die Mikroröntgenfluoreszenzanalyse ($\mu$-RFA oder $\mu$-XRF) ist ein Verfahren, bei dem ein Röntgenstrahl mithilfe von Röntgenoptiken auf wenige Mikrometer fokussiert wird, um eine sehr hohe Auflösung im Mikrometer-Bereich zu erreichen. Eine Erweiterung dieses Verfahrens, die in den 2000er Jahren an der TU Berlin entwickelt wurde, ist die 3D-Mikroröntgenfluoreszenzspektroskopie (3D-$\mu$-RFA oder 3D-$\mu$-XRF). Mithilfe dieser Methode ist eine zerstörungsfreie, dreidimensionale Abbildung von Proben möglich. Dabei werden sowohl der Anregungs- als auch der Detektionsstrahl durch jeweils eine Polykapillarlinse geleitet, um ein Untersuchungsvolumen im Mikrometerbereich zu definieren [Man09]. Neueste Ergebnisse aus Messungen mit der RFA zeigen, dass die praktische Anwendung dieser Analysemethode noch viel Potential aufweist. So haben M. Breuckmann et al. erst kürzlich ein Verfahren zur zerstörungsfreien Bestimmung des Brennwertes einer Probe mittels Röntgenspektroskopie in dem Patent DE102022106365A1 [BHK22] veröffentlicht. Sie konnten durch Aufnahme eines Röntgenspektrums der Probe den Brennwert der Probe auf Basis des aufgenommenen Röntgenspektrums und auf Basis eines Datensatzes bestimmen. In weiteren Untersuchungen wurde ein Ansatz zur Bestimmung der Elemente Kohlenstoff, Wasserstoff, Stickstoff und Sauerstoff (CHNO) in Polymeren durch wellenlängendispersive Röntgenfluoreszenzanalyse (WDRFA) in Kombination mit partieller Kleinstquadratregression (PLS) erforscht. Die Quantifizierung von CHNO erfolgte anhand der Rayleigh- und Compton-Streuungsspektren einer Rh-Röntgenröhre von 84 verschiedenen Polymeren [BWH+22].

Die Vielzahl der Veränderungen in der industriellen Produktion wird in Zukunft die aktuellen Prozess- und Qualitätskontrollen vor eine Herausforderung stellen. So werden energieintensive Produktionen wie z. B. die Herstellung von Stahl auf nachhaltige Energiequellen ausweichen müssen. Im Mobilitätssektor werden neben neuen Materialien auch neue Prozesse für eventuelle Verunreinigungen im Produkt eine Rolle spielen, sodass eine kontinuierliche Weiterentwicklung der Messmethoden mittels RFA unerlässlich ist.

## 4.6.7 Literatur

[BHK22]   BREUCKMANN, M.; HANNING, S.; KREYENSCHMIDT, M.P.: *Verfahren zur zerstörungsfreien Bestimmung des Brennwertes einer Probe mittels Röntgenspektroskopie.* Patent DE102022106365A1, 2022

[BKL+06]  BECKHOFF, B.; KANNGIESSER, B.; LANGHOFF, N., ET AL.: *Handbook of Practical X-Ray Fluorescence Analysis.* Berlin Heidelberg New York: Springer-Verlag, 2006

[Bre17]   BREMEKAMP, M.: *Energiedispersive Mikro-Röntgenfluoreszenzanalyse technischer Mikrostrukturen.* Dissertation, Technische Universität Berlin, 2017

[BWH+22]  BREUCKMANN, M.; WACKER, G.; HANNING, S.; ET AL.: *Quantification of C, H, N and O in polymers using WDXRF scattering spectra and PLS regression depending on the spectral resolution.* In: Journal of Analytical Atomic Spectrometry 37 (2022), S. 861–869

[HFH21]   HASCHKE, M.; FLOCK, J.; HALLER, M.: *X-ray Fluorescence Spectroscopy for Laboratory Applications.* Weinheim: Wiley-VCH, 2021

[HHW84]   HAHN-WEINHEIMER, P.; HIRNER, A.; WEBER-DIEFENBACH, K.: *Grundlagen und praktische Anwendung der Röntgenfluoreszenzanalyse (RFA).* Wiesbaden: Vieweg+Teubner Verlag, 1984

[KZ16]    KREINER, M.; ZHU, J.: *Der Prozess der stromlosen Vernicklung und seine Bedeutung in der Anwendung in WOMag – Kompetenz in Werkstoff und funktioneller Oberfläche.* WOTech – Charlotte Schade – Herbert Käszmann – GbR, Band 5; 7/8 2016

[Man09]   MANTOUVALOU, I.: *Quantitative 3D Micro X-ray fluorescence spectroscopy.* Dissertation, Technische Universität Berlin, 2009

[Sch12]   SCHRAMM, R.: *Röntgenfluoreszenzanalyse in der Praxis.* Bedburg-Hau: Fluxana, 2012

## 4.7 Elektrochemische Impedanzspektroskopie

Dr. Anatoliy Batmanov

### 4.7.1 Einleitung

Die elektrochemische Impedanzspektroskopie (EIS) ist ein wertvolles Instrument zur Untersuchung sowohl der Transporteigenschaften von Materialien als auch der elektrochemischen Reaktionen an Grenzflächen. Diese Messmethode [FP73, BM05] wird seit über 50 Jahren zur Charakterisierung von Schichten auf Metalloberflächen eingesetzt. Am Ende des 19. Jahrhunderts wurde entdeckt, dass zwei Elektroden in einer Elektrolytlösung beim Anlegen einer sinusförmigen Wechselspannung kein rein ohmsches Verhalten zeigen, sondern deutliche kapazitive und induktive Eigenschaften aufweisen [Koh73, Wie96, War99].

Seit den 60er Jahren des 20. Jahrhunderts wird EIS zur Untersuchung der Kinetik elektrochemischer Prozesse eingesetzt. Mit der Verbesserung der Performance der Messgeräte hat sich auch der Anwendungsbereich der EIS erweitert. Dies umfasst unter anderem Untersuchungen von Metallauflösungen, -abscheidungen und Korrosion [Gab80, MJ95]. Weitere Einsatzgebiete sind Untersuchungen von Barriere- und Schutzschichten und zur Struktur von Materialien, die in Batterie- und Brennstoffzellen Verwendung finden [BM05, Sau06, RH22].

Die Ursache der wässrigen Korrosion sowie der Hochtemperaturoxidation von Stählen sind elektrochemische Prozesse an der Grenzfläche [Fon87]. Dabei werden die Metallatome ionisiert, was durch einen Elektronentransfer begleitet wird. Die Korrosionsbeständigkeit von Stahl in wässriger Lösung kann durch die Messung des Polarisationswiderstandes am Leerlaufpotential des Systems bewertet werden [Sch97], wie in Bild 4.63 dargestellt. Die Oberflächenbeschaffenheit spielt eine entscheidende Rolle bei der Entstehung des Polarisationswiderstandes. Eine Oxid- und/oder Hydroxidschicht auf der Oberfläche führt in der Regel zu einem Anstieg des Polarisationswiderstands, da die Oxid- und Hydroxidschichten den Ladungstransport behindern [BM05].

Das Vorhandensein einer schützenden Beschichtung kann den Korrosionsprozess des darunterliegenden Metalls behindern oder sogar stoppen. Deshalb dient der elektrische Widerstand der Beschichtung als wichtiger Indikator für die Effizienz der Korrosionsbeständigkeit. Bei der wässrigen Korrosion sowie der Hochtemperaturoxidation auf der Oberfläche von Metallen und Legierungen bildet sich schnell eine Oxidschicht und/oder Hydroxidschicht, deren Wachstumsrate vom Transfer von Kationen, Anionen oder deren Leerstellen durch die Schutzschicht abhängt [Fon87, Jon96]. Wenn die Schutzschicht nicht defektfrei ist und Defekte wie Poren,

Hohlräume, Kanäle oder Risse relativ groß sind, wirken sie als Kurzschlusswege für die Oxidationsreaktion. Die Qualität der Schutzschicht hat also einen erheblichen Einfluss auf den elektrischen Widerstand der Schicht und die Korrosionsbeständigkeit des Metalls.

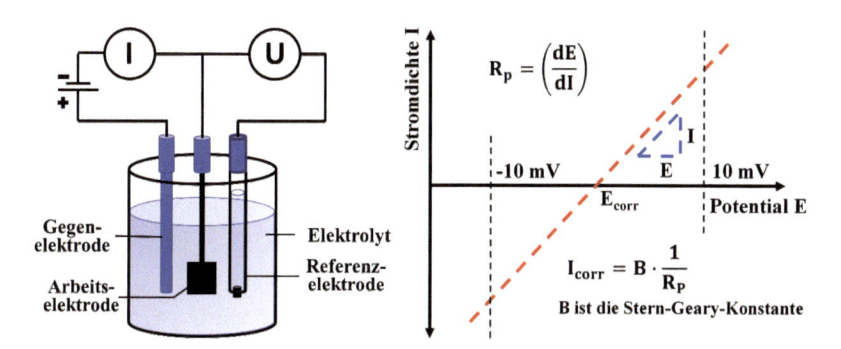

**Bild 4.63** Messprinzip des Polarisationswiderstandes: eine Messzelle (links) und Berechnung des Polarisationswiderstandes (rechts) [Sch97]

Der Frequenzbereich der Impedanzspektroskopie liegt von 0 Hz (Gleichstrom) bis 5 MHz, was die Untersuchung von langsameren Prozessen wie z. B. Diffusion oder Porenfüllung und schnellen Prozessen wie z. B. chemischen Reaktionen ermöglicht [BM05]. Damit können die Untersuchung von hochohmigen Beschichtungssystemen und die Validierung von Modellen zur Interpretation von physikalisch-chemischen Systemen durchgeführt werden. Hochohmige Beschichtungen werden meistens zum Schutz vor Korrosion eingesetzt und dienen als Barriereschicht gegen den Kontakt der Metalloberfläche mit Wasser, Luft und anderen aggressiven Medien. Zu den allgemeinen Anforderungen an moderne Korrosionsschutzschichten gehören folgende Punkte [Jon96, Mon14]:

- die Umweltverträglichkeit,
- geringe Gesundheitsgefährdung,
- längere Haltbarkeit und die
- geringeren Produktionskosten.

Die Entwicklung sowie die Qualitätsprüfung entsprechender Beschichtungen können mehrere Jahre dauern. Zusätzlich zu den Standardmethoden zur Untersuchung der Schutzeigenschaften von Korrosionsschutzschichten, wie dem Salzsprühtest (DIN EN ISO 9227) [DIN12], dem Kondenswasserwechselklimatest (DIN EN ISO 6270) [DIN05] und dem Kurzbewitterungstest (DIN CEN ISO/TR 19 402) [DIN22], ist die Impedanzspektroskopie sehr hilfreich, um den elektrochemischen Zustand des Systems zu beurteilen und damit die Prüfungszeit zu verkürzen. Durch die EIS können der Alterungsprozess sowie das Auftreten von Defekten und Korrosion untersucht werden.

## 4.7.2 Grundlagen der EIS

Die Impedanzspektroskopie ist eine zerstörungsfreie Methode, die die Antwort eines Systems auf eine angelegte Wechselstrom- oder Wechselspannungsbelastung mit geringer Amplitude untersucht, wie in Bild 4.64 dargestellt [BM05]. Damit werden der jeweilige Widerstand, die Impedanz des elektrochemischen Systems sowie die ebenfalls frequenzabhängige zeitliche Verschiebung (Phasenverschiebung) zwischen den Strom- und Spannungsmaxima ermittelt und ausgewertet. Die richtige Beurteilung der Messergebnisse erfordert ein gutes Verständnis des zu untersuchenden Systems und der darin möglichen Vorgänge sowie die Kenntnisse der Grundlagen der Messmethode.

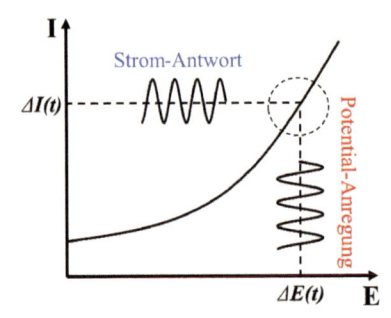

**Bild 4.64** Messprinzip des potentiostatischen EIS

Die Impedanz ist der komplexe elektrische Widerstand eines Systems, der bei einem an das System angelegten Wechselstrom gemessen wird. Der Gesamtwiderstand des Systems setzt sich aus den Einzelwiderständen der verschiedenen Komponenten des Systems einschließlich der Elektroden und Elektrolyte zusammen. [EM93]

Würde ein System nur aus elektrischen Leitern wie Metallen oder Elektrolyten bestehen, so kann das Strom-Spannungs-Verhalten mit dem ohmschen Gesetz nach Formel 4.18 beschrieben und berechnet werden [BM05, EM93].

$$\text{Gleichstrom (DC): } R = \frac{U}{I} \tag{4.22}$$

$$\text{Wechselstrom (AC): } Z = \frac{E}{I}$$

| | | |
|---|---|---|
| $R$ | Ohmscher Widerstand | [Ω] |
| $U$ | Elektrische Spannung | [V] |
| $I$ | Elektrischer Strom | [A] |
| $Z$ | Impedanz | [Ω] |
| $E$ | Potential | [V] |

Bild 4.65 zeigt zwei periodische Wellen. Die blaue Welle beschreibt das Potentialsignal (Anregung) und die rote das Stromsignal (Antwort). Da eine Welle die andere Welle verursacht, schwingen beide Signale mit der gleichen Frequenz und Intensität. Es gibt allerdings einen wichtigen Unterschied zwischen beiden Signalen, nämlich die konstante Zeitverschiebung (Phasenwinkelverschiebung φ) bei einem bestimmten Winkel, der zwischen 0° und 90° variieren kann. Ist das Anregungspotential E(t) eine sinusförmige Welle, so wird das Antwortsignal in Form des Stroms ebenfalls sinusförmig gemessen. Das Anregungssignal als Funktion der Zeit t kann nach Formel 4.23 beschrieben werden [BM05, EM93].

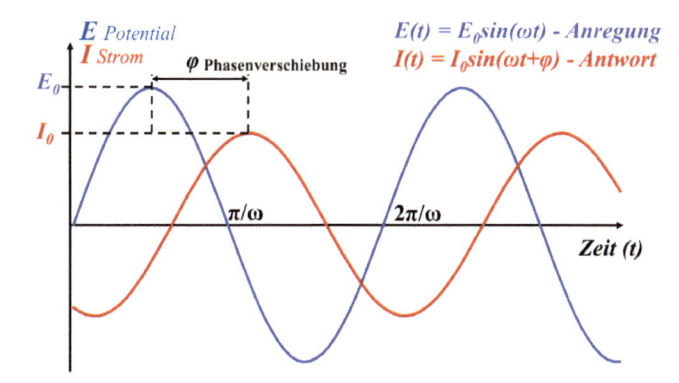

**Bild 4.65** Strom und Spannung als eine Funktion der Zeit

$$E(t) = E_0 \cdot \sin(\omega \cdot t) = E_0 \cdot e^{j \cdot \omega \cdot t} \qquad (4.23)$$

| | | |
|---|---|---|
| $E(t)$ | Potential zum Zeitpunkt t | [V] |
| $E_0$ | Amplitude des Signals | [V] |
| $\omega$ | Winkelfrequenz (= 2 π f) | [s⁻¹] |
| $j$ | Imaginärer Anteil (j² = −1) | [-] |

Die Stromantwort kann gemäß Formel 4.24 ermittelt werden. Das Anregungspotential und die Stromantwort hängen vom betrachteten elektrischen Schaltkreis ab.

$$I(t) = I_0 \cdot \sin(\omega \cdot t + \varphi) = I_0 \cdot e^{j \cdot (\omega \cdot t + \varphi)} \qquad (4.24)$$

| | | |
|---|---|---|
| $I_0$ | Amplitude des Stroms | [A] |
| $\varphi$ | Phasenwinkelverschiebung | [°] |

Durch Einsetzen des Anregungssignals nach Formel 4.23 und der Stromantwort nach Formel 4.24 in Formel 4.18 ergibt sich das ohmsche Gesetz für die Wechselspannung nach Formel 4.25.

$$Z = \frac{E(t)}{I(t)} = \frac{E_0 \cdot \sin(\omega \cdot t)}{I_0 \cdot \sin(\omega \cdot t + \varphi)} = |Z_0| \cdot e^{-j \cdot \omega \cdot t} = Z' - jZ'' \tag{4.25}$$

| | | |
|---|---|---|
| $Z_0$ | Absoluter Wert der Impedanz | [Ω] |
| $Z'$ | Realteil der Impedanz | [Ω] |
| $Z''$ | Imaginärteil der Impedanz | [Ω] |

Die Impedanz $|Z_0|$ wird als Absolutwert vorgegeben und definiert das Verhältnis zwischen den Amplituden der Spannung und des Stroms. Sie stellt einen Widerstand gegen den Elektronen- bzw. Stromfluss im Wechselstromkreis dar. Die Phasenverschiebung ist bei derjenigen Frequenz am stärksten ausgeprägt, bei der das Verhältnis von Imaginärteil $Z''$ zum Realteil $Z'$ der Impedanz am größten ist [BM05].

Der ohmsche Widerstand ist unabhängig von der Wellenform, sodass die Phasenverschiebung gleich null ist und die Spitzenwerte des Signals zum gleichen Zeitpunkt erreicht werden, wie in Bild 4.66 dargestellt. Damit ergibt sich die Impedanz eines ohmschen Widerstands nach Formel 4.26. [BM05, EM93]

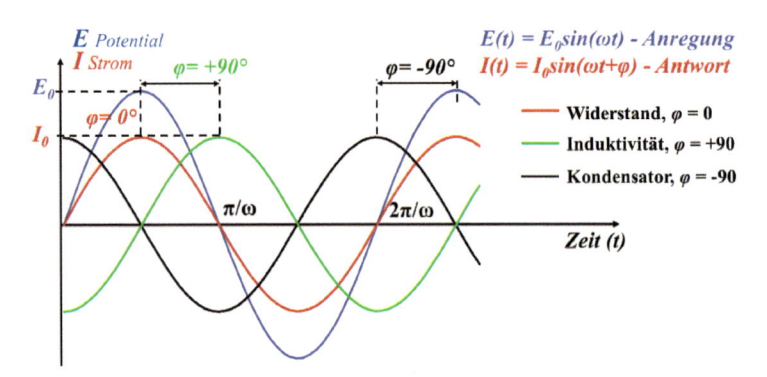

**Bild 4.66** Sinusförmige Anregungsspannung und die Stromantwort bei einem Widerstand, einem Kondensator und einer Induktivität

$$Z_R = \frac{R \cdot I(j \cdot \omega)}{I(j \cdot \omega)} = R = Z' \tag{4.26}$$

| | | |
|---|---|---|
| $Z_R$ | Impedanz eines ohmschen Widerstands | [Ω] |

Im Gegensatz zum ohmschen Widerstand ist der Widerstand von reaktiven Elementen wie Kondensatoren und Induktivitäten frequenzabhängig. Im Fall eines Kondensators ist der Widerstand bei Gleichstrom und sehr niedrigen Wechselstromfrequenzen extrem hoch, sodass nahezu kein Strom übertragen werden kann. Im Hochfrequenzbereich ist die Impedanz eines Kondensators relativ gering, sodass der Strom durch das System fließen kann. Die Scheitelwerte der Strom- und Spannungsamplitude sind jedoch um −90° vorgesetzt, wie in Bild 4.66 zu sehen ist. Die Impedanz eines Kondensators kann mithilfe von Formel 4.27 angegeben werden. [BM05, EM93]

$$Z_C = \frac{1}{j \cdot \omega \cdot C} = Z_C'' \tag{4.27}$$

$Z_C$  Impedanz eines kapazitiven Widerstands  [Ω]
$C$   Kapazität des Kondensators  [F]

Die Kapazität kann der Untersuchung von Schutzschichten entsprechend nach Formel 4.28 definiert werden.

$$C = \frac{\varepsilon_0 \cdot \varepsilon_r \cdot A}{d} \tag{4.28}$$

$\varepsilon_0$  Elektrische Feldkonstante (= 8,854·10⁻¹² F/m)  [F/m]
$\varepsilon_r$  Dielektrizitätskonstante des Schichtmaterials  [-]
$A$  Fläche der Schicht  [m²]
$d$  Dicke der Schicht  [m]

Die Phasenverschiebung zwischen Strom und Spannung, die eine Spule bzw. Induktivität verursacht, kann nach Formel 4.29 berechnet werden [BM05, EM93]. Sie beträgt +90° (vgl. Bild 4.66). Die Impedanz bei hohen Frequenzen ist sehr hoch und bei niedrigen Frequenzen und Gleichspannung annähernd null.

$$Z_L = j \cdot \omega \cdot L = Z_L'' \tag{4.29}$$

$Z_L$  Impedanz eines induktiven Widerstands  [Ω]
$L$   Induktivität  [H]

Bei der Untersuchung von Korrosionsprozessen und Schutzschichten tritt die Induktivität im Allgemeinen nicht auf, sodass die Gesamtimpedanz nach Formel 4.30 dargestellt werden kann.

$$Z_G = R + \frac{1}{j \cdot \omega \cdot C} \tag{4.30}$$

$Z_G$     Impedanz eines kombinierten Widerstands     [Ω]

In realen Systemen werden der Korrosionsvorgang, die Wirkung der Schutzschicht und die elektrochemische Doppelschicht an der Grenzfläche eines Metalls zum Elektrolyten meistens durch die Kombination von Widerständen und Kapazitäten beschrieben.

Das Vorhandensein von Mängeln in der Beschichtung wie Poren, Rissen oder einer rauen Oberfläche verursacht ein nicht ideales kapazitives Verhalten. Dieses kann mittels des konstanten Phasenelements CPE (Constant Phase Element) dargestellt werden [BM05, EM93, Zah22]. Das CPE ist eine mathematische Betrachtung eines mangelhaften Kondensators und beschreibt auch das Verhalten einer elektrochemischen Doppelschicht. Die Impedanzdarstellung des CPE ist durch Formel 4.31 gegeben [Zah22].

$$Z_{CPE} = \frac{1}{Y_0 \cdot (j \cdot \omega)^N} \tag{4.31}$$

$Z_{CPE}$     Impedanz des CPE     [Ω]
$Y_0$     Admittanz des CPE     [S s$^{-N}$]
$N$     Wert zwischen 0 und 1     [-]

Die Admittanz des CPE berücksichtigt die Leitungswege für die Wasseraufnahme, die Ionenmigration und das Eindringen von Salzen in die Beschichtungen. Der Wert von N liegt zwischen 0 und 1. Das CPE arbeitet als reiner Widerstand bei N = 0 und als reiner Kondensator bei N = 1.

Andere frequenzabhängige Prozesse, die bei den Untersuchungen von Metallkorrosionen und Beschichtungen auftreten können, sind Diffusionsvorgänge. Diese werden durch eine Warburg-Impedanz dargestellt. Die Warburg-Impedanz ist ein konstantes Phasenelement mit einer konstanten Phasenverschiebung von 45°, die frequenzunabhängig ist, und mit einem Betrag, der umgekehrt proportional zur Quadratwurzel der Frequenz ist (vgl. Formel 4.32) [BM05, EM93, Zah22].

$$Z_W = \frac{W}{\sqrt{j\omega}} = \frac{W}{\sqrt{2\omega}}(1-j) \qquad (4.32)$$

$Z_W$   Warburg-Impedanz         [$\Omega$]
$W$     Warburg-Koeffizient      [$\Omega\,s^{-1/2}$]

In Tabelle 4.7 werden die häufigsten Elemente und ihre jeweiligen Äquivalente in einem zu untersuchenden System beispielhaft aufgelistet [BM05, EM93, Zah22].

**Tabelle 4.7** Elemente der Impedanz, die bei der Untersuchung von Korrosionsschutzschichten meistens benutzt werden [BM05, EM93, Zah22]

| Element | Impedanz | Phasenwinkel | Herkunft |
| --- | --- | --- | --- |
| Ohmscher Widerstand | R | 0° | Stromleiter (Widerstand eines Elektrolyten, Widerstand des Ladungstransfers) |
| Kondensator | $\dfrac{1}{j\cdot\omega\cdot C}$ | −90° | Elektrochemische Doppelschicht (Adsorption), defektfreie Beschichtung |
| Konstantes Phasenelement | $\dfrac{1}{Y_0\cdot(j\cdot\omega)^N}$ | $\dfrac{(-N)\pi}{2}$ | Nicht idealer Kondensator (Mängel in der Beschichtung) |
| Warburg-Impedanz | $\dfrac{W}{\sqrt{j\cdot\omega}}$ | −45° | Lineare Diffusion |

### 4.7.3 Darstellung der EIS-Messergebnisse

Bei der Impedanzspektroskopie wird das Impedanzspektrum eines gesamten zu untersuchenden Systems in einem breiten Frequenzspektrum gemessen und ausgewertet. Technisch werden jedoch Stromstärke oder Spannung (abhängig vom Anregungssignal) und die Phasenverschiebung zwischen Anregungs- und Antwortsignal gemessen [Zah22]. Dann wird die Impedanz des gesamten Systems gemäß Formel 4.25 ermittelt.

Das Impedanzspektrum kann auf verschiedene Arten dargestellt werden. Beim Nyquist-Diagramm (Bild 4.67 links) wird der Imaginärteil gegen den Realteil der Impedanz dargestellt [BM05, Zah22]. Für das Bode-Diagramm (Bild 4.67 rechts) werden die Impedanz und die Phasenverschiebung in Abhängigkeit von der Frequenz aufzeichnet [BM05, Zah22]. Die Frequenzachse und die Impedanzachse im Bode-Diagramm sind logarithmisch aufgetragen, da sie über einen sehr großen Wertebereich variieren.

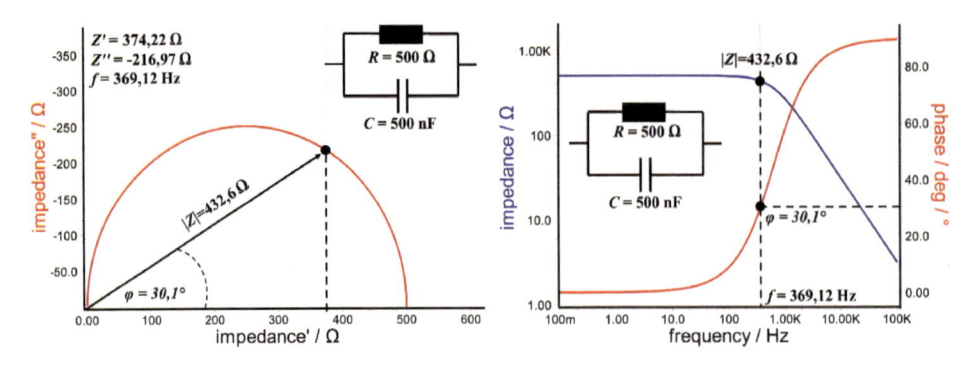

**Bild 4.67** Nyquist-Diagramm (links) und Bode-Diagramm (rechts) eines RC-Stromkreises

Beide Darstellungsformate werden verwendet, um die EIS-Messergebnisse zu visualisieren. In einem Nyquist-Diagramm sind kleine Impedanzen in Anwesenheit großer Impedanzen nur schwer zu erkennen. Mit dem Nyquist-Diagramm können auch einzelne Impedanzen aufgelöst werden. Nachteilhaft ist, dass die Frequenz nicht explizit angezeigt wird. Die Bode-Darstellung ist frequenzabhängig. Außerdem sind kleine Impedanzen gut erkennbar. Deshalb werden Bode-Diagramme häufig zur Darstellung und Auswertung von EIS-Messungen verwendet.

### 4.7.4 EIS-Untersuchung von Schutzschichten

Die Probe, z. B. eine beschichtete Metallplatte, wird in einen flüssigen Elektrolyten getaucht, um die Korrosionsbeständigkeit der Beschichtung zu untersuchen. Sollte es zu einem Kontakt zwischen Elektrolytlösung und Substratmaterial kommen, gehen die Metallionen in Lösung und freie Elektronen bleiben zurück [BM05, Kno15]. Dadurch wird die elektrochemische Doppelschicht (Helmholtzschicht) gebildet. Bei Wechselstrom bilden sie aufgrund von Polarisationsprozessen einen Kondensator. Dieser wird durch eine Doppelschichtkapazität $C_{dl}$ und einen parallel geschalteten Polarisationswiderstand $R_p$ beschrieben, wie in Bild 4.68 dargestellt. Das zugehörige Ersatzschaltbild wird Randles Cell genannt und beschreibt den Korrosionsvorgang so, dass der Korrosionswiderstand direkt aus den Messergebnissen abgelesen werden kann [BM05, Sau06, Kno152]. Der Wert der Doppelschichtkapazität liegt normalerweise im Bereich von 10–40 µF/cm². Der typische Polarisationswiderstand für ein blankes Metall ist ca. 5 kΩ cm² [LPR04] und ist umgekehrt proportional zur Korrosionsrate. Die Doppelschichtkapazität $C_{dl}$ und der Polarisationswiderstand $R_p$ müssen normalisiert werden, da sie von der Elektrodenfläche abhängig sind. Der Widerstand $R_{el}$ repräsentiert den Widerstand, der durch den Elektrolyten und die Leitungen verursacht wird.

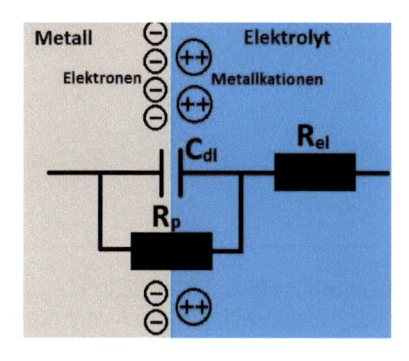

**Bild 4.68** Ersatzschaltbild für ein Metall-Elektrolyt (Doppelschicht)-Modell (eigene Abbildung in Anlehnung an [Kno15])

Das simulierte Ergebnis der Impedanzspektroskopie eines elektrochemischen Doppelschichtsystems ist in Bild 4.69 dargestellt. Direkt aus den Diagrammen können die Gleichstromwiderstände $R_{el}$ und $R_p$ abgelesen werden. Die Kapazität $C_{dl}$ kann über die Zeitkonstante nach Formel 4.33 berechnet werden [BM05, Kno15].

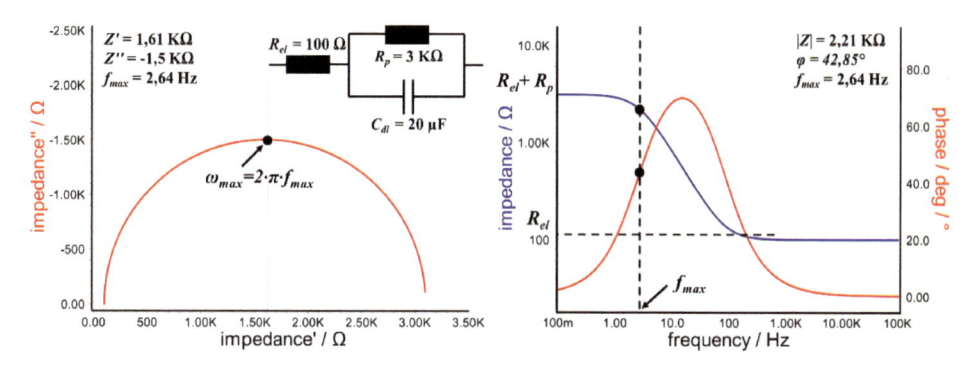

**Bild 4.69** Simulierte EIS-Ergebnisse für ein elektrochemisches Doppelschichtsystem: Nyquist-Diagramm (links) und Bode-Diagramm (rechts)

$$\omega_{max} = 2 \cdot \pi \cdot f_{max} = \frac{1}{R_p \cdot C_{dl}} \tag{4.33}$$

| | | |
|---|---|---|
| $f$ | Frequenz | [Hz] |
| $R_p$ | Polarisationswiderstand | [Ω] |
| $C_{dl}$ | Doppelschichtkapazität | [F] |

Eine nichtleitende Beschichtung weist einen hohen elektrischen Widerstand bei Gleichstrom auf und verhält sich wie ein Kondensator mit der Kapazität $C_{cpc}$ bei Wechselstrom. Im Fall von Defekten, z. B. Poren oder Rissen, in der Schicht wird der Widerstand der Lösung in den Poren $R_{por}$ gemessen (vgl. Bild 4.70).

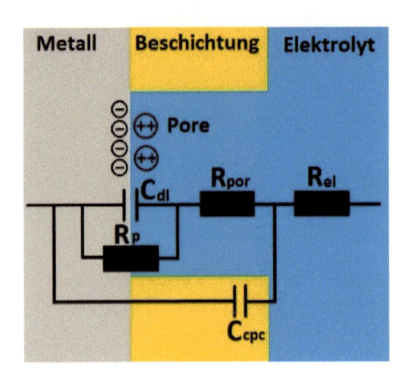

**Bild 4.70** Ersatzschaltbild für ein Metall-Beschichtung-Elektrolyt-Modell (eigene Abbildung in Anlehnung an [Kno15])

Die Doppelschichtkapazität $C_{dl}$ ist wesentlich größer als die Kapazität der Beschichtung $C_{cpc}$. Sie beträgt normalweise ca. 1–100 nF/cm². Das bedeutet, dass die Doppelschichtkapazität, die durch einen kleinen Defekt in der Beschichtung wie einen Kratzer, einen Riss oder ein Loch (Pinhole) verursacht wird, in der System-Antwort sichtbar wird, wie der rechte Halbkreis in dem Nyquist-Diagramm oder die linke Zeitkonstante in der Bode-Darstellung in Bild 4.71 zeigen. Der linke Halbkreis in dem Nyquist-Diagramm sowie die rechte Zeitkonstante in der Bode-Darstellung charakterisieren die Schicht bezüglich Dicke und Porosität [BM05, Sau06, Kno15]. Eine Beschichtung, die stark an der Metalloberfläche haftet, lässt keinen Metall-Elektrolyt-Kontakt zu, sodass die Doppelschichtkapazität manchmal durch eine Delaminierung der Beschichtung verursacht werden kann [LPR04].

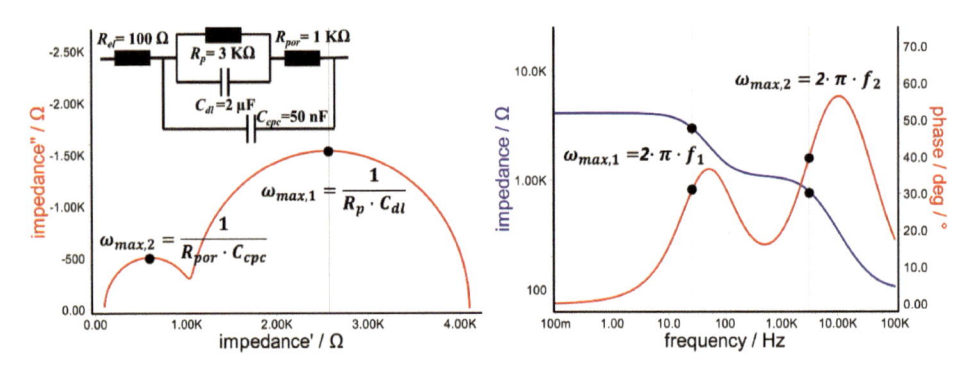

**Bild 4.71** Simulierte EIS-Ergebnisse für ein Metall-Beschichtung-Elektrolyt-System mit einer nichtleitenden porösen Schicht: Nyquist-Diagramm (links) und Bode-Diagramm (rechts)

Bild 4.72 zeigt die EIS-Messergebnisse und REM-Aufnahmen einer mit Yttrium stabilisierten Zirkoniumoxidschicht (YSZ) (links) [BFS22] und einer Aluminiumoxidschicht (rechts) [Cia21], die bei der KIMW Forschungs-gGmbH Lüdenscheid abgeschieden wurden. Die beiden Schichten wurden mittels eines CVD-Verfahrens auf Metallmünzen mit einem Durchmesser von 20 mm aus 1.4301 Stahl (Cr 18,5 %, Ni 8,5 %) aufgebracht.

Innerhalb der ersten 27 Stunden nehmen die Impedanz der YSZ-Schicht im niedrigen Frequenzbereich und der Phasenwinkel im Hochfrequenzbereich ab. Das weist auf eine Flutung der vorhandenen Poren und einem damit einhergehenden Verlust der isolierenden Wirkung der Schicht und somit auf größere Porosität hin. Die $Al_xO_y$-Schicht zeigt keine Änderung in der Impedanz und dem Phasenwinkel, was auf niedrige Porosität hinweist (siehe Bild 4.72 (rechts)). Aufgrund der hohen Dichte der $Al_xO_y$-Beschichtung kann diese Beschichtung zum Korrosionsschutz eingesetzt werden.

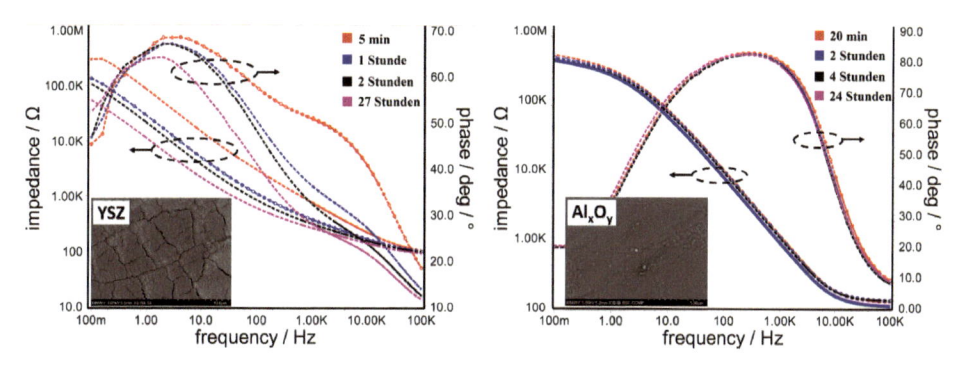

**Bild 4.72** EIS-Messergebnisse (Bode-Diagramme) und REM-Aufnahmen von Oberflächen des kristallinen YSZ (links) und der $Al_xO_y$-Schicht

Ein elektrisches Ersatzschaltbild, das den beschichteten 1.4301 Stahl beschreiben kann, ist in Bild 4.73 links dargestellt. Der Widerstand des Elektrolyts $R_{el}$ wird hier zusätzlich berücksichtigt und beträgt ca. 80–90 Ohm bei einer Messtemperatur von 40 °C. Die Kapazität der Beschichtung $CPE_{cpc}$ charakterisiert den dichten Teil der Beschichtung und hängt von der Permittivität des Schichtmaterials, der Probengeometrie und der Schichtdicke ab. Der poröse oder defekte Teil der Beschichtung kann mit einem parallel geschalteten elektrischen Schwingkreis, bestehend aus einem Polarisationswiderstand $R_p$ und einer Doppelschichtkapazität $C_{dl}$, der mit einem Porenwiderstand $R_{por}$ seriell verbunden ist, beschrieben werden. Um die Wirkung des porösen oder defekten Teils der Schicht zu reduzieren, muss der Porenwiderstand also entsprechend hoch sein. Die native Passivierungsschicht, bestehend aus Eisen (Fe)-, Chrom (Cr)- und Nickel (Ni)-Oxiden [LYM14], wird durch die Kapazität $CPE_{pl}$ repräsentiert. Die mit dem Ersatzschaltbild angepassten (gefitteten) Messergebnisse für beide Schichten nach 2 Stunden im Elektrolyt sind in Bild 4.73 (rechts) dargestellt.

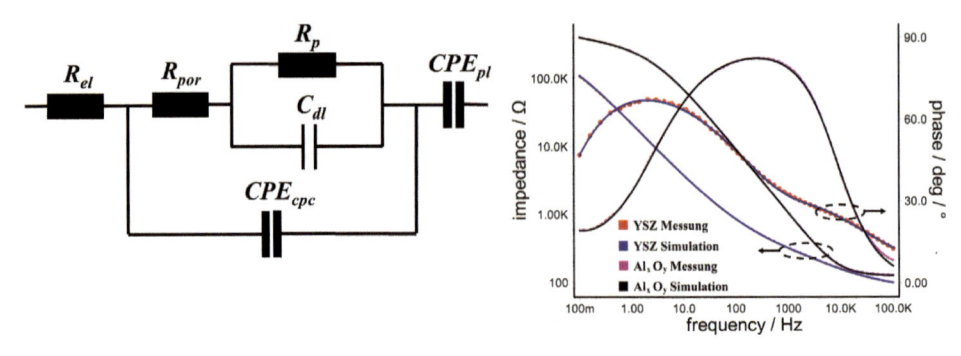

**Bild 4.73** Elektrisches Ersatzschaltbild für den beschichteten 1.4301 Stahl (links) und mit dem Ersatzschaltbild modellierte EIS-Messergebnisse (rechts)

Die aus der Simulation extrahierten Werte der Elemente des Ersatzschaltbilds sind in Tabelle 4.8 aufgelistet. Der Porenwiderstand $R_{por}$ der YSZ-Beschichtung ist deutlich niedriger als der der $Al_xO_y$-Schicht und beträgt 91,4 Ω, was auf eine sehr hohe Porosität der Beschichtungsstruktur hinweist. Die Kapazität $C_{dl}$ des YSZ-Stahl-Systems ist um drei Größenordnungen höher als die der $Al_xO_y$-Stahl-Struktur, was auf eine große Kontaktfläche zwischen dem Elektrolyten und dem Metall hinweist. Die Potenz N des $CPE_{cpc}$ der YSZ-Schicht ist deutlich niedriger als die Potenz N des $CPE_{cpc}$ der $Al_xO_y$-Schicht, was auf eine reduzierte elektrisch isolierende Wirkung der Schicht hinweist.

**Tabelle 4.8** Werte der Elemente des elektrischen Ersatzschaltbilds für den beschichteten 1.4301 Stahl

| Element | Einheit | YSZ | $Al_xO_y$ |
|---|---|---|---|
| $R_{el}$ | Ω | 68,7 | 70,1 |
| $C_{dl}$ | F | $2,49*10^{-6}$ | $12,18*10^{-9}$ |
| $R_p$ | kΩ | 214 | 361 |
| $CPE_{cpc}$ | $S*s^N$ | $8,95*10^{-6}$ | $173*10^{-9}$ |
| $N_{cpc}$ | | 0,783 | 0,99 |
| $R_{por}$ | Ω | 91,4 | $26,2*10^3$ |
| $CPE_{pl}$ | $S*s^N$ | $149*10^{-6}$ | $15,5*10^{-6}$ |
| $N_{pl}$ | | 0,4 | 0,71 |

## 4.7.5 Der Versuchsaufbau für eine EIS-Messung

Die Messstation für die elektrochemische Impedanzspektroskopie (EIS) besteht aus einem Potentiostat oder einem Galvanostat, einem Frequenzganganalysator (FRA), einer Messzelle sowie einer Steuer- und Auswertesoftware (vgl. Bild 4.74). Die Aufnahme der EIS wird in der Regel in der Dreielektrodenanordnung durchgeführt. In dieser Konfiguration wird die zu untersuchende Probe als Arbeitselektrode bezeichnet. Eine Gegenelektrode besteht in der Regel aus Graphit oder Platin. Eine unabhängige Referenzelektrode wird zur genauen Messung des angelegten Potentials im Verhältnis zu einer stabilen Referenzreaktion verwendet. Zu den häufig verwendeten Referenzelektroden in wässrigen Elektrolyten gehören die gesättigte Kalomelelektrode (SCE), die Standardwasserstoffelektrode (SHE) und die AgCl/Ag-Elektrode.

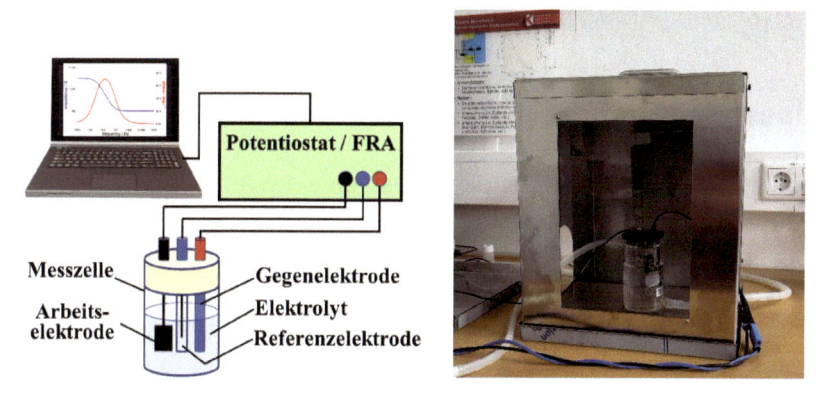

**Bild 4.74** EIS-Messaufbau mit Dreielektrodenanordnung (links), und eine Messzelle im Faraday-Käfig (rechts)

Alle Elektroden müssen in den flüssigen Elektrolyten getaucht werden, um einen zuverlässigen Stromfluss zwischen allen Elektroden zu gewährleisten. Die Art und Konzentration der Elektrolytlösung haben einen signifikanten Einfluss auf elektrochemische Experimente, da sie in der Regel die Leitfähigkeit im System bestimmen. Die typischen Elektrolytlösungen bestehen aus den Salzen $Na_2SO_4$, $Na_2CO_3$, $NaCl$, $NH_4Cl$, $KCl$, $KNO_3$, $KNO_2$, und $CaCl_2$, mit einer typischen Konzentration von $10^{-6}$ mol/l bis 5 mol/l [Och03].

Die Aufnahme eines Impedanzspektrums bei Niederfrequenzen (mHz-Bereich) kann mehrere Stunden dauern, da die Messzeit für einen Messpunkt umgekehrt proportional zur Frequenz ist. Das muss immer berücksichtig werden, besonders bei der Untersuchung eines instabilen Systems, da sich der Systemzustand während der Aufnahme des Impedanzspektrums deutlich ändern kann [BM05, Kno15, Zah22].

Die Fläche der Arbeitselektrode bzw. der beschichteten Metallprobe sollte 3–30 cm² betragen. Die Gründe dafür sind:

- Die größere Oberfläche weist höhere Ströme auf. Dadurch wird eine stabile Messung gewährleistet.
- Eine große Schichtfläche kann in einer einzigen Messung geprüft werden, was die Erstellung von Statistiken über die Qualität der ganzen Beschichtung beschleunigt.

Ein wichtiger Hinweis bei der Untersuchung von beschichteten Metallproben ist, dass die Messungen immer in einem Faraday-Käfig durchgeführt werden müssen. Ein Faraday-Käfig ist ein geerdetes, leitfähiges Gehäuse (z. B. ein Stahlkasten), das die Messzelle und alle Elektroden vollständig umgibt, wie in Bild 4.74 rechts dargestellt. Dadurch werden das von der Arbeitselektrode aufgenommene Stromrauschen und das von der Referenzelektrode aufgenommene Spannungsrauschen reduziert [Zah22].

### 4.7.6 Schlussfolgerung

Die elektrochemische Impedanzspektroskopie ist eine leistungsfähige, zerstörungsfreie Methode, um die Antwort eines Systems auf die angelegte Wechselstrombelastung zu untersuchen. EIS wird in der Korrosionstechnologie und -wissenschaft häufig eingesetzt, um Informationen über den Polarisationswiderstand und die Zeitkonstanten von Korrosionsprozessen mittels eines Ersatzschaltbilds zu erzielen. Dafür ist ein tieferes Verständnis der Korrosions- und Diffusionsprozesse nötig. Die EIS-Messtechnik ist relativ einfach und gut reproduzierbar. Trotzdem müssen die Messbedingungen, z. B. die Messtemperatur, die Probegeometrie usw., streng gleich gehalten werden, da geringe Abweichungen der Messbedingungen zu einer erkennbaren Abweichung in der Systemantwort führen.

Um eine vollwertige Charakterisierung des Korrosionsschutzsystems zu ermitteln, ist es sinnvoll, die EIS mit anderen Untersuchungsmethoden, wie einer zyklischen Voltametrie, einem Polarisationsverfahren, einer Untersuchung mittels REM (Rasterelektronenmikroskopie) und EDX (Energiedispersive Röntgenspektroskopie), einer Analyse durch eine XRD (Röntgenbeugung) oder einer LICT (Local Ion Concentration Technique) zu kombinieren [Fon87, Sch97, Och03, Fra23].

## 4.7.7 Literatur

[BFS22] BATMANOV, A.; FRETTLOEH, V.; SCHLUTTER, R.; ET. AL.: *Zirconium Dioxide as a Thermo-Insulating Coating for Molds in Plastic Injection Molding*. In proceeding ANTEC 2022 – Charlotte, NC, USA, June 14–16, 2022

[BM05] BARSOUKOV, E.; MACDONALD, J., R.: *Impedance Spectroscopy: Theory, Experiment, and Applications*. New York: Wiley, 2005, ISBN:9 780471647492

[Cia21] CIASTON, M.: *Neue MOCVD-Schichtsysteme zur elektrischen Isolierung von Werkzeugoberflächen*. 5th Web-TREFF EFDS, 2021

[DIN05] N. N.: *DIN EN ISO 6270-2:2005-9: Beschichtungsstoffe – Bestimmung der Beständigkeit gegen Feuchtigkeit – Teil 2: Verfahren zur Beanspruchung von Proben in Kondenswasserklimaten*. Berlin: Beuth-Verlag, 2005

[DIN12] N. N.: *DIN EN ISO 9227:2012-09: Korrosionsprüfungen in künstlichen Atmosphären – Salzsprühnebelprüfungen*. Berlin: Beuth-Verlag, 2012

[DIN22] N. N.: *DIN CEN ISO/TR 19 402:2022-02: Beschichtungsstoffe – Haftfestigkeit von Beschichtungen*. Berlin: Beuth-Verlag, 2022

[EM93] ENDE, D.; MANGOLD, K.-M.: *Impedanzspektroskopie*. In: Chemie in unserer Zeit 27 (1993) 3, S. 134–140

[Fon87] FONTANA, M., G.: *Corrosion Engineering*. New York: McGraw-Hill, 3rd edn., 1987

[FP73] FERSE, A.; PAUL, M.: *Capacitance Measurements of the System Metal-Polymer Film-Electrolyte Solution*. In: Zeitschrift für Physikalische Chemie (Leipzig), 252 (1973) 3-4, S. 198–208

[Fra23] N. N.: *Elektrochemische Untersuchungsmethoden für Beschichtungen*. Firmenschrift Fraunhofer-Institut für Produktionstechnik und Automatisierung, verfügbar: https://www.ipa.fraunhofer.de /de/Kompetenzen/beschichtungssystem–und-lackiertechnik.html, aufgerufen am 20.05.2023

[Gab80] GABRIELLI, C.: *Identification of Electrochemical Processes by Frequency Response Analysis*. Technical Report Number 004/83, Solartron-Druckschrift, 1980

[Jon96] JONES, D., A.: *Principles and Prevention of Corrosion*. Prentice Hall Verlag, 1996, 2. Auflage

[Kno15] KNOBLAUCH, C.: *Impedanzspektrokopie – Ein Überblick von der Theorie bis zur Anwendung*. WOMag, 2015, 9

[Koh73] KOHLRAUSCH, F.: *Über die elektromotorische Kraft sehr dünner Gasschichten auf Metallplatten*. In: Pogg. Ann 148, 1873, S. 143–154

[LPR04]   LOVEDAY, D.; PETERSON, P.; RODGERS, B.: *Evaluation of organic coatings with electrochemical impedance spectroscopy: Part 2: Application of EIS to coatings.* In: JCT CoatingsTech 6 (2004), S. 88–93

[LYM14]   LAZAR, A., M.; YESPICA, W., P.; MARCELIN, S., ET. AL.: *Corrosion protection of 304L stainless steel by chemical vapor deposited alumina coatings.* Corrosion Science, Vol. 81 (2014), S. 125–131

[MJ95]   MCADAMS, E., T.; JOSSINET, J.: *Tissue impedance: a historical overview.* In: Physiol. Meas. 16 1995, A1-A13

[Mon14]   MONTEMOR, M., F.: *Functional and smart coatings for corrosion protection: A review of recent advances.* In: Surface and Coatings Technology, 258 (2014), S. 17–37

[Och03]   OCHS, H.: *Physikalisch-chemische Untersuchungen von Grenzschichten auf metallischem Untergrund.* Dissertation, Institut für Physikalische Chemie der Universität Stuttgart, 2003

[RH22]   RADTKE, M.; HESS, C.: *Easy-Made Setup for High-Temperature (Up to 1100 °C) Electrochemical Impedance Spectroscopy.* In: Journal of Materials Engineering and Performance, Volume 31 (2022) 9, S. 6980–6987

[Sau06]   SAUER, D., U.: *Impedanzspektroskopie – Eine Methode, viele Anwendungen – Definitionen, physikalische Bedeutungen, Darstellungen.* 1. Symposium Impedanzspektroskopie, HdT Essen, Technische Mitteilungen 99, Heft 1/3, Mai 2006, S. 7–11

[Sch97]   SCHMITT, G.: *Sophisticated Electrochemical Methods for MIC Investigation and Monitoring.* In: Werkstoffe und Korrosion/Materials and Corrosion 48 (1997), S. 586–601

[War99]   WARBURG, E.: *Über das Verhalten sogenannter unpolarisierbarer Elektroden gegen Wechselstrom.* In: Ann. Phys., Lpz. 67 1899, S. 493–499

[Wie96]   WIEN, M.: *Über die Polarisation bei Wechselstrom.* In: Ann. Phys. Chem. 58 1896 37

[Zah22]   ZAHNER-ELEKTRIK GMBH & CO. KG.: *Zahner Analysis.* 96 317 Kronach - Gundelsdorf, DE, Stand 11/2022, verfügbar: *https://doc.zahner.de/manuals/zahner_analysis.pdf*, aufgerufen am 20.05.2023

# 4.8 Nanoindentation

Dr. Ruben Schlutter

## 4.8.1 Einleitung

Die Härte eines Werkstoffes kann als Widerstand gegenüber dem permanenten Eindringen durch einen anderen härteren Werkstoff definiert werden. Aufgrund dieser vergleichsweise unscharfen Definition wurden verschiedene Prüfverfahren entwickelt, bei denen die Härte mit einem definierten Eindringkörper gemessen wird. [Dom01]

Die wichtigsten Härteprüfverfahren sind die Verfahren nach Rockwell, Vickers und Brinell. Dabei wird eine definierte Prüfkraft senkrecht zur zu prüfenden Oberfläche aufgebracht. Anschließend werden die Härtewerte jeweils nach der Rücknahme der Prüfkraft berechnet, indem die projizierte Oberfläche (Brinell und Vickers) ausgewertet wird oder die Eindringtiefe (Rockwell) gemessen wird. Die elastische Verformung unterhalb des Eindringkörpers kann deshalb nicht berücksichtigt werden. [DIN15a] Tabelle 4.9 fasst die Prüfvorschriften für die wichtigsten klassischen Härteprüfverfahren zusammen.

**Tabelle 4.9** Zusammenfassung der wichtigsten Härteprüfverfahren [DIN15, DIN22, DIN16]

|  | Brinell | Vickers | Rockwell |
|---|---|---|---|
| Norm | DIN EN ISO 6506 | DIN EN ISO 6507 | DIN EN ISO 6508 |
| Prüfkörper | polierte Hartmetallkugel | gleichseitige Diamantpyramide mit einem Öffnungswinkel von 136° | Diamantkegel mit einem Öffnungswinkel von 120° und einem Krümmungsradius an der Spitze von 0,2 mm oder Hartmetallkugel |
| Auswerteform | Ausmessen des Kalottendurchmesser des Eindruckes | Berechnung der Oberfläche der eingedrückten Pyramide anhand der beiden Pyramidendurchmesser | Eindringtiefe unter Wirkung einer Vorkraft nach Wegnahme der Prüfkraft |

**Tabelle 4.9** Zusammenfassung der wichtigsten Härteprüfverfahren [DIN15, DIN22, DIN16] (*Fortsetzung*)

|  | Brinell | Vickers | Rockwell |
|---|---|---|---|
| Begrenzungen | Dicke der Probe muss mindestens das Achtfache der Eindringtiefe betragen. Mindestdicke der Probe von 0,12 mm Während der Messung darf sich die Probe nicht sichtbar verformen. | keine elastische Rückfederung des Substrates Mindestdicke der Probe oder Schicht > 1,5-faches der Diagonalenlänge des Eindruckes Prüfkraft ist in Abhängigkeit vom zu erwartenden Härtewert zu wählen Politur bei Messungen der Mikrohärte notwendig | Mindestdicke des Probekörpers oder der zu prüfenden Schicht > 0,1 mm (HRC-Skala) Dicke muss mindestens das Zehnfache der Eindringtiefe betragen hohe Anforderungen an die Einspannung des Probekörpers keine elastische Verformung des Probekörpers während der Messung |
| Zulässige Eindringtiefen | Durchmesser des Eindruckes zwischen 24 % und 60 % des Kugeldurchmessers | Eindruckdiagonalen zwischen 0,02 mm und 1,40 mm Eindringtiefen zwischen 4 µm und 280 µm | nicht definiert |

Problematisch an den klassischen Methoden der Härteprüfung ist die Tatsache, dass die Untersuchung dünner Schichten nicht möglich ist, da die Eindringtiefen so groß sind, dass die Schicht entweder durchstoßen wird oder das Substrat durch die Messung mit beeinflusst wird. Beides verfälscht die Ergebnisse der Härteprüfung. Darüber hinaus werden bei der Brinell- und der Vickers-Härteprüfung Oberflächen optisch vermessen. Wenn die Eindringtiefe verringert wird, um ausschließlich die Härte der Schicht zu messen, werden die Abdrücke durch die Prüfkörper zunehmend kleiner, bis sie die Auflösungsgrenze des optischen Messmittels erreichen. Zusätzlich müssen höhere Anforderungen an die Spitzen der Prüfkörper gestellt werden, um valide Prüfergebnisse zu erhalten. Elastische Vorgänge, wie eine Rückfederung, plastische Phasenübergänge oder Rissbildung, können mit den klassischen Methoden der Härteprüfung ebenfalls nicht erfasst werden. Im Rahmen der Prüfung dünner Schichten müssen daher Eindringtiefen von ca. 100 nm realisiert werden können. [QD22]

Daher ist die registrierende Härteprüfung oder Nanoindentierung entwickelt worden. Mithilfe der Nanoindentation können lokale mechanische Eigenschaften wie Härte und Elastizität bestimmt werden. [DG04]

Die Messung der Eindringtiefe und der Prüfkraft erfolgen dabei während der gesamten Versuchsdauer, sodass die plastische und elastische Verformung erfasst werden kann. Durch die Auswertung des vollständigen Prüfzyklus können auch Härtewerte bestimmt werden, die vergleichbar mit den Härtewerten der klassischen Prüfverfahren sind. Darüber hinaus können verschiedene andere Eigenschaften des Werkstoffs, wie dessen Eindringmodul und elastisch-plastische Härte, bestimmt werden, ohne dass der Eindruck optisch ausgemessen werden muss. [DIN15a]

Entscheidend für die Wirkung und Funktionalität einer Schicht sind ihre elastischen und plastischen Eigenschaften. Viele Schichten werden speziell zur Minimierung des Verschleißes entwickelt und weisen daher eine hohe Härte auf. Die Härte wird häufig als Qualitätsmerkmal verwendet. Die mechanischen Eigenschaften müssen ebenfalls bekannt sein, wenn weiterführende Berechnungen unter Berücksichtigung einer aufgebrachten Beschichtung durchgeführt werden sollen.

Während die Bestimmung der Härte oder der mechanischen Eigenschaften von Vollmaterialien vergleichsweise einfach ist, werden diese Werte bei Beschichtungen häufig durch die Eigenschaften des Substrats, der Dicke der Beschichtung und der aufgebrachten Kraft beeinflusst. [DIN17]

### 4.8.2 Versuchsaufbau bei der Messung mittels Nanoindenter

Der Aufbau und die Durchführung von Nano-Indentationsversuchen sind in DIN EN ISO 14 577-1 genormt. Es können unterschiedlichste Untersuchungen, vom einfachen Be- und Entlasten bis hin zu komplexen Experimenten wie der Untersuchung der Dehnratenabhängigkeit oder der Kriecheigenschaften durchgeführt werden. [DIN15a]

Bild 4.75 zeigt verschiedene prinzipielle Belastungsarten. Die Kombination verschiedener Belastungszyklen ist ebenfalls möglich. Mithilfe von Segmenten mit einer Belastungsrate können die Härte und die Elastizität der Probe analysiert werden. Durch die Variation der Belastungsrate und der Entlastungsrate kann die dehnratenabhängige Verformung der Probe untersucht werden. Daneben können Kriecheigenschaften durch die Haltesegmente abgebildet werden. Durch mehrere Belastungs- und Entlastungszyklen können Rückschlüsse auf die Ermüdung der Probe gezogen werden. [BK04] Durch die Variation der Belastung und des Eindringkörpers können über 60 verschiedene Kennwerte ausgegeben werden. [ZR22]

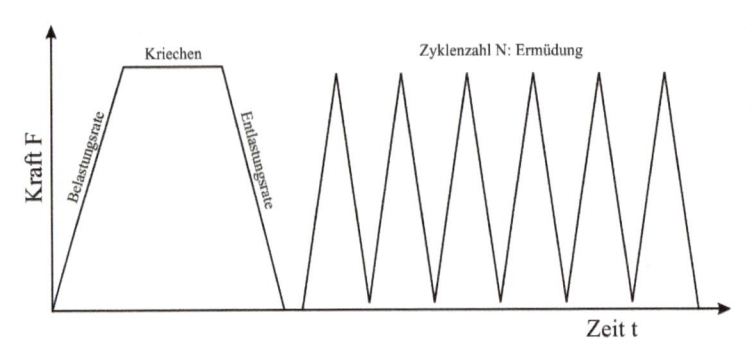

**Bild 4.75** Schematische Darstellung einiger möglicher Belastungsarten (eigene Abbildung in Anlehnung an [DG04])

Als Eindringkörper wird ein genormter Prüfkörper verwendet, der härter als die zu prüfende Oberfläche ist. Abhängig von der Versuchsart können verschiedene Prüfkörper verwendet werden. Die wichtigsten sind in der DIN EN ISO 14 577-1 aufgelistet [DIN15a]:

- Eindringkörper aus Diamant in Form einer Pyramide mit einer quadratischen Grundfläche, ähnlich dem Prüfkörper bei der Härteprüfung nach Vickers
- Diamantpyramide mit dreieckiger Grundfläche (modifizierte Berkovich-Pyramide)
- Hartmetallkugel (Bestimmung des elastischen Verhaltens von Werkstoffen)
- Diamantkegel mit kugliger Spitze

Die Untersuchung verschiedener Werkstoffeigenschaften ist durch die geeignete Wahl der Prüfkörper möglich. Die dreiseitige Berkovich-Pyramide wird am häufigsten bei der Nanoindentation eingesetzt. Sie ist der Vickerspyramide ähnlich, kann aber keine Dachkante an der Spitze ausbilden. Dadurch werden Spitzenfehler bei kleinen Eindringtiefen ausgeschlossen. Die Selbstähnlichkeit der Pyramide bleibt erhalten. Wenn höhere Dehnungen in der Probe erzeugt werden sollen, wird die Cube-Corner-Pyramide verwendet. Diese hat die Geometrie einer Würfelspitze und somit einen wesentlich kleineren Öffnungswinkel als die Berkovich-Pyramide. Die Prüfung einzelner kleiner Phasenbestandteile in der Probe ist mithilfe der Cube-Corner-Pyramide möglich. Die Hartmetallkugel ist eine weitere wichtige Prüfkörpergeometrie. Die ist nicht selbstähnlich, wodurch sie einen kontinuierlichen Übergang von rein elastischer bis hin zu vollplastischer Verformung im Probenwerkstoff bewirkt. Die Hartmetallkugel wird zur Bestimmung der Fließspannung verwendet. Konische Indenter können ebenfalls verwendet werden. Sie finden vor allem Anwendung bei der Analyse von Effekten der Kristallsymmetrie. Konische Indenter sind allerdings kompliziert zu fertigen. [DG04]

In Bild 4.76 ist die schematische Darstellung des Eindruckes während der Prüfung dargestellt. Als Regelungsgröße kann sowohl die Prüfkraft F oder die entsprechende Eindringtiefe h verwendet werden. Beide Größen werden während des gesamten Prüfzyklus zeitabhängig aufgezeichnet, sodass der entstandene Datensatz ausgewertet werden kann. Bild 4.77 zeigt eine REM-Aufnahme eines Nanoindenter-Eindruckes zur Bestimmung der Härte einer Beschichtung.

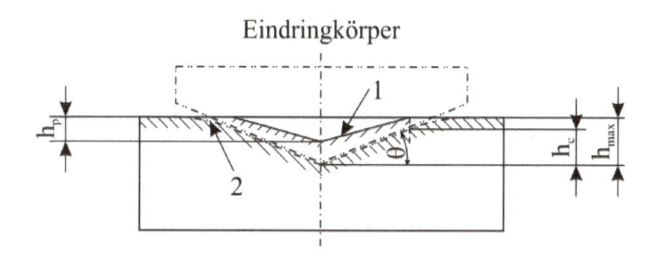

1) Oberfläche des verbleibenden plastischen Eindrucks in einer Probe mit einem „perfekt plastischen Verhalten"
2) Oberfläche des Eindrucks bei maximaler Eindringtiefe und Prüfkraft
θ größter Winkel zwischen der Probenoberfläche und dem Eindringkörper

**Bild 4.76** Schematische Darstellung des Eindruckes während der Prüfung (eigene Abbildung in Anlehnung an [DIN15])

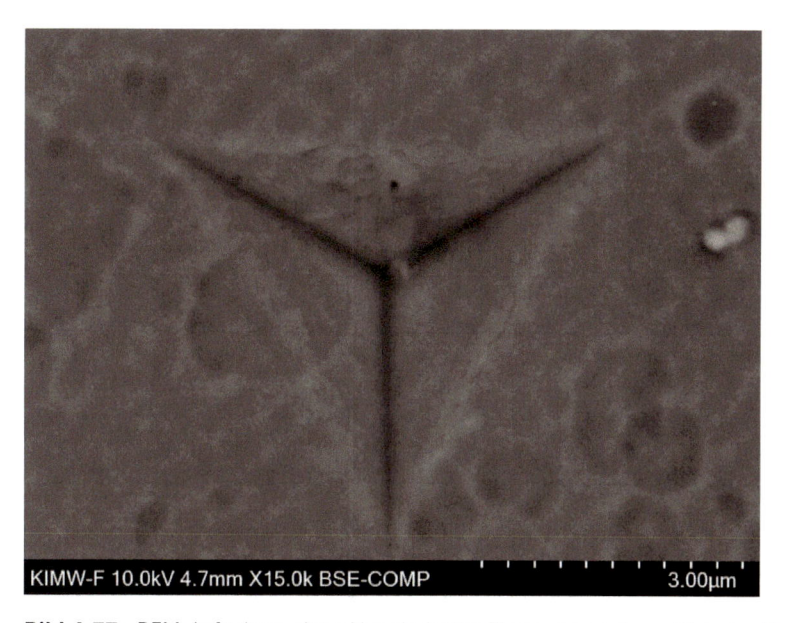

**Bild 4.77** REM-Aufnahme eines Nanoindenter-Eindruckes mit modifizierter Berkovich-Pyramide (eigene Abbildung in Anlehnung an [DIN15])

Um die Reproduzierbarkeit der einzelnen Messungen garantieren zu können, muss der Nullpunkt für die Kraft-Eindringtiefe-Messung für jede Prüfung einzeln bestimmt werden. Während der Durchführung des Versuchs werden die Kraft und die Eindringtiefe des Prüfkörpers kontinuierlich aufgezeichnet. Das entsprechende Schaubild ist in Bild 4.78 dargestellt.

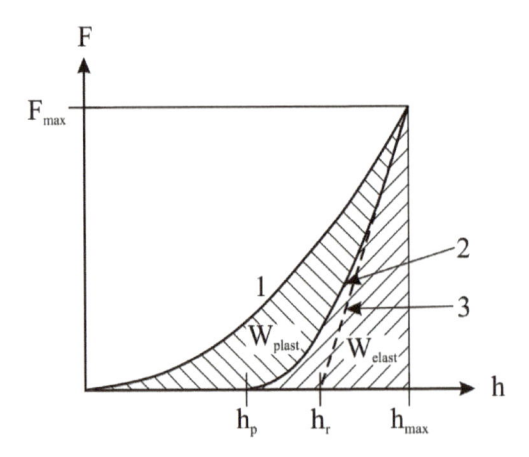

**Bild 4.78** Schematische Darstellung des Prüfvorgangs (eigene Abbildung in Anlehnung an [DIN15])

1) Prüfkraftaufnahme
2) Prüfkraftrücknahme
3) Tangente an Kurve 2 bei $F_{max}$

Abhängig von der Höhe der aufzubringenden Kraft und der Eindringtiefe werden die drei Bereiche in Tabelle 4.10 unterschieden. [DIN15a]

**Tabelle 4.10** Prüfbereiche für die instrumentierte Eindringprüfung nach DIN EN ISO 14 577-1 [DIN15]

| Prüfbereich | Prüfkraft | Eindringtiefe |
| --- | --- | --- |
| Makrobereich | 2 kN–30 kN | |
| Mikrobereich | < 2 kN | > 2 µm |
| Nanobereich | | < 2 µm |

Speziell im Nanobereich ist die mechanische Verformung des Prüfkörpers und der zu prüfenden Oberfläche stark von der realen Geometrie der Spitze des Eindringkörpers abhängig. Die berechneten Werkstoffparameter werden deshalb wesentlich durch den verwendeten Eindringkörper beeinflusst. Dieser Einfluss macht eine sorgfältige Kalibrierung sowohl der Prüfmaschine als auch der Eindringkörpergeometrie erforderlich, um eine akzeptable Vergleichbarkeit verschiedener Prüfmaschinen zu erhalten. [DIN15a]

Die immer kleineren Eindringtiefen führen dazu, dass zunehmend mikrophysikalische Effekte beobachtet werden können. Dazu gehören der Indentation Size Effect oder das Pop-in-Verhalten. Beide sind auf das mikromechanische Verhalten von kristallinen Materialien zurückzuführen. Praktisch ist so eine Korrelation eine zwischen den lokalen mechanischen Eigenschaften, der chemischen Zusammensetzung und der Mikrostruktur kristalliner Schichten möglich. Die Analyse der mechanischen Eigenschaften und der chemischen Zusammensetzung dünner Schichten und von Mikropartikeln ist ebenfalls möglich. [DG04]

Darüber hinaus hat die Oberflächenrauheit einen größeren Einfluss bei kleinen Eindringtiefen. Grundsätzlich sollte der Wechselwirkungsquerschnitt in Formel 4.18 eingehalten werden, um den Einfluss der Oberflächenrauheit zu begrenzen. Die Unsicherheit der Eindringtiefe beträgt dann unter 5 %. [DIN15a]

$$h \geq 20 \cdot Ra \tag{4.34}$$

| | | |
|---|---|---|
| $h$ | Eindringtiefe | [µm] |
| $Ra$ | arithmetischer Mittenrauwert | [µm] |

Wenn die Forderung aus Formel 4.18 nicht eingehalten werden kann, sollte die Anzahl der Prüfungen erhöht werden. Die Oberflächenrauheit sollte dann bestimmt werden und die Oberfläche mikroskopisch untersucht werden. [DIN15]

Wenn mehrere Prüfungen an einer Oberfläche durchgeführt werden, darf die zu prüfende Oberfläche nicht durch Grenzflächen oder Eindrücke vorheriger Prüfungen beeinflusst werden. Daher muss ein minimaler Abstand zwischen zwei Eindrücken das Fünffache des größten Eindruckdurchmessers betragen. Wenn Risse an einem Eindruck auftreten, werden diese dem Eindruckdurchmesser zugerechnet, um den Abstand zum nächsten Messpunkt zu bestimmen. [DIN15a]

### 4.8.3 Gängige Prüfverfahren

#### 4.8.3.1 Bestimmung der Eindringhärte

Die Eindringhärte ist als Widerstand einer Oberfläche gegen eine Schädigung oder eine bleibende Verformung definiert. Die erste Näherung der Eindringhärte wird nach Formel 4.35 berechnet. [DIN15a]

$$H_{IT,0} = \frac{F_{max}}{A_p(h_c)} \tag{4.35}$$

| | | |
|---|---|---|
| $H_{IT}$ | Eindringhärte | [MPa] |
| $F_{max}$ | maximal wirkende Prüfkraft | [N] |
| $A_p(h_c)$ | projizierte Kontaktfläche zwischen dem Eindringkörper und der Probe | [mm²] |

Die Kontakttiefe $h_c$ beschreibt dabei die Tiefe des Eindrucks unter aufgebrachter Prüfkraft (vgl. Bild 4.76). Sie wird aus der Kraftrücknahmekurve (vgl. Bild 4.78) berechnet. Dementsprechend hängt sie von der maximalen Eindringtiefe und der Tangententiefe ab und wird nach Formel 4.36 berechnet. Zur Bestimmung der Tangententiefe gibt es verschiedene genormte Ansätze auf der Basis von Geradenapproximationen oder der Approximation von Potenzkurven. Welche Methode jeweils zum Einsatz kommt, hängt von der Art der geprüften Oberfläche und der Qualität der Daten ab. Bei hochplastischen Werkstoffen mit geringer elastischer Rückverformung wird häufig eine Geradenapproximation verwendet. Wenn die Kraftrücknahmekurve nicht linear ist oder die Ergebnisse zeitabhängig sind, werden Approximationen von Potenzkurven verwendet. [DIN15a]

$$h_c = h_{max} - \varepsilon(m) \cdot (h_{max} - h_r) \qquad (4.36)$$

| | | |
|---|---|---|
| $h_c$ | Kontakttiefe des Eindringkörpers mit der Probe bei $F_{max}$ | [µm] |
| $h_{max}$ | Maximale Eindringtiefe bei $F_{max}$ | [µm] |
| $\varepsilon$ | Korrekturwert ($0{,}6 < \varepsilon < 0{,}8$) | |
| $h_r$ | der Schnittpunkt der Tangente an die Kraftrücknahmekurve bei Fmax mit der Wegachse (vgl. Bild 4.78) | [µm] |

Die maximale Eindringtiefe ist die Eindringtiefe bei maximaler Prüfkraft und wird zu Beginn der Kraftrücknahme ermittelt. Daher sind alle zusätzlichen Verschiebungen in der maximalen Eindringtiefe enthalten, die bspw. durch Kriechen während der Halteperioden aufgetreten sind.

Der Korrekturfaktor $\varepsilon$ hängt von der Geometrie des Eindringkörpers und dem Ausmaß der plastischen Verformung ab. Bei Verwendung einer linearen Anpassung kann der Korrekturfaktor nach Tabelle 4.11 abgeschätzt werden. Bei Verwendung eines Potenzansatzes kann der Korrekturfaktor berechnet werden. [DIN15a]

**Tabelle 4.11** Korrekturfaktor $\varepsilon$ für verschiedene Eindringkörpergeometrien bei Verwendung einer linearen Anpassung nach DIN EN ISO 14 577-1 [DIN15a]

| Eindringkörpergeometrie | Korrekturfaktor |
|---|---|
| Flacher Stempel | 1 |
| Konisch | $\dfrac{2(\pi - 2)}{\pi} = 0{,}73$ |
| Rotationssymmetrisches Paraboloid (inkl. kugelig) | ¾ |
| Berkovich, Vickers | ¾ |

Abhängig von der Art des Eindringkörpers kann die Eindringhärte bei Verwendung einer Vickerspyramide nach Formel 4.37 oder bei Verwendung eines Berkovich-Eindringkörpers nach Formel 4.38 berechnet werden. Ab einer Eindringtiefe von 6 μm ist die projizierte Fläche durch die theoretische Form des Eindringkörpers gegeben.

$$H_{IT,0} = \frac{F_{max}}{A_p(h_c)} = 4 \cdot h_c^2 \cdot (\tan \alpha)^2 \tag{4.37}$$

| | | |
|---|---|---|
| $H_{IT}$ | Eindringhärte | [MPa] |
| $A_p(h_c)$ | = 24,5 h² | [mm²] |
| $\alpha$ | Halber Öffnungswinkel der Vickerspyramide (= 68°) | [°] |

$$H_{IT,0} = \frac{F_{max}}{A_p(h_c)} = 3 \cdot \sqrt{3} \cdot h_c^2 \cdot (\tan \alpha)^2 \tag{4.38}$$

| | | |
|---|---|---|
| $H_{IT}$ | Eindringhärte | [MPa] |
| $\alpha$ | Öffnungswinkel der BerkovichPyramide (= 68°) | [°] |

Abhängig von der Form des Berkovich-Eindringkörpers können die projizierte Oberfläche und der Öffnungswinkel aus Tabelle 4.12 entnommen werden. Die modifizierte Form wird häufiger verwendet. [DIN15a]

**Tabelle 4.12** Normwerte für die projizierte Kontaktfläche und den Öffnungswinkel des Berkovich-Eindringkörpers DIN EN ISO 14 577-1 [DIN15a]

| | Projizierte Kontaktfläche zwischen dem Eindringkörper und der Probe | Öffnungswinkel des Berkovich-Eindringkörpers |
|---|---|---|
| Originale Berkovich-Eindringkörper | $A_p(h_c) = 23{,}97\ h^2$ | $\alpha = 65{,}03°$ |
| Modifizierter Berkovich-Eindringkörper | $A_p(h_c) = 24{,}49\ h^2$ | $\alpha = 65{,}27°$ |

Da alle Eindringkörper keine perfekte Spitze, sondern eine Rundung an der Spitze aufweisen, kann die die Flächenfunktion des Eindringkörpers bei kleinen Kontakttiefen nicht mit der perfekten theoretischen Form angenommen werden. Als Grenzwert dient eine Kontakteindringtiefe < 6 μm. In der Regel ist die Rundung an der Spitze auch nicht gleichmäßig, sodass die exakte Flächenfunktion nach DIN EN ISO 14 577-2 bestimmt werden muss. [DIN15a, DIN15b]

Abschließend muss die erste Näherung der Eindringhärte bezüglich der radialen Wegverschiebung der Oberfläche korrigiert werden. Die Korrektur ist iterativ. Die endgültige Eindringhärte enthält einen Wert n für die Anzahl der durchgeführten Iterationen (HIT,n). Bei metallischen Werkstoffen ist die radiale Korrektur in der

Regel mit < 0,5 % klein. Bei hochelastischen Werkstoffen kann sie Werte bis 5 % annehmen. [DIN15a]

### 4.8.3.2 Bestimmung des Eindringmoduls

Die Kontakttiefe und die projizierte Eindringfläche werden auch zur Bestimmung des Eindringmoduls verwendet. Die erste Näherung des reduzierten Eindringmoduls wird nach Formel 4.39 berechnet. Danach wird dieser ebenfalls um die radiale Wegverschiebung korrigiert. [DIN15a]

$$E_{r,0} = \frac{\sqrt{\pi}}{2 \cdot C_S \cdot \sqrt{A_p(h_c)}} \tag{4.39}$$

| | | |
|---|---|---|
| $E_{r,0}$ | reduzierter Modul bei Eindringkontakt | [MPa] |
| $C_S$ | Kontaktnachgiebigkeit, d. h. dh/dF der Kraftrücknahmekurve | [mm/mN] |
| $A_p(h_c)$ | projizierte Kontaktfläche | [mm$^2$] |

Die projizierte Kontaktfläche hängt dabei von der Geometrie des verwendeten Eindringkörpers ab:

- Vickers- und modifizierter Berkovich-Eindringkörper: $\sqrt{A_p} = 4{,}950 \cdot h_c$
- Berkovich-Eindringkörper: $\sqrt{A_p} = 4{,}895 \cdot h_c$

Aus dem reduzierten Eindringmodul kann der zweiachsige Dehnungsmodul nach Formel 4.40 berechnet werden. Dieser wird dann zur Bestimmung des Eindringmoduls nach Formel 4.41 verwendet. Dafür müssen die Querkontraktionszahlen des Eindringkörpers und der Probe bekannt sein. Diese können entweder abgeschätzt werden oder müssen bekannt sein.

$$E^* = \frac{1}{\dfrac{1}{E_{r,n}} - \dfrac{1-\nu_i^2}{E_i}} = \frac{E_{IT}}{1-\nu_s^2} \tag{4.40}$$

| | | |
|---|---|---|
| $E^*$ | zweiachsiger Dehnungsmodul | [MPa] |
| $E_{r,n}$ | reduzierter Modul bei Eindringkontakt nach der Korrektur der radialen Wegverschiebung | [MPa] |
| $E_i$ | E-Modul des Eindringkörpers $E_i$ = 1140 GPa für Diamant | [MPa] |
| $\nu_i$ | Querkontraktionszahl des Eindringkörpers $\nu_i$ = 0,07 für Diamant | [-] |
| $E_{IT}$ | Eindringmodul | [MPa] |
| $\nu_s$ | arithmetischer Mittenrauwert | [-] |

Der Eindringmodul Formel 4.41 nach ist mit dem Elastizitätsmodul des Probenwerkstoffes vergleichbar, solange keine Aufwölbung oder ein Einsinken während der Messung auftreten. Dann können deutliche Unterschiede auftreten. [DIN15a]

$$E_{IT} = \frac{1 - v_s^2}{\dfrac{1}{E_{r,n}} - \dfrac{1 - v_i^2}{E_i}} \tag{4.41}$$

### 4.8.3.3 Bestimmung des Eindringkriechens

Das Eindringkriechen bezeichnet die zeitliche Änderung der Eindringtiefe bei einer konstanten Prüfkraft. Der Kriechvorgang ist in Bild 4.79 dargestellt.

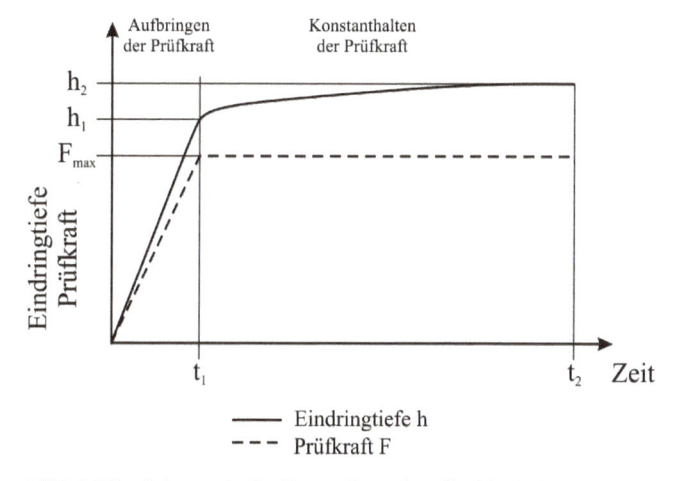

**Bild 4.79** Schematische Darstellung des Eindringkriechens (eigene Abbildung in Anlehnung an [DIN15])

Das Eindringkriechen wird nach Formel 4.42 berechnet. Eine Beeinflussung durch die thermische Drift ist möglich. [DIN15a]

$$C_{IT} = \frac{h_2 - h_1}{h_1} \cdot 100 \tag{4.42}$$

| | | |
|---|---|---|
| $C_{IT}$ | Eindringkriechen | [%] |
| $h_2$ | Eindringtiefe zum Zeitpunkt $t_1$ des Erreichens der Prüfkraft, die konstant gehalten wird | [mm] |
| $h_1$ | Eindringtiefe zum Zeitpunkt $t_2$ während des Konstanthaltens der Prüfkraft | [mm] |

### 4.8.3.4 Bestimmung der Eindringrelaxation

Wenn die Prüfung unter Regelung der Eindringtiefe erfolgt, kann die Eindringrelaxation bestimmt werden. Dafür wird die Eindringtiefe zeitlich konstant gehalten und die zeitliche Änderung der Prüfkraft gemessen. Der Relaxationsvorgang ist in Bild 4.80 dargestellt. [DIN15a]

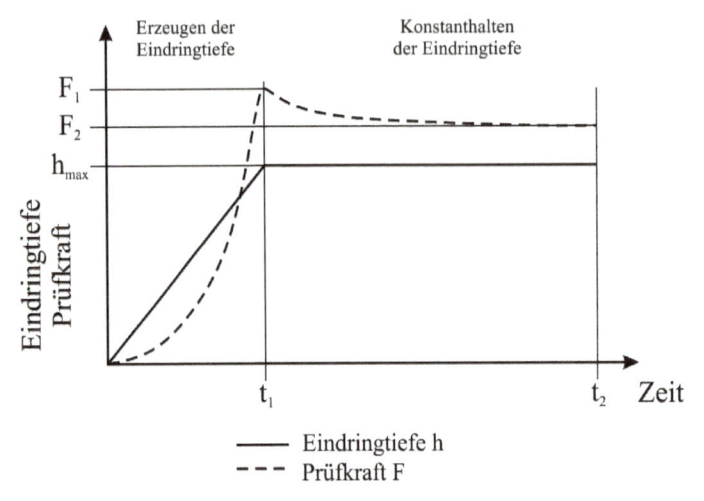

**Bild 4.80** Schematische Darstellung der Eindringrelaxation (eigene Abbildung in Anlehnung an [DIN15])

Die Eindringrelaxation kann dann nach Formel 4.43 bestimmt werden.

$$R_{IT} = \frac{F_1 - F_2}{F_1} \cdot 100 \qquad (4.43)$$

| | | |
|---|---|---|
| $R_{IT}$ | Eindringkriechen | [µm] |
| $F_1$ | Kraft beim Erreichen der Eindringtiefe, die konstant gehalten wurde | [N] |
| $F_2$ | Kraft nach der Zeit, in der die Eindringtiefe konstant gehalten wurde | [N] |

### 4.8.3.5 Bestimmung des plastischen und elastischen Anteils der Eindringarbeit

Während der Kraftaufbringung und des Eindringvorgangs wird mechanische Arbeit verrichtet. Diese wird teilweise in plastische Verformungsarbeit umgesetzt und teilweise in elastischer Arbeit gespeichert, die während der Rückverformung nach Wegnahme der Prüfkraft wieder freigesetzt wird. Der Anteil der elastischen und der plastischen Arbeit ist in Bild 4.78 als Fläche im Kraft-Weg-Diagramm dargestellt. [DIN15a]

Die gesamte Eindringarbeit kann durch Integration der Kurve während der Prüfkraftaufnahme bestimmt werden. Sie ist die Summe aus elastischer und plastischer Eindringarbeit (vgl. Formel 4.44).

$$W_{total} = W_{elast} + W_{plast} \tag{4.44}$$

| | | |
|---|---|---|
| $W_{total}$ | gesamte mechanische Arbeit beim Eindringen | [Nm] |
| $W_{elast}$ | elastische Rückverformungsarbeit beim Eindringen | [Nm] |
| $W_{plast}$ | plastischer Anteil der Eindringarbeit | [Nm] |

Die elastische Eindringarbeit kann durch Integration der Kurve der Prüfkraftrücknahme direkt aus dem Diagramm ermittelt werden und als Anteil der Eindringarbeit nach Formel 4.45 bestimmt werden.

$$\eta_{IT} = \frac{W_{elast}}{W_{total}} \cdot 100 \tag{4.45}$$

| | | |
|---|---|---|
| $\eta_{IT}$ | elastischer Anteil der Eindringarbeit | [%] |

Der plastische Anteil der Eindringarbeit kann dann nach Formel 4.46 berechnet werden. [DIN15a]

$$\frac{W_{plast}}{W_{total}} = 100\% - \eta_{IT} \tag{4.46}$$

### 4.8.4 Prüfverfahren für Schichten

In der Regel sind Schichten nicht dick genug, dass das Substrat während der Prüfung nicht beeinflusst wird. Wenn das der Fall ist, kann die Schicht als Vollmaterial betrachtet werden. Als Grenze wird angenommen, dass die Eindringtiefe ein Zehntel der Schichtdicke nicht überschreitet. [DIN02]

Darüber hinaus können nur Einzelschichten untersucht werden. Bei mehrlagigen Schichten oder Gradientenschichten bietet sich eine Untersuchung im Querschnitt an, wobei die einzelnen Schichten dick genug sein müssen, dass der Eindringvorgang auf eine einzelne Schicht beschränkt bleibt. Die Untersuchung metallischer und nichtmetallischer Schichten ist möglich. Die Schichten oder einzelnen Schichtlagen müssen entlang der Eindringtiefe homogen sein, da die Eigenschaften der Schicht als homogen verteilt angenommen werden. [DIN17]

Während der Prüfung muss eine plastische Verformung innerhalb der Schicht auftreten, ohne dass im Substrat eine plastische Verformung auftritt. Entsprechend Bild 4.81 liegt das Maximum der Hauptschubspannung dann in der Schicht. Optimalerweise wird die Fließgrenze des Substrates nicht erreicht. Die Spitze des Eindringkörpers darf nicht zu scharf sein, um einen Bruch der Schicht zu vermeiden.

Die plastische Verformung des Substrates kann im Speziellen bei sehr harten Schichten auf einem weichen Substrat problematisch sein. In diesem Fall muss der beste Kompromiss aus der Höhe der Prüfkraft und der Eindringtiefe gefunden werden. Die Prüfkraft muss dann so hoch gewählt werden, dass das Fließen des Substrates gerade noch nicht eintritt. Die Eindringtiefe soll gering genug sein, damit das Substrat nicht durch das Eindringen beeinflusst wird und der Einfluss auf die Messung minimiert wird.

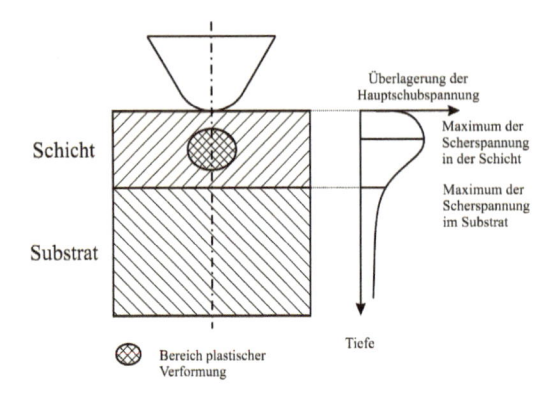

**Bild 4.81** Hauptschubspannung als Funktion der Tiefe unter dem Eindringkörper (eigene Abbildung in Anlehnung an [DIN15b])

Ein Aufwölben oder Einsinken während des Eindringversuchs ist ebenfalls nicht vorgesehen, da beide Effekte in der Auswertung nicht berücksichtigt werden können. Wenn ein Aufwölben oder Einsinken auftritt oder vermutet wird, muss der Eindruck mikroskopisch untersucht werden, um das mögliche Aufwölben oder Einsinken zu bestimmen. Bei einer Aufwölbung werden die Oberflächeneffekte bei der Auswertung unterschätzt. Bei einem Einsinken werden die Oberflächeneffekte hingegen überschätzt. [DIN17]

Als Eindringkörper wird eine Pyramide oder ein Kegel verwendet, deren Spitzenverrundung klein genug ist, um eine plastische Verformung innerhalb der Schicht zu erreichen. Häufig werden Berkovich-Pyramiden oder Vickers-Pyramiden verwendet. Kugelförmige Eindringkörper oder Würfelecken sind ebenfalls möglich. Wenn plastische Eigenschaften der Schicht bestimmt werden sollen, werden spitze Eindringkörper verwendet. Je dünner die Schicht ist, desto größer sollte die Spitze des Eindringkörpers sein. Bei einer ausschließlichen Untersuchung der elastischen Schichteigenschaften reichen elastische Eindrücke aus, da hier die beschriebenen Probleme bzgl. der Aufwölbung oder des Bruchs der Schicht vermieden werden können. In diesem Fall ist ein Eindringkörper mit einem großen Radius oder eine Kugel zu wählen. Diese ermöglichen elastische Eindrücke über einen großen Kraftbereich.

Die Vorbereitung der Probe ist auf ein Minimum zu beschränken. Die Oberflächenrauheit $R_a$ soll weniger als 5 % der maximalen Eindringtiefe betragen. Andernfalls steigt die Streuung der Ergebnisse zu stark an. Die Messungen werden abseits von Störungen der Oberfläche, wie Knollen oder Kratzern, durchgeführt. Nach Möglichkeit soll eine Politur vor allem bei metallischen Oberflächen vermieden werden, da diese zu einer Verfestigung der Oberfläche führen kann. Bei keramischen Oberflächen ist die Verfestigung weniger stark ausgeprägt. Unter Umständen muss die Schichtdicke nach der Politur erneut bestimmt werden, da die Politur die Schichtdicke verringert, sodass die Einflüsse des Substrates erhöht werden können. Eine Reinigung der Oberfläche ist in der Regel nicht notwendig. Wenn Verschmutzungen auf der Oberfläche vorhanden sind, werden diese mit einem ölfreien Gasstrom, sublimiertem $CO_2$ oder einem Lösungsmittel, das inert gegenüber der Schicht ist, entfernt. Auf den Einsatz von Ultraschall soll verzichtet werden. [DIN17]

Die Auswertung der Eindringversuche erfolgt auf Basis der gemessenen Kraft- und Wegdaten, wobei die Wegdaten um die thermische Drift ($C_S$) und um die Nachgiebigkeit des Prüfmaschinenrahmens ($C_F$) korrigiert werden müssen. Während der Analyse muss zwischen spröden und duktilen Schichten unterschieden werden. [DIN15b]

Eine direkte Bestimmung der Schichteigenschaften ist nicht möglich, da sich das Substrat immer mindestens elastisch verformt. Alle gemessenen und ausgewerteten Kennwerte müssen daher als Verbundwerte betrachtet werden. Parallel bietet sich eine Bestimmung der Kennwerte des Substrates an, um eine geeignete Auswertung vornehmen zu können.

Eine Abschätzung der Schichteigenschaften ist nur durch Extrapolation möglich. Dafür werden die Kennwerte als Funktion einer dimensionslosen Kennzahl aufgetragen. Diese wird entweder aus dem Quotienten des Kontaktradius a (Formel 4.47) oder der Eindringtiefe $h_c$ und der Schichtdicke $t_c$ gebildet. Eine Messung der Schichtdicke ist nur erforderlich, wenn verschiedene Schichtdicken miteinander verglichen werden sollen oder die Schichtdicke stark schwankt. Da die Eindringkörper unterschiedliche Geometrien haben, wird der Kontaktradius a nach Formel 4.47 durch den Radius eines Kreises, der die gleiche Fläche aufweist wie die projizierte Kontaktfläche, approximiert. [DIN17]

$$a = \sqrt{\frac{A_p}{\pi}} \qquad (4.47)$$

| | | |
|---|---|---|
| $a$ | Kontaktradius | [mm] |
| $A_p$ | Projizierte Kontaktfläche mit dem Eindringkörper | [mm²] |

### 4.8.4.1 Eindringmodul der Schicht

Wenn die Reaktion des Stoffverbundes auf das Eindringen unbekannt ist, müssen Vorversuche mit verschiedenen, weit auseinanderliegenden Prüfkräften durchgeführt werden, um die ideale Prüfkraft abschätzen zu können. Das Ziel der eigentlichen Untersuchungen besteht darin, Eindrücke über einen weiten Bereich von Eindringtiefen zu erzeugen, ohne dass Risse oder Brüche in der Schicht auftreten.

Wenn weichere Schichten auf einem härteren Substrat analysiert werden, müssen ausreichend viele Versuche im Bereich $a/t_c < 1{,}5$ durchgeführt werden. Der Eindringmodul der Schicht wird dann durch lineare Extrapolation der Messpunkte über $a/t_c$ gegen null bestimmt (vgl. Bild 4.82 links).

Wenn härtere Schichten auf einem weichen Substrat untersucht werden, ist der Prüfbereich bei $a/t_c < 2$. Auch hier wird der Eindringmodul der Schicht durch lineare Extrapolation des Eindringmoduls über $a/t_c$ gegen null bestimmt (vgl. Bild 4.82 rechts).

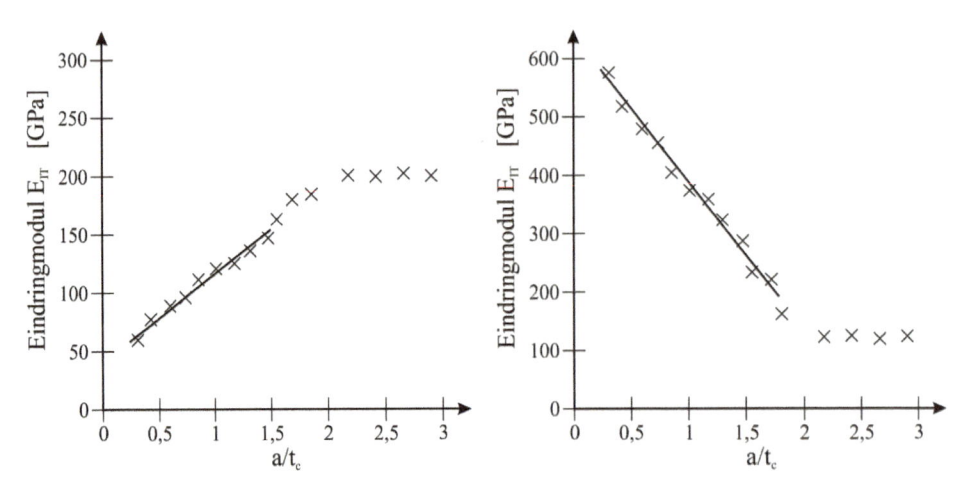

**Bild 4.82** Eindringmodul über dem normierten Kontaktradius (links: duktile Schicht auf härterem Substrat; rechts: harte Schicht auf weicherem Substrat) (eigene Abbildung in Anlehnung an [DIN17])

Die lineare Extrapolation stellt dabei nur eine Näherung dar, da die auftretenden nichtlinearen Effekte nicht modellhaft erfasst werden können. Eine Anwendung über die genannten Bereiche ist deshalb nicht möglich.

Grundsätzlich müssen mindestens 15 Einzelmessungen durchgeführt werden, wobei mindestens fünf unterschiedliche Werte von $a/t_c$ untersucht werden sollen. Zur Verringerung der Unsicherheiten bei der linearen Extrapolation wird die Durchführung von 50 Einzelmessungen mit zehn unterschiedlichen Werten von $a/t_c$ empfohlen. Tendenziell bietet sich eher die Analyse der Eindrücke bei verschiedenen Werten von $a/t_c$ an, als die Wiederholung weniger Eindrücke mit gleichen Werten von $a/t_c$ zu erhöhen. [DIN17]

## 4.8.4.2 Eindringhärte der Schicht

Der normierte Parameter $a/t_c$ kann auch zur Bewertung der Ergebnisse der Eindringhärte verwendet werden. Die Bestimmung der Härte erfordert allerdings Eindringkörper mit selbstähnlicher Geometrie, also mit einer definierten Spitze, sodass auch der dimensionslose Parameter $h_c/t_c$, also das Verhältnis der Kontakttiefe zur Schichtdicke, verwendet werden kann. Der Spitzenradius soll so klein wie möglich sein, damit die plastische Verformung in der Schicht gewährleistet ist.

Wenn die Eindringhärte weicher, duktiler Schichten auf einem härteren Substrat untersucht werden soll, wird die Eindringhärte im Bereich $0 < h_c/t_c < 1$ ermittelt. Voraussetzung ist allerdings immer, dass sich das Substrat nur elastisch verformt.

Bei der Auswertung der Eindringhärte kann sich ein konstanter minimaler Wert ergeben, wie in Bild 4.83 links dargestellt. Dieses Plateau beschreibt die Eindringhärte der Schicht. Es besteht auch die Möglichkeit, dass kein konstanter minimaler Wert für die Eindringtiefe bestimmt werden kann. In diesem Fall wird die Eindringhärte der Schicht gegen $h_c/t_c = 0$ linear extrapoliert, wie in Bild 4.83 rechts dargestellt. Wenn möglich sollte die Bestimmung der Eindringhärte an mehreren unterschiedlich dicken Schichten verifiziert werden. Zur Identifizierung des Plateaus wird die Durchführung von mindestens 50 Messungen mit zehn Werten von $h_c/t_c$ empfohlen. [DIN17]

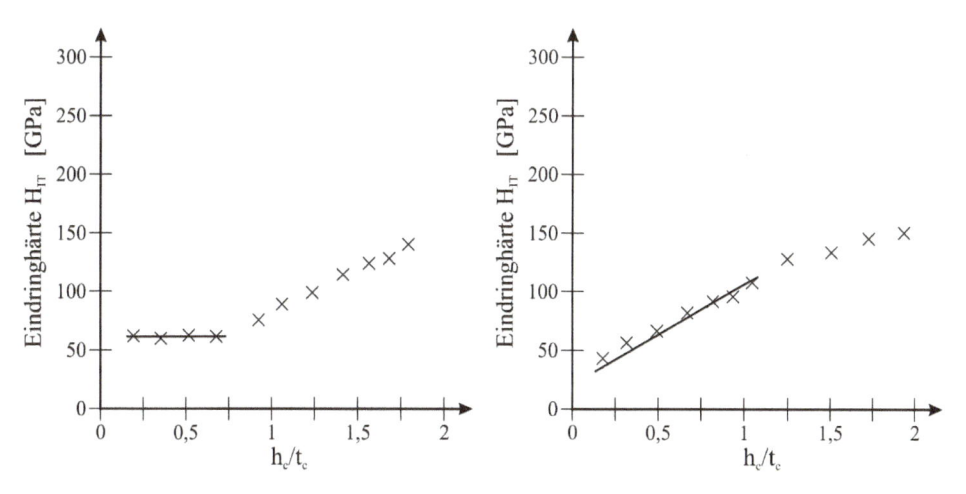

**Bild 4.83** Eindringhärte über der normierten Kontakttiefe einer duktilen Schicht auf einem härteren Substrat (links: konstantes Plateau beim minimaler Eindringhärte; rechts: ohne konstantes Plateau) (eigene Abbildung in Anlehnung an [DIN17])

Bei der Untersuchung harter Schichten auf einem weichen Substrat dürfen nur scharfe Eindringkörper mit kleiner Spitze zur Bestimmung der Eindringhärte verwendet werden, um die plastische Verformung der Schicht ohne eine plastische

Verformung des Substrates zu erzwingen. Wenn das Verhalten des Schicht-Substrat-Verbundes unbekannt ist, bietet sich eine Vorprüfung mit einem kugelförmigen Eindringkörper an, um festzustellen, ob zuerst die Schicht oder zuerst das Substrat plastisch verformt werden. Wenn hier das Substrat zuerst plastisch verformt wird, ist es nicht möglich, die Härte der Schicht zu bestimmen.

Parallel sollte außerdem die Härte des Substrates ermittelt werden. Mithilfe der Härte des Substrates kann außerdem ein Abblättern oder Bruch der Schicht erkannt werden, da sich die Härtewerte der Schicht für kleine Werte von $h_c/t_c$ an den Substratwert annähern.

Die Parameter des Eindringversuchs, bestehend aus der Eindringkraft oder der Eindringtiefe und der Geometrie des Eindringkörpers, sind so zu wählen, dass das Maximum der Eindringhärte abgebildet werden kann. Im Regelfall befindet sich das Maximum der Eindringhärte im Bereich von $0 < h_c/t_c < 0{,}5$.

Bei der Auswertung kann sich ein konstanter höchstmöglicher Wert ergeben. Das ist dann die Eindringhärte der Schicht, wie in Bild 4.84 links dargestellt. Das Maximum kann aber auch nur aus einem einzelnen Messwert bestehen (vgl. Bild 4.84 rechts). In diesem Fall muss die Eindringhärte an weiteren Prüfkörpern mit größeren Schichtdicken verifiziert werden.

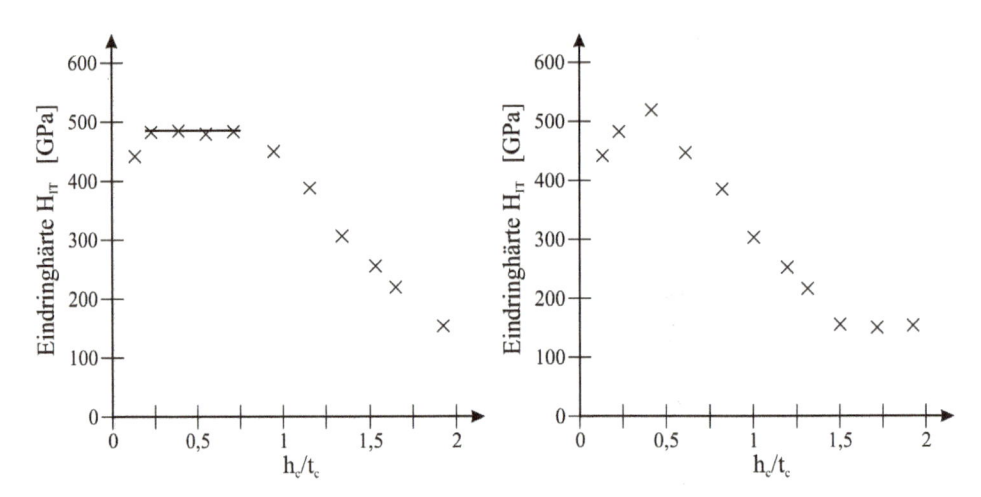

**Bild 4.84** Eindringhärte über der normierten Kontakttiefe einer harten, spröden Schicht auf einem weicheren Substrat (links: konstantes Plateau bei maximaler Eindringhärte; rechts: einzelner Maximalwert der Eindringhärte) (eigene Abbildung in Anlehnung an [DIN15])

Generell sind mindestens zehn Einzelmessungen durchzuführen, um das Plateau oder den maximalen Einzelwert zu identifizieren. Dabei sollte der Erhöhung der Werte von $h_c/t_c$ der Vorzug gegenüber der Wiederholung von Einzelmessungen bei gleichen Werten von $h_c/t_c$ gegeben werden.

## 4.8.5 Literatur

[DG04]   Durst, K.; Göken, M.: *Nanoindentierung – Eine Sonde für die lokalen mechanischen Eigenschaften.* In: Pohl, M. (Hrsg.): Met. Sonderband 36 (Metallographietagung, Bochum, 2004). Frankfurt: Informationsgesellschaft, 2004, S. 319–328

[DIN02]   N. N.: *Metallische und andere anorganische Überzüge – Mikrohärteprüfungen nach Vickers und Knoop* (ISO 4516:2002), 2002

[DIN15]   N. N.: *Metallische Werkstoffe – Härteprüfung nach Brinell – Teil 1: Prüfverfahren* (ISO 6506-1:2014), 2015

[DIN15a]   N. N.: *Metallische Werkstoffe – Instrumentierte Eindringprüfung zur Bestimmung der Härte und anderer Werkstoffparameter – Teil 1: Prüfverfahren* (14 577-1:2015), 2015

[DIN15b]   N. N.: *Metallische Werkstoffe – Instrumentierte Eindringprüfung zur Bestimmung der Härte und anderer Werkstoffparameter – Teil 2: Überprüfung und Kalibrierung der Prüfmaschinen* (14 577-2:2015), 2015

[DIN16]   N. N.: *Metallische Werkstoffe – Härteprüfung nach Rockwell – Teil 1: Prüfverfahren* (ISO 6508-1:2016), 2016

[DIN17]   N. N.: *Metallische Werkstoffe – Instrumentierte Eindringprüfung zur Bestimmung der Härte und anderer Werkstoffparameter – Teil 4: Prüfverfahren für metallische und nichtmetallische Schichten* (14 577-4:2017), 2017

[DIN22]   N. N.: *Metallische Werkstoffe – Härteprüfung nach Vickers – Teil 1: Prüfverfahren* (ISO 6507-1:2018)

[Dom01]   Domke, W.: *Werkstoffkunde und Werkstoffprüfung.* Düsseldorf: Girardet, 2001, 10. Auflage

[QG22]   N. N.: *Kurze Einführung: Nanoindentation.* Online: https://qd-europe.com/de/de/produkt/kurze-einfuehrung-nanoindentation/, aufgerufen am 01.11.2022

[ZR22]   N. N.: *ZwickRoell Nanoindentierung (engl. Nanoindentation).* Online: https://www.zwickroell.com/de/branchen/hochschulen/nanoindentation/#c1180, aufgerufen am 01.11.2022

# 4.9 Bestimmung der Temperaturleitfähigkeit von Beschichtungen

Patrick Engemann

## 4.9.1 Einfluss der Werkzeugwandtemperatur auf den Spritzgussprozess

Die im Spritzguss vorliegenden Temperaturen sind unter qualitativen als auch wirtschaftlichen Gesichtspunkten von Bedeutung. So kann die Qualität der Formteile durch die Temperatur des Spritzgussprozesses entscheidend mit beeinflusst werden. So lässt sich unter anderem durch den Einsatz von Metallen mit hoher Wärmeleitfähigkeit, wie beispielsweise Kupfer, der Spritzgussprozess zugunsten kürzerer Zykluszeiten beeinflussen oder um Verzug am Formteil entgegenzuwirken, da die Wärme schneller abgeführt werden kann (vgl. Bild 4.85). [Men95, Zöl99]

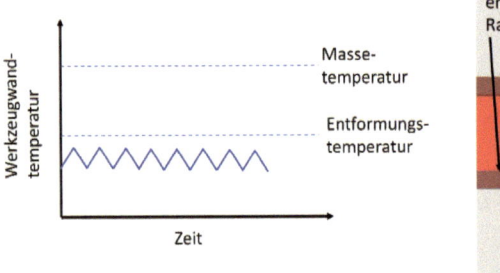

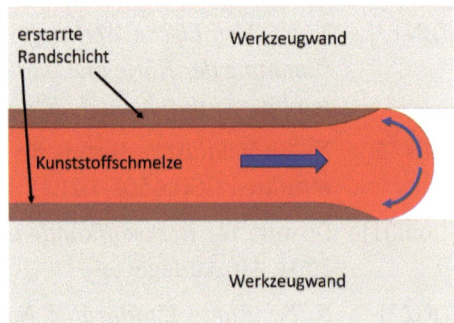

**Bild 4.85** Bildung einer Randschicht bei isothermer Temperierung (eigene Abbildung in Anlehnung an [Tew97])

Im Gegensatz dazu können thermisch isolierende Werkstoffe dafür genutzt werden, Fehler an der Oberfläche von Kunststoffformteilen zu kaschieren oder größere Fließweglängen der Kunststoffschmelze zu realisieren. [TMS20, GPS08] In den durch den Kunststoff gesetzten Grenzen lassen sich solche Effekte auch durch das Anheben der Vorlauftemperatur des Temperiermediums am Spritzgusswerkzeug erzielen, wobei dies auch immer zu einer unerwünschten Verlängerung der Zykluszeit des Spritzgussprozesses führt. Die im Kunststoff mitgeführte Wärme kann bei einer höheren Werkzeugwandtemperatur nicht mehr im selben Maße abgeführt werden, wodurch die notwendige Entformungstemperatur später erreicht wird. Aufgrund dessen bietet der Markt unterschiedliche Möglichkeiten, um die notwendige Wärme nur vor dem eigentlichen Einspritzen des Kunststoffes in das Werkzeug einzubringen. Da nur die Oberfläche der Formteilkavität erwärmt wird, bleibt die Zykluszeit im Wesentlichen unbeeinflusst. Unter diese Technologien fallen unter anderem Infrarot-Heizsysteme, welche die Kavität im Spritzgusswerkzeug im geöffneten Zustand mittels Strahlung erwärmen, oder variotherme Temperiersysteme, die zwischen Temperiermedien mit unterschiedlichen Vorlauftemperaturen umschalten können. Alternativ werden auch Heizelemente in die relevanten Bereiche des Spritzgusswerkzeuges unter die Kavität eingesetzt. [GPS08] Folge der aufgeführten Verfahren ist, dass die Wärmeabgabe der Kunststoffschmelze an das Spritzgusswerkzeug zum Zeitpunkt des Kontaktes reduziert werden kann. Dies führt dazu, dass sich die Ausbildung einer erstarrten Randschicht zwischen Werkzeugwand und Formteilkern verzögert, wie in Bild 4.86 dargestellt. Im Ergebnis wird die Abformung der Werkzeugkavität verbessert. Als zu überschreitende Temperatur wird zumeist die Glasübergangstemperatur des zu verarbeitenden Polymers angestrebt, oberhalb derer der Kunststoff zähflüssig vorliegt. [Thi88]

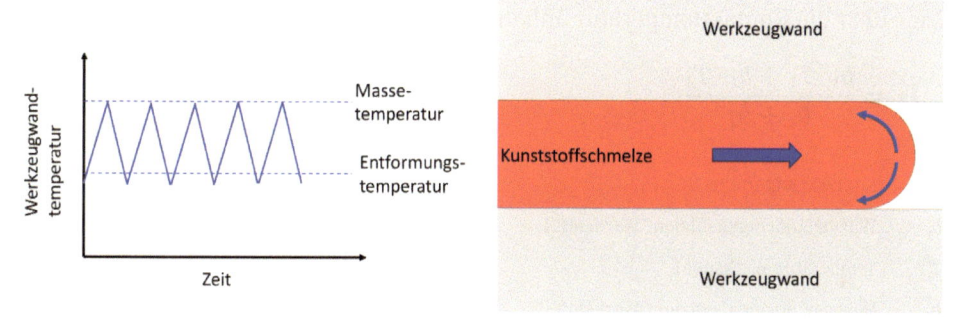

**Bild 4.86** Bildung einer Randschicht bei variothermer Prozessführung (eigene Abbildung in Anlehnung an [Tew97])

Aufgrund ihrer thermisch isolierenden Wirkung und ihres zeitlich begrenzten Einflusses eignen sich zu diesem Zweck ebenfalls keramische Beschichtungen auf der Oberfläche der Kavität, um die Wärmeabgabe aus der Kunststoffschmelze kurzzeitig zu verzögern, ohne dabei auf technische Anlagen zurückgreifen zu müssen.

### 4.9.2 Kontakttemperatur

Der thermische Effekt einer keramischen Beschichtung auf den Spritzgussprozess lässt sich durch die Kontakttemperatur beschreiben. Die Kontakttemperatur bezeichnet die Temperatur, die sich bei Berührung zweier Körper einstellt, bis ein

Temperaturausgleich stattfindet. [BW09] Im Falle des Spritzgussprozesses handelt es sich bei den in Kontakt tretenden Partnern um die Kunststoffschmelze und die Werkzeugoberfläche.

Die Kontakttemperatur ($T_K$) setzt sich aus den Wärmeeindringkoeffizienten (b) nach Formel 4.48 und der Temperatur ($T_1$, $T_2$) der sich berührenden Werkstoffe zusammen. Ist der Wärmeeindringkoeffizient nicht bekannt, lässt er sich wie folgt mit der Wärmeleitfähigkeit ($\lambda$), der Dichte ($\rho$) und der spezifischen Wärmekapazität c berechnen. [HMM18]

$$b = \sqrt{\rho \cdot \lambda \cdot c} \qquad (4.48)$$

| | | |
|---|---|---|
| b | Wärmeeindringkoeffizient | [W s$^{0,5}$/(m$^2$ K)] |
| $\lambda$ | Dichte | [kg/m$^3$] |
| $\rho$ | Wärmeleitfähigkeit | [W/(m K)] |
| c | Spezifische Wärmekapazität | [J/(kg K)] |

Sind die Wärmeeindringkoeffizienten der Werkstoffe bekannt, lässt sich eine Aussage über die Kontakttemperatur anhand Formel 4.49 tätigen.

$$T_K = \frac{b_1 \cdot T_1 + b_2 \cdot T_2}{b_1 + b_2} \qquad (4.49)$$

| | | |
|---|---|---|
| $T_K$ | Kontakttemperatur | [K] |
| $b_1$ | Wärmeeindringkoeffizient Werkstoff 1 | [W s$^{0,5}$/(m$^2$ K)] |
| $T_1$ | Temperatur Werkstoff 1 | [K] |
| $b_2$ | Wärmeeindringkoeffizient Werkstoff 2 | [W s$^{0,5}$/(m$^2$ K)] |
| $T_2$ | Temperatur Werkstoff 2 | [K] |

Dem kann entnommen werden, dass das Material an der Oberfläche für den Zeitraum vor dem sich einstellenden Temperaturausgleich von Bedeutung ist. Da die thermischen Kennwerte von dünnen Schichten im Vergleich zu denen von massiven Körpern unterschiedlich sein können, müssen sie messtechnisch ermittelt werden, sofern sie nicht vorliegen. [LVR+18, LVR+19; LWK+03]

### 4.9.3 Time Domain Thermoreflectance (TDTR)

Bei der Time Domain Thermoreflectance (TDTR) handelt es sich um ein rein optisch arbeitendes Verfahren, welches zur Bestimmung der Wärmeleitung dünner Schichten auf Substraten verwendet werden kann. Um die Wärmeleitung zu ermitteln, wird ein definierter Laserstrahl auf die Probe gerichtet. Zur Durchführung der Messung wird dieser in einen Pump-Strahl und einen Probe-Strahl aufgeteilt (vgl. Bild 4.87), wobei der Probe-Strahl zeitversetzt auf die Probe trifft. Der zuerst eintreffende Pump-Strahl dient zur Erwärmung der Probe. Da die Reflektivität in Abhängigkeit zur Temperatur der Probe steht, wird der Probe-Strahl so auf die Probe gelenkt, dass dieser von der Probe reflektiert werden kann und auf ein Messsystem fällt. Durch Auswertung des Strahles lässt sich somit eine Aussage über die Temperatur der Probe tätigen. [K+09] Insbesondere metallische Oberflächen weisen einen starken Zusammenhang von Temperatur und der Reflektivität der Probenoberfläche auf. [GW92, Dör17] Um die Messung über einen längeren Zeitraum zu ermöglichen, kann als Probe-Strahl ein CW-Laser verwendet werden, der kontinuierlich von der Oberfläche reflektiert wird. Diese abgewandelte Form der TDTR-Messung wird als Transiente Thermoreflektivität (TTR) bezeichnet. [Mey21]

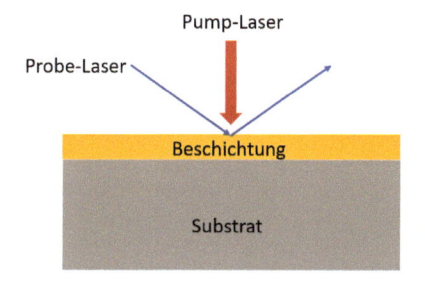

**Bild 4.87** Schematische Darstellung der TDTR-Messung (eigene Abbildung in Anlehnung an [MKD19])

## 4.9.4 3-Omega

Die 3-Omega-Messung zur Bestimmung der Wärmeleitfähigkeit von Werkstoffen wurde durch Prof. David Cahill entwickelt. [CP87] Grundlage der Messung ist die Abhängigkeit des elektrischen Widerstandes von der Temperatur eines elektrischen Leiters. Das für Vollmaterialien entwickelte Verfahren findet inzwischen aber auch Anwendung in der Bestimmung der Wärmeleiteigenschaften von dünnen Schichten. Um die Wärmeleitung der Beschichtung zu ermitteln, muss die Wärmeleitung des Substratmaterials über eine zusätzliche Messung ermittelt werden. Mithilfe des Fourier-Gesetzes lässt sich ein Rückschluss auf die thermischen Eigenschaften der Beschichtung tätigen, da diese als zusätzlicher thermischer Isolator wirkt. Fourier beschreibt mit seinem Gesetz die Wärmediffusion in einem festen Körper. Als Messmittel als auch als Heizelement dient eine dünne metallische Leiterbahn auf der Oberfläche des zu messenden Werkstoffes, die auf die Oberfläche zu applizieren ist (vgl. Bild 4.88) [CKA94, BKC01].

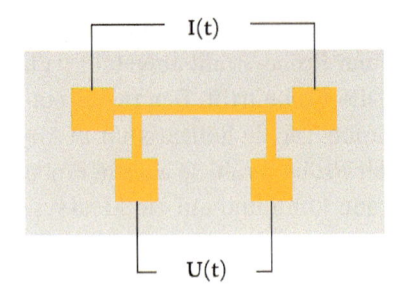

**Bild 4.88** Schematische Darstellung der 3-Omega-Messung (eigene Abbildung in Anlehnung an [JC18])

Zur Messung der thermischen Leitfähigkeit durchfließt ein Wechselstrom I(t) mit der Frequenz ω den metallischen Leiter (vgl. Formel 4.50). Infolge des elektrischen Widerstandes des Leiters wird der Probe periodisch eine Temperatur T(t) aufgeprägt.

$$I(t) = I_0 \cos(\omega t) \tag{4.50}$$

| | | |
|---|---|---|
| $I$ | Wechselstrom | [A] |
| $I_0$ | Maximum der Sinuskurve | [A] |
| $\omega$ | Frequenz | [1/s] |
| $t$ | Zeit | [s] |

Die Temperatur der Probe und des elektrischen Leiters ändert sich hierbei mit einer Frequenz von 2ω. Die Amplitude der Temperaturänderung um die Nulllage $T_0$(t) ist dabei abhängig von den thermischen Eigenschaften der Probe und des Leiters, ebenso wie die Verschiebung φ der Temperaturamplitude zur Amplitude des eingespeisten Stromes (vgl. Formel 4.51).

$$T(t) = T_0(t) + \Delta T \cdot \cos(2\omega t + \varphi) \tag{4.51}$$

| | | |
|---|---|---|
| $T$ | Temperatur | [K] |
| $T_0$ | Nulllage der Temperatur | [K] |
| $\varphi$ | Phasenverschiebung | [-] |

Die für die Messung über den Heizleiter eingebrachte Leistung lässt sich über den eingeleiteten Strom und den elektrischen Widerstand des Leiters berechnen. Die Berechnung setzt sich nach Formel 4.52 zusammen.

$$P(t) = I_0^2 \cdot R \cdot \cos^2(\omega t) \tag{4.52}$$

| | | |
|---|---|---|
| $P$ | Eingebrachte Leistung | [W] |
| $R$ | Widerstand der Probe | [Ω] |

Da der elektrische Widerstand in Abhängigkeit zur Temperatur des elektrischen Leiters steht, folgt er oszillierend der Änderung der Temperatur. Misst man die Spannung, kann man feststellen, dass es durch die Frequenz des Stromes und die zeitliche Änderung des Widerstandes zu einer überlagerten Frequenz in der Spannung kommt. Diese weist eine Frequenz von 3ω auf, welche namensgebend für das Verfahren ist. Diese überlagerte Schwingung lässt sich über einen Lock-in-Verstärker erfassen. [JC18]

### 4.9.5 Versuchsaufbau zur Messung der Kontakttemperatur

Bisherige Technologien verfolgen den Ansatz, die Kontakttemperatur über die Wärmeleitung zu berechnen. Um die thermischen Eigenschaften von Schichten und Vollkörpern miteinander zu vergleichen, kann ein Versuchsaufbau verwendet werden, bei dem ein konstant beheizter Temperatursensor auf die Oberfläche der zu messenden Probe gedrückt wird. Tritt der Temperatursensor mit der kälteren Probenoberfläche in Kontakt, fällt die Temperatur am Sensor ab. In Abhängigkeit vom Wärmeeindringkoeffizienten kommt es zu einem unterschiedlich starken Abfall in der gemessenen Temperatur. Werkstoffe, die einen geringeren Wärmeeindringkoeffizienten aufweisen, führen zu einem geringeren Abfall im gemessenen Temperaturverlauf des Sensors.

Bild 4.89 stellt einen so beschriebenen Aufbau dar. Der Sensor ist im Versuchsaufbau an einem Kupferstab (Rod) fixiert, welcher auf die eingestellte Temperatur erwärmt werden kann. In der dargestellten Grafik beträgt die Temperatur am Stab sowie am Sensor 1 ($T_{Sensor1}$) zum Zeitpunkt t = 0 s 80 °C. Der auf der Rückseite des beschichteten Substrates befindliche Temperatursensor ($T_{Sensor2}$) erfasst die Probentemperatur, die zu Beginn der Messung (t = 0 s) der Umgebungstemperatur entspricht. Tritt der Sensor 1 mit der Probe in Kontakt, kann eine Änderung der Temperatur ($T_{Sensor1}$; $T_{Sensor2}$) über der Zeit (t > 0 s) gemessen werden, da die thermische Energie aus dem Kupferstab an die Probe abgegeben wird. [AKM+15]

Der Sensor 1 wird mit der Probe bzw. mit der Beschichtung auf der Probe in Kontakt gebracht, die Messung gestartet und die zeitabhängige Temperaturänderung am Kupferstab detektiert. Je langsamer der Temperaturabfall an dem Sensor 1 erfolgt, umso höher ist die thermische Isolierwirkung der Beschichtung. Die geringe Wärmeleitfähigkeit der applizierten Wärmeisolationsschicht reduziert den Wärmefluss vom Kupferblock in das Metallsubstrat der Probe. Auf der Rückseite der Probe steht ein weiteres Thermoelement mit der Probe in Kontakt (Sensor 2), welches den Temperaturanstieg aufzeichnet, der durch die Temperaturleitung durch die Probe hindurch verursacht wird.

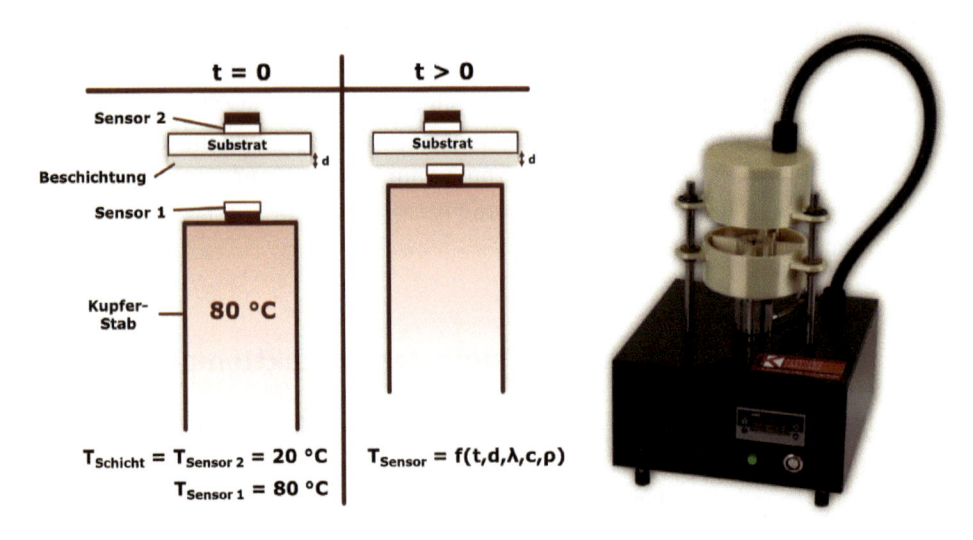

**Bild 4.89** Schematischer Aufbau des Gerätes zur Messung der Temperaturleitfähigkeit (links) (eigene Abbildung in Anlehnung an [AKM+15]), Messgerät zu Ermittlung der Temperaturleitfähigkeit an der KIMW-F (rechts)

## 4.9.6 Versuchsdurchführung zur Messung der Kontakttemperatur

Das in Bild 4.90 gezeigte Diagramm stellt beispielhaft die in diesem Verfahren gewonnenen Temperaturverläufe über der Zeit von zwei unterschiedlichen Dünnschichten sowie einer unbehandelten Stahlprobe aus 1.4301 dar. Der oberste Graph zeigt die gemessene Temperatur einer 8 µm dicken Zirkoniumoxidschicht, welche mit Lanthan dotiert wurde. Der mittige Graph den Temperaturverlauf einer 11 µm dicken Zirkoniumoxidschicht ohne Dotierung. Die Ausgangstemperatur am Sensor zum Zeitpunkt der Messung beträgt 80 °C, die der Probe 20 °C. [TMS20] Nach Abfall der gemessenen Temperatur am Sensor auf die Kontakttemperatur kommt es zu einer erneuten Zunahme der gemessenen Temperatur. Dies ist auf den sich einstellenden Temperaturausgleich zurückzuführen.

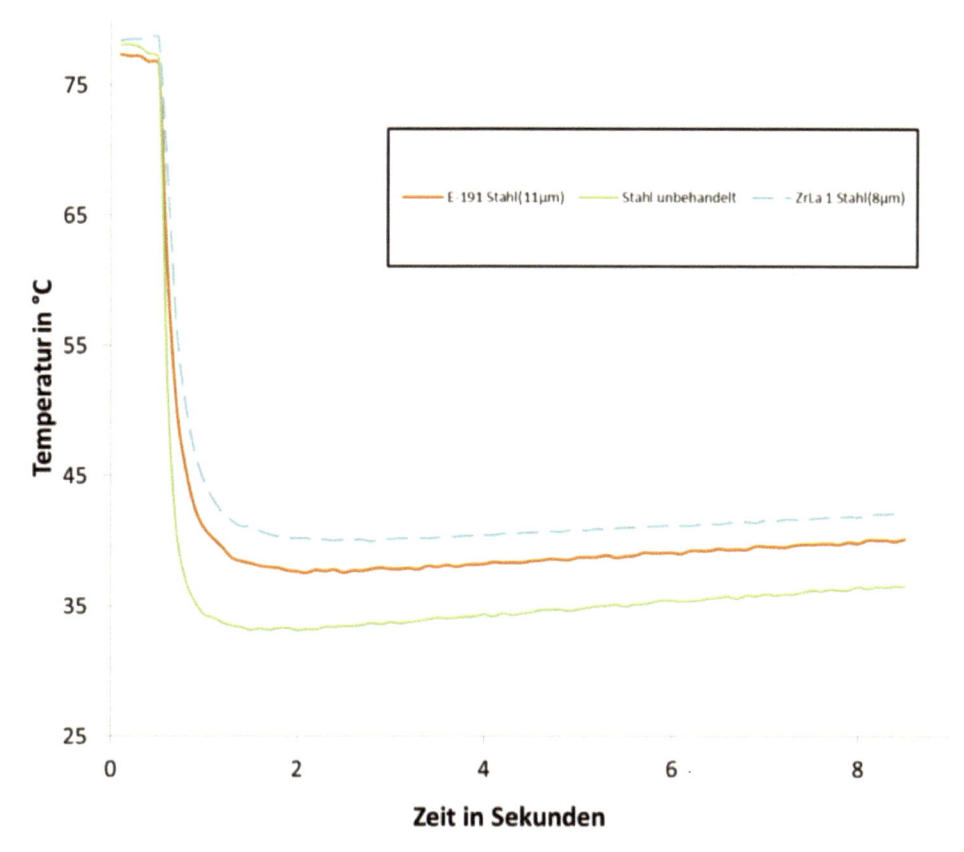

**Bild 4.90**   Darstellung dreier Temperaturverläufe [TMS20]

Da die sich bei Kontakt einstellende Temperatur sowohl von den thermischen Eigenschaften der Probe als auch von denen des Temperatursensors abhängig ist, müssen diese bekannt sein, um den Wärmeeindringkoeffizienten der Probe aus der Messung rechnerisch bestimmen zu können. Zu diesem Zweck können die in Abschnitt 4.9.2 aufgeführten Formeln verwendet werden. Der Wärmeeindringkoeffizient des Sensors muss mithilfe von Literaturwerten entsprechend den im Sensor verarbeiteten Werkstoffen erreicht werden.

## 4.9.7 Literatur

[AKM+15] ATAKAN, B.; KHLOPYANOVA, V.; MAUSBERG, S.; MUMME, F.; KANDZIA, A.; PFLITSCH, C.: *Chemical vapor deposition and analysis of thermally insulating ZrO2 layers on injection molds.* In: Phys. Status Solidi C 12, No. 7, 2015: 878-885

[BKC01] BORCA-TASCIUC, T.; KUMAR, A.R.; CHEN, G.: *Data reduction in 3ω method for thin-film thermal conductivity determination.* In: Review of Scientific Instruments. Band 72, Nr. 4, 2001: 2139-2147

[BW09] BÖCKH, P.; WETZEL, T.: *Wärmeübertragung.* Heidelberg: Springer Berlin Heidelberg, 2009

[CKA94] CAHILL, D.G.; KATIYAR, M.; ABELSON, J.R.: *Thermal conductivity of a-Si:H thin films.* In: Phys. Rev. B. Band 50, Nr. 9, 1994: 6077-6081

[CP87] CAHILL, D.G.; POHL, R.O.: *Thermal conductivity of amorphous solids above the plateau.* In: Physical Review B Band 35, Nr.8, 1987: 4067-4073

[Dör17] DÖRING, F.: *Minimizing thermal conductivity in laser deposited multilayers.* Doktorarbeit, Göttingen: Georg-August-Universität Göttingen, 2017

[GPS08] GIESSAUF, J.; PILLWEIN, G.; STEINBICHLER, G.: *Die variotherme Temperierung wird produktionstauglich.* In: Kunststoffe 98 (2008) 08 S. 87-92

[GW92] GUIDOTTI, D.; WILMAN, J.G.: *Novel and nonintrusive optical thermometer.* In: Applied Physics Letters 60 Nr. 5, 1992

[HMM18] HOPMANN, C.;, MENGES, G.; MICHAELI, W.: *Spritzgießwerkzeuge.* München: Carl Hanser Verlag GmbH & Company KG, 2018

[JC18] JABER, W.; CHAPUIS, P.-O.: *Non-idealities in the 3ω method for thermal characterization in the low- and high-frequency regimes.* In: AIP Advances 8, 2018

[K+09] KOH, Y.K., ET. AL.: *Comparison of the 3ω method and time-domain thermoreflectance for measurements of the cross-plane thermal conductivity of epitaxial semiconductors.* In: Journal of Applied Physics 105, 2009

[LWK+03] LI, D.; WU, Y.; KIM, P.; ET. AL.: *Thermal conductivity of individual silicon nanowires.* In: Applied Physics Letters, 83 (2003) 14, S. 2934-2936

[LVR+18] LINSEIS V.; VÖLKLEIN, F.; REITH, H.; ET. AL.: *Thickness and temperature dependent thermoelectric properties of $Bi_{87}Sb_{13}$ nanofilms measured with a novel measurement platform.* In: Semiconductor Science and Technology 33(8) Juni 2018

[LVR+19]   LINSEIS, V.; VÖLKLEIN, F.; REITH, H.; ET. AL.: *Thermoelectric properties of Au and Ti nanofilms, characterized with a novel measurement platform.* In: Materials Today: Proceedings 8 (2019), S. 517–522

[Men95]   MENNING, G.: *Werkzeuge für die Kunststoffverarbeitung – Bauarten, Herstellung, Betrieb.* München, Wien: Carl Hanser Verlag, 1995.

[Mey21]   MEYER, D.: *Spektrale Kontrolle von elastischer Dynamik und Wärmetransport in periodischen Nanostrukturen.* Doktorarbeit, Göttingen: Georg-August-Universität Göttingen, 2021

[MKD19]   MITTERHUBER, L.; KRAKER, E.; DEFREGGER, S.: *Structure Function Analysis of Temperature-Dependent Thermal Properties of Nm-Thin $Nb_2O_5$.* In: Energies, 2019

[Tew97]   TEWALD, A.: *Entwicklung und Untersuchung eines schnellen Verfahrens zur variothermen Werkzeugtemperierung mittels induktiver Erwärmung.* Dissertation, Universität Stuttgart IKFF, Institutsbericht 13, 1997

[Thi88]   THIENEL, P.: *Verfahren und Vorrichtung zur Beseitigung von Fließ- bzw. Bindenahteinkerbungen in Spritzgießteilen aus Thermoplast.* DE Patent 3621 379 A1. 1988

[TMS20]   TILSNER, C.; MUMME, F.; SÜSS, P.: *Dünnwandspritzgießen von PET-Vorformlingen zur Gewichtsreduktion und Energieeinsparung zur Herstellung von PET-Getränkeflaschen.* Abschlussbericht über ein kooperatives Forschungsprojekt, Hochheim: Deutsche Bundesstiftung Umwelt, 2020

[Zöl99]   ZÖLLNER, O.: *Optimierte Werkzeugtemperierung.* Leverkusen: Bayer AG, 1999

# 4.10 Bestimmung der Entformungskraft beim Spritzgießen

Dr. Ruben Schlutter

## 4.10.1 Einleitung

Eine wirtschaftliche Spritzgießfertigung in Verbindung mit hohen Qualitätsanforderungen bedingt zwingend einen reibungslosen und störungsfreien Produktionsablauf. Hierzu müssen alle Funktionskomplexe eines Spritzgießwerkzeuges, wie beispielsweise das Temperier- und Angusssystem, die mechanische Steifigkeit und Festigkeit und notwendige Werkzeugbewegungen, den jeweiligen Anforderungen angepasst werden. [Kor16]

Im Bereich bei der Verwendung großflächiger Werkzeuge in Verbindung mit verschiedenen Kunststoffen treten zunehmend Entformungsprobleme auf, die eine reibungslose Großserienfertigung behindern. Hochglanzpolierte Oberflächen erhöhen die Haftreibung zusätzlich und damit auch die zur Entformung der Bauteile notwendige Entformungskraft. Auswerferabdrücke, Verformungen des Bauteils oder Entformungsriefen am Bauteil sind die Folge [KI17].

## 4.10.2 Stand der Technik

Nach dem Ablauf der Kühlzeit ist das Formteil erstarrt und muss aus dem Spritzgießwerkzeug entformt werden. Optimalerweise löst sich das Formteil ausschließlich durch den Einfluss der Schwerkraft aus der Kavität oder vom Werkzeugkern. Durch innere Spannungen, Haftkräfte und Hinterschneidungen am Formteil ist diese Art der Entformung jedoch nicht möglich, sodass das Formteil durch ein Auswerfersystem entformt werden muss. [HMM+18, BBO+07]

Neben dem verwendeten Werkzeugwerkstoff, der Auslegung des Formteils und dem eingestellten Spritzgießprozess hat die Oberflächenstruktur der Formteilkavität einen entscheidenden Einfluss auf die notwendige Entformungskraft. Aus dem Zusammenspiel dieser Einflüsse ergeben sich die tribologischen Eigenschaften, die während der Entformung wirken. Die Entformung selbst ist meistens eine parallele Relativbewegung. Bild 4.91 fasst die Einflüsse auf die Entformungskraft zusammen. [Kor16]

## 4.10 Bestimmung der Entformungskraft beim Spritzgießen

**Formteil**
# Geometrie
# Wanddicke
# Hinterschnitte
# Konizität

**Werkzeug**
# Werkstoff
# Oberfläche
# Rauheit

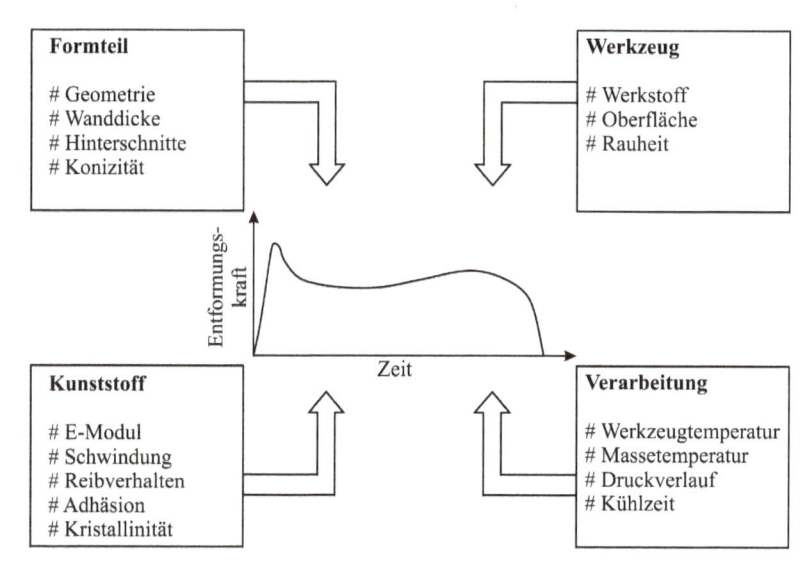

**Kunststoff**
# E-Modul
# Schwindung
# Reibverhalten
# Adhäsion
# Kristallinität

**Verarbeitung**
# Werkzeugtemperatur
# Massetemperatur
# Druckverlauf
# Kühlzeit

**Bild 4.91** Einflüsse auf die Entformungskraft (eigene Abbildung in Anlehnung an [Kor16, BS01]

Die Entformungsräfte können in zwei Anteile unterteilt werden. Zuerst wirkt die Losreißkraft. Während der Füllung, des Nachdruckes und der Kühlung schwindet das Formteil auf den Werkzeugkern auf. Bei dünnen schlanken Rippen mit einer geringen Konizität ist ein Aufschwinden ebenfalls möglich. Nach dem Losreißen wirken Aufschubkräfte. Diese entstehen, wenn der Werkzeugkern eine zu geringe Konizität aufweist, sodass es einen Reibkontakt zwischen dem Werkzeugkern und dem Formteil während der Entformung gibt. [HMM+18]

In der Normung wurde bereits eine Vielzahl von Prüfverfahren definiert, um die tribologischen Zustände zwischen zwei Reibpartnern zu definieren (u. a. [DIN04, DIN14, DIN 92, DIN 13]). Die genormten Versuche können jedoch nicht die Zustände während der Entformung in Spritzgießprozess abbilden, sodass die gemessenen Kennwerte nicht verwendet werden können. [Kam76, MB81]

Aus dieser Notwendigkeit wurden verschiedene Formteilgeometrien entwickelt, um das Entformungsverhalten quantitativ beurteilen zu können. Erste Grundlagen zur Abschätzung und Berechnung der Entformungskraft an zylindrischen Bauteilen werden in [Kam76] vorgestellt. In [BS01] und [SBS13] wird ebenfalls ein hülsenförmiges Bauteil beschrieben. In [PH19] wird ein becherförmiges Formteil für die Untersuchungen verwendet. In [MHE12] wird ein kastenförmiges Formteil entwickelt. Bei allen beschriebenen Verfahren wird die Entformungskraft ermittelt, die notwendig ist, um das Bauteil von einem Kern zu entformen. Problematisch ist, dass dabei eine Änderung oder Anpassung einer Konizität nur eingeschränkt möglich ist (vgl. Gestaltungsregel 7: Ausreichende Konizitäten vorsehen [HMM+18,

Bri11]). Im Allgemeinen sollte eine Konizität von 1,5° bis 3° für amorphe Thermoplaste und von 0,5° bis 3° für teilkristalline Thermoplaste als Richtwert verwendet werden. Zusätzlich muss die Strukturierung der Oberfläche der Formteilkavität berücksichtigt werden. Hier gilt die Empfehlung, dass der Neigungswinkel 1° pro 25 µm Strukturtiefe beträgt. [HMM+18] Durch die vergleichsweise komplexen Innengeometrien der beschriebenen dreidimenionalen Formteile zur Bestimmung der Entformungskräfte ist außerdem eine Nachbearbeitung oder eine gleichmäßige Beschichtung der Kerne schwieriger zu realisieren als bei einer ebenen Prüfgeometrie.

In [MB81] wird die Ermittlung des Haftreibkoeffizienten direkt im Spritzgießwerkzeug unter Verwendung eines vertikal gespritzten plattenförmigen Bauteils beschrieben. Dieses wird während der Entformung hydraulisch gegen eine Prüffläche gedrückt, sodass die Reibung translatorisch gemessen werden kann. Der Einfluss verschiedener Prozessparameter wird untersucht. Die Ergebnisse sind sehr vielversprechend. Allerdings ist die Anpassung der Prüffläche an geforderte Bearbeitungen, Beschichtungen oder Strukturen vergleichsweise komplex, da sich diese auf einer Backe befindet.

Ein weiterer vielversprechender Ansatz wird in [KS02] beschrieben. Dabei wird ein scheibenförmiges rotationssymmetrisches Bauteil gefertigt, welches durch Verzahnungen an der Außengeometrie in seiner Lage fixiert wird. Die Auswerferseite ist mit einem Drehmomentaufnehmer und einem Normalkraftaufnehmer versehen und kann gegenüber der Angussseite verdreht werden. Durch die Verdrehung können sowohl der Haftreibkoeffizient als auch der Gleitreibkoeffizient der Kunststoff-Metall-Paarung bestimmt werden. Die adhäsive Verbindung zwischen dem Prüfkörper und dem Formstempel wird beim Vorliegen des maximalen Drehmomentes aufgebrochen und entspricht damit dem Haftreibungskoeffizienten.

### 4.10.3 Versuchsaufbau zur Bestimmung der Haft- und Gleitreibung

Bisherige tribologische Laborversuche basieren auf der Bestimmung des Haft- und Gleitreibkoeffizienten durch Reibung einer definierten Prüfoberfläche auf einer ebenen Oberfläche [DIN04]. Dabei werden die Reibkoeffizienten der untersuchten Reibpartner bestimmt. Diese Vorgehensweise ist vor allem für die tribologischen Verhältnisse des Reibpaares während der Lebensdauer ausgelegt und liefert entsprechende Reibkoeffizienten. Den Zustand in einem Spritzgießwerkzeug können diese tribologischen Versuche nur unzureichend abbilden, sodass die Reibkoeffizienten für die Abschätzung der Entformung eines Bauteils aus einem Spritzgießwerkzeug nicht verwendet werden können.

Bisher durchgeführte Versuche zur Abbildung der Entformung von Bauteilen aus einem Spritzgießwerkzeug liefern zwar verschiedene Einflüsse auf den Entformungsprozess [BS01, NN19]. Jedoch können die gewonnenen Ergebnisse nicht direkt auf beliebig geformte Kunststoffbauteile überführt werden, da z. B. die unterschiedliche Schwindung der Kunststoffe nicht berücksichtigt wird. Der Kontakt des Kunststoffbauteils mit der Werkzeugoberfläche kann aufgrund der Fertigungstoleranzen ebenfalls nicht genau bestimmt werden, sodass die tatsächliche Reibsituation unklar bleibt [BS01, NN19]. Die Bestimmung der Entformungskraft über Kraftmessdosen an den Auswerfern ist ebenfalls möglich. Dabei ist vor allem darauf zu achten, dass sich die Reibverhältnisse der Auswerfer in der Auswerferbohrung durch Belagbildung oder Abrasion nicht ändern, da dies die Versuchsergebnisse verfälscht. Eine Überführung der gewonnenen Erkenntnisse auf andere Spritzgießwerkzeuge und andere Bauteile ist ebenfalls schwierig, da vor allem vergleichende Messungen mit verschiedenen Oberflächenmodifikationen der Werkzeugoberfläche durchgeführt werden. [SBS13]

### 4.10.3.1 Versuchsaufbau

Um die Reibzustände direkt im Spritzgießwerkzeug abbilden und quantitativ messen zu können, wurde ein Versuchswerkzeug mit einer rotationssymmetrischen Bauteilgeometrie gefertigt (durchsichtiges Bauteil in Bild 4.92). Die Rippenstruktur auf der Oberseite dient zur Fixierung des Probekörpers auf der Düsenseite des Spritzgießwerkzeuges, um ein Losreißen des Probekörpers zu verhindern. Damit wird sichergestellt, dass tatsächlich der Haft- und der Gleitreibkoeffizient zwischen dem verwendeten Kunststoff und der Werkzeugoberfläche bestimmt wird.

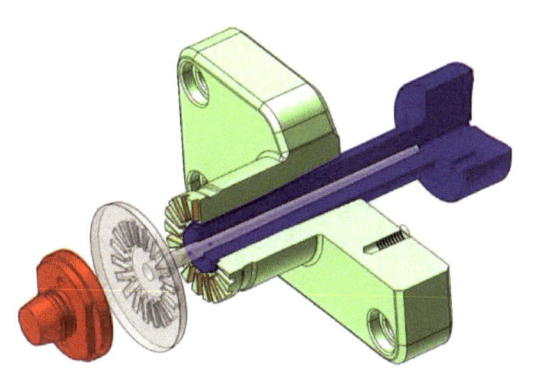

**Bild 4.92** Probekörpergeometrie und prinzipieller Versuchsaufbau [Quelle: KIMW]

Das rote Bauteil ist eine Versuchsronde aus 1.2343, deren Oberfläche entsprechend den Anforderungen an den Entformungsprozess modifiziert werden kann. Im Grundzustand ist die Prüfoberfläche der Ronde auf 50–54 HRC gehärtet und weist eine Hochglanzpolitur auf. Je nach Fragestellung kann die Prüfoberfläche mit verschiedenen Fertigungsverfahren modifiziert und funktionalisiert werden, um die Zustände im Serienprozess abbilden zu können. Zur Modifizierung der Prüfoberfläche gehören dabei unter anderem:

- Hochglanzpolitur/Diamantpolitur
- Sandgestrahlte Oberflächen
- Chemisches Ätzen
- Senkerosion
- Beschichtungen mittels Chemical Vapor Deposition (CVD)
- Beschichtungen mittels Physical Vapor Deposition (PVD)

Bild 4.93 zeigt eine Auswahl verschiedener Versuchsronden, die unterschiedliche Modifizierungen der Prüfoberfläche durchlaufen haben.

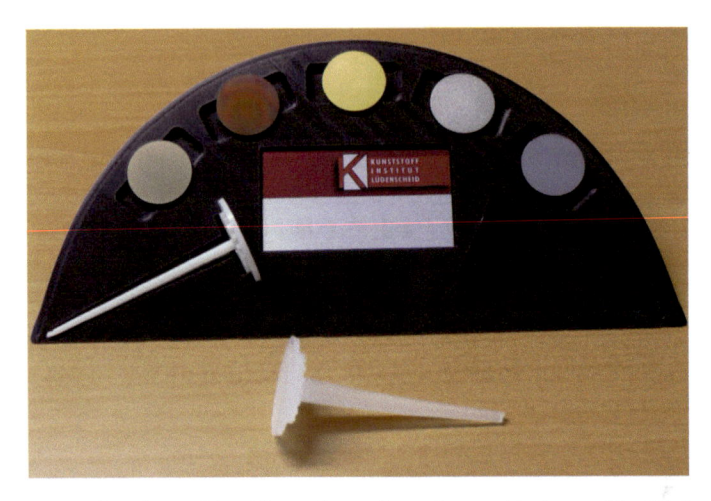

**Bild 4.93** Auswahl an Versuchsronden mit verschiedenen Oberflächenbehandlungen [Quelle: KIMW]

Die Versuchsronden können während der Versuche getauscht werden, sodass verschiedene Oberflächenmodifikationen mit dem gleichen Kunststoff ohne zeitliche Verzögerung geprüft werden können.

Die Auswerferseite des Spritzgießwerkzeuges ist mit einer Vorrichtung zur Bestimmung des Drehmoments ausgestattet, um das Haftmoment und das Gleitreibmoment zwischen dem Probekörper und der Prüfoberfläche der Versuchsronde bestimmen zu können. Der Aufbau der Auswerferseite des Spritzgießwerkzeuges ist in Bild 4.94 dargestellt.

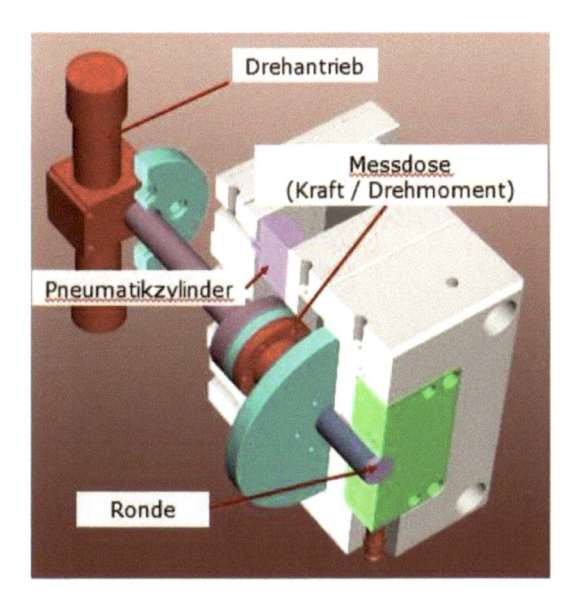

**Bild 4.94** Auswerferseite des Spritzgießwerkzeuges [Quelle: KIMW]

### 4.10.3.2 Versuchsdurchführung

Das Ziel der Versuchsdurchführung besteht in der Abbildung der tribologischen Zustände während des Spritzgießprozesses. Dementsprechend wird ein Standardspritzgießprozess mit Einspritzphase, Nachdruckphase und Kühlphase definiert, um den Probekörper zu fertigen. Während der Nachdruckphase wird das Bauteil gegen die Prüfoberfläche gepresst, um ein Abschwinden zu verhindern. Nach dem Ende der Kühlphase wird das Spritzgießwerkzeug wenige Millimeter auseinandergefahren. Gleichzeitig werden der Probekörper und die Versuchsronde mit einer definierten Kraft pneumatisch zusammengehalten, um ein Lösen der Reibpartner zu verhindern und um eine Vergleichbarkeit der Messungen unabhängig vom verwendeten Kunststoff und vom eingerichteten Spritzgießprozess zu gewährleisten. Die eigentliche Messung des Haftmomentes und des Gleitreibmomentes schließt sich an. Dafür wird die Versuchsronde mittels eines hydraulischen Drehantriebes gedreht, während der Probekörper durch die Rippenstruktur in der Düsenseite des Spritzgießwerkzeuges fixiert bleibt.

Während des Versuchs wird die in Bild 4.95 dargestellte Kurve durch die Drehmomentmessdose aufgezeichnet. Das erste Maximum des Drehmomentes beschreibt dabei das Haftmoment. Bis zu diesem Zeitpunkt haftet der Probekörper an der Versuchsronde. Das sich anschließende Plateau der Drehmomentkurve beschreibt dann das Gleitmoment, das sich durch die konstante Reibung zwischen dem Probeköper und der Versuchsronde bildet. Es wird als Integral über der Zeit ausgewertet. Die Auswertezeit hängt dabei vom Kunststoff ab.

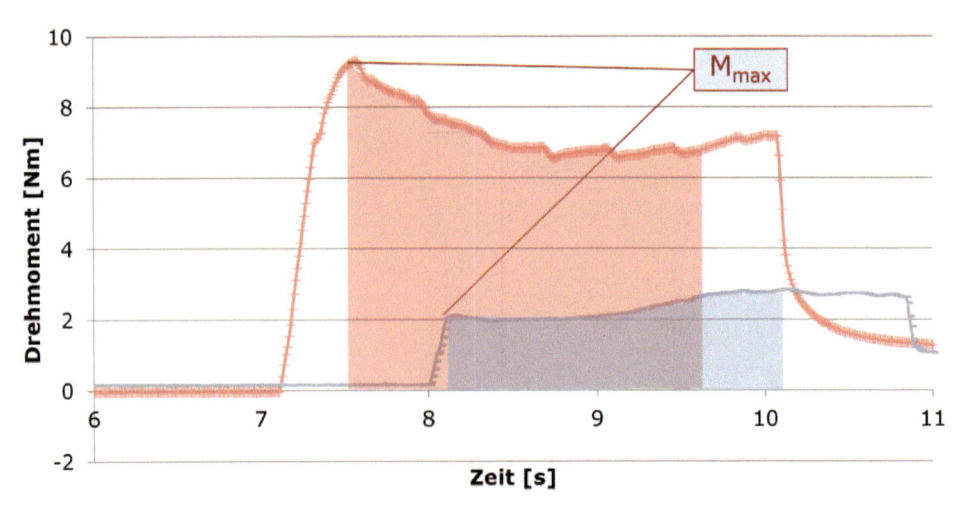

**Bild 4.95** Auswertung der gemessenen Drehmomentkurven [Quelle: KIMW]

Nach Beendigung des Versuches wird das Spritzgießwerkzeug auseinandergefahren und der in der Düsenseite hängende Probekörper entnommen. Im Rahmen einer Versuchsdurchführung werden in der Regel die ersten 30 Spritzgießzyklen als Anfahrausschuss betrachtet. Während dieser Spritzgießzyklen erfolgt keine Auswertung des Drehmomentes. Wenn die Probekörper reproduzierbar mit einem stabilen Spritzgießprozess gefertigt werden, schließt sich die eigentliche Messung an. Diese umfasst im Regelfall 15 Probekörper, um eine statistische Sicherheit der ermittelten Haft- und Gleitreibmomente zu gewährleisten und um Ausreißer auszuschließen.

### 4.10.3.3 Qualifizierung des Spritzgießwerkzeuges im Dauerversuch

Um langfristige Effekte, die das Messergebnis verfälschen oder negativ beeinflussen können, auszuschließen, wurde das Versuchswerkzeug mehreren Dauerläufen unterzogen. Dabei wurden jeweils über 300 Einzelmessungen durchgeführt, um Einlaufeffekte und die Langzeitstabilität zu charakterisieren. Die Reinigung der Ronden hat ebenfalls einen signifikanten Einfluss auf die gemessenen Werte.

Bild 4.96 zeigt die abschließenden Dauerversuche zur Qualifizierung der Messmethode. Einmal wurde der Dauerversuch mit einer Reinigung der Prüfronde nach jedem Zyklus durchgeführt und einmal ohne dass eine Reinigung der Prüfronde erfolgt ist. Als Reinigungsmittel wurde Aceton verwendet. Da die Bauteilentnahme und die Reinigung händisch erfolgen, gibt es eine größere Streuung in der Zykluszeit und in der Qualität der Reinigung. Beides hat einen Einfluss auf das maximale Drehmoment, sodass die Werte in dieser Versuchsreihe stärker schwanken (vgl. blaue Kurve in Bild 4.96). Außerdem ist ein deutlich kleineres maximales Drehmoment messbar im Vergleich zu dem Dauerversuch ohne Reinigung (vgl. blaue Kurve in Bild 4.96). In dieser Versuchsreihe wurde nur das Bauteil händisch entnommen. Eine Reinigung der Kavität erfolgt nicht. Es ist davon auszugehen, dass sich ein Belag aus dem Abrieb der vorherigen Messungen auf der Prüfronde bildet. Dieser überdeckt die Oberflächenrauheit der Prüfronde, sodass nicht mehr Stahl auf Kunststoff reibt, sondern Kunststoff auf Kunststoff. Das Resultat ist ein Anstieg der spezifischen Adhäsionsbindungen und damit ein Anstieg des maximalen Drehmomentes. Einen weiteren Einfluss stellt das Reinigungsmittel Aceton dar, da es beim Verdampfen die Oberfläche der Kavität kühlt, sodass der Kunststoff an der Ronde schneller erstarren kann, wenn eine Reinigung zwischen den Zyklen erfolgt. Dadurch kann die Ronde nicht mehr exakt abgeformt werden, was ebenfalls zu einem kleineren maximalen Drehmoment führt. [Kor16]

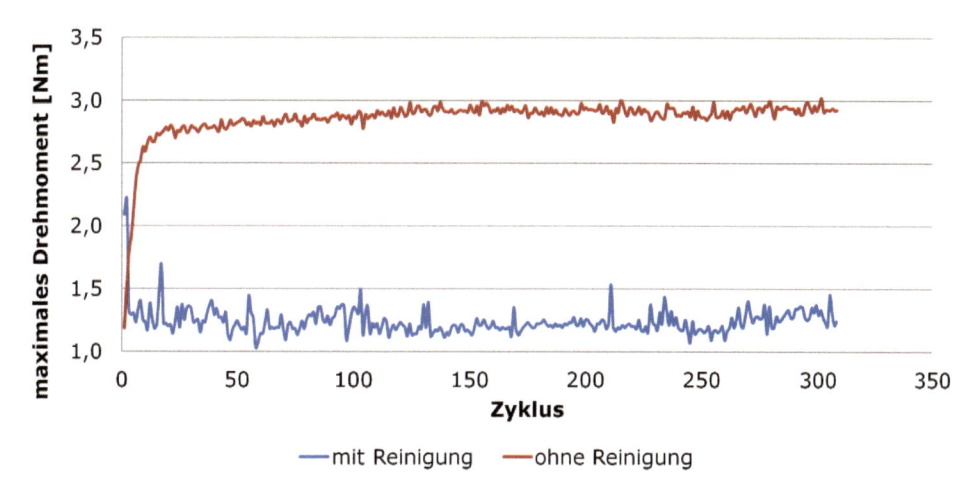

**Bild 4.96** Auswertung der gemessenen Drehmomentkurven [Quelle: KIMW]

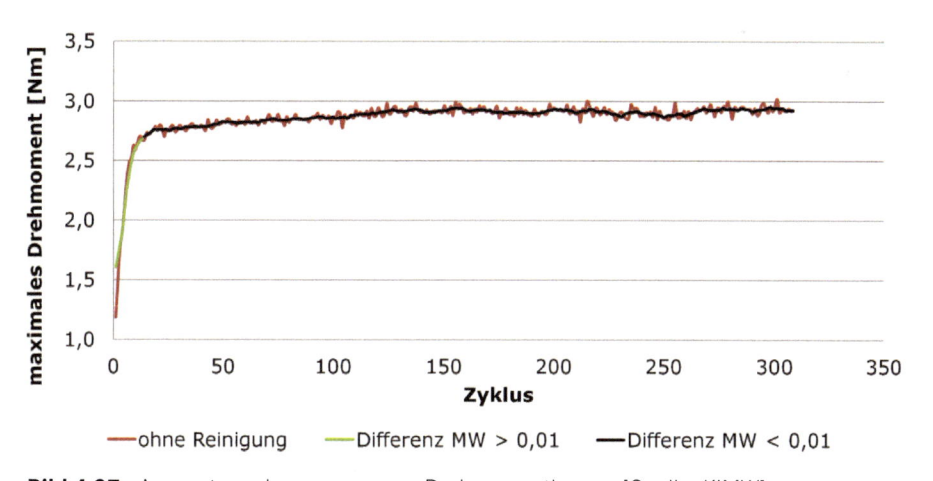

**Bild 4.97** Auswertung der gemessenen Drehmomentkurven [Quelle: KIMW]

Bild 4.97 zeigt die statistische Auswertung der abschließenden Dauerversuchsreihe. Um Ausreißer zu detektieren, wurden die Messwerte mit einem gleitenden

Durchschnitt geglättet und auf Ausreißer überprüft. Als Ausreißerkriterium wurde eine Abweichung des gleitenden Mittelwertes von > 0,01 Nm definiert. Ab dem 14. Zyklus ist kein Ausreißer mehr messbar. Die ersten 15 Messwerte werden daher als Anfahrausschuss betrachtet und nicht weiter in die Auswertung einbezogen.

### 4.10.4 Zusammenfassung

Im Rahmen der durchgeführten Arbeiten konnte eine genaue und reproduzierbare Abbildung der Reibzustände im Spritzgießwerkzeug während der Entformung unter seriennahen Bedingungen erreicht werden. Damit konnten die bisherigen Unzulänglichkeiten, die bei der Abbildung der Reibzustände während der Entformung auftreten, überwunden werden. Im Ergebnis wurde ein einfacher und robuster Versuch etabliert, um die Entformung abbilden zu können. Dabei sind der Modifikation der Werkzeugoberfläche in Bezug auf die Werkstoffauswahl, das Einbringen von Strukturen oder dem Aufbringen von Beschichtungen durch den Einsatz von standardisierten Entformungsronden keine Grenzen gesetzt. Auch der Kunststoff kann weitestgehend frei gewählt werden, um die Versuche durchzuführen. Die einzigen Einschränkungen bestehen in der maximalen Werkzeugwandtemperatur, die 140 °C beträgt, und in der Mindesthärte des Kunststoffes, die min. 30–40 Shore A betragen muss.

### 4.10.5 Literatur

[BBO+07] BAUR, E.; BRINKMANN, S.; OSSWALD, T.; ET AL.: *Saechtling Kunststoff Taschenbuch*. München, Wien: Carl Hanser Verlag, 2007, 30. Auflage

[Bri11] BRINKMANN, T.: *Handbuch Produktentwicklung mit Kunststoffen*. München, Wien: Carl Hanser Verlag, 2011, 1. Auflage

[BS01] BURKARD, E., T., SCHINKÖTHE, W.: E*influß von Werkzeugbeschichtungen auf das Entformungsverhalten beim Spritzgießen*. Beitrag zum 17. Stuttgarter Kunststoff-Kolloquium, Institut für Konstruktion und Fertigung in der Feinwerktechnik, Universität Stuttgart, 2001

[DIN04] N. N.: *DIN EN ISO 8295 – 2004-10: Kunststoffe – Folien und Bahnen – Bestimmung der Reibungskoeffizienten*. Berlin: Beuth-Verlag, 2004

[DIN 13] N. N.: *DIN EN ISO 16 047:2013-01: Verbindungselemente – Drehmoment/Vorspannkraft-Versuch*. Berlin: Beuth-Verlag, 2017

[DIN14] N. N.: *DIN ISO 7148-2:2014-07: Gleitlager – Prüfung des tribologischen Verhaltens von Gleitlagerwerkstoffen – Teil 2: Prüfung von polymeren Gleitlagerwerkstoffen*. Berlin: Beuth-Verlag, 2014

[DIN92]  N. N.: *DIN 50 324:1992-07: Tribologie; Prüfung von Reibung und Verschleiß; Modellversuche bei Festkörpergleitreibung (Kugel-Scheibe-Prüfsystem)*. Berlin: Beuth-Verlag, 2017

[Fre08]  FREUDENSCHUSS, G.: *Haft- und Entformungskräfte beim Spritzgießen in Abhängigkeit von Stahlwerkstoff, Oberflächenstruktur, Beschichtung und Kunststofftyp*. Masterarbeit an der Montanuniversität Loeben, 2008

[MB81]  MENGES, G.; BANGERT, H.: *Messung von Haftreibungskoeffizienten zur Ermittlung von Öffnungs- und Entformungskräften bei Spritzgießwerkzeugen*. In Kunststoffe 71 (1981) 09, S. 552–557

[HMM+18] HOPMANN, C.; MENGES, G.; MICHAELI, W.; ET AL.: *Spritzgießwerkzeuge*. München: Carl Hanser Verlag, 2018, 7. Auflage

[Kam76]  KAMINSKI, A.: *Messen und Berechnen von Entformungskräften an geometrisch einfachen Bauteilen*. In Kunststoffe 66 (1976) 04, S. 208–214

[KI17]  KIMW: *Störungsratgeber für Formteilfehler an thermoplastischen Spritzgussteilen*. Firmenschrift der Kunststoff-Institut für die mittelständische Wirtschaft N.R.W. GmbH, 2017, 13. Auflage

[Kor16]  KORRES, M.: *Optimierung eines Messwerkzeuges für das Entformungsverhalten im Spritzgießprozess*. Bachelorarbeit, Fachhochschule Südwestfalen, 2016

[KS02]  KAMINSKI, A.; SALEWSKI, K.: *Vorrichtung und Verfahren zur Bestimmung eines Reibungskoeffizienten*. Patentschrift, WO/2002/082 058, 2002

[MHE12]  MICHAELI, W.; HOPMANN, C.; ERLER, I.: *Virtuelle Entformungskräfte*. In Kunststoffe 102 (2012) 06, S. 56–60

[MPG+10]  MICHAELI, W.; PAULING, A.; GRÖNLUND, O.; VISSING, K.: *Trennmittelfreie Produktion von PUR-Bauteilen*. FAPU 61 (2010) 08, S. 35–37

[NN19]  N. N.: *Molekulare Beschichtungen von Formen und Werkzeugen für die Kunststoff-Verarbeitung*. Projektkurzbeschreibung. https://gvt.org/Forschung/IGF_Forschungsprojekte/Abgeschlossene+GVT_Vorhaben/17 993+N-p-954.html, aufgerufen am 04.09.2019

[PH19]  PÖNISCH, N.; HERING, W.: *Anforderungen an Werkzeugbeschichtungen zur Verbesserung des Entformungsverhaltens im Spritzguss*. Vortrag auf der TECHNOMER'26, 2019

[SBS13]  SCHATTKA, G., BURKARD, E., T., SCHINKÖTHE, W.: *Entformungskraftuntersuchung beim Spritzgießen. Neuer messtechnischer Ansatz zur Ermittlung der Adhäsions- und Gleitreibungskräfte bei der Entformung*. Beitrag zum 23. Stuttgarter Kunststoff-Kolloquium, Institut für Konstruktion und Fertigung in der Feinwerktechnik, Universität Stuttgart, 2013

[VDI17]  N. N.: *VDI 3822 Blatt 1.3: Schadensanalyse Schäden an Metallprodukten durch tribologische Beanspruchungen*. Berlin: Beuth-Verlag, 2017

# 4.11 Bestimmung der Emissionen in der Kunststoffverarbeitung

Dr. Andreas Balster, Matthias Korres

## 4.11.1 Einleitung

Die qualitative und quantitative Bestimmung von Emissionen gehört zum Standard bei der Optimierung und Einschätzung von technischen Prozessen in der Industrie. Für die Prozessoptimierung haben diese Informationen entscheidende Bedeutung für die Effektivität in der Auslegung von Systemen, Werkzeugen und Peripherie, aber auch für den Schutz von Systemelementen gegenüber erhöhtem Verschleißaufkommen, und dienen somit der Verringerung des Wartungsaufwandes.

Durch die Vielfalt an Polymeren, Additiven, Füll- und Verstärkungsstoffen, Prozessparametern und Chargenschwankungen ist eine genaue Analyse abgegebener Stoffe schon für sich genommen eine schwierige Aufgabe. Dass die stofflichen Emissionen beim Spritzgießen aus sehr komplexen Gasgemischen bestehen und die gasförmigen Produkte bei den herrschenden Temperaturen und Drücken ihrerseits reaktiv sein und mit anderen Komponenten Folgeprodukte bilden können, verkompliziert die Untersuchungen weiter.

Zur Analyse der Gasgemische bedient man sich eines nicht minder komplexen Verfahrens, der Gaschromatographie-Massenspektrometrie (GC/MS). Dabei handelt es sich um eine analytische Methodenkombination, die eingesetzt wird, um Mischungen von organischen chemischen Verbindungen zu charakterisieren. Das Prinzip der GC/MS besteht, wie der Name bereits nahelegt, aus zwei Hauptteilen: Die Gaschromatographie dient dabei der Auftrennung des Gemisches, während das Massenspektrometer die Komponenten durch die Bestimmung ihrer Masse und Ladung identifiziert. Durch die enorme Bandbreite der dazu verfügbaren Variationen, ihre hohe Empfindlichkeit und heutzutage durchaus robuste und einfache Handhabung handelt es sich bei der GC/MS um eines der wichtigsten Werkzeuge zur Aufklärung der Zusammensetzung von wissenschaftlich oder technologisch relevanten Proben, z. B. in der Lebensmittel-, Umwelt-, Forensik-, Pharma- und petrochemischen Industrie.

## 4.11.2 Gaschromatographie-Massenspektrometrie (GC/MS)

Um bei einem unbekannten Stoffgemisch qualitative oder quantitative Aussagen über die einzelnen Komponenten zu treffen, muss die zu untersuchende Probe möglichst scharf in ihre Bestandteile aufgetrennt werden. Nach diesem Schritt können erste Aussagen über die Komplexität des Gemisches und erste Anhaltspunkte über die chemische Ähnlichkeit der Probenbestandteile getroffen werden.

Allen chromatographischen Methoden ist gemeinsam, dass Stoffgemische der Wechselwirkung einer stationären Phase und einer mobilen Phase ausgesetzt werden. Die Proben können im Ausgangszustand fest, flüssig oder gasförmig sein. Im Fall der Gaschromatographie – daher der Name – erfolgt die Auftrennung unter Bedingungen, bei denen die Analyten gasförmig sind und während der Analysedauer stabil in einem Trägergasstrom transportiert werden können.

**Probenaufgabe**

Die Analyseprozedur lässt sich in die Probenaufgabe, die eigentliche Trennung und die anschließende Detektion bzw. Identifizierung der Komponenten einteilen. Der erste Schritt der Stofftrennung ist die Probenaufgabe, die häufig durch Injektion von wenigen Mikrolitern einer Lösung des Gemisches in einem organischen Lösungsmittel wie Aceton, Methylethylketon, 2-Propanol oder anderen in den Säulenkopf erfolgt. Dabei wird diese winzige Menge noch einmal aufgeteilt; von dem Injektionsvolumen gelangt nur ein Bruchteil in die Säule, die ansonsten „überladen" wird, was den Trennvorgang empfindlich stört. Gängige Splitverhältnisse belaufen sich auf 1:60 oder 1:70. Die analysierten Probenmengen liegen nach dieser Verdünnungskaskade im Nanogrammbereich, was das enorme Nachweisvermögen des Verfahrens verdeutlicht. Die genauen Probenmengen und Konzentrationen können je nach Anwendungsbereich variieren. Deshalb ist es wichtig, die optimale Probenmenge und -konzentration für eine bestimmte Analyse zu bestimmen, um eine zuverlässige und genaue Messung zu gewährleisten.

Es existieren zahlreiche Varianten der Probenzuführung, die für die unterschiedlichsten Fragestellungen der Analytik eingesetzt werden. Im Bereich der Emissionsanalytik werden die unter Standardbedingungen gasförmigen Proben zunächst auf einem Trägermaterial eingefangen. Dabei handelt es sich um ein Adsorbens mit hoher spezifischer Oberfläche aus speziellen Adsorberharzen wie Poly(2,6-diphenyl-p-phenylenoxid) (Handelsname Tenax) [SPK74]. Die dann auf dem Adsorbens befindlichen Verbindungen, die in der Regel schwerflüchtiger Natur sind (SVOC, Semi-Volatile Organic Compounds), müssen zunächst vom Träger separiert (Thermodesorption, TDS), wieder gesammelt (Kryofokussierung) und anschließend möglichst simultan der Analyse zugeführt werden. Da diese Form der Probenaufgabe zur Analyse von Schadstoffen in der Luft von hohem Interesse ist, existieren fertig konfigurierte Probenaufgabesysteme, die als funktionierende Einheit in das Analysesystem integriert werden können. Diese Form der Analyse wird als TDS-GC/MS bezeichnet. [SPK74]

**Stofftrennung**

Die stationäre Phase eines GC-Systems wird chromatographische Säule genannt. Bei einer analytischen GC-Säule handelt es sich in der Regel um eine mit Polyimid ummantelte Glaskapillare mit einer Länge von typischerweise 30 m und einem Innendurchmesser von 250 µm. Sie ist zu einer Rolle mit einem Durchmesser von ca. 20 cm aufgewickelt und befindet sich in einem Temperierofen, dessen Temperaturverhalten sehr präzise gesteuert werden kann. Auf der Innenwand der Säule bzw. Kapillare befindet sich die stationäre Phase in Form einer Beschichtung (Belegung) mit einer Schichtdicke von 0,1–5 µm. Das zu trennende Stoffgemisch wird mithilfe des Trägergases – beispielsweise Helium – in laminarer Strömung mit Flussgeschwindigkeiten von wenigen Millilitern pro Minute durch die chromatographische Säule transportiert. Dabei kommt es zu permanenten Wechselwirkungen (Adsorption und Desorption) zwischen den eingebrachten Komponenten und der stationären Phase. Durch Unterschiede in Größe, Zusammensetzung, Struktur und Polarität der Moleküle kommt es zu Verweilzeitunterschieden der Stoffe. Je affiner eine Substanz der stationären Phase ist, umso mehr Zeit benötigt sie zur Passage der Säule. Die am wenigsten wechselwirkenden Komponenten benötigen nur wenig länger als das unbeladene Trägergas, welches bei den genannten Dimensionen und Flussraten die Säule nach 1–2 Minuten durchlaufen hat. Die Zeit, nach der ein Stoff wieder aus der Säule austritt, wird Retentionszeit genannt und ist für das betrachtete System und die gewählten Versuchsparameter stoffspezifisch. Gängige Retentionszeiten bewegen sich zwischen 3 Minuten und 30 Minuten (vgl. Bild 4.98).

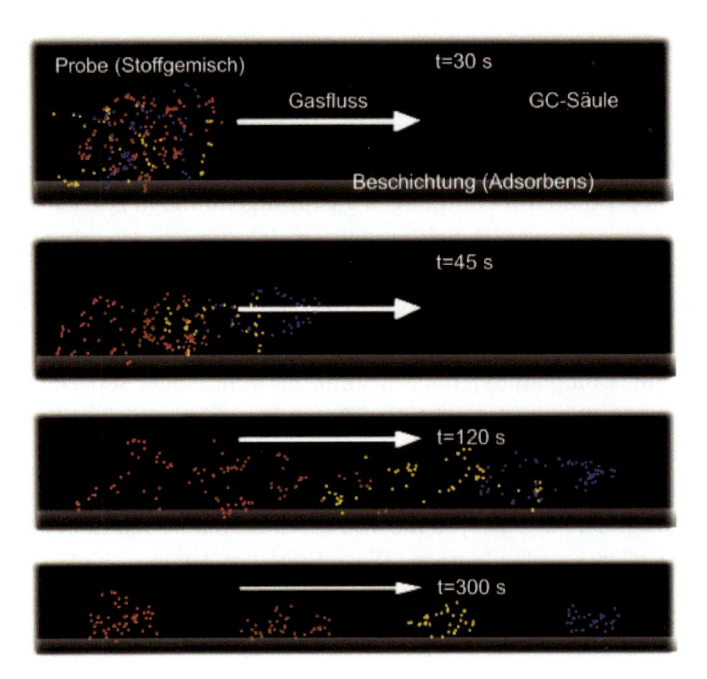

**Bild 4.98** Prinzip der Stofftrennung aufgrund adsorptiver Wechselwirkungen in der GC. Die angegebenen Zeiten sind beispielhaft.

Es ist in diesem Zusammenhang wichtig zu erwähnen, dass die Stoffe bei dem Verfahren ausschließlich aufgrund physikalischer Effekte und nicht durch chemische Prozesse mit der stationären Phase wechselwirken. Zum einen würde eine chemische Reaktion unerwünschte Nebeneffekte hervorrufen, die den geplanten Trennvorgang verhindern, zum anderen wäre der vorgesehene nächste Schritt, nämlich die Identifizierung der Komponenten mittels MS, nicht mehr möglich. Das grundsätzliche Trennverhalten lässt sich durch die Art der Belegung beeinflussen, vornehmlich durch die Festlegung der Polarität des Adsorbens [Sch10]. Typische Säulenbelegungen nennen sich z. B. Squalan, OV-101 (unpolar) oder Carbowax (polar, auf PEG-Basis) [NN23]. Für spezielle Trennprobleme lässt sich die Belegung flexibel anpassen.

Die jeweilige analytische Fragestellung muss sich zwangsläufig mit dem Problem der Trennschärfe auseinandersetzen. Zur Optimierung der Stofftrennung stehen neben der Wahl der Säulenbelegung im Wesentlichen die nachfolgenden Parameter zur Verfügung:

- Aufgabetemperatur und Splitverhältnis (Probenmenge)
- Art des Trägergases und seine Flussrate
- Säulen- bzw. Ofentemperatur, auch als Temperaturprogramm mit Gradienten

Am Ende der Säule werden die einzelnen Bestandteile nach ihren charakteristischen Retentionszeiten, also zeitlich getrennt, in dem Gasstrom aus der Säule ausgetragen. Für die interessierenden Spezies ist eine Überlappung der Zeitintervalle zu vermeiden, um eine hohe Trennschärfe zu erreichen, was für den nachfolgenden Schritt, die Identifizierung, von entscheidender Bedeutung ist (vgl. Bild 4.98 unten).

**Detektion und Identifizierung**

Sind die Bestandteile einer Probe bereits im Voraus bekannt, lassen sie sich nicht selten bereits anhand ihrer ermittelten Retentionszeiten identifizieren, welche sich durch Injektion der erwarteten Reinsubstanzen unter gleichen Bedingungen ermitteln lassen. Die Retentionszeit wird bestimmt, indem der Austritt des jeweiligen Reinstoffes am Ende der GC-Säule mit einem geeigneten Detektor registriert wird. Nicht stoffspezifische Detektoren sind beispielsweise Wärmeleitfähigkeitsdetektoren, die die Gegenwart einer Substanz durch Unterschiede in der Wärmeleitung des reinen und des temporär substanzbeladenen Trägergases registrieren, oder ein Flammenionisationsdetektor (FID), der aus den austretenden Probenpaketen durch Verbrennung Ionen wie $CHO^+$ oder $H_3O^+$ erzeugt, die wiederum in einem elektrischen Feld gemessen werden können. Voraussetzung ist hier die Verwendung eines brennbaren Trägergases. Dazu wird auf Wasserstoff zurückgegriffen, was die Anforderungen an die Laborsicherheit erhöht. Eine weitere Methode, die in der Breite allerdings kaum noch Anwendung findet, sind sogenannte Elektroneneinfangdetektoren (Electron Capture Detector, ECD) mit einer um Größenordnungen höheren Nachweisempfindlichkeit. [KR70] Allen genannten Systemen ist gemein, dass sie ein mengenabhängiges Signal liefern, was die Grundvoraussetzung zur Quantifizierung der Substanzen darstellt.

Die heute gängigste Kombination für Routineuntersuchungen besteht in einem der GC nachgeschalteten Massenspektrometer (MS, vgl. Bild 4.99). [Gro13] Im Massenspektrometer werden die einzelnen Bestandteile ionisiert und dann in einem elektrischen Feld separiert, basierend auf ihrem Masse-zu-Ladungs-Verhältnis.

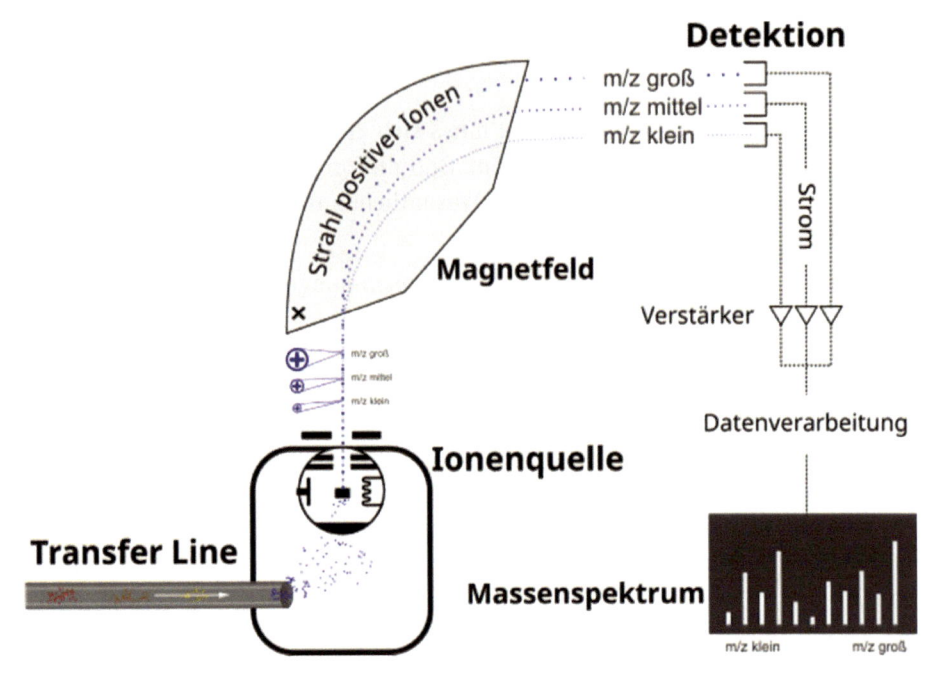

**Bild 4.99** Ionisierung der abgetrennten Fraktion und massenselektive Aufspaltung der Ionen in einem Magnetfeld. Für die Aufspaltung existieren unterschiedliche Techniken; hier ist die Sektorfeld-Methode exemplarisch und stilisiert dargestellt.

Die unterschiedlichen Ionen werden dann auf einem Detektor registriert und in ein Massenspektrum umgewandelt, das ein charakteristisches Muster für die in der Probe vorhandenen Verbindungen darstellt. Da diese Vorgänge im Hochvakuum ablaufen, muss das System die Gasströme aus der GC-Säule wiederum deutlich reduzieren. Moderne Massenspektrometer sind in der Lage, bereits mit einigen tausend bis Millionen Ionen Signale zu erzeugen.[5] Die erneute Probenaufteilung ist daher selten ein Problem.

---

[5] Zum Vergleich: Ein ng (Nanogramm, $10^{-9}$ g) des Lösungsmittels Aceton weist etwa 10 Billionen Teilchen ($10^{13}$) auf.

Im ersten Schritt werden die eingeschleusten Moleküle ionisiert. Dies kann auf unterschiedliche Arten erfolgen, wie z. B. durch Elektronenstoßionisation (EI), chemische Ionisation (CI), Photo- (PI), Feld- (FI), Elektrospray-Ionisation (ESI), Fast Atom Bombardment (FAB), Inductively Coupled Plasma (ICP) und andere Verfahren.

Es ist anzumerken, dass jede dieser Methoden ihre Vor- und Nachteile für verschiedene Substanzklassen und Aufgabengebiete besitzt. Für die Routineanalytik findet man häufig die EI-Methode. Ziel der Ionisation ist es, aus den Stoffen geladene Trümmer (Fragmente) zu gewinnen, wobei das Verhältnis der Fragmentmasse zu ihrer Ladung m/z die anschließende Messgröße bei der Charakterisierung darstellt.

Organische Verbindungen sind einfach gesagt nach einem Baukastenprinzip zusammengesetzt, wobei bestimmte „Bausteine" (Sequenzen, funktionelle Gruppen, Reste) immer wieder in unterschiedlichen Molekülen auftreten und als Einheit betrachtet werden können, die den chemischen Charakter einer Substanz mitbestimmen und sie außerdem zu bestimmten Stoffklassen zuordenbar machen. Bei der Fragmentierung organischer Stoffe können sich mehr oder weniger stabile Bruchstücke bilden, die häufig mit bekannten funktionellen Gruppen korrelieren oder übereinstimmen. Dies führt dazu, dass bei einer dosierten Fragmentierung der Moleküle bestimmte Gruppen häufiger intakt bleiben und als Einheit oder „Trümmer" mit genau definierter und bekannter Masse nachgewiesen werden können. Was aus der Ionisation also hervorgeht, ist eine Liste von Fragmenten mit bestimmten Masse-Ladungs-Verhältnissen, von denen das größte Fragment das Molekülion selbst ist – eine größeres Fragment lässt sich nicht bilden. Dieses Molekülion wird $M^+$ genannt (vgl. Bild 4.100). Die Stabilität eines Fragments bestimmt auch seine Entstehungshäufigkeit. Wird die Häufigkeit der Fragmente in Abhängigkeit von m/z aufgetragen, stellt dieses Histogramm ein sogenanntes Massenspektrum dar, das unter den Messbedingungen für den Reinstoff charakteristisch ist. Es kann somit zur Identifizierung des Stoffes genutzt werden.

Um ein solches Fragmentmuster zu generieren, ist es nach der erfolgten Ionisation erforderlich, die erhaltenen geladenen Fragmente voneinander zu separieren, um sie zählen zu können. Dazu wird der erzeugte Strahl aus geladenen Teilchen in ein elektrisches Feld geleitet, wo die unterschiedliche Massenträgheit eine Selektion nach dem Masse-Ladungs-Verhältnis erlaubt. Da die Reaktion auf das elektrische Feld durch das Coulombsche Gesetz auch proportional zur Ladung des Teilchens ist, liefert ein Fragmention mit gegebener Masse und einfach positiver Ladung das gleiche Signal wie eines, welches doppelt so schwer, aber zweifach positiv geladen ist.

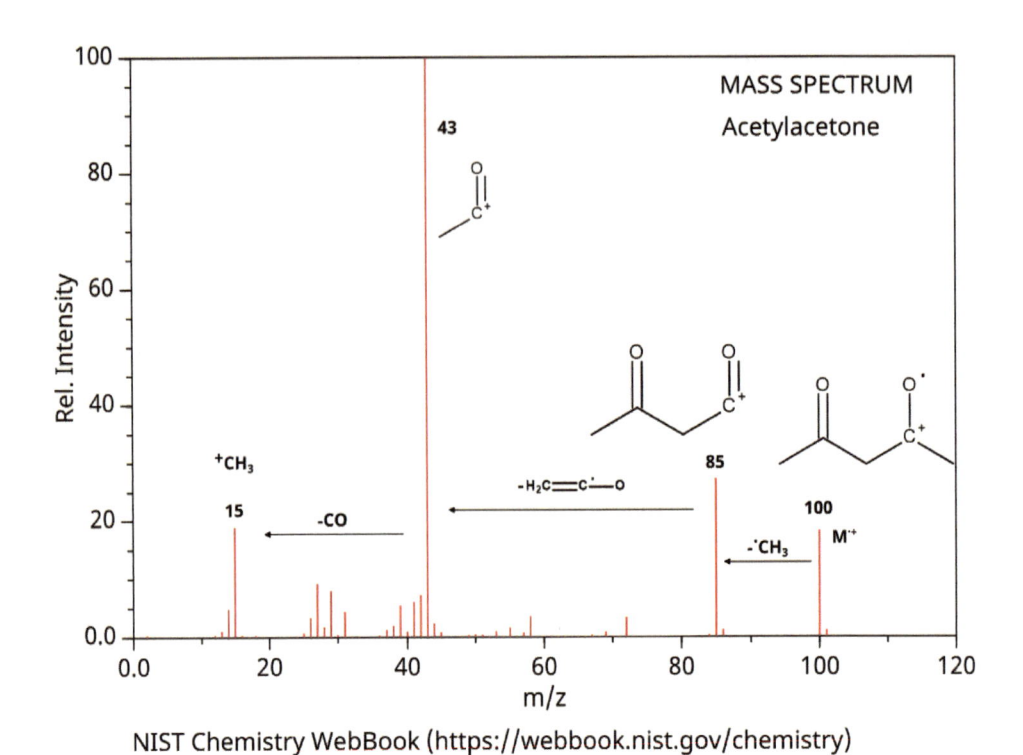

**Bild 4.100** Massenspektrum von 2,5-Pentandion (Acetylaceton), einem wichtigen Komplexbildner. Die primären Fragmentierungsmuster sind verzeichnet. [NIST23]

Gängige Techniken, die eine Separierung nach m/z erlauben, sind Quadrupol (QMS)- oder Time-of-Flight-Massenspektrometer (ToF). Ein QMS funktioniert durch das selektive Hindurchlassen eines einzigen Fragments mit definiertem m/z-Verhältnis zu einem gegebenen Zeitpunkt, da nur dieses eine stabile Flugbahn zwischen den vier Quadrupolstäben besitzt. Durch das Abfahren eines hochfrequenten Wechselfelds können nacheinander unterschiedliche m/z-Verhältnisse den Quadrupol passieren, und die Ionenzahl (Total Ion Count, TIC) findet als Messgröße zur Quantifizierung Anwendung. Die ebenfalls verbreitete ToF-Technik beschleunigt die Ionen in einem statischen Feld, wobei unterschiedlich massereiche Ionen durch ihre Massenträgheit zu verschiedenen Zeitpunkten am Detektor eintreffen, was eine zeitabhängige m/z-Verteilung liefert. In Bild 4.99 wird eine weitere Variante, ein Sektorfeld-Massenspektrometer, dargestellt.

Obwohl es möglich ist, das Massenspektrum „händisch", das heißt aufgrund plausibler Annahmen, über die möglichen Fragmentierungswege auszuwerten und auf diese Weise eine Identifizierung vorzunehmen, wird in der Regel mit Datenbanken von bekannten Massenspektren verglichen, um die Verbindungen in der Probe zu identifizieren. Solche Datenbanken sind teils öffentlich verfügbar [NIST23], teils kommerziell erwerblich. Da jedes GC/MS-System in Verbindung mit den laborspezifischen Fragestellungen ganz individuelle Kataloge von erwarteten Verbindungen aufweist, wird in der Praxis häufig auf selbst erstellte Datenbanken zurückgegriffen. Während Prepolymer- und Granulatproben bezüglich ihrer Zusammensetzung selten unbekannte Stoffe beinhalten und die enthaltenen Komponenten (Additive, Hilfsstoffe, Oligomere) auch einzeln bezogen und vermessen werden können, ändert sich die Situation, wenn es um die Bestimmung von Produkten geht, die auf thermooxidativen Abbau, Pyrolyse oder Kontaminationen zurückgehen. In solchen Fällen sind die Reaktionsprodukte zwar meistens chemisch herleitbar und zu verstehen, aber als Referenzen sind sie nicht zwingend verfügbar.

Die Intensitäten der Signale im Massenspektrum können auch verwendet werden, um die relativen Konzentrationen der verschiedenen Verbindungen in der Probe zu bestimmen. In diesem Fall wird die Methode zur quantitativen Bestimmung der interessierenden Spezies verwendet. Um aussagekräftige Ergebnisse zu erhalten, ist in jedem Fall eine Kalibrierung erforderlich. Dazu werden dem GC/MS-System Proben unterschiedlicher, jeweils bekannter Konzentration zugeführt und die erhaltenen Signalstärken gegen die Konzentration aufgetragen. Sind die Zielverbindungen nicht verfügbar, lässt sich zumindest eine Semiquantifizierung erreichen, indem man einen internen Standard in die Analysen einbezieht, dessen Identität und Konzentration gut kontrolliert werden können. [IUP97]

Im Fall der Emissionsanalytik ist es nicht selbstverständlich, dass es sich bei den abgegebenen Substanzen um stabile, leicht zugängliche Verbindungen handelt. Die besonderen Bedingungen im Gasraum einer gerade gefüllten Kavität beim Spritzgießen erzeugen ein Gasgemisch mit einer breiten Vielfalt von Reaktionsprodukten, deren Auftreten und Verteilung von den herrschenden Druck- und Temperaturverhältnissen, den Ausgangsstoffen, den Prozessparametern und sogar von der Bauteil- und Werkzeugauslegung abhängt. Aus diesem Grund werden zur schnellen Einstufung eines Produktgemisches zuweilen auch sogenannte Summenparameter verwendet, indem die detektierten Signale zusammengefasst und ihre Menge in Äquivalenten einer zugänglichen Substanz ausgedrückt werden. So werden beispielsweise in der VDA 277 [VDA95], einem verbreiteten Automotive-Standard, die im Zuge einer sogenannten Headspace-GC-Analyse detektierten Signalpeaks integriert und aufsummiert. Diese Summe wird in Aceton-Äquivalenten ausgedrückt, d.h., es wird eine Kalibration mit aufsteigenden Mengen des leicht verfügbaren Lösungsmittels Aceton vorgenommen. Das Ergebnis der Untersuchung wird so angegeben, als bestünde die Gesamtheit aller emittierten Stoffe aus Aceton. Dies erlaubt zumindest einen Vergleich verschiedener Proben bezüglich der Menge emittierter Verbindungen, jedoch nicht hinsichtlich der Zusammensetzung des Gasgemisches. Bei der Bewertung von Emissionsproben unter Gesichtspunkten der medizinischen Beurteilung von Kunststoffformulierungen oder im Zuge einer Prozessoptimierung ist ein solcher Summenparameter jedoch nicht immer ausreichend.

## 4.11.3 Emissionsbildung in der Kunststoffverarbeitung

In der industriellen Verarbeitung von Kunststoffen, insbesondere von thermoplastischen Formmassen, werden die Kunststoffe durch diverse Prozessschritte, wie Materialkonditionierung, Plastifizierung, Verarbeitung und nachgeschaltete Bearbeitungen durch die vielen Einflussgrößen in ihren Eigenschaften verändert. Dabei handelt es sich um thermische Schwankungen, Schereinwirkung, Druckveränderung und den Kontakt mit Fremdmedien, welche für einen direkten oder indirekten Materialabbau sorgen. Unter den wirkenden Temperatur- und Druckbedingungen des Prozessgeschehens können aus dem Kunststoff Stoffe austreten, von denen ein Teil instabil bzw. reaktiv ist und wiederum mit anderen Spezies reagiert. Die entstehenden Produkte (vgl. Bild 4.101) sind sowohl in ihrer Menge als auch in ihren chemischen Strukturen so unterschiedlich wie die genutzten Materialien und Prozesse [Kor20-1].

**Bild 4.101** Belagbildung auf einer Trennebene durch die Verarbeitung von PBT [Sch22]

Der daraus entstehende Niederschlag legt sich unter anderem in der Formteilkavität, aber auch den Entlüftungsbereichen und der Trennebene des Werkzeugs wieder ab. Es kann hierbei zu Belagbildung in der Kavität, auf den Formteilen sowie zur Geruchsbildung und entsprechenden Belastungen der MitarbeiterInnen kommen. Die Reduzierung eines solchen Verhaltens steht oft mit den im Prozess genutzten Parametern zur Sicherstellung der Bauteilqualität im Widerspruch. So sind besonders bei dünnwandigen Bauteilen oder langen Fließwegen entsprechend hohe Anforderungen an die Temperatur und das Fließverhalten des Kunststoffes gesetzt, welche allerdings auch eine Emissionsbildung des jeweiligen Materials fördern. Entsprechend muss bei der Analyse der Emissionen dieses Verhalten so genau wie möglich repliziert werden. Die Messung von Emissionen wird bei Kunststoffbauteilen in verschiedenen Stadien der Produktion durchgeführt. Einige davon sind durch Normen gestützt, welche in der Prüftechnik breite Anwendung finden. Die Untersuchung der prozesstechnischen stofflichen Emission ist davon bislang weitestgehend ausgenommen und spielt eher eine Rolle für die direkte Sicherstellung der Produktionsstabilität. Im Folgenden soll dabei besonders die Vermessung im Spritzgießprozess hervorgehoben werden.

### 4.11.4 Prozessabhängige Emissionsbildung

Der Spritzgießprozess zeichnet sich trotz seiner vielfältigen Varianten und diverser zusätzlicher Peripherien durch eine klare Prozessstruktur aus. Diese lässt sich in drei Prozessbereiche aufteilen:

- zunächst die Materialvorbereitung bzw. Aufbereitung,
- anschließend die Verarbeitung, Plastifizierung und/oder Formung und
- gegebenenfalls nachfolgende Prozessschritte.

Nachgeschaltete Prozessschritte können z. B. das Tempern oder die Verbindung mit anderen Stoffen durch Lackieren, Bedrucken oder den Zusammenbau von Modellgruppen durch Kleben, Schweißen und andere Fügeverfahren sein. Bei vielen dieser Schritte können Emissionen entstehen, die die Produktqualität beeinflussen können. Für den Spritzgießprozess sind dabei die Materialtrocknung, die Compoundierung und/ oder Plastifizierung und die Einspritzphase interessant für eine Untersuchung hinsichtlich etwaiger Emissionsbildung.

#### 4.11.4.1 Materialtrocknung

Ein Großteil der Thermoplaste benötigt zur optimalen Verarbeitung eine Vortrocknung aufgrund ihrer hydrophilen Eigenschaften. Bereits bei diesen im Vergleich zu den Verarbeitungstemperaturen niedrigen Trocknungstemperaturen kann es zu einer Abgabe von flüchtigen organischen Bestandteilen kommen. Hierbei können entstehende Staubbelastungen durch Kleinstpartikel und die bei Trockenlufttrocknern eingesetzte Luftumwälzung die Messung erschweren. Für eine erfolgreiche Messung sollte zur Sicherheit ein über eine Venturidüse angelegtes Vakuum für einen konstanten Durchfluss und damit zu einer optimalen Aufnahme der Emission genutzt werden (vgl. Bild 4.102). Da die im Regelfall geringe Emissionsbildung eine entsprechend lange Messdauer bedingt, ist eine zusätzliche Messstrategie für den Durchfluss in eine Probenaufnahme hilfreich, um die Ergebnisqualität sicherzustellen. Am Beispiel eines Trockenlufttrockners kann dieser Aufbau mit einer Schlauchverbindung am Kopfende des Trockners platziert werden [Sch22].

**Bild 4.102** Aufnahme von Prozessemissionen beim Trocknen diverser Thermoplaste [Sch22]

Die geringe Varianz der Trocknungstemperaturen und Trocknungszeiten erzeugt dabei eine entsprechend geringe Varianz der Emissionsbilder. Besonders beim Vergleich verschiedener kritischer Materialien oder Materialchargen sollte entsprechend eine genaue Versuchsdurchführung und Protokollierung erfolgen. Ebenfalls können mehrfache Aufnahmen mittels Thermodesorptionsrohren hier helfen, die Einflüsse von Rückständen und Fremdmaterial auszuschließen.

Nützlich sind solche Messungen zur industriell seriennahen Aufnahme von Werten bei Fehlerbildern, wie Belagsspuren im Trocknergehäuse, oder auch thermisch kritischen Materialien. Auch bei der Nutzung von biologisch abbaubaren Materialien, welche z. B. bei Polymeren auf Basis von Cellulose zur Verarbeitung spezifisch konditioniert werden, kann diese Vorgehensweise zusätzliche Erkenntnisse aufzeigen. Eine Alternative zu diesem Messaufbau bei der Prüfung von Kunststoffen ist die Nutzung einer Headspace-GC-Analyse mit jeweiligen Materialproben im konditionierten Zustand, wobei dabei die zirkulierende Luft in den Trocknern nicht berücksichtigt wird. Als Beispiel soll hierbei ein Materialwechsel bei einem Trockenlufttrockner dienen.

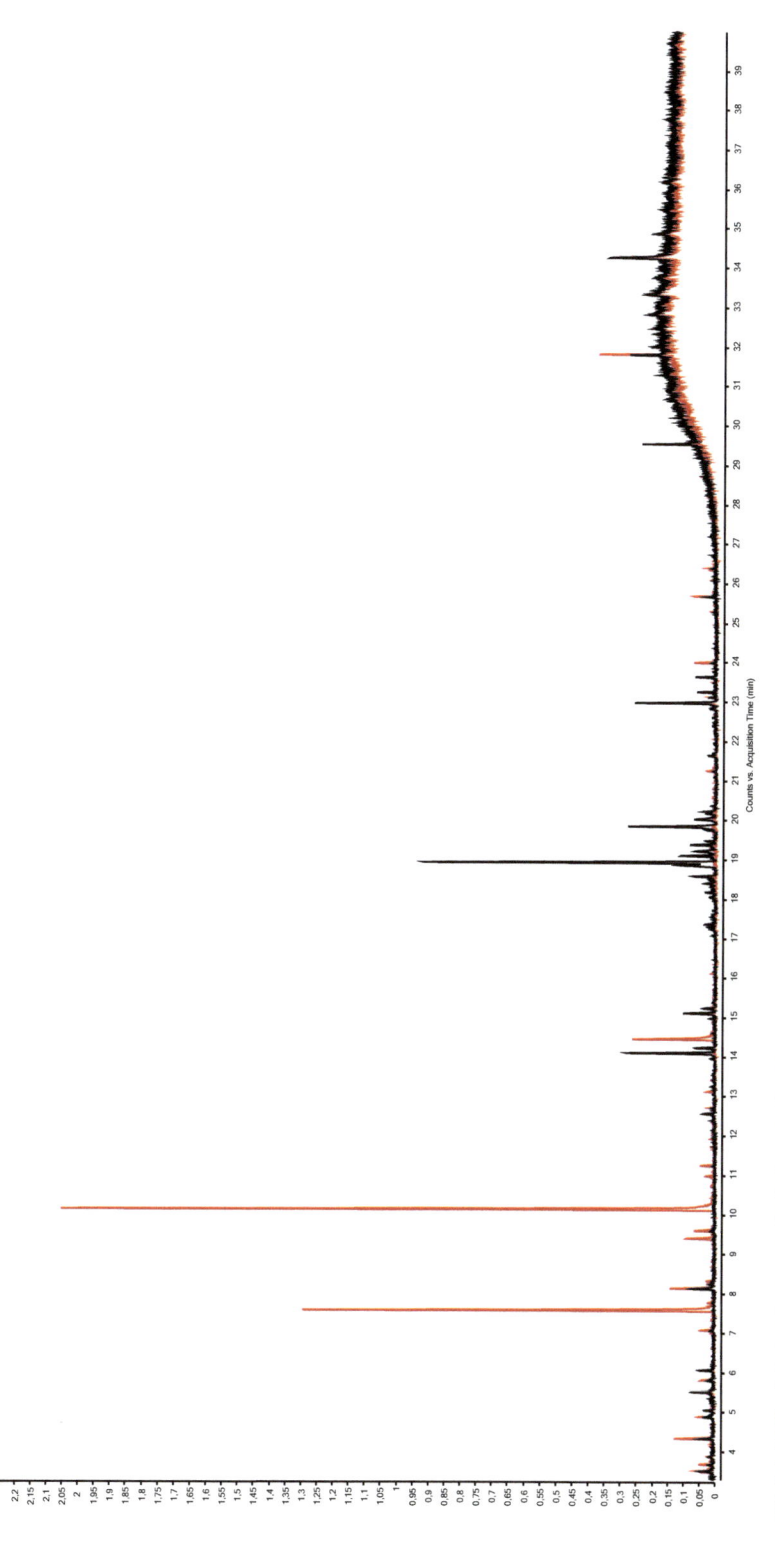

**Bild 4.103** GC-Analyse von Emissionsaufnahme an einem Trockenlufttrockner mit Polystyrol (rot) und einer Aufnahme nach Reinigung und Befüllung mit Polypropylen (schwarz) [Sch22]

Das Chromatogramm in Bild 4.103 zeigt bei höheren Retentionszeiten (ca. ab 24 Minuten) Überschneidungen bei dem aufgefangenen Stoffgemisch für schwerer flüchtige Verbindungen, welche nach einer Reinigung per Druckluft durch den zuständigen Mitarbeiter im Trockner verblieben und mit dem neuen Material in der Produktion in den Prozess eingeschleppt wurden. Hier sorgten sie für Schlieren auf der Formteiloberfläche. Etwaige Beläge an der Wandung im Trockner waren visuell nicht erkennbar und konnten auch mit einem Headspace-Spektrogramm nicht nachgewiesen werden.

Als Maßnahme, um solche Fehlerbilder zu minimieren, eignen sich neben der materialgerechten Trennung von Trocknereinheiten auch die Anpassung der Reinigung der kleineren Trocknereinheiten (z. B.: bis 40 l) mit Mikrofasertüchern oder unter Hinzunahme von Lösungsmitteln zusätzlich zum Ausblasen mit Druckluft.

### 4.11.4.2 Materialverarbeitung

Die Emissionsmessung im Verarbeitungsprozess zeigt deutliche Unterschiede zu der Messung am Granulat oder am fertigen Bauteil auf. Außerdem kommt es darauf an, an welcher Schnittstelle im laufenden Prozessschritt gemessen wird. Es können Emissionen in Entgasungszonen am Extruder (vgl. Bild 4.104), am Plastifizierzylinder oder im Entlüftungsbereich eines Spritzgießwerkzeuges gemessen werden. Hierzu gibt es entsprechende Testwerkzeuge, welche genutzt werden, um Emissionen gezielt aufzunehmen. Es kann auch eine Aufnahme direkt am Werkzeug im Serienprozess erfolgen, wodurch eine sehr genaue Eingrenzung von Fehlerquellen ermöglicht wird, da es keine Veränderung der Prozessumgebung gibt und alle realen Einflussfaktoren des betrachteten Prozesses mit einbezogen werden können.

**Bild 4.104** Entnahmebereiche für Emissionen an einer Compoundieranlage in Höhe der Misch-, Druckzonen (links) oder Entgasungszonen (rechts)

Unabhängig von dem betrachteten Prozessschritt wird hierzu eine anlagenspezifische Möglichkeit benötigt, um eine reproduzierbare Aufnahme der Emissionen zu erreichen. Ziel ist es dabei, einen konstanten, definierten und reproduzierbaren Durchfluss durch eine Probenaufnahme zu erzielen, welcher charakteristisch für den jeweiligen Prozessschritt ist. Hierzu können Thermodesorptionsröhrchen aus der Gaschromatografie, gegebenenfalls unter Verwendung zusätzlicher Filterelemente, genutzt werden (siehe Abschnitt 4.11.2).

Beim Compoundieren oder Extrudieren von Kunststoffen ist die Platzierung der Probennahme innerhalb einer Entgasungszone möglich (vgl. Bild 4.104 rechts). Die Aufnahme von Emissionen und die Probenakkumulation erfolgen dabei parallel zum kontinuierlichen Prozess. Im Gegensatz dazu muss die Probenaufnahme im Spritzgießverfahren aufgrund des diskontinuierlichen Prozesses während einer ausreichenden Anzahl an Zyklen durchgeführt werden.

Im Bereich der Extrusion kann die Menge an austretenden Emissionen nicht nur vom Material abhängig sein, sondern auch von der Lage der Vorrichtung der Probenaufnahme. Diese sollte sich möglichst nachgeschaltet an Misch-, Scher-, oder Entgasungszonen befinden, um den Einfluss der eingeführten Additive zu erfassen oder den ohnehin entstehenden Gasstrom zu nutzen. Da die Probenaufnahme sowohl volumen- als auch zeitabhängig durchgeführt wird, sind neben der Aufnahme durch z. B. Filtersysteme oder Thermodesorptionsrohre auch entsprechende Steuer- und Regelarmaturen sowie eine Überwachung des Volumenstroms vorzusehen. Durch diese Vorgehensweise kann neben der qualitativen Bewertung der Emission auch ein quantitativ vergleichbares Ergebnis erzeugt werden. So können z. B. die Thermodesorptionsröhrchen nicht mit hohen Drücken belastet werden, da die so entstehende Messstrecke im Vergleich zum Compoundierzylinder einen deutlich kleineren Durchmesser aufweist und auch die Regelarmaturen sowie die Thermodesorptionsrohre entsprechende Engstellen darstellen. Es kann dabei nicht ausgeschlossen werden, dass die Messstrecke durch z. B. Staubpartikel von rieselfähigen Additiven verstopft werden könnte. Daher können Filtereinheiten vorgeschaltet werden, um im Falle hoher erwartbarer Emissionsbildung oder auch Partikelbildung, wie bei Flammschutzmitteln o. ä., die Messstrecke zu schützen [Sch22].

Eine Aufnahme von Emissionen in einem Spritzgießwerkzeug ermöglicht die Untersuchung der Abhängigkeit einer Vielzahl von Prozessparametern, bedingt aber auch eine genaue Definition der Schnittstellen zur Messaufnahme. So kann beispielsweise über die Übersetzung von Dosiergeschwindigkeiten und anderen Spritzgießparametern eine hohe Vergleichbarkeit zu anderen Spritzgießprozessen erzielt werden. Durch dieses Vorgehen ist es nicht unbedingt notwendig, in einem industriell genutzten Spritzgießwerkzeug eine entsprechende Probenschnittstelle einzurichten. Eine gezielte Entlüftung in einem dafür vorgesehenen Probenwerkzeug kann zu einer sicheren Aufnahme von Prozessemissionen führen. Nachteilig bei dieser Herangehensweise ist, dass die im Plastifizierungsprozess entstehenden Emissionen von den aufgrund von Scherung, Druck- und Temperaturveränderungen während der Einspritzphase gebildeten Stoffen überlagert werden. Als Beispiel soll hierbei das Versuchswerkzeug des Kunststoff-Instituts Lüdenscheid in Bild 4.105 dienen.

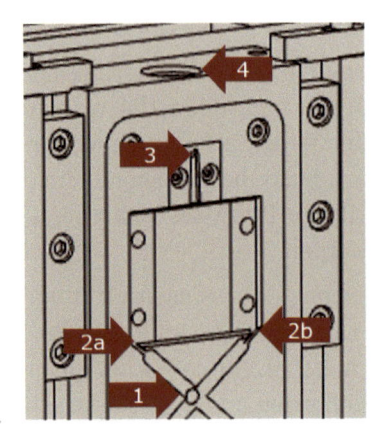

**Bild 4.105** Schema des Werkzeuges zur Emissionsaufnahme am Kunststoff-Institut Lüdenscheid [Sch22]

Bei dem Spritzgießwerkzeug handelt es sich um ein Werkzeug mit zwei Kavitäten. Der Kaltkanalverteiler (1) bindet die jeweilige Kavität über zwei Anschnittpunkte (2a, 2b) auf den Ecken des Formteils an. Die Schmelze bildet eine Bindenaht, welche am Entlüftungsbaustein zusammenfließt. Dieser leitet die Luft über eine Bohrung (3) hin zum Desorptionsröhrchen, welches bei der Bohrung (4) angebracht werden kann. Der Anguss und die Formteilgeometrie sind dabei so gestaltet, dass das Material minimale Scherung erfährt, um die Einflüsse der Plastifizierung zu messen, ohne einen komplexeren Aufbau am Plastifizierzylinder notwendig zu machen. Je nach Viskositätseigenschaften des Thermoplasts kann der Übergang von der Kavität in den Entlüftungskanal verändert werden. Eine Aufnahme der Emissionen erfolgt mithilfe von Thermodesorptionsröhrchen, welchen ein sogenanntes Opferrohr mit grobem Filter vorgeschaltet wird, um etwaige Ruß- und Kondensatbelastungen der nachgeschalteten feineren Filterbereiche zu minimieren. Durch diesen Aufbau ist ein Wechsel der Probenaufnahme mit geringem Aufwand und lediglich kurzen Prozessunterbrechungen möglich. Eine Doppelmessung, realisiert durch die gleichzeitige Aufnahme von Emissionen in zwei Thermodesorptionsrohren an beiden Kavitäten, verringert die Anfälligkeit gegenüber Fehlerquellen oder kann asymmetrisches Verhalten der Kavitäten aufdecken.

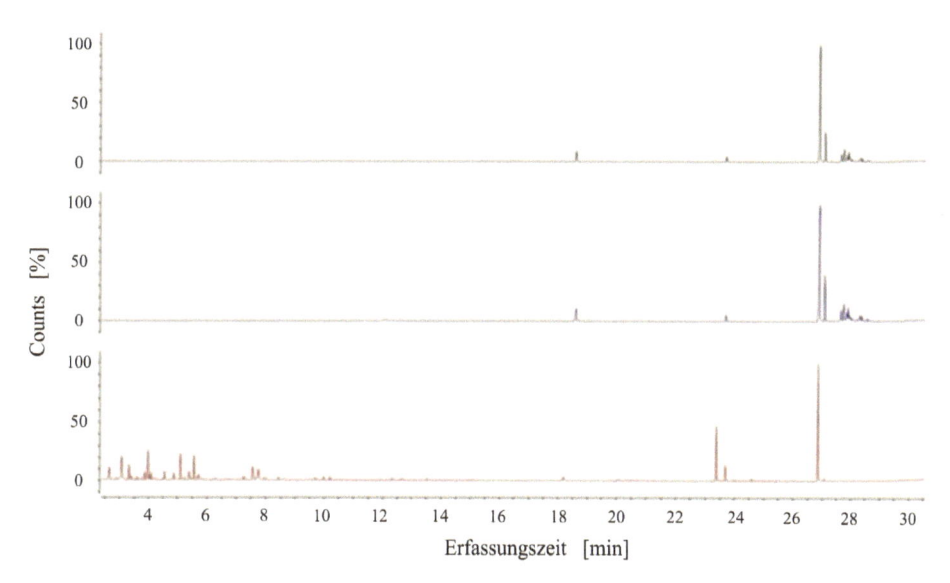

**Bild 4.106** Vergleich der Messergebnisse Granulat (oben), Formteil (mitte) und Emissionswerkzeug (unten) am Beispiel PA12 [Kor20-2]

Die in Bild 4.106 gezeigten Messungen wurden an einer problematischen PA12-Charge aufgenommen. Diese bildete starke Beläge aus. Dieses Fehlerbild konnte an früheren Chargen nicht festgestellt werden. Da zuvor am Granulat und am Formteil keine größeren Unterschiede festgestellt wurden, sind Emissionmessungen am Spritzgießwerkzeug des KIMW durchgeführt worden. Neben einer Vielzahl an leicht flüchtigen Emissionen, welche sich durch die Entlüftungsspalte im Werkzeug und während der anschließend erfolgten Lagerung der Bauteile verflüchtigten, konnten systematische Unterschiede zwischen der problematischen Charge und einer problemfreien Charge aufgenommen werden. Diese werden unter anderem durch die besonderen Prozessbedingungen des Spritzgießprozesses freigesetzt, welche im Labor so nicht nachvollzogen werden können. Dazu kommen Abbaureaktionen durch unterschiedliche Prozessparameter bei verschiedenen Produktionen und somit potenziell weitere Variationen bzw. Mengenverteilungen der emittierten Verbindungen. Um die Resultate auf die Verhältnisse im Serienprozess übertragen zu können, ist es wichtig, die jeweiligen Parameter des ursprünglichen Prozesses so exakt wie möglich zu kopieren. Die Tabelle 4.13 zeigt einen Auszug aus der semiquantitativen Auswertung der Massenspektrometrie aus der Emissionsmessung von zwei verschiedenen fehlerbehafteten Chargen (1 und 2) und einer älteren und fehlerfreien Charge (3), jeweils mit einer Doppelbestimmung im Emissionswerkzeug aufgenommen. [Kor20-2]

**Tabelle 4.13** Relative MS-Signalintensitäten im Scanmodus (33–650 m/z)

| $t_R$ [min] | Substanz | Charge 1-1 | Charge 1-2 | Charge 2-1 | Charge 2-2 | Charge 3-1 | Charge 3-2 |
|---|---|---|---|---|---|---|---|
| 20,1 | Cyclododecen | ++ | +++ | ++++ | ++++ | - | - |
| 22 | 1,4,8-Dodecatrien | - | - | ++++ | ++++ | - | - |
| 23,4 | Di-tert-butylphenol | - | - | ++ | ++ | +++ | ++++ |
| 23,7 | Cyclododecanon | - | ++ | ++ | ++ | +++ | ++++ |
| 26,8 | Laurinlactam | ++ | +++ | - | - | ++++ | ++++ |
| 27,1 | Langkettiges Nitril | ++ | +++ | ++++ | ++++ | - | - |
| 44,7 | Irgafos 168 | - | - | +++ | +++ | - | - |

Legende:

-     Nicht nachweisbar
- +    Geringe Intensität
- ++   Mittlere Intensität
- +++  Hohe Intensität
- ++++ Sehr hohe Intensität

Die Substanzen, z. B. Cyclododecen, sind Synthesevorstufen und deuten auf unzureichende Materialqualität hin. Bei den problematischen Chargen entstehen dadurch die Ablagerungsprobleme in der Kavität. An den Granulatproben oder dem Formteil wurden diese Bestandteile nicht in ausreichender Form gefunden, um eine zuverlässige Aussage dahingehend zu stellen. Die gesonderten Umstände der Prozessumgebung bieten hier deutliche Vorteile. Zusätzlich zeigen die Unterschiede zwischen den Chargen die teils erheblichen Schwankungen innerhalb der Messreihe auf. Solche Unterschiede müssen entsprechend verfahrenstechnisch berücksichtigt werden, wenn der Spritzgießprozess in sich nicht stabil genug ist und zusätzliche Formteilfehler auftreten. In diesem Fall hatten die Schwankungen nur Einfluss auf die Intensität der Belagbildung [Kor20-2].

Als weiteres Beispiel zeigt Bild 4.107 den Einfluss der Spritzgießparameter auf das Emissions-Chromatogramm. Durch die Optimierung der Prozessparameter ist es möglich, den Spritzgießprozess hinsichtlich der Emissionen zu optimieren, was auch zur Reduktion von Korrosion und Belagbildung führen kann.

Eine Optimierung kann auf unterschiedlichen Arten erfolgen und wird im Folgenden detailliert behandelt (s. Abschnitt 5.4). Im vorliegenden Fall wurde ein Polyamid 6 rein verfahrenstechnisch behandelt. Eine Anpassung der Parameter erfolgte dabei mit je 30 Einfahrzyklen und anschließend 20 Messzyklen, welche mit dem Emissionswerkzeug des KIMW (vgl. Bild 4.105) mit aufgesetzten Thermodesorptionsröhrchen aufgenommen wurden. Hierbei wurden zunächst die Verarbeitungstemperaturen (Massetemperatur und Werkzeugwandtemperatur) festgelegt und dann innerhalb dieser Abstimmung mehrere Versuchsreihen mit jeweils veränderten Dosierparametern und Dekompressionseinstellungen durchgeführt. Der quantitative Vergleich der in den Chromatogrammen auftretenden Stoffe gibt dann Aufschluss über die Verringerung der Emissionen als Indikator für die thermische und rheologische Materialbelastung [Sch22].

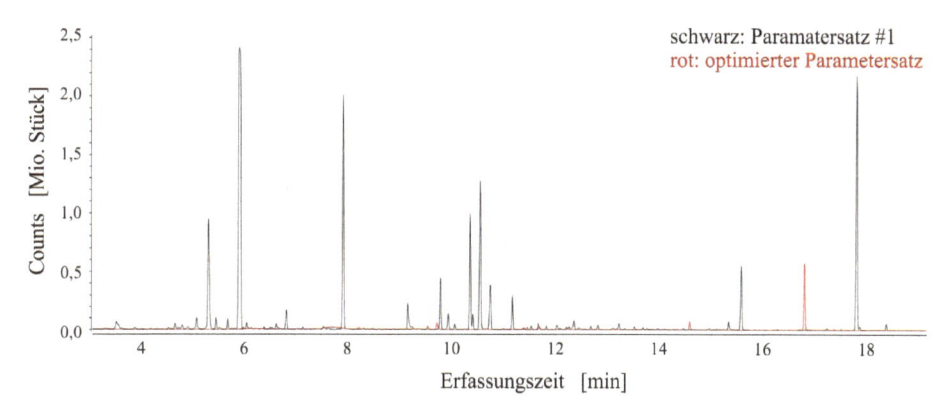

**Bild 4.107** Einfluss der Parameter des Formgebungsprozesses auf das Emissionschromatogramm [Sch22]

Unter Berücksichtigung der abweichenden geometrischen Bedingungen des Serienwerkzeuges kann die Optimierung in Richtung minimierter Emissionen als Indikator für die thermische und rheologische Materialbelastung erfolgen, was unter anderem zu einer Belagsreduzierung auf den Werkzeugoberflächen führt.

## 4.11.5 Zusammenfassung

Die Emissionsmessung stellt eine logische Erweiterung der bisherigen Laboranalytik dar. So können Problemstellungen, welche durch herkömmliche Untersuchungen an Proben, z. B. am Granulat, dem Formteil oder von Belagsspuren aus dem Werkzeug durchgeführt wurden, nun um eine prozessnahe Methode der Probennahme erweitert werden.

Vorteile bietet diese Herangehensweise bei der simplen und effektiven Probenaufnahme mit geringstem Materialbedarf während der Fertigung. Im Gegenzug dabei steht der erhöhte Auswertungsbedarf, welcher tiefergehende Kenntnisse der Polymerchemie und ein akribisch definiertes Experimentdesign benötigt. Bei der Nutzung stellt sich dabei die Frage der Verhältnismäßigkeit, ob und inwiefern der Aufwand zur Aufnahme der Emissionen betrieben werden soll. Die dadurch gesammelten Informationen können zur direkten Optimierung der Prozessparameter oder der Materialien dienen oder zur Bestimmung von indirekten Lösungen, wie Beschichtungen und Stahltypen zum Schutz der Werkzeuge vor z. B. Korrosionsproblemen u. a. verwendet werden.

## 4.11.6 Literatur

[Gro13] GROSS, J. H.: *Massenspektrometrie: Ein Lehrbuch*. Berlin Heidelberg: Springer, 2013

[IUP97] *IUPAC. Compendium of Chemical Terminology, 2nd ed. (the "Gold Book")*. Compiled by A. D. McNaught and A. Wilkinson. Blackwell Scientific Publications, Oxford (1997). Online version (2019–) created by S. J. Chalk. ISBN 0-9 678 550-9-8

[JN90] DE JONG, A. M.; NIEMANTSVERDRIET, J. W.: *Thermal desorption analysis: Comparative test of ten commonly applied procedures*. In: Surface Science, Volume 233 (1990), Issue 3, S. 355–365, ISSN 0039-6028

[Kor20-1] KORRES, M.: *Belag und Entformung analysieren*. In: Kunststoffe 110 (2020) 09

[Kor20-2] KORRES, M.: *Emissionsmessung am KIMW*. Vortrag Speedkongress 11.2020

[KR70] KREJCI, M.; DRESSLER M.: *Selective detectors in gas chromatography*. In: Chromatographic Reviews, 13 (1970) 1, S. 1–59

[NIST23] N. N.: *NIST Standard Reference Database*, DOI: 10.18 434/T4H594, aufgerufen am 10.06.2023

[NN23] N. N.: *Recommended Applications for Stationary Phases*. Online: https://www.chem.agilent.com/cag/CABU/Recappss.htm, aufgerufen am 24.05.2023

[Sch22] SCHWENKE, M.: *Abschlussbericht ZIM-Projekt „eMission"*. 06.2022

[Sch10] SCHMID, T.: *Vorlesung Analytische Chemie für Biol./Pharm. Wiss*. ETH Zürich (2010)

[SPK74] SAKODYNSKII, K.; PANINA, L.; KLINSKAYA, N.: *A study of some properties of Tenax, a porous polymer sorbent*. In: Chromatographia 7 (1974), S. 339–344

[VDA95] VDA 277: *Nichtmetallische Werkstoffe der Kfz-Innenausstattung – Bestimmung der Emission organischer Verbindungen*. Version 01/1995

## 4.12 Verschleißuntersuchungen in der Kunststoffverarbeitung

Marko Gehlen

### 4.12.1 Einleitung

Ein wichtiger Prozess in der Kunststoffverarbeitung ist das Spritzgießen. Es bietet eine kostengünstige Möglichkeit, qualitativ hochwertige Bauteile aus Kunststoff herzustellen. Als besonderer Vorteil gegenüber anderen Fertigungsverfahren ist sowohl die hohe Maßgenauigkeit der Formteile als auch die haptisch wie optisch hochwertige Oberflächenanmutung anzusehen. Die eingesetzten Werkzeugstähle sind dabei diversen Belastungen ausgesetzt, welche die Standzeit von Maschinen und die Wartungsintervalle maßgeblich beeinflussen. Zu den Belastungen für Verarbeitungswerkzeuge gehören in erster Linie werkstoffschädigende Prozesse wie Korrosion und Verschleiß. Insbesondere Letzterer wird durch den Einsatz von Kunststoffen, die aufgrund ihrer Füllstoffe (z. B. Glasfasern und -kugeln, Kohlenstofffasern) im Zusammenhang mit den bei Spritzgießprozessen herrschenden Bedingungen abrasive Eigenschaften aufweisen, begünstigt. Gerade im Bereich des Schmelzeeintritts in die Kavität sowie durch Reibungskräfte beim Entformen ist mit erhöhtem Verschleißaufkommen zu rechnen. Hierdurch werden die Anforderungen an die genutzten Werkzeugstähle immer höher, jedoch sind die Möglichkeiten, unterschiedliche Eigenschaften in ein und demselben Werkstoff zu kombinieren, begrenzt. So stellt der Verschleiß am Stahl bzw. der Oberflächenstruktur ein großes Problem für den Werkzeugbau dar. Dies hängt z. B. auch mit den immer strengeren Toleranzen im Werkzeugbau zusammen. Werden vorgegebene Strukturen durch verschleißbedingten Abrieb beschädigt, ist eine Wiederherstellung aufgrund der engen Maßtoleranzen nur durch die Herstellung eines neuen Formeinsatzes möglich. Zu den resultierenden Kosten kommt noch der entsprechende Produktionsausfall hinzu, der für ein kunststoffverarbeitendes Unternehmen stets mit hohen monetären Verlusten und einer Verringerung der Produktivität einhergeht.

### 4.12.2 Definition von Verschleiß

In der Kunststoffverarbeitung gibt es kontinuierliche (z. B. in der Extrusion) und zyklische (z. B. Spritzguss) Prozesse. Gemein ist ihnen, dass die Kunststoffschmelze mit der Werkzeugoberfläche in Kontakt steht bzw. sich relativ zu dieser bewegt. Die ständige Belastung der Oberfläche führt zu einem allmählichen Materialabtrag auf der Werkzeugseite, der als Verschleiß bezeichnet werden kann. An Spritzgießwerkzeugen zeigt sich dieser Abrieb beispielsweise mit der Zeit in einer Zunahme des Glanzgrads der Oberfläche. Der Materialabtrag entspricht einem Masseverlust bzw. einem Volumenverlust, welcher oftmals in der Oberflächentechnik in einem Abriebvergleichswert angegeben wird. Neben dem rein mechanischen Verschleiß ist auch die Korrosion in der Lage, die Oberfläche z.B. eines Spritzgießwerkzeugs zu verschleißen bzw. abzunutzen. In vielen Fällen überlagern sich auch beide Mechanismen.

Der Prozess der Hydroabrasion ist eine Interaktion zwischen den Eigenschaften der Abrasivstoffe im Gemisch, den Materialeigenschaften der Werkstoffoberflächen, den korrosiven Umgebungsbedingungen sowie den verschiedenen Verschleißmechanismen. Werkstoffabhängig können neben korrosiven Prozessen mechanische Schädigungen durch Mikrospanen, Mikropflügen und Mikroermüden erfolgen [CHM95].

### 4.12.3 Die Bedeutung von Verschleiß für die Industrie

Werkzeugoberflächen und Maschinenteile unterliegen einer besonderen Belastung, sobald sie mit anderen Werkstoffen interagieren. Insbesondere durch die immer weiter steigende Produktivität der Industrie haben sich beispielsweise die Verarbeitungsgeschwindigkeiten sehr stark erhöht. Projiziert auf die Kunststoffverarbeitung werden Zykluszeitreduzierungen in den jeweiligen Prozessen zur Erhöhung der Ausbringungsmenge pro Zeiteinheit angestrebt. Weiterhin steigen die Anforderungen an die Materialien, die den Spagat zwischen einer gewünschten Funktionalisierung der Bauteile und deren mechanischer Belastbarkeit auf der einen und einer perfekten äußeren Anmutung auf der anderen Seite schaffen müssen. Hier sind es die Werkzeugoberflächen aus Stahl, die durch die polymeren Werkstoffe belastet werden und sich somit in Abhängigkeit vieler Faktoren über der Zeit abnutzen bzw. abrasiv geschädigt werden. Der volkswirtschaftliche Schaden, der durch Reibung und Verschleiß entsteht, ist nach [FIWS+16] mit etwa 2,7 % des jährlichen Bruttoinlandsproduktes beziffert.

Damit ein Werkzeug lange zuverlässig eingesetzt werden kann, muss es den Produktionsgegebenheiten entsprechen. Dazu gehört auch seine Widerstandsfähigkeit gegen Verschleiß und Korrosion.

## 4.12.4 Stand der Technik und Messverfahren

Die Werkstoffe können in Abhängigkeit von ihrer Gefügestruktur und Legierungselementen in Bezug auf das Verschleißverhalten in zwei Gruppen eingeteilt werden, spröde und duktile Werkstoffe. Während duktile Werkstoffe hauptsächlich durch Mikrospanen und Mikropflügen geschädigt werden, erfolgt die Schädigung spröder Werkstoffe primär durch Mikrobrechen. Zyklische Belastungen z.B. bei prallender Partikelbeanspruchung führen zu Ermüdungsprozessen an der Oberfläche (Oberflächenzerrüttung). Typische Kennzeichen sind Ausbrüche, Riss- und Kraterbildung. Um die Widerstandsfähigkeit von Oberflächen bzw. Oberflächen-Beschichtungssystemen gegen Verschleiß abschätzen zu können, gibt es verschiedene Möglichkeiten.

Die Abtragsrate mithilfe mechanischer Werkstoffkennwerte abzuschätzen, ist eine attraktive Alternative für aufwendige Labortests, da die Werkstoffkennwerte für viele Werkstoffe vorliegen und dies eine kostengünstige und einfache Alternative darstellt. In [OOY+05] [OY+05] werden die Werkstoffeigenschaften und die Eigenschaften des Abrasivstoffs mit der mechanischen Verschleißrate kombiniert. Allgemein wird die Werkstoffhärte als der Kennwert angesehen, dessen Erhöhung mit einer Reduktion des Verschleißes einhergeht [OY+05]. Das gilt insbesondere für den abrasiven Verschleiß.

Wie bei allen tribologischen Prüfungen können Verschleißprozesse bei hydroabrasiven Anwendungen ebenfalls in zwei Gruppen eingeteilt werden, in „Laborversuche" und „Versuche an realen Prozessen".

Laborversuche bieten die Möglichkeit, schnelle Ergebnisse unter kontrollierten Bedingungen zu erhalten, indem die Belastung, die Geschwindigkeiten und andere Parameter definiert und schnell verändert werden können. Zwei unterschiedlich aufgebaute Laborprüfstände haben sich bisher zur Untersuchung mechanischer Beanspruchungen bewährt, der Verschleißtopf-Prüfstand auf der einen Seite und der Freistrahl-Prüfstand auf der anderen Seite.

Beim Verschleißtopf-Prüfstand wird das Flüssigkeits-Feststoff-Gemisch in einem zylinderförmigen Topf mit einem Rührer homogenisiert. Gleichzeitig werden die Materialproben an Haltern durch das Bad rotiert. Wichtig ist, dass eine gute Durchmischung auch bei geringen Drehzahlen des Motors sichergestellt ist [GSG+11]. Auch Verfahren zur Simulation hoher Geschwindigkeiten und großer Abrasivstoff-Partikelgrößen sind möglich [OA+15]. Vorteile des Verschleißtopf-Prüfstandes sind in erster Linie der einfache Aufbau sowie die problemlose Herstellung und Bedienung. Das Verschleißverhalten verschiedener Werkstoffe lässt sich unkompliziert und kostengünstig in kurzer Zeit bewerten, wobei die Ergebnisse vergleichsweise realistische Werte für unterschiedliche Anwendungen liefern [FBK+09]. Nachteilig hingegen wirken sich die ungleichmäßige Verteilung der Feststoffe im Feststoff-Flüssigkeits-Gemisch sowie Turbulenzen darin aus [M88]. Diese Art von Prüfständen eignet sich insbesondere für eine analytische Modellbildung. Sowohl die durchschnittlichen Auftreffwinkel der Partikel als auch deren mittlere Geschwindigkeit lassen sich gut dosieren [FBK+09].

Der Freistrahl-Prüfstand stellt eine weitere weit verbreitete Prüfeinrichtung für hydroabrasive Verschleißversuche dar. Diese Bauform ermöglicht es, die Testparameter wie etwa den Auftreffwinkel der Abrasivstoff-Partikel und deren Auftreffgeschwindigkeit genau zu kontrollieren [RFP+09] [LM99]. Wie bei anderen Modellen auch wird der hydroabrasive Verschleiß als eine Überlagerung von Mikrospanen und Mikropflügen angesehen. Besonders die gute Reproduzierbarkeit stellt einen großen Vorteil dieser Art von Prüfständen dar [FFG+15]. Weitere Vorteile sind mögliche hohe Partikelgeschwindigkeiten. Außerdem sind die Kontrollierbarkeit der Auftreffgeschwindigkeit und des Anstrahlwinkels vorteilhaft. Nachteil des Freistrahl-Prüfstandes ist die Tatsache, dass der Auftreffwinkel und die Auftreffgeschwindigkeit während des Versuchsablaufes nicht konstant bleiben [AAE+14]. Die Auftreffgeschwindigkeit muss regelmäßig beziehungsweise kontinuierlich gemessen und angepasst werden, da die Düse selbst ebenfalls von Abrasion betroffen ist. Darüber hinaus kommt es üblicherweise auf der Oberfläche des Prüfkörpers zu einer sehr lokalen Beanspruchung durch die Abrasivstoffpartikel [UBH+13]. Die Prüfdauer bei Freistrahl-Prüfständen ist kürzer als bei Verschleißtopf-Prüfständen und liegt im Bereich von Minuten bis Stunden. Häufig werden solche Prüfstände zur Erstellung von CFD-Simulationen sowie halb-empirischer Modellbildung genutzt.

Weitere Verschleißprüfstände sind bekannt als Miller-Test [NW+09], Coriolis-Prüfstand [HXY+03], Closed-Loop-Prüfstände [WSG+15] oder Varianten des Freistrahl-Prüfstandes wie der Submerged-Impinging-Jet-Prüfstand [T+15].

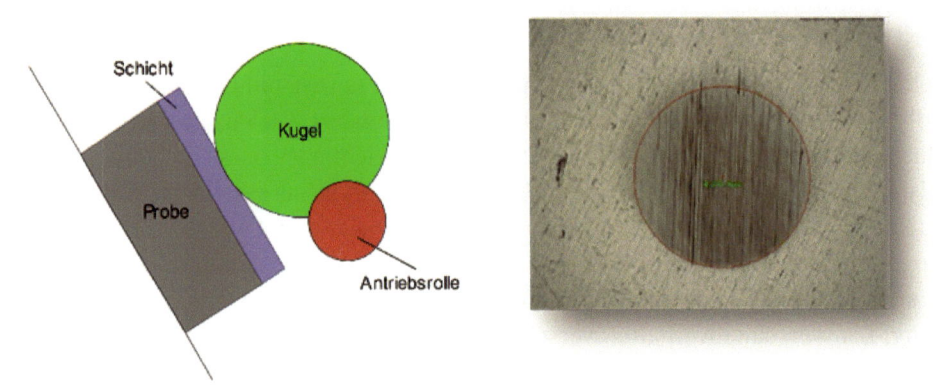

**Bild 4.108** Schematische Darstellung der Abriebmessung (links) sowie der zu vermessenden Verschleißspur (rechts) [BAQ+13]

Zur Ermittlung der Abriebfestigkeit randnaher Schichten wurde von der Firma BAQ [BAQ+13] eine Verschleißapparatur entwickelt (Bild 4.108). Hierbei reibt eine Stahlkugel unter normierten Bedingungen auf eine Werkstoffprobe. Zeitabhängig wird die Eindringtiefe der Kugel in die Randschicht des Substrates ermittelt. Basierend auf den ermittelten Durchmessern (vgl. rote Linie in Bild 4.108) kann mittels mathematischer Formeln das zeitabhängige Verschleißvolumen bestimmt werden. Diese Kenngröße indiziert eine vergleichbare Abriebfestigkeit unterschiedlicher Dünnschichtsysteme und Werkstoffe.

## 4.12.5 Verschleiß beim Spritzguss und im Spritzgießwerkzeug

In der Spritzgießfertigung herrscht eine klare Rollenverteilung. Während die Spritzgießmaschine in erster Linie dafür verantwortlich ist, das Material aufzuschmelzen, zu dosieren und Druck aufzubauen, damit die Schmelze in das Spritzgießwerkzeug eingespritzt werden kann, gibt das Werkzeug schließlich die Geometrie des Bauteils vor und definiert dessen Oberflächengüte. Jedoch muss die Maschine auch dafür sorgen, dass das Werkzeug während des Einspritzens unter hohem Druck geschlossen bleibt, damit insbesondere in der Trennebene kein Grat entsteht. Hierfür ist die Schließkraft entscheidend, die jeweils auf das Werkzeug abgestimmt sein muss. Mit anderen Worten: Maschine und Werkzeug müssen zueinanderpassen.

Dadurch, dass die Schmelze unter hohem Druck und mit hoher Geschwindigkeit in die Kavität einströmt, wird die Oberfläche mit jedem Spritzzyklus belastet. Insbesondere bei nicht geschützten Werkzeugoberflächen kann sich das bereits nach wenigen zehntausend Schuss in einer Zunahme des Glanzes des Bauteils bzw. des Werkzeugs zeigen. Ursache dieser Glanzzunahme ist, dass die Spitzen der oftmals erodierten Strukturen verrundet werden, was in einer Abnahme der Rauigkeit deutlich wird.

## 4.12.6 Untersuchung des Verschleißverhaltens im Spritzguss

Für die Untersuchung der Oberflächen- bzw. Schichteigenschaften in einer produktionsnahen Umgebung eignet sich daher das Spritzgießverfahren als praxisnahes Testverfahren.

Das Werkzeug ist für die vergleichende Untersuchung des Verschleißverhaltens verschiedener Schichten ausgelegt und muss mehrere Forderungen erfüllen. Zum einen soll die maximale Scherbelastung auf den Untersuchungsbereich wirken. Zum anderen sollten die Einsätze gut zu beschichten, austauschbar und letztlich für eine optimale Analyse ausgelegt sein.

Das Ergebnis ist ein Werkzeugeinsatz (vgl. Bild 4.109 rechts; dargestellt: eine Kavität mit zwei Verschleißeinsätzen oben, eine Kavität ohne Verschleißeinsätze unten), der in jeder Kavität zwei Verschleißeinsätze aufnehmen kann, sodass immer vier Einsätze gleichzeitig untersucht werden können. Die Verschleißeinsätze werden vom zentralen Anspritzpunkt her umströmt. Dabei sind die Fließkanäle innerhalb der Kavität in den Messbereichen (an den schrägen Flanken) möglichst schmal. Die Simulationsberechnung in Bild 4.110 bestätigt, dass im Bereich dieser Engstellen die höchsten Scherraten (bis 50.000 1/s) erzielt werden. Die einzelnen Verschleißeinsätze werden in dem Bereich, der im Spritzgießprozess belastet wird, jeweils zuerst hochglanzpoliert und anschließend gleichmäßig gestrahlt, sodass die Oberfläche der jeweiligen Einsätze eine einheitliche Rauigkeit aufweist. Danach erst erhalten alle Einsätze ihre jeweilige Beschichtung.

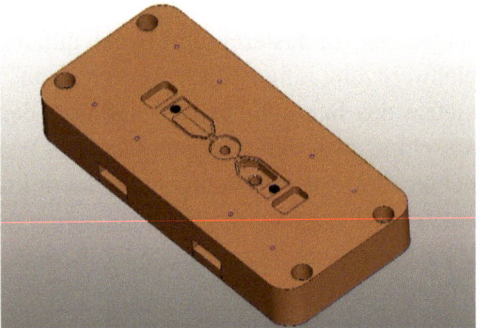

**Bild 4.109**  Spritzgießwerkzeug zur Aufnahme von vier Verschleißeinsätzen (zwei je Kavität)

Das Werkzeug ist für die vergleichende Untersuchung des Verschleißverhaltens verschiedener Schichten ausgelegt und muss mehrere Forderungen erfüllen. Zum einen soll die maximale Scherbelastung auf den Untersuchungsbereich wirken. Zum anderen sollten die Einsätze gut zu beschichten, austauschbar und letztlich für eine optimale Analyse ausgelegt sein.

Die vorbereiteten Verschleißeinsätze werden vor Beginn der Spritzgießversuche im Messbereich hinsichtlich der Oberflächenrauheit mit einem Weißlicht-Interferometer untersucht. Gemessen wird an der seitlichen schrägen Flanke der Verschleißeinsätze, dort, wo die Schmelze an der Werkzeugwand entlangfließt und reibt. Die Wanddicke der Probekörper beträgt 1 mm. Um die Rauigkeit mit dem optischen Messverfahren in einem möglichst großen Bereich auszuwerten, werden Aufnahmen mit fünffacher Vergrößerung mit dem Weißlicht-Interferometer erstellt. Damit ergibt sich ein Messfenster von ca. 1,2 mm x 0,9 mm, innerhalb dessen der Auswertebereich liegen muss. Wichtig bei dieser Vorgehensweise ist, dass für die Feststellung einer Veränderung der Rauigkeiten nach dem Spritzgießen auch die gleichen Bereiche wieder gemessen werden. Für die Feinausrichtung helfen auch charakteristische Punkte in der Oberfläche. Für eine vorherige Grobausrichtung können z. B. Lasermarken oder Körperkanten dienen.

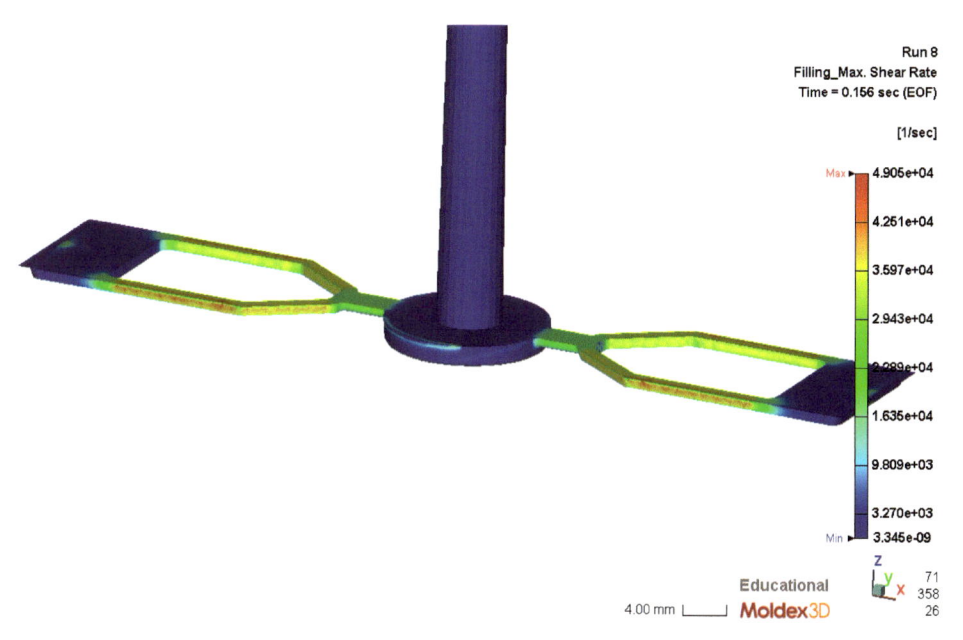

**Bild 4.110** Werkzeug zur Verschleißermittlung: Berechnung der maximalen Scherraten

Mit der Software MountainsMap werden die Bilder des Weißlicht-Interferometers ausgewertet. Dabei ist die Flächenrauheit Sa ein aussagefähiger Wert zur Beurteilung der Oberflächengüte.

Das Ergebnis von vier unterschiedlich beschichteten Verschleißeinsätzen ist in Bild 4.111 zu sehen. Hier ist die Rauheitsänderung $\Delta$Sa aufgezeigt, die sich während derselben 25 000 Spritzgießzyklen einstellt.

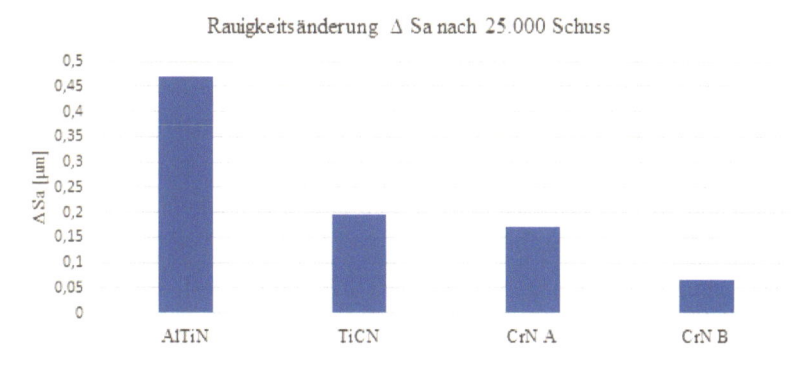

**Bild 4.111** Rauheitsänderung der Oberfläche der beschichteten Werkzeugeinsätze nach 25 000 Schuss

In diesem Vergleich zeigt die CrN B-Beschichtung im Bezug auf die Rauheitsänderung das beste Verhalten. Der Unterschied zwischen CrN A und CrN B zeigt, dass auch das jeweilige Verfahren, in dem die Schichten appliziert werden, eine Rolle spielt, und nicht nur die Metalle selbst. Die AlTiN-Schicht zeigt insgesamt das höchste Rauheitsniveau und auch die größte Änderung.

Insgesamt ist der Spritzgießprozess als Messverfahren zur Beurteilung des Einflusses der Kunststoffschmelze auf die Werkzeugoberfläche ein sehr aufwendiges Verfahren. Es müssen schon viele tausend Schuss insbesondere bei beschichteten Werkzeugen bzw. Werkzeugeinsätzen gemacht werden, damit eine Aussage über das Verhalten der Schichten gemacht werden kann. Allerdings ist das beschriebene Verfahren insofern einzigartig, als die Einsätze einfach gehalten sind und günstig beschafft werden können. Auch lassen sich die Formteile in einem vollautomatischen Prozess verarbeiten, sodass die Maschine unbewacht laufen kann. Nachteilig wirkt sich bei dieser Untersuchung der Verbrauch an Ressourcen wie Material, Energie und Zeit aus.

### 4.12.7 Ausblick

Es gibt viele Modelle und Methoden, um Verschleiß auf Werkzeugoberflächen zu beurteilen, jedoch wird dabei entweder der mechanische Verschleiß (insbesondere Abrasion) oder reine Korrosion in den Fokus genommen. Insbesondere besteht bei Schädigungsprozessen mit niedrigen Beanspruchungsintensitäten, die im oberflächennahen Bereich auftreten (dort sind keine Werkstoffkennwerte verfügbar), trotz der hohen Bedeutung (Funktionalität, Optik, Haptik) ein hohes Wissensdefizit [SPC+17].

Wünschenswert wäre, mit einer neuen Prüfmethode Kennwerte für das kombinierte Beanspruchungsprofil zu ermitteln und daraus handhabbare Verschleißmodelle abzuleiten.

Mithilfe derartiger Verschleißmodelle können für verschiedenste Industriezweige (z. B. Kunststoff-, Textil- oder Papierverarbeitung) Werkzeuge, Maschinen und Anlagen sicherer ausgelegt werden, was zu höheren Standzeiten und somit zu geringeren Produktionsausfällen und zu höherer Effektivität und Produktivität führt.

Die beschriebenen Modelle und die dazugehörigen Prüfmethoden können zukünftig sehr wichtig für die an den Prozessen partizipierenden Dienstleister wie z. B. Lohnbeschichter, Werkzeugbauer, Stahlhersteller und Zulieferer werden.

Mit einer Prüfmethode zur Vorhersage des Verschleißverhaltens von Werkzeugen oder Maschinen könnten viele branchenübergreifende Entwicklungen anwendungsspezifischer erfolgen. Die Verlängerung von Standzeiten und die damit einhergehende Reduzierung von Instandsetzungsreparaturen und Produktionsausfällen wirkt sich direkt auf die Produktivität aus, und zwar unabhängig von der Branche, die betrachtet wird.

Wenn es gelingt, eine solche Prüfmethode zu entwickeln, hätte dies weitere Vorteile in Bezug auf die Nachhaltigkeit, da Materialien, Zeit und Energie eingespart werden könnten.

## 4.12.8 Zusammenfassung

Verschleiß stellt in vielen Bereichen der Industrie ein großes Problem dar. Insbesondere führen Ausfallzeiten von Anlagen und Maschinen neben der eigentlichen Instandsetzung von Werkzeugen oder Baugruppen zu sehr hohen Belastungen für die Unternehmen.

Es gibt heute eine Vielzahl von Methoden und Modellen zur Vorhersage von Materialschäden bzw. Materialversagen. Die systematische Untersuchung in einem Praxistest wie der hier beschriebenen Spritzgießuntersuchung benötigt viele Ressourcen, liefert dafür aber die Möglichkeit, verschiedene Schichten und Oberflächen unter realen Bedingungen vergleichend miteinander zu beurteilen.

Darüber hinaus wäre es, wie im Ausblick beschrieben, zu begrüßen, wenn es zukünftig eine Methode gäbe, die Materialkombinationen und Oberflächen unter Berücksichtigung aller am Verschleiß beteiligten Phänomene, seien sie mechanischer und/oder korrosiver Natur, objektiv zu bewerten vermag.

## 4.12.9 Literatur

[AAE+14] ABD-ELRHMAN, Y. M., ABOUEL-KASEM, A. UND EMARA, K. M.: *Effect of Impact Angle on Slurry Erosion Behaviour and Mechanisms of Carburized AISI 5117 Steel*. Journal of Tribology. 136, 2014, 1

[BAQ+13] BAQ: *Betriebshandbuch Kalottenschleifgerät kaloMax NT II*. s. l. : BAQ, 2013

[CHM95] CLARK, HECTOR MCL. UND WONG, KIEN K.: *Impact angle, particle energy and mass loss in erosion by dilute slurries*. Wear. 1995, Bde. 186-187, 2

[FBK+09] FRANEK, FRIEDRICH, BADISCH, E. UND KIRCHGASSNER, M.: *Advanced methods for characterisation of abrasion/erosion resistance of wear protection materials*. FME Transactions. 2009, 37

[FFG+15] FROSELL, T., FRIPP, M. UND GUTMARK, E.: *Investigation of slurry concentration effects on solid particle erosion rate for an impinging jet*. Wear. 342-343, 2015

[FIWS+16] FRAUNHOFER-INSTITUT FÜR WERKSTOFF- UND STRAHLTECHNIK IWS: *Reibung und Verschleiß durch mikrostrukturierte Oberflächen steuern.* Jahresbericht 2016

[GSG+11] GADHIKAR, A. A., SHARMA, A. UND GOEL, D. B.: *Fabrication and Testing of Slurry Pot Erosion Tester.* Transactions of the Indian Institute of Metals. 64, 2011, 4-5

[HXY+03] HAWTHORNE, H. M., XIE, Y. UND YICK, S. K.: *A new Coriolis slurry erosion tester design for improved slurry dynamics.* Wear. 255, 2003, 1-6

[LM99] LINDSLEY, B. A. UND MARDER, A. R.: *The effect of velocity on the solid particle erosion rate of alloys.* Wear. 255-229, 1999

[M88] MADSEN, B. W.: *Measurement of erosion-corrosion synergism with a slurry wear test apparatus.* Wear. 123, 1988, 2

[NW+09] NEVILLE, A. UND WANG, C.: *Erosion-corrosion of engineering steels – Can it be managed by use of chemicals?.* Wear. 267, 2009, Bd. 11

[OA+15] OJALA, N., ET AL.: *High speed slurry-pot erosion wear testing with large abrasive particles.* Tribologia - Finnish Journal of Tribology. 2015, 1

[OY+05] OKA, Y. I. UND YOSHIDA, T.: *Practical estimation of erosion damage caused by solid particle impact: Part 2: Mechanical properties of materials directly associated with erosion damage.* Wear. 259, 2005, 1-6

[OOY+05] OKA, Y. I., OKAMURA, K. UND YOSHIDA, T.: *Practical estimation of erosion damage caused by solid particle impact: Part 1: Effects of impact parameters on a predictive equation.* Wear. 259, 2005, 1-6

[RFP+09] RODRÍGUEZ, E., FLORES, M. UND PÉREZ, A.: *Erosive wear by silica sand on AISI H13 and 4140 steels.* Wear. 267, 2009, 11

[SPC+17] STOYANOV, PANTCHO UND CHROMIK, RICHARD R.: *Scaling Effects on Materials Tribology: From Macro to Micro Scale.* Montreal, Canada : materials MDPI, 2017

[T+15] TUZSON, J. J.: *Laboratory Slurry Erosion Tests and Pump Wear Rate Calculations.* Journal of Fluids Engineering. 106, 1984, 2

[UBH+13] UKPAI, J. I., BARKER, R. UND HU, X.: *Exploring the erosive wear of X65 carbon steel by acoustic emission method.* Wear. 301, 2013, 1

[WSG+15] WONG, C. Y., SOLNORDAL, C. UND GRAHAM, L.: *Slurry erosion of surface imperfections in pipeline systems.* Wear. 336-337, 2015

# 4.13 Haftungsbewertung von Beschichtungen

Dr. Orlaw Massler

Für die Bewertung der Haftung von galvanischen, chemischen und PVD (Physical Vapor Deposition)-Beschichtungen wird eine Bandbreite an Methoden zur Bewertung der Haftung eingesetzt. All diesen ist gemeinsam, dass auf die beschichtete Oberfläche eine Belastung ausgeübt wird, was dann bei begrenzter Anhaftung zu Enthaftungseffekten führt. Eine Gemeinsamkeit aller gängigen Haftungsbewertungsmethoden ist also ihr zerstörender Charakter am Bauteil. Man kann dies umgehen, indem man die Prüfung an einem Mitlaufprüfstück durchführt, oder aber an einer Stelle am Prüfstück, welches keine Funktion in der Anwendung hat. Auf diese Weise wird der für die Haftung oft ausschlaggebende Einfluss der Fertigung und Vorbehandlung des Werkzeugs oder Bauteils mit einbezogen, welcher an einer Mitlaufprobe fehlen würde.

Der Mechanismus der Haftung von Beschichtungen auf einem Substrat beinhaltet neben der physikalischen Bindung zwischen Schicht und Basismaterial auch die mechanische Verklammerung der Beschichtung auf der Topografie der beschichteten Oberfläche.

Die Auswahl der geeigneten Methode zur Bewertung der Haftung hängt von verschiedenen Faktoren wie der Art der Beschichtung, dem Substratmaterial und den Anforderungen der Anwendung ab. Tabelle 4.14 zeigt eine Übersicht gängiger Methoden und ihrer Einsatzbereiche.

**Tabelle 4.14** Übersicht verschiedener Haftungsbewertungsmethoden

| Methode | Dünnschichten PVD | Aus dem Bad abgeschiedene Schichten < 700 HV | Aus dem Bad abgeschiedene Schichten > 700 HV | Bemerkung |
|---|---|---|---|---|
| Rockwell-Test | Ja | Nein | Möglich | Spröde Schichten |
| Gitterschnitt | Nein | Ja | Ja | |
| Thermoschock | Nein | Möglich | Ja | |
| Kratztest | Ja | Möglich | Möglich | Qualitativ |
| Pull-off Scherfestigkeitstest | Nein | Möglich | Möglich | Adhäsiv oft zu schwach |
| Feiltest | Nein | Möglich | Ja | |
| Scratchtest | Ja | Nein | Nein | Ergebnisse schlecht übertragbar |
| Querschliffmethode | Ja | Ja | Ja | Hoher Aufwand |

**Adhäsionstests**

Adhäsionstests werden durchgeführt, um die Haftfestigkeit zwischen der Beschichtung und dem Substrat zu bewerten. Diese Tests umfassen in der Regel das Aufbringen einer Belastung auf die Beschichtung, um zu sehen, wie gut sie auf dem Substrat haftet. Beispiele für Adhäsionstests sind der Kreuzschnitttest, der Ritztest und der Pull-Off-Test.

**Gitterschnitt**

Der Gitterschnitttest ist ein Prüfverfahren zur Bewertung der Haftung von Beschichtungen auf einem Substrat. Der Test besteht darin, mit einem Schnittwerkzeug ein Gittermuster auf die beschichtete Oberfläche aufzubringen, indem eine Reihe von horizontalen und vertikalen Linien auf die Oberfläche geritzt werden. Das Gittermuster wird typischerweise in einem Abstand von etwa 1 mm bis 5 mm voneinander entfernt angebracht. Nachdem das Gittermuster aufgebracht wurde, wird ein definiertes Klebeband über das Gittermuster gelegt und festgedrückt. Anschließend wird das Klebeband schnell und kräftig abgezogen.

Wenn das Gittermuster intakt bleibt und keine Teile der Beschichtung abgezogen werden, ist dies ein Indiz dafür, dass die Beschichtung gut haftet und ausreichend Festigkeit aufweist. Wenn jedoch Teile der Beschichtung abgezogen werden, ist dies ein Anzeichen für eine unzureichende Haftung und Festigkeit der Beschichtung. Das entstandene Gitterbild wird mit einem Vergleichsmuster verglichen und kategorisiert. Der Test wird verwendet, um zu überprüfen, ob die Beschichtung gut haftet und ob sie genügend Festigkeit aufweist, um den Belastungen standzuhalten.

Der Gitterschnitttest ist eine einfache und schnelle Methode, um die Haftung von Beschichtungen zu überprüfen. Es ist jedoch zu beachten, dass dieser Test nicht immer aussagekräftig ist und weitere Tests durchgeführt werden sollten, um die Qualität der Beschichtung vollständig zu bewerten.

**Kratztest**

Der Kratztest ist ein weiterer Test zur Bewertung der Haftung von Beschichtungen. Dabei wird ähnlich wie beim Gitterschnitt ein harter Kratzstab oder eine harte Spitze verwendet, um die Beschichtung auf dem Substrat zu zerkratzen und zu bewerten, wie stark die Haftung ist. Die Bewertung erfolgt rein qualitativ am Rande des Kratzers. Dieser Test ist sehr einfach und rudimentär, liefert aber sehr schnell ein Bild, ob schlechte Schichthaftung vorliegt.

**Pull-off- oder Scherfestigkeitstest**

Scherfestigkeitstests werden durchgeführt, um die maximale Scherbelastung zu bestimmen, die erforderlich ist, um die Beschichtung vom Substrat zu trennen. Dabei wird die Beschichtung in der Regel auf eine Klebefläche aufgetragen und dann mit einer Kraft belastet, um die Haftfestigkeit zu bewerten.

Die Qualität der Klebung ist hier von essentieller Bedeutung für die Qualität der Aussagekraft. Oft ist die Klebe-Anhaftung der Zug- oder Scherstubs nicht gut genug, um eine gute Aussage machen zu können. Deshalb ist dieser Test nicht sehr verbreitet. Seine Stärke liegt in der Tatsache, dass das Bauteil (bei guter Haftung) nach dem Test meist noch verwendet werden kann. Somit kann dieser Test als zerstörungsfrei betrachtet werden.

**Scratchtest**

Eine spezielle Rolle spielt der Scratchtest, der hier nicht näher beschrieben wird. Hier wird unter steigender Last ein Indenter über eine Oberfläche geführt. Dabei entsteht ein plastischer Linieneindruck, dessen Ränder mikroskopisch beurteilt werden können. Daraus kann eine Reihe kritischer Lasten abgeleitet werden, die als Maß für die Haftung und Rissbildung der Beschichtung herangezogen wird. Die Ausbildung dieser im Einzelnen definierten kritischen Lasten ist allerdings neben den Schichteigenschaften vor allem von der Schichtdicke, der Kerbwirkung durch die Oberflächentopografie und von der Form und dem Verschleißzustand des Indenters abhängig.

Nichtsdestotrotz ist dieser Test sehr nützlich bei der vergleichenden Bewertung von Beschichtungen und bei der Simulation von Verschleißvorgängen.

### 4.13.1 Rockwelltest, DIN EN ISO 4856

Der Härtetest nach Rockwell ist in der DIN EN ISO 4856 (früher VDI Guideline 3198) bzw. DIN EN ISO 26 443 genormt. Während der Prüfung wird eine plastische Verformung in das beschichtete Substrat durch einen definierten Härteeindruck eingebracht (vgl. Bild 4.112). Diese Verformung würde im Falle schlechter Haftung der Beschichtung zu Abplatzungen führen. Die Bewertung der Ergebnisse wird durch einen Vergleich mit einem Vergleichs-Bildsatz in HF-Stufen durchgeführt. Diese umfassen in der DIN 4856 6 Haftklassen [DIN18], nach DIN EN ISO 26 443 werden 4 Haftklassen vorgeschlagen [DIN08].

Diese Methode ist allerdings nur für dünnere und spröde Beschichtungen tauglich. Dickere bzw. duktilere Beschichtungen zeigen hier nur im Ausnahmefall ein aussagefähiges Resultat. Hier kommen dann eher andere Verfahren zum Einsatz. Die eher subjektive Art der Haftungsbewertung hat hier wiederholt zu Ansätzen zur objektiven Quantifizierung geführt [DIN18].

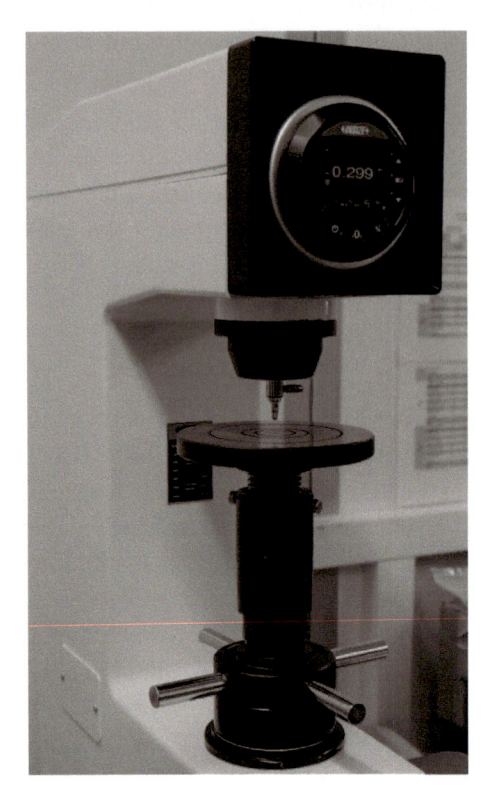

**Bild 4.112** Rockwell-Härteprüfer (Werksbild DeMartin)

### 4.13.2 Thermoschocktest

Der Thermoschocktest ist ein Prüfverfahren zur Bewertung der Beständigkeit von Materialien gegenüber extremen Temperaturschwankungen. Der Test besteht darin, das Material schnell von einer hohen Temperatur auf eine niedrige Temperatur zu bringen, um zu prüfen, ob das Material Rissbildung oder andere Schäden aufweist. Der Thermoschocktest wird häufig verwendet, um die Qualität von Beschichtungen, Kunststoffen, Keramiken und anderen Materialien zu bewerten, die in Umgebungen mit schnellen Temperaturänderungen eingesetzt werden. Der Test wird in der Regel wie folgt durchgeführt:

Das Material wird auf eine hohe Temperatur erhitzt, je nach Werkstoff typischerweise auf etwa 150 °C (Aluminium) bis 250 °C (Stahl).

Das Material wird dann schnell auf eine niedrige Temperatur abgekühlt, typischerweise auf etwa 0 °C bis −40 °C. Die Abkühlung erfolgt durch Eintauchen des Materials in Wasser, ein kaltes Bad oder durch Aufsprühen von flüssigem Stickstoff.

Danach wird das Material auf Risse, Verformungen oder andere Schäden untersucht, die durch die schnellen Temperaturänderungen verursacht wurden.

### 4.13.3 Feiltest

Der Feiltest ist besonders für die Prüfung dickerer und duktilerer Beschichtungen im Einsatz. Dabei wird die Oberfläche der Beschichtung mit einer Feile bearbeitet und das Verhalten der Grenzfläche zwischen Beschichtung und Grundmaterial beobachtet.

Eine Feile mit definiertem Rautiefenprofil und Korngröße wird auf die Oberfläche der Beschichtung aufgesetzt. Die Feile wird mit einem bestimmten Druck an einer Kante in definiertem Winkel gegen die Oberflächennormale der Beschichtung gezogen. Bei schlechter Schichthaftung entsteht an der Grenzfläche ein Spalt.

Der Feiltest zur Bewertung der Schichthaftung ist ein einfaches und schnelles Verfahren, um die Qualität von Beschichtungen zu beurteilen. Allerdings ist der Test nicht besonders genau und es gibt auch andere Verfahren, die für eine umfassendere Bewertung der Haftung von Beschichtungen verwendet werden können, wie z. B. der Ritztest oder der Gitterschnitttest.

### 4.13.4 Querschliffmethode

Diese Methode wird dann eingesetzt, wenn die Haftung nicht eindeutig gut oder schlecht ist und die Festigkeit der Grenzfläche bewertet werden muss. Der Aufwand ist sehr groß und das Bauteil oder Werkzeug wird durch die notwendige Präparation komplett zerstört. Es wird ein metallografischer Schliff angefertigt und mit einem Kleinlast-Vickers-Prüfgerät ein Härteeindruck in das Interface zwischen Schicht und Substrat gesetzt. Die Ausbreitung eines entstandenen Risses zeigt dann die Qualität der Grenzflächen-Bindungsfestigkeit.

### 4.13.5 Literatur

[DIN18]  N. N.: *DIN EN ISO 4856: Kohlenstoffschichten und andere Hartstoffschichten – Rockwell-Eindringprüfung zur Bewertung der Haftung.* Berlin, Beuth Verlag, 2018

[DIN08]  N. N.: *ISO 26 443:2008: Hochleistungskeramik – Rockwell-Eindringprüfung zur Bewertung der Haftung von keramischen Schichten. (ISO 26 443:2008)*; Deutsche Fassung EN ISO 26 443:2016

[Gäb21]  GÄBLER, J.; ET AL.: *Rockwell-Schichthaftungstest – der maschinelle Blick.* In: Journal für Oberflächentechnik 9 (2021), S. 69

[WLM+08]  WIELAGE, B.; LAMPKE, T.; MÜLLER, T.; NESTLER, D.: *Verifizierung numerischer Verfahren zur Modellierung abrasiver Verschleißprozesse durch Berechnung von Scratchtests.* In: Materialwissenschaft und Werkstofftechnik 39 (2008) 12, S. 963–966

# 5 Anwendung funktioneller Schichten

## 5.1 Hartstoffschichten

Marko Gehlen

### 5.1.1 Einleitung

Spritzgießwerkzeuge unterliegen einem ständigen Verschleiß. Durch den zyklischen Prozess, bei dem die Schmelze unter hohem Druck und Temperatur in das Werkzeug mit hoher Geschwindigkeit injiziert wird, wird die Oberflächenstruktur mit jedem Schuss belastet. Kommen noch abrasive Füllstoffe wie z. B. Glasfasern hinzu, verstärkt sich dieser Effekt noch. Daher ist es heutzutage üblich, die Formeinsätze mit Beschichtungen zu versehen, welche aufgrund ihrer physikalischen und chemischen Eigenschaften eine Schutzfunktion einnehmen. Um den Verschleißschutz zu verbessern, können auf die Werkzeuge beispielsweise Hartstoffschichten appliziert werden, wobei man sich beispielsweise die Härte bestimmter Stoffe zunutze macht, um den Materialabtrag am Werkzeug zu minimieren und dessen Standzeiten zu verlängern. Die Physikalische Gasphasenabscheidung (PVD) für die Beschichtung ist ein gängiges Verfahren. Je nach Anwendungsfall kann aber auch die Chemische Gasphasenabscheidung (CVD) Vorteile bieten.

### 5.1.2 Definition und Eigenschaften einer Hartstoffschicht

Bei den hier betrachteten Hartstoffen handelt es sich in erster Linie um Carbide und Nitride, also Verbindungen von Metallen wie z. B. Wolfram, Titan und Chrom mit Kohlenstoff oder Stickstoff. Die Verbindungen zeichnen sich durch eine sehr hohe Härte aus. Mit dem etablierten Verfahren der physikalischen Gasphasenabscheidung im Vakuum (PVD) werden heute viele Werkzeuge der spanenden Bearbeitung, aber auch zahlreiche Gesenke von Spritzgießwerkzeugen beschichtet. Für komplexe Werkzeuggeometrien mit hohen Aspektverhältnissen oder Hinterschneidungen eignet sich alternativ auch die chemische Gasphasenabscheidung (CVD), die ebenfalls im Vakuum erfolgt. Für beide Verfahren liegen typische Schichthärten bei etwa 2000–3000 HV. Sehr gut haftende und sehr glatte Schichten können aber auch Härten von über 4500 HV erreichen [SK+14]. Die Schichtdicken liegen dabei oftmals im unteren einstelligen Mikrometer-Bereich. Dickere Schichten bringen das Problem mit sich, dass es, bedingt durch höhere Eigenspannungen im Schichtsystem, zu einem Versagen der Schicht in Form von Abplatzen kommen kann.

### 5.1.3 Einsatzgebiete

Die am weitesten verbreitete Hartstoffschicht, die auch in vielen Bereichen der Kunststoffverarbeitung eingesetzt wird, ist eine goldfarbene Schicht aus Titannitrid (TiN). In den letzten Jahrzehnten ist die Palette an Schichtformulierungen aber stetig gewachsen, sodass es heute eine Vielzahl an funktionalen Schichten gibt, von denen die Hartstoffschichten aufgrund der vielen Belastungen in den jeweiligen Prozessen eine wichtige Rolle spielen.

Werkzeuge für spanende Bearbeitungsverfahren wie z. B. für das Bohren, Fräsen oder Drehen sind stets einer hohen mechanischen Belastung ausgesetzt und unterliegen an den Kanten und Laufflächen einem Verschleiß, der durch derartige Schichtsysteme bzw. durch die harten Überzüge deutlich reduziert werden kann. Bei der Bearbeitung weicher Werkstoffe wie Aluminium kann es bei der Bearbeitung zu Anhaftungen (Verschweißen bzw. Verkleben) kommen. Die Hartstoffschicht kann das verhindern, da sie keine Bindung mit dem weichen Material eingeht.

### 5.1.4 Voraussetzungen und Schichtaufbau

Das Aufbringen von Hartstoffschichten birgt im Allgemeinen auch immer das Risiko, dass die aufgebrachten Beschichtungen mit dem Substrat nicht harmonieren, d. h. dass z. B. die Haftung nicht ausreichend ist oder dass wie unter Abschnitt 5.1.2 beschrieben zu viel Eigenspannung durch eine vielleicht zu hohe Schichtdicke in der Verbindung steckt. Ein weiterer Grund könnte sein, dass das Substrat viel weicher ist als das aufgebrachte Schichtsystem. In dem Zusammenhang wird auch oft auf den Eierschaleneffekt hingewiesen (s. a. Abschnitt 5.1.6). Hiermit sind lokale Überlastungen gemeint, die zu einer punktuellen Spannungsbelastung der Schicht und des Substrats führen, was wiederum ein Abplatzen bzw. Einbrechen des harten Schichtmaterials hervorruft [W+17]. Daher muss das Schichtsystem immer auf das jeweilige Substrat abgestimmt sein. Dies lässt erahnen, dass Schichtentwicklungen oftmals viel Zeit in Anspruch nehmen, da die Anzahl möglicher zu variierender Parameter sehr groß ist.

## 5.1.5 Verfahren zum Aufbringen von Hartstoffschichten

Die chemische Gasphasenabscheidung (CVD) ist eine wesentliche Technologie zur Aufbringung von dünnen Hartstoffschichten. Der CVD-Prozess ist schematisch in Bild 5.1 dargestellt [BK+23]. Daher ist der CVD-Prozess das prädestinierte Verfahren und im Folgenden die Grundlage für die Werkzeugbeschichtung der Kunststoffverarbeitung. Die CVD hat sehr gute Eigenschaften im Hinblick auf tiefe Schlitze, die sich am gespritzten Bauteil als Rippen darstellen, oder auch auf Hinterschneidungen und komplexe Geometrien. Es liegt eine gute Spaltgängigkeit des Reaktionsgases vor, die je nach Strömungsverhältnissen Aspektverhältnisse auch deutlich über 1:10 ermöglicht. Die Folge ist eine gute und gleichmäßige Beschichtung der Oberfläche, was auch in vorausgegangenen Arbeiten nachgewiesen werden konnte [F+17].

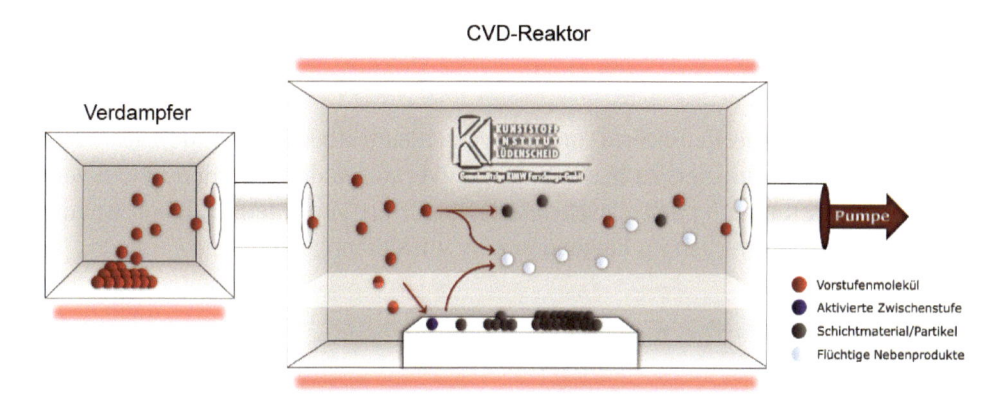

**Bild 5.1** Schematische Darstellung des CVD-Prozesses

Bild 5.2 zeigt, dass auch in der „Tiefe" liegende Bereiche, die durch die wendelförmige Geometrie zusätzlich abgeschattet werden, ebenfalls beschichtet werden.

In der Literatur wurden im Rahmen des geförderten Projekts AbraCoat bedeutsame Precursoren und Prozessparameter recherchiert. Wichtige Voruntersuchungen hierzu wurden beispielsweise am Texas Materials Institute der Universität von Texas in Austin durch S. Y. Lee u. a. bereits im Jahr 2001 durchgeführt [LA+01]. Dort wurde Wolframcarbid bei geringen Temperaturen als Diffusionssperre auf Kupfer abgeschieden. Diese geringen Temperaturen sind auch für die hier betrachteten Werkzeuge von großer Bedeutung, da im Bereich bis 350 °C keine Gefügeveränderungen am Stahl zu erwarten sind und somit auch die mechanischen Kennwerte erhalten bleiben.

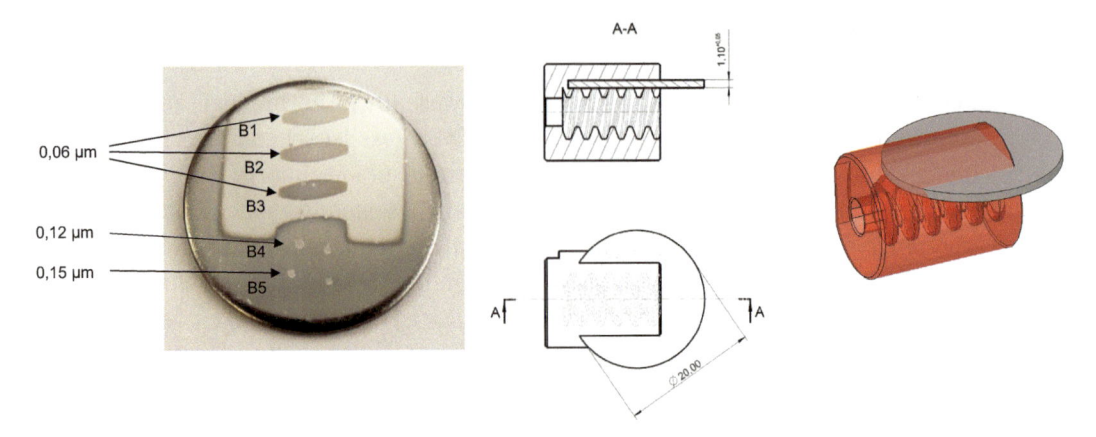

**Bild 5.2** Untersuchung 3D-Fähigkeit der Prozessführung

## 5.1.6 Kennwerte zur Bewertung der Verschleißfestigkeit

Es gibt verschiedene Kennwerte, um die Verschleißfestigkeit bzw. die Härte von dünnen Hartstoffschichten zu bestimmen. Die Verfahren dazu wurden in den vorangegangenen Kapiteln näher beschrieben. Die für die Verschleißfestigkeit wichtigen Prüfverfahren werden im Folgenden kurz zusammengefasst.

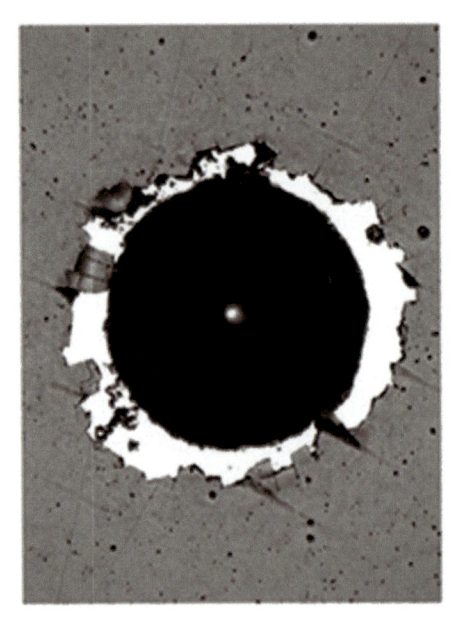

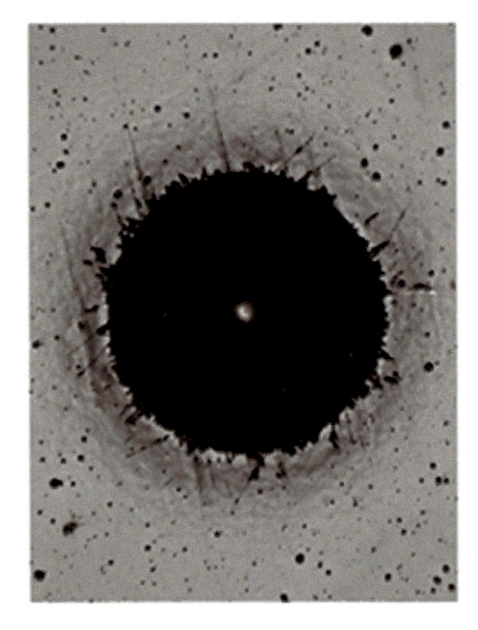

**Bild 5.3** Messung der Schichthaftung mittels HRC-Härteprüfung

Aus dem Kalottenschliff lässt sich anhand der ermittelten Durchmesser der Kugelschleifstelle das Volumen berechnen, das abgerieben wurde. Dieses Volumen kann dem äquivalenten einheitenlosen Abriebvergleichswert AV gleichgesetzt werden.

Für die Beurteilung der Haftung einer Dünnschicht auf einem Substrat kommen häufig zwei gängige Verfahren zum Einsatz. Die eine ist die Haftungsbeurteilung mithilfe der Rockwell-Härteprüfung, bei der anhand der Charakteristik der umgebenden Schicht eine Bewertung zwischen 1 (Schichthaftung sehr gut) und 5 (Schichthaftung mangelhaft, „Eierschaleneffekt") gemäß Schulnotensystem erfolgt (vgl. Bild 5.3).

Bei dem anderen Verfahren werden mit einem sogenannten Scratchtester die Eigenschaften wie die Adhäsion der Beschichtung, Rissbildungen oder Delaminierungseffekte gemessen. Ergebnis sind die drei kritischen Normalkräfte, bei denen die Fehler jeweils auftreten:

- LC1 (Rissbildung),
- LC2 (Abplatzungen) und
- LC3 (Durchdringung der Beschichtung bzw. vollständige Delamination).

Bei der Messung der Schichthärte ermöglicht eine Härteindringprüfung mittels mN-Indentation eine genaue Härtemessung an dünnen Schichten. Anhand der charakteristischen Be- und Entlastungskurve und der Ermittlung der daraus folgenden plastischen bzw. elastischen Verformung kann die Härte der Dünnschicht berechnet werden (vgl. Bild 5.4).

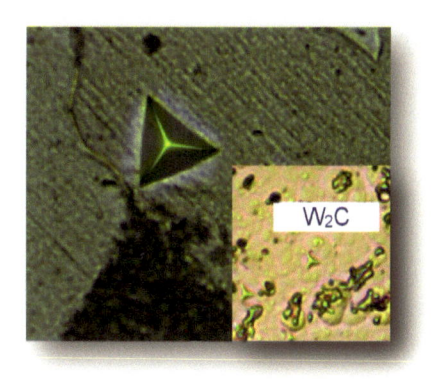

**Bild 5.4** Härteeindruck eines „Berkovich"-Prüfkörpers, Prüfkraft: 50 mN

## 5.1.7 Erzielte Abriebvergleichswerte und Härten

Die im Zuge des Projekts AbraCoat entwickelte Wolframcarbidschicht ($W_2C$) zeigt gegenüber den am Markt etablierten PVD-Dünnschichten, die in Bild 5.5 mit aufgeführt sind, durchaus ein sehr gutes Ergebnis. Zu beachten ist hierbei, dass sich die CVD-Schicht, deren Schichtdicke auf den Prüfkörpern bei AbraCoat im unteren einstelligen μm-Bereich lag, auch in tieferen Bereichen des Gesenks gleichmäßig abscheiden lässt und nicht unter Abschattungseffekten wie die mit dem gerichteten Verfahren erzeugten PVD-Schichten leidet. In dem betrachteten Fall wurde die $W_2C$-Schicht als Monolage abgeschieden.

Die Härte von 2000 HV ist sehr hoch, wenngleich verfügbare PVD-Schichten diesen Wert teilweise deutlich übertreffen. Die in Bild 5.5 angegebenen Werte für Abrieb und Härte der PVD-Schichten (blau) entsprechen den Angaben einschlägiger Beschichter. Da die Schichtdicke sich analog zur Beschichtungszeit verhält, werden Schichten so dünn wie erforderlich abgeschieden, sodass sie üblicherweise in einer Größenordnung von 1–3 μm vorliegen. Je nach Anwendung weicht sie auch davon ab.

Außerdem ist bemerkenswert, dass Härte und Verschleiß nicht immer gegenläufig sind. So zeigt z. B. die Titannitrid-Schicht (TiN) zwar einen höheren Abrieb als z. B. die wasserstoffhaltige amorphe Kohlenstoffschicht (a-C:H), jedoch ist die ermittelte Härte höher. Daher gilt nicht immer der Grundsatz „je härter, desto verschleißfester".

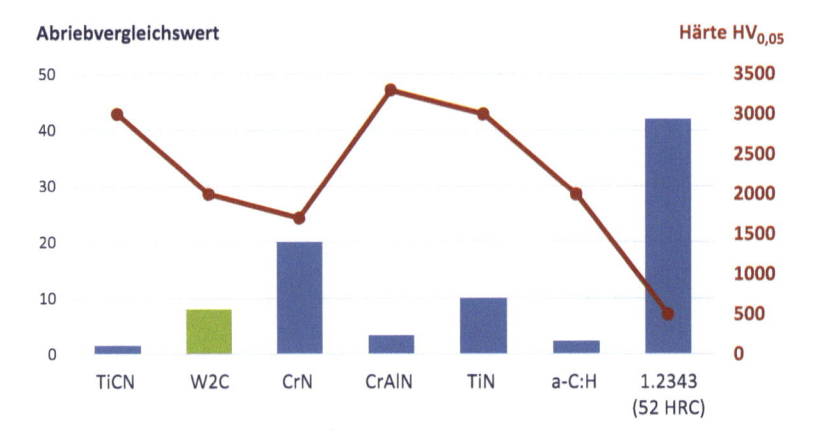

**Bild 5.5** Abriebfestigkeit und Härte von Werkzeugbeschichtungen

## 5.1.8 Zusammenfassung

Das Ziel des in der Gemeinnützigen KIMW Forschungs-GmbH durchgeführten ZIM-Projekts AbraCoat war es, verschleißfeste Schichten für Werkzeugeinsätze mithilfe der metallorganischen Gasphasenabscheidung (MOCVD) zu entwickeln und herzustellen.

Es ist gelungen, Wolframcarbidschichten ($W_2C$) abzuscheiden, die relevante Eigenschaften zum Schutz der Werkzeugoberflächen gegen Verschleiß besitzen. Mit dem Fokus auf komplexe Geometrien, wie sie in der Kunststofftechnologie häufig auftreten, konnte hier ein großer Fortschritt erzielt werden. Die Härtewerte der Dünnschichten haben das Potential, durch Forschung und Entwicklung weiter gesteigert werden zu können.

## 5.1.9 Literatur

[BK+23]  BERGER, K.-F.; KIEFER, S.: *Neuer Verschleißschutz für Spritzguss-Werkzeuge.* Jahrbuch Dichten. Kleben. Polymer, 2023, S. 170–175

[F+17]  FORNALCZYK, G.: *3D CVD.* Jahresbericht der gemeinnützigen KIMW Forschungs-GmbH, S. 12, 2017

[LA+01]  LEE, S. Y. ET AL.: *Low temperature chemical vapor deposition of tungsten carbide for copper diffusion barriers.* Thin Solid Films, 2001, S. 109–115

[SK+14]  SCHADE, C KÄSZMANN, H.: *Hartstoffschichten - Verschleißschutz der höchsten Klasse.* WOTECH, 2014

[W+17]  WEIGEL, K.: *DLC-Beschichtungen für die Umformung.* Jahresbericht Fraunhofer-Institut für Schicht- und Oberflächentechnik IST, 2017, S. 46–47

## 5.2 Tribologische Schichten und Verschleißschutzschichten

Dr. Orlaw Massler

### 5.2.1 Anforderungen an Verschleißschutz und Reibung

Verschleiß ist ein natürlicher Prozess in Maschinenbauteilen, der aufgrund der Belastung im Bewegungssystem der Teile auftritt. Verschleiß kann zu einem unerwarteten Ausfall der Maschine führen, was wiederum zu Produktionsausfällen und teuren Reparaturen führen kann. Daher ist es wichtig, die verschiedenen Arten von Verschleiß zu verstehen, um effektive Maßnahmen zur Vermeidung oder Verringerung des Verschleißes zu ergreifen. [Rab95]

#### 5.2.1.1 Abrasiver Verschleiß

Abrasiver Verschleiß tritt auf, wenn harte Partikel, wie Sand oder Staub, auf die Oberfläche des Maschinenteils treffen und die Oberfläche durch Reibung und Abrasion abnutzen. Diese Art des Verschleißes ist häufig in Maschinen, die in staubigen oder sandigen Umgebungen eingesetzt werden, wie zum Beispiel Baumaschinen oder landwirtschaftliche Maschinen.

#### 5.2.1.2 Adhäsiver Verschleiß

Adhäsiver Verschleiß tritt auf, wenn sich zwei Metallteile aufgrund von Reibung fest aneinanderhaften. Bei der Bewegung trennen sich die Teile voneinander, was dazu führt, dass kleine Teilchen der Oberfläche abgerissen werden. Dieser Verschleiß tritt oft in hochbelasteten Getrieben oder Lagern auf.

#### 5.2.1.3 Ermüdungsverschleiß

Ermüdungsverschleiß tritt auf, wenn sich Maschinenteile aufgrund der Belastung durch ständige Bewegung und Belastung allmählich abnutzen. Dies führt schließlich dazu, dass die Teile brechen oder Risse bekommen. Ermüdungsverschleiß tritt oft in Teilen auf, die einer hohen Belastung ausgesetzt sind, wie z. B. Zahnrädern, Wellen oder Federn.

## 5.2.1.4 Tribooxidation

Tribokorrosion tritt auf, wenn chemische Reaktionen zwischen dem Material des Maschinenteils und dem Medium, in dem es sich befindet, auftreten. Im einfachsten Falle ist dies eine Oxidation, die zur Bildung von Passungsrost auf den reibenden Stahloberflächen führt. Die Folge ist oft abrasiver Verschleiß, der dann zu weiterer Zerstörung führt.

## 5.2.1.5 Reibungsreduktion

Die Reibung zwischen sich bewegenden Oberflächen ist ein wichtiger Faktor, der den Verschleiß von Maschinenbauteilen beeinflusst. Eine hohe Reibung kann zu einem erhöhten Verschleiß führen, was wiederum zu einem unerwarteten Ausfall der Maschine führen kann. Daher ist die Reduktion der Reibung ein wichtiger Faktor, der die Leistung und Lebensdauer der Maschinenbauteile beeinflusst.

Es gibt verschiedene Methoden, um die Reibung von Maschinenbauteilen zu reduzieren. Eine Möglichkeit besteht darin, Schmiermittel wie Öle oder Fette zu verwenden, um die Reibung zwischen den Teilen zu reduzieren. Eine andere Möglichkeit besteht darin, widerstandsfähigere Materialien zu verwenden, die eine höhere Gleitfähigkeit aufweisen.

Die Reduktion der Reibung hat auch Auswirkungen auf die Umwelt und die Wirtschaftlichkeit und damit die Nachhaltigkeit von Anlagen. Durch die Reduktion der Reibung wird weniger Energie benötigt, um die Maschine zu betreiben, was zu einer Reduktion des Energieverbrauchs und damit zu einer Reduktion der Umweltbelastung führen kann. Darüber hinaus können durch die Reduktion der Reibung die Wartungskosten und Ausfallzeiten reduziert werden, was zu einer höheren Wirtschaftlichkeit der Maschine führt.

Insgesamt hat die Reduktion der Reibung eine große Bedeutung für die Leistung und Lebensdauer von Maschinenbauteilen. Durch die Anwendung von Methoden zur Reduktion der Reibung können Maschinen effektiver betrieben werden, was zu einer höheren Produktivität, Energieeffizienz und Wirtschaftlichkeit führt.

Bild 5.6 zeigt gebräuchliche Beschichtungen und den (Trocken-)Reibwert, den man gegen eine unbeschichtete Stahloberfläche erhält, aufgetragen gegen die Schichthärte. Je nach Einsatzbereich gibt es viele Möglichkeiten, Reibung und Verschleiß nachhaltig zu reduzieren. Es muss deutlich sein, dass die Reibung als Kennwert nicht eine Schichteigenschaft darstellt, sondern ein Verhalten, welches sich aus dem tribologischen System ergibt.

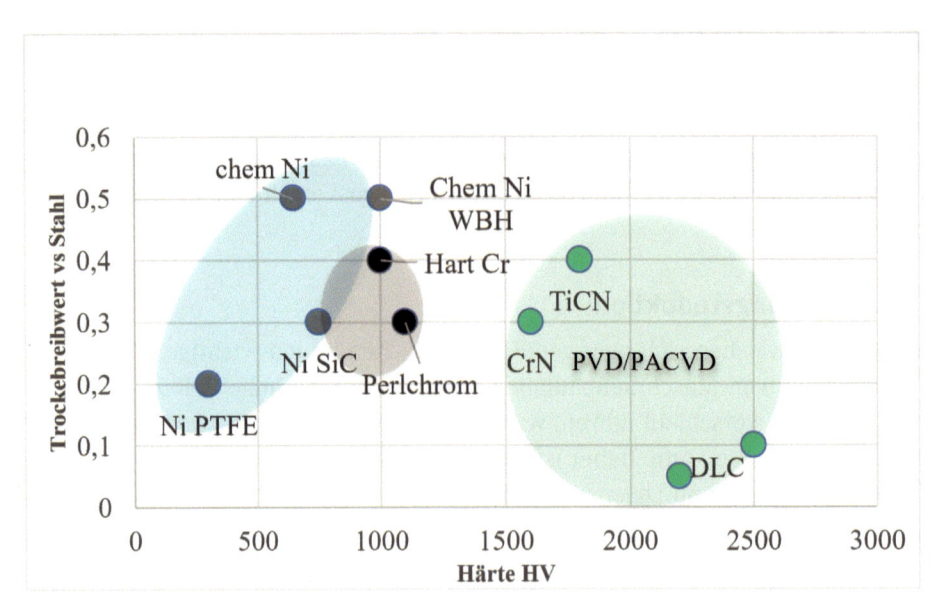

**Bild 5.6** Trockenreibwerte über der Härte (vs Stahl) für verschiedene Schichten (eigene Abbildung)

## 5.2.2 Galvanische Beschichtungen

Galvanische Schichten werden in Spritzgusswerkzeugen eingesetzt, um Verhaltensweisen wie Verschleißfestigkeit, Korrosionsbeständigkeit und Härte zu verbessern. Die tribologischen Anforderungen sind hier vielfältig, ebenso wie die Lösung derselben.

### 5.2.2.1 Hartverchromung

Die Hartverchromung ist ein galvanisches Verfahren, wobei eine Schicht auf die Oberfläche des Werkzeugs aufgebracht wird, um die Härte und Verschleißfestigkeit zu erhöhen. Es bildet eine dichte, harte Schicht auf der Werkzeugoberfläche, die gut gegen Abrieb und Korrosion beständig ist. Zusätzlich zeigt diese Beschichtung ein günstiges Enthaftungsverhalten gegen viele Kunststoffe im direkten Schmelzekontakt. Die Hartverchromung ist ein relativ einfaches Verfahren, das aus vielen Industriebereichen nicht weggedacht werden kann. Bild 5.7 zeigt eine galvanisch abgeschiedene Hartchrom-Beschichtung.

Hartchrom kann durch eine spezielle Prozessführung mit einer tribologisch aktiven Topografie versehen werden, von einer ausgeprägten Rissstruktur bis hin zu einer feinen Kugelstruktur (vgl. Bild 5.8). [PMK+18, Mas22]

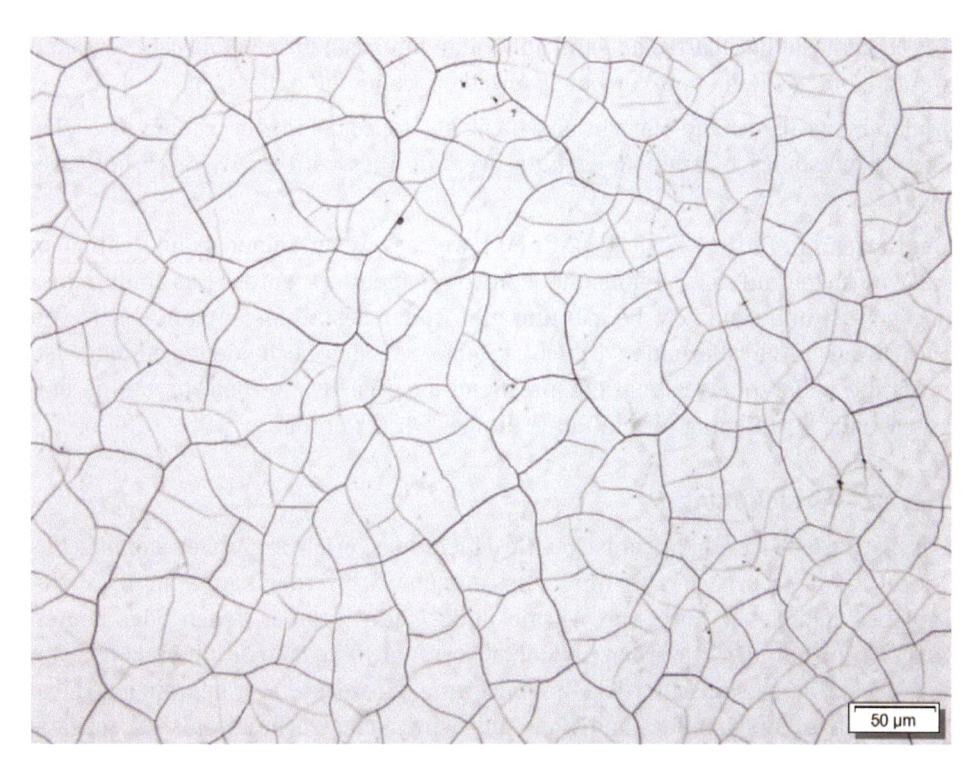

**Bild 5.7** Hartchrom (Werksbild DeMartin)

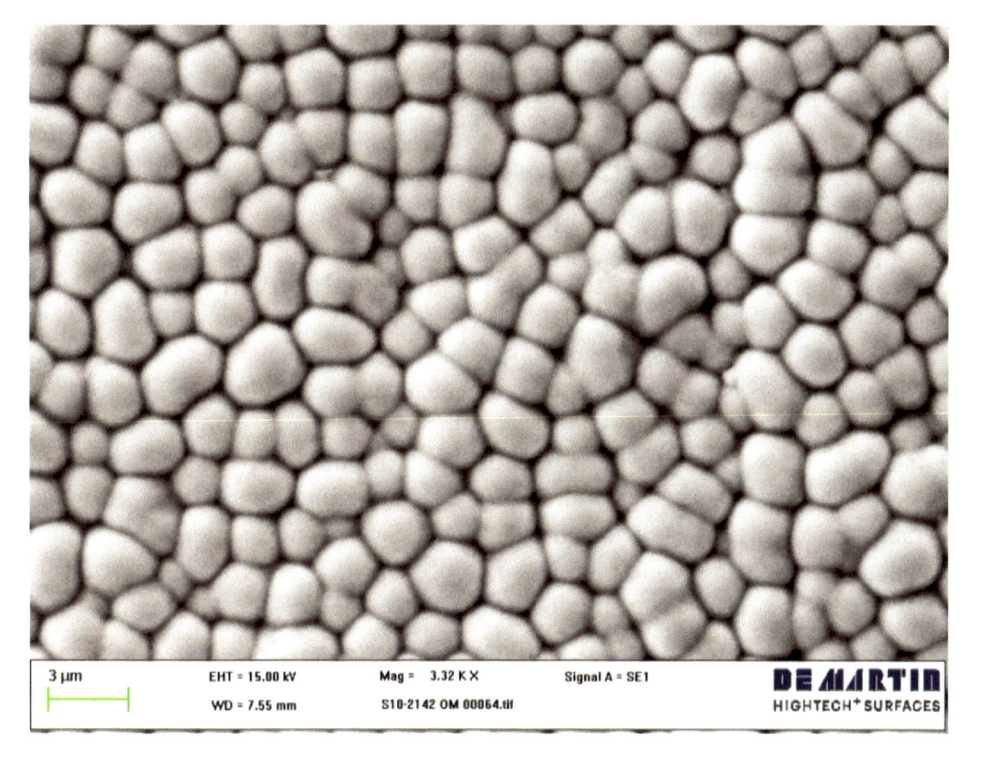

**Bild 5.8** Perlchromstruktur

Die so hergestellte Oberfläche kann außerdem mit zusätzlichen Topcoats versehen werden, um das Reib- und Verschleißverhalten weiter zu verbessern.

Andererseits kann eine Hartchromschicht als Topcoat für eine chemisch Nickel oder Dispersionsschichtabfolge genutzt werden. Dies wird im Weiteren beschrieben.

Der Hartchrom-Prozess basiert auf Cr-(VI), welches wegen seiner gesundheitlichen Auswirkungen auf den Organismus stark reglementiert wurde. Das Endprodukt dagegen ist unbedenklich. Es gab und gibt weiter Bestrebungen zum Ersatz von Hartchrom durch alternative Schichtsysteme. Wo das noch nicht gelungen ist, muss die Lieferkette regional entsprechend ausgerichtet werden, bzw. eine entsprechende Bewilligung für die Herstellung erwirkt werden.

### 5.2.2.2 Vernickelung

Das Vernickeln ist ein galvanisches Beschichtungsverfahren, wobei metallisches Nickel auf die Oberfläche des Werkzeugs aufgebracht werden kann, um die Korrosionsbeständigkeit zu erhöhen. Vernickelung kann in einer hellen oder matten Ausführung hergestellt werden und bietet vorrangig eine gute Beständigkeit gegen Korrosion. Die galvanische Nickelbeschichtung hat wegen ihrer begrenzten Härte eher geringe Verschleißbeständigkeit und wird daher vorrangig als Korrosionsschutz eingesetzt, oft in Kombination mit anderen Beschichtungsverfahren, die eine verbesserte Verschleißbeständigkeit liefern.

Die Wahl der galvanischen Schicht hängt von der spezifischen Anwendung und den Anforderungen an Härte, Abriebfestigkeit, Korrosionsbeständigkeit und anderen Eigenschaften ab. Es ist wichtig, die jeweilige Schicht sorgfältig auszuwählen und sicherzustellen, dass sie den Anforderungen der Anwendung entspricht, um die bestmöglichen Ergebnisse zu erzielen.

## 5.2.3 Chemisch Nickel und Dispersionsschichten

Die Abscheidung einer dispersen[1] Schicht, bestehend aus einer metallischen Matrix (Bindephase) und darin gebundenen, gleichmäßig verteilten (im Elektrolyten nicht löslichen) Feststoffpartikeln, eröffnet die Möglichkeit der synergetischen Kombination der Eigenschaften von Matrixmaterial und eingelagerten Partikeln [SM13, Mey15]. Die passende Wahl der Beschichtung hängt von den spezifischen Anforderungen an die Werkzeugoberfläche ab. Hier sind alle wesentlichen Anforderungen an die betrachtete Oberfläche zu beachten. Tabelle 5.1 zeigt eine Übersicht der verschiedenen Typen und Einsatzbereiche der wichtigsten chemisch Nickel-basierten Schichten.

---

[1] Definition: Dispersion fest/fest → Compositschichten (vgl. Verbundwerkstoffe)

**Tabelle 5.1** Einsatzbereiche chemisch Nickel-basierter Schichten [Quelle: DeMartin]

| Anwendung/ Schichteigenschaft | Ni-P Low-phos | Ni-P Mid-phos | Ni-P High-phos | Ni-P-PTFE Ni-P-hBN | Ni-P-SiC Ni-P-Diamant Ni-P-BC |
|---|---|---|---|---|---|
| Verschleißbeständigkeit, moderater Angriff | x | x | | x | x |
| Verschleißbeständigkeit, schwerer Angriff | | | | | x |
| Korrosionsbeständigkeit ASTM B 117 | | | x | | |
| Lötbarkeit | x | x | | | |
| Reibwertminderung / Antiadhäsiv | | | | x | |
| Reibwerterhöhung | | | | | x |
| Beständigkeit alkalische Medien | x | x | | | |
| Beständigkeit saure Medien | | x | x | | |
| Optik/Glanz | | x | | | |
| Bearbeitbarkeit Drehen | | | x | | |
| Unmagnetisch | | | x | | |

### 5.2.3.1 Dispersionsschichten

Diese Schichten bestehen aus einer chemisch Nickel-Schicht, in die Poly(tetrafluorethylen) (PTFE)-Partikel eingebettet sind. PTFE ist ein bekanntes Antihaftmittel, für verschiedenste Einsatzbereiche. Durch die Verwendung von PTFE-Dispersionsschichten auf Spritzgusswerkzeugen wird neben der Reibungsreduktion die Bildung von Kunststoffablagerungen auf der Werkzeugoberfläche reduziert und die Lebensdauer des Werkzeugs erhöht.

### 5.2.3.2 SiC-Dispersionsschichten

Diese Schichten bestehen aus einer chemisch Nickel-Schicht, in die Siliziumcarbid (SiC)-Partikel eingebettet sind. SiC ist ein sehr hartes Mineral, das zu einer hohen Verschleißbeständigkeit führt. Durch die Verwendung von SiC-Dispersionsschichten auf Spritzgusswerkzeugen wird die Härte und Verschleißfestigkeit der Werkzeugoberfläche erhöht.

#### 5.2.3.3 BC-Dispersionsschichten

Der Einbau harter Borcarbidpartikel in eine chemisch Nickel-Matrix führt ebenfalls zu einer deutlich verbesserten Verschleißbeständigkeit. Die runde Form dieser Partikel führt erfahrungsgemäß zu einem geringeren Verschleiß am Gegenkörper im tribologischen System.

#### 5.2.3.4 hBN-Dispersionsschichten

Hexagonales Bornitrid wird weit verbreitet als Festschmierstoff eingesetzt und eignet sich ebenfalls als Funktionsträger zur Reduktion der Reibung in einem tribologischen System. Die Einbaurate ist dabei erfahrungsgemäß niedriger als die anderer Partikeltypen. Im Gegenzug ist die Temperaturbeständigkeit höher als beim im breiten Einsatz befindlichen PTFE. Ebenso ist es möglich, hBN mit anderen Partikeltypen im gleichen System zu kombinieren.

### 5.2.4 Tribologische PVD- und PACVD-Beschichtungen

Die Welt der PVD (Physical Vapor Deposition) und PACVD (Plasma Assisted Chemical Vapor Deposition) ist wegen der Vielseitigkeit der Verfahren und Eigenschaftsflexibilität der erzeugten Beschichtungen von besonderer Bedeutung. Insbesondere die Kombination dieser äußerst verschleißfesten Werkstoffe und hervorragendem Reibungsverhalten mit anderen Beschichtungen findet immer mehr Anwendungen.

Einige wichtige Vertreter sollen hier in aller Kürze aufgezählt werden.

TiN (Titan-Nitrid): TiN ist eine weit verbreitete Beschichtung, die hohe Härte, hohe Verschleißfestigkeit und gute Korrosionsbeständigkeit aufweist.

TiCN (Titan-Carbonitrid): TiCN ist eine Kombination aus Titan, Kohlenstoff und Stickstoff und weist ähnliche tribologische Eigenschaften wie TiN auf, ist jedoch etwas härter und widerstandsfähiger gegen abrasive Beanspruchung bei kleineren Reibwerten.

CrN (Chromnitrid): CrN ist eine Beschichtung, die eine gute Korrosionsbeständigkeit und Härte aufweist und sich besonders für Anwendungen eignet, bei denen eine hohe thermische Stabilität gefragt ist.

AlCrN (Aluminium-Chromnitrid): AlCrN ist eine Beschichtung, die ähnliche Eigenschaften wie CrN aufweist, jedoch zusätzlich eine erhöhte Oxidationsbeständigkeit und thermische Stabilität aufweist.

DLC (Diamond-Like-Carbon): Eine besonders wichtige Werkstoffgruppe stellen die DLC-Schichten dar. Eine DLC-Beschichtung ist eine Art von Diamant-ähnlicher Kohlenstoffbeschichtung, die in der Regel mittels einer PACVD (Plasma Assisted

Vapor Deposition)-Technologie oder PVD (Physical Vapor Deposition) aufgebracht wird. DLC-Beschichtungen zeichnen sich durch ihre hohe Härte, Verschleiß- und Korrosionsbeständigkeit aus und bieten eine geringe Reibung und hervorragende Antihafteigenschaften.

DLC-Beschichtungen bestehen aus amorphem Kohlenstoff und weisen in der Regel eine Dicke von 1–5 Mikrometern auf. DLC-Beschichtungen werden häufig in Anwendungen eingesetzt, bei denen hohe Anforderungen an die Verschleiß- und Korrosionsbeständigkeit gestellt werden, wie z. B. in der Automobil-, Luft- und Raumfahrt-, Medizin- und Lebensmittelindustrie [Mas05]. Diese Beschichtungen haben sehr weite Verbreitung gefunden und sind aus jeglichem Verschleißschutz bzw. tribologischen Anwendungen nicht mehr wegzudenken. Durch Prozessvariationen können Aufbau und Eigenschaften in weiten Grenzen gezielt beeinflusst werden.

### 5.2.5 Hybridschichten

Hybridschichten werden in Spritzgusswerkzeugen eingesetzt, um die Eigenschaften der Werkzeugoberfläche weiter zu verbessern. Dabei handelt es sich um Schichten, die aus einer Kombination von zwei oder mehr Materialien bestehen und dadurch die positiven Eigenschaften der einzelnen Materialien kombinieren [MM18]. Nachfolgend werden einige Beispiele für Hybridschichten, die in Spritzgusswerkzeugen eingesetzt werden können, vorgestellt:

Die Wahl der Hybridschicht hängt von den spezifischen Anforderungen an die Werkzeugoberfläche ab. Hybridschichten können eine kosteneffektive Möglichkeit sein, um die Eigenschaften von Spritzgusswerkzeugen zu verbessern und die Lebensdauer der Werkzeuge zu verlängern. Tabelle 5.2 zeigt eine Übersicht über häufig verwendete Hybridschichten.

**Tabelle 5.2** Übersicht Hybridsysteme

| Hybridsystem | Aufbau | Einsatzbereich |
|---|---|---|
| Hybrid Galvanik – chemisch Nickel | Galvanik-Basisschicht (Ni) Topcoat chemisch Nickel Optional Dispersionsschichten | Kombination Verschleißschutz und Korrosionsschutz |
| Hybride Hartchromschichten | Hartchrom-Basisschicht, tribologisch aktive Toplayer | Kombination Verschleißschutz / Reibungsreduktion |
| Chemisch Nickel, chemisch Nickel Dispersionsschichten | Chemisch Nickel-Basisschicht(en) Dispersions-Typ Topcoat (SiC, PTFE, BC, Diamant) | Kombination Verschleißschutz und Korrosionsschutz/Reibungsreduktion |

**Tabelle 5.2** Übersicht Hybridsysteme (*Fortsetzung*)

| Hybridsystem | Aufbau | Einsatzbereich |
|---|---|---|
| Duplex PVD | Plasmanitrieren – PVD | Verschleißschutz kombiniert mit Reibungsreduktion |
| Chemisch Ni-PVD | Chemisch Nickel Basisschicht(en) PVD-Typ Topcoat (CrN, TiCN, TiN, AlCrN) | Kombination Verschleißschutz und Korrosionsschutz |
| Chemisch Ni-DLC | Chemisch Nickel-Basisschicht(en) DLC-Typ Topcoat | Kombination Verschleißschutz und Korrosionsschutz |
| Chemisch Ni-PVD-DLC | PVD-DLC-Typ Topcoat | Kombination Verschleißschutz und Korrosionsschutz |
| Hartchrom-DLC Perlchrom DLC | Hartchrom-Basisschicht(en) DLC-Typ Topcoat | Kombination Verschleißschutz und Korrosionsschutz |

Die geeignete Wahl der Hybridschicht hängt von den spezifischen Anforderungen an die Werkzeugoberfläche und der zu verarbeitenden Kunststoffe ab. Hybridschichten aus chemisch Nickel und DLC sind eine kosteneffektive Möglichkeit, um die Eigenschaften von Spritzgusswerkzeugen zu verbessern und die Lebensdauer der Werkzeuge zu verlängern. Die herausragende Zielsetzung einer Hybridschicht ist die Kombination der Korrosionsbeständigkeit der einfach herzustellenden dickeren Basisschicht mit einem Topcoat, der eine ausgezeichnete Härte und Verschleißbeständigkeit aufweist. Besonders im Werkzeugbau ist dies sehr beliebt, weil diese Schichtkombination außerdem mit großer Präzision aufgebracht werden kann.

Der Hybridansatz bei der Beschichtung bietet sehr viele Vorteile. Die Funktionalisierung der Oberfläche kann durch den Einsatz der geeigneten Schichtsysteme in breitem Feld maßgeschneidert werden. Die dabei erreichbaren Eigenschaften sind durch die Einzelsysteme nicht erreichbar.

### 5.2.5.1 Ni-Cr-Hybrid

Diese Schicht besteht aus einer galvanischen oder chemisch Nickel-Unterschicht und einer Hartchrom-Oberschicht. Die chemisch Nickel-Unterschicht dient als Haftvermittler und bietet eine gute Korrosionsbeständigkeit, während die Hartchrom-Oberschicht eine hohe Härte und Verschleißfestigkeit bietet. Ni-Cr-Hybridschichten werden häufig in Anwendungen eingesetzt, bei denen hohe mechanische Belastungen und Korrosion auftreten, wie z. B. in der Lebensmittelindustrie oder in der chemischen Industrie.

### 5.2.5.2 Plasmanitrieren – PVD – DLC

Hier wird durch einen Plasmanitrierprozess eine beschichtungsfreundliche Grundwerkstoffhärtung eingebracht, die der Dünnschicht eine bessere Tragbeständigkeit verleiht. Der Nachteil dieser Variante sind die Notwendigkeit eines nitrierfähigen Stahls und die hohen Prozesstemperaturen.

### 5.2.5.3 Chemisch Ni-DLC-Hybridschichten

Diese Schichten bestehen aus einer Basislage aus chemisch Nickel und einem DLC-Topcoat. Dieses System bietet eine hohe Verschleißfestigkeit, geringe Reibung und Korrosionsbeständigkeit. Die Ni-DLC-Hybridschicht eignet sich besonders für Anwendungen in der Kunststoffverarbeitung, wo hohe Anforderungen an die Lebensdauer und Verschleißfestigkeit des Spritzgusswerkzeugs gestellt werden.

### 5.2.5.4 Ni-SiC-DLC-Hybridschicht

Diese Schicht besteht aus chemisch Nickel-Beschichtung, einer chemisch Nickel-Siliziumcarbid (SiC)-Dispersionsschicht und einem DLC-Topcoat und bietet eine hohe Härte, Verschleißfestigkeit und geringe Reibung. Die Ni-SiC-DLC-Hybridschicht eignet sich besonders für Anwendungen in der Kunststoffverarbeitung, bei denen hohe Anforderungen an die Verschleißfestigkeit und chemische Beständigkeit des Spritzgusswerkzeugs gestellt werden.

## 5.2.6 Literatur

[Mas05]   MASSLER, O.: *Diamond-Like Coatings Protection for Engine Applications.* In: Auto Technology, September 5 (2005) 5, S. 68–71

[Mas22]   MASSLER, O.: *Reibungsreduktion durch strukturierte Multilagen-Beschichtungen.* Womag 09/2022

[Mey15]   MEYER, J.: *Chemisch Nickel-Dispersionsschichten in Verschleißschutzanwendungen.* Womag 11/2015

[MM18]   MASSLER, O.; MEYER, M.: *Neue Wege für funktionelle Oberflächen.* Womag 05/2018

[PMK+18]   PODGORNIK, B.; MASSLER, O.; KAFEXHIU, F.; SEDLAČEK. M.: *Crack density and tribological performance of hard-chrome coatings.* In: *Tribology International* 121, January 2018, S. 333–340

[Rab95]   RABINOWICZ, E.: *Friction and Wear of Materials.* John Wiley & Sons, Inc., 2. Auflage, 1995

[SM13]   SÖRGEL, T.; MEYER, J.: *Chemische und elektrochemische Dispersionsbeschichtung.* Womag 9/2013

# 5.3 Korrosionsschutzschichten

Dr. Anatoliy Batmanov

## 5.3.1 Definition der Korrosion

Unter Korrosion wird die chemisch-physikalische Reaktion einer vorzugsweise metallischen Oberfläche mit ihrer Umgebung verstanden. Dabei findet eine unerwünschte Änderung der Eigenschaften statt, die die Funktion des entsprechenden Bauteils durch Korrosionsschäden negativ beeinflusst. [WDJ15]

Bei der chemischen Korrosion reagieren die Metalle direkt mit dem Sauerstoff in ihrer Umgebung und geben dabei Elektronen ab. Die Reaktion läuft umso schneller ab, je höher die Temperatur ist. Diese Reaktion wird auch als Trockenkorrosion bezeichnet. [BS18]

Im Gegensatz dazu laufen bei der Nasskorrosion oder elektrochemischen Korrosion mehrere Reaktionen räumlich getrennt voneinander ab, wobei ein Austausch elektrischer Ladungen stattfindet. Zum Austausch der elektrischen Ladungen wird dabei ein Elektrolyt benötigt. Dies liegt meistens als wässrige Lösung vor und ist umso aggressiver, je stärker die Ionen in der wässrigen Lösung konzentriert sind. Durch die Lösungstension, also den unterschiedlichen Lösungsdruck der Metalle, ergibt sich eine galvanische Halbzelle. In dieser laufen gleichzeitig eine anodische Reaktion (Formel 5.1) und eine kathodische Reaktion (Formel 5.2) an der Grenzfläche zwischen der Metallelektrode und dem Elektrolyten ab. [BS18]

$$\text{Metallatom} \rightarrow \text{Metallion} + \text{Elektron (Oxidation)} \tag{5.1}$$

$$\text{Metallion} + \text{Elektron} \rightarrow \text{Metallatom (Reduktion)} \tag{5.2}$$

Bei unedlen Metallen bleiben Elektronen an der Elektrode zurück, sodass hier ein Elektronenüberschuss entsteht. Der Elektrolyt wird durch den Elektronenmangel positiv aufgeladen, bis sich ein Gleichgewichtspotenzial der Metall-Metallionen-Reaktion ausbildet.

Bei edlen Metallen läuft die Reaktion in umgekehrter Richtung ab, sodass sich die Elektrode positiv und der Elektrolyt negativ auflädt. Beide Halbzellen bilden zusammen ein galvanisches Element, wenn sie leitend miteinander verbunden werden. Das unedlere Metall wird dann zur Anode und das edlere Metall zur Kathode. Da die Metalle elektrisch leitend verbunden sind und mit dem Elektrolyten benetzt sind, kann sich kein Gleichgewichtszustand einstellen, sodass die Korrosion der Anode immer weiter voranschreitet. Wenn der Elektrolyt sehr sauer ist, bspw. bei einem Säureangriff an Metallen, werden die überschüssigen Elektronen an der Kathode zur Reduktion von Wasserstoff verwendet. Die Reduktion von Sauerstoff aus der Luft in Verbindung mit Wasser aus dem Elektrolyten ist der wesentlich häufigere Fall, da der Elektrolyt meist nicht sauer ist. [BS18]

Eine vergleichsweise spezielle Form der Korrosion ist die Heißgaskorrosion als Form der chemischen Korrosion. Dabei findet eine Reaktion zwischen dem heißen Gas und der metallischen Oberfläche statt. Als Korrosionsprodukt entstehen Schichten auf der metallischen Oberfläche, die durch Diffusion weiter wachsen können. [WDJ15]

Grundsätzlich kann die Korrosion an verschiedenen Stellen einer Oberfläche auftreten und verschiedene Erscheinungsformen haben. Am häufigsten treten die Flächenkorrosion, die Lochkorrosion und die Risskorrosion auf (vgl. Bild 5.9).

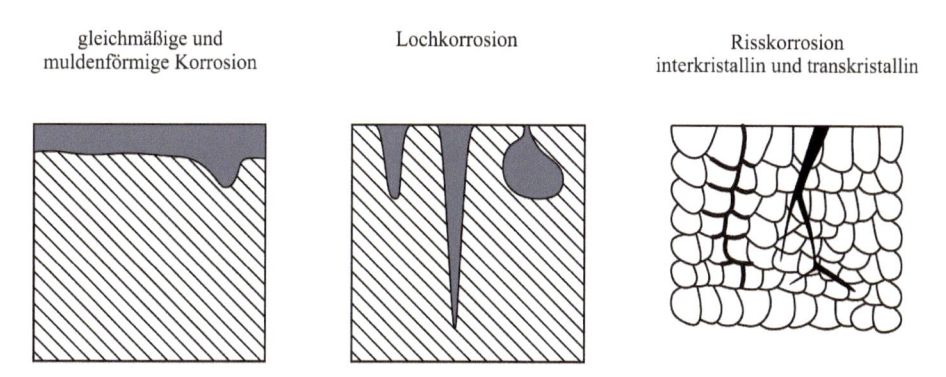

**Bild 5.9** Verschiedene Korrosionsformen (eigene Abbildung in Anlehnung an [BS18])

Bei der Flächenkorrosion wird die Oberfläche gleichmäßig korrodiert. Die Ausbildung von Mulden ist möglich, wenn die Korrosion ungleichmäßig fortschreitet. Der Abtrag des anodischen Metalls ist relativ langsam, sodass diese Form der Korrosion frühzeitig erkannt werden kann und Gegenmaßnahmen ergriffen werden können.

Im Gegensatz zur Flächenkorrosion entwickeln sich bei der Lochkorrosion lokale Vertiefungen. Diese sind nadelförmig und unterhöhlen die Oberfläche. Da hier wenig Reaktionsprodukte auftreten, kann die Lochkorrosion nur schwer entdeckt werden. Meist wird sie beim Auftreten von Undichtigkeiten erkannt.

Ebenso wie die Lochkorrosion ist auch die Risskorrosion nur schwer zu erkennen. Sie ist die gefährlichste Form der Korrosion, da sie durch Kerbwirkung zu Spannungsspitzen bei mechanischer Belastung führt. In Kombination mit der Querschnittsminderung durch den Riss kann die mechanische Belastung zu einem Versagen des Bauteils führen. Risskorrosion kann sowohl an Korngrenzen entlang verlaufen (interkristallin) oder durch die Körner verlaufen (transkristallin).

Dabei können die an einer galvanischen Zelle beteiligten Elemente sehr klein sein. Die einzelnen Körner in einem Gefüge können aus unterschiedlichen Bestandteilen einer Legierung gebildet werden, sodass unterschiedliche Potenziale entstehen und lokale Korrosion an den Korngrenzen auftreten kann, wie in Bild 5.10 dargestellt. Diese wird häufig dadurch hervorgerufen, dass sich verschiedene Elemente bevorzugt in den Korngrenzen ansammeln, sodass diese im Verlauf der Korrosion bevorzugt aufgelöst werden. [BS18]

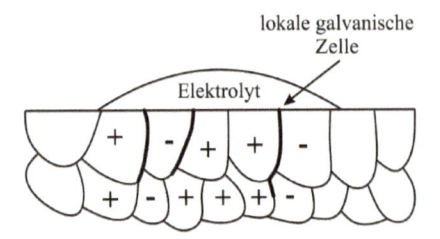

**Bild 5.10** Lokale galvanische Zellen an den Korngrenzen in einem heterogenen Kristallgefüge (eigene Abbildung in Anlehnung an [BS18])

Die jeweilige Erscheinung der Korrosion hängt immer vom Werkstoff und der Korrosionsursache ab. Eine ungünstige Werkstoffauswahl kann beispielsweise dazu führen, dass Elemente aus unterschiedlichen Metallen direkt miteinander verbunden werden. Ebenso kann die konstruktive Auslegung das Ansammeln von Elektrolyten begünstigen. Häufig lässt sich das Auftreten von Elektrolyten während der Produktlebensdauer auch gar nicht verhindern. Durch eine falsche Wärmebehandlung können zusätzlich ungünstige Gefügezustände entstehen, genauso wie eine falsche Verarbeitung eines Werkstoffs, beispielsweise durch Kaltverfestigung.

### 5.3.2 Grundsätzliche Strategien zur Vermeidung der Korrosion

Der Korrosionsschutz kann an allen Punkten der Wertschöpfungskette berücksichtigt werden und in die Auslegung von Bauteilen einfließen. Während der Produktentwicklung kann die Werkstoffauswahl dahingehend durchgeführt werden, dass geeignete Werkstoffe und Werkstoffkombinationen zum Einsatz kommen, die weniger zu Korrosion neigen. Während der Fertigung müssen Herstellungsverfahren vermieden werden, die die Korrosionsneigung erhöhen. Während des Betriebes haben die Wahl von Kühl- und Schmierstoffen, eine regelmäßige Wartung und sachgerechte Lagerung einen entscheidenden Einfluss auf die Korrosion. [BS18]

Darüber hinaus können spezifische Maßnahmen ergriffen werden, um Korrosion im Optimalfall zu unterbinden oder zu verzögern. Dabei wird zwischen aktivem und passivem Korrosionsschutz unterschieden. Beim aktiven Korrosionsschutz wird direkt in die Korrosionsreaktion eingegriffen, indem der Elektrolyt gewechselt wird, Opferanoden angebracht werden oder das Potenzial durch Fremdspannungen günstig verschoben wird. So kann der Sauerstoffgehalt in einem Kühlmedium deutlich gesenkt werden, um die Korrosion in Kühlkanälen zu verzögern. Durch den Einsatz einer Opferanode wird die eigentliche Anode, also der zu schützende Werkstoff, zur Kathode. [BS18]

Die passiven Methoden des Korrosionsschutzes zielen auf eine Trennung zwischen Oberfläche und dem Elektrolyten ab. So bilden die Legierungsbestandteile Nickel und Chrom in Edelstählen eine dichte Oxidschicht. Durch diese Passivierung wird der Korrosionsschutz erhöht. Bei Beschädigungen der Oberfläche bildet sich in der schadhaften Stelle eine neue Oxidschicht. Durch halogenhaltige Verbindungen kann die Oxidschicht jedoch zerstört werden. [Mir23]

Das Aufbringen organischer Beschichtungen, wie Wachs, Fett oder Kunststoff, und das Aufbringen keramischer Beschichtungen zählen ebenfalls zu den passiven Methoden des Korrosionsschutzes. Das Aufbringen metallischer Schichten ist ebenfalls möglich und üblich. Dabei muss allerdings auf die Dichtheit der Beschichtung geachtet werden. Wenn eine Beschichtung aus einem unedleren Werkstoff, bspw. Zink, auf eine Stahloberfläche aufgebracht wird, dient sie bei Beschädigung als Anode und wird langsam abgetragen. Die Korrosionsprodukte lagern sich auf der Oberfläche ab und verlangsamen so die Reaktion. Bei Verwendung eines edleren Werkstoffes als Beschichtung, bspw. Nickel oder Chrom, wird der Stahl zur Anode, sodass sich eine Lochkorrosion bei Beschädigung der Schicht ausbildet. [BS18]

### 5.3.3 Anforderungen an Korrosionsschutzschichten

Ein nicht zu unterschätzendes Potenzial zur Reduzierung der Herstellungskosten und -zeiten für Kunststoffformteile und zur Erhöhung der Produktqualität besteht in der Verlängerung der Werkzeuglebensdauer durch funktionale dünne Beschichtungen zur Korrosionsvermeidung. Dies ermöglicht eine wirtschaftlichere Produktion bei höherer Bauteilqualität.

Die für Spritzgießwerkzeuge verwendeten Werkstoffe müssen vor allem leicht zerspanbar, verschleißfest und korrosionsbeständig gegen die jeweiligen Kunststoffschmelzen sein. Gegenwärtig existiert kein Werkzeugstahl, der diese Anforderungen erfüllt. So ist die Verwendung korrosionsbeständiger Stähle beschränkt, da diese zu Sprödbruch neigen und eine schlechte Wärmeleitfähigkeit aufweisen.

Kunststoffe sind in der Regel nicht chemisch aggressiv. Durch das Plastifizieren und Schmelzen können die Polymerketten abgebaut werden oder Additive aus dem Kunststoff austreten. Diese Reaktionsprodukte können zu einer nichtwässrigen Korrosion beitragen. Bei der Verarbeitung von PVC wird Chlorwasserstoff bei Temperaturen über 165 °C freigesetzt. Der Chlorwasserstoff reagiert mit dem Wasser aus der Umgebungsluft zu Salzsäure. [SSG+02] Diese chemisch aggressiven und korrosiven Abprodukte beeinträchtigen vor allem die Leistung und die Lebensdauer der Plastifiziereinheit und des Spritzgießwerkzeuges.

Gegenwärtig werden daher verschiedene Strategien angewendet, um die kostenintensiven Spritzgießwerkzeuge vor Korrosion zu schützen. Die galvanische Beschichtung mit Nickel gehört zum Stand der Technik. Sie ist aber erst ab hohen Schichtdicken (> 15 µm) wirksam. Da das Spritzgießwerkzeug und die Kavitätsoberfläche vielfältige Anforderungen, wie mechanische Belastung, Präzision, thermische Eigenschaften, erfüllen müssen, ist kaum ein Freiraum in Hinblick auf eine korrosionsfeste Auslegung gegeben. In der Spritzgießtechnik werden teilweise Korrosionsschutzschichten auf den Oberflächen der Werkzeugkavität eingesetzt. Durch deren Einsatz können Oberflächenfehler am Werkzeug und am Formteil, die aus dem Spritzgießprozess resultieren, kaschiert oder vermieden werden. Zugleich kann die bestmögliche Oberflächenqualität des Bauteils erreicht werden.

Die Einschränkungen konventioneller Beschichtungsverfahren sind jedoch problematisch. So werden ungleichmäßige Beschichtungen durch galvanische Verfahren an komplexen Oberflächengeometrien abgeschieden. Es müssen komplizierte Elektroden gefertigt werden, um überhaupt eine Beschichtung realisieren zu können. Dadurch ergeben sich Spitzeneffekte an den Ecken und Kanten der Bauteile, die die Abscheidung negativ beeinflussen [Kur03].

Korrosionsschutzschichten, die stromlos aufgetragen werden, sind auf einen dichten, nicht-porösen Überzug angewiesen. Sie schützen Stahlteile nur bei einer dicht geschlossenen Schicht. Der wichtigste Vertreter dieser Beschichtungsart ist chemisch Nickel. Damit der Nickelüberzug zuverlässig schützt, ist eine Schichtdicke von > 15 µm notwendig. Diese vergleichsweise große Schichtdicke ist mit hohen Kosten verbunden und führt zu technischen Nachteilen in Bezug auf die Präzision der Kunststoffbauteile. PVD-Verfahren haben die gleichen Nachteile. Zusätzlich sind die Beschichtungsraten des PVD-Verfahrens vergleichsweise niedrig und unvermeidbare Fehler im Schichtaufbau resultieren in einer schlechteren Schutzwirkung. Die Fähigkeit zur Beschichtung dreidimensionaler Strukturen wie Bohrungen oder Hinterschnitte ist beim PVD-Verfahren ebenfalls eingeschränkt. [CAP+02]

Ein vielversprechender Ansatz liegt in der Anwendung der CVD. Hier kann die chemische Zusammensetzung der Schichten und der Mikrostrukturen bei der Beschichtung gut kontrolliert werden. Verschiedene Schichtsysteme, basierend auf Boriden, Carbiden, Nitriden und Oxiden, können gleichförmig, nahezu ohne Fehlstellen und mit guter Haftfestigkeit appliziert werden. Die Reinheit der Beschichtung ist ebenfalls sehr hoch. Problematisch ist die hohe Beschichtungstemperatur. Diese liegt normalerweise bei über 900 °C, sodass die Beschichtung von Spritzgießwerkzeugen oder Einsätzen nicht möglich ist. Durch die Phasenumwandlung im Werkzeugstahl verschlechtert sich die Qualität der meisten Werkzeugstähle und die mechanischen Eigenschaften sinken. Außerdem müssen passende Precursoren vorhanden sein, mit denen die gewünschte Beschichtung abgeschieden werden kann.

Da die Präzision der Formteilkavität nicht verschlechtert werden darf, muss die Dicke der Beschichtung möglichst gering sein. Ein einstelliger Mikrometerwert muss angestrebt werden, was einen Einfluss auf die Auswahl geeigneter Schichtsysteme hat. Bild 5.11 zeigt ein Beispiel für eine Stromdichtepotentialmessung mit einer chemisch Nickelschicht und einer Oxidkeramikschicht. Trotz der erheblich geringeren Schichtdicke weist die oxidkeramische Schicht eine niedrigere Stromdichte, also eine höhere Korrosionsbeständigkeit auf als die vergleichsweise dicke chemisch Nickelschicht. [NN15]

Messung des Stromdichte-Potenzials an 1.2344

Log (i) [mA/mm$^2$]

Potenzial [mV]

a) chemisch Nickelschicht (30 µm)

b) oxidkeramische Schicht (4 µm)

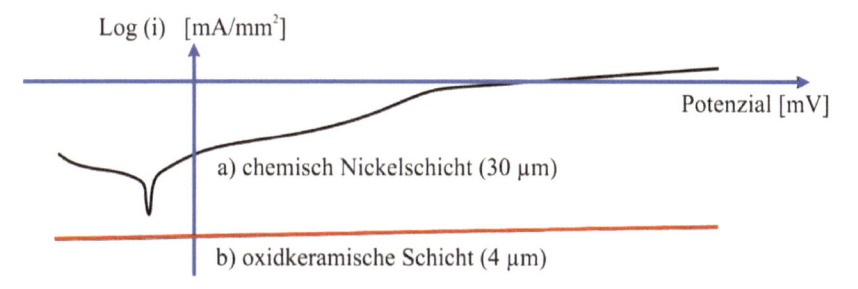

**Bild 5.11** Stromdichtepotentialmessung an 1.2344 mit unterschiedlichen Schichtsystemen. Chemisch Nickel 30 µm im Vergleich zu einem $ZrO_2/SiO_2$ Schichtsystem (4 µm); Elektrolyt $H_2SO_4$ (10 %), Ruhepotentialmessung: 3 min, Potential-Scan: 10 mV/s (Bildquelle: KIMW-F)

Eine geeignete Korrosionsschutzschicht muss also neben der ausreichenden Korrosionsbeständigkeit auch über die Fähigkeit zur Beschichtung komplexer Geometrien verfügen. Eine gute Beständigkeit gegenüber Medien ist ebenfalls notwendig, um die Schichtdicke zu minimieren und gleichzeitig einen hohen Korrosionswiderstand zu erreichen. Ähnliche thermische Eigenschaften wie das Substrat werden benötigt, um die Zerrüttung und Korrosion durch Abrasion zu vermeiden.

Die maximale Abscheidetemperatur beträgt ca. 500 °C, um die Gefügeumwandlung des Werkzeugstahls zu verhindern. Zum Einsatz kommt daher die metallorganische chemische Gasphasenabscheidung (MOCVD) als optimales Beschichtungsverfahren. Da die CVD im Allgemeinen eine gute Spaltgängigkeit bietet, ist die Beschichtung komplexer Geometrien möglich. Durch das breite Spektrum der Vorläuferverbindungen (Precursoren) steht eine große Auswahl der Schichtmaterialien zur Verfügung, sodass verschiedene Schichtsysteme appliziert werden können, um verschiedenen Korrosionssituationen in der Kunststoffverarbeitung zu begegnen.

Die elektrochemische Impedanzspektroskopie (EIS) ist eine weit verbreitete Untersuchungsmethode, die oft zur Untersuchung der Kinetik chemischer Reaktionen [SWH+05] sowie zur Beurteilung der Qualität von Korrosionsschutzschichten verwendet wird [DFR99, Tou10]. Grundsätzlich liefert die EIS die frequenzabhängige Stromantwort eines elektrochemischen Systems auf eine Spannungsanregung. Die Interpretation der erhaltenen Daten ist die eigentliche Herausforderung der Methode. Dabei muss beantwortet werden, welche physikalischen oder chemischen Vorgänge die beobachteten Spektren verursacht haben. Um diese Fragestellung zu klären, wird ein Ersatzschaltbild erstellt, dessen Verhalten während der Messung simuliert wird. Aus der Ersatzschaltung wird ein theoretisches Impedanzspektrum berechnet und mit den tatsächlich gemessenen Daten verglichen. Die Parameter des Ersatzschaltbildes werden in einem iterativen Prozess angepasst, sodass das theoretische Spektrum an das gemessene Spektrum angenähert wird, wie in Bild 5.12 dargestellt.

Häufig wird die Veränderung der Schutzschicht in wässrigen Elektrolyten untersucht, die zur Freilegung des schützenden Substratmaterials und damit zu Korrosion führen. Veränderungen der Schutzschicht sind meistens Quellvorgänge oder die Ausbildung von Poren und Kanälen. Teilweise kann sich auch die Porosität der Schichten ändern [DHM11]. Die Messungen können unter realen Betriebsbedingungen durchgeführt werden, um die erhaltenen Impedanzdaten direkt mit praxisrelevanten Vorgängen in Beziehung setzen zu können. Dazu ist ein stetiger Abgleich der Ergebnisse aus anderen Untersuchungsmethoden erforderlich, um zu verstehen, wie das Verhalten der Schichten im wässrigen Milieu mit der Beständigkeit unter Spritzgießbedingungen korreliert.

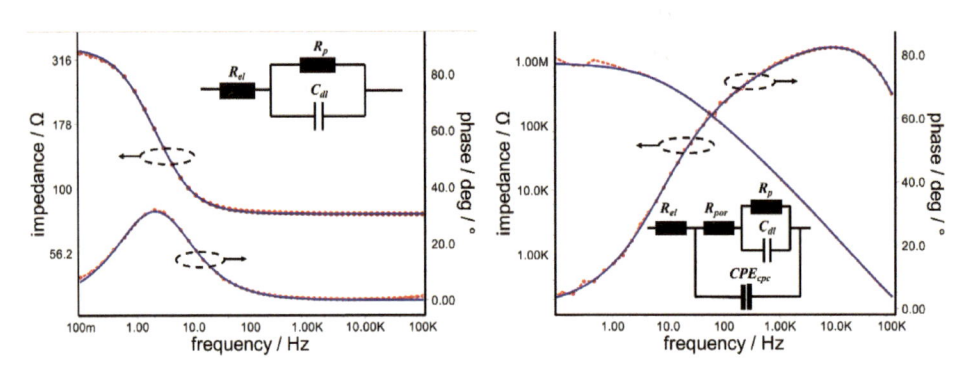

**Bild 5.12** Beispiel eines Bode-Diagramms: links einer baren Probe aus 1.0330 und rechts einer mit $Al_xO_y$ beschichteten 1.0330 (rote Punkte: gemessen; blaue Linie: simuliert)

## 5.3.4 Entwicklung einer Korrosionsschutzschicht gegen Heißgaskorrosion

Zur Untersuchung der Wirkung von Heißgasen auf die Werkzeugkorrosion wurde ein PFA-Kunststoff im Spritzgießprozess verarbeitet. Verarbeitungstemperaturen von 420 °C wurden angewendet um den Kunststoff ausreichend zu plastifizieren und den Abbau der Polymerketten zu forcieren. Bild 5.13 zeigt den beschichteten Werkzeugeinsatz und den gefertigten Demonstrator. Das Spritzgießwerkzeug besteht aus 1.4112. Dieser ist gut härtbar und zeigt eine gute Korrosionsbeständigkeit. Die Formeinsätze sind aus 1.2343 gefertigt. Dieser Stahl wird häufig in der Kunststoffverarbeitung verwendet. Er hat eine gute Wärmeleitfähigkeit und ist gut härtbar. Die Korrosionsbeständigkeit ist allerdings schlecht. Im Rahmen der Untersuchungen wurden jeweils 20 Spritzgießzyklen gefahren, um die Korrosion der betroffenen Oberflächen zu erzwingen. Der Polymerkettenabbau ist bereits an der verbrannten Kunststoffoberfläche des gefertigten PFA-Bauteiles erkenntlich.

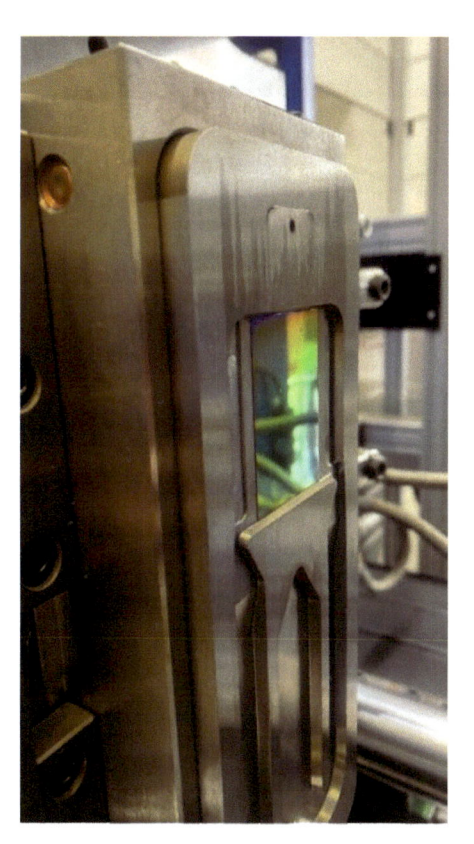

**Bild 5.13** Links Spritzgießwerkzeug mit beschichtetem Formeinsatz, rechts gefertigtes Bauteil mit Brandmarke (Bildquelle: KIMW-F)

Die im PVD-Verfahren abgeschiedene ZrN-Beschichtung zeigt eine typische Abnahme der Schichtdicke im Konturverlauf des Demonstrators. Im Gegensatz dazu weist die im CVD-Verfahren abgeschiedene Multilagenschicht aus phosphordotiertem Zirkoniumoxid (P:ZrO) und yttriumstabilisiertem Zirkoniumoxid (YSZ) eine deutlich gleichmäßigere Schichtdicke auf. Im Anschluss wurden die Werkzeugoberflächen mithilfe eines Rasterelektronenmikroskops hinsichtlich ihrer Korrosionsanfälligkeit und der Bildung von Belägen untersucht (vgl. Bild 5.14 und Bild 5.15).

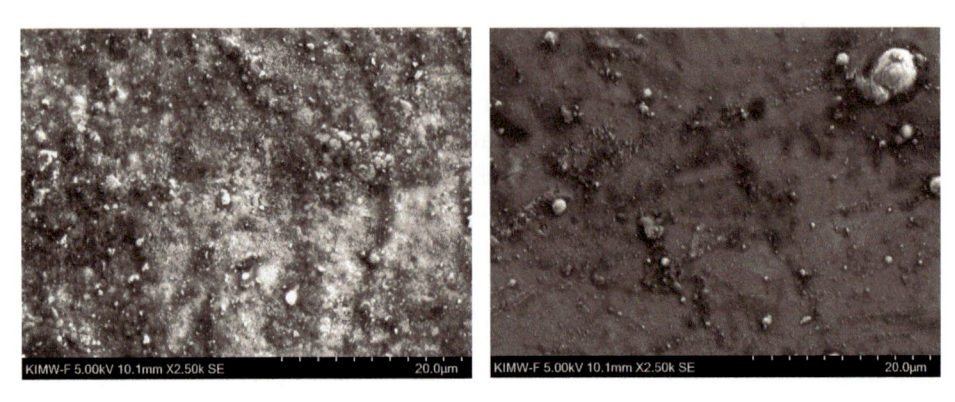

**Bild 5.14** REM-Untersuchung der Einsätze: links 1.2343 unbeschichtet, rechts 1.2343 + ZrN (Bildquelle: KIMW-F)

Der unbeschichtete Stahl 1.2343 zeigt einen massiven korrosiven Angriff der Oberfläche aufgrund der freigesetzten fluorhaltigen Heißgase. Die mittels PVD abgeschiedene ZrN-Schicht schützt den Stahl, weist aber einige Beläge an der Oberfläche auf. Die beiden Metalloxidschichten zeigen keine Veränderungen an der Oberfläche, wobei bei der $AlCrO_x$-Beschichtung auch keine Beläge sichtbar sind.

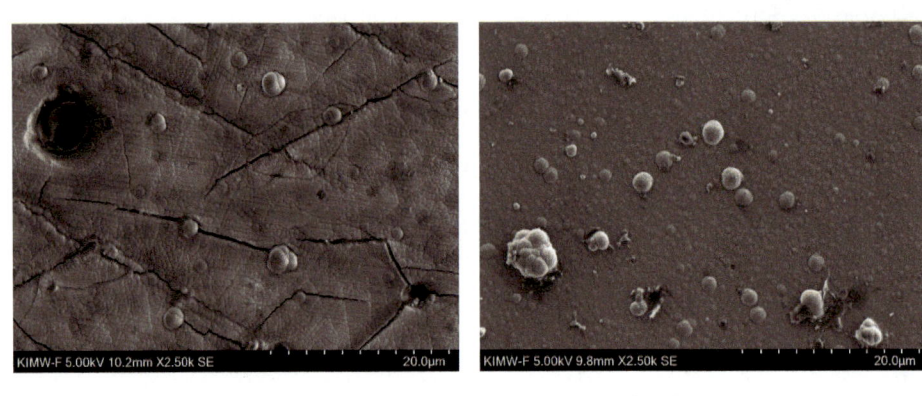

**Bild 5.15** REM Untersuchung der Einsätze: links 1.2343 + P:ZrO/YSZ, rechts 1.2343 + $AlCrO_x$ (Bildquelle: KIMW-F)

Die Überführung der untersuchten Beschichtungen erfolgte durch die Beschichtung von Formeinsätzen für eine Kappe aus PFA, die im medizinischen Umfeld verwendet wird. Im Serienprozess beträgt die Massetemperatur des verwendeten PFA 350 °C und die Zykluszeit 61 s. Als Benchmark dient die gegenwärtig verwendete Chrombeschichtung mit einer Schichtdicke von 20 µm. Diese hat eine Standzeit von 20 000 Spritzgießzyklen. Die beschichteten Formeinsätze haben jeweils eine Schichtdicke von 0,6 µm und wurden mit maximal 10 000 Schuss mit der phosphor- und yttriumdotierten Zirkonoxid-Schicht (P:ZrO/YSZ) und 1000 Schuss mit der AlCrO$_x$-Beschichtung betrieben. Zur Analyse des Schichtversagens wurden die Oberflächen mittels Lichtmikroskopie und Rasterelektronenmikroskopie untersucht (vgl. Bild 5.16 und Bild 5.17).

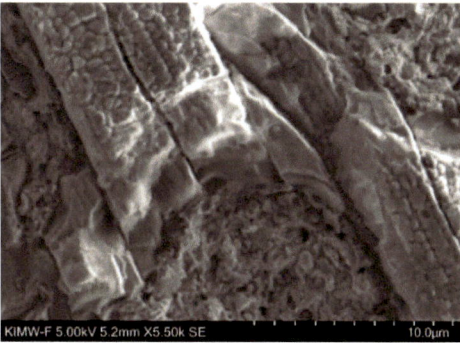

**Bild 5.16** Lichtmikroskop x1000 (links), REM-Aufnahme x5000 (rechts) beschichtete Formeinsätze P:ZrO/YSZ (Bildquelle: KIMW-F)

Ursächlich für den Ausfall der ZrO/YSZ-Beschichtung ist die im Schichtaufbau integrierte Rissstruktur (Bild 5.16). Die Risse sind auf das Zersetzungsverhalten des eingesetzten Precursors zurückzuführen. Das im Spritzgießprozess freigesetzte Fluor dringt durch die vertikalen Risse bis zum Grundmaterial vor und reagiert dort unter Fluoridbildung und Volumenvergrößerung. Die betroffenen Oberflächenbereiche brechen punktuell aus und bewirken eine zunehmende korrosive Wirkung der Stahloberfläche.

Bei der AlCrO$_x$-Schicht ist ein anderer Mechanismus Ursache für das Versagen der Beschichtung. Lichtmikroskopisch sind eine Vielzahl von punktförmigen Artefakten zu erkennen (Bild 5.17 links). Mit entsprechender Vergrößerung ist eine punktuelle Korrosion ersichtlich (Bild 5.17 rechts). Diese bildet einen Diffusionskanal für die freigesetzten Fluormoleküle. In der REM-Aufnahme ist der Korrosionsprozess deutlich sichtbar. Die unterwanderte Beschichtung wird durch die Korrosionsprodukte blasenförmig angehoben und platzt anschließend kreisrund von der Oberfläche ab. Der Korrosionsprozess wird verstärkt fortgesetzt. Im Gegensatz zur ZrO/YSZ-Schicht sind keine Schichtwachstumsfehler ursächlich, vielmehr sind eingelagerte Schichtpartikel für eine unzureichende Korrosionsschutzwirkung verantwortlich. Diese resultieren aus dem Beschichtungsprozess und stehen im Zusammenhang mit den verwendeten Prozessparametern Temperatur, Druck und der Förderrate des Precursors.

**Bild 5.17** Lichtmikroskop x1000 (links), REM Aufnahme x5000 (rechts) beschichtete Formeinsätze AlCrO$_x$ (Bildquelle: KIMW-F)

### 5.3.5 Entwicklung einer Korrosionsschutzschicht gegen wässrige Korrosion

Zur Untersuchung des Korrosionsverhaltens im wässrigen Bereich kann das Kühlsystem eines Spritzgießwerkzeuges verwendet werden. Im ersten Schritt kann die Kühlkanalgeometrie zu einem Demonstrator vereinfacht werden, der einen vom Kühlwasser durchströmten Bereich und einen Bereich, in dem das Kühlmedium steht, aufweist (vgl. Bild 5.18). Die Temperatur des verwendeten Kühlwassers beträgt 40 °C. Die Versuchsdauer ist eine Woche. Die Prüfplatten bestehen aus 1.2311 und wurden mittels PVD mit ZrN-Schichten mit unterschiedlicher Schichtdicke und mittels CVD mit phosphordotiertem AlCrO$_x$ beschichtet. Zur Unterscheidung und Bewertung der Korrosionsbeständigkeit werden die die Bereiche „Kontakt", „durchströmt" und „stehend" definiert und bewertet (vgl. Bild 5.18 rechts).

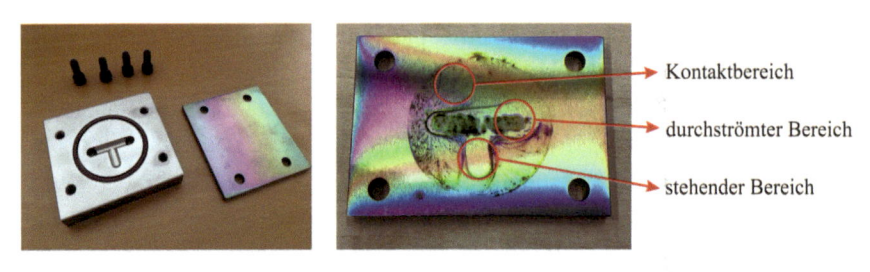

**Bild 5.18** Kühlkanaldemonstrator, links Grundkörper aus 1.2083, rechts beschichtete Prüfplatte aus 1.2311 mit markierten Korrosionsfeldern (Bildquelle: KIMW-F)

Der Stahl 1.2311 zeigt eine deutliche Korrosion in allen drei Kontaktbereichen (Bild 5.19 links). Im durchströmten Bereich ist zudem eine deutlich ausgebildete Lochfraßkorrosion sichtbar. Die AlCrO$_x$-Beschichtung mit einem MOCVD-Ni-Haftvermittler zeigt sehr wenig Korrosion. Im durchströmten Bereich sind einige Korrosionspunkte sichtbar (vgl. Bild 5.19 rechts). In weiteren Beschichtungsversuchen konnte die Schichtdicke der AlCrO$_x$-Beschichtung auf 0,6 µm reduziert werden, ohne dass die korrosionsschützende Wirkung herabgesetzt worden ist.

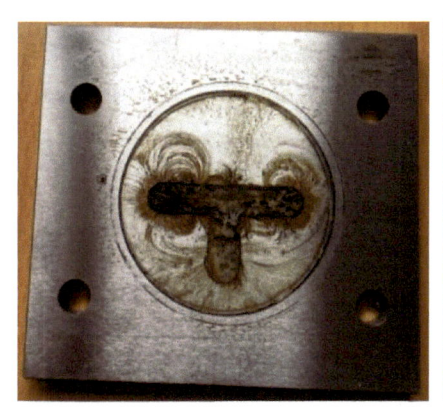

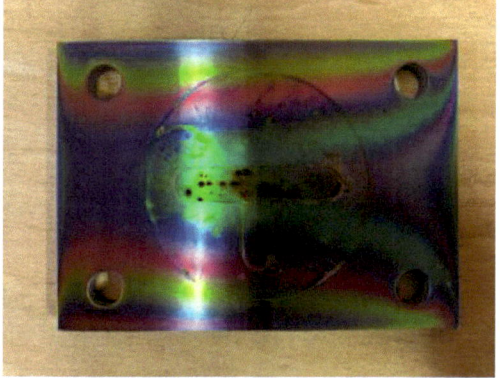

**Bild 5.19** Untersuchung des Kühlkanaldemonstrators nach einer Woche Betrieb: links 1.2311 unbeschichtet, rechts 1.2311 + 1,35 µm NiAlCrO$_x$ (Bildquelle: KIMW-F)

Die mittels PVD-Verfahren abgeschiedene ZrN-Schicht mit einer Schichtdicke von 1 µm weist eine starke Korrosion im „Kontakt" und „stehenden" Bereich auf. Vereinzelte Korrosionspunkte sind im „durchströmten" Bereich zu sehen (vgl. Bild 5.20 links). Die ZrN-Schicht mit einer Schichtdicke von 4 µm weist keine Korrosion in den bewerteten Bereichen auf (vgl. Bild 5.20 rechts).

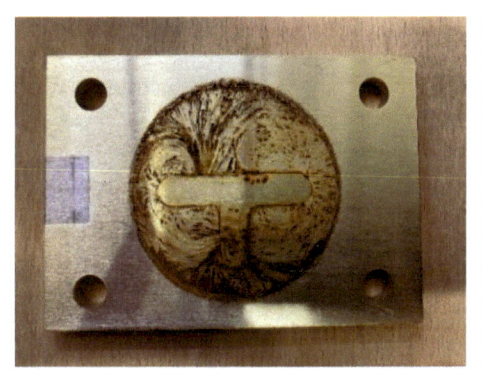

**Bild 5.20** Untersuchung des Kühlkanaldemonstrators nach einer Woche Betrieb: links 1.2311 + 1 µm ZrN, rechts 1.2311 + 4 µm ZrN (Bildquelle: KIMW-F)

## 5.3.6 Literatur

[BS18]   BARGEL, H.-J.; SCHULZE, G.: *Werkstoffkunde*. Wiesbaden: Springer Vieweg, 12. Auflage, 2018

[CAP+02] CUNHA, L; ANDRITSCHKY, M.; PISCHOW, K.; ET. AL.: *Performance of chromium nitride and titanium nitride coatings during plastic injection moulding*. In: Surf. Coat. Technol., 153 (2002) 2-3, S. 160–165, 2002

[DFR99]  DEFLORIAN, F.; FEDRIZZI, L.; ROSSI, S.; BONORA, P. L.: *Organic coating capacitance measurement by EIS: ideal and actual trends*. In: Electrochimica Acta, Volume 44, Issue 24, 31 July 1999, S. 4243–4249

[DHM11]  DÍAZ, B.; HÄRKÖNEN, E.; MAURICE, V.; ET. AL.: *Failure mechanism of thin $Al_2O_3$ coatings grown by atomic layer deposition for corrosion protection of carbon steel*. In: Electrochimica Acta, Volume 56, Issue 26, 01 November 2011, S. 9609–9618

[Kur03]  KUROWSKI, A.: *Elektrochemische und oberflächenanalytische Untersuchungen zur galvanischen und chemischen Nickel-Phosphor-Schichtbildung*. Dissertation, Heinrich-Heine-Universität Düsseldorf, 2003

[Mir23]  N. N.: *Kann Edelstahl rosten?*. Technische Information der mirrorINOX GmbH & Co. KG, online https://www.mirrorinox.de/edelstahl/kann-edelstahl-rosten, aufgerufen am 03.03.2023

[NN15]   N. N.: *Untersuchung der FH Dortmund im Zuge des Verbundprojektes Innovative Werk-zeugoberflächen*, 2013–2015

[SSG+02] SAMMT, K. SAMMER, J.; GECKLE, J.; LIEBFAHRT, W.: *Development Trends of Corrosion Resistant Plastic Mould Steels*. Vortrag auf der 6TH INTERNATIONAL TOOLING CONFERENCE, 2002, S. 339–349 (Werkzeugoberflächen)

[SWH+05] SHAO, H. B.; WANG, J. M.; HE, W. C.; ET. AL.: *EIS analysis on the anodic dissolution kinetics of pure iron in a highly alkaline solution*. In: Electrochemistry Communications, Volume 7, Issue 12, December 2005, S. 1429–1433

[Tou10]  TOUZAIN, S.: *Some comments on the use of the EIS phase angle to evaluate organic coating degradation*. In: Electrochimica Acta, Volume 55, Issue 21, 30 August 2010, S. 6190–6194

[WDJ15]  WEISSBACH, W.; DAHMS, M.; JAROSCHEK, C.: *Werkstoffkunde Strukturen, Eigenschaften, Prüfung*. Wiesbaden: Springer Vieweg, 19. Auflage, 2015

# 5.4 Thermische Barriereschichten

Vanessa Frettlöh

## 5.4.1 Verständnis einer thermischen Barriereschicht

Die Bezeichnung thermische Barriereschicht, englisch thermal barrier coating (TBC), bezeichnet im allgemeinen Verständnis eine Beschichtung, die eine im Vergleich zum Grundmaterial deutlich geringere Wärmeleitfähigkeit aufweist und dadurch dieses zu einem gewissen Grad thermisch, zeitlich nicht definiert, von einer Wärmequelle isoliert. Durch die TBC dringt die Temperatur der Wärmequelle langsamer zum beschichteten Grundmaterial durch. In den 1970ern entwickelt, werden die Beschichtungen auch genutzt, um metallische Oberflächen in sehr heißen Umgebungen (z. B. Gasturbinen) vor den hohen und zeitlich lang andauernden thermischen Belastungen, die ohne die Schutzschicht mit Oxidation und thermisch induzierter Ermüdung einhergehen, zu schützen und somit die Lebensdauer der Komponenten zu erhöhen [BDL+11].

## 5.4.2 Einfluss der Temperatur im Spritzgussprozess

Durch die Wahl der Prozessparameter kann der Ablauf des Spritzgießprozesses und damit auch das Aussehen und die Qualität der im Spritzguss hergestellten Bauteile entscheidend beeinflusst werden. Durch Veränderung von Massetemperatur, Werkzeugwandtemperatur, Einspritzgeschwindigkeit und Nachdruck werden das Gewicht, die Maße des Bauteiles sowie die Qualität und Eigenschaften des Bauteiles (Glanz, Eigenspannung, Kristallinität, Abformung der Oberfläche) beeinflusst.

Durch eine erhöhte Massetemperatur wird die Fließfähigkeit des Kunststoffes erhöht, wodurch der Einspritzdruck sinkt und eine höhere Fließweglänge erreicht werden kann. Die Nachdruck- und Kühlzeit werden jedoch durch diese Maßnahme ebenfalls verlängert. Die erhöhte Fließfähigkeit des Kunststoffes sorgt für eine reduzierte Sichtbarkeit von Bindenahtkerben. [KIM13]

Durch Erhöhung der Werkzeugwandtemperatur bei gleicher Entformungstemperatur kann ebenfalls die erreichbare Fließweglänge gesteigert werden. Die Maße des Bauteiles, Toleranzschwankungen sowie die Sichtbarkeit von Bindenähten werden reduziert und die Abformung der Oberfläche verbessert. Eigenspannungen im Bauteil können durch eine erhöhte Werkzeugwandtemperatur reduziert werden. Durch die erhöhte Werkzeugtemperatur wird jedoch auch die benötigte Kühlzeit verlängert. Diese beträgt ca. 20 % pro 10 K Erhöhung der Werkzeugwandtemperatur. [KIM13]

Bindenähte in Spritzgussbauteilen entstehen durch das Aufeinandertreffen von zwei oder mehreren Schmelzströmen, wie es hinter Durchbrüchen der Fall ist (vgl. Bild 5.21). Die Fließfronten der Schmelzeströme müssen beim Zusammentreffen miteinander verkleben, um eine homogene Bauteiloberfläche zu erhalten. Reichen Druck und Temperatur nicht aus, um eine vollständige Verklebung der Fließfronten zu realisieren, werden die Eckbereiche an den Fließfronten unvollständig ausgebildet und eine Bindenahtkerbe wird auf dem Bauteil sichtbar. Bei strukturierten Oberflächen kommt es in diesen Bereichen auch oft zu einem Glanzunterschied. Zudem führt eine nicht homogene Verschmelzung zu einer Festigkeitsschwachstelle in diesem Bereich.

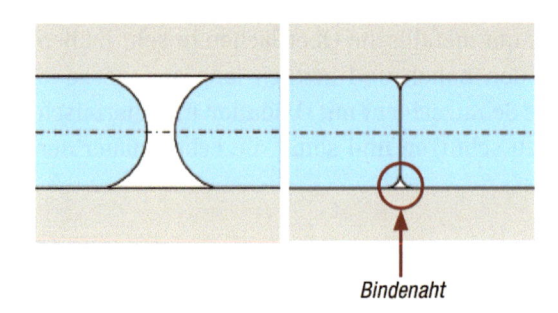

**Bild 5.21** Entstehung einer Bindenaht: Fließfronten bei Berührung (links) und Verstreckung der Fließfronten unter Entstehung einer Bindenahtkerbe (rechts) (Bildquelle: KIMW)

Um sichtbare Bindenahtkerben wirksam zu vermeiden, muss die Werkzeugwandtemperatur auf den Wert der Erweichungs- bzw. Kristallisationstemperatur des Kunststoffes erhöht werden. Meist bedeutet das eine Steigerung der Temperatur an der Werkzeugwand um 30 K und mehr. Eine Fertigung bei dauerhaft erhöhter Temperatur ist jedoch nicht möglich, da das Bauteil nicht mehr ausreichend erkaltet, um es mit benötigter Festigkeit auswerfen zu können. Mithilfe von dynamischer Temperiertechnik auf Basis von Wasser, Öl, keramischen Heizelementen, Wasserdampf oder auch induktiver Erwärmung [ZS11] in Kombination mit konturnaher Kühlung ist es möglich, schnell hohe Wechsel der Werkzeugoberflächentemperaturen zu realisieren und damit eine Fertigung von Bauteilen mit erhöhter Oberflächenqualität zu ermöglichen. Dies kann sowohl ganzflächig als auch partiell im Bereich um die Bindenaht erfolgen [Hot22], wodurch die Fließfronten besser verkleben können und die Bindenaht kaschiert wird. Dabei muss jedoch die Oberflächenbeschaffenheit der Werkzeuge mitberücksichtigt werden. Während es bei polierten Oberflächen ausreichend ist, den Bereich um die Bindenaht zu erwärmen, muss bei strukturierten Oberflächen die gesamte Werkzeugoberfläche erhitzt werden, um Glanzunterschiede zu vermeiden [KIM13]. Zudem ist ein umfangreiches

Equipment sowie werkzeug-, material- und prozesstechnisches Wissen für den Einsatz dynamischer Temperiertechnik essenziell.

Auch auf den Glanzgrad eines Kunststoffbauteiles haben die Werkzeugwandtemperatur als auch die Massetemperatur des Kunststoffes einen entscheidenden Einfluss, da Glanzunterschiede durch die unterschiedliche Abformung des Kunststoffes an der Werkzeugwand zustande kommen. Ein höherer Glanzeindruck wird durch Lichtreflexion auf glatten Oberflächen hervorgerufen. An rauen Oberflächen wird das Licht stärker gestreut und die Oberfläche erscheint matter. Wenn nun die Kunststoffschmelze durch eine zu niedrige Masse- und/oder Werkzeugwandtemperatur zu hochviskos ist, um in die Strukturen auf der Werkzeugoberfläche einzudringen, so wird die Kunststoffoberfläche des Bauteiles glatter und das Bauteil hat einen höheren Glanzgrad. Um einen matteren Effekt auf der Kunststoffoberfläche zu erzeugen, muss die Abformung durch Erhöhung der Werkzeugwandtemperatur und/oder der Massetemperatur verbessert werden.

Durch eine Beschichtung, die die Werkzeugoberfläche thermisch isoliert (z. B. TiAlN, vgl. Bild 5.22), können ebenso wie durch die Veränderung der Temperatur am Werkzeug und der Kunststoffschmelze Veränderungen im Glanzgrad auf dem Kunststoffbauteil auftreten. Dies muss bei der Aufbringung von Werkzeugbeschichtungen berücksichtigt, kann jedoch auch gezielt genutzt werden, um die Qualität der Kunststoffbauteile zu optimieren.

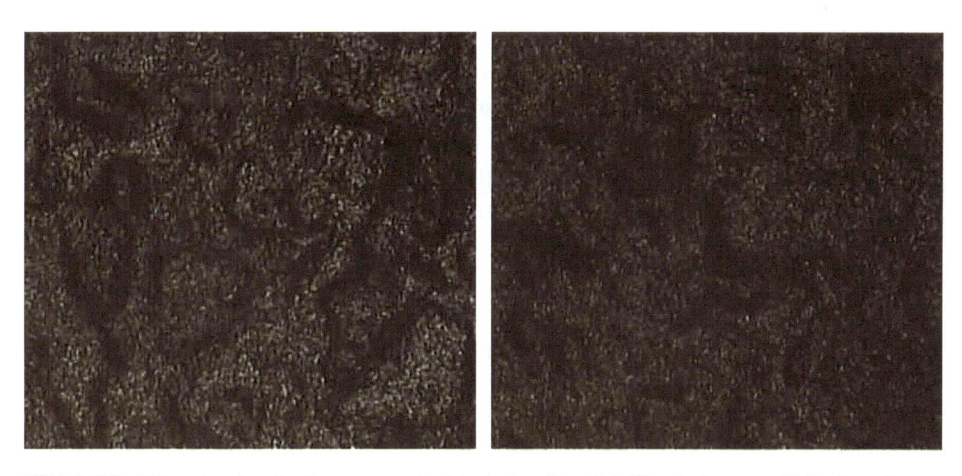

**Bild 5.22** Mikroskopieaufnahmen von strukturierten Kunststoffbauteilen aus PPO, die mit einem unbeschichteten Werkzeug aus 1.2343 (links) und einem mittels TiAlN (8 µm Schichtdicke) beschichteten Werkzeug (rechts) hergestellt wurden. Durch die Beschichtung, welche thermisch isolierend wirkt, wird die Abformung der Werkzeugoberfläche durch den Kunststoff verbessert und die Kunststoffoberfläche wird matter – erscheint also weniger glänzend (Bildquelle: KIMW)

## 5.4.3 Anwendung und Eigenschaften von thermischen Barriereschichten

Thermische Barriereschichten sind vornehmlich aus dem Bereich der Hochtemperaturapplikationen wie z.B. Turbinen oder Dieselmotoren bekannt. Aufgebracht auf Gasturbinenschaufeln haben sich die TBCs, die in den 1970ern entwickelt wurden, um die Performance der eingesetzten Metallkomponenten (Rotorblätter, Dichtungen, Brennkammer) zu verbessern, bewährt [BDL+11, Mil09]. Die wesentlichen Anforderungen sind bei dieser Anwendung der hohe Schmelzpunkt, chemische Inertheit, eine ähnliche thermische Ausdehnung wie das Substratmaterial, eine gute Haftung auf der Substratoberfläche sowie vor allem die geringe Wärmeleitfähigkeit. Zudem sollte das Material im Temperaturbereich zwischen Raum- und Betriebstemperatur keine Phasenumwandlung durchlaufen, da dies mit oft mit Änderungen in der Kristallstruktur einhergeht und zu einer Delamination der Schicht vom Grundmaterial führen kann. Die Temperaturen, die in einer Gasturbine herrschen, betragen deutlich über 1000 °C. Die auf den Turbinenkomponenten applizierte Beschichtung muss für diese Bedingungen geeignet sein.

Metalloxide spielen im Bereich der thermischen Barriereschichten eine entscheidende Rolle. Diverse metalloxidische Keramikschichten können als TBC zum Einsatz kommen [CVS04]. Die meistverbreiteten TBC sind je nach Anwendung yttriumdotiertes Zirkoniumoxid (Y:$ZrO_2$, auch mit $CeO_2$ gemischt), Mullit ($3Al_2O_3$-$2SiO_2$), Aluminiumoxid, Silikate und $La_2Zr_2O_7$. Yttriumstabilisiertes $ZrO_2$ mit 7–8 % $Y_2O_3$ (7–8 YSZ) ist die im Hochtemperaturbereich am weitesten verbreitete TBC. Das Material hat einen hohen thermischen Ausdehnungskoeffizienten, eine niedrige Wärmeleitfähigkeit, eine hohe chemische Inertheit [Min93] und eine hohe Wärmeschockbeständigkeit [RMF+08], was es auch zu einem idealen Beschichtungsmaterial für die Anwendung im Spritzguss macht. Nachteilhaft sind die durch die Dotierung mit Yttriumoxid entstehenden Sauerstoffionen-Leerstellen, wodurch das Material sauerstoffleitend wird und bei hohen Temperaturen korrodieren kann. Durch die Bildung von thermisch gewachsenem Oxid (TGO) an der Bindungsschicht zur TBC kann es zu einem Ablösen der TBC kommen. Durch oxidationsstabile Haftschichten wie Aluminiumoxid und Mullit kann dieses Problem überwunden werden. Mullit sowie Aluminiumoxid zeigen eine sehr gute Korrosionsbeständigkeit, da sie nicht sauerstoffleitend sind. Aufgrund des $SiO_2$ ist Mullit ein schlechter, $Al_2O_3$ jedoch ein guter Wärmeleiter. Beide Materialien weisen einen wesentlich geringeren Wärmeausdehnungskoeffizienten als Stahl auf, wodurch es während der Temperaturwechsel im Spritzgussprozess zur Ablösung der Beschichtung kommen kann. Mullit hat eine sehr geringe Dichte, günstige Festigkeit und Kriechverhalten sowie eine hohe Stabilität gegenüber chemisch aggressiven Umgebungen [CVS04]. Mit $CeO_2$ dotiertes YSZ zeigt die gleichen positiven Eigenschaften wie YSZ, ist jedoch zusätzlich korrosionsbeständig, da die Sauerstoffionenleerstellen durch den Zusatz von Ceroxid reduziert werden. Auch $La_2Zr_2O_7$ ist nicht sauerstoffleitend und damit korrosionsbeständig und zeigt eine niedrige Wärmeleitfähigkeit. Allerdings weist es, wie die Silikate auch, einen sehr niedrigen thermischen Ausdehnungskoeffizienten auf, wodurch die Kompatibilität mit dem Substratmaterial kritisch hinterfragt werden muss.

### 5.4.4 Funktionsweise thermischer Barriereschichten

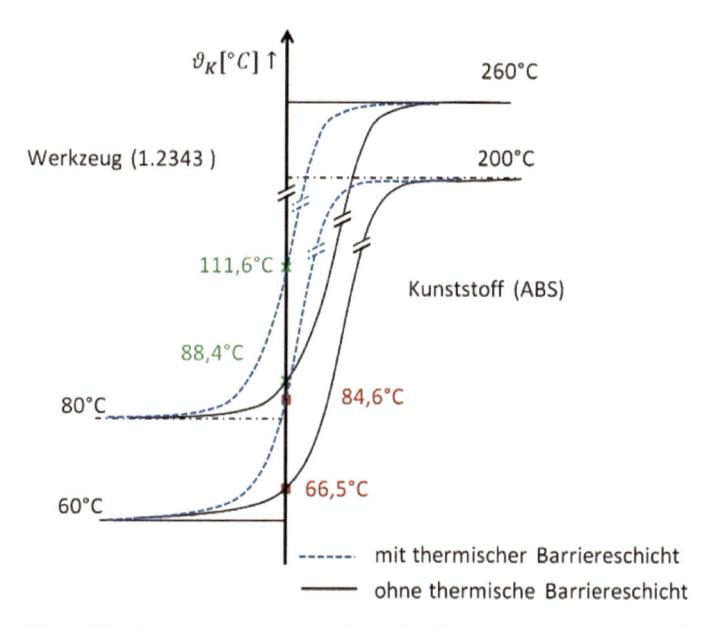

**Bild 5.23** Schematische Darstellung der Kontakttemperatur (grün/rot) zwischen Kunststoffschmelze und unbeschichteter Werkzeugwand (schwarz) sowie Kunststoffschmelze und TBC (blau) für zwei verschiedene Werkzeugwand- und Schmelzetemperaturen

Metalle haben eine um den Faktor 10 bis 20 höhere Wärmeeindringfähigkeit als Thermoplaste [Cov16], somit liegt die Kontakttemperatur (vgl. Formel 4.49 auf S. 228 zwischen Kunststoffschmelze und Oberfläche der Kavität etwas über der Werkzeugwandtemperatur. Durch Einbringen einer thermischen Barriereschicht, die eine um den Faktor 4 bis 5 geringere Wärmeeindringfähigkeit als der Werkzeugstahl aufweist, kann die Kontakttemperatur zwischen Schmelze und TBC um ca. 20 K im Vergleich zur Kontakttemperatur zwischen Kunststoffschmelze und unbeschichteter Werkzeugwand angehoben werden, was mittels Simulation ermittelt wurde (Bild 5.23). Die sich bei Kontakt der Kunststoffschmelze mit der Werkzeugwand / der TBC ergebenden Kontakttemperaturen wurden nach Formel 4.49 auf S. 228 mit den entsprechenden Kennwerten der Materialien ermittelt und der Temperaturgradient grafisch dargestellt. Zudem ist der Unterschied zwischen der Wärmeeindringfähigkeit des Kunststoffes und der TBC nur gering, sodass die Wärme beim Einspritzen nur sehr kurz in der Kavität erhalten bleibt. Dadurch ergeben sich eine geringere Viskosität der Kunststoffschmelze, eine bessere Abformung der Oberfläche, ein besseres Fließverhalten sowie eine geringere Ausprägung von Oberflächendefekten.

Je nach Abscheideparametern zeigen die applizierten Schichten unterschiedliche thermische Isolationseigenschaften. Zum einen kann eine dickere Schicht zu einer schlechteren Wärmeübertragung führen, wodurch der Temperaturabfall weniger stark ausfällt (vgl. Bild 5.24), zum anderen kann jedoch auch der Schichtaufbau selbst den Wärmetransfer erschweren.

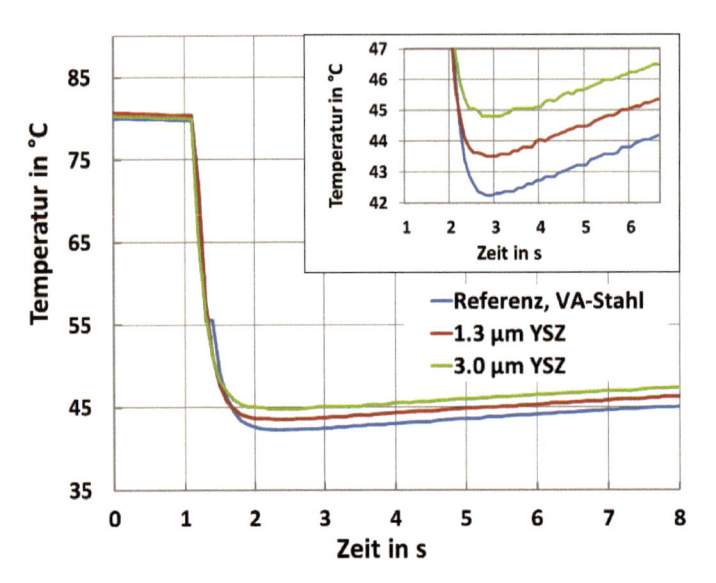

**Bild 5.24** Zeitabhängige Temperaturmessungen einer unbeschichteten Probe und zwei beschichteter Proben mit unterschiedlicher Schichtdicke

Die direkt mittels pulverförmigem Precursor abgeschiedene Zirkoniumoxidschicht weist einen deutlich poröseren Schichtaufbau auf und zeigt bei der Messung mit dem Temperaturleitfähigkeitsmessgerät (vgl. Abschnitt 4.9) einen stark verminderten Temperaturabfall am Kupferblock (vgl. Bild 5.25).

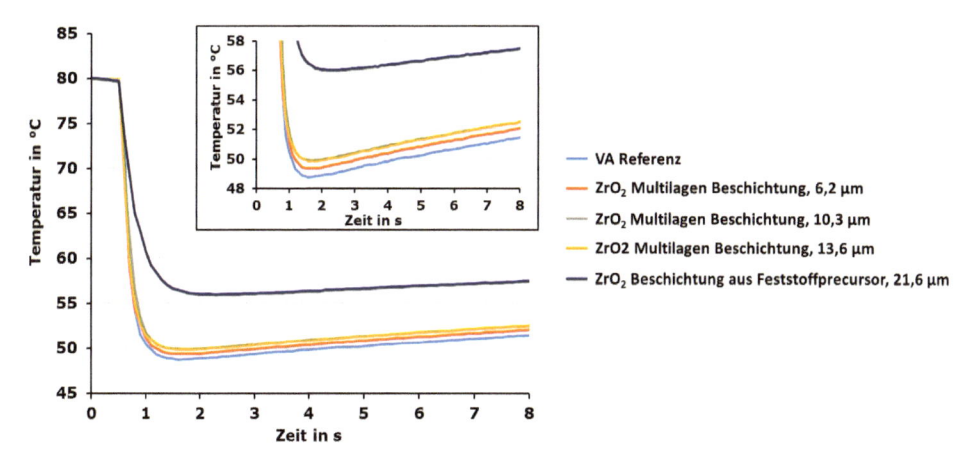

**Bild 5.25** Temperaturleitfähigkeitsmessung an verschiedenen Beschichtungen auf VA-Münzen, die Multilagenbeschichtungen wurden mit flüssigem Precursor, die ZrO$_2$-Beschichtung aus Feststoffprecursor abgeschieden

## 5.4.5 Anwendung thermischer Barriereschichten im Spritzgießprozess

Sollen TBCs im Spritzgussprozess zum Einsatz kommen, müssen die Schichten für die während des Prozesses herrschenden Bedingungen geeignet sein. Die Arbeitstemperaturen sind deutlich geringer als bei der Applikation auf Gasturbinen, da die Massetemperaturen der zu verarbeitenden Kunststoffe in einem Bereich zwischen 180 °C bis 340 °C (für Hochleistungskunststoffe bis 400 °C) liegen – die Schmelz- und Glasübergangstemperaturen der Werkstoffe liegen zum Teil noch deutlich niedriger – und die beschichteten Werkzeuge auf Temperaturen zwischen 8 °C und 170 °C (bei Hochleistungskunststoffen wie PEEK bis 210 °C) temperiert werden. Zudem stellen Spritzgusswerkzeuge hohe Ansprüche hinsichtlich Oberfläche und Geometrie. Die Methode der Applikation als auch die Ausprägung der TBC müssen an die Bedürfnisse im Spritzguss adaptiert werden. Insbesondere muss der thermische Ausdehnungskoeffizient des eingesetzten Werkzeugstahls als Grundmaterial und der Beschichtung in einem ähnlichen Bereich liegen, damit bei der Temperaturwechselbelastung im Spritzgießprozess keine Delamination der Beschichtung auftritt. Dies trifft auf Zirkoniumoxid zu, wodurch es zum idealen Kandidaten für die Applikation einer TBC auf Spritzgusswerkzeugen wird (vgl. Tabelle 5.3).

**Tabelle 5.3** Wärmeleitfähigkeit und thermische Ausdehnungskoeffizienten des Werkstoffes 1.2343 und der Keramikschichten [Cov16, CVS04, EMH+01, NLJ+02, Hay13]

| Material | Wärmeleitfähigkeit [W/(m K)] | Thermischer Ausdehnungskoeffizient [$10^{-6}$/K] |
|---|---|---|
| $Al_2O_3$ | 26–35 | 8 |
| $SiO_2$ | 1,4–1,6 | 0,54 |
| $TiO_2$ | 9–13 | 7 |
| Mullit ($Al_2O_3*SiO_2$) | 3,2 | 4 |
| $ZrO_2$ | 2–3 | 7–12 |
| 1.2343 | 26,8–30,3 | 11,8–12,9 |

Eine Dotierung mit Yttriumoxid verhindert dabei in einem Niedertemperatur-Beschichtungsverfahren die Umwandlung der Hochtemperaturphase des $ZrO_2$-Kristallgitters (kubische bzw. tetragonale Struktur) in die Niedertemperaturphase (monoklin), wodurch die Beschichtung im Einsatztemperaturbereich stabil bleibt.

Die Abscheidung von TBC-Schichten aus yttriumstabilisiertem Zirkoniumoxid kann über verschiedene Verfahren, PVD, CVD und Sol-Gel-Beschichtung, realisiert werden [CBO15, WB09, LZZ18, CYS19]. Ein wichtiger Vorteil der chemischen Gasphasenabscheidung gegenüber der physikalischen Gasphasenabscheidung ist die 3D-Fähigkeit dieses Prozesses, sodass auch Spritzgießwerkzeuge mit komplexer Geometrie beschichtet werden können [PDG00]. Aspektverhältnisse von 1:60 und darunter können mit dem Verfahren durch gezielte Wahl der Prozessparameter erzielt werden. Zudem ist das CVD-Verfahren relativ einfach zu handhaben und erfordert keine komplizierte Ausrüstung. Durch den Einsatz von metallorganischen Precursorverbindungen können die Beschichtungen bei deutlich reduzierten Prozesstemperaturen, im Vergleich zur klassischen CVD, abgeschieden werden [And13, KSB+02, Har02]. Dies erlaubt die Beschichtung von präzise gearbeiteten Werkzeugen bei Temperaturen unter 500 °C, ohne die Maße und die Härte des Substrates zu verändern [FSM17, For16]. Aus diesen Gründen ist die CVD das Verfahren der Wahl, um eine TBC auf Werkzeugeinsätzen zu applizieren.

Auf die Werkzeugoberfläche aufgebrachte TBCs verzögern kurzfristig den Wärmeabfluss aus dem schmelzeflüssigen Kunststoff in die Werkzeugkavität [Wüb74] und können dadurch auch die Formfüllung sowie die Abformung der Werkzeugoberfläche verbessern. Der isolierende Effekt und dadurch eine homogenere Temperatur innerhalb der Kavität wurde simulativ nachgewiesen [BHÖ+17] und eine deutliche Reduktion des Temperaturabfalls an einem beheizten Kupferstab bei höheren TBC-Schichtdicken gezeigt [AKM+15].

Thermische Barriereschichten werden im thermischen MOCVD-Prozess entweder als reines Zirkoniumoxid, yttriumdotiertes Zirkoniumoxid oder aus alternierenden Schichten bestehend aus yttrium- und phosphordotiertem Zirkoniumoxid abgeschieden [FSM17]. Durch Letzteres ergibt sich ein Multilagen-Schichtaufbau aus abwechselnd porösen und glatten, amorphen Schichten (vgl. Bild 5.26). Durch diesen Aufbau werden die inneren Spannungen reduziert und die Beschichtung besonders flexibel und belastbar [DMZ+16].

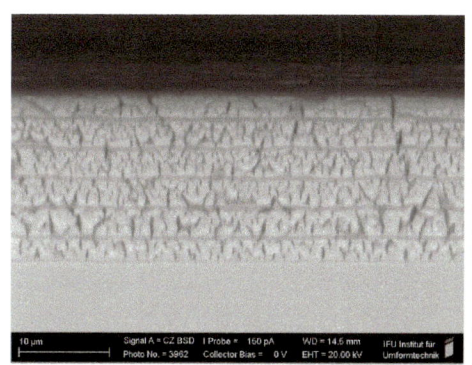

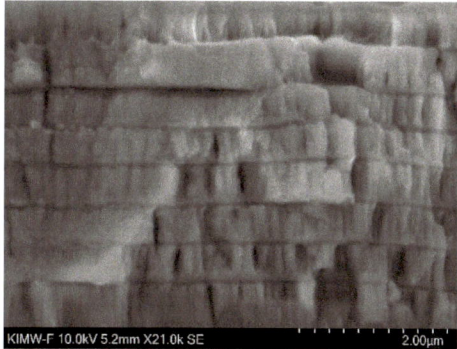

**Bild 5.26** Rasterelektronenmikroskopische Aufnahmen von Multilagen-TBC aus alternierenden Y:ZrO$_x$- (porös, YSZ) und dünnen, amorphen P:ZrO$_x$-Lagen (PDZ) (Bildquelle: KIMW-F, die linke Aufnahme wurde mit einem REM des Institut für Umformtechnik aufgenommen)

Aufgrund der hohen Schichtdicke verändert die Applikation einer thermischen Barriereschicht auf der Oberfläche der Spritzgießwerkzeugeinsätze sowohl die Rauheit als auch den Glanzgrad. Eine auf Hochglanz polierte Oberfläche erscheint durch die aufgebrachte TBC deutlich matter und weist eine höhere Rauheit auf. Strukturierte Oberflächen werden ebenfalls in ihrer Rauheit verändert. Die Mikrorauheit der TBC-Schicht kommt dabei noch hinzu. Als keramische Beschichtung lässt sich die applizierte Zirkoniumoxid-Beschichtung jedoch im dotierten und undotierten Zustand nachpolieren. Aufgrund der internen Porosität bleibt jedoch immer ein leichter Unterschied zu einer metallischen Hochglanzoberfläche.

Wie bereits beschrieben, kann eine Beschichtung durch die Veränderung der thermischen Leitfähigkeit der Werkzeugoberfläche Einfluss auf den Glanzgrad der Kunststoffbauteile nehmen. Wenn ein Werkzeug mit einer TBC ausgestattet wird, muss auch immer eine Veränderung der Oberfläche mitberücksichtigt werden. Durch die Beschichtung wurde die Oberflächenrauigkeit einer genarbten Oberfläche von Sa = 1,10 ± 0,04 µm leicht reduziert auf Sa = 1,01 ± 0,03 µm (Bild 5.27).

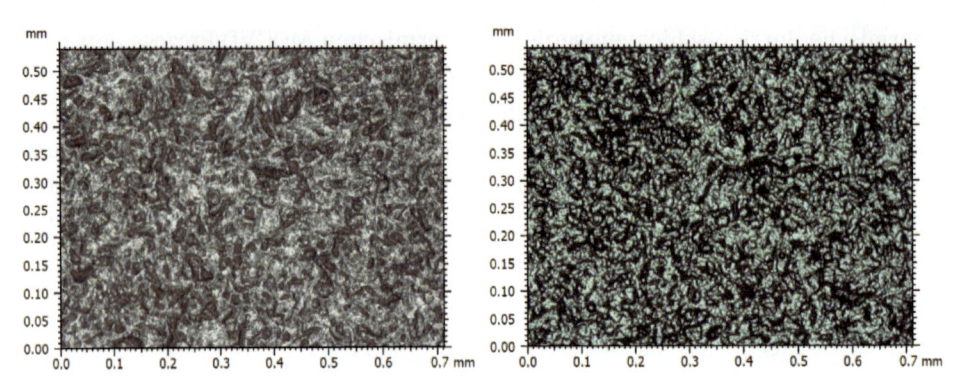

**Bild 5.27** Oberflächenaufnahmen mit einem optischen 3D-Messsystem von einer genarbten Werkzeugoberfläche: unbeschichtet links, beschichtet mit 12 µm TBC (rechts)

## 5.4.6 Einsatz thermischer Barriereschichten im Dünnwandspritzguss

Zunehmend steht auch der $CO_2$-Fußabdruck der Kunststoffprodukte im Fokus des öffentlichen Interesses. Moderne Verpackungen helfen dabei, Lebensmittel länger haltbar zu machen und sind angesichts des weltweiten gesellschaftlichen Wandels zu Kleinsthaushalten und den damit verbundenen Veränderungen der Lebensweise vieler Leute z. B. mit „Convenience Food" nicht mehr wegzudenken. Die Möglichkeiten, in diesem Bereich Material einzusparen und dünnwandigere Bauteile herzustellen, haben sowohl positive Auswirkungen auf die Ökologie als auch Ökonomie der Verpackungen und sind dadurch volks- und betriebswirtschaftlich attraktiv. Durch den reduzierten Materialverbrauch sinken die Produktkosten und die Verpackungen werden leichter, was für die Logistikkette als auch für das Abfallaufkommen unabhängig von der Verwertung von Vorteil ist. Häufig wird die Mindestwanddicke jedoch nicht durch die Gebrauchseigenschaften der Kunststoffbauteile, sondern durch den Spritzgießprozess definiert, da die für die Füllung dünnwandiger Bauteile notwendigen Einspritzdrücke an den Spritzgießmaschinen limitiert sind. Ein besseres Füllverhalten kann durch die Erhöhung der Werkzeugwandtemperatur erreicht werden, allerdings führt dies zu verlängerten Zykluszeiten und wirkt sich damit negativ auf die Produktivität des Prozesses aus. Durch den Einsatz von TBCs kann hier gezielt Abhilfe geschaffen werden.

Die Nutzung einer TBC reduziert die Dicke der eingefrorenen Randschicht in der Werkzeugkavität, wodurch der freie Kanalquerschnitt steigt, sodass Druckverluste reduziert und höhere Fließweglängen realisiert werden können. Bauteile mit gleicher Fließweglänge können also mit geringerem Druck gefüllt werden bzw. kann das dadurch entstehende Potenzial genutzt werden, die Wanddicke weiter zu reduzieren und Ressourcen einzusparen. Durch die Reduktion der Wanddicke sinkt auch die notwendige Kühlzeit oder wird sich trotz Aufbringung der TBC nicht wesentlich verlängern [Wüb74], wie dies bei einer Erhöhung der Werkzeugtemperatur durch dynamische Temperierung, um den gleichen Effekt zu erzielen, die Folge wäre.

Fließweglängenmessungen mit Versuchswerkzeugeinsätzen zur Herstellung von dünnen (0,3 mm) Spritzgießbauteilen mit einer Breite von 17 mm aus Polypropylen und für Spritzgießbauteile aus PC/ABS mit 0,9 mm Wanddicke zeigen eine Erhöhung der Fließweglänge um 5–10 % mit einer 10 µm dicken TBC unter sonst konstant gehaltenen Prozessbedingungen. Obwohl hier ein Effekt erzielt werden konnte, ist der Effekt für einige industrielle Anwendung noch nicht ausreichend.

Die TBC sorgt dennoch für eine besseres Fließverhalten innerhalb der Kavität, sodass enge Spalten besser gefüllt werden können. Dies wurde mithilfe eines entsprechenden Werkzeugeinsatzes mit Kreuzrippenstrukturen nachgewiesen. Dazu wurde der Werkzeugeinsatz im unbeschichteten Zustand sowie nach Beschichtung mit einer ca. 13,5 µm dicken TBC bemustert. Bei Prozessbedingungen für eine Füllstudie, mit denen sich die Kreuzrippen im unbeschichteten Werkzeug nicht mehr vollständig füllen lassen (vgl. Bild 5.28), führt die Applikation der TBC zu einer vollständigen und gleichmäßig abgeformten Kreuzrippenstruktur. Diese wurde lichtmikroskopisch untersucht (vgl. Bild 5.29) [BFD+21].

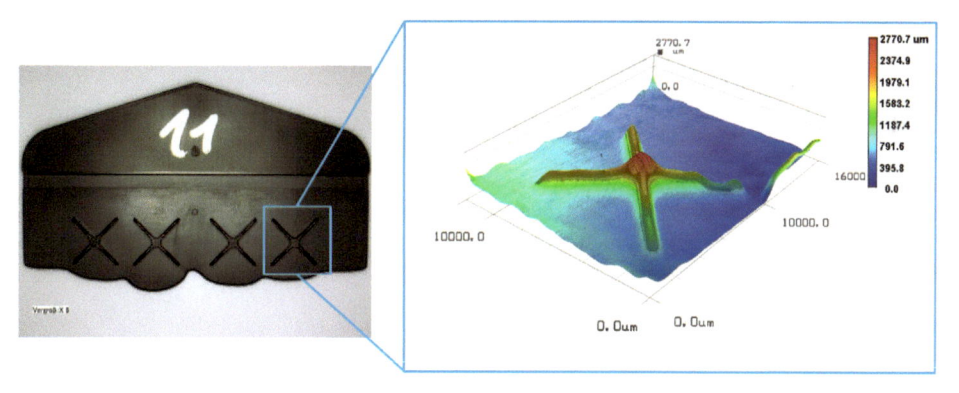

**Bild 5.28** Teilgefülltes Musterbauteil (links) aus PC/ABS und 3D-Profilmessung (rechts) einer Kreuzrippe, die mit einem unbeschichteten Werkzeugeinsatz hergestellt wurden, Einspritzvolumenstrom: 5 cm³/s, Dosiervolumen: 15,8 cm³ (Bildquelle: [BFD+22])

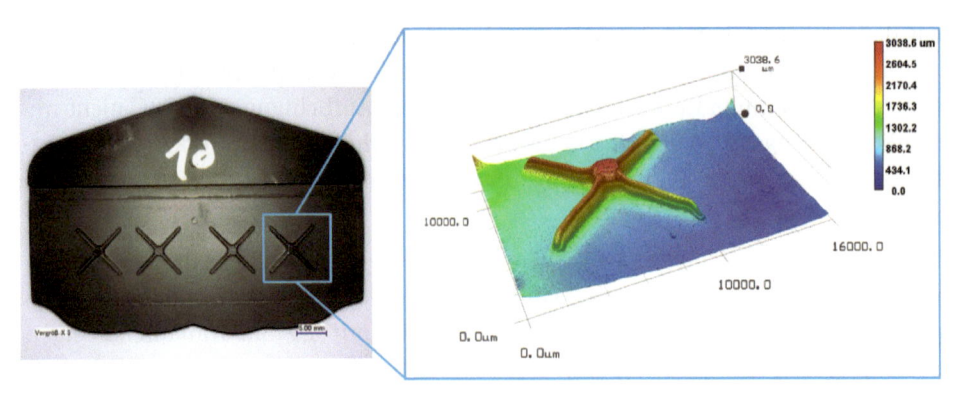

**Bild 5.29** Teilgefülltes Musterbauteil (links) aus PC/ABS und 3D-Profilmessung (rechts) einer Kreuzrippe, die mit einem TBC-beschichteten Werkzeugeinsatz hergestellt wurden, Einspritzvolumenstrom: 5 cm³/s, Dosiervolumen: 15,8 cm³ (Bildquelle: [BFD+22])

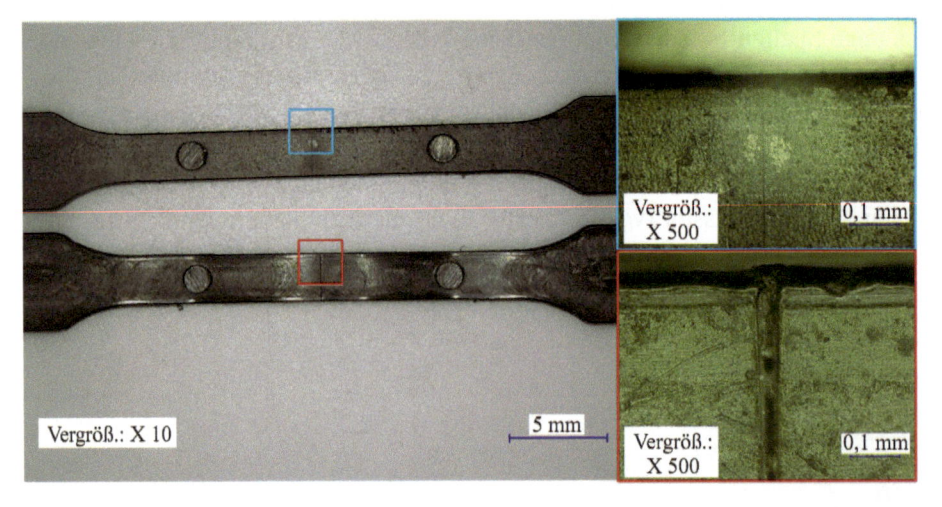

**Bild 5.30** gespritzte Zugprüfkörper aus PC/ABS (links) und lichtmikroskopische Aufnahme der entsprechenden Bindenahtkerbe; die Probe oben (blau) wurde mit einem TBC-beschichteten Werkzeugeinsatz, die Probe unten (rot) mit einem unbeschichteten Werkzeugeinsatz hergestellt (Bildquelle: [BFD+22])

Durch die kurzfristig erhöhte Temperatur an der Werkzeugwandoberfläche und das dadurch verbesserte Fließverhalten lassen sich Bindenahtkerben an Kunststoffbauteilen optisch kaschieren und durch das bessere Verschmelzen der beiden Fließfronten auch mechanisch stabiler realisieren. Dies wurde anhand von Zugstabprüfkörpern, die mit beidseitigem Anguss hergestellt wurden, verifiziert. Auf dem mit dem unbeschichteten Werkzeugeinsatz gespritzten Prüfkörper ist eine ausgeprägte V-Kerbe zu erkennen. Unter den gleichen Bedingungen fällt die Bindenahtkerbe auf dem Prüfkörper, der mit der beschichteten ca. 20 µm dicken TBC ausgestattet wurde, deutlich geringer aus (vgl. Bild 5.30). Die mechanischen Eigenschaften der hergestellten Prüfkörper wurden in Zugversuchen quantifiziert. Dabei wurden die Prüfkörper mit Bindenaht auch Prüfkörpern gegenübergestellt, die nur von einer Seite angespritzt wurden und damit keine Bindenaht aufweisen. Die ermittelte Zugfestigkeiten der Probekörper mit und ohne Bindenaht sind in Tabelle 5.4 aufgelistet.

**Tabelle 5.4** Gegenüberstellung der Ergebnisse der Zugprüfungen an Zugprüfkörpern mit und ohne Bindenaht, hergestellt mit unbeschichteten und TBC-beschichteten (ca. 20 µm) Werkzeugeinsätzen.

|  | Unbeschichtete Kavität | Mit TBC beschichtete Kavität (Schichtdicke ca. 20 µm) |
|---|---|---|
| Zugfestigkeit des Prüfkörpers OHNE Bindenaht | 52,3 ± 0,3 MPa | 60,5 ± 1,3 MPa |
| Zugfestigkeit des Prüfkörpers MIT Bindenaht | 25,6 ± 1,7 MPa | 49,2 ± 3,3 MPa |

Die Zugfestigkeit der PC/ABS-Zugstäbe aus der unbeschichteten Kavität mit Bindenaht ist um rund 50 % geringer als die der Zugstäbe ohne Bindenaht. Bei den Zugstäben aus der mit TBC beschichteten Kavität fiel die Zugfestigkeit der Zugprüfkörper mit Bindenaht nur 19 % geringer aus als die Zugfestigkeit der Prüfkörper ohne Bindenaht. Dies zeigt, dass durch die TBC eine mechanisch deutlich höhere Bindenahtfestigkeit erreicht werden kann.

## 5.4.7 Literatur

[AKM+15] ATAKAN, B.; KHLOPYANOVA, V.; MAUSBERG, S.; MUMME, F.; KANDZIA, A.; PFLITSCH, CH.: *Chemical vapor deposition and analysis of thermally insulating $ZrO_2$ layers on injection molds.* In: Phys. Status Solidi C12 7 (2015), S. 878–885.

[And13] ANDRIEUX, M. ET AL.: *Residual stress study of nanostructured zirconia films obtained by MOCVD and by sol-gel routes.* In: Applied Surface Science 276 (2013), S. 138–146.

[BDL+11] BACOS, M. P., DORVAUX, J. M., LAVIGNE, O., MÉVREL, R., POULAIN, M.: *Performance and Degradation Mechanisms of Thermal Barrier Coatings for Turbine Blades: a Review of ONERA Activities.* In: AerospaceLab (2011), S. 1–11.

[BFD+21] BATMANOV, A., FRETTLÖH, V., DITJO, P., KIBET, I. K., WIESER, J., FRANK, M.: *Zirkoniumdioxid als thermoisolierende Beschichtung von Werkzeugen im Kunststoffspritzguss.* Technomer 2021.

[BFD+22] BATMANOV, A., FRETTLÖH, V., DITJO, P., WIESER, J., KIBET: I. K.: *Höhere Ressourceneffizienz durch erweiterte Dünnwandspritzgießtechnik mittels thermischer Barriere-Schichten (TBC) im Werkzeug.* Abschlussbericht zum IGF Vorhaben Nr. 20442N, 2022

[BHÖ+17] BOBZIN, K; HOPMANN, CH.; ÖTE, M.; KNOCH, M. A.; ALKHASLI, I.; DORNEBUSCH, H.; SCHMITZ, M.: *Tailoring the heat transfer on the injection moulding cavity by plasma sprayed ceramic coatings.* IOT Conf. Series: Materials Science and Engineering 181 (2017) 012013

[CBO15] CUBILLOS, G. I., BETHENCOURT, M., OLAYA, J. J.: *Corrosion resistance of zirconium oxynitride coatings deposited via DC unbalanced magnetron sputtering and spray pyrolysis-nitriding.* In: Appl. Surf. Sci., 327 (2015), S. 288-295.

[Cov16] COVESTRO DEUTSCHLAND AG: *Optimierte Werkzeugtemperierung.* Firmenschrift, Ausgabe 2016-03.

[CVS04] CAO, X. Q., VASSEN, R., STOEVER, D.: *Ceramic materials for thermal barrier coatings.* In: Journal of the European Ceramic Society 24 (1), (2004) S. 1-10.

[CYS19] CHENG, Z., YANG, J., SHAO, F., ZHONG, X., ZHAO, H., ZHUANG, Y. ET AL.: *Thermal stability of YSZ coatings deposited by plasma spray - physical vapor deposition.* In: Coatings, 9 (8) (2019), S. 464.

[DMZ+16] DANIEL, R.; MEINDLHUMER, M., ZALESAK, J., SARTORY, B., ZEILINGER, A., MITTERER, C., KECKES, J.: *Fracture toughness enhancement of brittle nanostructured materials by spatial heterogeneity: A micromechanical proof for CrN/Cr and TiN/ SiOx multilayers.* In: Materials and Design 104 (2016), S. 227-234.

[EMH+01] EVANS, A. G.; MUMM, D. R.; HUTCHINGSON, J. W.; MEIER, G. H.; PETTIT F. S.: Prog Mater Sci 505 (2001) 46.

[For16] FORNALCZYK, G.: *Verschleiß gebändigt - Neue Lösungsansätze für CVD-Beschichtungen von Werkzeugformeinsätzen.* In: Magazin für Oberflächentechnik 70 [11] (2016), S. 40-42.

[FSM17] FORNALCZYK, G., SOMMER, M., MUMME, F.: *Yttria-Stabilized Zirconia Thin Films via MOCVD for Thermal Barrier and Protective Applications in Injection Molding.* In: Key Engineering Materials 742 (2017), S. 427-33; KEM.742.427

[Har02]   HARASEK, S. ET AL.: *Metal-organic chemical vapor deposition and nanoscale characterization of zirconium oxide thin films.* In: Thin Solid Films 414 (2002), S. 199–204.

[Hay13]   HAYNES, W. M.: *CRC Handbook of Chemistry and Physics.* Boca Raton CRC Press Taylor & Francis Group: 94$^{th}$ edition, 2013.

[Hot22]   HOTSET GMBH: *DH System Partielle dynamische Temperierung.* Produktflyer. 07 / 2022

[KIM13]   K.I.M.W. NRW GMBH: *Störungsratgeber für Formteilfehler an thermoplastischen Spritzgussteilen.* 12. Auflage, April 2013.

[KSB+02]  KRUMDIECK, S. P., SBAIZERO, O., BULLERT, A., RAJ, R.: *Solid Yttria-Stabilized Zirconia Films by Pulsed Chemical Vapor Deposition from Metal-organic Precursors.* In: J. Am. Ceram. Soc. 85 [11] (2002), S. 2873–2875.

[LZZ18]   LEI, Z., ZHANG, Q., ZHU, X., MA, D., MA, F., SONG, Z. ET AL.: *Corrosion performance of ZrN/ZrO$_2$ multilayer coatings deposited on 304 stainless steel using multi-arc ion plating.* In: Appl. Surf. Sci., 431 (2018), S. 170–176.

[Mil09]   MILLER, R. A.: *History of Thermal Barrier Coatings for Gas Turbine Engines – Emphasizing NASA´s Role From 1942 to 1990.* prepared for the Thermal Barrier Coatings II, NASA/TM-2009-215 459.

[Min93]   MINH, N. Q.: *Ceramic Fuel Cells.* In: J. Am. Ceram. Soc. 76 (1993) No. 3, S. 563–588.

[NLJ+02]  NICHOLLS, J. R.; LAWSON, K. J.; JOHNSTONE, A.; RICKERBY, D. S.: Surf Coat Technol 383 (2002) 151–152.

[PDG00]   PLUMMER, J. D.; DEAL, M.; GRIFFIN, P. B.: *Silicon VLSI Technology: Fundamentals, Practice and Modeling.* Upper Saddle River, NJ: Prentice Hall, (2000).

[RMF+08]  RAMPON, R.; MARCHAND, O.; FILIATRE, C.; BERTRAND, G.: *Influence of suspension characteristics on coatings microstructure obtained by suspension plasma spraying.* In: Surf. Coat. Tech. 202 (2008) 18, S. 4337–4342.

[WB09]    WANG, D., BIERWAGEN, G. P.: *Sol–gel coatings on metals for corrosion protection.* In: Prog. Org. Coating, 64 (2009) 4, S. 327–338.

[Wüb74]   WÜBKEN, G.: *Einfluss der Verarbeitungsbedingungen auf die innere Struktur thermoplastischer Spritzgussteile unter besonderer Berücksichtigung der Abkühlverhältnisse.* Dissertation, RWTH Aachen, 1974.

[ZS11]    ZIMMERMANN, T., SCHINKÖTHE, W.: *Kurze Zykluszeiten mit konturnaher Kühlung bei induktiv-variothermer Werkzeugtemperierung – Variotherm, aber trotzdem schnell.* In: Plastverarbeiter 26.07.2011

## 5.5 Beschichtungen zur Belagsreduzierung

Mattias Korres

### 5.5.1 Einführung

Innerhalb der kunststoffverarbeitenden Prozesse bilden sich stets Beläge in unterschiedlichen Intensitäten (vgl. Bild 5.31) aus. Diese können durch Emissionen aus den genutzten Kunststoffen entstehen (siehe Abschnitt 4.11) oder auch durch die Einwirkung von Fremd- oder Betriebsstoffen, wie Schmierstoffen, Korrosionsschutzmitteln oder Formreinigern. Dabei kann es bei einem technisch einwandfreien Formwerkzeug hunderte Produktionsstunden dauern, bis dieser für das menschliche Auge sichtbar wird. Genauso können bereits nach wenigen Zyklen entsprechende Spuren auf der abzuformenden Oberfläche verbleiben. Die Folgen daraus sind z. B. Topographiestörungen auf der Formteiloberfläche oder Glanzunterschiede, bis hin zu dauerhaften Werkzeugschäden durch Korrosion oder Blauversprödung. Ebenfalls sind Lösungen dieser Prozessstörung vielfältig.

**Bild 5.31** Rückstände von Belag auf einem Spritzgießbauteil (links); Belagsspuren im Werkzeug nahe dem Anspritzpunkt (rechts) [KIM02]

Die Reduzierung von Belag kann auf verschiedene Arten erfolgen. Dabei ist zunächst wichtig zu unterscheiden, wodurch und in welchen Bereichen sich dieser bildet. Im Folgenden wird dabei auf die Entstehung eingegangen und die Herangehensweise zur Reduzierung auf unterschiedlichen technischen Oberflächen in Spritzgießwerkzeugen.

## 5.5.2 Belag im Spritzgießwerkzeug

Die Bildung von Belag in Spritzgießwerkzeugen kann unterschiedliche Ursachen haben. Schon die verwendeten Polymere können eine Belagbildung begünstigen. Dazu gehören zum Beispiel POM, PET, ABS, PBT oder PSU. Ebenso können manche Materialkombinationen mit Additiven, wie UV-Absorbern, Flammschutzmitteln oder Gleit- und Farbmitteln, ausreichend sein, um verschiedenste ausgeprägte Beläge zu erzeugen. Darüber hinaus können die Auswirkungen auf das Formteil unterschiedlich sein. Hierbei reichen die Auswirkungen von Glanzunterschieden oder Schlieren bis hin zur Bildung von Dieseleffekten, welche auch am Werkzeug Beschädigungen hinterlassen können.

Die Erkennung von Belägen in der laufenden Produktion ist oft erst bei entstehendem Ausschuss oder durch zyklische Prozesskontrollen möglich. In der Praxis können optische Sensoriken für die Prüfung der Kunststoff- und Metalloberflächen eingesetzt werden. Bei günstiger Lage und passender Werkzeuggeometrie ist es auch möglich, eine Belagbildung mittels Körperschallmessung zu erfassen. In jedem Fall muss dies für die jeweiligen Fertigungsprozesse abgestimmt werden, ob es sowohl wirtschaftlich als auch technisch sinnvoll ist.

Häufig wird die Belagbildung bei gefärbten Werkstoffen mit Gleitmitteln beobachtet. Die Ausscheidungsvorgänge sind aber oft nicht auf den ausgeschiedenen Stoff zurückzuführen, sondern auf andere Werkstoffadditive. Bei der Verwendung von Werkstoffen mit Gleitmitteln tritt während der Verarbeitung oft das Gleitmittel selbst aus. Wird ein Pigment bzw. ein Farbstoff ausgeschieden, so ist dies meist auf die Mischungsunverträglichkeit der Kombination Gleitmittel und Farbmittel zurückzuführen. Das Farbmittel wird auf dem Gleitmittel als „Gleitschiene" transportiert und an der Werkzeugoberfläche abgelagert. Dieser Vorgang wird „Plate-out" genannt. Grund für den „Plate-out"-Effekt ist eine nicht ausreichende Verträglichkeit eines Mischungsbestandteiles mit dem Grundwerkstoff. Dadurch kommt es während der Verarbeitung zu einem Ausschwitzen der unverträglichen Komponente und zu einem Mitreißen von Partikeln. „Plate-out" kann zu Oberflächenstörungen auf den Werkzeugen und damit zu Ausschuss führen. Das Vorhandensein von Stabilisatoren wirkt sich genau wie das Vorhandensein von Gleitmitteln förderlich auf den „Plate-out"-Effekt aus. Weiter ist wichtig, dass die Farbstoffkonzentration geringer als 0,05 % ist, damit eine vollständige Lösung in der Schmelze möglich ist und eine Rekristallisation beim Abkühlen verhindert wird [KIM02].

Gefördert wird der Ausscheidungsprozess durch die Scherströmung in Thermoplasten, bei der Partikel das Bestreben haben, in den Bereich niedriger Geschwindigkeit (Werkzeugwand) zu wandern. Stoffe, welche „Plate-out" zeigen können, sind z. B. anorganische Pigmente, Stabilisatoren und Füllstoffe. Bei Weißpigmenten (Titandioxid TiO$_2$ = ca. 75 % der Weltproduktion von Weißpigmenten) tritt eine Ausscheidung unter dem Begriff „Kreiden" auf, welche auf oxidativen Abbau des Kunststoffes, beschleunigt durch photoaktives Titandioxid, zurückzuführen ist. Bei Werkstoffen mit Farbmitteln tritt zusätzlich zum „Plate-out"-Effekt die Migration auf. Bei der Migration, dem Auswandern von Farbmitteln bedingt durch nicht vollständige Löslichkeit, unterscheidet man zwischen Lösungsmittelbluten (Abgabe von färbenden Bestandteilen an eine organische Flüssigkeit), Kontaktbluten (ähnlich wie das Lösungsmittelbluten, aber im System Festkörper/Festkörper, z. B. Folie/Folie) und Ausblühen (Auswandern von Pigmentteilchen bei Raumtemperaturlagerung aus dem System Kunststoff/Pigment). Die Migration tritt nur in größeren Zeiträumen am Fertigteil auf (Tage oder Monate) und ist somit nicht für eine Belagbildung im Werkzeug verantwortlich. Werkstoffe, die flammhemmend modifiziert sind, können bei hoher Materialbelastung chemisch reagieren. Die dabei frei werdenden Zersetzungsprodukte können Formenbelag hervorrufen und, je nach Aufbau, auch Korrosion im Werkzeug verursachen [KIM02].

Die Reduzierung von Belägen kann oftmals zu einer sehr detailreichen Problemstellung ausufern. So wird häufig eine schnelle verfahrenstechnische Lösung angestrebt, ohne die Umstände und Prozessumgebung mit einzubeziehen. Die Untersuchung aller anderen Faktoren geht zumeist mit einem hohen Kosten- und Zeitaufwand einher. Zudem kann die Prüfung des Prozessfensters hinsichtlich ungenauer oder fehlerhafter Einstellungen bereits zu Erfolgen führen oder zumindest die Ursachenforschung vorantreiben. Es sollten allerdings vorher die folgenden generellen Punkte für eine erste Betrachtung beachtet werden:

- Der Einsatz von Schmier- und Trennmitteln kann zu einer Nachfolgereaktion im Werkzeug führen.
  - *Welche Medien werden in der Fertigung eingesetzt und in welchen Mengen / wie häufig werden diese genutzt?*
- Eine zu lange Trocknungszeit oder ein mehrfaches Trocknen des Materials kann bei kritischen Polymeren und besonders reaktionsfreudigen Additiven, wie Flammschutz, UV-Absorbern oder Treibmitteln, ebenfalls zu Materialabbau führen.
  - *Sind das Trocknervolumen und der Materialdurchsatz aufeinander abgestimmt?*
- Die Restfeuchte des Materials ist zu hoch und es werden durch das Verdampfen von Wasser weitere Reaktionen und Ausgasungseffekte gefördert.
  - *Wird die Restfeuchte per Messungen geprüft?*
- Die Materialbelastung durch Massetemperatur, Verweilzeit, Schubspannung und Schergeschwindigkeit bei der Plastifizierung und dem Einspritzprozess

ist zu hoch und erzeugt einen zu hohen Materialabbau und eine erhöhte Emissionsbildung.

- *Liegen hierzu bereits Erfahrungen oder Kennwerte vor, z. B. von vorangehenden Produktionen oder Materialdatenblättern, welche abgeglichen werden können?*

- Die eingesetzten Materialien und beigemischte Additive zeigen bei der Verarbeitung eine Unverträglichkeit. Dazu gehören Farbmittel und Batches, Treibmittel, zum Beispiel beim Schäumen, oder auch Entformungshilfen, welche dem Polymer zusätzlich beigemischt werden.
  - *Wurden diese Kombinationen durch den Materialhersteller geprüft und stimmen die Mischungsverhältnisse?*
- Eine mangelnde Werkzeugentlüftung am Fließwegende und im Bereich des Übergangs von der Kavität zur Trennebene. Auch eine vorhandene Werkzeugentlüftung kann durch zu hohe Schließkräfte verschlossen oder auch bei starker Belagbildung zugesetzt werden und ihre Wirkung verlieren.
  - *Wurde eine ausreichende Entlüftung eingebracht (siehe Abschnitt 5.5.4)?*
- Die Werkzeuggeometrie, besonders im Anguss-/Anschnittbereich oder Dünnstellen, ist für die erreichbaren Fließeigenschaften des Kunststoffes nicht ausgelegt und es entstehen hohe Schergeschwindigkeiten in diesen Bereichen.
  - *Stehen hierzu Kennwerte oder Simulationsdaten zur Verfügung, welche eine Aussage ermöglichen?*

Da jedes Spritzgusswerkzeug durch seine Artikelgeometrie und Aufbauweise definiert wird, sowie die meisten Kunststoffe ein breites Verarbeitungsspektrum aufweisen, ist nach der allgemeinen Betrachtung eine systematische Vorgehensweise entscheidend für eine Aussage über die potenziellen Ursprünge von Belägen. Zusätzliche Informationen zur Belagbildung können durch die Nutzung von Analysen gewonnen werden, welche in Kapitel 4 beschrieben wurden. Des Weiteren können Fließ- und Füllsimulationen Hinweise zur Scherbelastung geben sowie auftretende Temperaturspitzen aufzeigen. All diese Informationen sind bei Problemstellungen, welche nicht nur verfahrenstechnisch gelöst werden können, hilfreich, um eine fundierte Lösungsstrategie zu verfolgen. Anschließend kann zum Beispiel durch Optimierung oder Anpassungen der einzelnen Werkzeugkomponenten, durch gezielte Beschichtungen oder eine gezielte Veränderung des Materials beziehungsweise die Nutzung von Alternativmaterialien eine dauerhafte Reduzierung der Belagbildung erzielt werden [KIM21].

Wie schon erwähnt, ist bei der Prozessoptimierung die potenziell effizienteste Vorgehensweise zu finden. Eine systematische Einstellung und Prüfung der korrespondierenden Prozessparameter sollte stets mit entsprechender Dokumentation einhergehen. Eine potenzielle Vorgehensweise wird im Folgenden dargestellt. [KIM02]

### 5.5.3 Prozessoptimierung

Die Reduzierung entstehender Beläge im laufenden Prozess ist mit einer simplen Folge von Abfragen möglich. Entsprechend der Prozessreihenfolge sollte zunächst die resultierende Massetemperatur geprüft werden.

Die Massetemperatur entsteht durch ein Zusammenspiel von thermischen und mechanischen Einflüssen im Plastifizierzylinder. Dabei ist zunächst ein passendes Spektrum an Zylindertemperaturen zu wählen. Diese sollten stets im vom Hersteller angegebenen Bereich liegen. Eine Prüfung der Bauteilgeometrie hinsichtlich der erreichbaren Fließweglängen und etwaigen Scherzonen sollte ebenfalls in Betracht gezogen werden. So können Prozessfehler durch eine übermäßige Belastung und damit einhergehenden Materialabbau bei der korrekten Wahl der Schmelzetemperatur verringert werden. Ebenfalls sollte die Form der Düsenspitze des Plastifizierzylinders geprüft werden, ob zum Beispiel die daran angebrachte Heizzone effektiv die gesamte Länge dieses Bereiches ausfüllt oder potenzielle Temperierfehler entstehen (vgl. Bild 5.32).

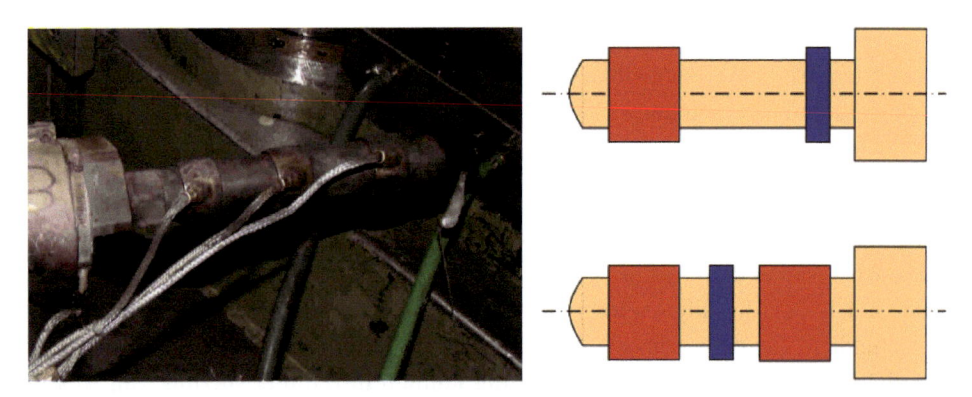

**Bild 5.32** Links: Verlängerte Maschinendüse; rechts: Falscher Aufbau verlängerter Düsen, welcher zu Einfriereffekten neigt (oben), gegenüber einem optimierten Aufbau (unten) [Kor20]

Weitere Maßnahmen, um die Massetemperatur zu variieren, sind die Verringerung der Schneckendrehzahl und des Staudruckes, um eine zu hohe Scherung während des Plastifizierprozesses zu verhindern. Hier sind ebenfalls die Angaben des Materialherstellers zu beachten. Bei der Zumischung von Farbbatches ist bei der Verringerung des Staudruckes auf die Bildung von Farbschlieren zu achten. Die Schneckendrehzahl sollte weitestgehend an die Restkühlzeit angepasst werden, um einerseits so schonend wie möglich zu dosieren, aber auch andererseits die Zykluszeit nicht zu verlängern. Eine Veränderung der Zylindertemperaturen bedingt eine erneute Einstellung des Umschaltpunktes und der zugehörigen Einspritz- und Nachdruckprofile. Das Verringern der Einspritzgeschwindigkeit kann zu einem ähnlichen Effekt wie die Verringerung von Schneckendrehzahl und Staudruck führen, sollte es beispielsweise in den Anschnittgeometrien zu einer erhöhten Scherwirkung kommen.

Falls eine Veränderung der Massetemperatur und der zugehörigen Prozessparameter nicht möglich ist, so sollte die Verweilzeit geprüft werden. Auch hierbei sind die Herstellerangaben zu prüfen und entsprechend Anpassungen auszuführen. Eine erhöhte Verweilzeit entsteht ebenfalls bei der Verwendung zu großer Plastifiziereinheiten. Die Verwendung eines passenden Schneckendurchmessers und L/D-Verhältnisses ist in jedem Fall anzustreben.

Sollten die passenden Plastifizierparameter und die passende Schneckengröße gewählt worden sein, sollte als nächstes die Aufbereitung des Kunststoffmaterials geprüft werden. Neben der obligatorischen Messung der Restfeuchte gehören dazu die Überprüfung von Verpackung und Lagerung als auch der Trocknung des Materials. Bei der Umfüllung des Materials aus anderen Gebinden ist die Kontaminierung desselben auszuschließen. Die Trocknungsdauer und die Verweilzeit, sowohl bei externen als auch bei auf der Plastifiziereinheit aufgesetzten Trocknern, ist passend zu den Angaben des Materialherstellers zu wählen. Eine Erhöhung der Flanschtemperatur, beziehungsweise der Temperatur am Materialeinzug, kann des Weiteren eine Schwitzwasserbildung unterbinden [KIM21].

Als weitere Optimierungsmaßnahme ist bei einer Zumischung von Farbmitteln oder anderen Additiven, neben der Überprüfung der Verträglichkeit des Trägermaterials zu benannten Farbmitteln oder Additiven, die thermische Stabilität dieser Zumischung zu prüfen. Dazu gehört auch das passende Mischungsverhältnis. Hierbei kommt es zu Fehlerbildern, welche von Farbschlieren und Farbabweichungen bis hin zu Verbrennungsspuren Gestalt annehmen. Eine tiefergehende Erfassung zur Verträglichkeit zwischen Farbmitteln/-batches und den Materialarten ist meistens nur in Verbindung mit Laborprüfungen möglich [Kor20].

Eine Belagbildung beim Schäumen von Thermoplasten, bedingt durch die Mechanismen des Formbildungsvorgangs, bedingt eine veränderte Herangehensweise bei der Optimierung. So ist zunächst der Umschaltpunkt zu prüfen, um ein potenzielles freies Aufschäumen vor dem Erreichen des erwünschten Füllgrades zu reduzieren. Besonders bei Flammschutzmitteln oder anderen aggressiveren Additiven ist auch hier die Verweilzeit zu prüfen, da es zu einer Reaktion mit dem Schäumadditiv kommen kann. Neben dem Umschaltpunkt ist die Einspritzgeschwindigkeit zu prüfen, wobei diese beim Schäumen erhöht werden sollte, um einen vorzeitigen Gasaustritt aus der Masse zu verhindern. Ebenfalls kann eine frühzeitige Treibmittelexpansion im Schneckenvorraum durch eine verschlissene Rückstromsperre oder eine fehlerhaft eingestellte Lageregelung der Schnecke zu Problemen führen [KIM21].

Weitere Maßnahmen können durch eine bessere Entlüftung des Werkzeugs erfolgen. Dazu gehört die optische Kontrolle und Reinigung der Entlüftungskanäle, aber auch die Verringerung der Schließkraft, um einen Übergang in die Entlüftung zu optimieren. Diese kann entweder durch „erweiterte Schließkraftprogramme" erfolgen oder generell verringert werden. Bei ersterem wird erst ab dem Ende der Einspritzphase und dem Anstieg des Forminnendrucks die Schließkraft erhöht aufgebracht und somit die Entlüftung unterstützt. Sollte dies nicht möglich sein oder sich bei einer Verringerung der Schließkraft bereits Grat ausbilden, so sind in den meisten Fällen nur noch werkzeugtechnische Maßnahmen möglich.

### 5.5.4 Optimierung des Spritzgießwerkzeuges

Sollte eine Optimierung der Verfahrensparameter zu keiner ausreichenden Reduzierung des Belages führen, muss das Werkzeug hinsichtlich seiner Entlüftungswege geprüft werden. Dies kann zu zeit- und kostenaufwendigen Änderungen führen, welche entsprechend geplant und koordiniert werden müssen.

Zunächst sind die Positionen der benötigten Entlüftungswege im Spritzgießwerkzeug zu ermitteln. Dazu sind mit einer schrittweise durchgeführten Füllung der Kavität (sog. Füllstudie) die jeweiligen Fließwegenden der Artikelgeometrie festzustellen. Diese Kavitätsbereiche sind direkt mit entsprechenden Entlüftungskanälen zu verbinden, welche auch von den internen Bereichen der Trennebene zu den Werkzeugkanten führen. Eine Verbindung der Entlüftungskanäle zur Kavität sollte mit einem entsprechenden Schliff der Trennebene erfolgen. Dabei kann als erste einfache Herangehensweise die Einbringung von 0,01–0,02 mm für teilkristalline Thermoplaste und 0,02–0,04 mm für amorphe Thermoplaste herangezogen werden. Dieser Schliff sollte über eine ausreichende Breite der Kavität erfolgen. Bei komplexen Werkzeuggeometrien oder hohen Anforderungen durch die Viskositätseigenschaften des Thermoplasts ist es auch möglich, ein Vakuum anzulegen und die gesamte Kavität zu entlüften. Dadurch können zusätzlich etwaige Oxidationen, also Reaktion der Emissionen mit der Luft, verhindert werden [Kor20].

Zusätzlich zu den Entlüftungswegen innerhalb der Trennebene können weitere Entlüftungsmöglichkeiten durch die Verjüngung von Auswerfern oder von Entlüftungsnuten an Schiebern oder Backen geschaffen werden. Dabei können diese Verjüngungen mit der Kavitätsoberfläche durch dieselben Schlifftiefen verbunden werden, welche auch in der Trennebene eingesetzt werden. Weitere Mittel können poröse Einsätze (vgl. Bild 5.33) oder Federventile sein, welche die Emissionen/Entlüftung unterstützen.

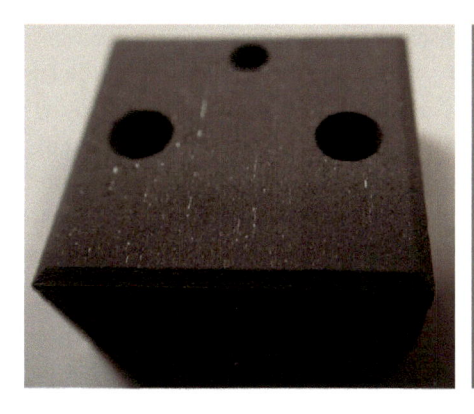

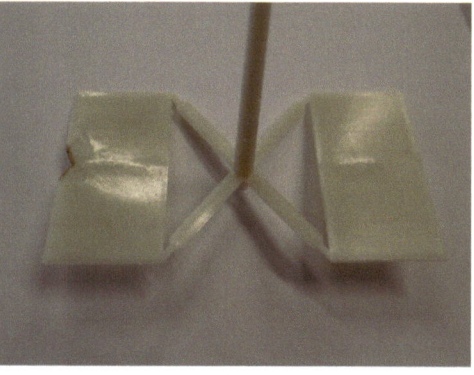

**Bild 5.33** Links: poröser Werkzeugeinsatz zur Entlüftung; rechts: Dieseleffekt bei dichter Kavität gegenüber einer Kavität mit porösem Entlüftungsbaustein [Kor20]

Besonders die porösen Entlüftungselemente sind zwar sehr effektiv, setzen sich allerdings zu und verstopfen durch die Emissionen. Entsprechend müssen die Einsätze regelmäßig gewechselt und durch Pyrolyse oder Ultraschallbäder gereinigt werden. Sollten diese passiven Entlüftungen nicht ausreichen, sind Methoden zur aktiven Entlüftung eine weitere Maßnahme. Neben dem klassischen Vakuum können schon Entlüftungsventile, welche einen definierten Luftstrom erzeugen, ausreichen, um die Entlüftung zu optimieren und die Bildung von Schlieren, Lufthaken oder Dieseleffekten zu verringern. Dies bedingt die Einbringung von Dichtungen oder Pneumatikanschlüssen, welche schon in der Konstruktionsphase geplant werden sollten. Eine hinreichende Analyse der Entlüftungspunkte durch eine rheologische Simulation kann bei der Planung helfen [KIM02].

## 5.5.5 Beschichtungen zur Belagsreduzierung

Falls eine Reduzierung der Formteilfehler oder des Belages, welche durch die Emissionen entstehen, durch verfahrenstechnische und werkzeugtechnische Optimierungen nicht weiter möglich ist, können Beschichtungen eingesetzt werden, um eine zusätzliche Verbesserung zu erreichen. Dabei ist nicht immer eine direkte Reduktion des Belages mitzubetrachten, sondern auch der Schutz des Werkzeuges gegenüber potenziellen Verschleißerscheinungen, wie zum Beispiel Korrosion und Blauversprödung bzw. Heißgaskorrosion bei Dieseleffekten.

Die Wahl einer passenden Beschichtung hängt dabei von den eingesetzten Kunststoffmaterialien, den genutzten Werkzeugstählen sowie den eingebrachten Oberflächenstrukturen ab. Entsprechend sollte bei bestehenden Werkzeugen eine vorhergehende Abstimmung des Beschichtungsverfahrens mit dem gegebenen Werkzeug erfolgen. Bei Neuwerkzeugen ermöglicht diese Abstimmung eine Anpassung der Werkzeugstähle an die jeweiligen Bedingungen des Beschichtungsverfahrens. Des Weiteren muss in Betracht gezogen werden, dass eine Verringerung der Anhaftung vom Belag nicht unbedingt auch eine Verringerung der Anhaftung des Basispolymers erzeugt. So kann es zu negativen Folgen für das Entformungsverhalten kommen. Ebenfalls sind eine Veränderung der thermischen Eigenschaften der Werkzeugoberfläche und damit einhergehende Veränderungen der Abformungseigenschaften möglich, welche zu Glanzgradunterschieden auf den Formteilen führen. Eine Abstimmung mit dem jeweiligen Beschichter und/oder Oberflächenspezialisten, genauso die Rücksprache mit dem Auftraggeber ist empfehlenswert [Kor20].

Die Variierung von Prozesseigenschaften, wie dem Schäumen, die Anpassung der Prozessparameter und/oder von Additiven sowie Füll- und Verstärkungsstoffen, kann zu einer erheblichen Veränderung der Wirkung von Beschichtungen führen. Eine generelle Aussage über die Wirkung von Beschichtungen ist entsprechend schwierig. Generelle Tendenzen zeigen Tabelle 5.5 und Tabelle 5.6 aus einer Versuchsreihe zur Minimierung von Belagsspuren am Kunststoff-Institut Lüdenscheid. Dieses Verhalten kann sich aber zum Beispiel bei Additiven, wie Flammschutzmitteln, Fließhilfen oder Entformungshilfen, drastisch verändern.

**Tabelle 5.5** Übersicht diverser Polymertypen und korrespondierender Beschichtungen zur Belagsreduzierung [Kor20]

| Kunststoffe | | TiN (2–8 µm) | TiCN (2–8 µm) | CrN (2–8 µm) | TiAlN (2–8 µm) | TiAlN (8–10 µm) |
|---|---|---|---|---|---|---|
| Polyolefine | PE, PP, PB | + | | +++ | | +++ |
| Styrol-Polymerisate | PS, SB, SAN, ABS, ASA | +++ | | ++ | | +++ |
| Chlorhaltige Polymerisate | PVC | | | ++ | | |
| Fluorhaltige Polymerisate | PTFE, PVDF | | | ++ | | |
| Acetalharze | POM | + | | +++ | | |
| Polyamide | PA | +++ | | +++ | ++ | |
| Lineare Polyester | PC, PBT(B), PET(P) | +++ | | +++ | | +++ |
| Polyarylenethene | PEEK, PPS, PSU, PES, PPE, PPO | + | ++ | +++ | +++ | |
| Polyimide | PI | +++ | | | | |
| Celluloseester | CA, CP, CAP | +++ | | | | |
| Polyacrylate | PMMA | +++ | | | | |
| Polyurethane | TPU | | | +++ | | |

**Tabelle 5.6** Übersicht diverser Elastomertypen und korrespondierender Beschichtungen zur Belagsreduzierung [Kor20]

| Kunststoffe | | TiN (2–8 µm) | TiCN (2–8 µm) | CrN (2–8 µm) | TiAlN (2–8 µm) | TiAlN (8–10 µm) |
|---|---|---|---|---|---|---|
| Polyurethane | PUR | | | + | | |
| Synthetischer Kautschuk | NBR, EPDM, Si | + | | ++ | | |
| Fluorierte Elastomere | Multipolymer-TPE, FPM | | | ++ | | |

Es ist empfehlenswert, die Wirkung von Beschichtungen in einfachen Testwerkzeugen zu überprüfen. Hierbei kann bei Belagbildung auf einer polierten Oberfläche eine Glanzgradmessung erfolgen, welche eine aufkommende Belagbildung erfasst. Des Weiteren sollte immer bedacht werden, dass es sich hierbei nur um eine Reduktion des Belages, aber niemals um eine vollständige Entfernung desselbigen handelt. Selbst bei Ausschöpfung der verfahrenstechnischen Optimierungen, der werkzeugtechnischen Lösungen und der Nutzung von Beschichtungen zur Optimierung des Fehlerbildes sind Reinigung und angepasste Wartungszyklen von entscheidender Bedeutung für eine möglichst störungsfreie Produktion [Kor20].

## 5.5.6 Literatur

[KIM02] KIMW NRW GmbH: *Anwenderhandbuch für Schichttechnologien.* 2002

[KIM21] KIMW NRW GmbH: *Störungsratgeber für Formteilfehler an thermoplastischen Spritzgussteilen.* 2021

[Kor20] Korres, M.: *Qualifizierung von Beschichtungen zur Belagsreduzierung.* 2020

## 5.6 Beschichtungen zur Entformungskraftreduzierung

Dr. Ruben Schlutter

### 5.6.1 Einleitung

Die Entformung beschreibt das Herauslösen des gefertigten abgekühlten Formteils aus der Kavität. Idealerweise würde sich das Formteil dabei von selbst lösen und aus dem Werkzeug fallen. Durch Hinterschneidungen und Haftkräfte tritt dieser Fall jedoch nicht ein, sodass das Formteil mit einer Entformungseinrichtung aus dem Werkzeug geschoben werden muss. [HMM+18]

Auf der anderen Seite ist eine robuste Entformung essentiell für einen reibungslosen und störungsfreien Fertigungsprozess. Dem entgegen stehen zunehmend komplexere Formteile und Werkzeuge sowie immer höhere Anforderungen an die optischen und haptischen Eigenschaften des Formteils. Damit steigen die Anforderungen an die Werkzeugoberfläche, da zunehmend Hochglanzpolituren oder Strukturen gefordert werden, die die Entformung erschweren. Zusätzlich soll die Zykluszeit immer geringer werden, sodass die Entformung immer schneller vonstattengehen muss. Dadurch steigt aber die Belastung auf das Formteil und auf das Werkzeug. Generelle Vorhersagen über die Entformungskräfte in Abhängigkeit von der Werkzeugoberfläche und dem verwendeten Kunststoff sind noch nicht möglich. Daher müssen interessierende Werkzeug-Kunststoff-Paarungen im Hinblick auf ihre prinzipielle Entformbarkeit und die Entformungskraft empirisch untersucht werden. Verschiedene Oberflächenmodifikationen und Kunststoffe können miteinander verglichen werden. [Kor16]

### 5.6.2 Stand der Technik

Als grundsätzliche Lösung zur Verringerung von Entformungskräften bietet sich die Erhöhung der Entformungsschrägen an. Die Konizitäten an Werkzeugkernen und innen liegenden Strukturen hängen hauptsächlich vom verwendeten Kunststoff ab. Allgemein sollte eine Entformungsschräge zwischen 1,5° und 3° für amorphe Thermoplaste und eine Entformungsschräge zwischen 0,5° und 3° für teilkristalline Thermoplaste vorgesehen werden.

Bei strukturierten Oberflächen ist ein zusätzlicher Neigungswinkel von 1° pro 25 µm Strukturtiefe notwendig, um eine Entformung sicherzustellen. Die Struktur sollte außerdem in Richtung der Entformung verlaufen. [HMM+18]

Häufig steht die Möglichkeit, die Entformungsschrägen zu erhöhen, jedoch nicht zur Verfügung, sodass andere Maßnahmen getroffen werden müssen, um die Entformungskraft zu reduzieren.

Prinzipiell schwinden hülsenförmige und kastenförmige Bereiche des Formteils auf die entsprechenden Werkzeugkerne auf. Das Abkühlen des Kunststoffes führt dazu, dass eine formschlüssige Kontaktfläche zwischen dem Kunststoff und der Werkzeugkavität ausgebildet wird. Diese Kontaktfläche ist der Ort, an dem während der Entformung die Reibung auftritt. Für die Entformung dieser Bereiche ist eine Normalkraft nach Formel 5.3 notwendig. [HMM+18]

$$F_E = \mu \cdot p_F \cdot A_F \tag{5.3}$$

| | | |
|---|---|---|
| $F_E$ | Entformungskraft | [N] |
| $\mu$ | Reibbeiwert | [-] |
| $p_F$ | Flächenpressung zwischen Formteil und Kern | [MPa] |
| $A_F$ | Mantelfläche des Kerns | [mm²] |

In der Kontaktfläche zwischen der Werkzeugkavität und dem Kunststoff wirken verschiedene Adhäsionskräfte. Die Adhäsion kann in ihrer Gesamtheit nicht beschrieben werden, sodass verschiedene Theorien entwickelt worden sind, die jeweils einzelne Aspekte der Adhäsion beschreiben können. Daher wird grundsätzlich zwischen mechanischer und spezifischer Adhäsion unterschieden. [Ach09, Dut00]

Bei der mechanischen Adhäsion werden formschlüssige Verklammerungen zwischen den beteiligten Partnern in der Kontaktfläche ausgebildet. Zum Losreißen und Überwinden dieser Verklammerungen ist eine Losreißkraft erforderlich [Pop16]. Beim Spritzgießprozess ist durch die unterschiedliche Prozessführung eine teilweise Füllung oder eine vollständige Ausfüllung der Rauheiten der Kavitätsoberfläche möglich (vgl. Bild 5.34).

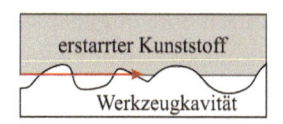

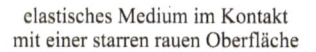

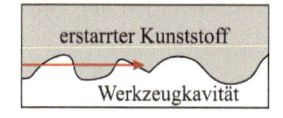

**Bild 5.34** Abhängigkeit der Entformungskraft von der Oberflächenrauheit (eigene Abbildung in Anlehnung an [Pop16])

Die wichtigsten Parameter zur Beeinflussung der mechanischen Adhäsion sind die Oberflächenenergie und der Schubmodul des elastischen Mediums. Aus der Betrachtung der Energiebilanz zwischen der elastischen Verformung des elastischen Mediums und der Oberflächenenergie kann nach Formel 5.4 abgeschätzt werden, ob ein Kleben in der Kontaktfläche auftritt. Durch die mechanische Adhäsion kann auch erklärt werden, warum Kunststoffe an hochglanzpolierten Oberflächen (kleine charakteristische Höhe und große charakteristische Wellenlänge der Oberflächenrauheit) haften. [Pop16]

$$\frac{G \cdot h^2}{4 \cdot \gamma \cdot l} > 1 \tag{5.4}$$

| | | |
|---|---|---|
| $G$ | Schubmodul des elastischen Mediums | [MPa] |
| $h$ | charakteristische Höhe der Oberflächenrauheit | [mm] |
| $\gamma$ | Oberflächenenergie | [mJ] |
| $l$ | charakteristische Wellenlänge der Oberflächenrauheit | [mm] |

Die Theorien der spezifischen Adhäsion wurden entwickelt, um das Haften von Stoffen an glatten Oberflächen zu erklären, da dieser Effekt nicht durch die mechanische Adhäsion abgebildet werden kann. Die spezifische Adhäsion beruht auf chemischen, physikalischen und thermodynamischen Wechselwirkungen. [Ach09]

Das Ausbilden einer spezifischen Adhäsion auf chemischer Basis setzt die Bildung kovalenter Bindungen zwischen den Adhäsionspartnern voraus und würde eine Entformung eines Kunststoffbauteils aus einem Spritzgießwerkzeug unmöglich machen. [Nik05]

Physikalische Adhäsionskräfte beruhen auf dem Ausbilden elektrischer Felder durch die Nahordnung von Molekülen, sodass physikalische Bindungen ausgebildet werden können. Diese können grundsätzlich in Wasserstoffbrückenbindungen und van-der-Waals-Bindungen, basierend auf Dipolkräften, Dispersionskräften und Induktionskräften, unterteilt werden. [Kai21]

Bei den Wasserstoffbrücken ist der positive Pol immer das Wasserstoffatom in der Wechselwirkung der orientierten Dipole. Dipole entstehen durch eine ungleichmäßige Verteilung der elektrischen Ladungen. Aufgrund dieser elektrischen Ladung werden weitere Moleküle orientiert, sodass sich Moleküle über die Grenzfläche hinweg anziehen können, da sich die Moleküle im Haftpartner ebenfalls ausrichten können. Dipolkräfte können daher nur in polaren Molekülen wirken. [Kai21]

Bei Dispersionskräften kommen schwache zwischenmolekulare Anziehungskräfte zustande, die auf der spontanen Fluktuation der Elektronendichte basieren. Die Elektronenfluktuation erzeugt ein elektrisches Dipolmoment, was zur Ausrichtung eines benachbarten Moleküls führt, da dieses dann ebenfalls einen Dipol ausbildet. Deshalb wirken Dispersionskräfte auch zwischen völlig unpolaren Stoffen.

Wenn Dispersionskräfte zwischen gleichen Stoffen auftreten, handelt es sich um Induktionskräfte. [Kai21]

Entscheidend für die Entformung ist die Reichweite der jeweiligen spezifischen Adhäsionskraft, da diese mit zunehmender Entfernung an der Bindung der beteiligten Partner abnehmen. Tabelle 5.7 verdeutlicht diesen Zusammenhang. Während der Schwindung des Kunststoffbauteils oder während der Entformung werden die physikalischen Adhäsionskräfte gelöst.

**Tabelle 5.7** Bindungsenergien physikalischer Bindungen [Dut00]

| Bindungsart | Bindungsenergie | mittlere Reichweite |
|---|---|---|
| Dipolkräfte | 20 kJ/mol | 0,40–0,50 nm |
| Induktionskräfte | ≤ 2 kJ/mol | 0,35–0,45 nm |
| Dispersionskräfte | 0,1–40 kJ/mol | 0,35–0,45 nm |
| Wasserstoffbrückenkräfte | 50 kJ/mol | 0,25–0,30 nm |

Die thermodynamische Adhäsionstheorie geht davon aus, dass oberflächliche Benetzungsvorgänge bei der Ausbildung der Kontaktfläche auftreten. Dabei wird davon ausgegangen, dass der Kunststoff eine geringere oder gleich große Oberflächenenergie wie der Stahlwerkstoff des Spritzgießwerkzeuges aufweist. Häufig treten jedoch zusätzliche Kräfte auf, sodass diese Theorie im Zusammenhang der Entformung ungeeignet ist. [Ach09]

Die Größe des Reibbeiwertes $\mu$ hängt also hauptsächlich von der Werkstoffpaarung zwischen dem Werkzeugwerkstoff und dem Kunststoff ab. Einflüsse, die sich aus der Prozessführung des Spritzgießprozesses ergeben, werden an dieser Stelle nicht weiter betrachtet.

Die Entformungskraft hängt unter anderem von der Oberflächenrauheit des Werkzeugwerkstoffes ab, wie in Bild 5.35 dargestellt. Dabei können zwei Effekte auftreten. Im Bereich sehr kleiner Oberflächenrauheiten (Ra < 0,2 µm [SKS+00]) treten hauptsächlich spezifische Adhäsionseffekte auf, die zu einem starken Haften des Formteils führen. Mit zunehmender Oberflächenrauheit sinkt der Einfluss der Adhäsionskräfte bis auf ein Minimum.

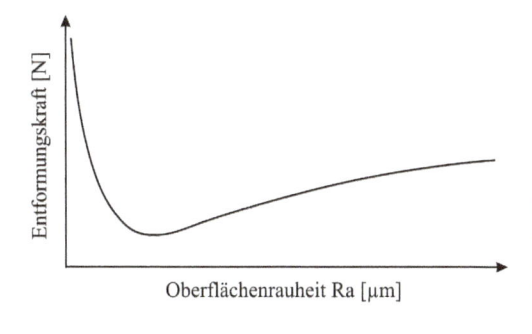

**Bild 5.35** Abhängigkeit der Entformungskraft von der Oberflächenrauheit (eigene Abbildung in Anlehnung an [HMM+18, SKS+00]

Mit zunehmender Oberflächenrauheit (Ra > 1 µm [HMM+18]) steigt die Entformungskraft durch mechanische Adhäsion an, da die Oberflächenrauheit zunehmend mikroskopische Hinterschneidungen bildet, in die die Kunststoffschmelze während der Füllung und während des Nachdruckes fließt. Diese Hinterschneidungen führen zu einer Verklammerung des Formteils auf dem Werkzeugkern, sodass die Entformungskraft wieder steigt.

Neben den Adhäsionskräften wird das Bauteil bei der Entformung auch deformiert. Die Deformation resultiert aus dem Gleiten des Kunststoffbauteils und der Rauheit der Werkzeugkavität. Die Deformation beruht auf der Verformung des Kunststoffbauteils während des Gleitens. Dabei erfolgt eine innere Dämpfung, sodass eine Reibkraft entsteht. Die Umwandlung von mechanischer Energie in thermische Energie aufgrund der thermoplastischen Verformung ist ebenfalls möglich. Da die Werkzeugkavität und das Kunststoffbauteil aufeinander abgleiten, bilden sich mehrere Kontaktflächen aus. Aufgrund des viskoelastischen Verhaltens der Kunststoffe und der Änderung der Last während der Verformung sind die Kontaktflächen nicht konstant. Durch die Kriechvorgänge im Kunststoff nimmt die Größe der Kontaktflächen zu, da immer mehr Rauheitsberge zu Kontaktflächen werden. Durch die Verdrängung entstehen innere Spannungen, die die Wirkung der äußeren Kräfte ausgleichen. [Bur09]

Zum Stand der Technik zur Reduzierung der Entformungskräfte gehören der Einsatz von Gleit- und Trennmitteln auf der einen Seite und das Applizieren von PVD- oder CVD-Beschichtungen auf der anderen Seite [HMM+18, Kay17]. Beide Anwendungen können dabei zu einer Reduzierung der Entformungskraft führen.

Der Einsatz von Gleit- und Trennmitteln stellt dabei jedoch einen Eingriff in die Sauberkeit des Prozesses dar. Dieser führt zu einer Kontaminierung der gefertigten Bauteile [MPG+10]. Eine Reinigung der Bauteile für weitere Prozessschritte, wie eine Lackierung oder eine Metallisierung, ist dann notwendig. Eine Fertigung von Medizinprodukten oder Reinraumprodukten ist auf diesem Wege gar nicht möglich.

Beschichtungen der Werkzeugoberfläche beeinflussen neben der Entformung auch andere Eigenschaften in der Prozessführung. So können PVD- und CVD-Schichten eine andere Wärmeleitfähigkeit als der umgebende Werkzeugstahl aufweisen, was zwar die Abformgenauigkeit der Werkzeugkavität verbessert, aber die Entformung verschlechtert. Fehlstellen und Poren in der Schicht können darüber hinaus die Korrosion der Werkzeugkavität begünstigen oder sogar verstärken. [For18]

## 5.6.3 Anwendungsmöglichkeiten und Potentiale

Durch die in Abschnitt 4.10 beschriebene Versuchsanordnung können verschiedene praktische Fragestellungen im Bereich der Entformung gefertigter Bauteile untersucht werden, um auftretende Probleme zielgerichtet lösen zu können, oder um Empfehlungen zur Modifizierung der Kavitätsoberflächen eines Spritzgießwerkzeuges geben zu können.

### 5.6.3.1 Werkstoffauswahl des thermoplastischen Werkstoffs

Bild 5.36 zeigt das Entformungsverhalten verschiedener ungefüllter Kunststoffe an einer unbearbeiteten Versuchsronde mit Hochglanzoberfläche. Es ist zu sehen, dass sowohl die Wahl der Kunststofffamilie als auch die Wahl der speziellen Kunststofftype einen deutlichen Einfluss auf das Entformungsverhalten haben. Praktisch bedeutet das, dass die Auswahl des Kunststoffes einen erheblichen Einfluss auf die Anzahl und Positionierung der Auswerfer in einem Spritzgießwerkzeug hat und jeweils auf den gewählten Kunststoff angepasst werden muss. [HMM+18]

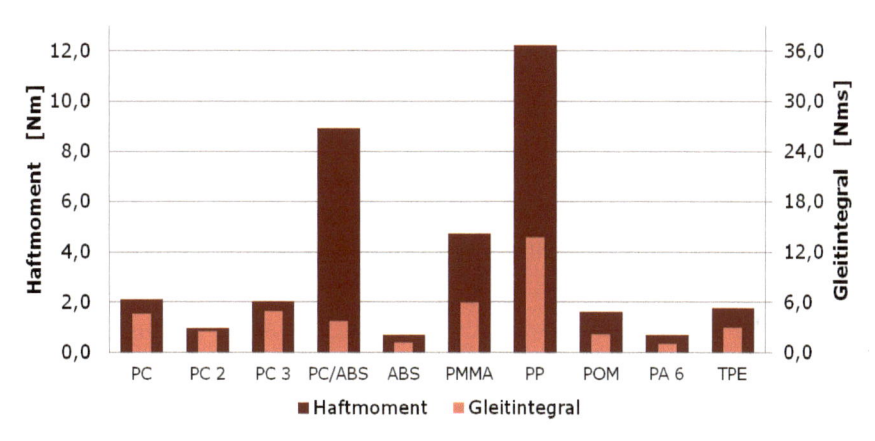

**Bild 5.36** Haftmoment und Gleitintegral verschiedener ungefüllter Kunststoffe an einer Hochglanzoberfläche (Quelle: KIMW)

### 5.6.3.2 Zugaben von Additiven

Die Abschätzung der Höhe der Entformungskraft kann bereits während der Werkstoffauswahl erfolgen. Bild 5.37 zeigt die Unterschiede im Haftmoment eines ungefüllten Polycarbonates mit verschiedenen Anteilen eines Entformungsadditivs. Die Entformung erfolgte an einer Versuchsronde mit einer unbearbeiteten Hochglanzoberfläche. Es ist zu sehen, dass die Versuchsmethodik sehr stabile Ergebnisse liefert, da das Haftmoment über mehrere hundert Spritzgießzyklen stabil konstant bleibt.

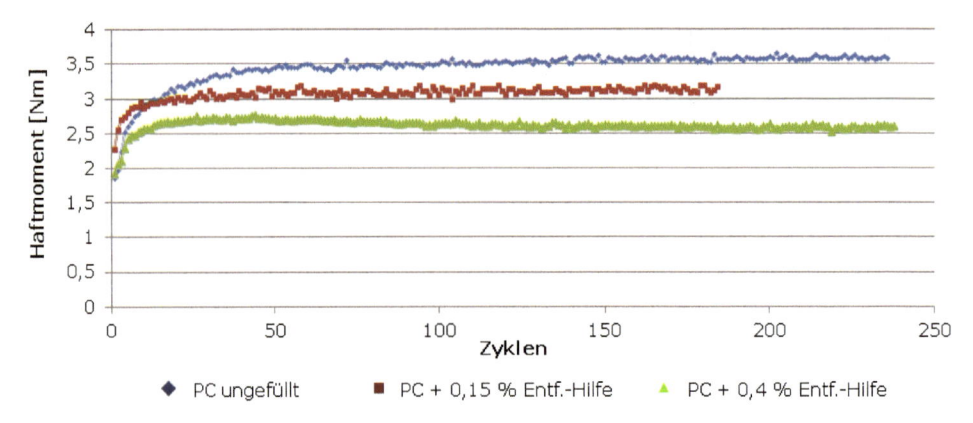

**Bild 5.37** Vergleich verschiedener Additivzugaben in PC (Quelle: KIMW)

Die blaue Kurve zeigt das Haftmoment des ungefülllten Polycarbonates. Es zeigt sich zum einen, dass bereits die eine geringe Änderung des Anteils an Entformungsadditiv einen deutlichen Einfluss auf die spätere Entformbarkeit des Bauteils hat. Die rote Kurve zeigt das Haftmoment bei einer Zugabe von 0,15 % Entformungshilfe. Die grüne Kurve zeigt das Haftmoment bei einer Zugabe von 0,4 % Entformungshilfe. Die Beimischung von 0,15 % Entformungshilfe führt zu einer schnelleren Belagbildung und zur schnelleren Ausbildung eines Gleichgewichtszustandes bei der Entformung nach ca. 15 Zyklen. Nachteilhaft ist die schnellere Verschmutzung des Spritzgießwerkzeuges. Bei der Beimischung von 0,4 % Entformungshilfe wird diese zuerst als Gas entfernt, sodass es länger dauert, bis sich ein Gleichgewichtszustand bei der Entformung einstellt. Dieser wird nach ca. 30 Zyklen erreicht.

Darüber hinaus hat die Variation des Spritzgießprozesses einen Einfluss auf die Messergebnisse. So führt eine Erhöhung der Werkzeugwandtemperatur sowohl zu einem höheren Haftmoment als auch zu einem höheren Gleitreibmoment. Dies liegt vor allem in der Abformgenauigkeit begründet, da die Abformung der Mikrorauheiten der Werkzeugkavität bei einer höheren Werkzeugwandtemperatur besser ist. Dabei bilden sich kleinste Hinterschnitte, die durch ein erhöhtes Drehmoment entformt werden müssen. Eine spätere Entformung und damit eine niedrigere Entformungstemperatur senkt das Haftmoment und das Gleitreibmoment.

## 5.6.4 Modifizierung der Kavitätsoberfläche

Bild 5.38 zeigt den Einfluss der Werkzeugoberfläche auf die Entformung am Beispiel eines ungefüllten PC. Im Rahmen der durchgeführten Versuche wurde die Oberfläche der Versuchsronden mit verschiedenen Oberflächenstrukturen versehen.

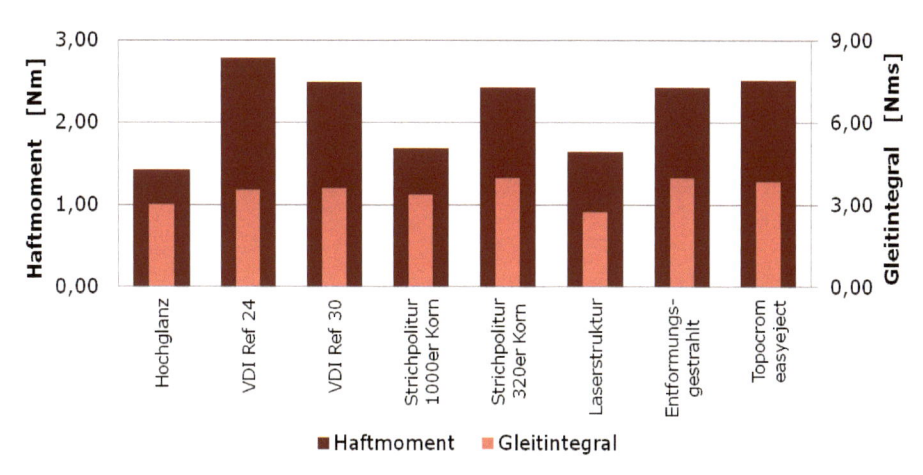

**Bild 5.38** Haftmoment und Gleitintegral bei PC bei verschiedenen Werkzeugstrukturen (Quelle: KIMW)

Dabei zeigt sich, dass die Oberflächenstruktur einen deutlichen Einfluss auf die Entformbarkeit hat. So führt eine feinere Bearbeitung der Oberfläche (VDI Ref 24 und Strichpolitur mit 320er Korn) jeweils zu einer höheren Entformungskraft als das jeweilige gröbere Pendant.

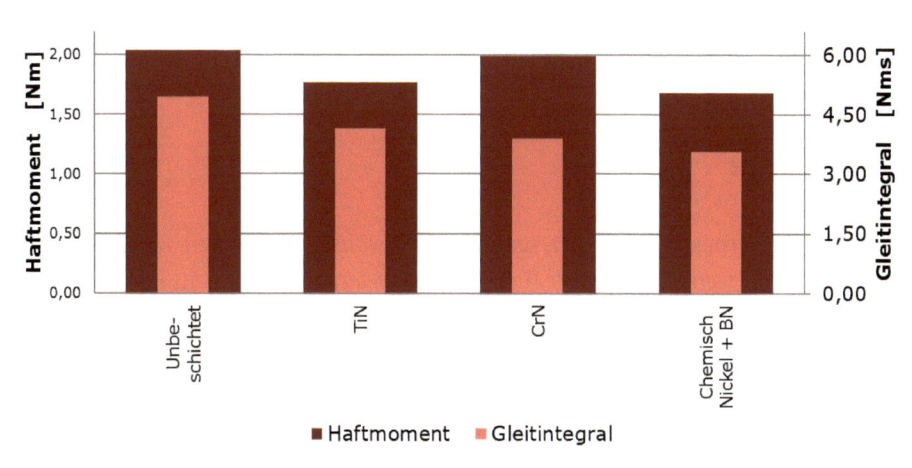

**Bild 5.39** Haftmoment und Gleitintegral bei PC bei verschiedenen Werkzeugbeschichtungen (Quelle: KIMW)

Bild 5.39 zeigt den Einfluss verschiedener Werkzeugbeschichtungen auf die Entformung. Das verwendete PC ist nicht identisch mit dem PC, mit dem die Abhängigkeiten der Werkzeugstrukturen aus Bild 5.37 aufgenommen worden sind. Es ist unter anderem ersichtlich, dass sich das Haftmoment und das Gleitintegral bei der

Entformung von der unbearbeiteten Versuchsronde unterscheiden. Es ist zu sehen, dass alle verwendeten Beschichtungen zu einer Reduzierung sowohl des Haftmoments als auch des Gleitintegrals führen. Da deutliche Unterschiede zwischen den einzelnen Beschichtungen bestehen, ist die Wahl der entsprechenden Beschichtung mit Sorgfalt zu treffen und auf den jeweiligen Kunststoff abzustimmen.

### 5.6.5 Zusammenfassung

Im Rahmen der durchgeführten Arbeiten konnte eine genaue und reproduzierbare Abbildung der Reibzustände im Spritzgießwerkzeug während der Entformung unter seriennahen Bedingungen erreicht werden. Damit konnten die bisherigen Unzulänglichkeiten, die bei der Abbildung der Reibzustände während der Entformung auftreten, überwunden werden. Im Ergebnis wurde ein einfacher und robuster Versuch etabliert, um die Entformung abbilden zu können. Dabei sind der Modifikation der Werkzeugoberfläche in Bezug auf die Werkstoffauswahl, das Einbringen von Strukturen oder dem Aufbringen von Beschichtungen durch den Einsatz von standardisierten Entformungsronden keine Grenzen gesetzt. Auch der Kunststoff kann weitestgehend frei gewählt werden, um die Versuche durchzuführen. Die einzigen Einschränkungen bestehen in der maximalen Werkzeugwandtemperatur, die 140 °C beträgt, und in der Mindesthärte des Kunststoffes, die min. 30–40 Shore A betragen muss.

### 5.6.6 Literatur

[Ach09]  ACHEREINER, F.: *Verbesserung der Adhäsionseigenschaften verschiedener Polymerwerkstoffe durch Gasphasenfluorierung.* Dissertation. Universität Erlangen-Nürnberg, 2009

[Bur09]  BURGSTEINER, M.: *Entformungskräfte beim Spritzgießen in Abhängigkeit von Oberflächenrauigkeit, Stahlwerkstoff, Vorzugsrichtung der Oberflächenstruktur, Beschichtung und Kunststofftyp.* Masterarbeit, Montanuniversität Loeben, 2009

[Dut00]  DUTSCHK, V.: *Oberflächenkräfte und ihr Beitrag zur Adhäsion und Haftung in glasfaserverstärkten Thermoplasten.* Dissertation. Technische Universität Dresden, 2000

[For18]  FORNALCZYK, G.: *persönliche Mitteilung.* 12.09.2018, gemeinnützige KIMW-Forschungs-GmbH, Lüdenscheid

[HMM+18] HOPMANN, C.; MENGES, G.; MICHAELI, W.; ET. AL.: *Spritzgießwerkzeuge*. München, Wien: Carl Hanser Verlag, 2018, 7. Auflage

[Kai21] KAISER, W.: *Kunststoffchemie für Ingenieure*. München, Wien: Carl Hanser Verlag, 2021, 5. Auflage

[Kay17] KAYNAK, B.: *Perfluoralkylsilan Beschichtungen für Formen und Werkzeuge in der Kunststofftechnik*. Dissertation, Montanuniversität Leoben, 2017

[Kor16] KORRES, M.: *Optimierung eines Messwerkzeuges für das Entformungsverhalten im Spritzgießprozess*. Bachelorarbeit, Fachhochschule Südwestfalen, 2016

[Nik05] NIKOLOVA, D.: *Charakterisierung und Modifizierung der Grenzflächen im Polymer-Metall-Verbund*. Dissertation. Universität Halle-Wittenberg, 2005

[Pop16] POPOV, V.: *Kontaktmechanik und Reibung*. Berlin, Heidelberg: Springer Verlag, 2016, 3. Auflage

[SKS+00] SASAKI, T.; KOGA, N.; SHIRAI, K.; ET. AL.: *An experimental study on ejection forces of injection molding*. In: Precision Engineering, 24 (2000) S. 270–273

## 5.7 Dünnschichtsensorik

Dr. Angelo Librizzi

### 5.7.1 Einleitung

Die Verarbeitung von thermoplastischen Kunststoffen im Spritzgießprozess ermöglicht die Herstellung hochwertiger Formteile unter wirtschaftlichen Bedingungen. Steigende Material- und Herstellungskosten erfordern in Spritzgießbetrieben eine rationelle, reproduzierbare Fertigung bei hoher Produktqualität. Dies verlangt nach transparenten Prozessen und exakter Prozessbeherrschung der qualitätsrelevanten Parameter, die allein durch die Spritzgießmaschine oftmals nicht dargestellt werden können. Durch zusätzliche Sensoren im Spritzgießwerkzeug zur Bestimmung des Werkzeuginnendruckes und der Werkzeugwandtemperatur während der Formteilherstellung können relevante Informationen erfasst werden, die zur Analyse, Optimierung, Überwachung und Dokumentation des Prozesses dienen. Bei komplexen Fertigungsprozessen wird daher zunehmend angestrebt, über kontinuierlich erfasste Prozessinformationen die Prozessgüte zu überwachen und sicherzustellen. Primäres Ziel ist dabei, anhand sensorisch ermittelter Prozesssignale auf Qualitätsschwankungen zu schließen. Das ermöglicht einerseits eine hundertprozentige Qualitätsüberwachung, andererseits besteht eine Basis für zeitnahe, qualitätsabhängige Eingriffe in den Prozess. In diesem Zusammenhang werden standardmäßig Temperatur- und Druckfühler eingesetzt, die eine punktuelle Messung im Spritzgießwerkzeug erlauben. Hierzu sind in der Regel im angussnahen und/oder im angussfernen Bereich entsprechende Bohrungen im Werkzeug vorgesehen, in welche die stiftförmigen Sensoren eingepasst werden.

Ein Sensor (von lat. sentire, dt. „fühlen" oder „empfinden"), Aufnehmer oder Fühler ist ein technisches Bauteil, das bestimmte physikalische oder chemische Eigenschaften qualitativ oder als Messgröße quantitativ bestimmen kann. Diese Größen werden mittels physikalischer oder chemischer Effekte erfasst und in weiterverarbeitbare elektrische Signale umgeformt. In der DIN 1319-1 wird der Begriff Aufnehmer als der Teil einer Messeinrichtung definiert, der auf eine Messgröße unmittelbar anspricht. Damit ist der Aufnehmer das erste Element einer Messkette.

Die standardmäßig in Spritzgießwerkzeugen eingesetzten Sensoren unterliegen gewissen Restriktionen. So ist es zur Vermeidung des Eindringens von Kunststoffschmelze zwischen Sensor und Bohrung erforderlich, vorgegebene Bohrungstoleranzen exakt einzuhalten und zusätzliche O-Ringe zur Abdichtung zu verwenden. In diesem Zusammenhang kann sich die Verarbeitung sehr niedrigviskoser

Schmelzen als problematisch erweisen. Es besteht die Gefahr des Eindringens der Schmelze in den Ringspalt, was zu einer fehlerhaften Messwerterfassung führt oder diese gar vollständig unterbunden wird. Die marktüblichen Messelemente weisen gewisse geometrische Einschränkungen hinsichtlich des Krümmungsradius der Sensorfront auf. Verfügbar sind sowohl Sensorelemente, die mechanisch bearbeitbar und der Werkzeugwandkontur anpassbar sind, als auch Elemente, die keine Bearbeitung der Stirnfläche zulassen. Daher kann eine frei wählbare Positionierung, insbesondere an einer qualitätsrelevanten Bauteilposition, erschwert werden. Bei Temperatursensoren, die eine mechanische Bearbeitung zulassen, muss das eigentliche Messelement, in der Regel ein Drahtthermoelement, einen gewissen Abstand von der mit dem Kunststoff in Kontakt kommenden Oberfläche des eingepassten Stiftes aufweisen. Daher ist von einer Abweichung zwischen der real vorliegenden und der vom Sensor interpretierten Temperatur auszugehen. Ferner kommt es aufgrund der zu erwärmenden Masse der Messelemente zu einer Sensorträgheit. Weiterhin bereiten bei der Spritzgießverarbeitung Verschleiß, Korrosion und Beläge an Werkzeugoberflächen und Werkzeugelementen Probleme, die mit hohen Kosten für Nachbearbeitungen verbunden sind.

Eine Alternative bieten daher Sensoren für Spritzgießwerkzeuge, die mittels Oberflächen- und Schichttechnologien hergestellt werden, um die beschriebenen Einschränkungen zu umgehen und die vorteilhaften Eigenschaften von dünnen Schichten für den Verarbeitungsprozess zu nutzen.

## 5.7.2 Stand der Technik – Werkzeugsensorik

### 5.7.2.1 Druckmessung im Spritzgießwerkzeug

Der Werkzeuginnendruckverlauf ist ein entscheidendes Kriterium zur Analyse, Optimierung, Überwachung und Dokumentation des Spritzgießprozesses [SK01]. Durch die graphische Darstellung des Werkzeuginnendruckes lassen sich eine Fülle von Informationen über das Zusammenwirken von Kunststoff, Spritzgießmaschine, Spritzgießwerkzeug und Umwelt während der Formteilentstehung gewinnen. Abläufe wie das Bemustern, Anfahren und Optimieren von Spritzgießwerkzeugen können beschleunigt durchgeführt und die Formteilqualität sowie deren Konstanz erhöht werden.

Die Formteilentstehung beim Spritzgießen thermoplastischer Kunststoffe lässt sich in vier Phasen einteilen: Füllphase, Kompressionsphase, Nachdruckphase und Restkühlphase.

Der idealisierte Verlauf des Werkzeuginnendrucks über der Zeit, aufgezeichnet mit einem angussnah positionierten Sensor, ist in Bild 5.40 qualitativ für amorphe und teilkristalline Thermoplaste dargestellt.

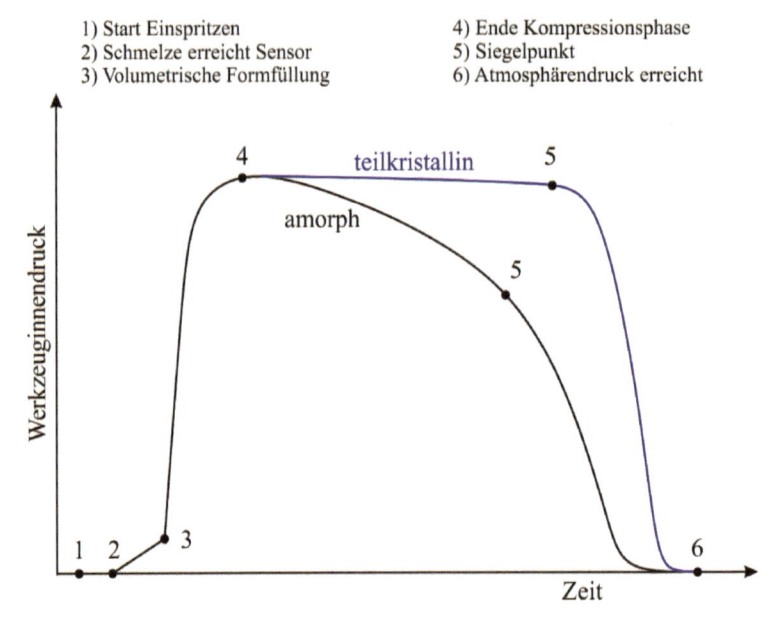

1) Start Einspritzen
2) Schmelze erreicht Sensor
3) Volumetrische Formfüllung
4) Ende Kompressionsphase
5) Siegelpunkt
6) Atmosphärendruck erreicht

**Bild 5.40** Qualitativer Verlauf des Werkzeuginnendrucks während der Formteilherstellung [Thi04]

In Punkt 1 beginnt die Spritzgießmaschine mit dem Einspritzen in die Kavität. Am Punkt 2 erreicht die Schmelzefront den Sensor und der Druck steigt bei konstanter Schneckenvorlaufgeschwindigkeit nahezu linear an. In Punkt 3 ist die volumetrische Füllphase abgeschlossen. Dieser Punkt wird beim Einfahren der Spritzgießmaschine über eine Füllstudie ermittelt und im Idealfall wird nun maschinenseitig von geschwindigkeitsgeregeltem Einspritzen auf druckgeregelten Nachdruck umgeschaltet. Von Punkt 3 nach 4 ist ein steiler Druckanstieg, die Kompressionsphase, zu erkennen, die mit Erreichen des Maximaldruckes in Punkt 4 endet. Von Punkt 4 nach 5 wird während des Abkühlens des Kunststoffes weiteres Material während der Nachdruckphase in die Kavität gebracht. Infolge der Abkühlung wird die Druckübertragung des Nachdrucks und damit der Schmelzefluss vom Schneckenvorraum in das Formnest zunehmend erschwert, da sowohl die Formmasse viskoser wird als auch eine Kanalverengung auftritt, bis letztlich im Punkt 5 der Siegelpunkt erreicht ist. Hier ist der Anschnitt erstarrt und kein weiteres Material kann in die Kavität eingebracht werden. Eine Verlängerung der Nachdruckphase hat keinen weiteren Einfluss auf die Formteilqualität und ist unwirtschaftlich. Der weitere Verlauf des Werkzeuginnendruckes wird anschließend nur vom Schwindungsverhalten des Kunststoffes beeinflusst. In Punkt 6 ist der Druck im Werkzeug auf Atmosphärendruck abgefallen. Erst zu diesem Zeitpunkt soll eine Entformung des Bauteils erfolgen, wenn zudem die Entformungstemperatur erreicht ist.

Die zur Druckmessung erforderliche Messkette besteht aus den Komponenten Druckaufnehmer bzw. Kraftaufnehmer, Ladungsverstärker sowie Messwert-Konverter mit dazu notwendigem Anschluss- und Verbindungskabel. Besonders geeignet für die Druckmessung in Spritzgießwerkzeugen sind Druck- und Kraftaufnehmer auf der Basis des piezoelektrischen Effektes [Bad06, Hau01, Sch05]. Das Herzstück dieser Sensoren stellen künstlich gezüchtete Quarzkristalle dar, die als Antwort auf eine mechanische Belastung eine dazu proportionale Ladung abgeben. Diese elektrische Ladung wird über ein Verbindungskabel zum hochohmigen Eingang eines Ladungsverstärkers zur Signalumwandlung übertragen. Die am Ausgang des Ladungsverstärkers anstehende druckproportionale elektrische Spannung wird anschließend entweder direkt zur Steuerung der Spritzgießmaschine übergeben oder über den Messwert-Konverter mit der Spritzgießmaschine verbunden. Der Messwert-Konverter ist das Glied der Messkette, welches zur Prozessüberwachung an einem PC zwecks Aufzeichnung von Druckverlaufskurven am Bildschirm notwendig ist.

Der Platzierung des Druckaufnehmers an der messtechnisch wirkungsvollsten Stelle der Kavität muss konstruktiv die größte Beachtung geschenkt werden. Da der Werkzeuginnendruck ausgehend vom Anschnitt kontinuierlich bis zum Fließwegende abnimmt, wird häufig die Empfehlung gegeben, den Sensor im anschnittnahen Bereich zu positionieren [Bad08, Hau01, Cor11].

### 5.7.2.2 Temperaturmessung im Spritzgießwerkzeug

Grundsätzlich werden zwei verschiedene Arten der Temperaturmessung beim Spritzgießprozess eingesetzt. Die diskontinuierliche Temperaturmessung wird nach ablauf- oder störungsbedingtem Unterbrechen des Prozesses verwendet, was sich jedoch negativ auf die Wirtschaftlichkeit auswirkt. Es wird immer dann gemessen, wenn eine hinreichend hohe Anzahl an fehlerhaften Formteilen aus der momentan laufenden Spritzgießserie anfällt.

Die geeignetere und wirtschaftlichere Variante ist eine kontinuierliche Temperaturmessung während des laufenden Prozesses. Sie bietet den Vorteil, direkt die Temperaturen des Sensors in der Kavität anzeigen und dem Maschinenbediener somit die Information sofort vermitteln zu können. Dadurch lassen sich Fehler, z. B. hervorgerufen durch falsche Einstellparameter, korrigieren, ohne hohe Kosten aufgrund eines Stillstandes der Spritzgießmaschine zu verursachen.

Mit Temperatursensoren zur kontinuierlichen Temperaturmessung wird der zeitliche Verlauf der Kontakttemperatur zwischen Werkzeugwand bzw. Sensoroberfläche und der Kunststoffschmelze erfasst – die Werkzeugwandtemperaturkurve. Die Werkzeugwandtemperatur beeinflusst entscheidend die Oberflächenqualität/-eigenschaften des Formteils sowie das Schwindungsverhalten des Kunststoffes und somit die Bauteileigenschaften. Daher ist im Zuge der Qualitätsüberwachung und insbesondere unter dem Gesichtspunkt einer zustandsabhängigen Entformung ihre Erfassung zunehmend gefragt. Der Sensor erfasst die Temperaturdifferenz zwischen dem Grundzustand und der maximalen Temperatur während der Formfüllung. Ferner kann durch die Installation mehrerer Sensoren die Temperaturdifferenz über dem Fließweg bestimmt werden. Der Sensor am Fließwegende liefert Informationen über den Zeitpunkt der volumetrischen Formfüllung. Eine weitere Einsatzmöglichkeit eines Temperaturfühlers ist die Erfassung der Schmelzeposition zur Steuerung einer Kaskadenanbindung.

Die gemessenen Temperaturverläufe können zur Überprüfung der Prozessreproduzierbarkeit verwendet werden, da bei gleichbleibenden Viskositätsbedingungen die Schmelze in der gleichen Zeit im Zyklus denselben Ort in der Kavität wieder erreichen muss. Auf diese Weise kann eine Veränderung im Viskositätsverhalten, z.B. infolge von Chargenschwankungen und schwankender Masse- oder Werkzeugtemperatur, erkannt werden.

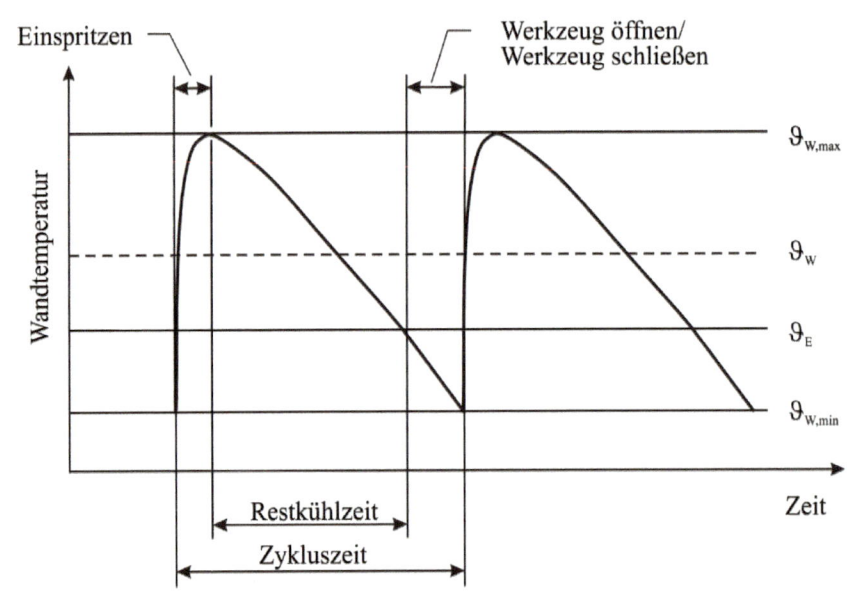

**Bild 5.41** Qualitativer Werkzeugwandtemperaturverlauf im quasistationären Zustand [Thi04]

Der Werkzeugwandtemperaturverlauf (Bild 5.41) bildet sich aufgrund der Erwärmung während der Einspritzphase und der Kühlung während der Nachdruck- und Kühlphase dabei sägezahnförmig aus. Die Temperaturschwankungen an der Werkzeugwand sind physikalisch abhängig vom Werkzeugstahl, von der Formmasse und von deren Temperaturen. Die Werkzeugwand besitzt direkt vor dem Einspritzen die Temperatur $\vartheta_{W,min}$. Berührt die Kunststoffschmelze die kältere Werkzeugwand, so stellt sich an der Grenzfläche augenblicklich eine Kontakttemperatur ein, die der maximalen Temperatur $\vartheta_{W,max}$ entspricht. Während des Zyklus fällt diese kontinuierlich infolge der Werkzeugtemperierung ab. Die Entformung erfolgt bei der Temperatur $\vartheta_E$. Sofern ein quasistationärer Zustand zu Beginn des neuen Zyklus vorliegt, ist $\vartheta_{W,min}$ zu diesem Zeitpunkt wieder erreicht.

Die Vorlauftemperatur des Temperiergerätes wird über den gesamten Verarbeitungsprozess konstant gehalten. Währenddessen steigt die tatsächliche Werkzeugwandtemperatur mit fortlaufender Fertigung, bedingt durch die Wärmezufuhr der heißen Schmelze, nach und nach an, bis ein Gleichgewicht zwischen zu- und abgeführter Wärme erreicht ist (Bild 5.42). Das heißt, der Verlauf mehrerer aufeinanderfolgender Werkzeugwandtemperaturkurven kann dazu genutzt werden, das Erreichen eines thermisch-stationären Zustandes beim Anfahren eines Werkzeuges zu erkennen.

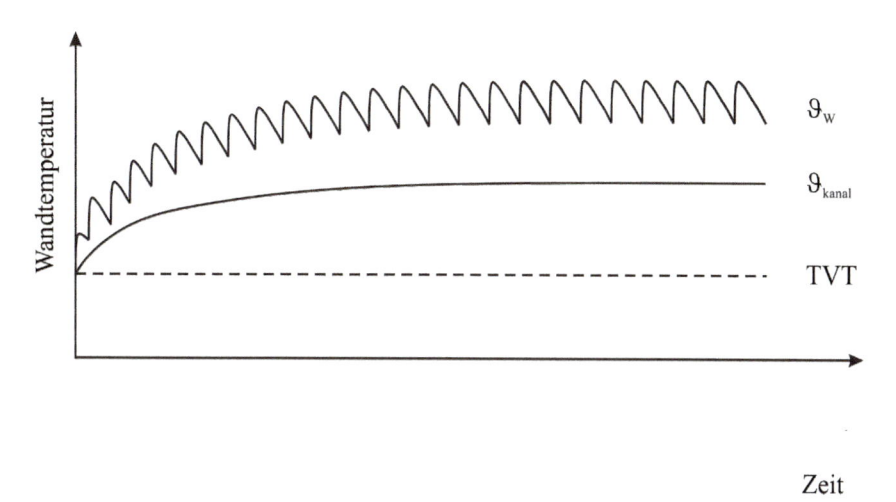

**Bild 5.42** Temperaturverlauf der Werkzeugwand ($\vartheta_W$), des Temperierkanals ($\vartheta_{Kanal}$) und Temperiermittelvorlauftemperatur (TVT) mit fortlaufender Fertigungszeit [Thi04]

Für Werkzeugtemperatursensoren kommen Thermoelemente zum Einsatz, deren Ansprechverhalten im Wesentlichen von deren Masse abhängt; d. h. je geringer die Masse ist, desto schneller reagiert das Thermoelement auf eine Temperaturänderung. Die Leitungen des Thermoelementes werden einzeln an die Sensoroberfläche geführt und dort miteinander verschweißt, wodurch letztlich das Thermoelement entsteht. Ein auf diese Weise aufgebauter Temperatursensor ist nicht weiter spanend bearbeitbar [NN08].

### 5.7.3 Messprinzip für temperatursensitive Dünnschichten

Die im Folgenden vorgestellten Dünnschichtsensoren werden direkt auf die formgebende Oberfläche der Werkzeugwand aufgebracht und ermöglichen daher die Messung der Temperatur in der direkten Einwirkzone der Kunststoffschmelze. Das Messprinzip basiert auf dem Seebeck-Effekt. Zur Ausnutzung dieses Effektes werden zwei verschiedene, elektrisch leitende Materialien (Thermoschenkel) an einem Ende miteinander verbunden und bilden ein Thermoelement und somit die Messstelle. Infolge einer Differenz zwischen der Temperatur der Verbindungsstelle $T_1$ und der Temperatur $T_2$ am offenen Ende der Leitermaterialien A und B entsteht eine Thermospannung $U_{A/B}$; siehe Formel 5.5:

$$U_{A/B} = S_{A/B} \cdot (T_1 - T_2) = S_{A/B} \cdot \Delta T \tag{5.5}$$

Die Änderung der Thermospannung mit der Temperatur wird mittels des Seebeck-Koeffizienten $S_{A/B}$ beschrieben. Die Thermospannung wird zusammen mit der Temperatur an den offenen Enden gemessen und mittels einer Kalibrierfunktion in die eigentliche Messstellentemperatur umgerechnet. Das Prinzip illustriert Bild 5.43.

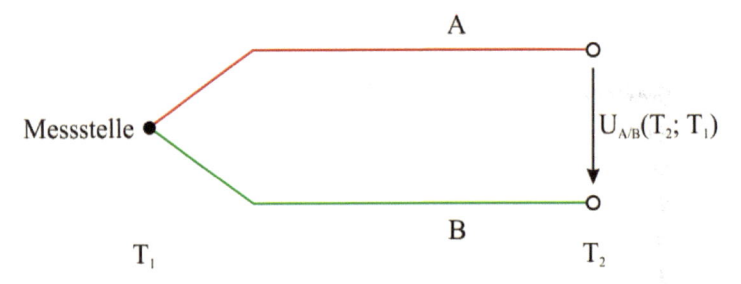

**Bild 5.43** Grundelement eines thermoelektrischen Kreises (Thermoelement) (vgl. [Ber04])

Für eine korrekte Zuordnung der gesuchten absoluten Temperatur wird aus Formel 5.5 ersichtlich, dass die Temperatur $T_2$ der Vergleichsstelle bekannt sein muss oder konstant gehalten werden muss. Realisierbar ist eine konstante Temperatur an der Vergleichsstelle, indem sich dieser Bereich z. B. in einem Eis-Wasser-Gemisch befindet, dessen Temperatur 0 °C beträgt. Für Laboranwendungen ist dies eine gängige Methode, die eine hervorragende Stabilität und Genauigkeit bietet. Für industrielle Messungen ist diese Methode jedoch völlig unpraktikabel. Eleganter hingegen ist die sog. externe Vergleichsstellenkorrektur, um auf eine Thermospannung bezüglich einer Referenz von 0 °C und der absoluten Temperatur der Messstelle zu schließen. Durch einen zusätzlichen Temperatursensor, z. B. einen Thermistor, wird die Vergleichsstellentemperatur $T_2$ gemessen und die dazugehörige Thermospannung, die für genormte Thermoelemente in Tabellenwerken hinterlegt ist, der am Messgerät angezeigten Thermospannung hinzuaddiert.

Im Spritzgießwerkzeug ist im Bereich der Anschlussstelle jedoch meistens nicht ausreichend Platz vorhanden, um den besagten Temperatursensor anzubringen. In diesem Fall kann die Vergleichsstelle durch eine Verlängerung der Thermoelementschenkel an einen zugänglicheren Ort verlegt werden (Bild 5.44). Dies geschieht mittels Thermoleitungen, bestehend aus dem gleichen Material wie das der eigentlichen Thermoschenkel. Werden hingegen Thermoelementtypen verwendet, bei denen teure Materialien, z. B. Platin, eingesetzt werden, so kann alternativ die Verlängerung mittels Ausgleichsleitungen erfolgen. Diese besitzen in einem eingeschränkten Temperaturbereich dasselbe thermoelektrische Verhalten wie die eingesetzte Materialkombination des Thermoelementes, bestehen jedoch aus kostengünstigeren Materialien. An der Verbindungsstelle entsteht dadurch keine neue Thermospannung, sodass das Thermoelement bis zum Ende der Ausgleichsleitung verlängert betrachtet werden kann. Diese neue Thermospannung bildet sich erst dort, wo die Thermo- bzw. Ausgleichsleitungen an normale Kupferleitungen oder an das Anschlussstück des Messgerätes geklemmt werden. Dort wird der zusätzliche Temperaturfühler angebracht, der zur Vergleichsstellenkompensation dient. Moderne Messgeräte besitzen im Bereich der Anschlussstellen einen solchen Temperaturfühler – die sog. interne Vergleichsstellenkorrektur. Diese Methode ist in der Praxis am weitesten verbreitet [Nau04].

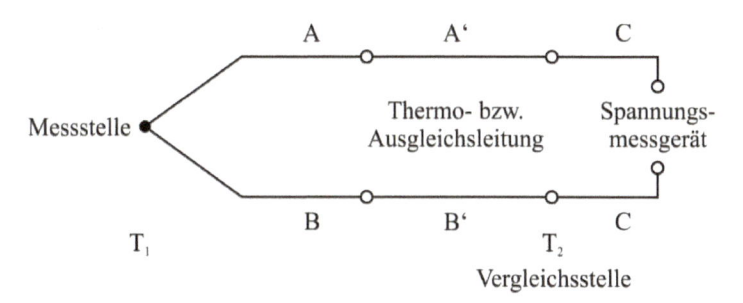

**Bild 5.44** Aufbau eines Thermoelements der Materialpaarung A/B mit den Thermo- bzw. Ausgleichsleitungen A'/B' sowie den Leitungen C zur Verbindung des Thermoelements mit einem Spannungsmessgerät (vgl. [Ber04])

## 5.7.4 Schichtaufbau

Für die im Folgenden beschriebenen Dünnschichtsensoren wurde die Thermopaarkombination NiCr/Ni (Typ K) und Cu/Konstantan (Typ T) verwendet. Dabei gilt es zu beachten, dass durch jedes weitere in die Thermoelementschleife eingebrachte elektrisch leitende Material ein neues Thermoelement entsteht, was eine Veränderung des Thermospannungskoeffizienten zur Folge hat. Daher wird das Dünnschichtthermoelement gegenüber dem Werkzeugstahl – bestehend aus 1.2343 – zunächst mittels einer vollflächig abgeschiedenen $Al_2O_3$-Schicht elektrisch isoliert. Auf diese elektrische Isolationsschicht werden anschließend die Thermoschenkelmaterialien mit einer Dicke von jeweils ca. 1 µm, unter Anwendung einer geeigneten Maskierungsmethode, partiell aufgebracht. Im Hinblick auf eine hohe Standzeit des Sensors können die Dünnschichtthermoelemente durch eine verschleißfeste Passivierungsschicht bedeckt werden, ebenfalls aus $Al_2O_3$ mit einer Dicke von ca. 2 µm. Die Schicht dient schützend gegen mechanischen Verschleiß, der durch den Formbildungsvorgang hervorgerufen wird, und wirkt elektrisch isolierend, um Kurzschlüsse gegen leitfähige, mit dem Sensor in Berührung kommende Materialien zu verhindern. Der grundsätzliche Aufbau wird in Bild 5.45 dargestellt.

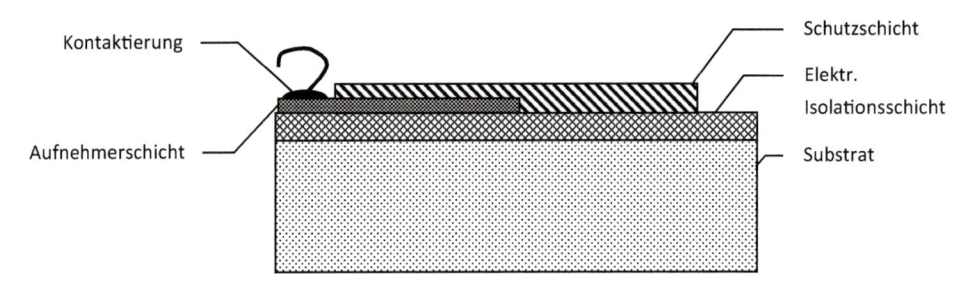

**Bild 5.45**  Aufbau des Dünnschichttemperatursensors [Lib15]

## 5.7.5 Schichtherstellung

Zur Beschichtung eines Werkzeugeinsatzes mit dem gezeigten Schichtstapel werden nacheinander die Materialien mittels Magnetron-DC-Sputtern (PVD-Technik) appliziert. Für die erste Schicht aus $Al_2O_3$ ist ein hohes elektrisches Isolationsvermögen essentiell. Zahlreiche Beschichtungsuntersuchungen haben gezeigt, dass mittels PVD-Technik hergestellte Schichten zur Bildung von Pinholes (Bild 5.46) neigen [Lib16]. Das dargestellte EDX-Spektrum zeigt anhand des Peaks bei Fe, dass am Grund eines solchen Pinholes das Beschichtungssubstrat freiliegt. Dadurch hat das Material des nachfolgend aufgebrachten Thermoschenkels mit dem Substrat Kontakt und es kommt zur Querleitung zum Substrat hin. Die Folge sind verfälschte Messergebnisse bzw. unbrauchbare Aufnehmerschichten.

Eine erfolgreiche Optimierung der Isolationsbeschichtung kann durch einen mehrlagigen Schichtaufbau realisiert werden. Die einzelnen Schichtlagen weisen zwar

Fehlstellen auf, jedoch sind diese nicht direkt übereinanderliegend und werden jeweils durch die folgende Lage bedeckt. Dadurch lassen sich Isolationswiderstände gegenüber dem aufgebrachten Thermoelement im Bereich von 1–2 MΩ realisiert werden.

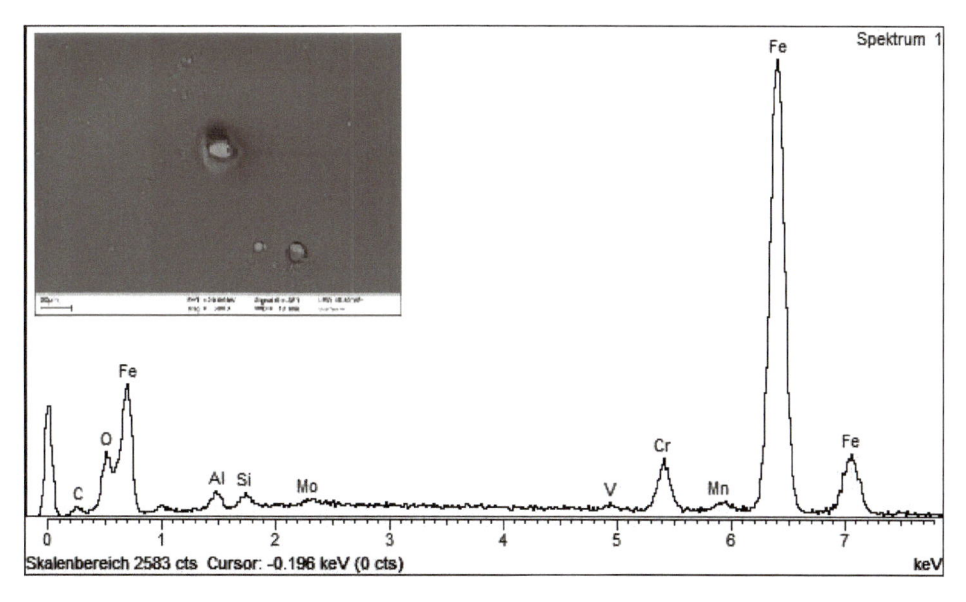

**Bild 5.46** REM-Aufnahme eines Pinholes in der elektrischen Isolationsschicht und EDX-Spektrum innerhalb des Pinholes [Lib15]

Der elektrischen Isolationsschicht schließt sich der eigentliche Temperaturaufnehmer – das Dünnschichtthermoelement – an. Für das gängige Typ K-Thermoelement werden dazu nacheinander partiell Nickel-Chrom und Nickel beschichtet. Im Bereich der Überlappungsstelle der beiden Materialien entsteht der eigentliche Messpunkt. Durch geeignete Maskierungstechniken lassen sich auf diese Weise ein oder mehrere Sensoren über eine Fläche verteilt in einem Beschichtungszyklus gleichzeitig herstellen.

Die geometrische Strukturierung erfolgte mittels Schattenmasken und alternativ dazu mittels der Applikation einer Abdeckbeschichtung mit anschließenden Freilasern ebendieser. Im ersten Fall wird auf die zu beschichtende Oberfläche eine Stahlmaske aufgebracht, die für das sensorische Beschichtungsmaterial durchlässige Bereiche in Form der Aufnehmergeometrie aufweist (Bild 5.47).

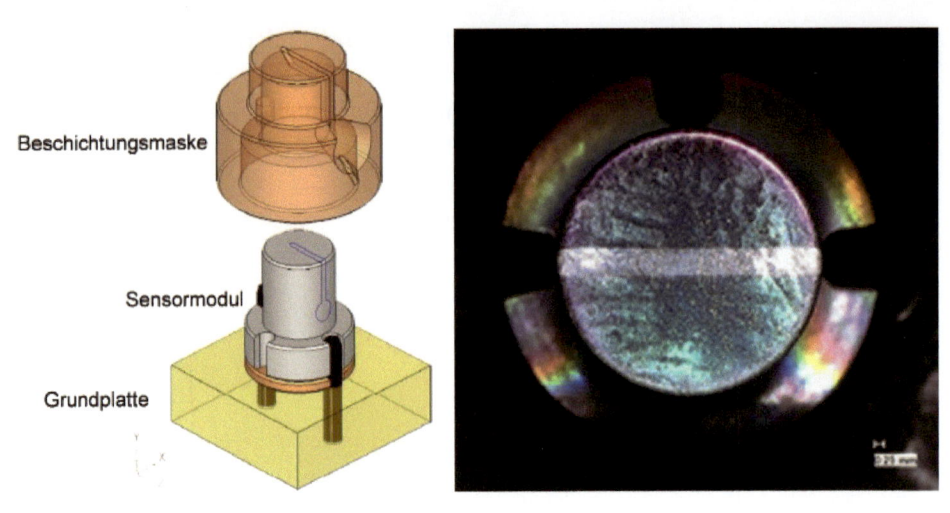

**Bild 5.47** Schattenmaske zur partiellen Beschichtung des Sensormoduls mit dem Aufnehmermaterial (links); mikroskopische Darstellung einer auf diese Weise hergestellten Thermoelementbeschichtung (rechts) [Lib15]

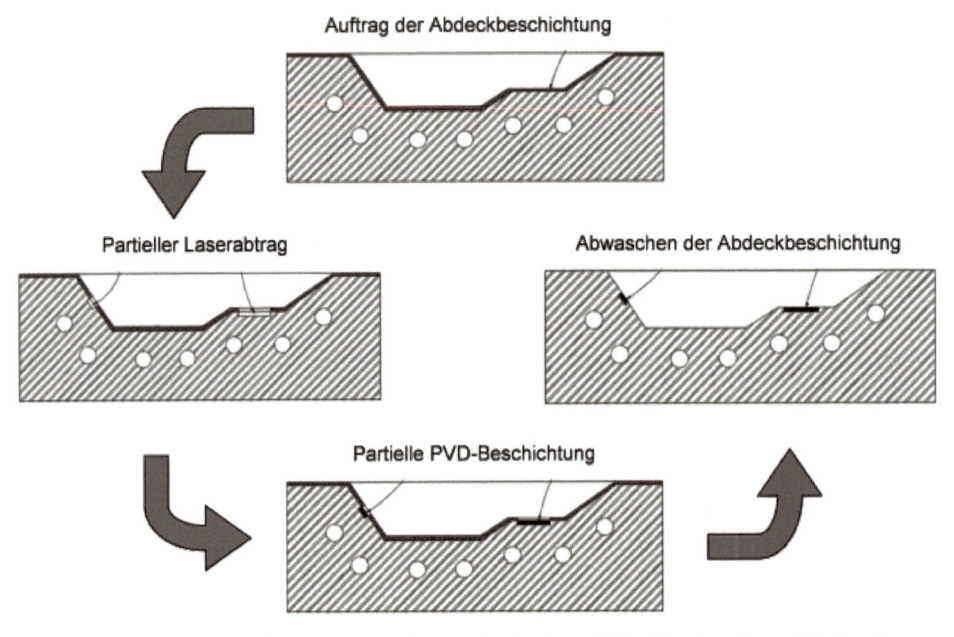

**Bild 5.48** Methodik zur Sensorstrukturierung durch einen Abdecklack und anschließendes Freilasern [Lib12]

Als alternatives Konzept zur Herstellung partieller Beschichtungen in Form der Thermoelementschenkel ist in [Lib12] eine Methodik entwickelt worden, bei der die Herstellung und Fixierung eines zusätzlichen Maskenbauteils vermieden werden kann und in vergleichsweiser kurzer Zeit eine Maskierung mit feiner geometrischer Auflösung realisiert werden kann (Bild 5.48). Dazu wird eine Abdeckbeschichtung sprühtechnisch auf ein entsprechendes Substrat appliziert. Nach der Lösemittelverflüchtigung der Abdeckbeschichtung hinterlässt diese einen Feststofffilm, der nach dem Freilasern und der partiellen PVD-Beschichtung von der Oberfläche entfernt wird.

Bild 5.49 zeigt vier auf diese Weise hergestellte Dünnschichtthermoelemente vom Typ T (Cu-Konstantan).

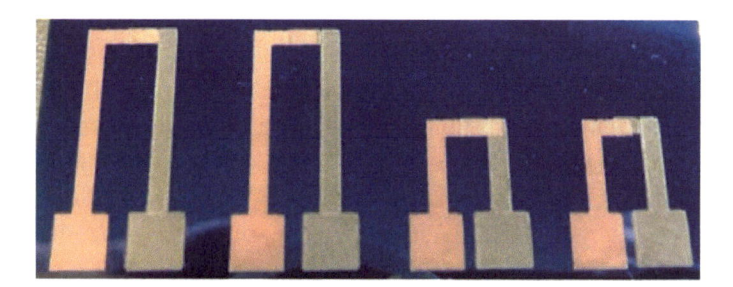

**Bild 5.49** Realisierung der Maskierung mit Freilasern eines Abdecklackes zur partiellen Beschichtung von Typ T-Thermoelementen [Lib15]

Im Hinblick auf eine hohe Standzeit des Sensors und eine elektrische Passivierung lassen sich die Aufnehmerschichten durch eine zusätzliche Schicht gegenüber äußeren Einflüssen schützen. Nach der Herstellung des Thermoelementes wird der Kontaktierungsbereich der beiden Thermoschenkel abgedeckt, um auf die restliche Oberfläche Aluminiumoxid mit einer Dicke von ca. 2 µm als Schutzschicht mittels reaktiven DC-Magnetronsputterns zu applizieren. Anschließend werden an die offenen Enden der Thermoschenkel Thermoleitungen mittels Weichlöten ankontaktiert, um diese mit dem Messwerterfassungssystem zu verbinden. Bild 5.50 zeigt beispielhaft zwei Sensorvarianten.

**Bild 5.50** Formeinsätze für ein Spritzgießwerkzeug mit Dünnschichtthermoelementen [Lib15]

## 5.7.6 Charakterisierung des thermoelektrischen Verhaltens der Dünnschichtsensoren

Ziel der Sensorcharakterisierung ist die Sensorkalibrierung zur Bestimmung der thermisch-elektrischen Eigenschaften im Hinblick auf die Erfassung der vorherrschenden Temperatur im Spritzgießwerkzeug. Die Charakterisierung lässt sich in einem Kalibrier-Ölbad im Vergleichsverfahren, an quasistationären Temperaturpunkten innerhalb eines anwendungsspezifischen Temperaturbereiches vornehmen. Die Kalibrierfunktionen der auf der Oberfläche des Formeinsatzes in Bild 5.50 (links) verteilten fünf Dünnschichtthermoelemente sind in Bild 5.51 dargestellt. Die Thermoelemente 1 bis 5 besitzen jeweils unterschiedliche Breiten ($b_i$) der Thermoschenkel, zwischen 0,5 mm und 2,5 mm. Erkennbar ist ein linearer Zusammenhang der Thermospannung mit der Temperatur. Die mittlere Sensorempfindlichkeit liegt je nach Schenkelbreite im Bereich von 39,6 µV/°C–40,1 µV/°C. Ein t-Test auf Gleichheit der Sensorempfindlichkeiten, unter Berücksichtigung der Versuchsstreuung der Regressionsfunktionen und deren gemeinsamer Varianz, hat gezeigt, dass dieser Einfluss jedoch nicht signifikant ist. Zusätzlich sind in Bild 5.51 die Grundwerte des Typ K-Thermoelementes aufgetragen. Für Temperaturen kleiner als 50 °C liegt lediglich eine geringe Abweichung von den Grundwerten vor. Bei weiterem Temperaturanstieg ist eine Zunahme dieser Abweichung zu erkennen.

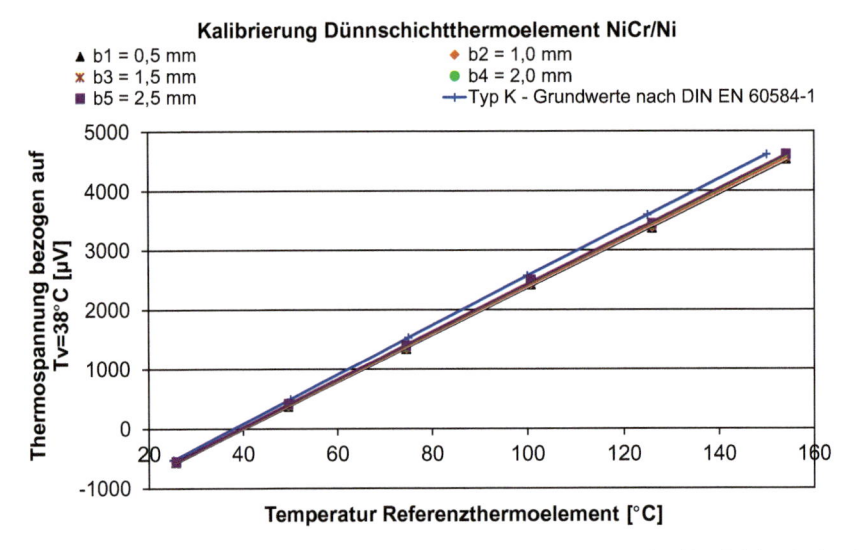

**Bild 5.51** Kalibrierfunktionen der Dünnschichtthermoelemente im Vergleich mit den Grundwerten des Typ K-Thermoelementes [Lib15]

## 5.7.7 Berechnung der Ansprechdynamik

Das Ziel der Temperaturmessung ist die Ermittlung des zeitlichen Verlaufes der Werkzeugwandtemperatur während der Werkzeugfüllung mit der heißen Kunststoffschmelze. Wird die eigentliche Aufnehmerschicht, wie bei den hier vorgestellten Sensoren, mit einer Schicht zum Schutz gegen mechanische Belastung belegt, ergeben sich folgende Fehlereinflüsse auf die gemessene Temperatur:

- Das Ansprechverhalten (Sprungantwort) des Temperatursensors verzögert sich um die Zeit, die benötigt wird, bis der durch die Kunststoffschmelze induzierte Wärmestrom die Schutzschicht durchdrungen hat und zur Aufnehmerschicht gelangt.

- Aufgrund der Schutzschicht wird nicht unmittelbar an der Kontaktstelle zwischen Kunststoff und Dünnschichtthermoelement gemessen. Das bedeutet, dass der gemessene Temperaturverlauf mit zunehmendem Abstand der Aufnehmerschicht zu der Werkzeugoberfläche bzw. mit zunehmender Schutzschichtdicke verstärkt vom realen Temperaturverlauf abweichen wird.

Der Spritzgießprozess verläuft zyklisch und ist zeitlich wesentlich von der zu spritzenden Artikelgeometrie abhängig. Große zeitliche Temperaturänderungen sind insbesondere während der Einspritzphase, bei der Berührung der Kunststoffschmelze mit der kälteren Werkzeugwand die Folge. Die hergestellten Dünnschichttemperatursensoren müssen daher in der Lage sein, auch bei sehr kurzen Einspritzzeiten und hohen Temperaturänderungen die entsprechend vorherrschende Temperatur hinreichend genau und mit hoher Ansprechdynamik zu erfassen. Eine hohe Ansprechdynamik ist insbesondere zur Erfassung der Schmelzeposition bei einer sensorabhängigen Nachdruckschaltung von Relevanz.

Der Sensor folgt einem sprunghaften Anstieg der Temperatur immer nacheilend anhand der sogenannten Sprungantwortfunktion. Zur Quantifizierung der Messdynamik lässt sich die Neunzehntelzeit $t_{90}$ (Zeit, um 90 % des Temperatursprungs zu erreichen) mittels einer FEM-Wärmetransportsimulation, mit einer schlagartigen Temperaturbelastung als Startbedingung, berechnen. Der auf die Höhe der Temperaturanregung (hier TA = 100 °C) normierte Verlauf der Sprungantwortfunktion sowie die berechneten Neunzehntelzeiten sind in Bild 5.52 für unterschiedliche Schutzschichtdicken dargestellt.

Aufgrund der geringen thermischen Masse der Thermoelementmaterialien erwärmen sich diese zunächst sehr schnell. Mit fortschreitender Aufheizzeit flacht der Temperaturanstieg infolge der Wärmeableitung in Richtung Substrattiefe ab. Ferner ist eine Zunahme der Neunzehntelzeit mit der Dicke der $Al_2O_3$-Schutzbeschichtung erkennbar. Praxisrelevante Fließfrontgeschwindigkeiten beim Spritzgießen von Thermoplasten liegen erfahrungsgemäß in der Größenordnung von 100–200 mm/s. Bezieht man diesen Wert auf die längste berechnete Neunzehntelzeit, so wird deutlich, dass die Schmelze bei der Sensorvariante mit einer 0,01 mm dicken Schutzbeschichtung lediglich einen Weg von etwa 0,01 mm in der Kavität zurückgelegt hat. Dieser geringe Wert spiegelt die Praxistauglichkeit der Dünnschichtsensoren wieder, z. B. zur Erfassung der Schmelzeposition. Weiterhin zeigen die Berechnungsergebnisse, dass während des Einspritzens des Kunststoffes eine vernachlässigbare Temperaturverfälschung von ca. 0,02 °C infolge der Schutzbeschichtung auftritt.

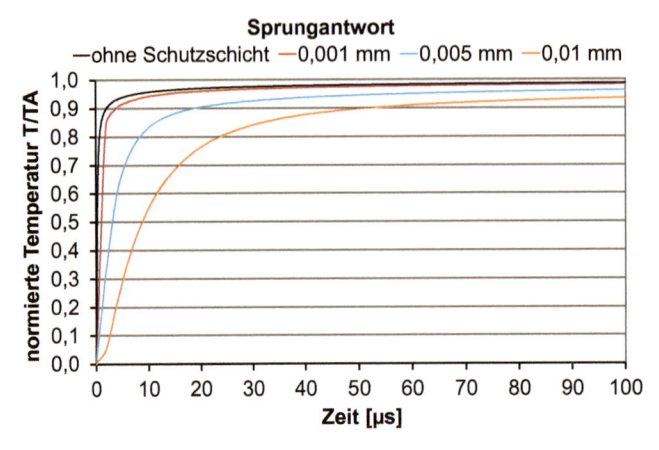

**Bild 5.52** Einfluss der Dicke der Schutzbeschichtung auf die Sprungantwort der Dünnschichtthermoelemente [Lib15]

## 5.7.8 Sensorintegration und Anwendung in einem Spritzgießwerkzeug

Bild 5.53 zeigt einen Werkzeugeinsatz, auf dessen Oberfläche fünf Messpunkte an unterschiedlichen Positionen angebracht sind. Damit lässt sich in Abhängigkeit vom Fließweg des Kunststoffes das Temperaturprofil bei der Formfüllung erfassen. Die Trennung der Kontaktierungspunkte gegenüber der einströmenden Kunststoffschmelze erfolgt über ein flexibles Dichtelement, welches in der düsenseitigen Werkzeughälfte verbaut ist und beim Schließen des Werkzeuges in die schließseitig angeordnete Kavität eintaucht und dabei den Kontaktierungsbereich abdichtet.

Unter dem Gesichtspunkt einer schnellen Austauschbarkeit des Sensors im Schadensfall bietet sich der Einsatz einer modularisierten Variante an. Die Temperaturmessstelle befindet sich auf der Deckfläche des stiftförmigen Moduls im Bereich der Überlappung der Thermoelementschenkel (Bild 5.54 links). Diese werden jeweils über die Mantelfläche geführt und dort mit den Thermoleitungen kontaktiert. Das kontaktierte Sensormodul wird anschließend in eine Hülse eingesetzt. Die seitlichen Freimachungen am unteren Bund des Moduls dienen als Kabelkanal und zur verdrehsicheren Verstiftung im Dichtelement. Dieser Aufbau wird in den Werkzeugeinsatz eingepasst, in dessen Rückseite (Bild 5.54 mitte) Kanäle zur Kabelführung eingefräst sind. Die Thermoleitungen werden im eingebauten Zustand über den in den Dichtbalken eingebrachten Kabelkanal (Bild 5.54 rechts) aus dem Werkzeug herausgeführt und mit dem Datenerfassungssystem verbunden.

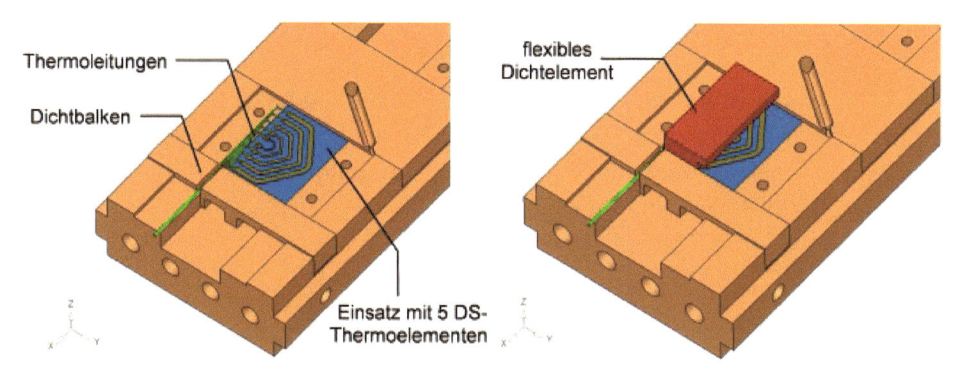

**Bild 5.53** Integration von fünf Dünnschichtthermoelementen in die schließseitige Werkzeughälfte eines Spritzgießwerkzeuges (links) und Trennung der angelöteten Thermoleitungen gegenüber der einströmenden Kunststoffschmelze mittels flexiblen Dichtelements (rechts) [Lib15]

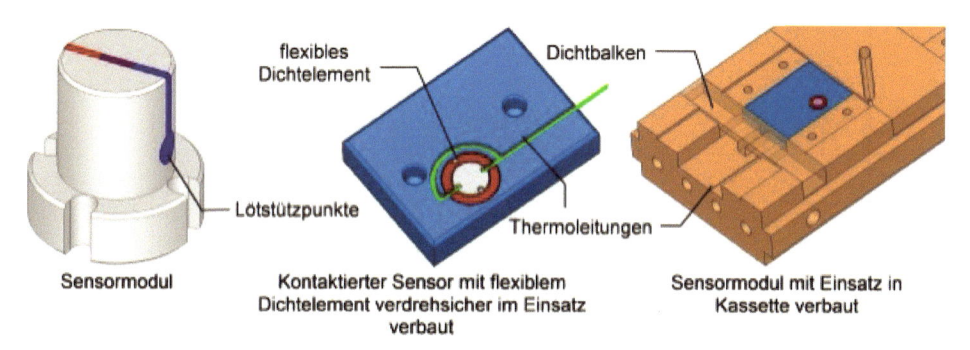

**Bild 5.54** Integration des Sensormoduls in die schließseitige Werkzeughälfte eines Spritzgießwerkzeuges [Lib15]

Bild 5.55 zeigt die Überwachung des Anfahrverhaltens des Spritzgießprozesses mit dem modularisierten Dünnschichtsensor. Nach ca. 600 s, am Ende der Aufheizphase des Spritzgießwerkzeuges, ist eine Temperatur von 76 °C erkennbar. Da diese jedoch nicht der am Temperiergerät eingestellten Temperiermittelvorlauftemperatur von 80 °C entspricht, ist dies bereits eine erste wichtige Aussage, die der Sensor liefert. Im Bereich von 600 s bis 1400 s ist ein leicht variierender Temperaturverlauf zu erkennen, der um den Mittelwert von 76 °C schwankt. Die Schwankung beträgt ±0,6 °C und ist auf Wärmestrahlungsverluste an der Werkzeugwand und das Entgegenregeln des Temperiergerätes zurückzuführen. Der erste Spritzgießzyklus wird bei t = 1400 s gestartet. Die Vorlauftemperatur des Temperiergerätes wird über den gesamten Verarbeitungsprozess konstant gehalten. Währenddessen steigt die tatsächliche Werkzeugwandtemperatur mit fortlaufender Fertigung, bedingt durch die Wärmezufuhr der heißen Schmelze, nach und nach an, bis ein Gleichgewicht erreicht ist. Das heißt, der Verlauf mehrerer aufeinanderfolgender Werkzeugwandtemperaturkurven kann dazu genutzt werden, das Erreichen eines thermisch-stationären Zustandes beim Anfahren eines Werkzeuges zu erkennen. Weiterhin ist erkennbar, dass sich erst nach einigen Zyklen ein quasistationäres Temperaturprofil einstellt. Erst ab diesem Zeitpunkt kann mit einer gleichbleibenden und reproduzierbaren Formteilqualität gerechnet werden. Gleiches gilt für Prozessunterbrechungen.

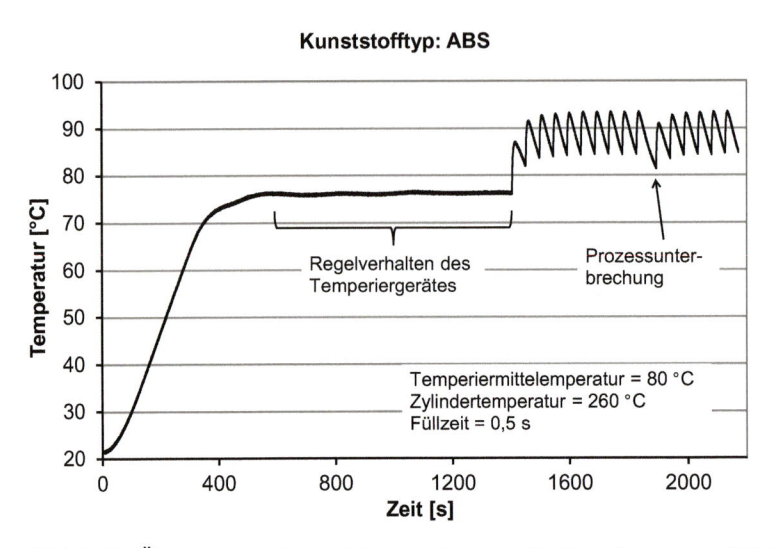

**Bild 5.55** Überwachung des Anfahrverhaltens des Spritzgießprozesses [Lib15]

Beispielhafte Temperaturmessungen mit dem Sensormodul bei der Herstellung eines Formteils aus ABS zeigt Bild 5.56. Der Temperaturverlauf bildet sich aufgrund der Erwärmung während der Einspritzphase und der Kühlung während der Nachdruck- und Kühlphase dabei sägezahnförmig aus. Die unterschiedlichen Kurvenverläufe resultieren aus der Variation der Zylindertemperatur ($T_{Zyl}$) und der Temperiermittelvorlauftemperatur (TVT). Sobald die Schmelze die Sensoroberfläche berührt, werden die Aufnehmerschichten erwärmt und es stellt sich ein schlagartiger Temperatursprung ein. Der Temperaturverlauf flacht bis zum Erreichen des Temperaturmaximums leicht ab, da zeitgleich durch die Werkzeugtemperierung Wärme entzogen wird. Die zu diesem Zeitpunkt erfasste Temperatur kann zur Überprüfung der Prozessreproduzierbarkeit verwendet werden, da bei gleichbleibenden Viskositätsbedingungen die Schmelze in der gleichen Zeit diesen Ort in der Kavität wieder erreichen muss. Auf diese Weise kann eine Veränderung im Viskositätsverhalten, z.B. infolge schwankender Masse- oder Werkzeugtemperatur, erkannt werden. Infolge von Wärmeleitung sinkt die Temperatur während des Zyklus weiter ab. Sofern ein quasistationärer Zustand zu Beginn des neuen Zyklus vorliegt, ist das Ausgangstemperaturniveau zu diesem Zeitpunkt wieder erreicht.

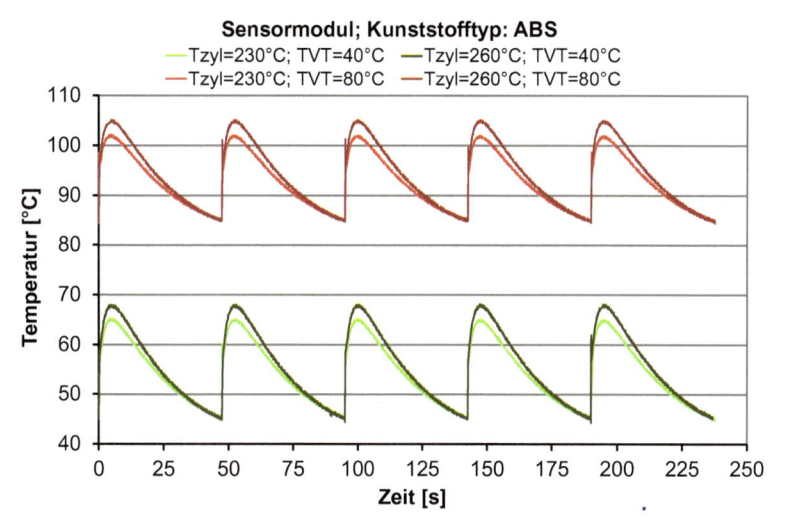

**Bild 5.56** Einfluss der Temperiermittelvorlauftemperatur und der Zylindertemperatur auf den Temperaturverlauf an der Werkzeugwand [Lib15]

## 5.7.9 Zusammenfassung

Mithilfe temperatursensitiver Werkzeugbeschichtungen ist eine 100%-ige Online-Überwachung des Spritzgießprozesses möglich. Durch die graphische Darstellung der Temperaturkurve lassen sich Abläufe wie das Bemustern, Anfahren und Optimieren von Spritzgießwerkzeugen deutlich beschleunigen und die Formteilqualität sowie deren Konstanz erhöhen. Die Temperatursensorik auf Basis einer sensitiven Werkzeugbeschichtung bietet zahlreiche Vorteile und Anwendungsmöglichkeiten:

- Überwachung des Anfahrverhaltens des Prozesses
- Erfassung der Schmelzeposition zur Nachdruckumschaltung
- Erkennung von Viskositätsschwankungen und ungefüllten Teilen
- Steuerung einer Kaskadenanbindung und variothermen Werkzeugtemperierung
- Rückschlüsse auf Glanzgrade

- Miniaturisierte Ausführung
- Herstellung mehrerer Sensoren in einem einzigen Beschichtungsprozess
- Schnelles Ansprechverhalten

### 5.7.10 Literatur

[Bad06]  BADER, C.: *Das kleine Einmaleins der Werkzeug-Sensorik*. In: Kunststoffe 96 (2006) H. 6, S. 114–117

[Bad08]  BADER, C.: *Einrichten, Steuern und Regeln von Werkzeugen*. In: Menning, G. (Hrsg.): Werkzeugbau für die Kunststoffverarbeitung. München: Carl Hanser Verlag, 2008, S. 634–652

[Ber04]  BERNHARD, F.: *Technische Temperaturmessung*. Berlin/Heidelberg: Springer Verlag, 2004

[Cor11]  CORDES, D.: *Der Werkzeuginnendruck – Der „Fingerabdruck" ihrer Formteilqualität*. In: Fachwissen Werkzeugtechnik. Seminar am Kunststoff-Institut Lüdenscheid, Lüdenscheid, 16.11.2010

[Hau01]  HAUSER, M.: *Ein Gebot der Stunde*. In: Plastverarbeiter 52 (2001) H. 1, S. 60–61

[Lib12]  LIBRIZZI, A.: *Verfahren zum Herstellen eines Kunststoffurformwerkzeuges sowie Kunststoffurformwerkzeug*. Schutzrecht DE 10 2011 002 083 A1. Offenlegungsschrift, (18.10.2012)

[Lib15]  LIBRIZZI, A.: *Entwicklung von temperatursensitiven Dünnschichten und Untersuchungen zu deren Einsatz in Spritzgießwerkzeugen der Thermoplastverarbeitung*. Dissertation an der Universität Paderborn, 201

[Lib16]  LIBRIZZI, A.: *Temperatursensitive Dünnschichten für den Einsatz in Spritzgießwerkzeugen der Thermoplastverarbeitung*. In: Tagungsband zur 18. GMA/ITG-Fachtagung Sensoren und Messsysteme 2016. S. 656–662

[NN08]  N. N.: *Messtechnik und Sensorik beim Spritzgießen*. Firmenschrift Kistler Instrumente GmbH, Ostfildern, 2006

[Sch05]  SCHNERR, O.: *Mehr Transparenz, höhere Qualität*. In: Plastverarbeiter 57 (2006) Nr. 5, S. 64–65

[SK01]  STITZ, S.; KELLER, W.: *Spritzgießtechnik*. München/Wien: Carl Hanser Verlag, 2001

[Thi04]  THIENEL, P.: *Fertigungsverfahren Kunststoffe*. Iserlohn, Fachhochschule Südwestfalen, Vorlesungsunterlagen, 2004/05

# 5.8 Heizschichten

Dr. Martin Ciaston

## 5.8.1 Einleitung

Bei der Herstellung von Kunststoffbauteilen im Spritzgießverfahren müssen die Werkzeugoberflächen gezielt aufgeheizt und abgekühlt werden, um konstante Prozessbedingungen zu gewährleisten. Klassischerweise werden temperierte Öl- oder Wasserkreisläufe eingesetzt, um die Werkzeugtemperatur zu steuern. Je nach Prozessphase wird zwischen heißem und kaltem Medium in der Kavität umgeschaltet, um die Werkzeugtemperatur zu regulieren. Allerdings gibt es noch Verbesserungspotenzial in Bezug auf die Zykluszeit, die reduziert werden sollte, um die Kosten und die Energieeffizienz der Prozesse zu verbessern. Ein weiterer wichtiger Aspekt bei der Herstellung von Kunststoffbauteilen ist die Oberflächenbeschaffenheit, insbesondere bei schwarzen Hochglanzoberflächen, die als Premiumprodukte angesehen werden. Allerdings sind Oberflächenfehler wie Bindenähte, die beim Spritzgießprozess auftreten können, besonders bei hochglänzenden, schwarzen Kunststoffbauteilen visuell auffällig. Um das Auftreten von Oberflächenfehlern zu vermeiden, kann die Werkzeugtemperatur gezielt eingestellt werden. Allerdings führt eine Erhöhung der Werkzeugtemperatur zu längeren Zykluszeiten und erhöhten Energiekosten. Heutzutage nutzen Kunststoffverarbeiter dynamische Temperierungsmethoden wie induktive Verfahren oder widerstandselektrische Heizelemente, um nur einen Teil des Werkzeugs für kurze Zeit aufzuheizen und so die oben genannten Probleme zu umgehen. Allerdings führen diese Methoden zu zusätzlichen Kosten für die Anschaffung von Geräten oder die Konzeption neuer Werkzeuge. Eine Möglichkeit, den Energieverbrauch bei gängigen dynamischen Temperierverfahren zu senken, besteht darin, die beheizte Fläche möglichst gering zu halten. Dieses Ziel kann durch sehr dünne konturnahe Heizleiter bzw. Heizleiterschichten erreicht werden. In diesem Abschnitt sollen die Möglichkeiten der Anwendung von Heizleitern in Form von dünnen Schichten und dünnen resistiven Heizleiterelementen dargestellt werden. Weiterführende Informationen sind bei den Anwendern zu erfragen.

## 5.8.2 Grundlagen der konturnahen Heizschichten

Konturnahe Heizsysteme im Spritzguss sind eine fortschrittliche Technologie, die in der Kunststoffindustrie immer mehr an Bedeutung gewinnt. Durch die Integration von Heizsystemen direkt in die Form des Spritzgusswerkzeugs wird eine präzise und gleichmäßige Temperaturkontrolle des Spritzgussprozesses ermöglicht. Die konturnahe Heizung verbessert die Qualität und Effizienz des Spritzgussprozesses, indem sie die Materialverteilung und die Zykluszeiten verbessert und gleichzeitig Verzugsprobleme minimiert. In diesem Sinne werden in diesem Abschnitt die Eigenschaften, Anforderungen und Vorteile von konturnahen Heizsystemen im Spritzgießprozess erklärt. Unter konturnahen Heizsystemen können sowohl Heizungen direkt unter der Werkzeugoberfläche (vgl. Bild 5.57 links und mitte), als auch oberflächennahe Beheizung an der Oberfläche unter Anwendung der Dünnschichttechnik (vgl. Bild 5.57 rechts) verstanden werden.

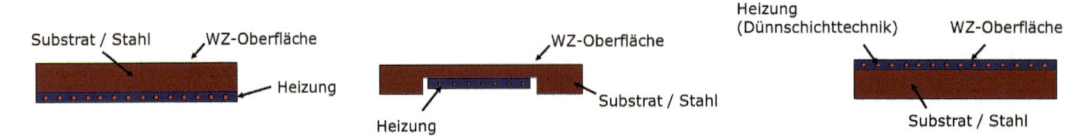

**Bild 5.57** Verschiedene Ausführungen konturnaher Heizsysteme (links: flächige Heizung unter der Werkzeugoberfläche; mitte: punktuelle Heizung unter der Werkzeugoberfläche; rechts: flächige Heizung an der Werkzeugoberfläche) (Bildquelle: KIMW)

Resistiv beheizte Oberflächen bieten dabei eine hohe Dynamik für die Flächenbeheizung von Formwerkzeugen und weisen eine deutlich bessere Energiebilanz als herkömmliche dynamische Temperierverfahren auf (vgl. Bild 5.58).

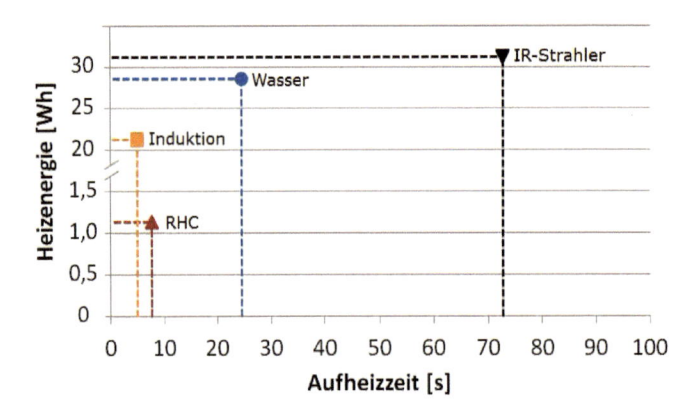

**Bild 5.58** Vergleich der Heizungsarten Induktion, Wasser, IR-Strahler und resistive Heizleiter in Spritzgießverfahren (Bildquelle: KIMW-F)

## 5.8.3 Anforderungen an ein Schichtsystem für eine Anwendung als Heizleiter im Spritzgießverfahren

Für die Anwendung eines Schichtsystems zur Herstellung von elektrischen Heizleitern müssen mehrere Bedingungen erfüllt werden. Eine isolierende Wirkung gegenüber dem Werkzeug muss gewährleistet sein, welche eine elektrische Trennung zwischen dem Werkzeug und der Heizleiterschicht ermöglicht. Zudem ist eine leitende Schicht als Heizleiter erforderlich, um eine effektive Wärmeerzeugung zu ermöglichen. Des Weiteren muss eine haftfeste Verbindung der einzelnen Schichten untereinander sowie zum Werkzeug gewährleistet sein. Schließlich sollte eine Verschleißschutzschicht auf der Heizleiterschicht vorhanden sein, um eine erhöhte Beständigkeit und Lebensdauer des Schichtsystems sicherzustellen. Bestimmte Materialien zeigen sich als besonders geeignet für die elektrische Isolation, aufgrund ihrer ausgezeichneten Eigenschaften bezüglich des spezifischen Widerstands und der Spannungsfestigkeit von mehreren Megavolt pro Zentimeter. Geeignete Schichten können z. B. Aluminiumoxid ($Al_2O_3$) oder Siliziumoxid ($SiO_2$) sein. Als Heizleiter eignet sich besonders Kupfer (Cu), da es über eine hohe elektrische Leitfähigkeit und einen geringen spezifischen Widerstand verfügt. Im Wesentlichen können Heizleiterschichten aber auch aus anderen Materialien mit hoher elektrischer Leitfähigkeit bestehen. Ein weiterer wichtiger Aspekt ist das Zusammenspiel zwischen der elektrisch isolierenden (Keramik-)Schicht und der Heizleiterschicht. Ist keine haftfeste Anbindung gegeben, kann es zu Delamination der Schichten und Zerstörung des Schichtsystems kommen. Um den Verschleißschutz der Heizleiter zu gewährleisten, eignen sich widerstandsfähige Schichten wie z. B. Hartchrombeschichtungen, PVD-Beschichtungen oder DLC-Beschichtungen. Entscheidend dabei ist das Verhindern von Oxidation der Heizleiterschicht.

## 5.8.4 Anwendung von Heizschichten in Spritzgießprozessen

In einem Projekt des Kunststoff-Instituts für Mittelständische Wirtschaft (KIMW) konnten Heizleiter in Form von Cu-Folien und einer elektrisch isolierenden Schicht bestehend aus Zirkonoxid mit einer Leistung von 162 W auf einer Werkzeugoberfläche von 16 $cm^2$ eine Heizrate von 12 K/s erreichen. Mit größeren Leistungen von 430 W konnten Heizraten von 34 K/s erreicht werden. In Langzeituntersuchungen konnte mit dem verwendeten System eine Standzeit von 6000 Zyklen erreicht werden.

Im Projekt DynaHeat des KIMW konnten unter Anwendung des MOCVD-Verfahrens Cu-Heizleiterschichten auf einer elektrisch isolierenden Multilagenschicht, bestehend aus Aluminiumoxid und Chromoxid, welche ebenfalls im MOCVD-Verfahren aufgetragen wurde, abgeschieden werden. Im Projekt wurden Heizraten von 13 K/s auf einer Oberfläche von 2 cm² mit einer Leistung von 112 W erreicht. Auf größeren Oberflächen konnte die elektrische Isolierung nicht aufrechterhalten werden. [CBM21, KIM21]

In einem Projekt des Kunststoff-Zentrums Leipzig (KUZ) konnte unter der Leitung von Steffen Jacob ein Heizleiterschichtsystem auf einem Mikrospritzgießwerkzeug aufgetragen werden. Mit einem Dünnschichtverfahren wurden Heizelemente direkt auf die Formkontur eines Spritzgießwerkzeuges abgeschieden, welche eine dynamische variotherme Temperierung im Spritzguss ohne Zykluszeitverlängerung zuließen. Die Dünnschichtelemente wiesen eine hohe Heizdynamik mit Heizraten von 100 K in zirka 0,7 s im Spritzgießzyklus auf. Es wurden Heizleistungen von 160 W auf einer Werkzeugoberfläche von zirka 72 mm² erreicht [Jac17]. In einem weiteren Projekt wird aktuell das Kaltplasmaspritzen angewendet, um metallische Schichten auf Werkzeugformteilen abzuscheiden und so elektrisch kontaktierbare Leiterbahnen zu erzeugen [KUZ23].

Bisherige Projekte haben in kleinem Maßstab die Realisierbarkeit dieser Technologie dargestellt. Eine industrielle Anwendung ist auch unter dem Namen ecoCOAT bekannt [Eco23].

### 5.8.5 Zusammenfassung und Ausblick

Dynamische Temperiertechniken werden mittlerweile erfolgreich in der verarbeitenden Industrie eingesetzt. Ein wesentlicher Vorteil besteht in der Optimierung der Oberflächenqualität von amorphen Thermoplasten, wobei die Vermeidung von Bindenähten nach wie vor ein zentrales Ziel darstellt. Die Anwendung dieser Techniken zur Erhöhung der mechanischen Eigenschaften liegt zwar nahe, zeigt jedoch bei genauerer Untersuchung erhebliche Einschränkungen, wodurch diese Entscheidung nach wie vor auf Einzelfällen basiert. Die spezifische Wahl der dynamischen Temperierung für die Anwendung ist zunächst nicht von entscheidender Bedeutung. Das Ziel besteht in jedem Fall darin, die Kavitätswand des Werkzeugs während der Einspritzphase auf einer Temperatur oberhalb der Glasübergangstemperatur (für amorphe Thermoplaste) zu halten, um den gewünschten Optimierungseffekt auf das Formteil zu erzielen. Die Auswahl der geeigneten Technologie erfolgt im zweiten Schritt anhand einer Reihe von Kriterien wie der geforderten Oberflächenqualität (partiell oder flächig), der benötigten Temperatur (z. B. PEI mit bis zu 220 °C), der gegebenenfalls zu berücksichtigenden Zykluszeit, der Wirtschaftlichkeit sowie der Energiebilanz. Die aktuellen Fortschritte in der dynamischen Temperierungstechnik eröffnen dabei ein breites Spektrum an Möglichkeiten zur Optimierung der Qualität von geformten Bauteilen. Die technischen Präferenzen werden nahezu vollständig abgedeckt, angefangen von hohen dynamischen Kavitätstemperaturen von über 200 °C bis hin zu zykluszeitneutralen oder sogar zykluszeitverkürzenden Technologien zur Verbesserung der ökonomischen Aspekte. Es besteht ein erhebliches Potenzial zur Verbesserung der Formteilqualität und der Prozesseffizienz durch die Anwendung dieser fortschrittlichen Techniken. Durch die aktuell vorliegenden hohen Energiekosten ist zudem in der Spritzgießfertigung ein Bestreben der Hersteller zur Steigerung der Energieeffizienz zu erkennen. Die vorgestellten Themen bieten einen Ansatz, um diese immer weiter steigenden Anforderungen an die Energieeffizienz zu erfüllen.

## 5.8.6 Literatur

[CBM21] CIASTON, M.; BATMANOV, A.; MUMME, F.: *Functionalisation of tool surfaces by chemical vapor deposition.* Poster auf der 9th NRW Nano_Conference: NMWP Management GmbH, 2021

[ECO23] N. N.: *Intelligente Beschichtungen mit Funktion – Ortsselektive Direktbeschichtung ohne Chemie oder Bindemittel.* Webseite der ecoCOAT GmbH, online: http://eco-coat.com/, aufgerufen am 10.03.2023

[Jac17] JACOB, S.: *Temperieren direkt an der Werkzeugwand.* In: Mikroproduktion, 05/17, S. 28–32

[KIM21] N. N.: *Jahresbericht 2021.* Lüdenscheid: gemeinnützige KIMW Forschungs-GmbH, 2021

[KUZ22] N. N.: *Dynamisch Temperieren und gezielt Abkühlen im Spritzgießprozess – lokale Temperierung mit Dünnschichtheizelementen.* Förderprojekt des Kunststoff-Zentrums in Leipzig gGmbH (KUZ), online: https://www.innovationskatalog.de/IK/Redaktion/DE/Solr/Project.html?id=59 357 378-2bdd-3b44-8cd2-545714c30a4c, aufgerufen am 10.03.2023

# Index

## Symbole

3D-Fähigkeit  59
3D-Konformität  102
3-Omega  231

## A

Abbildungsartefakte  124
Abbildungstreue  164
Ablagerungsproblem  264
Abplatzen  284
Abprodukte  304
Abrasion  274
abrasive Füllstoffe  283
Abrasiver Verschleiß  290
Abrieb  268, 288
Abriebfestigkeit  271
Abriebvergleichswert  268, 287
Abscheidedauer  67
Abscheiderate  65, 68
Abscheidetemperatur  60, 305
Abscheidung
– elektrolytische  31
Abscheidungsprozess  46
Absorption  166, 167
Absorptionkoeffizienten  183
Absorptionsbanden  171
Absorptionsmuster  172
Abtragsrate  269
abzuformende Oberfläche  328
Aceton-Äquivalent  255
Acetylacetonate  56
Adatom  43, 46

Additive  343
Adhäsion  339
Adhäsionstest  278
adhäsiver Verschleiß  290
Admittanz  198
Adsorption  250
amorphe Thermoplaste  349
Anfahrverhalten  364
Anforderungen an die Materialien  268
Anforderungsliste  5
Anionen  192
Anlassen  21
Anode  32, 75, 185, 300
anorganische Retrosynthese  81
Anregungspotential  195
Ansprechdynamik  361
Arbeitselektrode  205, 206
Aspektverhältnis  59, 284
Atomic Force Microscopy  190
ATR-FTIR-Spektroskopie  176
ATR-Kristall  177
Attenuated Total Reflection  176
Aufbereitung  257
Aufladung  131
Auflagekraft  115
Auflösungsvermögen  122, 157, 160
Aufnahme von Emissionen  261
Aufschubkraft  239
Aufwachsrate  42
Aufwölben  222
Ausscheidungsprozess  329
Außenstromlose Beschichtung  34
Austrittstiefe der Fluoreszenz  189

Auswahl von Spritzguss-
  Werkzeugstählen  25
Auswerfer  241, 343
Auswerferabdruck  4
Auswerfersystem  238
Avogadro-Konstante  183

**B**

Backgroundspektrum  178
Barriereschutzschicht
– thermische  41
Bauteiloberfläche  314
Beanspruchungsprofil  274
Bearbeitbarkeit  17
Bedampfen  42
Belag  308, 328, 335
Belagbildung  3, 256, 264, 329, 331, 337, 344
Belagsreduzierung  336
Belastungsrate  211
Berkovich-Pyramide  212
Beschichtbare Werkstoffe  38
Beschichtung  291
Beschichtung der Oberfläche  285
Beschichtungsbad  30
Beschichtungsgerechte Konstruktion  37
Beschichtungsguidelines  39
Beschichtungstauglichkeit  37
Beschichtungszeit  69
Beschleunigungsspannung  124, 129
Bindenaht  2, 314, 325, 367
Bindenahtfestigkeit  325
Bindenahtkerbe  314, 324
Bindung
– Ionen  49
– kovalente  49, 171, 178
– metallische  49, 178
– Physikalische  49
Bindungen in Polymeren  171, 174
Bindungsenergie  183, 341
Blasenbildungstemperatur  68
Blauversprödung  335
bleibende Verformung  215
Bode-Diagramm  199, 202

Brechungsindex  122
Brinellärte  209, 210
Bruchstücke  253
BSE  124
BSE-Sensor  132
Bulk-Material-Synthese  90

**C**

Center-Burst  161
Chemische Gasphasenabscheidung  53, 283, 285, 308, 310, 320, 342
– Feststoffbasierte  65
– Metallorganische  53
– Plasmabasierte  74
chemische Korrosion  300
chemisch Nickel  34, 294, 304
chemisch Nickel-Schichten  34
Chemosynthese  65
Chromatogramm  260
chromatographische Säule  250
Comptonstreuung  182
Constant Phase Element  198
Coulombsches Gesetz  253
Cube-Corner-Pyramide  212
CVD  53
CVD-Chakteristik  66
CVD-Reaktor  103

**D**

Dampfdruck  67, 80, 92
– Precursor  56
de-Broglie-Wellenlänge  123
Deformation  342
Deformation beim Entformen  3
Deformationsschwingungen  168
Dehnratenabhängigkeit  211
Dehnungsmodul  218
Delamination  49
Desorption  250
Desorptionsröhrchen  262
Dichte  230
Dichtheit der Beschichtung  303
Dieseleffekt  335

Diffusion  55, 193, 301
Diffusionsvorgang  198
Dispersionskraft  340
Dispersionsschichten  35, 294
Dispersoide  35
Disproportionierung  65
DLC-Beschichtung  22, 76
Doppelschichtkapazität  200, 202
Dosiervorrichtung  71
Drehmoment  244
Dreielektrodenanordnung  205
Druckaufnehmer  351
Drucksensor  348
Dünnschichtsensor  355, 363
Dünnschichtsensorik  348
Dünnschichtthermoelement  356
dynamische Temperiertechnik  314, 370
dynamische Temperierverfahren  367

### E

Edelstähle  19
EDX  129
EDX-Sensor  136
EDX-Spektrum  136, 138
Eigenabsorption  172
Eigenspannung  284
Einbringen von Ionen  45
Eindringarbeit  220
Eindringfläche  218
Eindringhärte  215
Eindringhärte der Schicht  225
Eindringkörper  212, 225
Eindringkörpergeometrie  216
Eindringkriechen  219
Eindringmodul  218
Eindringmodul der Schicht  224
Eindringrelaxation  220
Eindringtiefe  118, 209, 211, 216, 220, 223, 224
Eindringversuch  222
Einfriereffekt  332
eingefrorene Randschicht  322
einlagige Beschichtung  50
Einsinken  222

Einspritzgeschwindigkeit  313
Einzelschicht  221
Einzelwiderstand  194
elastischer Arbeit  220
elastische Verformung  211
elektrische Heizleiter  369
elektrische Passivierung  359
elektrischer Schwingkreis  203
elektrischer Strom  194
elektrischer Widerstand  201
elektrisches Ersatzschaltbild  203
elektrische Spannung  194
elektrochemische Doppelschicht  198, 200
elektrochemische Impedanzspektroskopie  192
Elektrode  205
Elektrolyse  31
Elektrolyt  205, 300
elektromagnetische Strahlung  166
Elektronen  74, 183
Elektronenmangel  300
Elektronenreflexionsvermögen  127
Elektronenschale  184
Elektronenstoß  128
Elektronenstrahl
 – Verdampfen mittels  43
Elektronenstrahlen  187
Elektronentransfer  192
Elektronenübergang  184
Elektronenüberschuss  300
Elementanalyse  141
elementweise Aufschlüsselung  137
Emissionen  248, 260, 261, 328
Emissionsmessung  263, 265
Emissionswerkzeug  264
Empfindlichkeit  165
energiedispersive RFA  185
energiedispersives Spektrometer  128
Energieeffizienz  367
Energieübertragung  168
Energieverteilung  127
Entformung  338, 342, 352
Entformungskraft  238, 239, 341
Entformungsprozess  241

Entformungsschräge  338
Entformungstemperatur  344
Entformungsverhalten  336, 343
Enthaftungseffekte  277
Entlastungsrate  211
Entlüftung  331, 334
Entlüftungskanal  262
Entlüftungsmöglichkeiten  334
Entlüftungsweg  334
Entstehungsbereiche der Elektronen  127
erhöhte Temperatur  324
Ermüdung  211
Ermüdungsprozess  269
Ermüdungsverschleiß  290
Ersatzschaltbild  201, 306
Erweichungstemperatur  314
Erzeugung der Röntgenstrahlung  129

## F

Faraday-Käfig  206
Fehlstelle  357
Feiltest  277, 281
Festkörperlaser  144
Feststoffförderer  70
Feststoffpartikel  69
Filterelement  261
Finite-Elemente-Methode  99
flache Bereiche  65
Flächenkorrosion  301
Flächenrauheit  134
Flanschtemperatur  333
Fließverhalten  323
Fließweg  256, 362
Fließwegende  352
Fließweglänge  228, 322
Flüchtigkeit  84, 85, 88
Fluoreszenzstrahlung  182
Flüssigkeitsregler  58
Fokusebene  144
Förderraten  71
Förderung des festen Precursors  69
Formteilqualität  371
Fourier-Transform-Technik  175
Fragmentmasse  253

Frank-van-der-Merwe-Modell  47
Freistrahl-Prüfstand  269
Frequenz  167
Frequenzbereich  193, 203
Frequenzganganalysator  205
FTIR-Absorptionsspektrum  173, 174
FTIR-Spektroskopie  166
FTIR-Spektrum  175
Füllstudie  350
funktionale Schicht  284
funktionelle Gruppen  171

## G

galvanische Beschichtung  304
galvanische Halbzelle  300
galvanische Schichten  30, 292
galvanisches Element  300
Galvanisieren  23
Galvanostat  205
Gaschromatographie  248, 261
Gasgemisch  255
Gasgeschwindigkeit
– Simulation  106
Gasphasenabscheidung
– chemische  53
– physikalische  41
Gefügestruktur  269
Gesamtbild  146
Gesamtwiderstand  194
Gestaltabweichung  157
Gitterfehler  47
Gittermuster  278
Gitterschnitt  277, 278
Glanzgrad  268, 315, 321
Glanzgradunterschiede  336
Glanzunterschiede  2, 328
Glasfasern  283
Glasübergangstemperatur  229, 319, 370
Gleichgewichtsdampfdruck  69
Gleichspannung  197
Gleichstromsputtern  44
Gleitintegral  343
Gleitreibkoeffizient  240
Gleitreibmoment  243, 344

Glimmentladung  *74*
Glühen  *21*
gradierte Beschichtung  *50*
Grenzfläche  *215*

## H

haftfeste Anbindung  *369*
Haftfestigkeit  *304*
Haftkräfte  *338*
Haftmoment  *243, 343, 344*
Haftreibkoeffizient  *240*
Haftung  *284*
Haftungsbeurteilung  *287*
Haftungsbewertung  *277*
Haftungsmechanismen  *46*
Haftung von Beschichtungen  *278*
Härte  *16, 283, 288*
Härteeindruck  *281*
Härteindringprüfung  *287*
Härtemessung  *287*
Härten  *21*
Härteprüfverfahren  *209*
Härtetest nach Rockwell  *279*
Hartstoffschicht  *76, 283*
Hartverchromung  *292*
Hauptschubspannung  *222*
Heißgaskorrosion  *301, 307, 335*
Heißwandreaktor  *53, 58*
Heizelement  *367*
Heizschichten  *367*
Helmholtzschicht  *200*
Hinterschneidungen  *59, 238, 284, 338, 342*
hochfeste niedriglegierte Werkzeugstähle  *12*
Hochfrequenzbereich  *197*
Hochfrequenzsputtern  *45*
Hochglanzoberflächen  *343, 367*
Hochglanzpolitur  *241, 338*
hochlegierte Werkzeugstähle  *12, 18*
Hochtemperaturoxidation  *192*
Höhenkartierung  *164*
Höhenprofil  *135*
Höhenunterschiede  *144, 157*

homogene Beschichtung  *59*
Hybridschichten  *297*
Hydroxidschicht  *192*

## I

Identifizierung des Polymers  *171*
Impedanz  *196*
Impedanzspektroskopie  *192, 205, 306*
Impedanzspektrum  *205*
Impulsübertragung  *44*
Indentation Size Effect  *214*
Indikatorelemente  *36*
Indikatorschicht  *36*
Induktivität  *197*
infraroter Spektralbereich  *166*
Infrarotspektroskopie  *166, 170, 178*
Infrarotstrahl  *177*
Innenbeschichtung  *59*
innenliegende Bereiche  *65*
Intensität  *185, 189*
Intensitätsmuster  *162*
Intensitätsverteilung  *146, 151*
Interferenzmuster  *162*
Interferogramm  *176*
Interferometer  *160*
Ionen  *74*
Ionenbindung  *49*
Ionenplattieren  *45*
Ionisation  *253*
Isolationsvermögen  *356*

## K

Kalibrierstandard  *188*
Kalottendurchmesser  *118*
Kalottenschliff  *115, 152, 189, 287*
Kaltarbeitsstähle  *11, 19*
Kaltwandreaktor  *53*
Kapazität  *197*
Katalysator  *65*
Kathode  *31, 75, 185, 300*
Kationen  *192*
Kavitätsoberfläche  *343*
Keimwachstum  *47*

kinetische Energie  *46*
Kippschwingungen  *168*
Kleinlast-Vickers-Prüfgerät  *281*
kohärentes Licht  *162*
Kohlenstoff-Werkzeugstähle  *11*
Kombination einzelner Schichten  *50*
Komplexität
– Precursor  *81*
Kondensator  *197, 200*
konfokales Messprinzip  *143*
Konizität  *338*
konstantes Phasenelement  *198*
konstruktive Interferenz  *163*
Kontaktfläche  *339*
Kontakttemperatur  *229, 317*
Kontakttiefe  *215, 218*
Kontaminierung  *342*
konturnahe Heizleiter  *367*
Konvektion  *55*
Konzentration  *189*
Korngrenze  *302*
Korngröße  *281*
Korrosion  *274, 300, 335, 342*
Korrosionsanfälligkeit  *308*
Korrosionsbeständigkeit  *16, 192, 297, 307*
Korrosionsneigung  *302*
Korrosionsprobleme  *265*
Korrosionsprodukte  *303*
Korrosionsprozess  *192*
Korrosionsschutz  *203, 302*
Korrosionsschutzschichten  *300, 304*
Korrosionsursache  *302*
Korrosionsverhalten  *310*
Korrosionsvorgang  *198*
Korrosionswiderstand  *200*
korrosive Nebenprodukte  *92*
kovalente Bindung  *49, 171, 178*
Kraftaufnehmer  *351*
Kraft-Eindringtiefe-Messung  *213*
Kraftrücknahmekurve  *215*
Kratzstab  *278*
Kratztest  *277, 278*
Kreiden  *330*
Kriecheigenschaften  *211*

kristalline Strukturen  *46*
Kunststoffformenstähle  *12*

## L

Lambert-Beer-Gesetz  *182*
laminare Strömung  *104*
Laser  *161*
Lasermikroskopie  *143*
Laserstrahl  *143, 231*
– Verdampfen mittels  *43*
Lastenheft  *5*
Lebensdauer  *291*
Leerstelle  *183*
Lichtbogen
– Verdampfen mittels  *43*
Lichtgeschwindigkeit  *167*
Lichtintensitätsverteilung  *148*
Lichtquelle  *161*
Lichtwellen  *160*
Liganden  *83, 93*
Linienmessung  *159*
Linienspektrum  *184*
Lochblende  *143*
Lochkorrosion  *301*
Löslichkeit  *47, 84*
Losreißkraft  *239, 339*
Lösungsdruck  *300*
Lösungsmittel  *56, 58, 84, 249, 260*

## M

Magnetronsputtern  *45*
Maraging-Werkzeugstähle  *19*
Masse-Ladungs-Verhältnis  *253*
Massenflussregler  *59*
Massenschwächungskoeffizienten  *183*
Massenspektrometrie  *248, 252*
Massenspektrum  *252, 253, 254*
Massetemperatur  *313, 332*
Materialabbau  *256*
Materialabtrag  *268*
Materialidentifizierung  *169*
Materialtrocknung  *257*

Materialversagen  *275*
Matrixmaterial  *35*
matte Stellen  *2*
mechanische Adhäsion  *339*
Mehrkomponentensysteme  *82*
mehrlagige Schichtsysteme  *50*
Messgeschwindigkeit  *165*
Messgröße  *348*
Messstrecke  *158*
Metallgitter  *49*
metallische Bindung  *49*
Metallkorrosion  *198*
metallorganische chemische Gasphasenabscheidung  *53, 305, 311, 321*
Metallprobe  *206*
Michelson-Interferometer  *161, 175*
Mikrobrechen  *269*
mikrophysikalische Effekte  *214*
Mikroröntgenfluoreszenzanalyse  *190*
Mikrospanen  *269*
Mikrostrukturen  *215, 304*
Mikrowelle  *75*
Mischelemente  *70*
Mitlaufprobe  *277*
Mittenrauwert  *158*
mittlere freie Weglänge  *43*
mittlerer Infrarotbereich  *166*
MOCVD  *54*
MOCVD-Anlage  *59*
Modellbildung  *99*
molekulare Vorstufen  *78*
Moleküleigenschaften  *79*
Molekülschwingungen  *168*
Morphologie  *79*
MS-Signalintensität  *264*
Multilagenschicht  *321*
Multi-Source-Precursor  *82*

## N

naher Infrarotbereich  *166*
Nanoindentation  *209*
Nanolayerschichten  *50*
Nanotechnologie  *163*
Nasskorrosion  *300*

Navier-Stokes-Gleichungen  *104*
Nebenprodukte  *80*
Nebenreaktion  *55*
Neigungswinkel  *338*
nichtwässrige Korrosion  *303*
Niederfrequenz  *205*
Niederschlag  *256*
niedriglegierte Werkzeugstähle  *18*
Niedrigvakuum-REM  *124*
Nitrieren  *22*
Normalschwingungen  *168*
numerische Apertur  *122*
Nyquist-Diagramm  *199, 202*

## O

Oberflächenbeschaffenheit  *192*
Oberflächenenergie  *340*
Oberflächenfehler  *367*
Oberflächengeometrie  *304*
Oberflächengüte  *271*
Oberflächenmodifikation  *241*
oberflächennahe Beheizung  *368*
Oberflächennormale  *281*
Oberflächenprofil  *160*
Oberflächenqualität  *351*
Oberflächenrauheit  *116, 134, 215, 223, 245, 272, 339, 341*
Oberflächenstruktur  *149, 238, 283, 345*
Oberflächenzerrüttung  *269*
Ohmscher Widerstand  *194*
Opferanode  *303*
Ordnungszahl  *126*
organische Moleküle  *178*
organische Verbindungen  *253*
Oxidation  *369*
Oxidationsreaktion  *193*
Oxidschicht  *192, 303*

## P

Paarbildung  *182*
PACVD  *75, 296*
Pendelschwingungen  *168*
Permittivität  *203*

Pflichtenheft  5
Phasenumwandlung  304, 316
Phasenverschiebung  194, 196
Photoeffekt  182
Photon  128, 182
physikalische Adhäsionskräfte  340
physikalische Bindung  49
physikalische Gasphasen-
    abscheidung  41, 283, 296, 308, 311,
    320, 342, 356, 359, 369
piezoelektrischer Effekt  351
Pinhole  356
plasmabasierte chemische Gasphasenab-
    scheidung  74
Plasmanitrieren  299
Plasmen  74
Plastifizierparameter  333
Plastifizierung  257
plastische Eigenschaften  222
plastische Verformung  211, 221
plastische Verformungsarbeit  220
Plate-out-Effekt  329
Polarisationswiderstand  192
Pop-in-Verhalten  214
Porenfüllung  193
Porenwiderstand  203
Postprocessor  99
Potentiostat  205
Präparation  122
Precursoren  53, 58, 62, 65, 78, 285, 318
– feste  71, 72
– flüssige  58
– kommerziell erhältlich  84
Preprocessor  99
Primärelektronen  126
Primärintensität  183
Probendicke  186
Probenoberfläche  233
Probenpräparation  170, 186
Probenzuführung  249
Produktidentifizierung  36
Profil
– topologisches  134
Prozessdruck  60
Prozessemissionen  258

Prozessparameter  87
Prozesstemperatur  67, 75
Prüfkraft  211, 224
Prüfoberfläche  241
Pull-off Scherfestigkeitstest  277
pulvermetallurgische Werkzeugstähle
    12, 19
Pulverpartikel  65
PVD  41
– Verfahrensvarianten  41
PVD-Beschichtung  22
Pyrolyse  65

## Q

Quantifizierung von Komponenten  174
Querschliffmethode  277, 281

## R

Randles Cell  200
Rasterelektronenmikroskop  122, 308
Raue Oberfläche  3
Rauheit  157, 159, 164, 321
– des Substrates  48
Rauheitsänderung  273
Rauheitsmessung  153
Rautiefe  158
Rautiefenprofil  281
Rayleighstreuung  182
Reaktand  78
Reaktion
– chemische  55
Reaktionsprodukte  65, 255, 303
Reaktivität  79
Reaktor  53
Reaktortemperatur  65
Reaktortyp  58
Reduktion der Reibung  291
Reduktion des Belages  335
Referenzelektrode  205
Reflexionseigenschaften  162
Reflexion von Licht  156
Reibbeiwert  341
Reibkraft  342

Reibpartner  239, 243
Reibung  291
Reibungsreduktion  291
Reibungsverhalten  296
Reibverhalten  35
Reibwerterhöhende Schichten  36
Reibzustände  346
Reinheit  181
Reinigungsritzel  71
Relaxationsvorgang  220
REM  124
Resistiv beheizte Oberfläche  368
Resonanzfrequenz  168
Restfeuchte  330
Retentionszeit  250, 251, 260
RFA  181
Risse  281, 309
Risskorrosion  301
Rissnetzwerk  150
Rissstruktur  292
Rockwellhärte  209, 210
Rockwell-Härteprüfung  287
Rockwell-Test  277, 279
Röntgenanalyse  181
Röntgendiffraktometrie  190
Röntgenfluoreszenzanalyse  181
Röntgenstrahlen  124, 128
Röntgenstrahlung  182, 184, 185
rückgestreute Elektronen  124
Rückstreuelektronen  126, 133

## S

Sättigung des Trägergases  66
Sättigungsdampfdruck  68
Sauerstoffgehalt  303
Säulenkopf  249
Schallplatteneffekt  3
Schattenmaske  357
Schäumen  333
Scherfestigkeitstest  279
Schichtabscheidung  53
Schichtaufbau  309, 321
Schichtbestandteile  188
Schichtcharakterisierung  115

Schichtdicke  61, 116, 183, 185, 188, 189, 203, 284, 304, 308, 309, 311, 321
– PVD  41
Schichtgrenzen  50
Schichthaftung  53, 281, 286
Schichthärte  284
Schichtstruktur  65
Schichtsysteme  50, 284, 305
Schichtversagen  309
Schichtwachstum  41, 46, 55
Schichtwachstumsrate
– Simulation  105
Schichtzonenmodell  48
Schmelzefront  350
Schmelztemperatur  319
Schmiermittel  330
Schneckengröße  333
Schneckenzuführung  70
Schnellarbeitsstähle  11, 18
Schrittweite  145
Schutzschicht  192
Schwindung  241
Schwingungsformen im Molekülen  168
Schwingungsspektrum  173
Scratchtest  277, 279
Scratchtester  287
SE  124
Seebeck-Effekt  354
Sekundärelektronen  124, 126, 131
Sensorcharakterisierung  360
Sensorkalibrierung  360
Sensoroberfläche  364
Sensorschicht  36
Sensorträgheit  349
SE-Sensor  130
Siegelpunkt  350
Simulation der Schichtabscheidung  99
Single-Source-Precursoren  83
Solver  99
Solvothermale Reaktion  90
Spaltgängigkeit  59, 305
Spaltinnenwand  62
Spannungsanregung  306
Spektralbereich  166
Spektrenauswertung  179

Spektrometer  *176*
spezialisierte Werkzeugstähle  *20*
spezifische Adhäsion  *339*
spezifischer Widerstand  *369*
spezifische Wärmekapazität  *230*
Spitzenverrundung  *222*
Splitverhältnis  *249*
Spreizschwingungen  *168*
Sprudler  *68*
Spurenanalytik  *175*
Sputtern  *44*
Standardwasserstoffelektrode  *205*
Stoffgemisch  *249*
Stofftransport innerhalb des Reaktors  *66*
stoßfeste Werkzeugstähle  *11*
Stranski-Krastanov-Modell  *47*
Strategien in der Materialsynthese  *81*
Stromantwort  *195*
Stromdichtepotentialmessung  *305*
Strömungssimulation  *99*
Strömungsverhalten  *101*
Strömungsweg  *107*
Strukturierte Oberfläche  *321*
Sublimationsdruck  *47*
Sublimationstemperatur  *86*
Substrat  *41, 118, 284*
Substratoberfläche  *55, 65, 77*

## T

Target  *44*
teilkristalline Thermoplaste  *349*
Temperaturabfall  *233*
Temperaturamplitude  *232*
Temperaturänderung  *233*
Temperaturausgleich  *234*
Temperaturleitfähigkeit von Beschichtungen  *228*
Temperaturmessung  *364*
Temperaturschwankungen  *280*
temperatursensitive Dünnschichten  *354*
Temperatursensor  *348, 351, 355*
Temperaturverlauf  *353*

Tempern  *257*
Tetraethylorthosilikat  *57*
thermische Ausdehnung  *316*
thermische Barriereschicht  *313, 316, 319, 321*
thermische CVD  *53*
thermische Eigenschaften  *305*
thermische Leitfähigkeit  *232, 321*
thermischer Ausdehnungskoeffizient  *319*
thermisch isolierende Werkstoffe  *228*
Thermodesorptionsröhrchen  *261, 262, 264*
thermodynamische Adhäsionstheorie  *341*
Thermoelemente  *349, 353, 355, 357, 360*
Thermoschock  *277*
Thermoschocktest  *280*
Tiefenschärfe  *125*
Tigerlines  *2*
Time Domain Thermoreflectance  *230*
Topcoat  *294*
Topografie  *150*
topografische Darstellung  *147*
topografisches Bild  *144*
Torsionsschwingungen  *168*
Trägergas  *250, 251*
Trägergasstrom  *54*
Trennmittel  *330, 342*
Trennschärfe  *251*
Trennverhalten  *251*
tribologischer Zustand  *243*
tribologische Schichten  *290*
Tribooxidation  *291*
Trockenkorrosion  *300*

## U

Ultra-Variable-Pressure-Detektor  *131*
Unebenheiten  *157*
unvollständig gefüllte Formteile  *4*
UVD-Sensor  *131*

## V

Vakuumpumpe  55
Valenzschwingungen  168, 172
Verarbeitung  257
Verbundwerte  223
Verdampfer  54
Verdampfungstemperatur  42
Verformungen  211, 212, 281
Vergleich des Infrarotspektrums  171
Vergleichsstelle  354
Verklumpen  70
Vernickeln  34, 294
Versagen der Beschichtung  309
Verschleiß  267, 271, 274, 275, 283, 288
Verschleißeinsatz  272
Verschleißermittlung  273
Verschleißerscheinungen  164
verschleißfest  296
Verschleißfestigkeit  16, 119, 286, 292
Verschleißprüfung  154
Verschleißrate  120
Verschleißschutzschichten  41, 290
Verschleißtopf-Prüfstand  269
Verschleißuntersuchung  267
Verschleißverhalten  271
Verschleißvolumen  119
Verwirbelung des Pulvers  70
Vickershärte  209, 210
Vollmaterial  221
Volmer-Weber-Modell  47
Vorbehandlung des Substrates  49
Vorbereitung der Probe  129
Vorläuferverbindung  53
Vorlauftemperatur  228, 353, 364
Vortrocknung  257

## W

Wanddicke  272, 323
Warburg-Impedanz  198
Warmarbeitsstähle  11, 18
Wärmeableitung  361
Wärmebehandlung  20
Wärmeeindringfähigkeit  317
Wärmeeindringkoeffizient  230, 235
Wärmeerzeugung  369
Wärmeisolationsschicht  233
Wärmeleitfähigkeit  17, 230, 233, 313
Wärmeleitfähigkeitsdetektor  251
Wärmeleitung
– dünner Schichten  230
Wärmeschockbeständigkeit  316
Wärmeübertragungsanalyse  111
Wärmezufuhr  353
Wartung  23
Wasseraufnahme  198
Wasserstoffbrücke  340
Wasserstoffversprödung  32
wässrige Korrosion  192, 310
Wechselstrom  194
Wechselstromkreis  196
Wechselwirkung  160, 181
Wechselwirkungsquerschnitt  182
Weglänge
– mittlere freie  43
Weißbruch  4
Weißlichtinterferometer  272
Weißlichtinterferometrie  156, 160
Wellenlänge  167
Wellenlänge des Laserlichts  144
wellenlängendispersive RFA  185
Wellenzüge pro Zentimeter  167
Welligkeit  157
Werkstoffhärte  269
Werkzeugbelag  178
Werkzeugbeschichtung  345
Werkzeuginnendruck  348
Werkzeuginnendruckverlauf  349
Werkzeugoberfläche  241, 289, 344, 367
Werkzeugstahl  9
Werkzeugtemperatur  367
Werkzeugtemperierung  364
Werkzeugwand  352, 361, 364
Werkzeugwandtemperatur  228, 313, 317, 344, 348, 361, 364
Werkzeugwandtemperaturverlauf  352
Werkzeug zur Emissionsaufnahme  262
Widerstand
– elektrischer  192, 231

## Z

Zähigkeit *16*
Z-Ebenen *146*
Zeitverschiebung *195*
Zersetzung *56*
Zersetzungstemperatur *92*
Zusammensetzung *181, 186*
Zustandsgleichungen *104*
Zwischenschicht *50*
Zykluszeit *228*